普通高等学校计算机教育
"十二五"规划教材

卓越工程师培养计划推荐教材
——软件开发类

Java Web 开发与实践

■ 高翔 李志浩 主编 ■ 靳冰 康晓宇 副主编

人民邮电出版社
北京

图书在版编目（CIP）数据

Java Web开发与实践 / 高翔 ，李志浩主编. -- 北京 : 人民邮电出版社, 2014.7（2021.12重印）
普通高等学校计算机教育“十二五”规划教材
ISBN 978-7-115-35803-5

Ⅰ. ①J… Ⅱ. ①高… ②李… Ⅲ. ①JAVA语言—程序设计—高等学校—教材 Ⅳ. ①TP312

中国版本图书馆CIP数据核字(2014)第117510号

内 容 提 要

本书作为 Java Web 课程的教材，系统、全面地介绍了有关 Java Web 程序开发所涉及的各类知识。全书共分 18 章，内容包括 Web 应用开发概述、HTML 与 CSS 网页开发基础、JavaScript 脚本语言、搭建 Java Web 开发环境、JSP 基本语法、JSP 的内置对象、JavaBean 技术、Servlet 技术、数据库应用开发、EL（表达式语言）、JSTL 核心标签库、Ajax 技术、Struts 2 框架技术、Hibernate 技术、Spring 技术、综合案例——基于 Struts 2 +Hibernate+Spring 的网络商城、课程设计——基于 Struts 2 的博客网站、课程设计——基于 Servlet 的图书馆管理系统。书中的每章内容都与实例紧密结合，有助于学生理解知识、应用知识，达到学以致用的目的。

本书附有配套 DVD 光盘，光盘中提供本书所有实例、综合实例、实验、综合案例和课程设计的源代码，及教学录像。其中，源代码全部经过精心测试，能够在 Windows XP、Windows Server 2003、Windows 7 系统下编译和运行。PPT 课件可从人民邮电出版社教学服务与资源网（www.ptpedu.com.cn）上免费下载。

本书可作为应用型本科计算机专业、软件学院、高职软件及相关专业的教材，同时也适合 Java Web 爱好者以及初、中级的 Java Web 程序开发人员参考使用。

◆ 主　　编　高　翔　李志浩
副 主 编　靳　冰　康晓宇
责任编辑　张立科
执行编辑　刘　博
责任印制　彭志环　杨林杰

◆ 人民邮电出版社出版发行　　北京市丰台区成寿寺路 11 号
邮编　100164　　电子邮件　315@ptpress.com.cn
网址　http://www.ptpress.com.cn
北京天宇星印刷厂印刷

◆ 开本：787×1092　1/16
印张：28　　　　2014 年 7 月第 1 版
字数：736 千字　　　　2021 年 12 月北京第 12 次印刷

定价：59.80 元（附光盘）

读者服务热线：(010)81055256　印装质量热线：(010)81055316
反盗版热线：(010)81055315

前言

Java 是当前程序开发中最流行的编程语言之一，应用它可以开发桌面应用、网站程序、手机和电子设备程序等，特别在 Web 程序开发方面，Java 跨平台的优越性体现得更加淋漓尽致。近年来，Java Web 框架技术的层出不穷，更体现了 Java 在 Web 方面强大的生命力，从其诞生以来就受到了广大程序开发人员的追捧。目前，无论是高校的计算机专业还是 IT 培训学校，都将 Java Web 作为教学内容之一，这对培养学生的计算机应用能力具有非常重要的意义。

在当前的教育体系下，实例教学是计算机语言教学最有效的方法之一。本书将 Java Web 的知识和实例有机结合起来，一方面，跟踪 Java Web 的发展，适应市场需求，精心选择内容，突出重点，强调实用，使知识讲解全面、系统；另一方面，设计典型的实例，将实例融入到知识讲解中，使知识与实例相辅相成，既有利于学生学习知识，又有利于指导学生实践。另外，本书在每一章的后面还提供了习题和实验，方便读者及时验证自己的学习成果（包括理论知识和动手实践能力）。

本书作为教材使用时，课堂教学建议 48 ~ 56 学时，实验教学建议 24 ~ 29 学时。各章主要内容和学时建议分配如下，老师可以根据实际教学情况进行调整。

章节	主要内容	课堂学时	实验学时
第 1 章	Web 应用开发概述，包括网络程序开发体系结构、Web 简介、Web 开发技术	2	0
第 2 章	HTML 与 CSS 网页开发基础，包括 HTML 标记语言、CSS 样式表、CSS 3 的新特征、综合实例——应用 DIV+CSS 布局许愿墙主界面	3	2
第 3 章	JavaScript 脚本语言，包括了解 JavaScript、JavaScript 语言基础、流程控制语句、函数、事件处理、常用对象、DOM 技术、综合实例——将数字字符串格式化为指定长度	4	3
第 4 章	搭建 Java Web 开发环境，包括 JSP 概述、JDK 的安装与配置、Tomcat 的安装与配置、Eclipse 开发工具的安装与使用、综合实例——使用 Eclipse 开发一个 Java Web 网站	2	2
第 5 章	JSP 基本语法，包括 JSP 页面的基本构成、指令标识、脚本标识、注释、动作标识、综合实例——包含需要传递参数的文件	3	2
第 6 章	JSP 的内置对象，包括内置对象概述、request 请求对象、response 响应对象、out 输出对象、session 会话对象、application 应用对象、其他内置对象、综合实例——应用 session 实现用户登录	3	2
第 7 章	JavaBean 技术，包括 JavaBean 技术简介、JavaBean 的应用、综合实例——应用 JavaBean 解决中文乱码	2	2
第 8 章	Servlet 技术，包括 Servlet 基础、Servlet 开发、Servlet 过滤器、Servlet 监听器、综合实例——应用监听器统计在线用户	3	3
第 9 章	数据库应用开发，包括 JDBC 简介、JDBC API、连接数据库、JDBC 操作数据库、综合实例——分页查询	4	2

续表

章节	主要内容	课堂学时	实验学时
第 10 章	EL（表达式语言），包括 EL（表达式语言）概述、与低版本的环境兼容——禁用 EL、保留的关键字、EL 的运算符及优先级、EL 的隐含对象、综合实例——通过 EL 显示投票结果	2	1
第 11 章	JSTL 核心标签库，包括 JSTL 标签库简介、JSTL 的下载与配置、表达式标签、URL 相关标签、流程控制标签、循环标签、综合实例——JSTL 在电子商城中的应用	3	1
第 12 章	Ajax 技术，包括 Ajax 简介、使用 XMLHttpRequest 对象、传统 Ajax 的工作流程、应用 jQuery 实现 Ajax、综合实例——多级联动下拉列表	3	2
第 13 章	Struts 2 框架技术，包括 Struts 2 框架概述、Struts 2 入门、Action 对象、Struts 2 的配置文件、Struts 2 的标签库、Struts 2 的开发模式、Struts 2 的拦截器、综合实例——利用 Struts 2 实现简单的投票器	4	2
第 14 章	Hibernate 技术，包括初识 Hibernate、Hibernate 入门、Hibernate 数据持久化、使用 Hibernate 的缓存、HQL（Hibernate 查询语言）、综合实例——修改员工信息	3	2
第 15 章	Spring 技术，包括 Spring 概述、依赖注入、AOP 概述、Spring 的切入点、Aspect 对 AOP 的支持、Spring 持久化、综合实例——整合 Spring 与 Hibernate 向表中添加信息	3	3
第 16 章	综合案例——基于 Struts 2+Hibernate+Spring 的网络商城，包括需求分析、系统设计、系统开发及运行环境、数据库与数据表设计、系统文件夹组织结构、搭建项目环境、公共类设计、登录模块设计、前台商品信息查询模块设计、购物车模块设计、后台商品管理模块设计、后台订单管理模块设计、网站编译与发布	4	0
第 17 章	课程设计——基于 Struts 2 的博客网站，包括课程设计目的、功能描述、总体设计、数据库设计、实现过程、调试运行、课程设计总结	4	0
第 18 章	课程设计——基于 Servlet 的图书馆管理系统，包括课程设计目的、功能描述、总体设计、数据库设计、实现过程、调试运行、课程设计总结	4	0

除主编和副主编外，参加本书编写的还有高贤强、张兵、史召峰。

由于编者水平有限，书中难免存在疏漏和不足之处，敬请广大读者批评指正，使本书得以改进和完善。

编　者

2013 年 12 月

目 录

第 11 章 JSTL 核心标签库 222

第 12 章 Ajax 技术 248

第 1 章 Web 应用开发概述

本章要点：

- 什么是 C/S 结构和 B/S 结构
- C/S 结构和 B/S 结构的比较
- 什么是 Web
- Web 的工作原理
- Web 的发展历程
- Web 开发技术

随着网络技术的迅猛发展，国内外的信息化建设已经进入以 Web 应用为核心的阶段。作为即将进入 Web 应用开发阵营的准程序员，首先需要对网络程序开发的体系结构、Web 以及 Web 开发技术有所了解。本章将对网络程序开发体系结构、什么是 Web、Web 的工作原理、Web 的发展历程和 Web 开发技术进行介绍。

1.1 网络程序开发体系结构

随着网络技术的不断发展，单机的软件程序开始难以满足网络用户的需要，为此，各种各样的网络程序开发体系结构应运而生。其中，运用最多的网络程序开发体系结构可以分为两种：一种是基于浏览器/服务器的 B/S 结构，另一种是基于客户端/服务器的 C/S 结构。下面进行详细介绍。

1.1.1 C/S 结构介绍

C/S 是 Client/Server 的缩写，即客户端/服务器结构。在这种结构中，服务器通常采用高性能的 PC 或工作站，并采用大型数据库系统（如 Oracle 或 SQL Server），客户端则需要安装专用的客户端软件，如图 1-1 所示。这种结构可以充分利用两端硬件环境的优势，将任务合理分配到客户端和服务器，从而降低了系统的通信开销。在 2000 年以前，C/S 结构占据网络程序开发领域的主流。

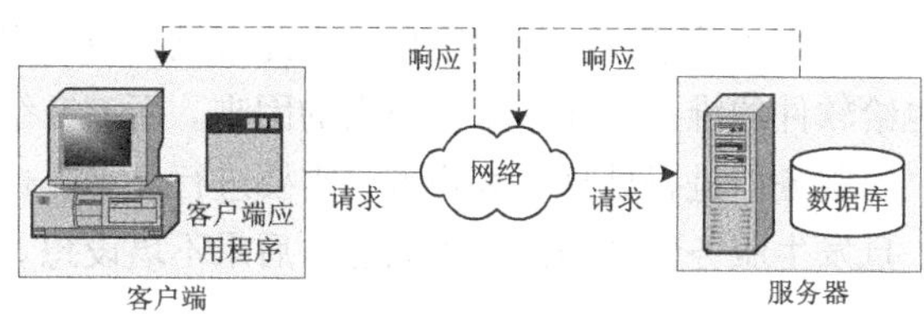

图 1-1　C/S 体系结构

1.1.2 B/S 结构介绍

B/S 是 Browser/Server 的缩写，即浏览器/服务器结构。在这种结构中，客户端不需要开发任何用户界面，而统一采用如 IE 和火狐等浏览器，通过 Web 浏览器向 Web 服务器发送请求，由 Web 服务器进行处理，并将处理结果逐级传回客户端，如图 1-2 所示。这种结构利用不断成熟和普及的浏览器技术，实现原来需要复杂专用软件才能实现的强大功能，从而节约了开发成本，是一种全新的软件体系结构。这种体系结构已经成为当今应用软件的首选体系结构。

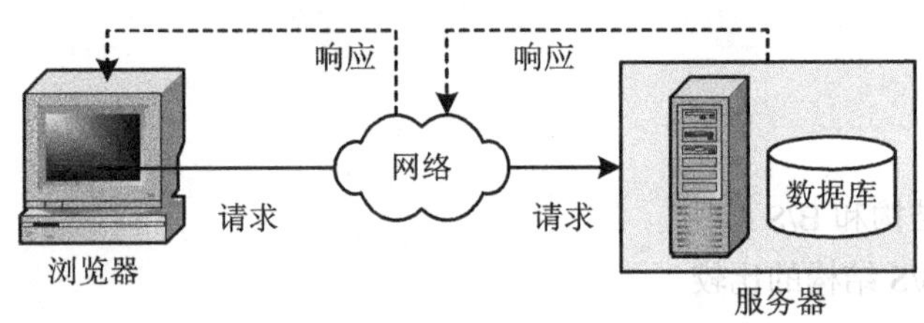

图 1-2　B/S 体系结构

说明　B/S 由美国 Microsoft 公司研发，C/S 最早由美国 Borland 公司研发。

1.1.3 两种体系结构的比较

C/S 结构和 B/S 结构是当今世界网络程序开发体系结构的两大主流。目前，这两种体系结构都有自己的市场份额和客户群。但是，这两种体系结构又各有各的优点和缺点。下面将从以下 3 个方面进行比较说明。

1. 开发和维护成本

C/S 结构的开发和维护成本都比 B/S 高。采用 C/S 结构时，对于不同的客户端，要开发不同的程序，而且软件的安装、调试和升级均需要在所有的客户机上进行。例如，如果一个企业共有 10 个客户站点使用一套 C/S 结构的软件，则这 10 个客户站点都需要安装客户端程序。当这套软件进行了哪怕很微小的改动，系统维护员都必须将客户端原有的软件卸载，再安装新的版本并进行配置，最可怕的是客户端的维护工作必须不折不扣地进行 10 次。若某个客户端忘记进行这样的更新，则该客户端将会因软件版本不一致而无法工作。而采用 B/S 结构则不必在客户端进行安装及维护。如果我们将前面企业的 C/S 结构的软件换成 B/S 结构的，这样在软件升级后，系统维护员只需要将服务器的软件升级到最新版本，而其他客户端只要重新登录系统就可以使用最新版本的软件了。

2. 客户端负载

C/S 结构的客户端不仅负责与用户的交互、收集用户信息，而且还需要完成通过网络向服务器请求对数据库、电子表格或文档等信息的处理工作。由此可见，应用程序的功能越复杂，客户端程序也就越庞大，这也给软件的维护工作带来了很大的困难。而 B/S 结构的客户端把事务处理逻辑部分交给了服务器，由服务器进行处理，客户端只需要进行显示，这样将使应用程序服务器的运行数据负荷较重，一旦发生服务器“崩溃”等问题，后果不堪设想。因此，许多单位都备有数据库存储服务器，以防万一。

3. 安全性

C/S 结构适用于专人使用的系统，可以通过严格的管理派发软件，达到保证系统安全的目的，这样的软件相对来说安全性比较高。而对于 B/S 结构的软件，由于使用的人数较多且不固定，因此相对来说安全性就会低些。

由此可见，B/S 相对于 C/S 具有更多的优势，现今大量的应用程序开始转移到应用 B/S 结构，许多软件公司也争相开发 B/S 版的软件，也就是 Web 应用程序。随着 Internet 的发展，基于 HTTP 和 HTML 标准的 Web 应用呈几何数量级的增长，而这些 Web 应用又由各种 Web 技术所开发。

1.2　Web 简介

Web 是 WWW（World Wide Web）的简称，引申为“环球网”，在不同的领域有不同的含义。针对普通的用户，Web 仅仅是一种环境——互联网的使用环境；而针对网站制作或设计者，它是一系列技术的总称（包括网站的页面布局、后台程序、美工、数据库领域等）。下面将对什么是 Web 和 Web 的工作原理进行详细介绍。

1.2.1　什么是 Web

Web 的本意是网和网状物，现在被广泛译作网络、万维网或互联网等技术领域。它是一种基于超文本方式工作的信息系统。作为一个能够处理文字、图像、声音和视频等多媒体信息的综合系统，它提供了丰富的信息资源，这些信息资源通常表现为以下 3 种形式。

- 超文本（hypertext）

超文本是一种全局性的信息结构，它将文档中的不同部分通过关键字建立链接，使信息得以用交互方式搜索。

- 超媒体（hypermedia）

超媒体是超文本和多媒体在信息浏览环境下的结合。有了超媒体，用户不仅能从一个文本跳到另一个文本，而且可以显示图像，播放动画、音频和视频等。

- 超文本传送协议（HTTP）

超文本传送协议是超文本在互联网上的传送协议。

1.2.2　Web 的工作原理

在 Web 中，信息资源将以 Web 页面的形式分别存放在各个 Web 服务器上，用户可以通过浏览器选择并浏览所需的信息。Web 的具体工作流程如图 1-3 所示。

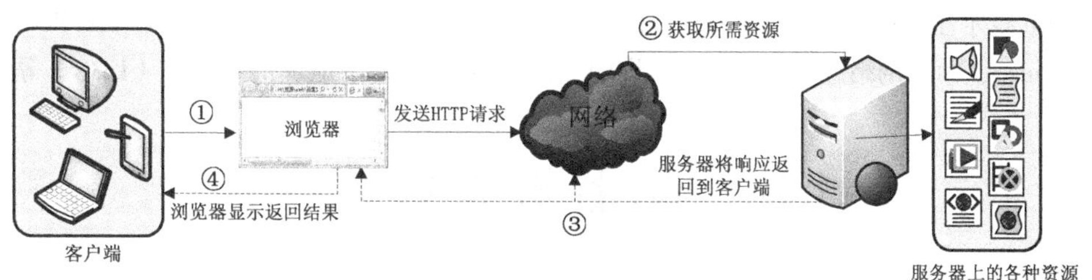

图 1-3　Web 的工作流程图

从图 1-3 中可以看出，Web 的工作流程大致可以分为以下 4 个步骤。

（1）用户在浏览器中输入 URL 地址（即统一资源定位符），或者通过超链接方式链接到一个网页或者网络资源后，浏览器将该信息转换成标准的 HTTP 请求发送给 Web 服务器。

（2）当 Web 服务器接收到 HTTP 请求后，根据请求内容查找所需的信息资源。

（3）找到相应资源后，Web 服务器将该部分资源通过标准的 HTTP 响应发送回浏览器。

（4）浏览器将经服务器转换后的 HTML 代码显示给客户端用户。

1.2.3 Web 的发展历程

自从 1989 年 Tim Berners-Lee（蒂姆·伯纳斯·李）发明 World Wide Web 以来，Web 主要经历了 3 个阶段，分别是静态文档阶段（指代 Web 1.0）、动态网页阶段（指代 Web 1.5）和 Web 2.0 阶段。下面将对这 3 个阶段进行介绍。

1. 静态文档阶段

处理静态文档阶段的 Web，主要是用于静态 Web 页面的浏览。用户通过客户端的 Web 浏览器，可以访问 Internet 上的各个 Web 站点。在每个 Web 站点上保存着提前编写好的 HTML 格式的 Web 页，以及各 Web 页之间可以实现跳转的超文本链接。通常情况下，这些 Web 页都是通过 HTML 编写的。由于受低版本 HTML 和旧式浏览器的制约，Web 页面只能包括单纯的文本内容，浏览器也只能显示呆板的文字信息，不过这已经基本满足了建立 Web 站点的初衷，实现了信息资源共享。

随着互联网技术的不断发展以及网上信息呈几何级数的增加，人们逐渐发现手工编写包含所有信息和内容的页面对人力和物力都是一种极大的浪费，而且几乎变得难以实现。另外，这样的页面也无法实现各种动态的交互功能，这就促使 Web 技术进入了发展的第二阶段——动态网页阶段。

2. 动态网页阶段

为了克服静态页面的不足，人们将传统单机环境下的编程技术与 Web 技术相结合，从而形成新的网络编程技术。网络编程技术通过在传统的静态页面中加入各种程序和逻辑控制，从而实现动态和个性化的交流与互动。我们将这种使用网络编程技术创建的页面称为动态页面，其后缀通常是.jsp、.php 和.asp 等，而静态页面的后缀通常是.htm、.html 和.shtml 等。

这里说的动态网页，与网页上的各种动画、滚动字幕等视觉上的动态效果没有直接关系，动态网页也可以是纯文字内容的，这些只是网页具体内容的表现形式。无论网页是否具有动态效果，采用动态网络编程技术生成的网页都称为动态网页。

3. Web 2.0 阶段

随着互联网技术的不断发展，又提出了一种新的互联网模式——Web 2.0。这种模式更加以用户为中心，通过网络应用（Web Applications）促进网络上人与人之间的信息交换和协同合作。

Web 2.0 技术主要包括博客（Blog）、微博（Twitter）、RSS、维基百科全书（Wiki Pedia）、网摘（Delicious）、社会网络（SNS）、P_2P、即时信息（IM）和基于地理信息服务（LBS）等。

1.3 Web 开发技术

Web 是一种典型的分布式应用架构。Web 应用中的每一次信息交换都要涉及客户端和服务器端两个层面。因此，Web 开发技术大体上也可以分为客户端技术和服务器端技术两大类。其中，客户端应用的技术主要用于展现信息内容，而服务器端应用的技术则主要用于进行业务逻辑的处理和与数据库的交互等。下面进行详细介绍。

1.3.1　客户端应用技术

在进行 Web 应用开发时，离不开客户端技术的支持。目前，比较常用的客户端技术包括 HTML 语言、CSS、客户端脚本技术和 Flash。下面进行详细介绍。

1. HTML 语言

HTML 语言是客户端技术的基础，主要用于显示网页信息，它不需要编译，由浏览器解释执行。HTML 语言简单易用，它在文件中加入标签，使其可以显示各种各样的字体、图形及闪烁效果，还增加了结构和标记，如头元素、文字、列表、表格、表单、框架、图像和多媒体等，并且提供了与 Internet 中其他文档的超链接。例如，在一个 HTML 页中，应用图像标记插入一张图片，可以使用图 1-4 所示的代码，该 HTML 页运行后的效果如图 1-5 所示。

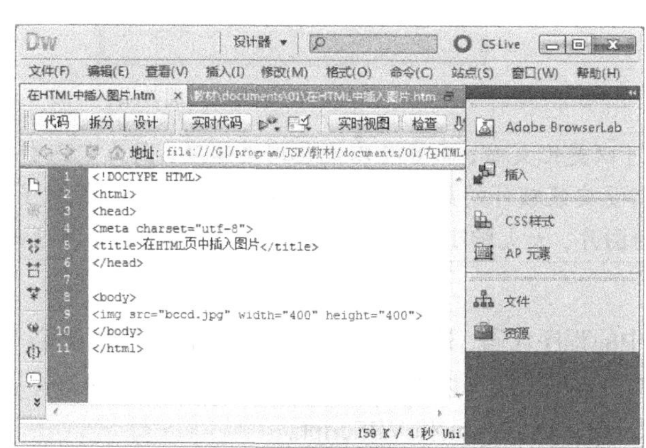

图 1-4　HTML 文件

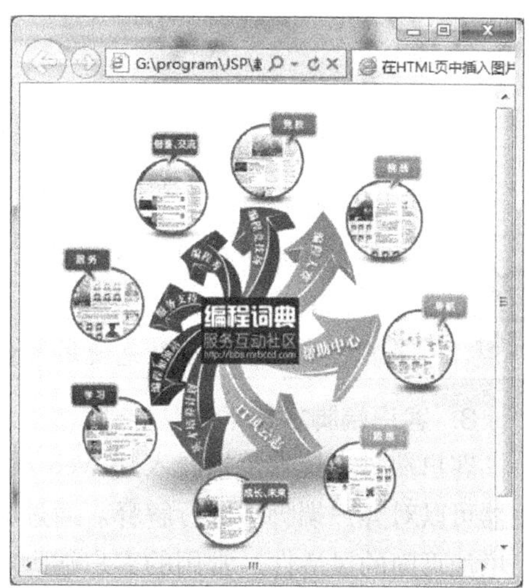

图 1-5　运行结果

HTML 语言不区分大小写，这一点与 Java 不同。例如，图 1-4 中的 HTML 标记“<body></body>”也可以写为“<BODY></BODY>”。

2. CSS

CSS 就是一种叫作样式表（Style Sheet）的技术，也有人称为层叠样式表（Cascading Style Sheet）。在制作网页时采用 CSS 样式，可以有效地对页面的布局、字体、颜色、背景和其他效果实现更加精确的控制。只要对相应的代码做一些简单的修改，就可以改变整个页面的风格。CSS 大大提高了开发者对信息展现格式的控制能力，特别是在目前比较流行的 CSS+DIV 布局的网站中，CSS 的作用更是重足轻重了。例如，在“心之语许愿墙”网站中，如果将程序中的 CSS 代码删除，将显示图 1-6 所示的效果，而添加 CSS 代码后，将显示图 1-7 所示的效果。

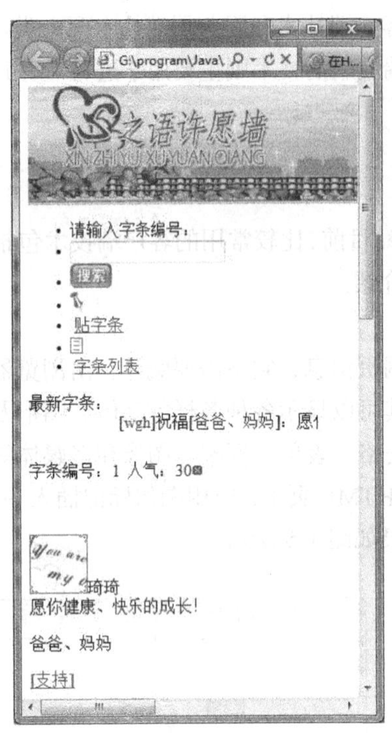

图 1-6　没有添加 CSS 样式的页面效果

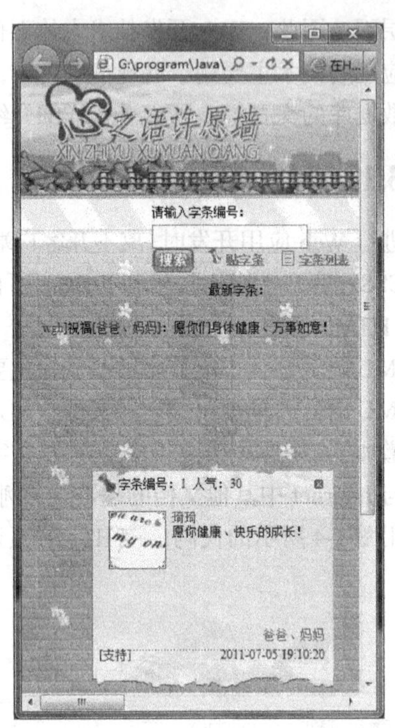

图 1-7　添加 CSS 样式的页面效果

说明

在网页中使用 CSS 样式不仅可以美化页面，而且可以优化网页速度，因为 CSS 样式表文件只是简单的文本格式，不需要安装额外的第三方插件。另外，由于 CSS 提供了很多滤镜效果，从而避免使用大量的图片，大大缩小了文件的占用空间，提高了下载速度。

3. 客户端脚本技术

客户端脚本技术是指嵌入到 Web 页面中的程序代码，这些程序代码是一种解释性的语言，浏览器可以对客户端脚本进行解释。通过脚本语言可以实现以编程的方式对页面元素进行控制，从而增加页面的灵活性。常用的客户端脚本语言有 JavaScript 和 VBScript。

说明

目前，应用最为广泛的客户端脚本语言是 JavaScript 脚本，它是 Ajax 的重要组成部分。第 2 章将对 JavaScript 脚本语言进行详细介绍。

4. Flash

Flash 是一种交互式矢量动画制作技术，它可以包含动画、音频、视频以及应用程序，而且 Flash 文件比较小，非常适合在 Web 上应用。目前，很多 Web 开发者都将 Flash 技术引入到网页中，使网页更具表现力。应用 Flash 技术可以实现动态播放网站广告或新闻图片，并且加入随机的转场效果，如图 1-8 所示。

图 1-8　在网页中插入的 Flash 动画

1.3.2　服务器端应用技术

开发动态网站时离不开服务器端技术，目前，比较常用的服务器端技术主要有 CGI、ASP、PHP、ASP.NET 和 JSP。下面进行详细介绍。

1. CGI

CGI（Common Gateway Interface，通用网关接口）是最早用来创建动态网页的一种技术，它可以使浏览器与服务器之间产生互动关系。它允许使用不同的语言来编写适合的 CGI 程序，该程序被放在 Web 服务器上运行。当客户端发出请求给服务器时，服务器根据用户请求建立一个新的进程来执行指定的 CGI 程序，并将执行结果以网页的形式传送到客户端的浏览器上显示。CGI 可以说是当前应用程序的基础技术，但这种技术编制方式比较困难而且效率低下，因为每次页面被请求时，都要求服务器重新将 CGI 程序编译成可执行的代码。在 CGI 中使用最多的语言为 C/C++、Java 和 Perl（Practical Extraction and Report Language，文件分析报告语言）。

2. ASP

ASP（Active Server Page，动态服务器页面）是一种使用很广泛的开发动态网站的技术。它通过在页面代码中嵌入 VBScript 或 JavaScript 脚本语言来生成动态的内容，在服务器端必须安装了适当的解释器后，才可以通过调用此解释器来执行脚本程序，然后将执行结果与静态内容部分结合并传送到客户端浏览器上。对于一些复杂的操作，ASP 可以调用存在于后台的 COM 组件来完成，所以说 COM 组件无限地扩充了 ASP 的能力。正因如此依赖本地的 COM 组件，ASP 主要用于 Windows NT 平台中，所以 Windows 本身存在的问题都会映射到它的身上。当然，该技术也存在很多优点，简单易学，并且 ASP 是与微软的 IIS，捆绑在一起，在安装 Windows 操作系统的同时安装上 IIS，就可以运行 ASP 应用程序了。

3. PHP

PHP 来自于 Personal Home Page 一词，但现在的 PHP 已经不再表示名词的缩写，而是一种开发动态网页技术的名称。PHP 的语法类似于 C，并且混合了 Perl、C++和 Java 的一些特性。它是一种开源的 Web 服务器脚本语言，与 ASP 一样，可以在页面中加入脚本代码来生成动态内容。对于一些复杂的操作，可以封装到函数或类中。PHP 中提供了许多已经定义好的函数，例如提供的标准数据库接口，使得数据库连接方便，扩展性强。PHP 可以被多个平台支持，但被广泛应用于 Unix/Linux 平台。由于 PHP 本身的代码对外开放，经过许多软件工程师的检测，因此，该技术具有公认的安全性能。

4. ASP.NET

ASP.NET 是一种建立动态 Web 应用程序的技术。它是.NET 框架的一部分，可以使用任何.NET 兼容的语言来编写 ASP.NET 应用程序。 使用 Visual Basic.NET、C#、J#、ASP.NET 页面（Web Forms）进行编译可以提供比脚本语言更出色的性能表现。Web Forms 允许在网页基础上建立强大的窗体。当建立页面时，可以使用 ASP.NET 服务端控件来建立常用的 UI 元素，并对它们编程来完成一般的任务。这些控件允许开发者使用内建可重用的组件和自定义组件来快速建立 Web Form，使代码简单化。

5. JSP

JSP 全称 Java Server Pages，是以 Java 为基础开发的，所以它沿用 Java 强大的 API 功能。JSP 页面中的 HTML 代码用来显示静态内容部分；嵌入到页面中的 Java 代码与 JSP 标记来生成动态的内容部分。JSP 允许程序员编写自己的标签库来完成应用程序的特定要求。JSP 可以被预编译，以提高程序的运行速度。另外，JSP 开发的应用程序经过一次编译后，便可随时随地运行，所以在绝大部分系统平台中，代码无需做修改就可以在支持 JSP 的任何服务器中运行。

知识点提炼

（1）C/S 是 Client/Server 的缩写，即客户端/服务器结构。在这种结构中，服务器通常采用高性能的 PC 或工作站，并采用大型数据库系统（如 Oracle 或 SQL Server），客户端则需要安装专用的客户端软件。

（2）B/S 是 Browser/Server 的缩写，即浏览器/服务器结构。在这种结构中，客户端不需要开发任何用户界面，而统一采用如 IE 和火狐等浏览器，通过 Web 浏览器向 Web 服务器发送请求，由 Web 服务器进行处理，并将处理结果逐级传回客户端。

（3）Web 的本意是网和网状物，现在被广泛译作网络、万维网或互联网等技术领域。它是一种基于超文本方式工作的信息系统。

（4）HTML 语言是客户端技术的基础，主要用于显示网页信息，它不需要编译，由浏览器解释执行。

（5）CSS 就是一种叫作样式表（Style Sheet）的技术，也有人称之为层叠样式表（Cascading Style Sheet）。

（6）Flash 是一种交互式矢量动画制作技术，它可以包含动画、音频、视频以及应用程序，而且 Flash 文件比较小，非常适合在 Web 上应用。

（7）JSP 全称 Java Server Pages，是以 Java 为基础开发的，所以它沿用 Java 强大的 API 功能。JSP 页面中的 HTML 代码用来显示静态内容部分；嵌入到页面中的 Java 代码与 JSP 标记来生成动态的内容部分。

习　　题

（1）说明什么是 C/S 和 B/S 结构，以及二者之间的区别。

（2）简述 Web 的工作原理。

（3）Web 从提出到现在共经历了哪 3 个阶段？

（4）简述进行 Web 开发时都需要应用哪些客户端技术。

（5）简述进行 Web 开发时服务器端应用的技术，重点说明什么是 JSP。

第 2 章 HTML 与 CSS 网页开发基础

本章要点：

- HTML 文档结构
- HTML 的各种常用标记
- HTML 5 新增的部分内容
- 使用 CSS 样式表控制页面
- CSS 3 的新特征

HTML 是一种在因特网上常见的网页制作标注性语言，而并不能算作一种程序设计语言，因为它相对于程序设计语言来说缺少了其应有的特征。HTML 是通过浏览器的翻译将网页中的内容呈现给用户的。对于网站设计人员来说，光使用 HTML 是不够的，需要在页面中引入 CSS 样式。HTML 与 CSS 的关系是“内容”与“形式”的关系，由 HTML 确定网页的内容，由 CSS 实现页面的表现形式。HTML 与 CSS 的完美搭配使页面更加的美观、大方、易于维护。本章将对进行 Web 开发时常用的客户端应用技术中的 HTML 和 CSS 进行详细介绍。

2.1 HTML

相信所有读者都有上网冲浪的习惯。在浏览器的地址栏中输入一个网址，就会展示出相应的网页内容。网页中包含有很多内容，如文字、图片、动画、声音、视频等。网页的最终目的是为访问者提供有价值的信息。提到网页设计，不得不提到 HTML。HTML（Hypertext Markup Language，超文本置标语言），用于描述超文本中内容的显示方式。使用 HTML 可以在网页中定义一个标题、文本或者表格等。本节将为详细介绍 HTML。

2.1.1 创建第一个 HTML 文件

编写 HTML 文件可以通过两种方式，一种是手工编写 HTML 代码，另一种是借助一些开发软件，比如 Adobe 公司的 Dreamweaver 或者 Microsoft 公司的 Expression Web 这样的网页制作软件。在 Windows 操作系统中，最简单的文本编辑软件就是记事本。

下面为大家介绍应用记事本编写第一个 HTML 文件。HTML 文件的创建方法非常简单，具体步骤如下。

（1）单击“开始”菜单，依次选择“程序/附件/记事本”选项。

（2）在打开的记事本窗体中编写代码，如图 2-1 所示。

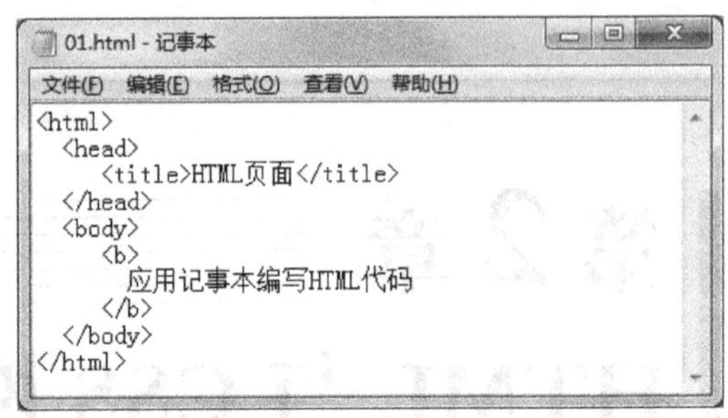

图 2-1　在记事本中输入 HTML 文件内容

（3）编写完成之后，需要将其保存为 HTML 格式文件，具体步骤为：选择记事本菜单栏中的“文件/另存为”选项，在弹出的“另存为”对话框中，首先在“保存类型”下拉列表中选择“所有文件”选项，然后在“文件名”文本框中输入一个文件名，如图 2-2 所示。需要注意的是，文件名的后缀应该是“.htm”或者“.html”。

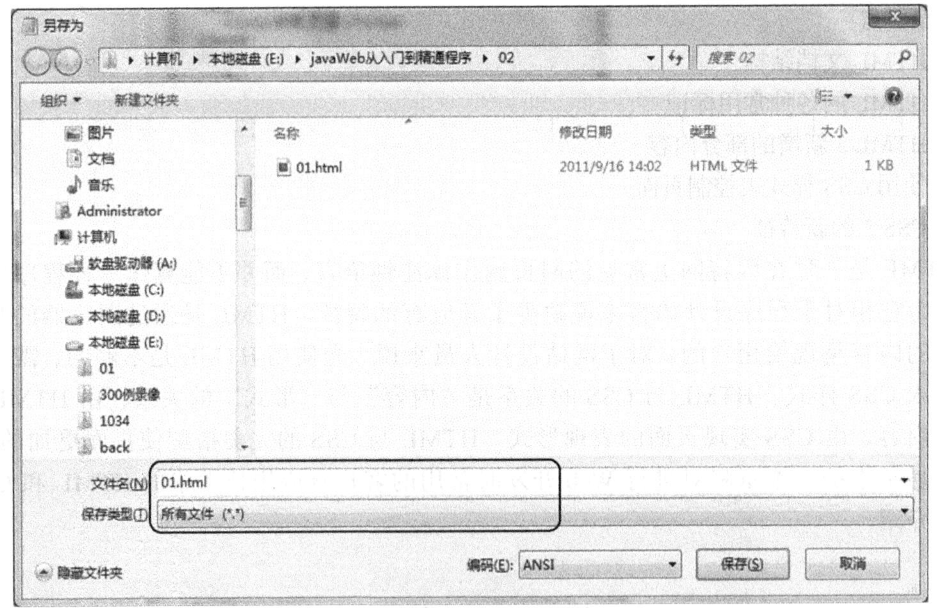

图 2-2　保存 HTML 文件

如果没有修改记事本的“保存类型”，那么记事本会自动将文件保存为“.txt”文件，即普通的文本文件，而不是网页类型的文件。

（4）设置完成后，单击“保存”按钮，则成功保存了 HTML 文件。此时，双击该 HTML 文件，就会在浏览器中显示页面内容，效果如图 2-3 所示。

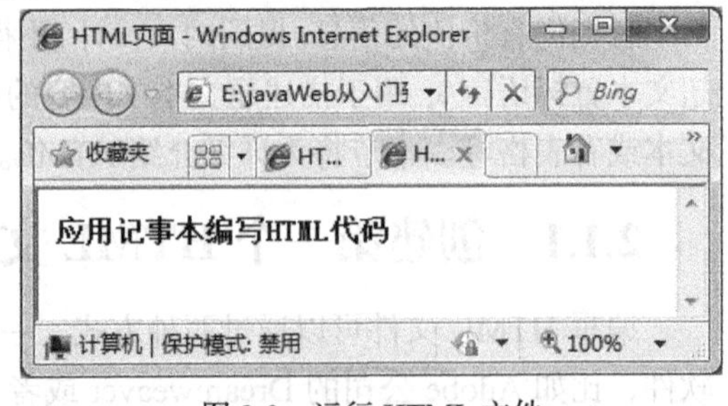

图 2-3　运行 HTML 文件

这样，就完成了第一个 HTML 文件的编写。尽管该文件内容非常的简单，但是却体现了 HTML 文件的特点。

在浏览器的显示页面中，单击鼠标右键，选择“查看源代码”选项，这时会自动打开记事本程序，里面显示的是 HTML 源文件。

2.1.2 HTML 文档结构

HTML 文档由 4 个主要标记组成，包括<html>、<head>、<title>、<body>。在上一小节为大家介绍的实例中就包含了这 4 个标记，这 4 个标记构成了 HTML 页面最基本的元素。

1. <html>标记

<html>标记是 HTML 文件的开头。所有 HTML 文件都以<html>标记开头，以</html>标记结束，即 HTML 页面的所有标记都要放置在<html>与</html>标记中。虽然<html>标记并没有实质性的功能，但却是 HTML 文件不可缺少的内容。

HTML 标记是不区分大小写的。

2. <head>标记

<head>标记是 HTML 文件的头标记，用于放置 HTML 文件的信息，如定义 CSS 样式的代码可放置在<head>与</head>标记之中。

3. <title>标记

<title>标记为标题标记。可将网页的标题定义在<title>与</title>标记之中。例如在 2.1.1 小节中定义的网页标题为“HTML 页面”。<title>标记被定义在<head>标记中。

4. <body>标记

<body>是 HTML 页面的主体标记。页面中的所有内容都定义在<body>标记中。<body>标记也是成对使用的，以<body>标记开头，</body>标记结束。<body>标记本身也具有控制页面的一些特性，如控制页面的背景图片和颜色等。

本小节中介绍的是 HTML 页面的最基本的结构。要深入学习 HTML，创建更加完美的网页，必须学习 HTML 的其他标记。

2.1.3 HTML 常用标记

HTML 中提供了很多标记，可以用来设计页面中的文字、图片，定义超链接等。这些标记的使用可以使页面更加的生动。下面为大家介绍 HTML 中的常用标记。

1. 换行标记

要让网页中的文字实现换行，在 HTML 文件中输入换行符（Enter 键）是没有用的，而必须用一个标记告诉浏览器在哪里实现换行操作。在 HTML 中，换行标记为“
”。

与前面为大家介绍的 HTML 标记不同，换行标记是一个单独标记，不是成对出现的。下面通过实例为大家介绍换行标记的使用。

【例 2-1】 创建 HTML 页面，在页面中输出一首古诗。（实例位置：光盘\MR\源码\第 2 章\2-1）

```
<html>
  <head>
    <title>应用换行标记实现页面文字换行</title>
  </head>
  <body>
    <b>
      黄鹤楼送孟浩然之广陵
    </b><br>
```

```
        故人西辞黄鹤楼，烟花三月下扬州。<br>
        孤帆远影碧空尽，唯见长江天际流
    </body>
</html>
```

运行本实例，效果如图 2-4 所示。

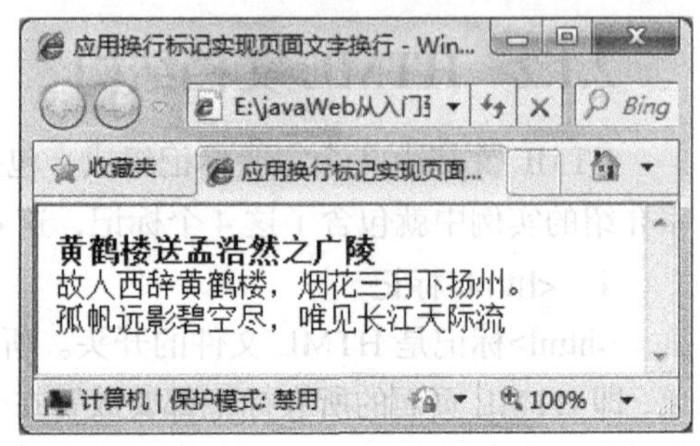

图 2-4　在页面中输出古诗

2. 段落标记

HTML 中的段落标记也是一个很重要的标记。段落标记以<p>标记开头，以</p>标记结束。段落标记在段前和段后各添加一个空行，而定义在段落标记中的内容不受该标记的影响。

3. 标题标记

在 Word 文档中，用户可以很轻松地实现不同级别的标题。如果要在 HTML 页面中创建不同级别的标题，可以使用 HTML 中的标题标记。在 HTML 标记中设定了 6 个标题标记，分别为<h1>至<h6>，其中<h1>代表 1 级标题，<h2>代表 2 级标题，<h6>代表 6 级标题等。数字越小，表示级别越高，文字的字体也就越大。

4. 居中标记

HTML 页面中的内容有一定的布局方式，默认的布局方式是从左到右依次排序。如果想让页面中的内容在页面的居中位置显示，可以使用 HTML 中的<center>标记。居中标记以<center>标记开头，以</center>标记结尾。标记之中的内容为居中显示。

【例 2-2】 使用居中标记对页面中的内容进行居中处理。（实例位置：光盘\MR\源码\第 2 章\2-2）

```
<html>
    <head>
     <title>设置标题标记</title>
    </head>
    <body>
     <center>
     <h1>Java 开发的 3 个方向</h1>
     <h2>Java SE</h2>
     <p>主要用于桌面程序的开发。它是学习 Java EE 和 Java ME 的基础，也是本书的重点内容。</p>
     <h2>Java EE</h2>
     <center>
     <p>主要用于网页程序的开发。随着互联网的发展，越来越多的企业使用 Java 语言来开发自己的官方网站，其中不乏世界 500 强企业。</p>
     </center>
     <h2>Java ME</h2>
     <center>
     <p>主要用于嵌入式系统程序的开发。</p>
     </center>
   </body>
</html>
```

将页面中的内容进行居中处理后，效果如图 2-5 所示。

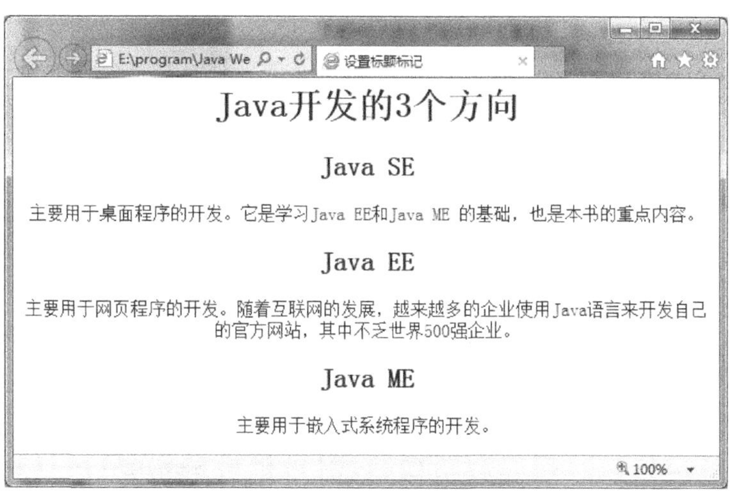

图 2-5　将页面中的内容进行居中处理

5. 文字列表标记

HTML 中提供了文字列表标记，可以将文字以列表的形式依次排列。通过这种形式可以更加方便网页的访问者。HTML 中的列表标记主要有无序列表和有序列表两种。

● 无序列表

无序列表是在每个列表项的前面添加一个圆点符号。通过符号<ul>可以创建一组无序列表，其中每一个列表项以<li>表示。下面的实例为大家演示了无序列表的应用。

【例 2-3】　使用无序列表对页面中的文字进行排序。（实例位置：光盘\MR\源码\第 2 章\2-3）

```
<html>
    <head>
     <title>无序列表标记</title>
    </head>
    <body>
     编程词典有以下几个品种
     <p>
     <ul>
       <li>Java 编程词典
       <li>VB 编程词典
       <li>VC 编程词典
       <li>.net 编程词典
       <li>C#编程词典
     </ul>
   </body>
</html>
```

本实例的运行结果如图 2-6 所示。

图 2-6　在页面中使用无序列表

● 有序列表

有序列表和无序列表的区别是，使用有序列表标记可以将列表项进行排序。有序列表的标记为<ol>，每一个列表项前使用<li>。有序列表中的项目项是有一定的顺序的。下面将例 2-3 进行修改，使用有序列表进行排序。

【例 2-4】　使用有序列表对页面中的文字进行排序。（实例位置：光盘\MR\源码\第 2 章\2-4）

```
<html>
    <head>
     <title>无序列表标记</title>
    </head>
    <body>
     编程词典有以下几个品种
     <p>
     <ol>
       <li>Java 编程词典
       <li>VB 编程词典
       <li>VC 编程词典
       <li>.net 编程词典
       <li>C#编程词典
     </ol>
   </body>
</html>
```

运行本实例，结果如图 2-7 所示。

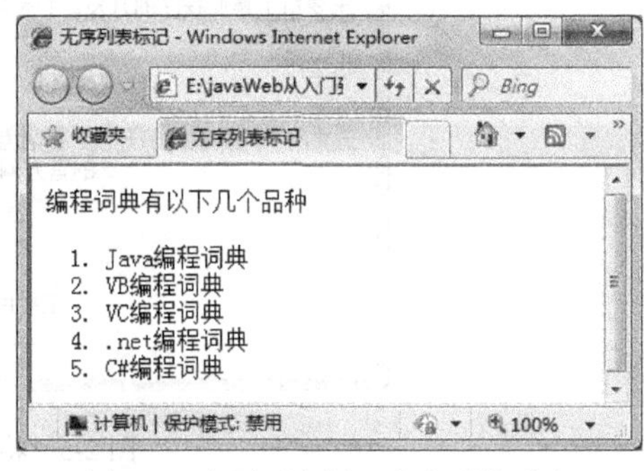

图 2-7 在页面中插入有序列的列表

2.1.4 表格标记

表格是网页中十分重要的组成元素，它用来存储数据。表格包含标题、表头、行和单元格。在 HTML 中，表格标记使用符号<table>表示。定义表格光使用<table>是不够的，还需要定义表格中的行、列、标题等内容。在 HTML 页面中定义表格，需要学会以下几个标记。

- 表格标记<table>

<table>…</table>标记表示整个表格。<table>标记中有很多属性，例如 width 属性用来设置表格的宽度，border 属性用来设置表格的边框，align 属性用来设置表格的对齐方式，bgcolor 属性用来设置表格的背景色等。

- 标题标记<caption>

标题标记以<caption>开头，以</caption>结束，它也有一些属性，例如 align、valign 等。

- 表头标记<th>

表头标记以<th>开头，以</th>结束，也可以通过 align、background、colspan、valign 等属性来设置表头。

- 表格行标记<tr>

表格行标记以<tr>开头，以</tr>结束，一组<tr>标记表示表格中的一行。<tr>标记要嵌套在<table>标记中使用，该标记也具有 align、background 等属性。

- 单元格标记<td>

单元格标记<td>又称为列标记，一个<tr>标记中可以嵌套若干个<td>标记。该标记也具有 align、background、valign 等属性。

【例 2-5】 在页面中定义学生考试成绩单。（实例位置：光盘\MR\源码\第 2 章\2-5）

```
<body>
<table width="318" height="167" border="1" align="center">
  <caption>学生考试成绩单</caption>
  <tr>
    <td align="center" valign="middle">姓名</td>
    <td align="center" valign="middle">语文</td>
```

```
    <td align="center" valign="middle">数学</td>
    <td align="center" valign="middle">英语</td>
  </tr>
  <tr>
    <td align="center" valign="middle">张三</td>
    <td align="center" valign="middle">89</td>
    <td align="center" valign="middle">92</td>
    <td align="center" valign="middle">87</td>
  </tr>
  <tr>
    <td align="center" valign="middle">李四</td>
    <td align="center" valign="middle">93</td>
    <td align="center" valign="middle">86</td>
    <td align="center" valign="middle">80</td>
  </tr>
  <tr>
    <td align="center" valign="middle">王五</td>
    <td align="center" valign="middle">85</td>
    <td align="center" valign="middle">86</td>
    <td align="center" valign="middle">90</td>
  </tr>
</table>
</body>
```

运行本实例，结果如图 2-8 所示。

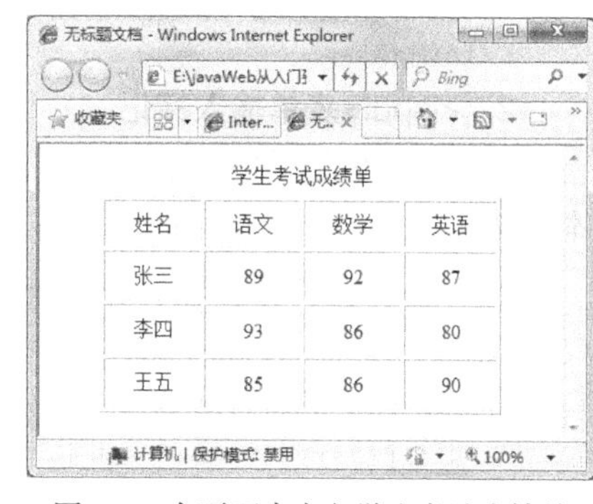

图 2-8　在页面中定义学生考试成绩单

说明　表格不仅可以用于显示数据，在实际开发中，常常会使用表格来设计页面。在页面中创建一个表格，并设置没有边框，可以将页面划分几个区域，之后分别对几个区域进行设计。这是一种非常方便的设计页面的方式。

2.1.5　HTML 表单标记

对于经常上网的人来说，网站中的登录页面肯定不会感到陌生。在登录页面中，网站会提供用户名文本框与密码文本框，以供访客输入信息。这里的用户名文本框与密码文本框就属于 HTML 中的表单元素。表单在 HTML 页面中起着非常重要的作用，是用户与网页交互信息的重要手段。

1. <form>…</form>表单标记

表单标记以<form>标记开头，以</form>标记结尾。在表单标记中可以定义处理表单数据程序的 URL 地址等信息。<form>标记的基本语法如下：

```
<form action = "url" method = "get'|"post" name = "name" onSubmit = "" target ="">
</form>
```

<form>标记的各属性说明如下。

- action 属性

action 属性用来指定处理表单数据程序的 URL 地址。

- method 属性

method 属性用来指定数据传送到服务器的方式。该属性有两种属性值，分别为 get 与 post。get 属性值表示将输入的数据追加在 action 指定的地址后面，并传送到服务器。当属性值为 post 时，会将输入的数据按照 HTTP 中的 post 传送方式传送到服务器。

- name 属性

name 属性用于指定表单的名称，该属性值可以由程序员自定义。

● onSubmit 属性

onSubmit 属性用于指定当用户单击提交按钮时触发的事件。

● target 属性

target 属性用于指定输入数据结果显示在哪个窗口中，该属性的属性值可以设置为“_blank”、“_self”、“_parent”、“_top”。其中“_blank”表示在新窗口中打开目标文件，“_self”表示在同一个窗口中打开，这项一般不用设置，“_parent”表示在上一级窗口中打开，一般使用框架页时经常使用，“_top”表示在浏览器的整个窗口中打开，忽略任何框架。

例如，创建一个表单，设置表单名称为 form，当用户提交表单时，提交至 action.html 页面进行处理，代码如下：

```
<form id="form1" name="form" method="post" action="action.html" target="_blank">
</form>
```

2. <input>表单输入标记

表单输入标记是使用最频繁的表单标记，通过这个标记可以向页面中添加单行文本、多行文本、按钮等。<input>标记的语法格式如下：

```
<input type="image" disabled="disabled" checked="checked" width="digit" height=
"digit" maxlength="digit" readonly="" size="digit" src="uri" usemap="uri" alt="" name=
"checkbox" value="checkbox">
```

<input>标记的属性如表 2-1 所示。

表 2-1　<input>标记的属性

属　性	描　述
type	用于指定添加的是哪种类型的输入字段，共有 10 个可选值
disabled	用于指定输入字段不可用，即字段变成灰色。其属性值可以为空值，也可以指定为 disabled
checked	用于指定输入字段是否处于被选中状态，用于 type 属性值为 radio 和 checkbox 的情况下。其属性值可以为空值，也可以指定为 checked
width	用于指定输入字段的宽度，用于 type 属性值为 image 的情况下
height	用于指定输入字段的高度，用于 type 属性值为 image 的情况下
maxlength	用于指定输入字段可输入文字的个数，用于 type 属性值为 text 和 password 的情况下，默认没有字数限制
readonly	用于指定输入字段是否为只读。其属性值可以为空值，也可以指定为 readonly
size	用于指定输入字段的宽度，当 type 属性为 text 和 password 时，以文字个数为单位，当 type 属性为其他值时，以像素为单位
src	用于指定图片的来源，只有当 type 属性为 image 时有效
usemap	为图片设置热点地图，只有当 type 属性为 image 时有效。属性值为 URI，URI 格式为“#+<map>标记的 name 属性值”。例如，<map>标记的 name 属性值为 Map，该 URI 为#Map
alt	用于指定当图片无法显示时显示的文字，只有当 type 属性为 image 时才有效
name	用于指定输入字段的名称
value	用于指定输入字段默认的数据值，当 type 属性为 checkbox 和 radio 时，不可省略此属性，为其他值时可以省略。当 type 属性为 button、reset 和 submit 时，指定的是按钮上的显示文字；当 type 属性为 checkbox 和 radio 时，指定的是数据项选定时的值

type 属性是<input>标记中非常重要的内容，决定了输入数据的类型。该属性值的可选项如表 2-2 所示。

表 2-2　　type 属性的属性值

可 选 值	描　述	可 选 值	描　述
text	文本框	submit	提交按钮
password	密码域	reset	重置按钮
file	文件域	button	普通按钮
radio	单选按钮	hidden	隐藏域
checkbox	复选框	image	图像域

【例 2-6】　创建一个名称为 index.html 的文件，在该文件的<body>标记中添加一个表单，并且在该表单中应用<input>标记添加文本框、密码域、单选按钮、复选框、文件域、隐藏域、提交按钮、重置按钮、普通按钮和图像域共 10 个输入字段。（实例位置：光盘\MR\源码\第 2 章\2-6）

```
<form action="" method="post" enctype="multipart/form-data" name="form1">
  文本框: <input name="user" type="text" id="user" size="39" maxlength="39"> <br>
  密码域: <input name="password" type="password" id="password" size="40" maxlength="40"> <br>
  单选按钮:
  <input name="sex" type="radio" value="男" checked> 男
  <input name="sex" type="radio" value="女"> 女<br>
  复选框:
  <input name="checkbox" type="checkbox" value="1" checked> 1
  <input name="checkbox" type="checkbox" id="checkbox" value="2"> 2<br>
  文件域: <input type="file" name="file"> <br>
  隐藏域: <input type="hidden" name="hiddenField"> <br>
  提交按钮: <input type="submit" name="Submit" value="提交"> <br>
  重置按钮: <input type="reset" name="Submit2" value="重置"> <br>
  普通按钮: <input type="button" name="Submit3" value="按钮"> <br>
  图像域: <input type="image" name="imageField" src="images/gm_06.gif" width="136" height="32">
</form>
```

完成在页面中添加表单元素后，即形成了网页的雏形。页面运行结果如图 2-9 所示。

图 2-9　运行结果

3. <select>…</select>下拉列表标记

<select>标记可以在页面中创建下拉列表，此时的下拉列表是一个空的列表，要使用<option>标记向列表中添加内容。<select>标记的语法格式如下：

```
<select name="name" size="digit" multiple="multiple" disabled="disabled">
</select>
```

<select>标记的属性说明如表 2-3 所示。

表 2-3　　<select>标记的属性

属　性	描　述
name	用于指定下拉列表框的名称
size	用于指定下拉列表框中显示的选项数量，超出该数量的选项可以通过拖动滚动条查看
disabled	用于指定当前下拉列表框不可使用（变成灰色）
multiple	用于让多行列表框支持多选

例如，在页面中应用<select>标记和<option>标记添加下拉列表框和多行列表框，关键代码如下：

```
下拉列表框：
<select name="select">
  <option>数码相机区</option>
  <option>摄影器材</option>
  <option>MP3/MP4/MP5</option>
  <option>U盘/移动硬盘</option>
</select>
  多行列表框（不可多选）：
<select name="select2" size="2">
  <option>数码相机区</option>
  <option>摄影器材</option>
  <option>MP3/MP4/MP5</option>
  <option>U盘/移动硬盘</option>
</select>
  多行列表框（可多选）：
<select name="select3" size="3" multiple>
  <option>数码相机区</option>
  <option>摄影器材</option>
  <option>MP3/MP4/MP5</option>
  <option>U盘/移动硬盘</option>
</select>
```

运行本程序，可发现在页面中添加了下拉列表框和多行列表框，如图 2-10 所示。

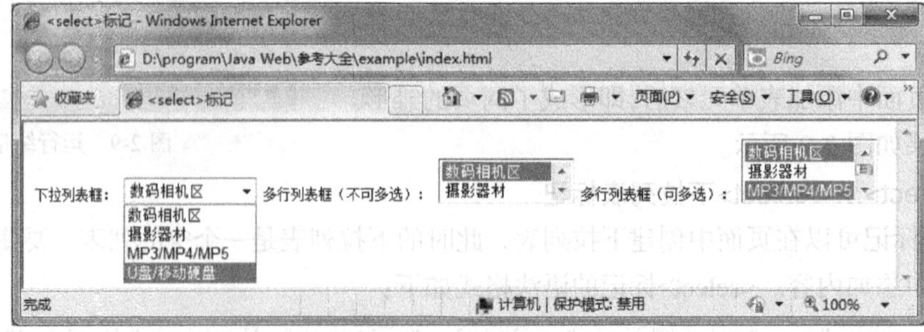

图 2-10　在页面中添加的下拉列表框和多行列表框

4. <textarea>多行文本标记

<textarea>为多行文本标记。与单行文本相比，多行文本可以输入更多的内容。通常情况下，

<textarea>标记出现在<form>标记的标记内容中。<textrare>标记的语法格式如下：

```
<textarea cols="digit" rows="digit" name="name" disabled="disabled" readonly="readonly" wrap="value">默认值</textarea>
```

<textarea>标记的属性说明如表 2-4 所示。

表 2-4　<textarea>标记属性说明

属　性	描　述
name	用于指定多行文本框的名称，当表单提交后，在服务器端获取表单数据时应用
cols	用于指定多行文本框显示的列数（宽度）
rows	用于指定多行文本框显示的行数（高度）
disabled	用于指定当前多行文本框不可使用（变成灰色）
readonly	用于指定当前多行文本框为只读
wrap	用于设置多行文本中的文字是否自动换行

<textarea>标记的 wrap 属性的可选值如表 2-5 所示。

表 2-5　warp 属性的可选值

可 选 值	描　述
hard	默认值，表示自动换行，如果文字超过 cols 属性所指的列数就自动换行，并且提交到服务器时，换行符同时被提交
soft	表示自动换行，如果文字超过 cols 属性所指的列数就自动换行，但提交到服务器时，换行符不被提交
off	表示不自动换行，如果想让文字换行，只能按下 Enter 键强制换行

例如，在页面中创建表单对象，并在表单中添加一个多行文本框，文本框的名称为 content，5 行 30 列，文字换行方式为 hard，关键代码如下：

```
<form name="form1" method="post" action="">
    <textarea name="content" cols="30" rows="5" wrap="hard"></textarea>
</form>
```

2.1.6　超链接与图片标记

HTML 的标记有很多，本书由于篇幅有限不能一一为大家介绍，只能介绍一些常用标记。除了上面介绍的常用标记外，还有两个标记不得不向大家介绍——超链接标记与图片标记。

1. 超链接标记

超链接标记是页面中非常重要的元素，用于实现在网站中从一个页面跳转到另一个页面。超链接标记的语法非常简单，语法如下：

```
<a href = ""></a>
```

属性 href 用来设定链接到哪个页面中。

2. 图像标记

浏览网站时，我们通常会看到各式各样的漂亮图片。在页面中添加图片是通过<img>标记来实现的。<img>标记的语法格式如下：

```
<img src="uri" width="value" height="value" border="value" alt="提示文字" >
```

<img>标记的属性说明如表 2-6 所示。

表 2-6　<img>标记的常用属性

属　性	描　述
src	用于指定图片的来源
width	用于指定图片的宽度
height	用于指定图片的高度
border	用于指定图片外边框的宽度，默认值为 0
alt	用于指定当图片无法显示时显示的文字

下面给出具体实例，为读者演示超链接和图像标记的使用。

【例 2-7】　在页面中添加表格，在表格中插入图片和超链接。（实例位置：光盘\MR\源码\第 2 章\2-7）

```
<table width="409" height="523" border="1" align="center">
  <tr>
    <td width="199" height="208"><img src="images/ASP.NET.jpg" /></td>
    <td width="194"><img src="images/CS.jpg"/></td>
  </tr><tr>
    <td height="35" align="center" valign="middle">
     <a href="message.html">查看详情</a></td>
    <td align="center" valign="middle"><a href="message.html">查看详情</a></td>
  </tr><tr>
    <td height="227"><img src="images/Java.jpg"/></td>
    <td><img src="images/VB.jpg"/></td>
  </tr><tr>
    <td height="35" align="center" valign="middle">
     <a href="message.html">查看详情</a></td>
    <td align="center" valign="middle"><a href="message.html">查看详情</a></td>
  </tr>
</table>
```

运行本实例，结果如图 2-11 所示。

页面中的“查看详情”为超链接，当用户单击该超链接后，将转至 message.html 页面，如图 2-12 所示。

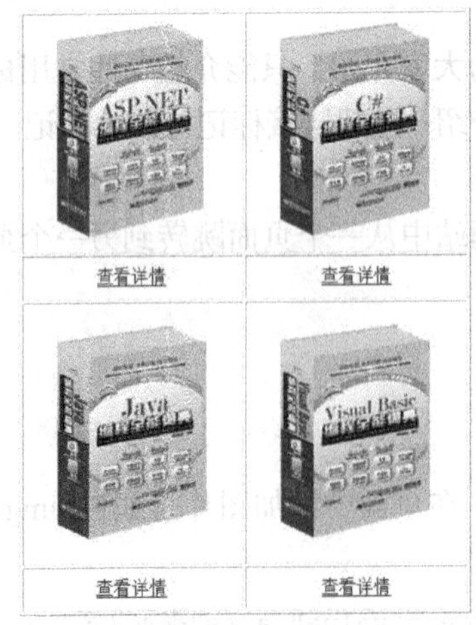

图 2-11　在页面中添加图片和超链接

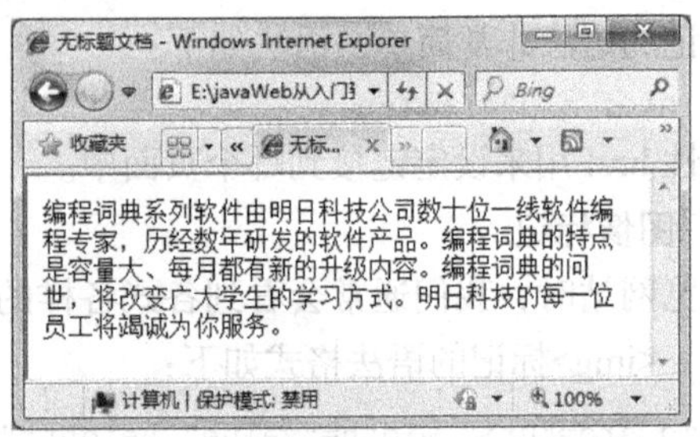

图 2-12　message.html 页面的运行结果

2.2　CSS 样式表

CSS 是 W3C 协会为弥补 HTML 在显示属性设定上的不足而制定的一套扩展样式标准，它的全称是“Cascading Style Sheet”。CSS 标准中重新定义了 HTML 中原来的文字显示样式，增加了一些新概念，如类、层等，可以对文字重叠、定位等。在 CSS 引入到页面设计之前，传统的 HTML 要实现页面美化是十分麻烦的。例如，要设计页面中文字的样式，如果使用传统的 HTML 语句来设计页面，就不得不在每个需要设计的文字上都定义样式。CSS 的出现改变了这一传统模式。

2.2.1　CSS 规则

在 CSS 样式表中包括 3 部分内容：选择符、属性和属性值。语法格式如下：

```
选择符{属性：属性值；}
```

语法说明如下：

- 选择符：又称选择器，是 CSS 中很重要的概念，所有 HTML 中的标记都是通过不同的 CSS 选择器进行控制的。
- 属性：主要包括字体属性、文本属性、背景属性、布局属性、边界属性、列表项目属性、表格属性等内容。其中一些属性只有部分浏览器支持，因此使 CSS 属性的使用变得更加复杂。
- 属性值：某属性的有效值。属性与属性值之间以“:”号分隔。当有多个属性时，使用“;”分隔。图 2-13 所示为大家标注了 CSS 语法中的选择器、属性与属性值。

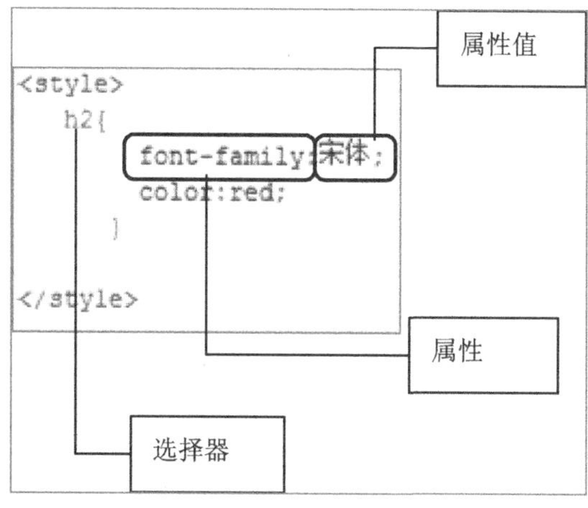

图 2-13　CSS 语法

2.2.2　CSS 选择器

CSS 选择器常用的是标记选择器、类别选择器、包含选择器、ID 选择器、类选择器等。使用选择器即可对不同的 HTML 标签进行控制，从而实现各种效果。下面对主要的选择器进行详细的介绍。

1. 标记选择器

大家知道，HTML 页面是由很多标记组成的，例如图片标记<img>、超链接标记<a>、表格标记<table>等，而 CSS 标记选择器就是声明页面中哪些标记采用哪些 CSS 样式，例如 a 选择器，就是用于声明页面中所有<a>标记的样式风格。

例如，定义 a 标记选择器，在该标记选择器中定义超链接的字体与颜色。

```
<style>
    a{
        font-size:9px;
        color:#F93;
    }
</style>
```

2. 类别选择器

使用标记选择器非常的快捷，但是会有一定的局限性。如果页面声明标记选择器，那么页面中所有该标记内容都会有相应的变化。假如页面中有 3 个<h2>标记，如果想让每个<h2>的显示效果都不一样，使用标记选择器就无法实现了，这时就需要引入类别选择器。

类别选择器的名称由用户自己定义，并以“.”号开头，定义的属性与属性值也要遵循 CSS 规范。要应用类别选择器的 HTML 标记，只需使用 class 属性来声明即可。

【例 2-8】 使用类别选择器控制页面中字体的样式。（实例位置：光盘\MR\源码\第 2 章\2-8）

```
<style>
  .one{                                   <!--定义类名为 one 的类别选择器-->
        font-family:宋体;                 <!--设置字体-->
        font-size:24px;                   <!--设置字体大小-->
        color:red;                        <!--设置字体颜色-->
     }
    .two{
        font-family:宋体;
        font-size:16px;
        color:red;
     }
    .three{
        font-family:宋体;
        font-size:12px;
        color:red;
     }
</style>
</head>
<body>
  <h2 class="one"> 应用了选择器 one </h2><!--定义样式后，页面会自动加载样式-->
  <p> 正文内容 1    </p>
   <h2 class="two">应用了选择器 two</h2>
  <p>正文内容 2 </p>
  <h2 class="three">应用了选择器 three </h2>
  <p>正文内容 3 </p>
</body>
```

在上面的代码中，页面中的第 1 个<h2>标记应用了 one 选择器，第 2 个<h2>标记应用了 two 选择器，第 3 个<h2>标记应用了 three 选择器，运行结果如图 2-14 所示。

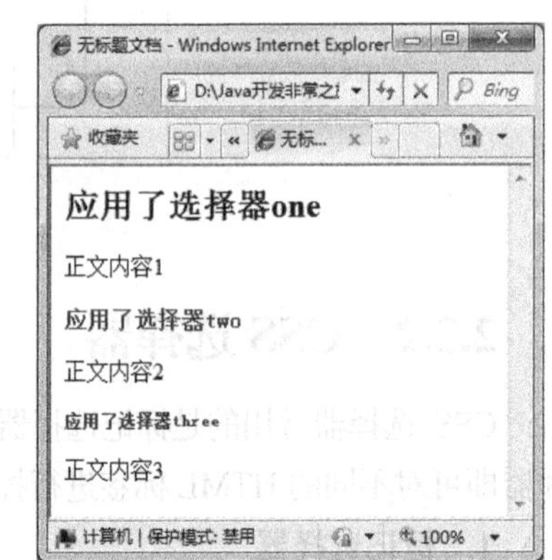

图 2-14 类别选择器控制页面的文字样式

在 HTML 标记中，不仅可以应用一种类别选择器，也可以应用多种类别选择器，这样可使 HTML 标记同时加载多个类别选择器的样式。在使用的多种类别选择器之间用空格进行分割即可，例如“<h2 class="size color">”。

3. ID 选择器

ID 选择器是通过 HTML 页面中的 ID 属性来进行选择增添样式的，它与类别选择器的基本相同，但需要注意的是，由于 HTML 页面中不能包含两个相同的 ID 标记，因此定义的 ID 选择器也就只能被使用一次。

命名 ID 选择器要以“#”号开始，后加 HTML 标记中的 ID 属性值。

例如，使用 ID 选择器控制页面中字体的样式。

```
<style>              <!--定义 ID 选择器-->
  #frist{
       font-size:18px
     }
  #second{
      font-size:24px
     }
#three{
      font-size:36px
     }
</style>
<body>
   <p id="frist">ID 选择器</p>
<!--在页面中定义标记，则自动应用样式-->
   <p id="second">ID 选择器 2</p>
   <p id="three">ID 选择器 3</p>
</body>
```

运行本段代码，结果如图 2-15 所示。

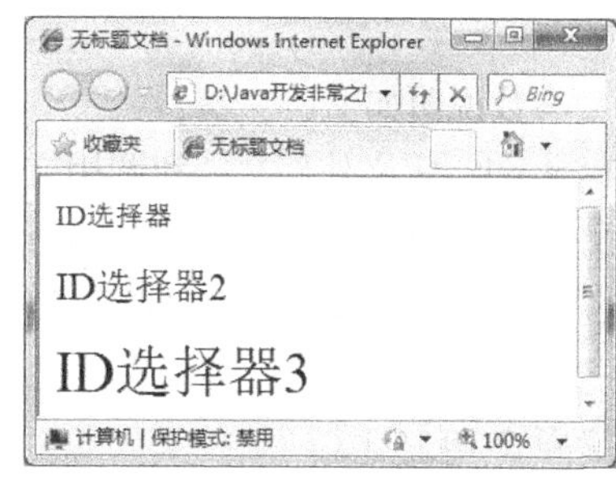

图 2-15　使用 ID 选择器控制页面文字大小

2.2.3　在页面中包含 CSS

在对 CSS 有了一定的了解后，下面为大家介绍实现在页面中包含 CSS 样式的几种方式，其中包括行内样式、内嵌式、链接式和导入式。

1. 行内样式

行内样式是比较直接的一种样式，它直接定义在 HTML 标记之内，通过 style 属性来实现。这种方式比较容易令初学者接受，但是灵活性不强。

【例 2-9】　通过定义行内样式的形式，控制页面文字的颜色和大小。（实例位置：光盘\MR\源码\第 2 章\2-9）

```
<table width="200" border="1" align="center">              <!--在页面中定义表格-->
<tr>
<td><p style="color:#F00; font-size:36px;">行内样式一</p></td><!--在页面文字中定义 CSS 样式-->
</tr>
<tr>
 <td><p style="color:#F00; font-size:24px;">行内样式二</p></td>
</tr>
<tr>
<td><p style="color:#F00; font-size:18px;">行内样式三</p></td>
</tr>
```

```
    <tr>
     <td><p  style="color:#F00;  font-size:14px;"> 行 内 样 式 四
</p></td>
    </tr>
    </table>
```

运行本实例，结果如图 2-16 所示。

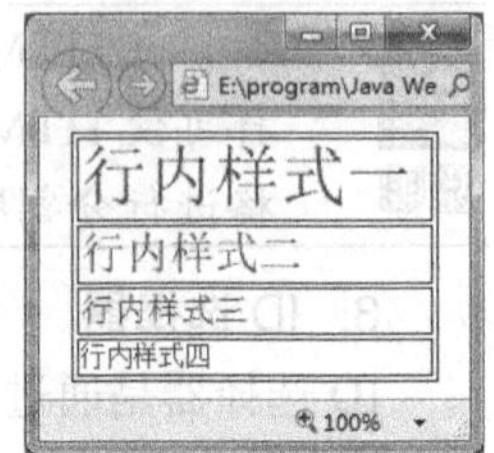

图 2-16　定义行内样式

2. 内嵌式

内嵌式样式表就是在页面中使用<style></style>标记将 CSS 样式包含在页面中。本章中的实例 2-10 就是使用这种内嵌样式表的模式。内嵌式样式表的形式没有行内标记表现得直接，但是能够使页面更加的规整。

与行内样式相比，内嵌式样式表更加便于维护，但是如果每个网站都由不同页面构成，而每个页面中相同的 HTML 标记都要求有相同的样式，此时使用内嵌式样式表就显得比较笨重，而用链接式样式表可以解决这一问题。

3. 链接式

链接外部 CSS 样式表是最常用的一种引用样式表的方式，它将 CSS 样式定义在一个单独的文件中，然后在 HTML 页面中通过<link>标记引用，是一种最为有效的使用 CSS 样式的方式。

<link>标记的语法结构如下：

```
<link rel='stylesheet' href='path' type='text/css'>
```

参数说明如下。

- rel：定义外部文档和调用文档间的关系。
- href：CSS 文档的绝对路径或相对路径。
- type：外部文件的 MIME 类型。

【例 2-10】 通过链接式样式表的形式在页面中引入 CSS 样式。（实例位置：光盘\MR\源码\第 2 章\2-10）

（1）创建名称为 css.css 的样式表，在该样式表中定义页面中<h1>、<h2>、<h3>、<p>标记的样式，代码如下：

```
h1,h2,h3{                                    /*定义 CSS 样式 */
     color:#6CFw;
     font-family:"Trebuchet MS", Arial, Helvetica, sans-serif;
}
p{
     color:#F0Cs;                            /*定义颜色*/
     font-weight:200;
     font-size:24px;                         /*设置字体大小*/
}
```

（2）在页面中通过<link>标记将 CSS 样式表引入到页面中，此时 CSS 样式表定义的内容将自动加载到页面中，代码如下：

```
<title>通过链接形式引入 CSS 样式</title>
<link href="css.css"/>      <!--页面引入 CSS 样式表-->
</head>
<body>
     <h2>页面文字一</h2>     <!--在页面中添加文字-->
     <p>页面文字二</p>
</body>
```

运行程序，结果如图 2-17 所示。

图 2-17　使用链接式引入样式表

2.3 CSS 3 的新特征

从 2010 年开始，HTML 5 和 CSS 3 就一直是互联网技术中最受关注的两个话题。CSS 3 是 CSS 技术的一个升级版本，是由 Adobe Systems、Apple、Google、HP、IBM、Microsoft、Mozilla、Opera、Sun Microsystems 等 Web 界的巨头联合组成的一个名为“CSS Working Group”的组织共同协商策划的。虽然目前很多细节还在讨论中，但还是不断地朝前发展着。

2.3.1 模块与模块化结构

在 CSS 3 中并没有采用总体结构，而是采用了分工协作的模块化结构。采用这种模块化结构，是为了避免产生浏览器对于某个模块支持不完全的情况。如果把整体分成几个模块，各浏览器可以选择支持哪个模块，不支持哪个模块。例如，普通电脑中的浏览器和手机上用的浏览器应该对不同的模块进行支持。如果采用模块分工协作的话，不同设备上所用的浏览器都可以选用不同模块进行支持，方便了程序的开发。CSS 3 中的常用模块如表 2-7 所示。

表 2-7　　CSS 3 中的模块

模块名称	功能描述
Basic Box Model	定义各种与盒子相关的样式
Line	定义各种与直线相关的样式
Lists	定义各种与列表相关的样式
Text	定义各种与文字相关的样式
Color	定义各种与颜色相关的样式
Font	定义各种与字体相关的样式
Background and Border	定义各种与背景和边框相关的样式
Paged Media	定义各种页眉、页脚、页数等页面元素数据的样式
Writing Modes	定义页面中文本数据的布局方式

2.3.2 一个简单的 CSS 3 实例

对 CSS 3 中模块的概念有了一定的了解之后，本小节通过实例为大家介绍 CSS 3 与 CSS 2 在页面设计中的区别。

在 CSS 2 中，如果要为页面中的文字添加彩色边框，可以通过 DIV 层来进行控制。

【例 2-11】 在 CSS 2 中使用 DIV 层为页面中的文字添加彩色边框。（实例位置：光盘\MR\源码\第 2 章\2-11）

```
<title>使用 CSS2 对页面中的文字添加彩色边框</title>
<style>
#boarder {
    margin:3px;
    width:180px;
    padding-left:14px;
    border-width:5px;
```

```
    border-color:blue;
    border-style:solid;
    height:104px;
}
</style>
</head>
<body>
<div id="boarder"> 文字一<br>
  文字二<br>
  文字三<br>
  文字四<br>
  文字五<br>
</div>
</body>
```

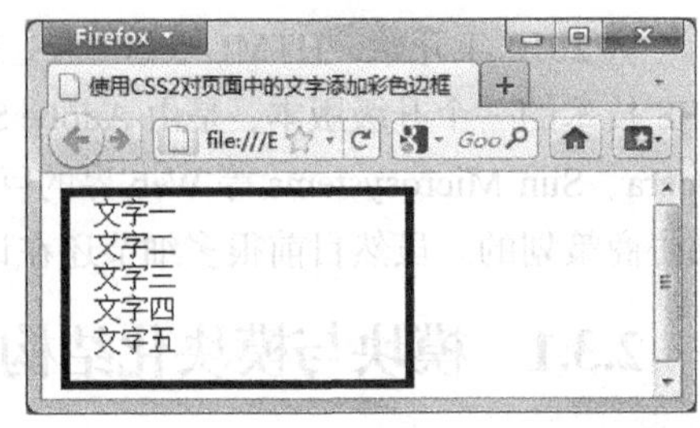

图 2-18　使用 CSS 2 为页面中的文字添加边框

使用 Firefox 浏览器运行实例，结果如图 2-18 所示。

要在 CSS 3 中添加一些新的样式，比如本实例中的边框，就可以通过 CSS 3 中的 border-radius 属性来实现。通过 border-radius 属性指定好圆角的半径，就可以绘制圆角边框了。

【例 2-12】 在 CSS 3 中使用 border-radius 属性为页面中的文字添加边框。（实例位置：光盘\MR\源码\第 2 章\2-12）

```
<style>
#boarder {
    border:solid 5px blue;
    border-radius:20px;
    -moz-border-radius:20px;
    padding:20px;
    width:180px;
}
</style>
</head>
<body>
<div id="boarder"> 文字一<br>
  文字二<br>
  文字三<br>
  文字四<br>
  文字五<br>
</div>
</body>
```

在使用 border-radius 属性时，如果使用 Firefox 浏览器，需要将样式代码书写成“-moz-border-radius”，如果使用 Safari 浏览器，需要将样式代码书写成“-webkit-border-radius”，如果使用 Opera 浏览器，需要将样式代码书写成“border-radius”，如果使用 Chrome 浏览器，需要将样式代码书写成“border-radius”或“-webkit-border-radius”的形式。

在 Firefox 浏览器中运行本实例，结果如图 2-19 所示。

上面的两个实例都是为页面中的文字添加了边框，但是如果将这两个实例中的文字多添加几行，就可发现运行结果的变化，如图 2-20 与图 2-21 所示。

图 2-19　使用 CSS 3 为页面中的文字添加边框

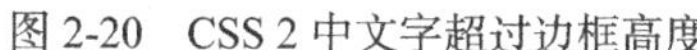
图 2-20　CSS 2 中文字超过边框高度

图 2-21　CSS 3 中边框自动延长

从图 2-20 与图 2-21 中的运行结果不难看出 CSS 2 与 CSS 3 的区别，对于界面设计者来说，这无疑是个好消息。在 CSS 3 中新增的各种各样的属性，可以摆脱 CSS 2 的很多束缚，从而使整个网站的界面设计进入一个新的台阶。

2.4　综合实例——应用 DIV+CSS 布局许愿墙主界面

许愿墙网站通常是用于发送并显示许愿、祝福的网站。通过该网站，用户可以许下心中的愿望，并将愿望随机显示到字条墙上。在许愿墙网站中，最能体现布局效果的功能就是实现许愿墙的首页，而贴字条页面主要由表单组成，布局比较简单，还需要操作数据库保存字条内容，所以在本实例中，我们并没有实现许愿功能，只是实现了许愿墙网站的首页，如图 2-22 所示。

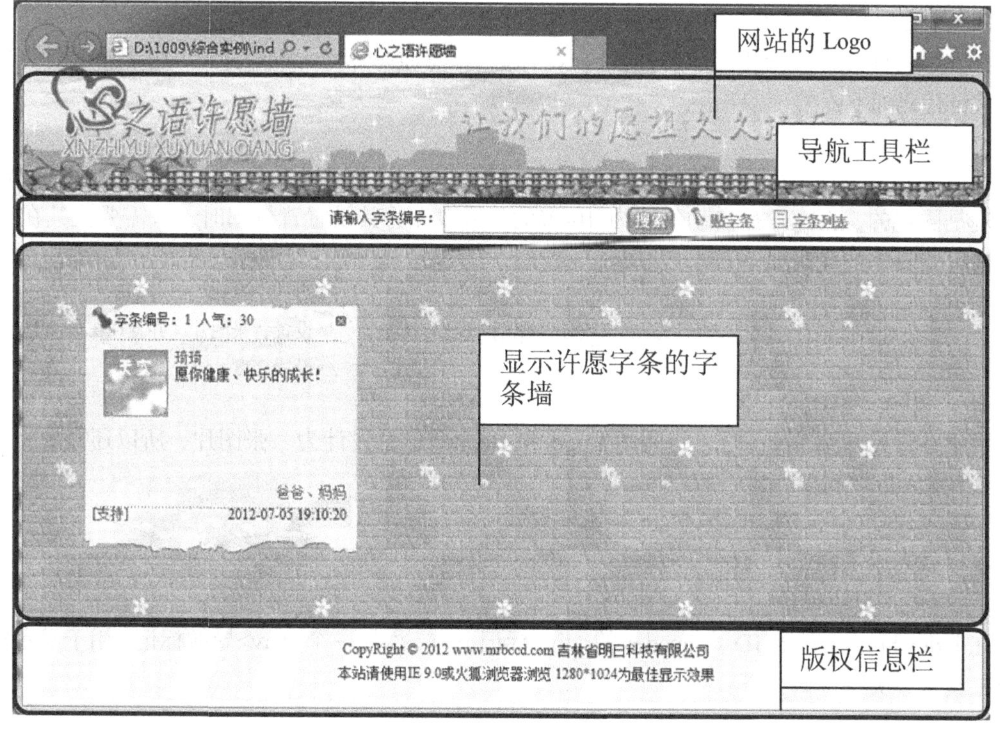

图 2-22　许愿墙的首页

1. 整体样式设计

为了规范页面代码，我们将控制许愿墙首页的 CSS 代码保存在一个单独的.css 文件中，并命名为 index.css，然后在许愿墙的首页中应用下面的代码将其链接到页面中。

```
<link href="CSS/index.css" rel="stylesheet"/>
```

接下来就可以编写控制整体样式的 CSS 代码了。在许愿墙的首页中，我们要设计的整体样式包括控制<body>标记的公共样式、控制超级链接的样式和一个用于取消元素边框的 CSS 类，具体代码如下：

```
body{
    margin:0px;              /*设置外边距，也就是页面内容与浏览器窗口内边框的间隙*/
    font-size: 12px;         /*文字的大小为 12 像素*/
}
a:hover {
    color: #FF4400;          /*设置鼠标移动到超级链接上的文字颜色*/
}
a {
    color: #3C404D;          /*设置超级链接文字的颜色*/
    text-decoration:none;  /*无下划线*/
}
.noborder{
    border:0px;              /*无边框*/
}
```

在这里，之所以要定义一个取消元素边框的 CSS 类.noborder，因为在后面的实现过程中，我们会采用标记选择器来设置<input>标记的边框样式，这样代表搜索按钮的图像域就会被添加边框，这时就需要使用.noborder 来取消其边框。

2. 网站 Logo 栏设计

在许愿墙首页的 index.html 文件的<body>标记中，添加一个<header>标记，用于显示网站 Logo 栏，关键代码如下：

```
<header></header>
```

在 index.css 文件中，编写控制<header>标记的样式，这里采用标记选择器实现。该<header>的高度是固定的，而宽度是自动延伸为 100%的，所以在为其设置背景图时，只需要让其在 x 轴重复即可，具体的代码如下：

```
header{
    background:url(../images/bg_top.jpg) repeat-x;  /*设置背景图片，并且在 x 轴重复*/
    height:112px;                                    /*设置高度*/
}
```

由于在设计网站 Logo 时，将网站 Logo 和 Banner 信息设计为一张图片，所以还需要将该图片插入到该<div>标记中，关键代码如下：

```
<img src="images/banner.jpg" width="832" height="112" />
```

这样就完成了网站 Logo 栏的设计。

3. 导航工具栏设计

在 index.html 文件的 ID 为 header 的<div>标记下方，添加一个<nav>导航标记，用于显示网站导航工具栏，关键代码如下：

```
<nav></nav>
```

在 index.css 文件中，编写控制<nav>标记的样式，这里采用标记选择器实现。该<nav>的高度是固定的，而宽度是自动延伸为 100%的，所以在为其设置背景图时，只需要让其在 x 轴重复即可，具体代码如下：

```
nav{
    /*设置背景图片，并且在 x 轴重复*/
    background:url(../images/bg_navigation.gif) repeat-x;
    height:35px;                                /*设置高度*/
    line-height:35px;                           /*设置行高*/
    padding-top:4px;                            /*设置顶内边距*/
    padding-left:27%;                           /*设置左内边距*/
}
```

由于在添加导航的超级链接和搜索表单时需要使用浮动在左边的列表，所以在设置内容居中时不能使用“text-align:center;”实现，而需要将左内边距设置为指定的百分比实现，这样就可达到居中效果了。

添加一个表单，并在该表单中应用<ul>和<li>标记显示搜索输入框、搜索按钮、贴字条超级链接和字条列表超级链接等内容，关键代码如下：

```
<form id="form1" name="form1" method="post" action="">
<ul>
  <li>请输入字条编号:</li><li><input type="text" name="keyID" id="keyID" class="navigation_input" />  </li>
  <li><input type="image" name="imageField" src="images/btn_search.gif" class="noborder" /></li>
  <li><img src="images/addScript_ico.gif" width="12" height="18" /></li><li> <a href="#">贴字条</a></li><li><img src="images/listScript_ico.gif" width="12" height="17" /></li><li> <a href="#">字条列表</a></li>
  </ul>
</form>
```

在 index.css 文件中编写控制导航工具栏中各元素样式的 CSS 代码。这里采用了包含选择器，添加仅对导航工具栏中的<ul>标记、<li>标记和超级链接起作用的样式，具体代码如下：

```
nav ul{
    list-style-type:none;
    margin:0px;                    /*设置外边距*/
}
nav li{
    float:left;
    padding:0px 2px 0px 0px;       /*设置内边距*/
    line-height:22px;              /*设置行高*/
}
nav  a{
    text-decoration:underline;
    font-weight:bold;              /*文字加粗*/
    color: #F54292;                /*设置超级链接文字的颜色*/
}
nav  a:hover{
    text-decoration:underline;
    font-weight:bold;              /*文字加粗*/
    color: #FF6600;                /*设置当鼠标移动到超级链接上时文字的颜色*/
}
.navigation_input{
```

```
    color: #333333;                                 /*设置文字的颜色*/
    border: 1px solid #7B98B1;                      /*设置边框的样式*/
    height:19px;                                    /*设置输入框的高度*/
}
```

这样就完成了导航工具栏的设计。

4. 字条墙设计

在许愿墙首页的 index.html 文件的 ID 为 scrollScrip 的<div>标记下方，添加一个<div>标记，并设置 ID 属性为 main，用于提供显示字条的位置，即字条墙，关键代码如下：

```
<div id="main"></div>
```

在 index.css 文件中，编写控制 ID 为 main 的<div>标记的样式，这里采用 ID 选择器实现。控制字条墙样式的代码比较简单，只要实现为其设置背景和高度就可以，具体代码如下：

```
#main{
    background:url(../images/bg_main.jpg);        /*设置背景图片*/
    height:400px;                                 /*设置高度*/
}
```

这样就完成了字条墙的设计。

5. 版权信息栏设计

在许愿墙首页的 index.html 文件的 ID 为 main 的<div>标记下方，添加一个<div>标记，并设置 ID 属性为 copyright，用于显示版权等信息，关键代码如下：

```
<footer></footer>
```

在 index.css 文件中，编写控制<footer>标记的样式，这里采用标记选择器实现。该<footer>的高度是固定的，而宽度是自动延伸为 100%的，所以在为其设置背景图时，只需要让其在 x 轴重复即可，具体代码如下：

```
footer{
    /*设置背景图片，并且在 x 轴重复*/
    background:url(../images/bg_copyright.jpg) repeat-x;
    text-align:center;                            /*设置为居中显示*/
    padding-top:1px;                              /*设置顶内边距*/
    padding-bottom:1px;                           /*设置底内边距*/
}
```

由于本网站的版权信息由两行组成，所以这里需要添加一个<ul>标记，并且在该标记中添加两个<li>标记，分别用于显示每行的内容，关键代码如下：

```
<ul>
    <li>CopyRight &copy; 2012 www.mrbccd.com 吉林省明日科技有限公司 </li>
    <li>本站请使用 IE 9.0 或火狐浏览器浏览 1280*1024 为最佳显示效果</li>
</ul>
```

在 index.css 文件中，编写控制版权信息栏中<ul>标记样式的 CSS 代码。这里采用了包含选择器，实现仅对版权信息栏中的<ul>标记起作用的样式，具体代码如下：

```
footer ul{
    list-style:none;                              /*设置为无项目符号*/
    line-height:20px;                             /*设置行高*/
}
```

这样就完成了版权信息栏的设计。

6. 许愿字条设计

在许愿墙中，可以有多个许愿字条，它将以随机的位置显示到字条墙上。这些字条虽然颜色、样式可能不同，但基本形式是相同，所以实现的方法也基本相同。下面我们就以 ID 为 scrip1 的字条为例介绍许愿字条的设计过程。

添加一个 ID 属性为 scrip1 的<div>标记，并设置其样式。此处需要采用两种方法为其设置样式，一种是采用行内样式设置字条显示的位置和层叠次序；另一种是采用类选择器，用于设置字条背景、定位方式、宽度、高度以及不透明度等样式。关键代码如下：

```
<div id='scrip1' class='Style3' style='left:200px;top:200px; z-index:1'> </div>
```

创建一个 scrip.css 文件，用于保存字条相关的 CSS 样式代码。在该文件中创建名称为 Style3 的 CSS 类，用于控制字条背景、定位方式、宽度、高度以及不透明度等样式，具体代码如下：

```
.Style3{
    /*设置背景图片，并且背景图片不重复*/
    background:url(../images/bg/style3.gif) no-repeat;
    position:absolute;                          /*设置绝对布局*/
    cursor:move;                                /*设置鼠标指针的样式*/
    width:240px;                                /*设置宽度*/
    height:210px;                               /*设置高度*/
    filter:alpha(opacity=90);                   /*设置不透明度*/
}
```

由于在许愿墙网站中需要有多种颜色方案的字条，所以还需要按照该方式再编写名称为 Style0、Style1、Style2、Style4、Style5、Style6 和 Style7 的 CSS 类。详细代码请参见光盘中的源代码。

在 ID 属性为 scrip1 的<div>标记中，添加显示字条详细内容的段落和图片标记，具体代码如下：

```
<p class='Num'>字条编号：1  人气：<span id='hitsValue1'>30</span><img src='images/close.gif' alt='关闭'></p><br />
<p class='Detail'>
<img src='images/face/face_1.gif'>
<span class='wishMan'>琦琦</span><br />
愿你健康、快乐的成长！</p>
<p class='wellWisher'>爸爸、妈妈</p>
<p class='comment'><a href='#'>[支持]</a></p>
<p class='Date'>2012-07-05 19:10:20</p>
```

编写控制被祝福人和许愿人文字颜色的 CSS 代码，这里采用包含选择器的形式，添加只对应用了 Style3 类的<div>标记下的被祝福人和许愿人文字起作用的样式，关键代码如下：

```
.Style3 .wishMan{color:#9733BE;}                /*设置被祝福人文字颜色的样式*/
.Style3 .wellWisher{color:#9733BE;}             /*设置许愿人文字颜色的样式*/
```

另外，上面的代码也可以写成并集选择器的形式，达到的效果是一样的，具体代码如下：

```
.Style3 .wishMan,.wellWisher{color:#9733BE;}
```

由于在许愿墙网站中需要有多种颜色方案的字条，所以还需要按照该方式再编写对应于 Style0、Style1、Style2、Style4、Style5、Style6 和 Style7 的 CSS 类的 wishMan 和 wellWisher 类。详细代码请参见光盘中的源代码。

编写控制字条其他内容的 CSS 样式，主要包括设置字条编号、关闭按钮、字条详细内容区域、表情图片、许愿人位置、"支持"超级链接和许愿时间的样式，具体代码如下：

```
.Num{margin:6px 0 0 30px;}                                    /*设置字条编号的样式*/
.Num img{float:right;cursor:pointer;margin:2px 10px 0 0;}     /*设置关闭按钮的样式*/
/*设置字条详细内容区域的样式*/
.Detail{margin:5px 10px 0 20px;height:113px;overflow:hidden;word-wrap:break-word;}
.Detail Img{float:left;margin-right:6px;}                     /*设置表情图片的样式*/
.wellWisher{margin:0 10px 0 0;text-align:right;}              /*设置许愿人位置的样式*/
.comment{margin:5px 0px 0px 10px;font-size:9pt; float:left;} /*设置"支持"的样式*/
.Date{margin:5px 10px 0 0;text-align:right;font-size:9pt;}   /*设置许愿时间的样式*/
```

这样就完成了 ID 为 scrip1 的字条的设计。

知识点提炼

（1）HTML 文档由 4 个主要标记组成，包含<html>、<head>、<title>、<body>。

（2）<head>标记是 HTML 文件的头标记，用于放置 HTML 文件的信息。

（3）无序列表是在每个列表项的前面添加一个圆点符号。通过符号<ul>可以创建一组无序列表，其中每一个列表项以<li>表示。

（4）有序列表和无序列表的区别是，使用有序列表标记可以将列表项进行排序。有序列表的标记为<ol>，每一个列表项前使用<li>。

（5）表单标记以<form>标记开头，以</form>标记结尾。

（6）在 CSS 样式表中包括 3 部分内容：选择符、属性和属性值。

（7）行内样式是比较直接的一种样式，它直接定义在 HTML 标记之内，通过 style 属性来实现。

（8）内嵌式样式表就是在页面中使用<style></style>标记将 CSS 样式包含在页面中。

（9）链接外部 CSS 样式表是最常用的一种引用样式表的方式，它将 CSS 样式定义在一个单独的文件中，然后在 HTML 页面中通过<link>标记引用，是一种最为有效的使用 CSS 样式的方式。

习　题

（1）一个标准的 HTML 文档的文档结构是什么？

（2）CSS 提供了几种定义和引用样式表的方式？它们的优先级依次是什么？

（3）CSS 提供了哪几种选择器？

实验：编写用户注册表单

实验目的

掌握 HTML 表单及表单元素标记的应用。

实验内容

应用<input>标记在用户注册页面中添加获取用户名和 E-mail 的文本框、获取密码和确认密码的密码域、选择性别的单选按钮、选择爱好的复选框、提交按钮、重置按钮和用于提交表单的图像域。

实验步骤

（1）应用文本编辑器（Dreamweaver 或者记事本）创建一个名称为 index.html 的文件。

（2）在该文件中，首先应用<form>标记添加一个表单，将 method 属性设置为 post，然后应用<input>标记添加获取用户名和 E-mail 的文本框、获取密码和确认密码的密码域、选择性别的单选按钮、选择爱好的复选框、提交按钮、重置按钮和用于提交表单的图像域，关键代码如下：

```
<body>
<form action="" method="post" name="myform">
   用 户 名：<input name="username" type="text" id="UserName4" maxlength="20">
密 码：<input name="pwd1" type="password" id="PWD14" size="20" maxlength="20">
   确认密码：<input name="pwd2" type="password" id="PWD25" size="20" maxlength="20">
性 别：<input name="sex" type="radio" class="noborder" value="男" checked>男 
           <input name="sex" type="radio" class="noborder" value="女">女
爱 好：<input name="like" type="checkbox" id="like" value="体育">体育
         <input name="like" type="checkbox" id="like" value="旅游">旅游
         <input name="like" type="checkbox" id="like" value="听音乐">听音乐
         <input name="like" type="checkbox" id="like" value="看书">看书
    E-mail：<input name="email" type="text" id="PWD224" size="50">
<input name="Submit" type="submit" class="btn_grey" value="确定保存">
    <input name="Reset" type="reset" class="btn_grey" id="Reset" value="重新填写">
    <input type="image" name="imageField" src="images/btn_bg.jpg">
</form>
</body>
```

运行本实例，将显示用户注册页面，在该页面中填写用户注册信息，如图 2-23 所示，单击“确定保存”按钮或“保存”按钮，提交用户注册信息。

图 2-23 填写用户注册信息

第 3 章 JavaScript 脚本语言

本章要点：

- 什么是 JavaScript 以及 JavaScript 的主要特点
- JavaScript 语言基础
- JavaScript 的流程控制语句
- JavaScript 中函数的应用
- JavaScript 常用对象的应用
- DOM 技术

JavaScript 是 Web 页面中一种比较流行的脚本语言，它由客户端浏览器解释执行，可以应用在 JSP、PHP、ASP 等网站中。同时，随着 Ajax 进入 Web 开发的主流市场，JavaScript 已经被推到了舞台的中心，因此，熟练掌握并应用 JavaScript 对于网站开发人员来说非常重要。本章将详细介绍 JavaScript 的基本语法、常用对象及 DOM 技术。

3.1 了解 JavaScript

3.1.1 什么是 JavaScript

JavaScript 是一种基于对象和事件驱动并具有安全性能的解释型脚本语言，在 Web 应用中得到了非常广泛的应用。它不需要进行编译，而是直接嵌入在 HTTP 页面中，把静态页面转变成支持用户交互并响应应用事件的动态页面。在 Java Web 程序中，经常应用 JavaScript 验证数据，控制浏览器以及生成时钟、日历、时间戳文档等。

3.1.2 JavaScript 的主要特征

JavaScript 适用于静态或动态网页，是一种被广泛使用的客户端脚本语言。它具有解释性、基于对象、事件驱动、安全性和跨平台等特点，下面进行详细介绍。

- 解释性

JavaScript 是一种脚本语言，采用小程序段的方式实现编程。和其他脚本语言一样，JavaScript 也是一种解释性语言，它提供了一个简易的开发过程。

- 基于对象

JavaScript 是一种基于对象的语言，它可以应用自己已经创建的对象，因此许多功能来自于脚本环境中对象的方法与脚本的相互作用。

- 事件驱动

JavaScript 可以以事件驱动的方式直接对客户端的输入做出响应，无须经过服务器端程序。

事件驱动就是用户进行某种操作（例如，按下鼠标、选择菜单等），计算机随之做出相应的响应。这里的某种操作被称为“事件”，而计算机做出的响应被称为“事件响应”。

- 安全性

JavaScript 具有安全性，它不允许访问本地硬盘，不能将数据写入到服务器上，并且不允许对网络文档进行修改和删除，只能通过浏览器实现信息浏览或动态交互，从而有效地防止数据的丢失。

- 跨平台

JavaScript 依赖于浏览器本身，与操作系统无关，只要浏览器支持 JavaScript，JavaScript 的程序代码就可以正确执行。

3.2　JavaScript 语言基础

3.2.1　JavaScript 的语法

JavaScript 与 Java 在语法上有些相似，但也不尽相同。下面将结合 Java 语言对编写 JavaScript 代码时需要注意的事项进行详细介绍。

- JavaScript 区分大小写

JavaScript 区分大小写，这一点与 Java 语言是相同的。例如，变量 username 与变量 userName 是两个不同的变量。

- 每行结尾的分号可有可无

与 Java 语言不同，JavaScript 并不要求必须以分号（;）作为语句的结束标记。如果语句的结束处没有分号，JavaScript 会自动将该行代码的结尾作为语句的结尾。

例如，下面的两行代码都是正确的。

```
alert("您好！欢迎访问我公司网站！")
alert("您好！欢迎访问我公司网站！");
```

最好的代码编写习惯是在每行代码的结尾处加上分号，这样可以保证每行代码的准确性。

- 变量是弱类型的

与 Java 语言不同，JavaScript 的变量是弱类型的，因此在定义变量时，只使用 var 运算符就可以将变量初始化为任意的值。例如，通过以下代码可以将变量 username 初始化为 mrsoft，而将变量 age 初始化为 20。

```
var username="mrsoft";                    //将变量 username 初始化为 mrsoft
var age=20;                               //将变量 age 初始化为 20
```

- 使用大括号标记代码块

与 Java 语言相同，JavaScript 也是使用一对大括号标记代码块，被封装在大括号内的语句将按顺序执行。

● 注释

JavaScript 中提供了两种注释，即单行注释和多行注释，下面详细介绍。

单行注释使用双斜线“//”开头，在“//”后面的文字为注释内容，在代码执行过程中不起任何作用。例如，在下面的代码中，“获取日期对象”为注释内容，在代码执行时不起任何作用。

```
var now=new Date();                              //获取日期对象
```

多行注释以“/*”开头，以“*/”结尾，在“/*”和“*/”之间的内容为注释内容，在代码执行过程中不起任何作用。

例如，在下面的代码中，“功能……”、“参数……”、“时间……”等为注释内容，在代码执行时不起任何作用。

```
/*
 * 功能：获取系统日期函数
 * 参数：指定获取的系统日期显示的位置
 * 时间：2013-10-09
*/
function getClock(clock){
    …                                            //此处省略了获取系统日期的代码
    clock.innerHTML="系统公告："+time            //显示系统日期
}
```

3.2.2 JavaScript 中的关键字

JavaScript 中的关键字是指在 JavaScript 中具有特定含义的、可以成为 JavaScript 语法中一部分的字符。与其他编程语言一样，JavaScript 中也有许多关键字。JavaScript 中的关键字如表 3-1 所示。

表 3-1　　　　JavaScript 中的关键字

abstract	continue	finally	instanceof	private	this
boolean	default	float	int	public	throw
break	do	for	interface	return	typeof
byte	double	function	long	short	true
case	else	goto	native	static	var
catch	extends	implements	new	super	void
char	false	import	null	switch	while
class	final	in	package	synchronized	with

注意

JavaScript 中的关键字不能用作变量名、函数名以及循环标签。

3.2.3 JavaScript 的数据类型

JavaScript 的数据类型比较简单，主要有数值型、字符型、布尔型、转义字符、空值和未定义值 6 种，下面分别介绍。

1. 数值型

JavaScript 的数值型数据又可以分为整型和浮点型两种，下面分别进行介绍。

● 整型

JavaScript 的整型数据可以是正整数、负整数和 0，并且可以采用十进制、八进制或十六进制来表示。例如：

```
729                    //表示十进制的 729
071                    //表示八进制的 71
0x9405B                //表示十六进制的 9405B
```

以 0 开头的数为八进制数；以 0x 开头的数为十六进制数。

● 浮点型

浮点型数据由整数部分加小数部分组成，只能采用十进制，但是可以使用科学计数法或是标准方法来表示。例如，下面的两行代码都可以实现定义浮点型变量。

```
3.1415926              //采用标准方法表示
1.6E5                  //采用科学计数法表示，代表 1.6*10^5
```

2. 字符型

字符型数据是使用单引号或双引号括起来的一个或多个字符。

● 单引号括起来的一个或多个字符，代码如下：

```
'a'
'保护环境从自我作起'
```

● 双引号括起来的一个或多个字符，代码如下：

```
"b"
"系统公告："
```

JavaScript 与 Java 不同，它没有 char 数据类型，要表示单个字符，必须使用长度为 1 的字符串。

3. 布尔型

布尔型数据只有两个值，即 true 或 false，主要用来说明或代表一种状态或标志。在 JavaScript 中，也可以使用整数 0 表示 false，使用非 0 的整数表示 true。

4. 转义字符

以反斜杠开头的不可显示的特殊字符通常称为控制字符，也被称为转义字符。通过转义字符可以在字符串中添加不可显示的特殊字符，或者防止引号匹配混乱的问题。JavaScript 常用的转义字符如表 3-2 所示。

表 3-2　JavaScript 常用的转义字符

转义字符	描　　述	转义字符	描　　述
\b	退格	\n	换行
\f	换页	\t	Tab 符
\r	回车符	\'	单引号
\"	双引号	\\	反斜杠
\xnn	十六进制代码 nn 表示的字符	\unnnn	十六进制代码 nnnn 表示的 Unicode 字符
\0nnn	八进制代码 nnn 表示的字符		

例如，在网页中弹出一个提示对话框，并应用转义字符“\r”将文字分为两行显示，代码如下：

```
alert("欢迎访问我公司网站！ \r http://www.mingribook.com");
```

上面代码的执行结果如图 3-1 所示。

图 3-1　弹出提示对话框

在“document.writeln();”语句中使用转义字符时，只有将其放在格式化文本块中才会起作用，所以输出的带转义字符的内容必须在<pre>和</pre>标记内。

5. 空值

JavaScript 中有一个空值（null），用于定义空的或不存在的引用。如果试图引用一个没有定义的变量，则返回一个 null 值。需要注意的是，空值不等于空的字符串（""）或 0。

6. 未定义值

当使用了一个并未声明的变量，或者使用了一个已经声明但没有赋值的变量时，将返回未定义值（undefined）。

JavaScript 中还有一种特殊类型的数字常量 NaN，即“非数字”。当在程序中由于某种原因发生计算错误时，将产生一个没有意义的数字，此时 JavaScript 返回的数字值就是 NaN。

3.2.4　变量的定义及使用

变量是指程序中一个已经命名的存储单元,其主要作用就是为数据操作提供存放信息的容器。在使用变量前，必须明确变量的命名规则、变量的声明方法以及变量的作用域。

1. 变量的命名规则

JavaScript 变量的命名规则如下。

- 变量名由字母、数字或下划线组成，但必须以字母或下划线开头。
- 变量名中不能有空格、加号、减号或逗号等符号。
- 不能使用 JavaScript 中的关键字（见表 3-1）。
- JavaScript 的变量名是严格区分大小写的。例如，arr_week 与 arr_Week 代表两个不同的变量。

虽然 JavaScript 的变量可以任意命名，但是在实际编程时，最好使用便于记忆且有意义的变量名，以便增加程序的可读性。

2. 变量的声明

在 JavaScript 中，可以使用关键字 var 声明变量，其语法格式如下：

```
var variable;
```

variable 用于指定变量名，该变量名必须遵守变量的命名规则。

在声明变量时需要遵守以下规则。

- 可以使用一个关键字 var 同时声明多个变量。

例如，同时定义多个变量，可以使用下面的代码。

```
var now,year,month,date;
```

- 可以在声明变量的同时对其进行赋值，即初始化。

例如，定义多个变量并进行赋值，可以使用下面的代码。

```
var now="2014-05-12",year="2014", month="5",date="12";
```

- 如果只是声明了变量，但未对其赋值，则其默认值为 undefined。
- 当给一个尚未声明的变量赋值时，JavaScript 会自动用该变量名创建一个全局变量。在一个函数内部，通常创建的只是一个仅在函数内部起作用的局部变量，而不是一个全局变量。要创建一个全局变量，则必须使用 var 关键字进行变量声明。
- 由于 JavaScript 采用弱类型，所以在声明变量时不需要指定变量的类型，变量的类型将根据变量的值来确定。例如，声明以下变量并赋值：

```
var number=10                                                    //数值型
var info="欢迎访问我公司网站！\rhttp://www.mingribook.com"; //字符型
var flag=true                                                    //布尔型
```

3. 变量的作用域

变量的作用域是指变量在程序中的有效范围。在 JavaScript 中，根据变量的作用域可以将变量分为全局变量和局部变量两种。全局变量是定义在所有函数之外，作用于整个脚本代码的变量；局部变量是定义在函数体内，只作用于函数体内的变量。

例如，下面的代码将说明变量的有效范围。

```
<script language="javascript">
    var company="明日科技";                //该变量在函数外声明，作用于整个脚本代码
    function send(){
        var url="www.mingribook.com";     //该变量在函数内声明，只作用于该函数体
        alert(company+url);
    }
</script>
```

3.2.5　运算符的应用

运算符是用来完成计算或者比较数据等一系列操作的符号。常用的 JavaScript 运算符按类型可分为赋值运算符、算术运算符、比较运算符、逻辑运算符、条件运算符和字符串运算符 6 种。

1. 赋值运算符

JavaScript 中的赋值运算可以分为简单赋值运算和复合赋值运算。简单赋值运算是将赋值运算符（=）右边表达式的值保存到左边的变量中；而复合赋值运算混合了其他操作（算术运算操作、位操作等）和赋值操作。

例如，下面的代码是一个赋值运算。

```
sum+=i;                              //等同于 sum=sum+i;
```

JavaScript 中的赋值运算符如表 3-3 所示。

表 3-3　JavaScript 中的赋值运算符

运 算 符	描　　述	示　　例
=	将右边表达式的值赋给左边的变量	userName="mr"
+=	将运算符左边的变量加上右边表达式的值赋给左边的变量	a+=b　//相当于 a=a+b
-=	将运算符左边的变量减去右边表达式的值赋给左边的变量	a-=b　//相当于 a=a-b
*=	将运算符左边的变量乘以右边表达式的值赋给左边的变量	a*=b　//相当于 a=a*b
/=	将运算符左边的变量除以右边表达式的值赋给左边的变量	a/=b　//相当于 a=a/b

续表

运　算　符	描　　述	示　　例
%=	将运算符左边的变量用右边表达式的值求模，并将结果赋给左边的变量	a%=b　//相当于 a=a%b
&=	将运算符左边的变量与右边表达式的值进行逻辑与运算，并将结果赋给左边的变量	a&=b　//相当于 a=a&b
|=	将运算符左边的变量与右边表达式的值进行逻辑或运算，并将结果赋给左边的变量	a|=b　//相当于 a=a|b
^=	将运算符左边的变量与右边表达式的值进行逻辑异或运算，并将结果赋给左边的变量	a^=b　//相当于 a=a^b

2. 算术运算符

算术运算符用在程序中进行加、减、乘、除等运算。在 JavaScript 中，常用的算术运算符如表 3-4 所示。

表 3-4　　JavaScript 中的算术运算符

运　算　符	描　　述	示　　例
+	加运算符	4+6　　//返回值为 10
-	减运算符	7-2　　//返回值为 5
*	乘运算符	7*3　　//返回值为 21
/	除运算符	12/3　　//返回值为 4
%	求模运算符	7%4　　//返回值为 3
++	自增运算符。该运算符有两种情况：i++（在使用 i 之后，使 i 的值加 1）；++i（在使用 i 之前，先使 i 的值加 1）	i=1; j=i++　//j 的值为 1，i 的值为 2 i=1; j=++i　//j 的值为 2，i 的值为 2
--	自减运算符。该运算符有两种情况：i--（在使用 i 之后，使 i 的值减 1）；--i（在使用 i 之前，先使 i 的值减 1）	i=6; j=i--　//j 的值为 6，i 的值为 5 i=6; j=--i　//j 的值为 5，i 的值为 5

执行除法运算时，0 不能用作除数。如果 0 用作除数，返回结果则为 Infinity。

【例 3-1】　编写 JavaScript 代码，应用算术运算符计算商品金额。（实例位置：光盘\MR\源码\第 3 章\3-1）

```
<script language="javascript">
    var price=992;              //定义商品单价
    var number=10;              //定义商品数量
    var sum=price*number;       //计算商品金额
    alert(sum);                 //显示商品金额
</script>
```

图 3-2　显示商品金额

运行结果如图 3-2 所示。

3. 比较运算符

比较运算符的基本操作过程是：首先对操作数进行比较，这个操作数可以是数字，也可以是字符串，然后返回一个布尔值 true 或 false。在 JavaScript 中，常用的比较运算符如表 3-5 所示。

表 3-5 JavaScript 中的比较运算符

运 算 符	描 述	示 例
<	小于	1<6 //返回值为 true
>	大于	7>10 //返回值为 false
<=	小于等于	10<=10 //返回值为 true
>=	大于等于	3>=6 //返回值为 false
==	等于。只根据表面值进行判断，不涉及数据类型	"17"==17 //返回值为 true
===	绝对等于。根据表面值和数据类型同时进行判断	"17"===17 /返回值为 false
!=	不等于。只根据表面值进行判断，不涉及数据类型	"17"!=17 //返回值为 false
!==	不绝对等于。根据表面值和数据类型同时进行判断	"17"!==17 //返回值为 true

4. 逻辑运算符

逻辑运算符通常和比较运算符一起使用，用来表示复杂的比较运算，常用于 if、while 和 for 语句中，其返回结果为一个布尔值。在 JavaScript 中，常用的逻辑运算符如表 3-6 所示。

表 3-6 JavaScript 中的逻辑运算符

运 算 符	描 述	示 例
!	逻辑非。否定条件，即!假 = 真，!真 = 假	!true //值为 false
&&	逻辑与。只有当两个操作数的值都为 true 时，值才为 true	true && flase //值为 false
||	逻辑或。只要两个操作数其中之一为 true，值就为 true	true || false //值为 true

5. 条件运算符

条件运算符是 JavaScript 支持的一种特殊的三目运算符，其语法格式如下：

```
操作数?结果 1:结果 2
```

如果“操作数”的值为 true，则整个表达式的结果为“结果 1”，否则为“结果 2”。

例如，应用条件运算符计算两个数中的最大数，并赋值给另一个变量，代码如下：

```
var a=26;
var b=30;
var m=a>b?a:b                   //m 的值为 30
```

6. 字符串运算符

字符串运算符是用于两个字符型数据之间的运算符，除了比较运算符外，还可以是+和+=运算符。其中，+运算符用于连接两个字符串，而+=运算符则连接两个字符串，并将结果赋给第一个字符串。

例如，在网页中弹出一个提示对话框，显示进行字符串运算后变量 a 的值，代码如下：

```
var a="One "+"world ";      //将两个字符串连接后的值赋给变量 a
a+="One Dream"              //连接两个字符串，并将结果赋给第一个字符串
alert(a);                   //弹出对话框显示文字 One world One Dream
```

3.3 流程控制语句

流程控制语句对于任何一门编程语言都是至关重要的，JavaScript 也不例外。JavaScript 提供

了 if 条件判断语句、for 循环语句、while 循环语句、do…while 循环语句、break 语句、continue 语句和 switch 多分支语句共 7 种流程控制语句。

3.3.1 if 条件判断语句

if 条件判断语句是最基本、最常用的流程控制语句，可以根据条件表达式的值执行相应的处理。if 语句的语法格式如下：

```
if(expression){
    statement 1
}else{
    statement 2
}
```

参数说明：

- expression：必选项，用于指定条件表达式，可以使用逻辑运算符。
- statement 1：用于指定要执行的语句序列。当 expression 的值为 true 时，执行该语句序列。
- statement 2：用于指定要执行的语句序列。当 expression 的值为 false 时，执行该语句序列。

if...else 条件判断语句的执行流程如图 3-3 所示。

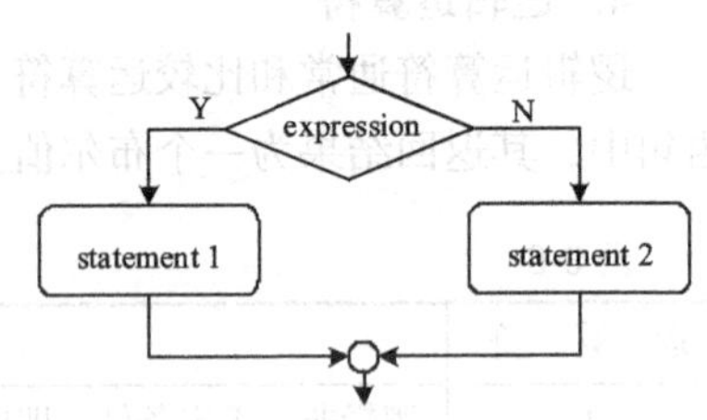

图 3-3　if...else 条件判断语句的执行流程

说明

上述 if 语句是典型的二路分支结构，其中 else 部分可以省略，而且 statement 1 为单一语句时，其两边的大括号也可以省略。

例如，下面 3 段代码的执行结果是一样的，都可以计算 2 月份的天数。

代码段 1

```
//计算 2 月份的天数
var year=2014;
var month=0;
if((year%4==0 && year%100!=0)||year%400==0){    //判断指定年是否为闰年
    month=29;
}else{
    month=28;
}
```

代码段 2

```
//计算 2 月份的天数
var year=2014;
var month=0;
if((year%4==0 && year%100!=0)||year%400==0)     //判断指定年是否为闰年
    month=29;
else{
    month=28;
}
```

代码段 3

```
//计算 2 月份的天数
var year=2014;
var month=0;
if((year%4==0 && year%100!=0)||year%400==0){    //判断指定年是否为闰年
    month=29;
}else month=28;
```

if 语句是一种使用很灵活的语句，除了可以使用 if...else 语句的形式外，还可以使用 if ... else if 语句的形式。if...else if 语句的语法格式如下：

```
if (expression 1){
    statement 1
}else if(expression 2){
    statement 2
}
...
else if(expression n){
    statement n
}else{
    statement n+1
}
```

if...else if 语句的执行流程如图 3-4 所示。

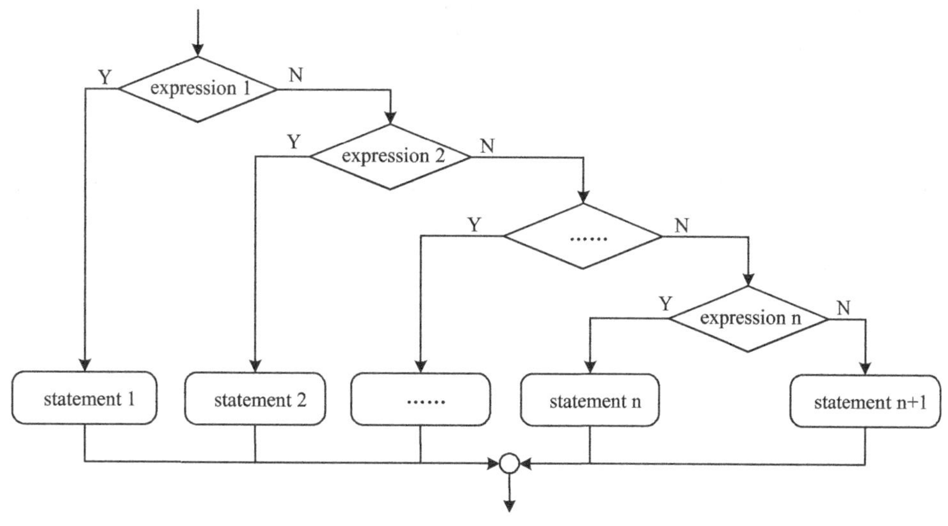

图 3-4　if...else if 语句的执行流程

【例 3–2】　应用 if 语句验证用户登录信息。（实例位置：光盘\MR\源码\第 3 章\3-2）

（1）在页面中添加用户登录表单及表单元素，具体代码如下：

```
<form name="form1" method="post" action="">
    用户名：<input name="user" type="text" id="user">
    密码：<input name="pwd" type="text" id="pwd">
    <input name="Button" type="button" class="btn_grey" value="登录">
    <input name="Submit2" type="reset" class="btn_grey" value="重置">
</form>
```

（2）编写自定义的 JavaScript 函数 check()，用于通过 if 语句验证登录信息是否为空。check() 函数的具体代码如下：

```
<script language="javascript">
    function check(){
        if(form1.user.value==""){                    //判断用户名是否为空
            alert("请输入用户名！");form1.user.focus();return;
        }else if(form1.pwd.value==""){               //判断密码是否为空
```

```
                alert("请输入密码！");form1.pwd.focus();return;
            }else{
                form1.submit();
//提交表单
            }
        }
</script>
```

（3）在“登录”按钮的 onClick 事件中调用 check()函数，具体代码如下：

```
<input name="Button" type="button" class="btn_grey"
value="登录" onClick="check()">
```

运行程序，单击“登录”按钮，将显示如图 3-5 所示的提示对话框。

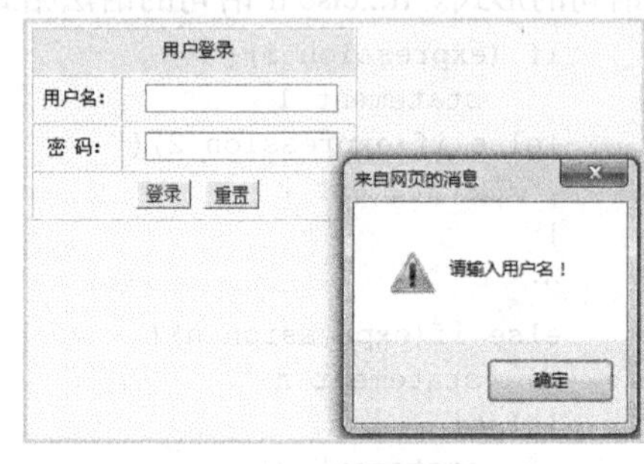

图 3-5　运行结果

说明

同 Java 语言一样，JavaScript 的 if 语句也可以嵌套使用。由于 JavaScript 的 if 语句的嵌套同 Java 语言的基本相同，在此不再赘述。

3.3.2　switch 多分支语句

switch 是典型的多分支语句，其作用与嵌套使用 if 语句基本相同，但 switch 语句比 if 语句更具有可读性，而且 switch 语句允许在找不到一个匹配条件的情况下执行默认的一组语句。switch 语句的语法格式如下：

```
switch (expression){
    case judgement 1:
         statement 1;
         break;
    case judgement 2:
         statement 2;
         break;
...
    case judgement n:
         statement n;
         break;
    default:
        statement n+1;
         break;
}
```

参数说明如下。

- expression：任意的表达式或变量。
- judgement：任意的常数表达式。当 expression 的值与某个 judgement 的值相等时，就执行此 case 后的 statement 语句；如果 expression 的值与所有的 judgement 的值都不相等，则执行 default 后面的 statement 语句。
- break：用于结束 switch 语句，从而使 JavaScript 只执行匹配的分支。如果没有 break 语句，则该 switch 语句的所有分支都将被执行，switch 语句也就失去了使用的意义。

switch 语句的执行流程如图 3-6 所示。

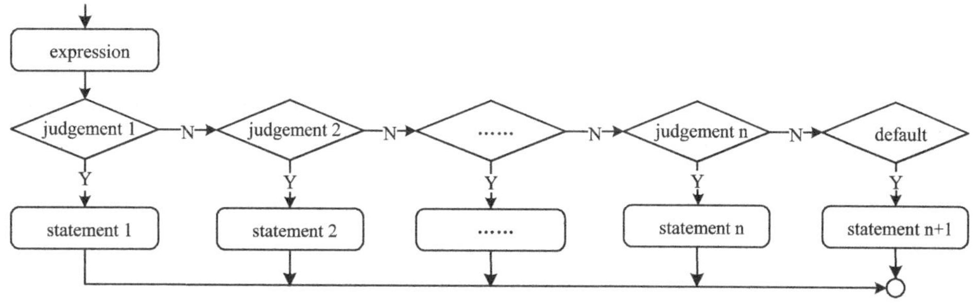

图 3-6　switch 语句的执行流程

【例 3-3】 应用 switch 语句输出今天是星期几。（实例位置：光盘\MR\源码\第 3 章\3-3）

```
<script language="javascript">
var now=new Date();                    //获取系统日期
var day=now.getDay();                  //获取星期
var week;
switch (day){
   case 1:
      week="星期一";
        break;
    case 2:
      week="星期二";
        break;
    case 3:
      week="星期三";
        break;
    case 4:
      week="星期四";
        break;
    case 5:
      week="星期五";
        break;
    case 6:
      week="星期六";
        break;
    default:
      week="星期日";
      break;
}
document.write("今天是"+week);        //输出中文的星期
</script>
```

今天是星期二

图 3-7　实例运行结果

程序的运行结果如图 3-7 所示。

说明

在程序开发的过程中，使用 if 语句还是使用 switch 语句可以根据实际情况而定，尽量做到物尽其用，不要因为 switch 语句的效率高就一味地使用，也不要因为 if 语句常用就不应用 switch 语句。要根据实际的情况，具体问题具体分析，使用最适合的条件语句。一般情况下，对于判断条件较少的，可以使用 if 条件语句，但是在实现一些多条件的判断中，就应该使用 switch 语句。

3.3.3 for 循环语句

for 循环语句也称为计次循环语句，一般用于循环次数已知的情况，在 JavaScript 中应用比较广泛。for 循环语句的语法格式如下：

```
for(initialize;test;increment){
    statement
}
```

参数说明如下。

- initialize：初始化语句，用来对循环变量进行初始化赋值。
- test：循环条件，一个包含比较运算符的表达式，用来限定循环变量的边限。如果循环变量超过了该边限，则停止该循环语句的执行。
- increment：用来指定循环变量的步幅。
- statement：用来指定循环体，在循环条件的结果为 true 时重复执行。

for 循环语句执行的过程是：先执行初始化语句，然后判断循环条件，如果循环条件的结果为 true，则执行一次循环体，否则直接退出循环，最后执行迭代语句，改变循环变量的值，至此完成一次循环；接下来将进行下一次循环，直到循环条件的结果为 false，才结束循环。

for 循环语句的执行流程如图 3-8 所示。

在 for 语句中可以使用 break 语句来中止循环语句的执行，关于 break 语句的用法参见 3.3.6 小节。

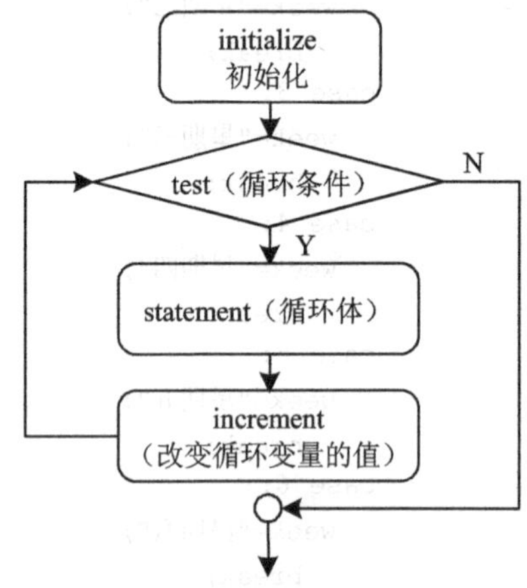

图 3-8 for 循环语句的执行流程

为了使读者更好地理解 for 语句，下面将以一个具体的实例介绍 for 语句的应用。

【例 3-4】 计算 100 以内所有奇数的和。（实例位置：光盘\MR\源码\第 3 章\3-4）

```
<script language="javascript">
var sum=0;
for(i=1;i<100;i+=2){
    sum=sum+i;                  } for 循环语句
}
alert("100 以内所有奇数的和为："+sum); //输出计算结果
</script>
```

程序运行结果如图 3-9 所示。

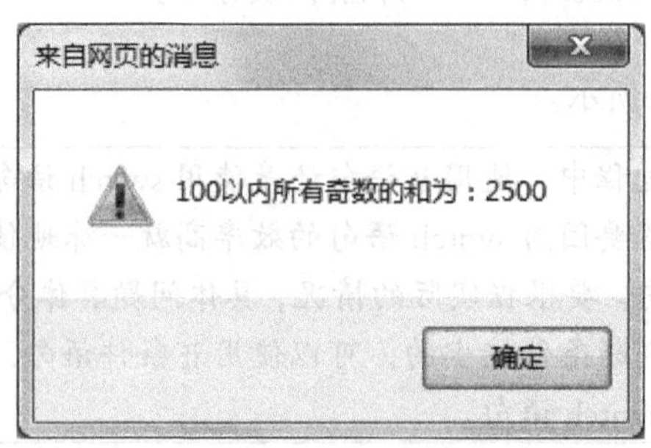

图 3-9 运行结果

3.3.4　while 循环语句

while 循环语句也称为前测试循环语句，它是利用一个条件来控制是否要继续重复执行这个语句。while 循环语句与 for 循环语句相比，无论是语法还是执行的流程，都较为简明易懂。while 循环语句的语法格式如下：

```
while(expression){
    statement
}
```

参数说明如下。

- expression：一个包含比较运算符的条件表达式，用来指定循环条件。
- statement：用来指定循环体，在循环条件的结果为 true 时，重复执行。

说明

while 循环语句之所以命名为前测试循环，是因为它要先判断此循环的条件是否成立，然后才进行重复执行的操作。也就是说，while 循环语句执行的过程是先判断条件表达式，如果条件表达式的值为 true，则执行循环体，并且在循环体执行完毕后，进入下一次循环，否则退出循环。

while 循环语句的执行流程如图 3-10 所示。

注意

在使用 while 语句时，也一定要保证循环可以正常结束，即必须保证条件表达式的值存在为 false 的情况，否则将形成死循环。例如，下面的循环语句就会形成死循环，原因是 i 永远都小于 100。

```
var i=1;
while(i<=100){
    alert(i);      //输出 i 的值
}
```

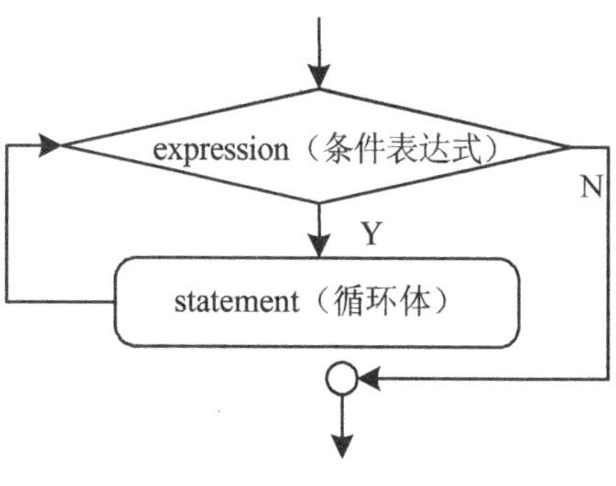

图 3-10　while 循环语句的执行流程

while 循环语句经常用于循环执行的次数不确定的情况下。

【例 3–5】　列举出累加和不大于 10 的所有自然数。（实例位置：光盘\MR\源码\第 3 章\3-5）

```
<script language="javascript">
    var i=1;                              //由于是计算自然数，因此 i 的初始值设置为 1
    var sum=i;
    var result="";
    document.write("累加和不大于 10 的所有自然数为：<br>");
    while(sum<10){
        sum=sum+i;                        //累加 i 的值
        document.write(i+'<br>');         //输出符合条件的自然数
        i++;                              //该语句一定不要少
    }
</script>
```

程序运行结果如图 3-11 所示。

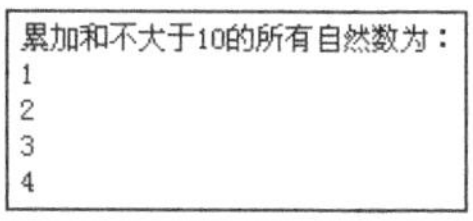

累加和不大于10的所有自然数为：
1
2
3
4

图 3-11　程序运行结果

3.3.5　do…while 循环语句

do…while 循环语句也称为后测试循环语句，它也是利用一个条件来控制是否要继续重复执行这个语句。与 while 循环所不同的是，它先执行一次循环语句，然后去判断是否继续执行。do…while 循环语句的语法格式如下：

```
do{
   statement
} while(expression);
```

参数说明如下。

- statement：用来指定循环体，循环开始时首先被执行一次，然后在循环条件的结果为 true 时重复执行。
- expression：一个包含比较运算符的条件表达式，用来指定循环条件。

do…while 循环语句执行的过程是：先执行一次循环体，然后判断条件表达式，如果条件表达式的值为 true，则继续执行，否则退出循环。也就是说，do…while 循环语句中的循环体至少被执行一次。

do…while 循环语句的执行流程如图 3-12 所示。

do…while 循环语句同 while 循环语句类似，也常用于循环执行的次数不确定的情况下。

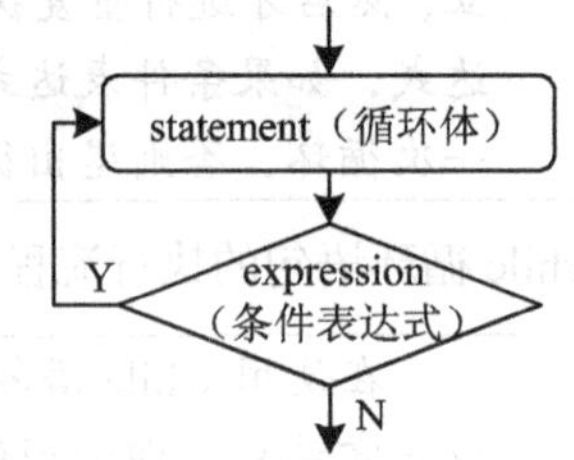

图 3-12　do…while 循环语句的执行过程

【例 3-6】　应用 do…while 循环语句列举出累加和不大于 10 的所有自然数。（实例位置：光盘\MR\源码\第 3 章\3-6）

```
<script language="javascript">
     var sum=0;
     var i=1;                   //由于是计算自然数，因此 1 的初始值设置为 1
     document.write("累加和不大于 10 的所有自然数为：<br>");
     do{
          sum=sum+i;            //累加 i 的值
          document.write(i+'<br>');
                                //输出符合条件的自然数
          i++;                  //该语句一定不要少
     }while(sum<10);
</script>
```

程序运行结果如图 3-13 所示。

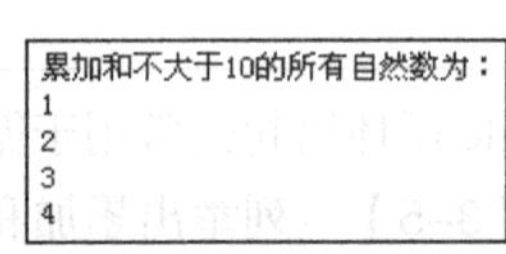

图 3-13　累加和不大于 10 的所有自然数

3.3.6　break 与 continue 语句

break 与 continue 语句都可以用于跳出循环，但两者也存在着一些区别。下面将详细地为大家介绍这两个关键字的用法。

- break 语句

break 语句用于退出包含在最内层的循环或者退出一个 switch 语句，其语法格式如下：

```
break;
```

break 语句通常用在 for、while、do…while 或 switch 语句中。

例如，在 for 语句中，通过 break 语句中断循环的代码如下：

```
var sum=0;
for ( i=0;i<100;i++ ) {
```

```
    sum+=i;
    if  (sum>10) break;                                    //如果 sum>10 就会立即跳出循环
}
document.write("0 至"+i+"(包括"+i+")之间自然数的累加和为: "+sum);
```

运行结果为："0 至 5（包括 5）之间自然数的累加和为：15"。

- continue 语句

continue 语句和 break 语句类似，所不同的是，continue 语句用于中止本次循环，并开始下一次循环。其语法格式如下：

```
continue;
```

continue 语句只能应用在 while、for、do…while 和 switch 语句中。

例如，在 for 语句中，通过 continue 语句计算金额大于等于 1000 的数据的和，其代码如下：

```
var total=0;
var sum=new Array(1000,1200,100,600,736,1107,1205);        //声明一个一维数组
for ( i=0;i<sum.length;i++ ) {
    if  (sum[i]<1000) continue;                            //不计算金额小于 1000 的数据
    total+=sum[i];
}
    document.write("累加和为: "+total);                     //输出计算结果
```

运行结果为："累加和为：4512"。

当使用 continue 语句中止本次循环后，如果循环条件的结果为 false，则退出循环，否则继续下一次循环。

3.4 函　数

函数实质上就是可以作为一个逻辑单元对待的一组 JavaScript 代码。使用函数可以使代码更为简洁，提高重用性。在 JavaScript 中，大约 95%的代码都是包含在函数中的。由此可见，函数在 JavaScript 中是非常重要的。

3.4.1 函数的定义

函数是由关键字 function、函数名加一组参数以及置于大括号中需要执行的一段代码定义的。定义函数的基本语法如下：

```
function functionName([parameter 1, parameter 2,…]){
    statements;
    [return expression;]
}
```

参数说明如下。

- functionName：必选，用于指定函数名。在同一个页面中，函数名必须是唯一的，并且区分大小写。
- parameter：可选，用于指定参数列表。当使用多个参数时，参数间使用逗号进行分隔。一

个函数最多可以有 255 个参数。

- statements：必选，是函数体，用于实现函数功能的语句。
- expression：可选，用于返回函数值。expression 为任意的表达式、变量或常量。

例如，定义一个用于计算商品金额的函数 account()，该函数有两个参数，分别用于指定单价和数量，返回值为计算后的金额，具体代码如下：

```
function account(price,number){
    var sum=price*number;                        //计算金额
    return sum;                                  //返回计算后的金额
}
```

3.4.2 函数的调用

函数的调用比较简单，如果要调用不带参数的函数，使用函数名加上括号即可；如果要调用的函数带参数，则在括号中加上需要传递的参数；如果包含多个参数，各参数间用逗号分隔。

如果函数有返回值，则可以使用赋值语句将函数值赋给一个变量。

例如，可以通过以下代码对 3.4.1 小节中定义的函数 account()进行调用。

```
account(10.6,10);
```

在 JavaScript 中，由于函数名区分大小写，在调用函数时也需要注意函数名的大小写。

【例 3–7】 定义一个 JavaScript 函数 checkRealName()，用于验证输入的字符串是否为汉字。（实例位置：光盘\MR\源码\第 3 章\3-7）

（1）在页面中添加用于输入真实姓名的表单及表单元素，具体代码如下：

```
<form name="form1" method="post" action="">
请输入真实姓名：<input name="realName" type="text" id="realName" size="40">
<br><br>
<input name="Button" type="button" class="btn_grey" value="检测">
</form>
```

（2）编写自定义的 JavaScript 函数 checkRealName()，用于验证输入的真实姓名是否正确，即判断输入的内容是否为两个或两个以上的汉字。checkRealName()函数的具体代码如下：

```
<script language="javascript">
    function checkRealName(){
        var str=form1.realName.value;                //获取输入的真实姓名
        if(str==""){                                 //当真实姓名为空时
            alert("请输入真实姓名！");form1.realName.focus();return;
        }else{                                       //当真实姓名不为空时
            var objExp=/[\u4E00-\u9FA5]{2,}/;        //创建 RegExp 对象
            if(objExp.test(str)==true){              //判断是否匹配
                alert("您输入的真实姓名正确！");
            }else{
                alert("您输入的真实姓名不正确！");
            }
        }
    }
</script>
```

说明　正确的真实姓名由两个以上的汉字组成，如果输入的不是汉字，或是只输入一个汉字，都将被认为是不正确的真实姓名。

（3）在“检测”按钮的 onClick 事件中调用 checkRealName()函数，具体代码如下：

```
<input name="Button" type="button" class="btn_grey" onClick="checkRealName()" value="检测">
```

运行程序，输入真实姓名“cdd”，单击“检测”按钮，将弹出如图 3-14 所示的对话框；输入真实姓名“绿草”，单击“检测”按钮，将弹出如图 3-15 所示的对话框。

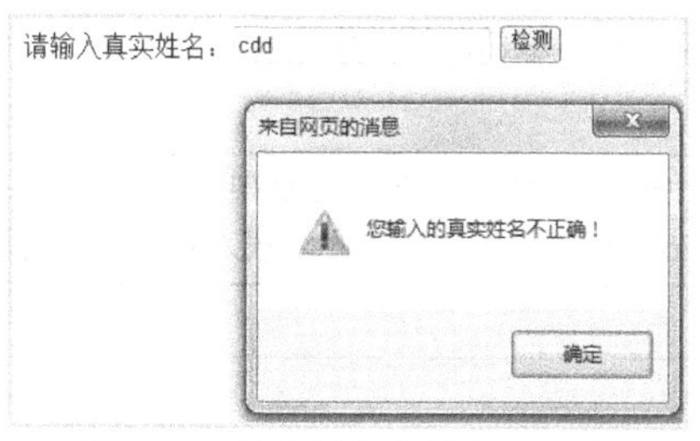

图 3-14　输入的真实姓名不正确

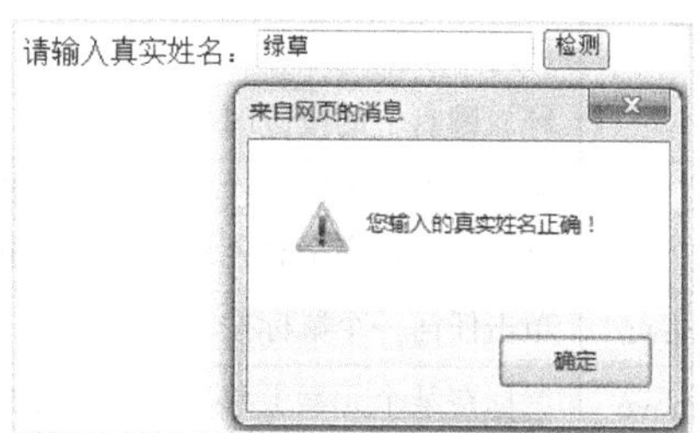

图 3-15　输入的真实姓名正确

3.5　事件处理

通过前面的学习，我们知道 JavaScript 可以以事件驱动的方式直接对客户端的输入做出响应，无须经过服务器端程序；也就是说，JavaScript 是事件驱动的，它可以使在图形界面环境下的一切操作变得简单化。下面将对事件及事件处理程序进行详细介绍。

3.5.1　什么是事件处理程序

JavaScript 与 Web 页面之间的交互是通过用户操作浏览器页面时触发相关事件来实现的。例如，在页面载入完毕时将触发 onload（载入）事件，当用户单击按钮时将触发按钮的 onclick 事件等。事件处理程序则是用于响应某个事件而执行的处理程序。事件处理程序可以是任意 JavaScript 语句，但通常使用特定的自定义函数（Function）来对事件进行处理。

3.5.2　JavaScript 常用事件

多数浏览器内部对象都拥有很多事件，下面将以表格的形式给出常用的事件及何时触发这些事件。JavaScript 的常用事件如表 3-7 所示。

表 3-7　JavaScript 的常用事件

事　　件	何时触发
onabort	对象载入被中断时触发
onblur	元素或窗口本身失去焦点时触发
onchange	改变<select>元素中的选项或其他表单元素失去焦点，并且在其获取焦点后内容发生过改变时触发
onclick	单击鼠标左键时触发。当光标的焦点在按钮上并按下回车键时也会触发该事件

续表

事　件	何时触发
ondblclick	双击鼠标左键时触发
onerror	出现错误时触发
onfocus	任何元素或窗口本身获得焦点时触发
onkeydown	键盘上的按键（包括 Shift 或 Alt 等键）被按下时触发，如果一直按着某键，则会不断触发。当返回 false 时，取消默认动作
onkeypress	键盘上的按键被按下并产生一个字符时发生。也就是说，当按下 Shift 或 Alt 等键时不触发。如果一直按下某键，会不断触发。当返回 false 时，取消默认动作
onkeyup	释放键盘上的按键时触发
onload	页面完全载入后，在 Window 对象上触发；所有框架都载入后，在框架集上触发；<img>标记指定的图像完全载入后，在其上触发；<object>标记指定的对象完全载入后，在其上触发
onmousedown	单击任何一个鼠标按键时触发
onmousemove	鼠标在某个元素上移动时持续触发
onmouseout	将鼠标从指定的元素上移开时触发
onmouseover	鼠标移到某个元素上时触发
onmouseup	释放任意一个鼠标按键时触发
onreset	单击重置按钮时，在<form>上触发
onresize	窗口或框架的大小发生改变时触发
onscroll	在任何带滚动条的元素或窗口上滚动时触发
onselect	选中文本时触发
onsubmit	单击提交按钮时，在<form>上触发
onunload	页面完全卸载后，在 Window 对象上触发；或者所有框架都卸载后，在框架集上触发

3.5.3 事件处理程序的调用

在使用事件处理程序对页面进行操作时，最主要的是如何通过对象的事件来指定事件处理程序。指定方式主要有以下两种。

1. 在 JavaScript 中

在 JavaScript 中调用事件处理程序，首先需要获得要处理对象的引用，然后将要执行的处理函数赋值给对应的事件。

例如，在 JavaScript 中调用事件处理程序。

```
<input name="bt_save" type="button" value="保存">
  <script language="javascript">
     var b_save=document.getElementById("bt_save");
     b_save.onclick=function(){
          alert("单击了保存按钮");
     }
  </script>
```

在页面中加入上面的代码并运行，当单击“保存”按钮时，将弹出“单击了保存按钮”对话框。

在上面的代码中，一定要将<input name="bt_save" type="button" value="保存">放在 JavaScript 代码的上方，否则将弹出"'b_save'为空或不是对象"的错误提示。在 JavaScript 中指定事件处理程序时，事件名称必须小写，才能正确响应事件。

2. 在 HTML 中

在 HTML 中分配事件处理程序，只需要在 HTML 标记中添加相应的事件，并在其中指定要执行的代码或函数名即可。

例如，在 HTML 中调用事件处理程序。

```
<input name="bt_save" type="button" value="保存" onclick="alert('单击了保存按钮');">
```

在页面中加入上面的代码并运行，当单击"保存"按钮时，将弹出"单击了保存按钮"对话框。

3.6　常用对象

通过前面的学习，我们知道 JavaScript 是一种基于对象的语言，它可以应用自己已经创建的对象，因此许多功能来自于脚本环境中对象的方法与脚本的相互作用。下面将对 JavaScript 的常用对象进行详细介绍。

3.6.1　Window 对象

Window 对象即浏览器窗口对象，是一个全局对象，是所有对象的顶级对象，在 JavaScript 中起着举足轻重的作用。Window 对象提供了许多属性和方法，这些属性和方法被用来操作浏览器页面的内容。Window 对象同 Math 对象一样，也不需要使用 new 关键字创建对象实例，而是直接使用"对象名.成员"的格式来访问其属性或方法。下面将对 Window 对象的属性和方法进行介绍。

1. Window 对象的属性

Window 对象的常用属性如表 3-8 所示。

表 3-8　Window 对象的常用属性

属　性	描　述
document	对窗口或框架中含有文档的 Document 对象的只读引用
defaultStatus	一个可读写的字符，用于指定状态栏中的默认消息
frames	表示当前窗口中所有 Frame 对象的集合
location	用于代表窗口或框架的 Location 对象。如果将一个 URL 赋予该属性，则浏览器将加载并显示该 URL 指定的文档
length	窗口或框架包含的框架个数
history	对窗口或框架的 history 对象的只读引用
name	用于存放窗口对象的名称
status	一个可读写的字符，用于指定状态栏中的当前信息
top	表示最顶层的浏览器窗口
parent	表示包含当前窗口的父窗口

续表

属　性	描　述
opener	表示打开当前窗口的父窗口
closed	一个只读的布尔值，表示当前窗口是否关闭。当浏览器窗口关闭时，表示该窗口的 Window 对象并不会消失，不过其 closed 属性被设置为 true
self	表示当前窗口
screen	对窗口或框架的 screen 对象的只读引用，提供屏幕尺寸、颜色深度等信息
navigator	对窗口或框架的 navigator 对象的只读引用，通过 navigator 对象可以获得与浏览器相关的信息

2. Window 对象的方法

Window 对象的常用方法如表 3-9 所示。

表 3-9　Window 对象的常用方法

方　法	描　述
alert()	弹出一个警告对话框
confirm()	显示一个确认对话框，单击“确认”按钮时返回 true，否则返回 false
prompt()	弹出一个提示对话框，并要求输入一个简单的字符串
blur()	将键盘焦点从顶层浏览器窗口中移走。在多数平台上，这将使窗口移到最后面
close()	关闭窗口
focus()	将键盘焦点赋予顶层浏览器窗口。在多数平台上，这将使窗口移到最前面
open()	打开一个新窗口
scrollTo(x,y)	把窗口滚动到 x,y 坐标指定的位置
scrollBy(offsetx,offsety)	按照指定的位移量滚动窗口
setTimeout(timer)	在经过指定的时间后执行代码
clearTimeout()	取消对指定代码的延迟执行
moveTo(x,y)	将窗口移动到一个绝对位置
moveBy(offsetx,offsety)	将窗口移动到指定的位移量处
resizeTo(x,y)	设置窗口的大小
resizeBy(offsetx,offsety)	按照指定的位移量设置窗口的大小
print()	相当于浏览器工具栏中的“打印”按钮
setInterval()	周期性地执行指定的代码
clearInterval()	停止周期性地执行代码

由于 Window 对象使用十分频繁，又是其他对象的父对象，所以在使用 Window 对象的属性和方法时，JavaScript 允许省略 Window 对象的名称。例如，在使用 Window 对象的 alert()方法弹出一个提示对话框时，可以使用下面的语句：

```
window.alert("欢迎访问明日科技网站!");
```

也可以使用下面的语句：

```
alert("欢迎访问明日科技网站!");
```

由于 Window 对象的 open()方法和 close()方法在实际网站开发中经常用到，下面将对其进行详细的介绍。

（1）open()方法。

open()方法用于打开一个新的浏览器窗口，并在该窗口中装载指定 URL 地址的网页。open()方法的语法格式如下：

```
windowVar=window.open(url,windowname[,location]);
```

参数说明如下。

- windowVar：当前打开窗口的句柄。如果 open()方法执行成功，则 windowVar 的值为一个 Window 对象的句柄，否则 windowVar 的值是一个空值。
- url：目标窗口的 URL。如果 URL 是一个空字符串，则浏览器将打开一个空白窗口，允许用 write()方法创建动态 HTML。
- windowname：用于指定新窗口的名称，该名称可以作为<a>标记和<form>的 target 属性的值。如果该参数指定了一个已经存在的窗口，那么 open()方法将不再创建一个新的窗口，而只是返回对指定窗口的引用。
- location：对窗口属性进行设置，其可选参数如表 3-10 所示。

表 3-10　对窗口属性进行设置的可选参数

参　数	描　述
width	窗口的宽度
height	窗口的高度
top	窗口顶部距离屏幕顶部的像素数
left	窗口左端距离屏幕左端的像素数
scrollbars	是否显示滚动条，值为 yes 或 no
resizable	设定窗口大小是否固定，值为 yes 或 no
toolbar	浏览器工具栏，包括后退及前进按钮等，值为 yes 或 no
menubar	菜单栏，一般包括文件、编辑及其他菜单项，值为 yes 或 no
location	定位区，也叫地址栏，是可以输入 URL 的浏览器文本区，值为 yes 或 no

例如，打开一个新的浏览器窗口，在该窗口中显示 bbs.htm 文件，设置打开窗口的名称为 bbs，并设置窗口的顶边距、左边距、宽度和高度，代码如下：

```
window.open("bbs.htm","bbs","width=531,height=402,top=50,left=20");
```

（2）close()方法。

close()方法用于关闭当前窗口。其语法格式如下：

```
window.close()
```

说明

当 Window 对象赋给变量后，也可以使用打开窗口句柄的 close()方法关闭窗口。

【例 3-8】 实现用户注册页面，其中包含用户名、密码、确认密码文本框，还包含“提交”、“重置”、“关闭”按钮，当用户单击“关闭”按钮时，将关闭当前浏览器。（实例位置：光盘\MR\源码\第 3 章\3-8）

```
<form id="form4" name="form4" method="post" action="">
<ul style=" list-style:none;">
    <li>用 户 名：<input type="text" name="textfield" id="textfield" /></li>
    <li>密　 码：<input type="password" name="textfield2" id="textfield2" /></li>
```

```
        <li>确认密码：<input type="password" name="textfield3" id="textfield3" /></li>
        <li><input type="submit" name="Submit" value="提交"/>
        <input type="reset" name="Submit2" value="重置"/>
        <input type="button" name="Submit3" value="关闭" onclick="window.close()"/></li>
        </ul>
</form>
```

运行本实例，结果如图 3-16 所示。

图 3-16　在页面中单击“关闭”按钮

3.6.2　String 对象

String 对象是动态对象，需要创建对象实例后才能引用其属性和方法。但是，由于在 JavaScript 中可以将用单引号或双引号括起来的一个字符串当作一个字符串对象的实例，所以可以直接在某个字符串后面加上点“.”去调用 String 对象的属性和方法。下面对 String 对象的常用属性和方法进行详细介绍。

1. String 对象的属性

String 对象最常用的属性是 length，该属性用于返回 String 对象的长度。length 属性的语法格式如下：

```
string.length
```

返回值是一个只读的整数，它代表指定字符串中的字符数，每个汉字按一个字符计算。

例如，使用下面的代码可以获取字符串对象的长度。

```
"flowre 的哭泣".length;                    //值为 9
"wgh".length;                              //值为 3
```

2. String 对象的方法

String 对象提供了很多用于对字符串进行操作的方法，如表 3-11 所示。

表 3-11　　String 对象的常用方法

方　法	描　述
anchor(name)	为字符串对象中的内容两边加上 HTML 的<a name=name></a>标记对
big()	为字符串对象中的内容两边加上 HTML 的<big></big>标记对
bold()	为字符串对象中的内容两边加上 HTML 的<b></b>标记对
charAt(index)	返回字符串对象中指定索引号的字符组成的字符串，位置的有效值为 0 到字符串长度减 1 的数值。一个字符串的第一个字符的索引位置为 0，第二个字符位于索引位置 1，依次类推。当指定的索引位置超出有效范围时，charAt 方法返回一个空字符串

续表

方　法	描　述
charCodeAt(index)	返回一个整数，该整数表示字符串对象中指定位置处的字符的 Unicode 编码
concat(s1,…,sn)	将调用方法的字符串与指定字符串接合，结果返回新字符串
fontcolor	为字符串对象中的内容两边加上 HTML 的<font></font>标记对，并设置 color 属性，可以是颜色的十六进制值，也可以是颜色的预定义名
fontsize(size)	为字符串对象中的内容两边加上 HTML 的<font></font>标记对，并设置 size 属性
indexOf(pattern)	返回字符串中包含 pattern 所代表参数第一次出现的位置值。如果该字符串中不包含要查找的模式，则返回-1
indexOf(pattern,startIndex)	同上，只是从 startIndex 指定的位置开始查找
lastIndexOf(pattern)	返回字符串中包含 pattern 所代表参数最后一次出现的位置值，如果该字符串中不包含要查找的模式，则返回-1
lastIndexOf(pattern,startIndex)	同上，只是检索从 startIndex 指定的位置开始
localeCompare(s)	用特定比较方法比较字符串与 s 字符串。如果字符串相等，则返回 0，否则返回一个非 0 数字值

下面对比较常用的方法进行详细介绍。

（1）indexOf()方法。

indexOf()方法用于返回 String 对象内第一次出现子字符串的字符位置。如果没有找到指定的子字符串，则返回-1。其语法格式如下：

```
string.indexOf(subString[, startIndex])
```

参数说明如下。

- subString：必选项。要在 String 对象中查找的子字符串。
- startIndex：可选项。该整数值指出在 String 对象内开始查找索引。如果省略，则从字符串的开始处查找。

例如，从一个邮箱地址中查找@所在的位置，可以用以下的代码：

```
var str="wgh717@sohu.com";
var index=str.indexOf('@');            //返回的索引值为 6
var index=str.indexOf('@',7);          //返回值为-1
```

由于在 JavaScript 中，String 对象的索引值是从 0 开始的，因此此处返回的值为 6，而不是 7。String 对象各字符的索引值如图 3-17 所示。

图 3-17　String 对象各字符的索引值

String 对象还有一个 lastIndexOf()方法，该方法的语法格式同 indexOf()方法类似，所不同的是 indexOf()从字符串的第一个字符开始查找，而 lastIndexOf()方法则从字符串的最后一个字符开始查找。

下面的代码将演示 indexOf()方法与 lastIndexOf()方法的区别。

```
var str="2014-05-15";
var index=str.indexOf('-');            //返回的索引值为 4
```

```
var lastIndex=str.lastIndexOf('-');                    //返回的索引值为 7
```

（2）substr()方法。

substr()方法用于返回指定字符串的一个子串。其语法格式如下：

```
string.substr(start[,length])
```

参数说明如下。

- start：用于指定获取子字符串的起始下标。如果是一个负数，那么表示从字符串的尾部开始算起的位置，即-1 代表字符串的最后一个字符，-2 代表字符串的倒数第二个字符，以此类推。
- length：可选，用于指定子字符串中字符的个数。如果省略该参数，则返回从 start 开始位置到字符串结尾的子串。

例如，使用 substr()方法获取指定字符串的子串，代码如下：

```
var word= "One World One Dream!";
var subs=word.substr(10,9);                            //subs 的值为 One Dream
```

（3）substring()方法。

substring()方法用于返回指定字符串的一个子串。其语法格式如下：

```
string.substring(from[,to])
```

参数说明如下。

- from：用于指定要获取子字符串的第一个字符在 string 中的位置。
- to：可选，用于指定要获取子字符串的最后一个字符在 string 中的位置。

由于 substring()方法在获取子字符串时是从 string 中的 from 处到 to-1 处复制，所以 to 的值应该是要获取子字符串的最后一个字符在 string 中的位置加 1。如果省略该参数，则返回从 from 开始到字符串结尾处的子串。

例如，使用 substring()方法获取指定字符串的子串，代码如下：

```
var word= "One World One Dream!";
var subs=word.substring(10,19);                        //subs 的值为 One Dream
```

（4）replace()方法。

replace()方法用于替换一个与正则表达式匹配的子串。其语法格式如下：

```
string.replace(regExp,substring);
```

参数说明如下。

- regExp：一个正则表达式。如果正则表达式中设置了标志 g，那么该方法将用替换字符串替换检索到的所有与模式匹配的子串，否则只替换所检索到的第一个与模式匹配的子串。
- substring：用于指定替换文本或生成替换文本的函数。如果 substring 是一个字符串，那么每个匹配都将由该字符串替换，但是在 substring 中的“$”字符具有特殊的意义，如表 3-12 所示。

表 3-12　　substring 中的“$”字符的意义

字　符	替 换 文 本
$1、$2、…$99	与 regExp 中的第 1～99 个子表达式匹配的文本
$&	与 regExp 相匹配的子串
$`	位于匹配子串左侧的文本
$'	位于匹配子串右侧的文本
$$	直接量——$符号

【例 3-9】　去掉字符串中的首尾空格。（实例位置：光盘\MR\源码\第 3 章\3-9）

在页面中添加用于输入原字符串和显示转换后的字符串的表单及表单元素，具体代码如下：

```
<form name="form1" method="post" action="">
原 字 符 串：<textarea name="oldString" cols="40" rows="4"></textarea>
转换后的字符串：<textarea name="newString" cols="40" rows="4"></textarea>
<input name="Button" type="button" class="btn_grey" value="去掉字符串的首尾空格">
</form>
```

编写自定义的 JavaScript 函数 trim()，在该函数中应用 String 对象的 replace()方法去掉字符串中的首尾空格。trim()函数的具体代码如下：

```
<script language="javascript">
    function trim(){
        var str=form1.oldString.value;      //获取原字符串
        if(str==""){                         //当原字符串为空时
            alert("请输入原字符串");form1.oldString.focus();return;
        }else{                               //当原字符串不为空时，去掉字符串中的首尾空格
            var objExp=/(^\s*)|(\s*$)/g;     //创建 RegExp 对象
            str=str.replace(objExp,"");      //替换字符串中的首尾空格
        }
        form1.newString.value=str;     //将转换后的字符串写入到“转换后的字符串”文本框中
    }
</script>
```

在“去掉字符串的首尾空格”按钮的 onClick 事件中调用 trim()函数，具体代码如下：

```
<input name="Button" type="button" class="btn_grey" onClick="trim()" value="去掉字符串的首尾空格">
```

运行程序，输入原字符串，单击“去掉字符串的首尾空格”按钮，将去掉字符串中的首尾空格，并显示到“转换后的字符串”文本框中，如图 3-18 所示。

图 3-18　去掉字符串的首尾空格

（5）split()方法。

split()方法用于将字符串分割为字符串数组。其语法格式如下：

```
string.split(delimiter,limit);
```

参数说明如下。

- delimiter：字符串或正则表达式，用于指定分隔符。
- limit：可选项，用于指定返回数组的最大长度。如果设置了该参数，返回的子串不会多于这个参数指定的数字，否则整个字符串都会被分割，而不考虑其长度。

● 返回值：一个字符串数组，该数组是通过 delimiter 指定的边界将字符串分割成的字符串数组。

在使用 split()方法分割数组时，返回的数组不包括 delimiter 自身。

例如，将字符串"2011-10-15"以"-"为分隔符分割成数组，代码如下：

```
var str="2011-10-15";
var arr=str.split("-");                              //分割字符串数组
document.write("字符串 "+str+" 进行分割后的数组为: <br>");
//通过 for 循环输出各个数组元素
for(i=0;i<arr.length;i++){
document.write("arr["+i+"]: "+arr[i]+"<br>");
}
```

上面代码的运行结果如图 3-19 所示。

字符串：2011-10-15进行分割后的数组为：
arr[0]：2011
arr[1]：10
arr[2]：15

图 3-19　将字符串进行分割

3.6.3 Date 对象

在 Web 程序开发过程中，可以使用 JavaScript 的 Date 对象来对日期和时间进行操作。例如，如果想在网页中显示计时的时钟，就可以使用 Date 对象来获取当前系统的时间并按照指定的格式进行显示。下面将对 Date 对象进行详细介绍。

1. 创建 Date 对象

Date 对象是一个有关日期和时间的对象，它具有动态性，即必须使用 new 运算符创建一个实例。创建 Date 对象的语法格式如下：

```
dateObj=new Date()
dateObj=new Date(dateValue)
dateObj=new Date(year,month,date[,hours[,minutes[,seconds[,ms]]]])
```

参数说明如下。

- dateValue：如果是数值，则表示指定日期与 1970 年 1 月 1 日午夜间全球标准时间相差的毫秒数；如果是字符串，则 dateValue 按照 parse 方法中的规则进行解析。
- year：一个 4 位数的年份。如果输入的是 0～99 之间的值，则给它加上 1900。
- month：表示月份，值为 0～11 之间的整数，即 0 代表 1 月份。
- date：表示日，值为 1～31 之间的整数。
- hours：表示小时，值为 0～23 之间的整数。
- minutes：表示分钟，值为 0～59 之间的整数。
- seconds：表示秒钟，值为 0～59 之间的整数。
- ms：表示毫秒，值为 0～999 之间的整数。

例如，创建一个代表当前系统日期的 Date 对象，代码如下：

```
var now=new Date();
```

在上面的代码中，第二个参数应该是当前月份-1，而不能是当前月份 5，如果是 5，则表示 6 月份。

2. Date 对象的方法

Date 对象没有提供直接访问的属性，只具有获取、设置日期和时间的方法。Date 对象的常用方法如表 3-13 所示。

表 3-13　　Date 对象的常用方法

方　法	描　述	示　例
get[UTC]FullYear()	返回 Date 对象中的年份，用 4 位数表示，采用本地时间或世界时间	new Date().getFullYear(); //返回值为 2009
get[UTC]Month()	返回 Date 对象中的月份（0～11），采用本地时间或世界时间	new Date().getMonth(); //返回值为 4
get[UTC]Date()	返回 Date 对象中的日（1～31），采用本地时间或世界时间	new Date().getDate(); //返回值为 18
get[UTC]Day()	返回 Date 对象中的星期（0～6），采用本地时间或世界时间	new Date().getDay(); //返回值为 1
get[UTC]Hours()	返回 Date 对象中的小时数（0～23），采用本地时间或世界时间	new Date().getHours(); //返回值为 9

【例 3–10】　实时显示系统时间。（实例位置：光盘\MR\源码\第 3 章\3-10）

（1）在页面的合适位置添加一个 id 为 clock 的<div>标记，关键代码如下：

```
<div id="clock"></div>
```

（2）编写自定义的 JavaScript 函数 realSysTime()，在该函数中使用 Date 对象的相关方法获取系统日期。realSysTime()函数的具体代码如下：

```
<script language="javascript">
function realSysTime(clock){
    var now=new Date();                          //创建 Date 对象
    var year=now.getFullYear();                  //获取年份
    var month=now.getMonth();                    //获取月份
    var date=now.getDate();                      //获取日期
    var day=now.getDay();                        //获取星期
    var hour=now.getHours();                     //获取小时
    var minu=now.getMinutes();                   //获取分钟
    var sec=now.getSeconds();                    //获取秒
    month=month+1;
    var arr_week=new Array("星期日","星期一","星期二","星期三","星期四","星期五","星期六");
    var week=arr_week[day];                      //获取中文的星期
    var time=year+"年"+month+"月"+date+"日 "+week+" "+hour+":"+
            minu+":"+sec;                        //组合系统时间
    clock.innerHTML="当前时间："+time;            //显示系统时间
}
</script>
```

（3）在页面的载入事件中每隔 1 秒调用一次 realSysTime()函数实时显示系统时间，具体代码如下：

```
window.onload=function(){
    window.setInterval("realSysTime(clock)",1000);  //实时获取并显示系统时间
}
```

实例的运行结果如图 3-20 所示。

当前时间：2014年1月16日 星期四 10:37:55

图 3-20　实时显示系统时间

3.7 DOM 技术

DOM（Document Object Model，文档对象模型）是表示文档（如 HTML 文档）和访问、操作构成文档的各种元素（如 HTML 标记和文本串）的应用程序接口（API）。它提供了文档中独立元素的结构化、面向对象的表示方法，并允许通过对象的属性和方法访问这些对象。另外，文档对象模型还提供了添加和删除文档对象的方法，这样能够创建动态的文档内容。DOM 也提供了处理事件的接口，它允许捕获和响应用户以及浏览器的动作。下面将对其进行详细介绍。

3.7.1 DOM 的分层结构

在 DOM 中，文档的层次结构以树形表示。树是倒立的，树根在上，枝叶在下，树的节点表示文档中的内容。DOM 树的根节点是个 Document 对象，该对象的 documentElement 属性引用表示文档根元素的 Element 对象。对于 HTML 文档，表示文档根元素的 Element 对象是<html>标记，<head>和<body>元素是树的枝干。

下面先来看一个简单的 HTML 文档，用以说明 DOM 的分层结构。

```
<html>
    <head>
        <title>一个 HTML 文档</title>
    </head>
    <body>
        欢迎访问明日科技网站!
        <br>
        <a href="http://www.mingribook.com"> http://www.mingribook.com</a>
    </body>
</html>
```

上面的 HTML 文档对应的 Document 对象的层次结构如图 3-21 所示。

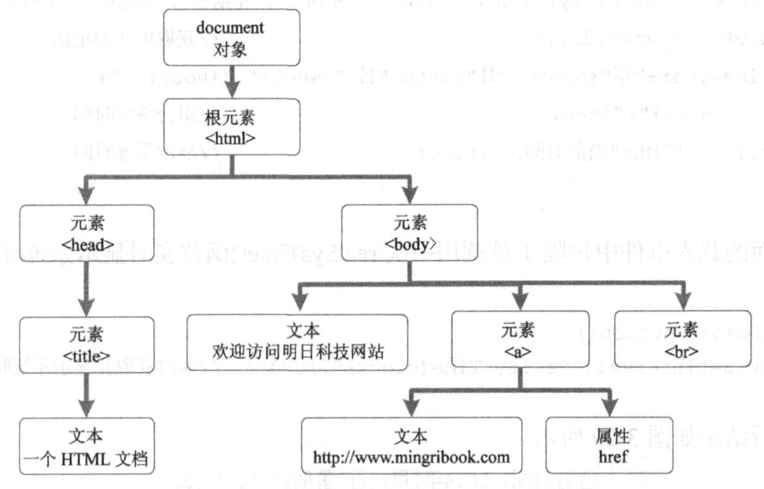

图 3-21 Document 对象的层次结构

说明

在树形结构中，直接位于一个节点之下的节点被称为该节点的子节点（children）；直接位于一个节点之上的节点被称为该节点的父节点（parent）；位于同一层次，具有相同父节点的节点是兄弟节点(sibling)；一个节点的下一个层次的节点集合是该节点的后代(descendant)；一个节点的父节点、祖父节点及其他所有位于它之上的节点都是该节点的祖先（ancestor）。

3.7.2 遍历文档

在 DOM 中，HTML 文档各个节点被视为各种类型的 Node 对象，并且将 HTML 文档表示为 Node 对象的树。对于任何一个树形结构来说，最常做的就是遍历树。在 DOM 中，可以通过 Node 对象的 parentNode、firstChild、nextChild、lastChild、previousSibling 等属性来遍历文档树。Node 对象的常用属性如表 3-14 所示。

表 3-14 Node 对象的属性

属　性	类　型	描　述
parentNode	Node	节点的父节点，没有父节点时为 null
childNodes	NodeList	节点的所有子节点的 NodeList
firstChild	Node	节点的第一个子节点，没有则为 null
lastChild	Node	节点的最后一个子节点，没有则为 null
previousSibling	Node	节点的上一个节点，没有则为 null
nextChild	Node	节点的下一个子节点，没有则为 null
nodeName	String	节点名
nodeValue	String	节点值
nodeType	short	表示节点类型的整型常量

由于 HTML 文档的复杂性，DOM 定义了 nodeType 来表示节点的类型。下面以列表的形式给出 Node 对象的节点类型、节点名、节点值及节点类型常量，如表 3-15 所示。

表 3-15 Node 对象的节点类型、节点名、节点值及节点类型常量

节点类型	节　点　名	节　点　值	节点类型常量
Attr	属性名	属性值	ATTRIBUTE_NODE（2）
CDATASection	#cdata-section	CDATA 段内容	CDATA_SECTION_NODE（4）
Comment	#comment	注释的内容	COMMENT_NODE（8）
Document	#document	null	DOCUMENT_NODE（9）
DocumentFragment	#document-fragment	null	DOCUMENT_FRAGMENT_NODE（11）
DocumentType	文档类型名	null	DOCUMENT_TYPE_NODE（10）
Element	标记名	null	ELEMENT_NODE（1）
Entity	实体名	null	ENTITY_NODE（6）
EntityReference	引用实体名	null	ENTITY_REFERENCE_NODE（5）
Notation	符号名	null	NOTATION_NODE（12）
ProcessionInstruction	目标	除目标以外的所有内容	PROCESSIONG_INSTRUCTION_NODE（7）
Text	#text	文本节点内容	TEXT_NODE（3）

3.7.3 获取文档中的指定元素

虽然通过 3.7.2 小节中介绍的遍历文档树中全部节点的方法可以找到文档中指定的元素，但是这种方法比较麻烦，下面介绍两种直接搜索文档中指定元素的方法。

1. 通过元素的 ID 属性获取元素

使用 Document 对象的 getElementsById()方法可以通过元素的 ID 属性获取元素。例如，获取文档中 ID 属性为 userList 的节点，代码如下：

```
document.getElementById("userList");
```

2. 通过元素的 name 属性获取元素

使用 Document 对象的 getElementsByName()方法可以通过元素的 name 属性获取元素。与 getElementsById()方法不同的是，该方法的返回值为一个数组，而不是一个元素。如果想通过 name 属性获取页面中唯一的元素，可以通过获取返回数组中下标值为 0 的元素进行获取。例如，获取 name 属性为 userName 的节点，代码如下：

```
document.getElementsByName("userName")[0];
```

3.7.4 操作文档

在 DOM 中不仅可以通过节点的属性查询节点，还可以对节点进行创建、插入、删除和替换等操作。这些操作都可以通过节点（Node）对象提供的方法来完成。Node 对象的常用方法如表 3-16 所示。

表 3-16 Node 对象的常用方法

方法	描述
insertBefore(newChild,refChild)	在现有子节点 refChild 之前插入子节点 newChild
replaceChild(newChild,oldChild)	将子节点列表中的子节点 oldChild 换成 newChild，并返回 oldChild 节点
removeChild(oldChild)	将子节点列表中的子节点 oldChild 删除，并返回 oldChild 节点
appendChild(newChild)	将节点 newChild 添加到该节点的子节点列表末尾。如果 newChild 已经在树中，则先将其删除
hasChildNodes()	返回一个布尔值，表示节点是否有子节点
cloneNode(deep)	返回这个节点的副本（包括属性）。如果 deep 的值为 true，则复制所有包含的节点；否则只复制这个节点

【例 3-11】 应用 DOM 操作文档实现添加评论和删除评论的功能。（实例位置：光盘\MR\源码\第 3 章\3-11）

（1）在页面的合适位置添加一个 1 行 2 列的表格，用于显示评论列表，并将该表格的 ID 属性设置为 comment，具体代码如下：

```
<table width="600" border="1" align="center" cellpadding="0" cellspacing="0"
bordercolor="#FFFFFF" bordercolorlight="#666666" bordercolordark="#FFFFFF" id="comment">
  <tr>
    <td width="18%" height="27" align="center" bgcolor="#E5BB93">评论人</td>
    <td width="82%" align="center" bgcolor="#E5BB93">评论内容</td>
  </tr>
</table>
```

（2）在评论列表的下方添加一个用于收集评论信息的表单及表单元素，具体代码如下：

```
<form name="form1" method="post" action="">
```

```
评论人：<input name="person" type="text" id="person" size="40">
评论内容： <textarea name="content" cols="60" rows="6" id="content"></textarea>
</form>
```

（3）编写自定义 JavaScript 函数 addElement()，用于在评论列表中添加一条评论信息。在该函数中，首先将评论信息添加到评论列表的后面，然后清空评论人和评论内容文本框，具体代码如下：

```
function addElement() {
    var person = document.createTextNode(form1.person.value);// 创建代表评论人的TextNode 节点
    var content = document.createTextNode(form1.content.value);//创建代表评论内容的TextNode 节点
    //创建 td 类型的 Element 节点
    var td_person = document.createElement("td");
    var td_content = document.createElement("td");
    var tr = document.createElement("tr");              //创建一个 tr 类型的 Element 节点
    var tbody = document.createElement("tbody");        //创建一个 tbody 类型的 Element 节点
    //将 TextNode 节点加入到 td 类型的节点中
    td_person.appendChild(person);                      //添加评论人
    td_content.appendChild(content);                    //添加评论内容
    //将 td 类型的节点添加到 tr 节点中
    tr.appendChild(td_person);
    tr.appendChild(td_content);
    tbody.appendChild(tr);                                    //将 tr 节点加入 tbody 中
    var tComment = document.getElementById("comment");        //获取 table 对象
    tComment.appendChild(tbody);                              //将节点 tbody 加入节点尾部
    form1.person.value="";                                    //清空评论人文本框
    form1.content.value="";                                   //清空评论内容文本框
}
```

（4）编写自定义 JavaScript 函数 deleteFirstE()，用于将评论列表中的第一条评论信息删除，具体代码如下：

```
function deleteFirstE(){
    var tComment = document.getElementById("comment");   //获取 table 对象
    if(tComment.rows.length>1){
        tComment.deleteRow(1);                            //删除表格的第二行，即第一条评论
    }
}
```

（5）编写自定义 JavaScript 函数 deleteLastE()，用于将评论列表中的最后一条评论信息删除，具体代码如下：

```
function deleteLastE(){
    var tComment = document.getElementById("comment");   //获取 table 对象
    if(tComment.rows.length>1){
        tComment.deleteRow(tComment.rows.length-1); //删除表格的最后一行，即最后一条评论
    }
}
```

（6）分别添加“发表”按钮、“删除第一条评论”按钮和“删除最后一条评论”按钮，并在各按钮的 onClick 事件中调用发表评论函数 addElement()、删除第一条评论函数 deleteFirstE()和删除最后一条评论函数 deleteLastE()。另外，还需要添加“重置”按钮，具体代码如下：

```
<input name="Button" type="button" class="btn_grey" value=" 发 表 " onClick=
"addElement()">
<input name="Reset" type="reset" class="btn_grey" value="重置">
<input name="Button" type="button" class="btn_grey" value="删除第一条评论" onClick=
"deleteFirstE()">
<input name="Button" type="button" class="btn_grey" value="删除最后一条评论" onClick=
"deleteLastE()">
```

运行程序，在“评论人”文本框中输入评论人，在“评论内容”文本框中输入评论内容，单击“发表”按钮，即可将该评论显示到评论列表中；单击“删除第一条评论”按钮，将删除第一条评论；单击“删除最后一条评论”按钮，将删除最后一条评论，如图 3-22 所示。

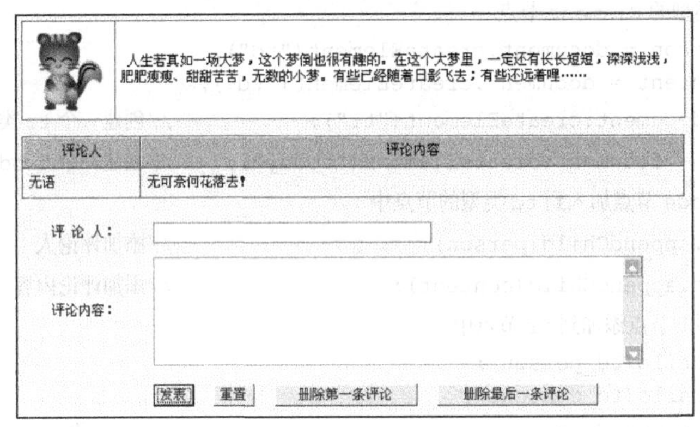

图 3-22　添加和删除评论

3.8　综合实例——将数字字符串格式化为指定长度

在实现网站开发过程中，经常会用到将数字格式化为指定长度的字符串的情况，当不足指定位数时，在该数字的前面用 0 填充。例如，要显示今天的日期（假设今天为“2014-02-14”）时，使用 Date 对象的相应方法只能显示类似“2014-2-14”的字符串，所以需要将月份格式化为指定长度。为此，笔者编写一个将数字字符串格式化为指定长度的函数，并应用该函数将输入的数字格式化为指定的长度。运行本实例，首先在“请输入要格式化的数字”文本框中输入 7，然后在“请输入格式化后字符串的长度”文本框中输入 4，最后单击“转换”按钮后，在“格式化后的字符串”文本框中将显示“0007”，如图 3-23 所示。

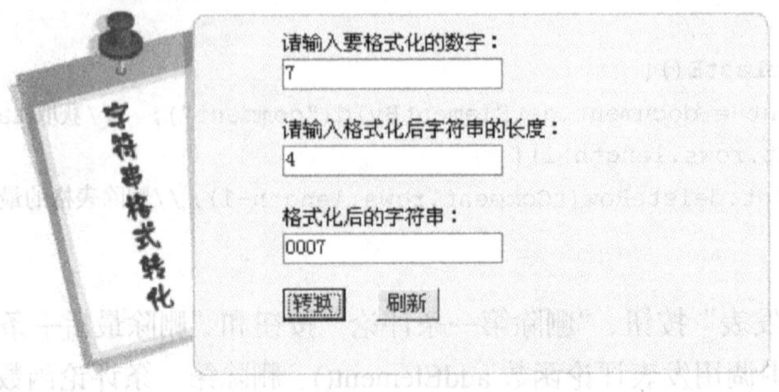

图 3-23　将数字字符串格式化为指定长度

（1）编写将数字字符串格式化为指定长度的 JavaScript 自定义函数 formatNO()。该函数有两个参数，分别是 str（要格式化的数字）和 len（格式化后字符串的长度），返回值为格式化后的字符串，代码如下：

```
<script language="javascript">
function formatNO(str,len){
    var strLen=str.length;
    for(i=0;i<len-strLen;i++){
        str="0"+str;
    }
    return str;
}
</script>
```

（2）编写 JavaScript 自定义函数 deal()，用于在验证用户输入信息后调用 formatNO()函数将指定数字格式化为指定长度，具体代码如下：

```
<script language="javascript">
function deal(){
if(form1.str.value=="")
{alert("请输入要格式化的数字！");form1.str.focus();return false;}
if(isNaN(form1.str.value)){
    alert("您输入的数字不正确!");form1.str.focus();return false;
}
if(form1.le.value=="")
{alert("请输入格式化后字符串的长度！");form1.le.focus();return false;}
if(isNaN(form1.le.value)){
    alert("您输入的格式化字符串的长度不正确!");form1.le.focus();return false;
}
form1.lastStr.value=formatNO(form1.str.value,form1.le.value);
}
</script>
```

（3）在页面的合适位置添加“转换”按钮，在该按钮的 onClick 事件中调用 deal()函数，将指定的数字格式化为指定长度，代码如下：

```
<input name="Submit" type="button" class="btn_grey" onClick="deal();" value="转换">
```

知识点提炼

（1）JavaScript 是一种基于对象和事件驱动并具有安全性能的解释型脚本语言，在 Web 应用中得到了非常广泛的应用。

（2）JavaScript 的整型数据可以是正整数、负整数和 0，并且可以采用十进制、八进制或十六进制来表示。

（3）浮点型数据由整数部分加小数部分组成，只能采用十进制，但是可以使用科学计数法或是标准方法来表示。

（4）字符型数据是使用单引号或双引号括起来的一个或多个字符。

（5）以反斜杠开头的不可显示的特殊字符通常称为控制字符，也被称为转义字符。通过转义字符可以在字符串中添加不可显示的特殊字符，或者防止引号匹配混乱的问题。

（6）变量是指程序中一个已经命名的存储单元，其主要作用就是为数据操作提供存放信息的容器。

（7）JavaScript 中提供了 if 条件判断语句、for 循环语句、while 循环语句、do...while 循环语句、break 语句、continue 语句和 switch 多分支语句共 7 种流程控制语句。

（8）函数是由关键字 function、函数名加一组参数以及置于大括号中需要执行的一段代码定义的。

（9）Date 对象是一个有关日期和时间的对象，它具有动态性，即必须使用 new 运算符创建一个实例。

（10）DOM（Document Object Model，文档对象模型）是表示文档（如 HTML 文档）和访问、操作构成文档的各种元素（如 HTML 标记和文本串）的应用程序接口（API）。

习　　题

（1）JavaScript 的数据类型有哪几种？

（2）JavaScript 提供了哪几种流程控制语句？

（3）在 JavaScript 中如何定义并调用函数？

（4）应用 JavaScript 如何打开一个新的窗口？

实验：验证用户注册信息的合法性

实验目的

（1）熟悉 DIV+CSS 布局。

（2）掌握应用 JavaScript 验证表单数据的合法性。

实验内容

应用 DIV+CSS 设计用户注册界面，并应用 JavaScript 验证输入数据的合法性。

实验步骤

（1）应用文本编辑器（Dreamweaver 或者记事本）创建一个名称为 index.html 的文件。

（2）在该文件中创建标准的 HTML 5 文档结构，并且在<body></body>标记中间编写设计用户注册界面的 HTML 代码，关键代码如下：

```
<form name="form1" method="post" action="" onSubmit="return check(this)">
  <ul>
    <li>用 户 名：<input type="text" name="username" id="username"
      placeholder="长度控制在 3-20 个字符之内" autofocus size="23" title="用户名">
    </li>
    <li>密    码：<input name="pwd" type="password" id="pwd"
      placeholder="请设定在 6-20 位之间" size="23" title="密码">
    </li>
    <li>确认密码：
```

```
      <input type="password" name="repwd" id="repwd" size="23" title="确认密码">
    </li>
    <li>性    别:
      <input name="sex" type="radio" id="sex_0" form="form1" value="男" checked> 男
      <input type="radio" name="sex" value="女" id="sex_1">女 </li>
    <li>E-mail:
      <input type="email" name="email" id="email" size="40" title="E-mail 地址">
    </li>
    <li>
      <input type="submit" name="submit" id="submit" value="提交">
      <input type="reset" name="reset" id="reset" value="重置">
    </li>
  </ul>
</form>
```

（3）在<head>标记中编写内嵌式 CSS 代码，用于对 HTML 标记的样式进行控制，具体代码请参见光盘中的源程序。

（4）在<head>标记中编写以下 JavaScript 代码，用于验证用户注册信息是否合法。

```
<script language="javascript">
function checkBlank(Form){                          //检测全部表单元素是否为空
    var v=true;
    for(i=0;i<Form.length;i++){
        if(Form.elements[i].value == ""){           //Form 的属性 elements 的首字 e 要小写
            alert(Form.elements[i].title + "不能为空!");
            Form.elements[i].focus();               //指定表单元素获取焦点
            v=false;
            return false;
        }
    }
    return v;
}
function checkusername(username){                   //验证用户名是否合法
    var str=username;
     //在 JavaScript 中，正则表达式只能使用“/”开头和结束，不能使用双引号
    var Expression=/^(\w){3,20}$/;
    var objExp=new RegExp(Expression);              //创建正则表达式对象
    return objExp.test(str)                         //通过正则表达式验证
}
function checkPWD(PWD){                             //验证密码是否合法
    var str=PWD;
     //在 JavaScript 中，正则表达式只能使用“/”开头和结束，不能使用双引号
    var Expression=/^[A-Za-z]{1}([A-Za-z0-9]|[._]){5,19}$/;
    var objExp=new RegExp(Expression);              //创建正则表达式对象
    return objExp.test(str)                         //通过正则表达式验证
}
function checkemail(email){                         //验证 E-mail 地址是否合法
    var str=email;
     //在 JavaScript 中，正则表达式只能使用“/”开头和结束，不能使用双引号
    var Expression=/\w+([-+.']\w+)*@\w+([-.]\w+)*\.\w+([-.]\w+)*/;
    var objExp=new RegExp(Expression);              //创建正则表达式对象
    return objExp.test(str)                         //通过正则表达式验证
}
    function check(Form){
        if(checkBlank(Form)){                       //验证表单元素是否为空
```

```
                if(checkusername(Form.username.value)){             //验证用户名
                    if(checkPWD(Form.pwd.value)){                   //验证密码
                        if(Form.pwd.value==Form.repwd.value){       //验证两次输入的密码是否一致
                            if(checkemail(Form.email.value)){       //验证 E-mail 地址
                                return true;
                            }else{
                                alert("请输入电子邮件地址。");
                                Form.email.focus();                 //让 E-mail 文本框获得焦点
                                return false;
                            }
                        }else {
                            alert("您两次输入的密码不一致，请重新输入！");
                            return false;
                        }
                    }else{
                        alert("您输入的密码不合法！");
                        Form.pwd.focus();                           //让密码文本框获得焦点
                        return false;
                    }
                }else {
                    alert("您输入的用户名不合法！");
                    Form.username.focus();                          //让用户名文本框获得焦点
                    return false;
                }
            }else{
                return false;
            }
        }
    </script>
```

在 HTML 5 中，可以在每个<input>元素上添加 required 属性，来控制这个表单元素不允许为空。不过，目前 IE 9 还不支持这个属性，而火狐浏览器和 Chrome 浏览器都支持这个属性。

运行本实例，将显示如图 3-24 所示的运行结果。

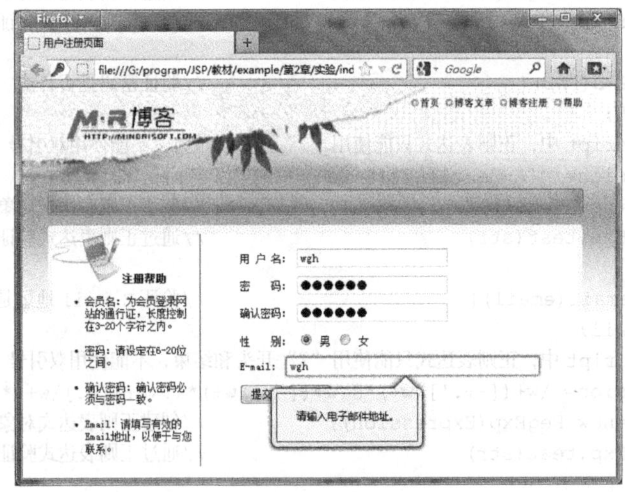

图 3-24 用户注册页面

第 4 章 搭建 Java Web 开发环境

本章要点：

- 什么是 JSP，以及 JSP 的技术特征
- JSP 网站的执行过程
- JDK 的安装与配置
- Tomcat 的安装与配置
- MySQL 数据库的安装与使用
- Eclipse 开发工具的安装与使用
- 使用 Eclipse 开发 JSP 网站的基本步骤

所谓“工欲善其事，必先利其器”，在进行 JSP 网站开发前，需要把整个开发环境搭建好。开发 JSP 网站时，通常需要安装 Java 开发工具包 JDK、Web 服务器（通常使用 Tomcat）、数据库（本书中使用的是 MySQL）和 IDE 开发工具（本书中使用的是 Eclipse IDE for Java EE）。本章将对如何搭建 JSP 网站的开发环境进行介绍。

4.1 JSP 概述

JSP 是 Java Server Page 的简称，它是由 Sun 公司倡导，与多个公司共同建立的 种技术标准，它建立在 Servlet 之上，用来开发动态网页。应用 JSP，程序员或非程序员可以高效率地创建 Web 应用，并使得开发的 Web 应用具有安全性高、跨平台等优点。

4.1.1 Java 的体系结构

Java 发展至今，按应用范围可以分为 3 个方面，即 Java SE、Java EE 和 Java ME，也就是 Sun ONE（Open Net Environment）体系。下面将分别介绍这 3 个方面。

1. Java SE

Java SE 就是 Java 的标准版，主要用于桌面应用程序的开发，同时也是 Java 的基础，它包含 Java 语言基础、JDBC（Java 数据库连接性）操作、I/O（输入/输出）、网络通信、多线程等技术。Java SE 的结构如图 4-1 所示。

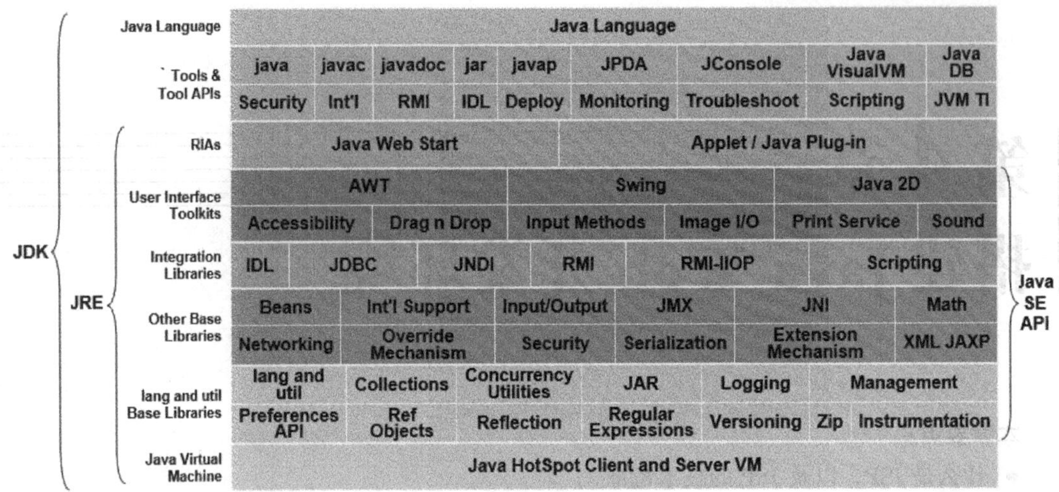

图 4-1　Java SE 的结构

2. Java EE

Java2 EE 是 Java2 的企业版，主要用于开发企业级分布式的网络程序，如电子商务网站和 ERP（企业资源规划）系统，其核心为 EJB（企业 Java 组件模型）。Java EE 的结构如图 4-2 所示。

3. Java ME

Java ME 主要应用于嵌入式系统开发，如掌上电脑、手机等移动通信电子设备，现在大部分手机厂商所生产的手机都支持 Java 技术。Java ME 的结构如图 4-3 所示。

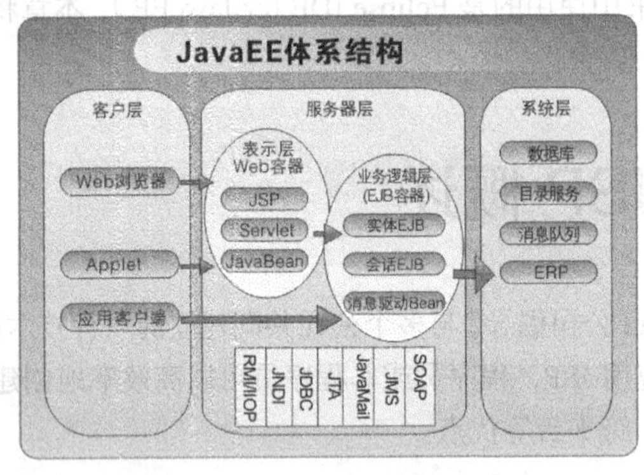

图 4-2　Java EE 的结构

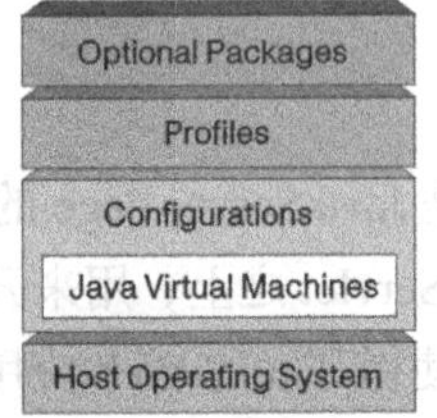

图 4-3　Java ME 的结构

4.1.2　JSP 技术特征

JSP 技术所开发的 Web 应用程序是基于 Java 的，它拥有 Java 语言跨平台的特性，以及业务代码分离、组件重用、基于 Java Servlet 功能和预编译等特征。下面分别向读者介绍 JSP 所具有的这些特性。

● 跨平台

既然 JSP 是基于 Java 语言的，那么它就可以使用 Java API，所以它也是跨平台的，可以应用在不同的系统中，例如 Windows、Linux、MAC、Solaris 等，这同时也拓宽了 JSP 可以使用的 Web 服务器的范围。另外，应用于不同操作系统的数据库也可以为 JSP 服务，JSP 使用 JDBC 技术去操作数据库，从而避免代码移植导致更换数据库时的代码修改问题。

正是因为跨平台的特性，使应用 JSP 技术开发的项目可以不加修改地应用到任何不同的平台上，这也应验了 Java 语言“一次编写，到处运行”的特点。

● 业务代码分离

JSP 技术开发的项目，使用 HTML 来设计和格式化静态页面的内容。使用 JSP 标签和 Java 代码片段来实现动态部分，程序开发人员可以将业务处理代码全部放到 JavaBean 中，或者把业务处理代码交给 Servlet、Struts 等其他业务控制层来处理，从而实现业务代码从视图层分离，这样 JSP 页面只负责显示数据便可。当需要修改业务代码时，不会影响 JSP 页面的代码。

● 组件重用

JSP 中可以使用 JavaBean 编写业务组件，也就是使用一个 JavaBean 类封装业务处理代码或者作为一个数据存储模型，在 JSP 页面甚至整个项目中都可以重复使用这个 JavaBean。JavaBean 也可以应用到其他 Java 应用程序中，包括桌面应用程序。

● 基于 Java Servlet 功能

Servlet 是 JSP 出现以前的主要 Java Web 处理技术，它接收用户请求，在 Servlet 类中编写所有 Java 和 HTML 代码，然后通过输出流把结果页面返回给浏览器。在类中编写 HTML 代码非常不利于阅读和编写，使用 JSP 技术之后，开发 Web 应用更加简单易用了，并且 JSP 最终要编译成 Servlet 才能处理用户请求，所以 JSP 拥有 Servlet 的所有功能和特性。

● 预编译

预编译就是在用户第一次通过浏览器访问 JSP 页面时，服务器将对 JSP 页面代码进行编译，并且仅执行一次编译，编译好的代码被保存，在用户下一次访问时直接执行编译好的代码。这样不仅节约了服务器的 CPU 资源，还大大提升了客户端的访问速度。

4.1.3　JSP 页面的执行过程

当客户端浏览器向服务器发出访问一个 JSP 页面的请求时，服务器根据该请求加载相应的 JSP 页面，并对该页面进行编译，然后执行。JSP 页面的执行过程如图 4-4 所示。

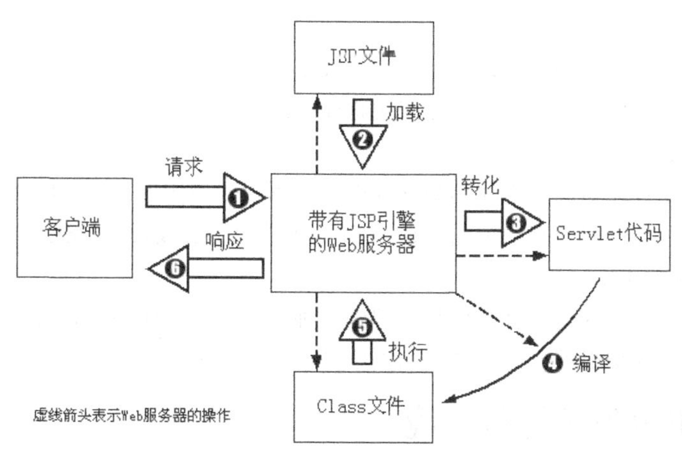

图 4-4　JSP 页面的执行过程

（1）客户端通过浏览器向服务器发出请求，在该请求中包含了请求资源的路径，这样当服务器接收到该请求后，就可以知道被请求的资源。

（2）服务器根据接收到的客户端请求来加载被请求的 JSP 文件。

（3）Web 服务器中的 JSP 引擎会将被加载的 JSP 文件转化为 Servlet。

（4）JSP 引擎将生成的 Servlet 代码编译成 Class 文件。

（5）服务器执行这个 Class 文件。

（6）服务器将执行结果发送给浏览器进行显示。

从上面的介绍中可以看到，JSP 文件被 JSP 引擎进行转换后，又被编译成了 Class 文件，最终由服务器通过执行这个 Class 文件来对客户端的请求进行响应。其中第 3 步和第 4 步构成了 JSP 处理过程中的编译阶段，而第 5 步为请求处理阶段。

但是，并不是每次请求都需要重复进行这样的处理。当服务器第一次接收到对某个页面的请求时，JSP 引擎就开始进行上述的处理过程来将被请求的 JSP 文件编译成 Class 文件。当对该页面进行再次请求时，若页面没有进行任何改动，服务器只需直接调用 Class 文件执行即可。所以当某个 JSP 页面第一次被请求时，会有一些延迟，而再次访问时会快很多。如果被请求的页面经过了修改，服务器将会重新编译这个文件，然后执行。

4.1.4 在 JSP 中应用 MVC 架构

MVC 是一种经典的程序设计理念，此模式将应用程序分成 3 个部分，分别为：模型层（Model）、视图层（View）、控制层（Controller），MVC 是这 3 个部分英文字母的缩写。在 JSP 开发中，MVC 架构的应用如图 4-5 所示。

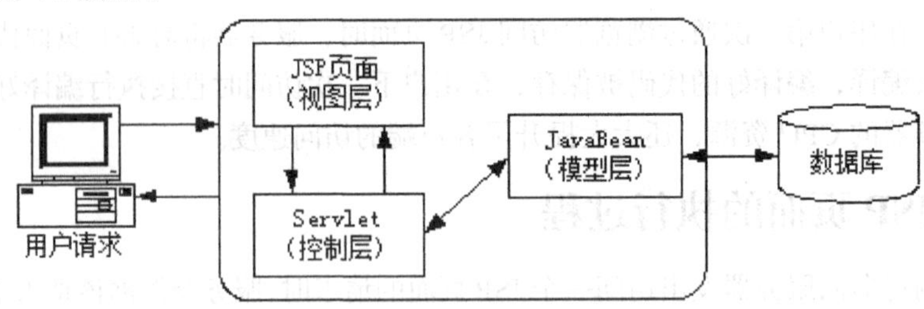

图 4-5　MVC 架构的应用

● 模型层（Model）

模型层是应用程序的核心部分，主要由 JavaBean 组件来充当，可以是一个实体对象或一种业务逻辑。之所以称之为模型，是因为它在应用程序中有更好的重用性和扩展性。

● 视图层（View）

视图层提供应用程序与用户之间的交互界面。在 MVC 架构中，这一层并不包含任何的业务逻辑，仅仅提供一种与用户交互的视图，在 Web 应用中由 JSP 或者 HTML 界面充当。

● 控制层（Controller）

控制层用于对程序中的请求进行控制，起到一种宏观调控的作用，它可以通知容器选择什么样的视图、什么样的模型组件，在 Web 应用中由 Servlet 充当。

4.1.5 JSP 开发及运行环境

在搭建 JSP 的开发环境时，首先需要安装开发工具包 JDK，然后安装 Web 服务器和数据库，这时 Java Web 应用的开发环境就搭建完成了。为了提高开发效率，通常还需要安装 IDE（集成开发环境）工具。

1. 开发工具包 JDK

JDK 是 Java Develop Kit 的简称，即 Java 开发工具包，包括运行 Java 程序所必需的 JRE 环境及开发过程中常用的库文件。在开发 JSP 网站之前，必须安装 JDK。

JDK 里面包括很多用 Java 编写的开发工具（如 javac.exe 和 jar.exe 等），另外，JDK 还包括一个 JRE。如果计算机中安装了 JDK，它会有两套 JRE，一套位于\jre 目录下，另一套位于 Java 目录下。后者比前者少了服务器端的 Java 虚拟机，不过直接将前者的服务器端 Java 虚拟机复制过来就行了。

JRE 是 Java Runtime Environment，即 Java 的运行环境，Java 程序必须有 JRE 才能运行。JRE 面向 Java 程序的使用者，而不是开发者。

JVM 是 Java 虚拟机，在 JRE 的 bin 目录下有两个子目录（server 和 client），这就是真正的 jvm.dll 所在。jvm.dll 无法单独工作，当 jvm.dll 启动后，会使用 explicit 的方法，而这些辅助用的动态链接库（.dll）都必须位于 jvm.dll 所在目录的父目录中。因此想使用哪个 JVM，只需要在环境变量中设置 path 参数指向 JRE 所在目录下的 jvm.dll 即可。

现在我们可以看出这样一个关系：JDK 包含 JRE，而 JRE 包含 JVM。

2. Web 服务器

Web 服务器是运行及发布 Web 应用的大容器，只有将开发的 Web 项目放置到该容器中，才能使网络中的所有用户通过浏览器进行访问。开发 Web 应用所采用的服务器主要是 Servlet 兼容的 Web 服务器，比较常用的有 BEA WebLogic、IBM WebSphere 和 Apache Tomcat 等。下面对这几个服务器分别进行介绍。

- BEA WebLogic 服务器

Weblogic 是 BEA 公司的产品，它又分为 WebLogic Server、WebLogic Enterprise 和 WebLogic Portal 系列，其中 WebLogic Server 的功能特别强大，它支持企业级的、多层次的和完全分布式的 Web 应用，并且服务器的配置简单、界面友好。对于那些正在寻求能够提供 Java 平台所拥有的一切的应用服务器的用户来说，WebLogic 是一个十分理想的选择。

- IBM WebSphere 应用服务器

IBM WebSphere 应用服务器（IBM WebSphere Application Server，WAS）是 IBM WebSphere 软件平台的基础和面向服务的体系结构的关键构件。WebSphere 应用服务器提供了一个丰富的应用程序部署环境，包括用于事务管理、安全性、群集、性能、可用性、连接性和可伸缩性等全套的应用程序服务。它与 Java EE 兼容，并为可与数据库交互并提供动态 Web 内容的 Java 组件、XML 和 Web 服务提供了可移植的 Web 部署平台。

目前 IBM 推出了 WebSphere Application Server V8，该产品是基于 Java EE 6 认证的，支持 EJB 3.0 技术的应用程序平台，它提供了安全、可伸缩、高性能的应用程序基础架构，这些基础架构是实现 SOA 所需的，从而提高了业务的灵活性。

- Tomcat 服务器

Tomcat 服务器最为流行，它是 Apache-Jarkarta 开源项目中的一个子项目，是一个小型的轻量级的支持 JSP 和 Servlet 技术的 Web 服务器，它已经成为学习开发 Java Web 应用的首选。本书将以 Tomcat 作为 Web 服务器。

3. 数据库

开发动态网站时，数据库是必不可少的。数据库主要用来保存网站中需要的信息。根据网站的规模，应采用合适的数据库，如大型网站可采用 Oracle 数据库，中型网站可采用 Micosoft SQL

Server 或 MySQL 数据库，小型网站则可以采用 Microsoft Access 数据库。Microsoft Access 数据库的功能远比不上 Microsoft SQL Server 和 MySQL 强大，但它具有方便、灵活的特点，对于一些小型网站来说，是比较理想的选择。

4. Web 浏览器

浏览器主要用于客户端用户访问 Web 应用，与开发 Web 应用不存在很大的关系，所以开发 Web 程序对浏览器的要求并不是很高，任何支持 HTML 的浏览器都可以。目前比较流行的 Web 浏览器是 IE 浏览器和火狐浏览器。

4.2 JDK 的安装与配置

在使用 JSP 开发网站之前，需要先安装和配置 JDK。下面将具体介绍下载并安装 JDK 和配置环境变量的方法。

4.2.1 JDK 的下载与安装

由于推出 JDK 的 Sun 公司已经被 Oracle 公司收购了，所以 JDK 可以到 Oracle 官方网站（http://www.oracle.com/index.html）中下载。目前，最新的版本是 JDK 7 Update 3，如果是 32 位的 Windows 操作系统，下载后得到的安装文件是 jdk-7u3-windows-i586.exe。

JDK 的安装文件下载后，就可以安装 JDK 了，具体的安装步骤如下。

（1）双击刚刚下载的安装文件，将弹出欢迎对话框，在该对话框中，单击“下一步”按钮，将弹出“自定义安装”对话框，在该对话框中，可以选择安装的功能组件，这里选择默认设置，如图 4-6 所示。

（2）单击“更改”按钮，将弹出“更改文件夹”对话框，在该对话框中，将 JDK 的安装路径更改为 C:\Java\jdk1.7.0_03\，如图 4-7 所示，单击“确定”按钮，将返回到“自定义安装”对话框中。

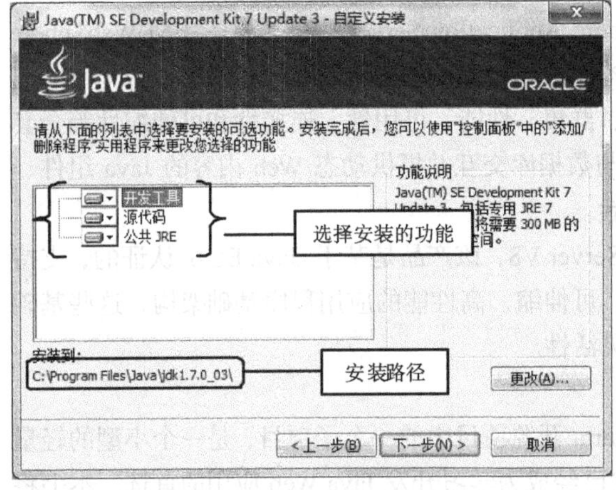

图 4-6 “自定义安装”对话框

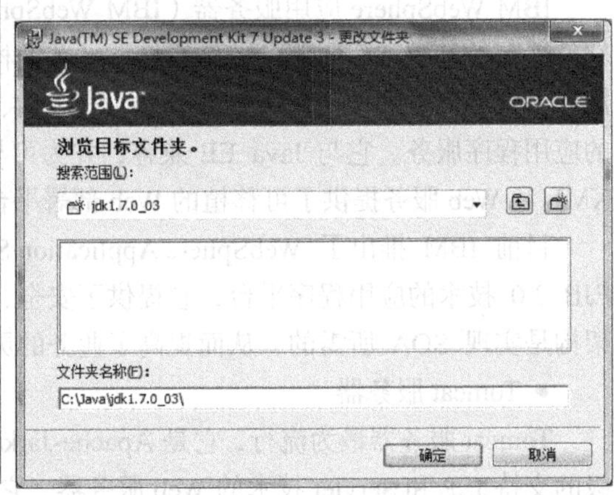

图 4-7 更改 JDK 的安装路径

（3）单击“下一步”按钮，开始安装 JDK。安装过程中会弹出 JRE 的“目标文件夹”对话框，这里更改 JRE 的安装路径为 C:\Java\jre7\，然后单击“下一步”按钮，安装向导会继续完成安装进程。

说明　JRE 主要负责 Java 程序的运行，而 JDK 包含了 Java 程序开发所需的编译、调试等工具，另外还包含了 JDK 的源代码。

（4）安装完成后，将弹出 JDK 安装完成的对话框，单击“继续”按钮，将安装 JavaFX SDK。如果不想安装，可以单击“取消”按钮，取消 JavaFX SDK 的安装。

说明　JavaFX 2.0 是一款为企业业务应用提供的先进 Java 用户界面（UI）平台，它能帮助开发人员无缝地实现与本地 Java 功能及 Web 技术动态能力的混合与匹配。

4.2.2　在 Windows 系统下配置和测试 JDK

JDK 安装完成后，还需要在系统的环境变量中进行配置。下面将以在 Windows 7 系统中配置环境变量为例来介绍 JDK 的配置和测试，具体步骤如下。

（1）在“开始”菜单的“计算机”图标上单击鼠标右键，在弹出的快捷菜单中选择“属性”命令，在弹出的“属性”对话框左侧单击“高级系统设置”超链接，将出现如图 4-8 所示的“系统属性”对话框。

（2）单击“环境变量”按钮，将弹出“环境变量”对话框，如图 4-9 所示，单击“系统变量”栏中的“新建”按钮，创建新的系统变量。

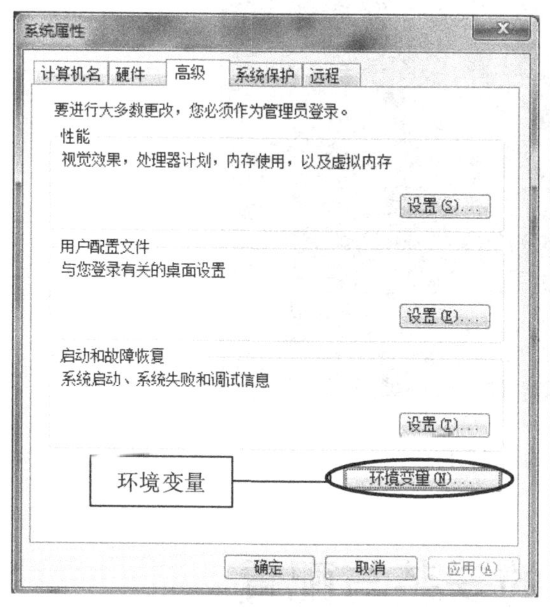

图 4-8　“系统属性”对话框

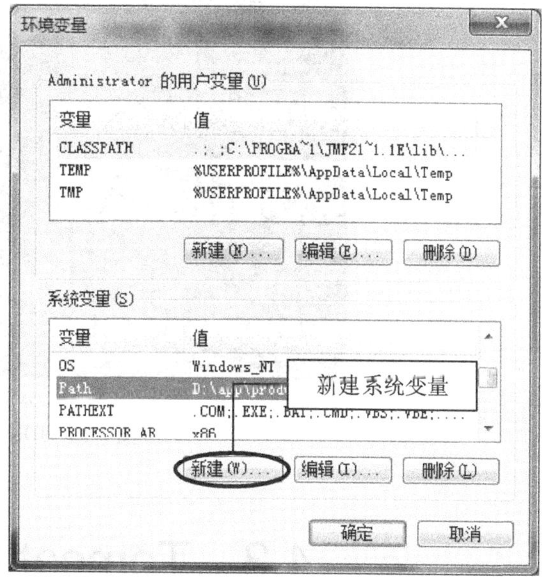

图 4-9　“环境变量”对话框

（3）弹出“新建系统变量”对话框，分别输入变量名“JAVA_HOME”和变量值，其中变量值是笔者的 JDK 安装路径，读者需要根据自己的计算机环境进行修改，如图 4-10 所示。单击“确定”按钮，关闭“新建系统变量”对话框。

（4）在图 4-9 所示的“环境变量”对话框中双击 Path 变量对其进行修改，在原变量值最前端添加“.;%JAVA_ HOME%\bin;”变量值（注意：最后的“;”不要丢掉，它用于分割不同的变量值），如图 4-11 所示。单击“确定”按钮，完成环境变量的设置。

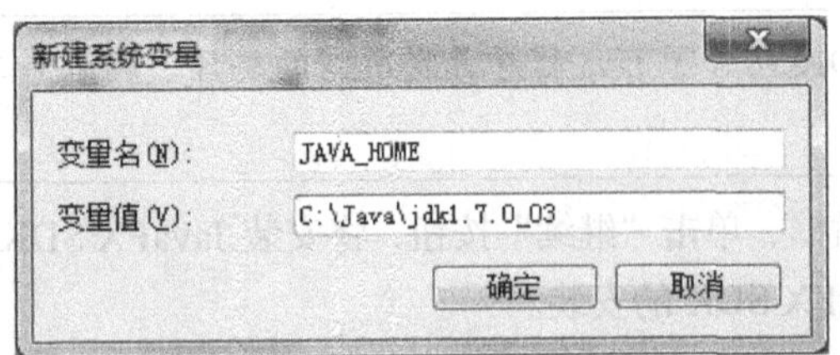

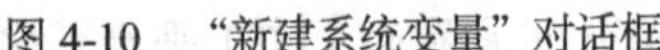
图 4-10 “新建系统变量”对话框

图 4-11 设置 Path 环境变量值

（5）JDK 安装成功之后，必须确认环境配置是否正确。在 Windows 系统中测试 JDK 环境需要选择“开始”/“运行”命令（没有“运行”命令可以按 Windows+R 组合键），然后在“运行”对话框中输入 cmd 并单击“确定”按钮启动控制台。在控制台中输入 javac 命令，按 Enter 键，将输出如图 4-12 所示的 JDK 编译器信息，其中包括修改命令的语法和参数选项等信息，这说明 JDK 环境搭建成功。

图 4-12 JDK 的编译器信息

4.3 Tomcat 的安装与配置

Tomcat 服务器是 ApacheJakarta 项目组开发的产品，当前的最新版本是 Tomcat 7。它能够支持 Servlet 3.0 和 JSP 2.2 规范，并且具有免费和跨平台等诸多特性。Tomcat 服务器已经成为学习开发 Java Web 应用的首选。本节将介绍 Tomcat 服务器的安装与配置。

4.3.1 下载和安装 Tomcat 服务器

我们可以到 Tomcat 官方网站（http://tomcat.apache.org）中下载最新版本的 Tomcat 服务器。Tomcat 的官方网站中提供两种安装方式，一种是通过安装向导进行安装，另一种是直接解压缩安装。这里我们以通过安装向导进行安装为例来介绍 Tomcat 服务器的安装步骤。从 Tomcat 的官方网站下载最新的安装文件。目前最新的版本是 Tomcat 7.0.27，所以我们下载到的安装文件为 apache-tomcat-7.0.27.exe。下载完成后即可开始安装，具体的安装步骤如下。

（1）双击 apache-tomcat-7.0.27.exe 文件，打开安装向导对话框，单击 Next 按钮后，将打开许可协议对话框。

（2）单击“I Agree”按钮接受许可协议，将打开 Choose Components 对话框，在该对话框中选择需要安装的组件，通常保留其默认选项，如图 4-13 所示。

（3）单击 Next 按钮，在打开的对话框中设置访问 Tomcat 服务器的端口及用户名和密码，通常保留默认配置，即端口为 8080、用户名为 admin、密码为空，如图 4-14 所示。

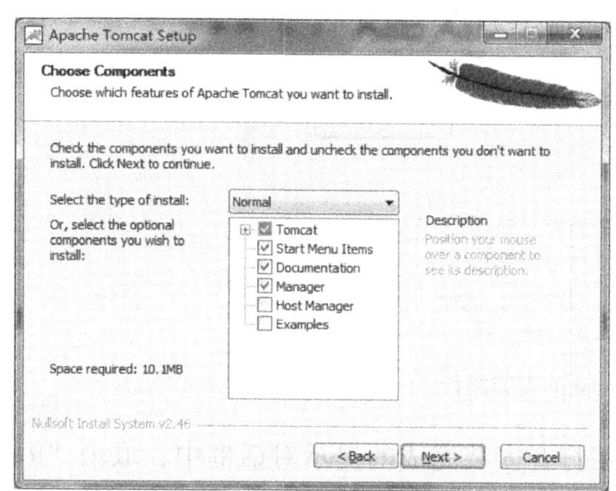

图 4-13　Choose Components 对话框

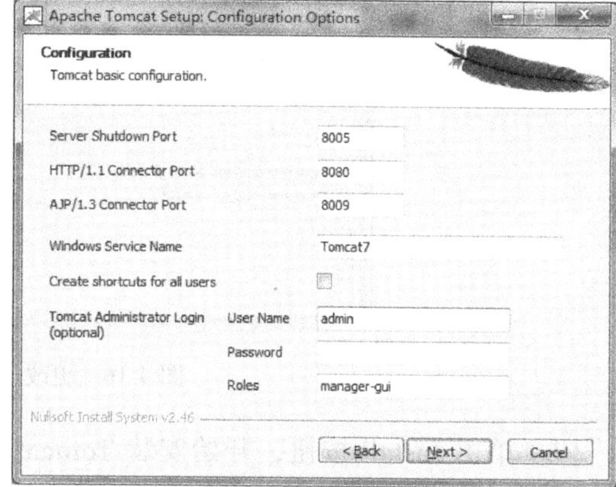

图 4-14　设置端口号及用户名和密码

一般情况下不要修改默认的端口号，除非 8080 端口已经被占用。

（4）单击 Next 按钮，在打开的 Java Virtual Machine 对话框中选择 Java 虚拟机路径，这里选择 JDK 的安装路径，如图 4-15 所示。

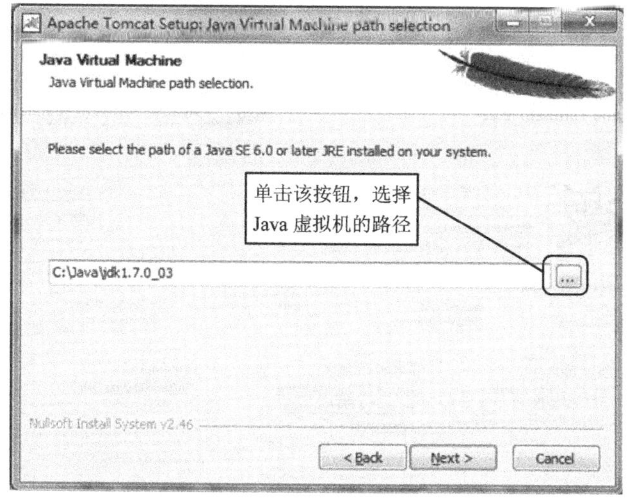

图 4-15　选择 Java 虚拟机路径

（5）单击 Next 按钮，将打开 Choose Install Location 对话框。在该对话框中，可通过单击 Browse 按钮更改 Tomcat 的安装路径，这里将其更改为 K:\Program Files\Tomcat 7.0 目录下，如图 4-16 所示。

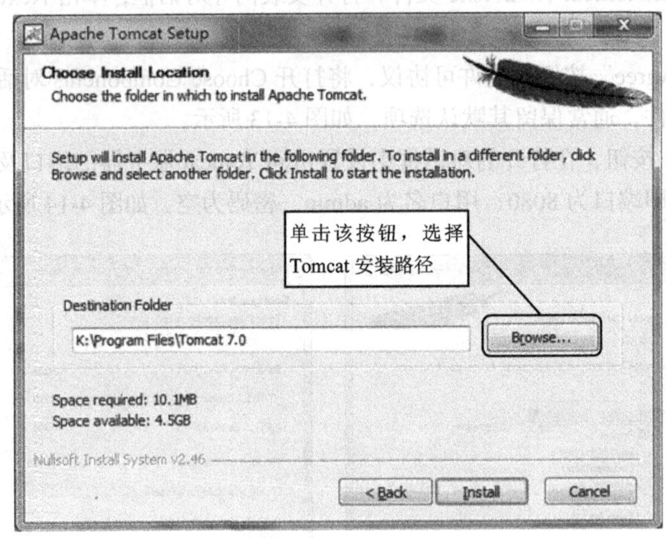

图 4-16　更改 Tomcat 的安装路径

（6）单击 Install 按钮，开始安装 Tomcat。在打开安装完成的提示对话框中，取消“Run Apache Tomcat”和“Show Readme”两个复选框的选中，单击 Finish 按钮，即可完成 Tomcat 的安装。

（7）启动 Tomcat。选择“开始”/“所有程序”/“Apache Tomcat 7.0 Tomcat 7”/“Monitor Tomcat”命令，在任务栏右侧的系统托盘中将出现图标，在该图标上单击鼠标右键，在打开的快捷菜单中选择 Start service 命令，启动 Tomcat。

（8）打开 IE 浏览器，在地址栏中输入地址 http://localhost:8080 访问 Tomcat 服务器，若出现如图 4-17 所示的页面，则表示 Tomcat 安装成功。

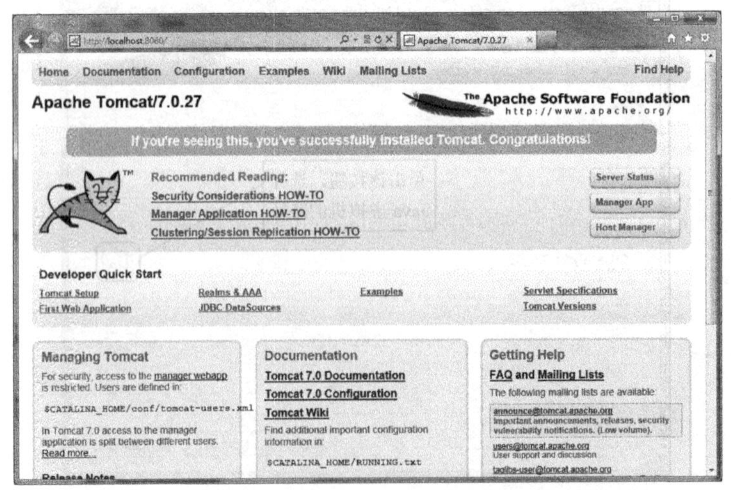

图 4-17　Tomcat 的启动界面

4.3.2　Tomcat 的目录结构

Tomcat 服务器安装成功后，在 Tomcat 的安装目录下将会出现 7 个文件夹及 4 个文件，如图 4-18 所示。

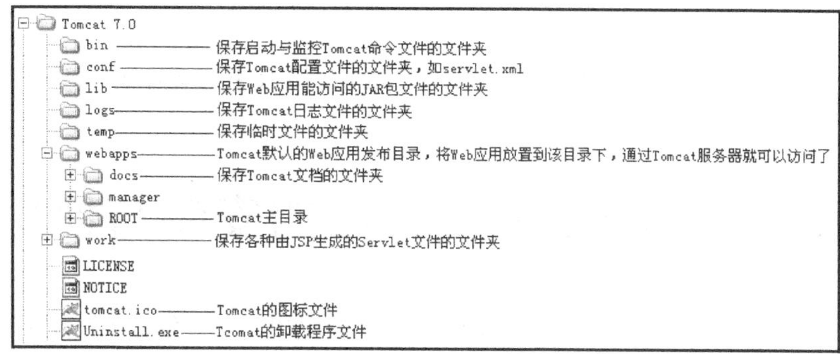

图 4-18　Tomcat 的目录结构

4.3.3　修改 Tomcat 的默认端口

Tomcat 默认的服务器端口为 8080，但该端口不是 Tomcat 唯一的端口，可以通过在安装过程中进行修改，如果在安装过程中没有进行修改，还可以通过 Tomcat 的配置文件进行修改。下面将介绍通过 Tomcat 的配置文件修改其默认端口的步骤。

（1）采用记事本打开 Tomcat 安装目录下的 conf 文件夹下的 servlet.xml 文件。

（2）在 servlet.xml 文件中找到以下代码：

```
<Connector port="8080" protocol="HTTP/1.1"
          connectionTimeout="20000"
          redirectPort="8443" />
```

（3）将上面代码中的 port="8080"修改为 port="8081"，即可将 Tomcat 的默认端口设置为 8081。

在修改端口时，应避免与公用端口冲突。建议采用默认的 8080 端口，不要修改，除非 8080 端口被其他程序所占用。

（4）修改成功后，为了使新设置的端口生效，还需要重新启动 Tomcat 服务器。

4.3.4　部署 Web 应用

将开发完成的 Java Web 应用程序部署到 Tomcat 服务器上，可以通过以下两种方法实现。

1. 通过复制 Web 应用到 Tomcat 中实现

通过复制 Web 应用到 Tomcat 中实现时，首先需要将 Web 应用文件夹复制到 Tomcat 安装目录下的 webapps 文件夹中，然后启动 Tomcat 服务器，再打开 IE 浏览器，在 IE 浏览器的地址栏中输入“http://服务器 IP:端口/应用程序名称”形式的 URL 地址（例如 http://127.0.0.1:8080/firstProject），就可以运行 Java Web 应用程序了。

2. 通过在 server.xml 文件中配置<Context>元素实现

通过在 server.xml 文件中配置<Context>元素实现时，首先打开 Tomcat 安装路径下的 conf 文件夹下的 server.xml 文件，然后在<Host></Host>元素中间添加<Context>元素，例如，要配置 D:\JSP\

文件夹下的 Web 应用 test01，可以使用以下代码：

```
<Context path="/01" docBase="D:/JSP/test01"/>
```

最后保存修改的 server.xml 文件，并重启 Tomcat 服务器，在 IE 地址栏中输入 URL 地址 http://localhost:8080/01/访问 Web 应用 test01。

在设置<Context>元素的 docBase 属性值时，路径中的反斜杠\应该使用斜杠/代替。

4.4 Eclipse 开发工具的安装与使用

Eclipse 是一个基于 Java 的、开放源码的、可扩展的应用开发平台，它为编程人员提供了一流的 Java 集成开发环境（Integrated Development Environment，IDE）。它是一个可以用于构建集成 Web 和应用程序开发工具的平台，其本身并不提供大量的功能，而是通过插件来实现程序的快速开发功能。但是，Eclipse 的官方网站提供了一个 Java EE 版的 Eclipse IDE。应用 Eclipse IDE for Java EE，可以在不需要安装其他插件的情况下创建动态 Web 项目。

4.4.1 Eclipse 的下载与安装

可以从官方网站下载最新版本的 Eclipse，具体网址为 http://www.eclipse.org。目前最新版本为 Eclipse 3.7.2，下载后的安装文件是 eclipse-jee-indigo-SR2-win32.zip。

Eclipse 的安装比较简单，只需要将下载到的压缩包解压缩到自己喜欢的文件夹中，即可完成 Eclipse 的安装。

4.4.2 启动 Eclipse

Eclipse 安装完成后，就可以启动 Eclipse 了。双击 Eclipse 安装目录下的 eclipse.exe 文件，即可启动 Eclipse。在初次启动 Eclipse 时，需要设置工作空间，这里将工作空间设置在 Eclipse 根目录的 workspace 目录下，如图 4-19 所示。

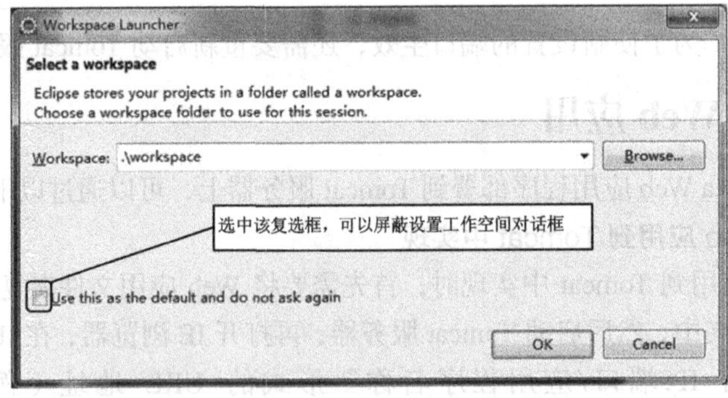

图 4-19　设置工作空间

每次启动 Eclipse 时都会弹出设置工作空间的对话框，如果想在以后启动时不再进行工作空间设置，可以选中 Use this as the default and do not ask again 复选框。单击 OK 按钮后，即可启动 Eclipse。如果是第一次启动，将显示 Eclipse 的欢迎界面，关闭该界面即可进入到 Eclipse 的工作台窗口。

4.4.3　安装 Eclipse 中文语言包

直接解压完的 Eclipse 是英文版的，为了适应国际化，Eclipse 提供了多国语言包，我们只需要到 http://www.eclipse.org/babel/中下载对应语言环境的语言包，就可以实现 Eclipse 的本地化。例如，我们当前的语言环境为简体中文，就可以下载 Eclipse 提供的中文语言名。例如，Eclipse 3.7 所对应的中文语言包的下载页面如图 4-20 所示。

图 4-20　Eclipse 3.7 的中文语言包下载页面

单击图 4-20 所示的各个超链接，即可下载对应的中文语言包。我们可以下载全部的中文语言包，也可以根据需要下载一部分。中文语言包下载后，将下载的所有语言包解压缩并覆盖 Eclipse 文件夹中同名的两个文件夹 features 和 plugins，这样在启动 Eclipse 时便会自动加载这些语言包。

4.4.4　Eclipse 工作台

启动 Eclipse 后，关闭欢迎界面，将进入到 Eclipse 的主界面，即 Eclipse 的工作台窗口。Eclipse 的工作台主要由菜单栏、工具栏、透视图工具栏、项目资源管理器视图、大纲视图、编辑器和其他视图组成，如图 4-21 所示。

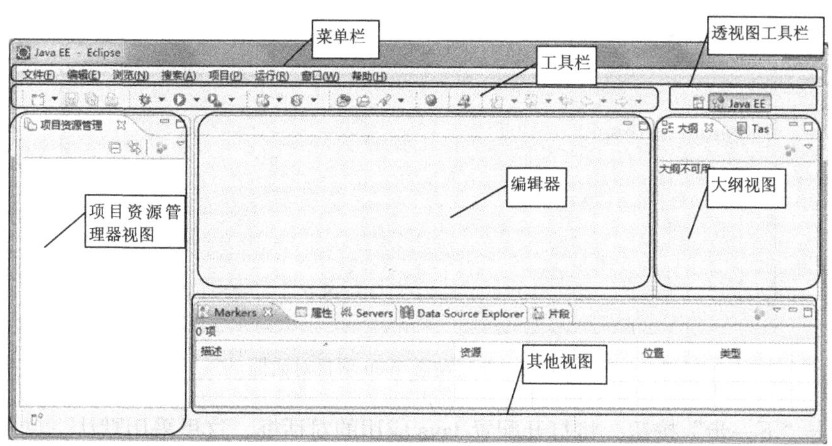

图 4-21　Eclipse 的工作台

在应用 Eclipse 时，各视图的内容会有所改变，例如，打开一个 JSP 文件后，在大纲视图中将显示该 JSP 文件的节点树。

4.5 综合实例——使用 Eclipse 开发一个 Java Web 网站

Eclipse 安装完成后，就可以在 Eclipse 中开发 Web 应用了。在 Eclipse 中开发 JSP 网站的基本步骤如下。

1. 创建项目

下面将介绍在 Eclipse 中创建一个项目名称为 firstProject 的项目的实现过程。

（1）启动 Eclipse，并选择一个工作空间，进入到 Eclipse 的工作台窗口。

（2）单击工具栏中“新建”按钮右侧的黑三角，在弹出的快捷菜单中选择“Dynamic Web Project”菜单项，将打开新建动态 Web 项目对话框，在该对话框的“Project name”文本框中输入项目名称，这里为 firstProject，在 Dynamic web module version 下拉列表中选择 3.0，其他采用默认，如图 4-22 所示。

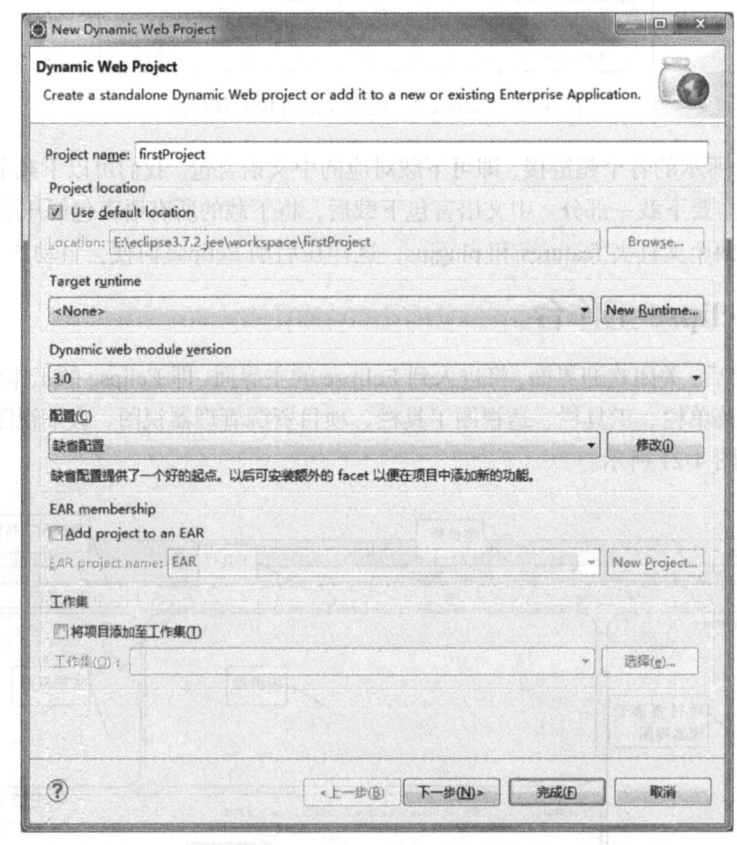

图 4-22　新建动态 Web 项目对话框

（3）单击“下一步”按钮，将打开配置 Java 应用的对话框，这里采用默认。单击“下一步”按钮，将打开如图 4-23 所示的配置 Web 模块设置对话框，这里采用默认。

图 4-23　配置 Web 模块设置对话框

实际上，Content directory 文本框中采用什么值并不影响程序的运行，读者也可以自行设定，例如，可以将其设置为 WebRoot。

（4）单击“完成”按钮，完成项目 firstProject 的创建。此时在 Eclipse 平台左侧的项目资源管理器中将显示项目 firstProject，依次展开各节点，可显示如图 4-24 所示的目录结构。

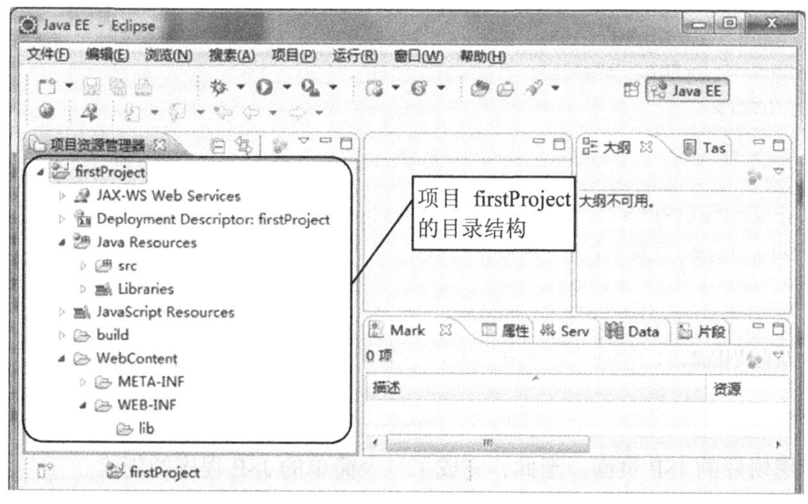

图 4-24　项目 firstProject 的目录结构

2. 创建 JSP 文件

项目创建完成后，就可以根据实际需要创建类文件、JSP 文件或是其他文件了。下面将创建一个名称为 index.jsp 的 JSP 文件。

（1）在 Eclipse 的项目资源管理器中，选中 firstProject 节点下的 WebContent 节点，并单击鼠标右键，在打开的快捷菜单中选择“新建”/“JSP File”菜单项，打开 New JSP File 对话框，在该对话框的“文件名”文本框中输入文件名 index.jsp，其他采用默认，如图 4-25 所示。

（2）单击“下一步”按钮，将打开选择 JSP 模板的对话框，这里采用默认即可，如图 4-26 所示。

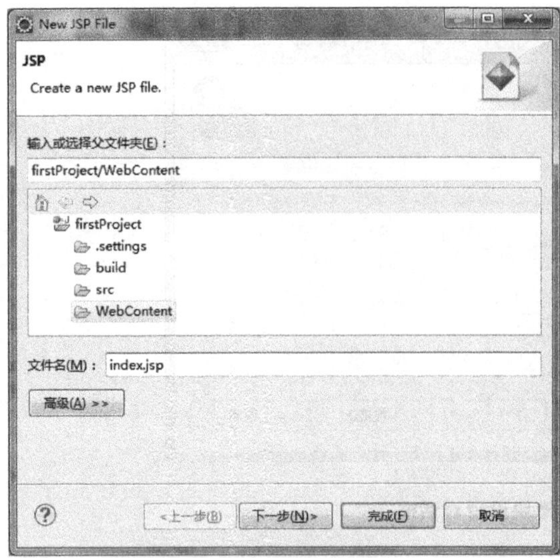

图 4-25 New JSP File 对话框

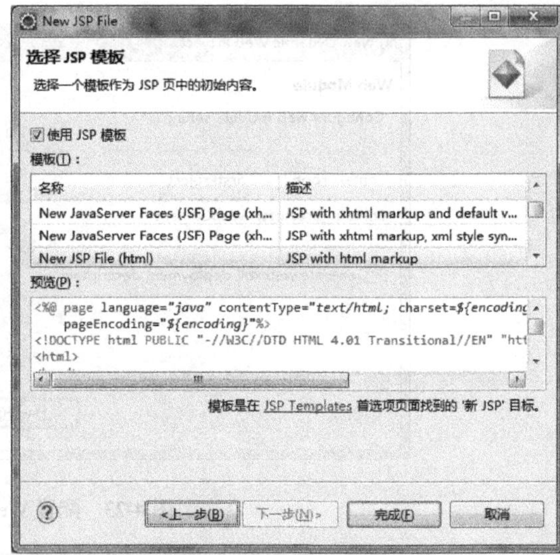

图 4-26 选择 JSP 模板对话框

（3）单击“完成”按钮，完成 JSP 文件的创建。此时，在项目资源管理器的 WebContent 节点下将自动添加一个名称为 index.jsp 的节点，并自动在 Eclipse 默认与 JSP 文件关联的编辑器中打开。

（4）将 index.jsp 文件中的默认代码修改为以下代码：

```
<%@ page language="java" contentType="text/html; charset=UTF-8"
    pageEncoding="UTF-8"%>
<!DOCTYPE HTML>
<html>
<head>
<meta charset="utf-8">
<title>使用 Eclipse 开发一个 JSP 网站</title>
</head>
<body>
保护环境，从自我作起...
</body>
</html>
```

（5）保存编辑好的 JSP 页面。至此，完成了一个简单的 JSP 程序的创建。

说明

在默认情况下，系统创建的 JSP 文件采用 ISO-8859-1 编码，不支持中文。为了让 Eclipse 创建的文件支持中文，可以在首选项中将 JSP 文件的默认编码设置为 UTF-8 或者 GBK。设置为 UTF-8 的具体方法是：首先选择菜单栏中的“窗口”/“首选项”菜单项，在打开的“首选项”对话框中，选中左侧 Web 节点下的 JSP 文件子节点，然后在右侧“编码”下拉列表中选择“ISO 10646 、Unicode(UTF-8)”列表项，最后单击“确定”按钮完成编码的设置。

3. 配置 Web 服务器

在发布和运行项目前，需要先配置 Web 服务器，如果已经配置好 Web 服务器，就不需要再重新配置了。也就是说，本节的内容不是每个项目开发时所必须经过的步骤。配置 Web 服务器的具体步骤如下。

（1）在 Eclipse 工作台的其他视图中选中“服务器”视图，在该视图的空白区域单击鼠标右键，在弹出的快捷菜单中选择“新建”/“服务器”菜单项，将打开“新建服务器”对话框。在该对话框中，展开 Apache 节点，选中该节点下的“Tomcat v7.0 Server”子节点，其他采用默认，如图 4-27 所示。

（2）单击“下一步”按钮，将打开指定 Tomcat 服务器安装路径的对话框，单击“浏览”按钮，选择 Tomcat 的安装路径，这里为 K:\Program Files\Tomcat 7.0，其他采用默认，如图 4-28 所示。

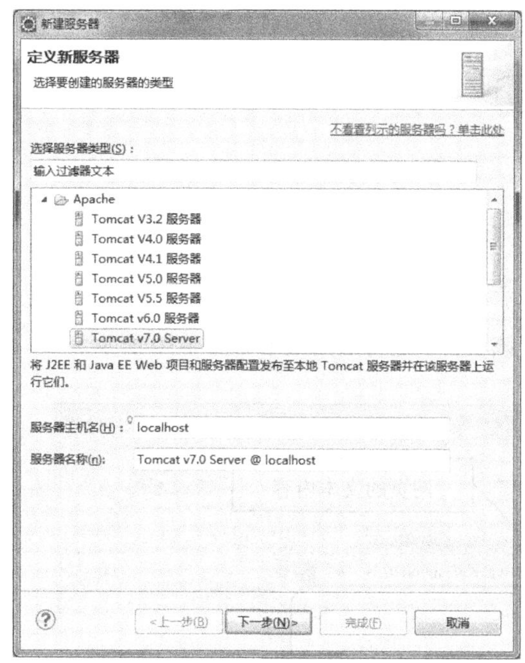

图 4-27 “新建服务器”对话框

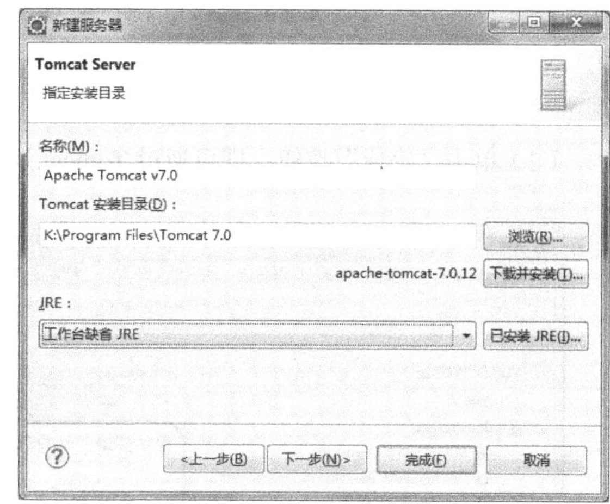

图 4-28 指定 Tomcat 服务器安装路径的对话框

（3）单击“完成”按钮，完成 Tomcat 服务器的配置。这时在“服务器”视图中将显示一个“Tomcat v7.0 Server @ localhost [已停止]”节点，表示 Tomcat 服务器没有启动。

在“服务器”视图中，选中服务器节点，单击按钮可以启动服务器。服务器启动后，还可以单击按钮停止服务器。

4. 发布项目到 Tomcat 并运行

动态 Web 项目创建完成后，就可以将项目发布到 Tomcat 并运行该项目了。下面将介绍具体的方法。

（1）在项目资源管理器中选择项目名称节点，在工具栏上单击按钮中的黑三角，在弹出的快捷菜单中选择“运行方式”/“在服务器上运行”菜单项，将打开“在服务器上运行”对话框。在该对话框中，选中“将服务器设置为项目缺省值（请不要再次询问）”复选框，其他采用默认，如图 4-29 所示。

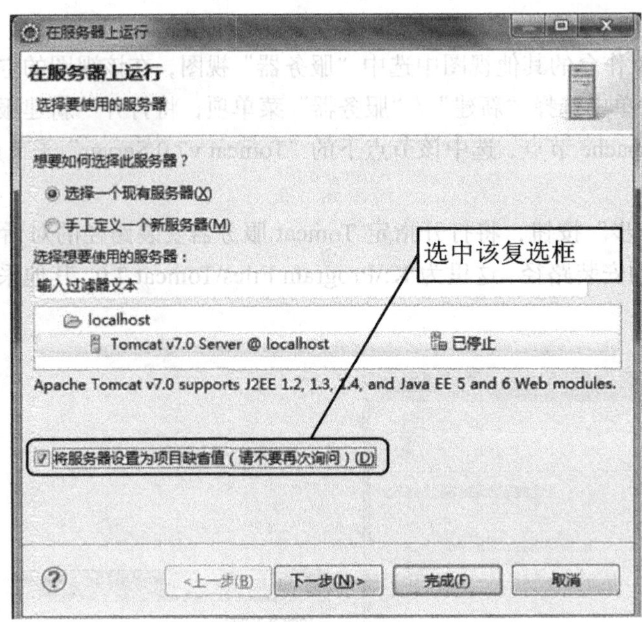

图 4-29 “在服务器上运行”对话框

（2）单击“完成”按钮，即可通过 Tomcat 运行该项目，运行后的效果如图 4-30 所示。

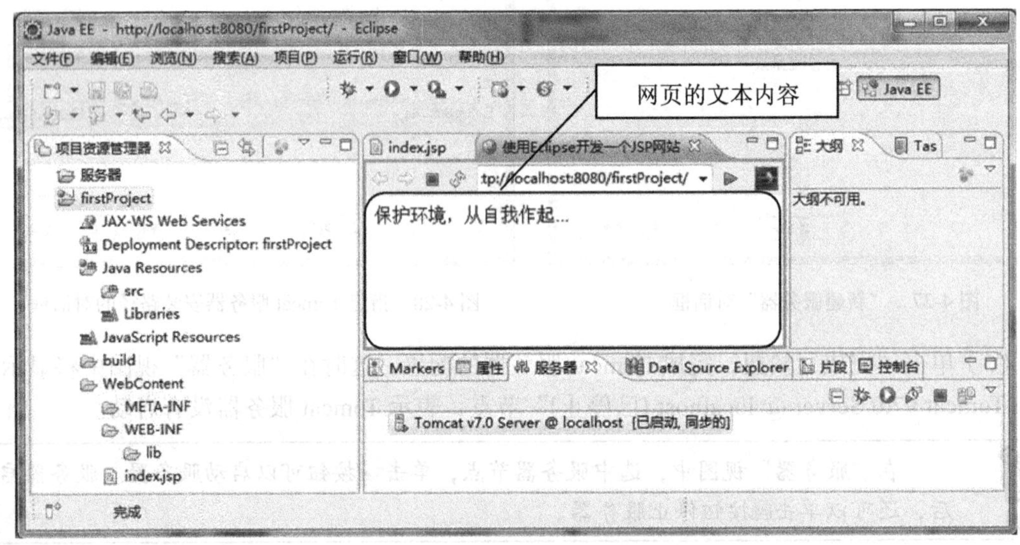

图 4-30 运行 firstProject 项目

知识点提炼

（1）JSP 是 Java Server Page 的简称，它是由 Sun 公司倡导，与多个公司共同建立的一种技术标准，它建立在 Servlet 之上，用来开发动态网页。

（2）JSP 技术所开发的 Web 应用程序是基于 Java 的，它拥有 Java 语言跨平台的特性，以及业务代码分离、组件重用、基于 Java Servlet 功能和预编译等特征。

（3）JDK 是 Java Develop Kit 的简称，即 Java 开发工具包，包括运行 Java 程序所必需的 JRE 环境及开发过程中常用的库文件。在开发 JSP 网站之前，必须安装 JDK。

（4）Tomcat 服务器是 Apache Jakarta 项目组开发的产品，当前的最新版本是 Tomcat 7，它能够支持 Servlet 3.0 和 JSP 2.2 规范，并且具有免费和跨平台等诸多特性。

（5）MySQL 是目前最为流行的开放源码的数据库，是完全网络化的、跨平台的关系型数据库系统，它是由 MySQL AB 公司开发、发布并支持的。MySQL 以其短小精悍、功能齐全、运行极快和完全免费等优点，备受 Java Web 程序员所喜爱。

（6）Eclipse 是一个基于 Java 的、开放源码的、可扩展的应用开发平台，它为编程人员提供了一流的 Java 集成开发环境（Integrated Development Environment，IDE）。

习　题

（1）什么是 JSP？JSP 有哪些技术特征？

（2）在 Windows 系统下安装 JDK，需要配置哪些系统变量？

（3）简述应用 Tomcat 部署 Web 应用的两种方法。

（4）简述使用 MySQL 工作台导入/导出数据的基本步骤。

（5）简述 Eclipse 开发 JSP 网站的流程。

实验：创建并发布一个 Java Web 网站

实验目的

（1）熟悉 Eclipse。

（2）掌握在 Eclipse 中创建 JSP 网站并发布的基本过程。

实验内容

在 Eclipse 中创建并发布一个 JSP 网站，要求在页面中输出两行文字，第一行文字是“明日图书网”，第二行文字是“http://www.mingribook.com”。

实验步骤

（1）打开 Eclipse，创建一个名称为 myProject 的动态 Web 项目。

（2）在 myProject 项目的 WebContent 节点下创建一个名称为 index.jsp 的 JSP 文件，并设置页面采用 UTF-8 编码。

（3）修改 index.jsp 文件的代码为以下内容：

```
<%@ page language="java" contentType="text/html; charset=UTF-8"
    pageEncoding="UTF-8"%>
<!DOCTYPE HTML>
<html>
```

```
<head>
<meta charset="utf-8">
<title>创建并发布一个 JSP 网站</title>
</head>
<body>
明日图书网<br>
http://www.mingribook.com
</body>
</html>
```

运行本实例，将显示如图 4-31 所示的运行结果。

图 4-31　实例运行结果

第 5 章 JSP 基本语法

本章要点：

- JSP 页面的基本构成元素
- JSP 的 page、include 和 taglib 指令标识
- JSP 的脚本标识
- JSP 文件中可以应用的注释
- JSP 的动作标识

在进行 JSP 网站开发时，必须掌握 JSP 的基本语法。本章将向读者介绍 JSP 语法中 JSP 页面的基本构成、指令标识、脚本标识、注释以及动作标识等内容。

5.1 JSP 页面的基本构成

JSP 页面是指扩展名为.jsp 的文件。在前面的学习中，虽然已经创建过 JSP 文件，但是并未对 JSP 文件的页面构成进行详细介绍。下面将详细介绍 JSP 页面的基本构成。

在一个 JSP 页面中，可以包括指令标识、HTML 代码、JavaScript 代码、嵌入的 Java 代码、注释和 JSP 动作标识等内容。但这些内容并不是一个 JSP 页面所必需的。下面将通过一个简单的 JSP 页面说明 JSP 页面的构成。

【例 5-1】 编写一个 JSP 页面，名称为 index.jsp，在该页面中显示当前时间。（实例位置：光盘\MR\源码\第 5 章\5-1）

```
<%@ page language="java" contentType="text/html; charset=UTF-8"
    pageEncoding="UTF-8"%>
<%@ page import="java.util.Date"%>
<%@ page import="java.text.SimpleDateFormat"%>
<!DOCTYPE HTML>
<html>
<head>
<meta charset="utf-8">
<title>一个简单的 JSP 页面——显示系统时间</title>
</head>
<body>
<%
    Date date = new Date();                                    //获取日期对象
    //设置日期时间格式
```

```
    SimpleDateFormat df = new SimpleDateFormat("yyyy-MM-dd HH:mm:ss");
    String today = df.format(date);                                  //获取当前系统日期
%>
当前时间：<%=today%>                                                 <!-- 输出系统时间 -->
</body>
</html>
```

运行本实例，结果如图 5-1 所示。

图 5-1 在页面中显示当前时间

下面我们来分析例 5-1 中的 JSP 页面。该页面中包括了指令标识、HTML 代码、嵌入的 Java 代码和注释等内容，如图 5-2 所示。

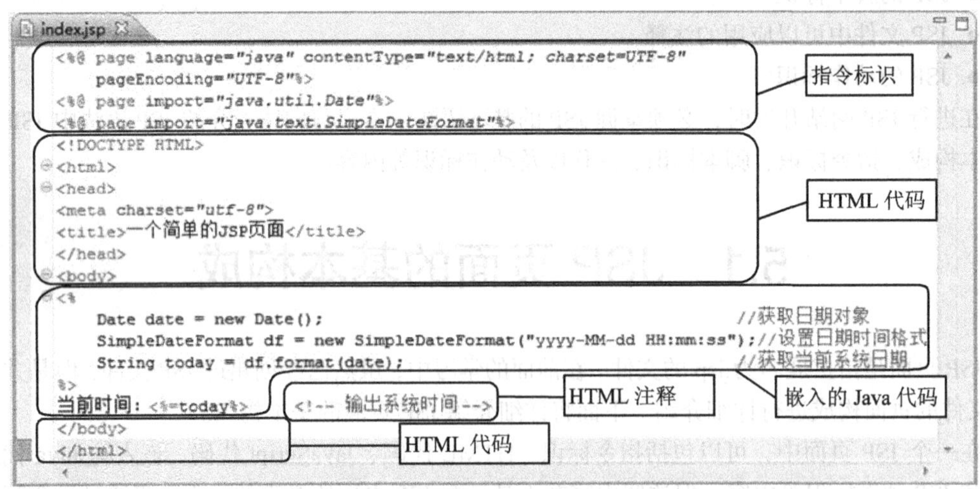

图 5-2 一个简单的 JSP 页面

5.2 指令标识

指令标识主要用于设定整个 JSP 页面范围内都有效的相关信息，它是被服务器解释并执行的，不会产生任何输出到网页中的内容，也就是说指令标识对客户端浏览器是不可见的。JSP 页面的指令标识与我们的身份证类似，虽然公民身份证可以标识公民的身份，但是它并没有对所有见到过我们的人所公开。

JSP 指令标识的语法格式如下：

```
<%@ 指令名 属性 1="属性值 1" 属性 2="属性值 2"……%>
```

- 指令名：用于指定指令名称，在 JSP 中包含 page、include 和 taglib3 条指令。
- 属性：用于指定属性名称，不同的指令包含不同的属性。一个指令中可以设置多个属性，各属性之间用空格分隔。

- 属性值：用于指定属性值。

例如，在应用 Eclipse 创建 JSP 文件时，在文件的最底端会默认添加一条指令，用于指定 JSP 所使用的语言、编码方式等。这条指令的具体代码如下：

```
<%@ page language="java" contentType="text/html; charset=UTF-8" pageEncoding=
"UTF-8"%>
```

指令标识的<%@和%>是完整的标记，不能添加空格，但是标签中定义的属性与指令名之间是有空格的。

5.2.1 page 指令

这是 JSP 页面最常用的指令，用于定义整个 JSP 页面的相关属性，这些属性在 JSP 被服务器解析成 Servlet 时会转换为相应的 Java 程序代码。page 指令的语法格式如下：

```
<%@ page 属性 1="属性值 1" 属性 2="属性值 2"……%>
```

page 指令提供了 language、contentType、pageEncoding、import、autoFlush、buffer、errorPage、extends、info、isELIgnored、isErrorPage、isThreadSafe 和 session 共 13 个属性。在实际编程过程中，这些属性并不需要一一列出，其中很多属性可以省略，这时，page 指令会使用默认值来设置 JSP 页面。下面将对 page 指令中常用的属性进行详细介绍。

1. language 属性

该属性用于设置 JSP 页面使用的语言，目前只支持 Java 语言，以后可能会支持其他语言，如 C++、C#等。该属性的默认值是 Java。

【例 5-2】 设置 JSP 页面的语言属性，代码如下：

```
<%@ page language="java" %>
```

2. extends 属性

该属性用于设置 JSP 页面继承的 Java 类，所有 JSP 页面在执行之前都会被服务器解析成 Servlet，而 Servlet 是由 Java 类定义的，所以 JSP 和 Servlet 都可以继承指定的父类。该属性并不常用，而且有可能影响服务器的性能优化。

3. import 属性

该属性用于设置 JSP 导入的类包。JSP 页面可以嵌入 Java 代码片段，这些 Java 代码在调用 API 时需要导入相应的类包。

【例 5-3】 在 JSP 页面中导入类包，代码如下：

```
<%@ page import="java.util.*" %>
```

4. pageEncoding 属性

该属性用于定义 JSP 页面的编码格式，也就是指定文件编码。JSP 页面中的所有代码都使用该属性指定的字符集。如果该属性值设置为 ISO-8859-1，那么这个 JSP 页面就不支持中文字符。通常我们设置编码格式为 UTF-8 或者 GBK。

【例 5-4】 设置 JSP 页面的编码格式为 UTF-8，代码如下：

```
<%@ page pageEncoding="UTF-8"%>
```

5. contentType 属性

该属性用于设置 JSP 页面的 MIME 类型和字符编码，浏览器会据此显示网页内容。

【例 5-5】 设置 JSP 页面的 MIME 类型和字符编码，代码如下：

```
<%@ page contentType="text/html; charset=UTF-8"%>
```

JSP 页面的默认编码格式为"ISO-8859-1"，该编码格式是不支持中文的，要使页面支持中文，要将页面的编码格式设置成"UTF-8"或者"GBK"的形式。

6. session 属性

该属性指定 JSP 页面是否使用 HTTP 的 session 会话对象。其属性值是 boolean 类型，可选值为 true 和 false。默认值是 true，可以使用 session 会话对象；如果设置为 false，则当前 JSP 页面将无法使用 session 会话对象。

【例 5-6】 设置 JSP 页面是否使用 HTTP 的 session 会话对象，代码如下：

```
<%@ page session="false"%>
```

上述代码设置 JSP 页面不使用 session 对象，任何对 session 对象的引用都会发生错误。

session 是 JSP 的内置对象之一，在第 6 章中将会介绍。

7. buffer 属性

该属性用于设置 JSP 的 out 输出对象使用的缓冲区大小，默认大小是 8KB，且单位只能使用 KB。建议程序开发人员使用 8 的倍数（如 16、32、64、128 等）作为该属性的属性值。

【例 5-7】 设置 JSP 的 out 输出对象使用的缓冲区大小，代码如下：

```
<%@ page buffer="128kb"%>
```

out 对象是 JSP 的内置对象之一，在第 6 章中将会介绍。

8. autoFlush 属性

autoFlush 属性用于指定当缓冲区已满时，自动将缓冲区中的内容输出到客户端。该属性的默认值为 true。如果将其设置为 false，则当缓冲区已满时将抛出 “JSP Buffer overflow” 异常。

【例 5-8】 设置缓冲区已满时不自动将其内容输出到客户端，代码如下：

```
<%@ page autoFlush="false"%>
```

如果将 buffer 属性的值设置为 none，则 autoFlush 属性不能被设置为 false。

9. isErrorPage 属性

通过该属性可以将当前 JSP 页面设置成错误处理页面来处理另一个 JSP 页面的错误，也就是异常处理，这意味着当前 JSP 页面业务的改变。

【例 5-9】 将当前 JSP 页面设置成错误处理页面，代码如下：

```
<%@ page isErrorPage = "true"%>
```

10. errorPage 属性

该属性用于指定处理当前 JSP 页面异常错误的另一个 JSP 页面，指定的 JSP 错误处理页面必须设置 isErrorPage 属性为 true。errorPage 属性的属性值是一个 url 字符串。

【例 5-10】 设置处理 JSP 页面异常错误的页面，代码如下：

```
<%@ page errorPage="error/loginErrorPage.jsp"%>
```

注意　如果设置该属性，那么在 web.xml 文件中定义的任何错误页面都将被忽略，而优先使用该属性定义的错误处理页面。

5.2.2　include 指令

文件包含指令 include 是 JSP 的另一条指令标识。通过该指令可以在一个 JSP 页面中包含另一个 JSP 页面，不过该指令是静态包含指令，也就是说被包含文件中的所有内容会被原样包含到该 JSP 页面中，即使被包含文件中有 JSP 代码，在包含时也不会被编译执行。使用 include 指令最终将生成一个文件，所以在被包含和包含的文件中不能有相同名称的变量。include 指令包含文件的过程如图 5-3 所示。

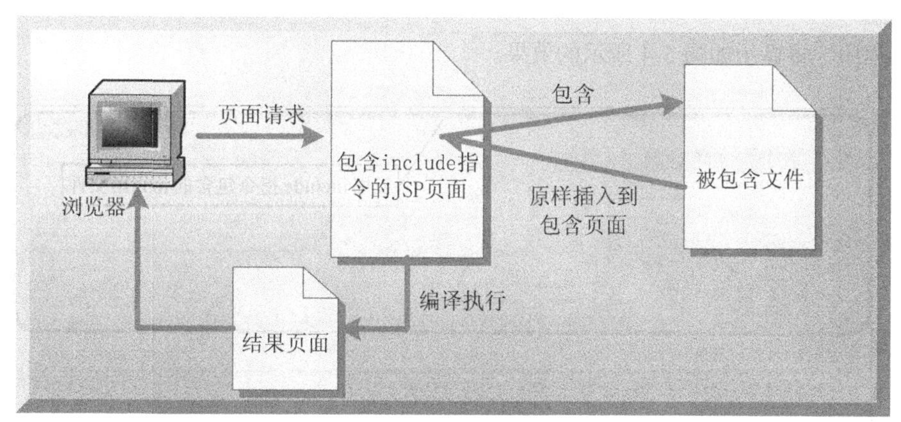

图 5-3　include 指令包含文件的过程

include 指令的语法格式如下：

```
<%@ include file="path"%>
```

该指令只有一个 file 属性，用于指定要包含文件的路径。该路径可以是相对路径，也可以是绝对路径，但不可以是通过<%=%>表达式所代表的文件。

说明　使用 include 指令包含文件可以大大提高代码的重用性，而且也便于以后的维护和升级。

【例 5-11】　应用 include 指令包含网站 Banner 信息和版权信息栏。（实例位置：光盘\MR\源码\第 5 章\5-11）

（1）编写一个名称为 top.jsp 的文件，用于放置网站的 Banner 信息和导航栏。这里将 Banner 信息和导航栏设计为一张图片，这样完成 top.jsp 文件，只需要在该页面通过<img>标记引入图片即可。top.jsp 文件的代码如下：

```
<%@ page pageEncoding="UTF-8"%>
<img src="images/banner.JPG">
```

（2）编写一个名称为 copyright.jsp 文件，用于放置网站的版权信息。copyright.jsp 文件的具体代码如下：

```
<%@ page pageEncoding="UTF-8"%>
<%String copyright=" All Copyright &copy; 2012 吉林省明日科技有限公司";%>
<footer>
```

```
    <%= copyright %>
</footer>
```

（3）创建一个名称为 index.jsp 的文件，在该页面中包括 top.jsp 和 copyright.jsp 文件，从而实现一个完整的页面。index.jsp 文件的具体代码如下：

```
<%@ page language="java" contentType="text/html; charset=UTF-8"
    pageEncoding="UTF-8"%>
……        <!--此处省略了部分 HTML 和 CSS 代码-->
</head>
<body style="margin:0px;">
<%@ include file="top.jsp"%>
<section></section>
<%@ include file="copyright.jsp"%>
</body>
</html>
```

运行程序，将显示如图 5-4 所示的效果。

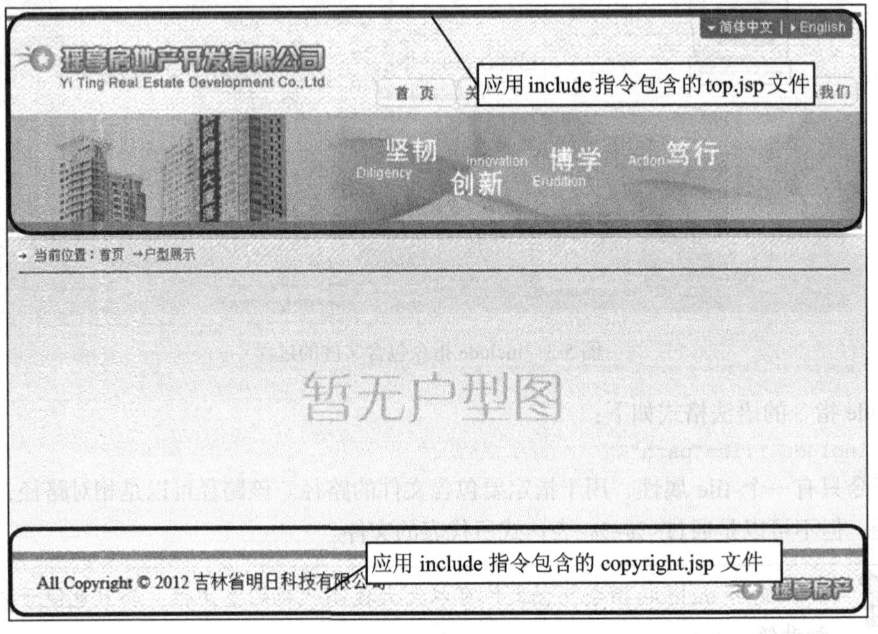

图 5-4　程序运行结果

说明　在应用 include 指令进行文件包含时，为了使整个页面的层次结构不发生冲突，建议在被包含页面中将<html>、<body>等标记删除，因为在包含该页面的文件中已经指定这些标记了。

5.2.3　taglib 指令

在 JSP 文件中，可以通过 taglib 指令标识声明该页面中所使用的标签库，同时引用标签库，并指定标签的前缀。在页面中引用标签库后，就可以通过前缀来引用标签库中的标签。taglib 指令的语法格式如下：

```
<%@ taglib prefix="tagPrefix" uri="tagURI" %>
```

- prefix 属性：用于指定标签的前缀。该前缀不能命名为 jsp、jspx、java、javax、sun、servlet

和 sunw。

- uri 属性：用于指定标签库文件的存放位置。

【例 5-12】　在页面中引用 JSTL 中的核心标签库，示例代码如下：

```
<%@ taglib prefix="c" uri="http://java.sun.com/jsp/jstl/core" %>
```

关于引用 JSTL 中的核心标签库，以及使用 JSTL 核心标签库中的标签的相关内容，请参见第 11 章，这里不进行详细介绍。

5.3　脚本标识

在 JSP 页面中，脚本标识使用得最为频繁，因为它们能够很方便、灵活地生成页面中的动态内容，特别是 Scriptlet 脚本程序。JSP 中的脚本标识包括 JSP 表达式（Expression）、声明标识（Declaration）和脚本程序（Scriptlet）。通过这些标识，在 JSP 页面中可以像编写 Java 程序一样来声明变量、定义函数或进行各种表达式的运算。下面将对这些标识进行详细介绍。

5.3.1　JSP 表达式（Expression）

JSP 表达式用于向页面中输出信息，其语法格式如下：

```
<% = 表达式%>
```

- 表达式：可以是任何 Java 语言的完整表达式。该表达式的最终运算结果将被转换为字符串。

<%与=之间不可以有空格，但是=与其后面的表达式之间可以有空格。

【例 5-13】　使用 JSP 表达式在页面中输出信息，示例代码如下：

```
<%String manager="mr"; %>           <!-- 定义保存管理员名的变量 -->
管理员：<%=manager %>               <!-- 输出结果为：管理员：mr -->
<%="管理员："+manager %>            <!-- 输出结果为：管理员：mr -->
<%= 7+6 %>                          <!-- 输出结果为：13 -->
<%String url="head01.jpg"; %>       <!-- 定义保存文件名称的变量 -->
<img src="images/<%=url %>">        <!-- 输出结果为：<img src="images/head01.jpg"> -->
```

JSP 表达式不仅可以插入到网页的文本中，用于输出文本内容，也可以插入到 HTML 标记中，用于动态设置属性值。

5.3.2　声明标识（Declaration）

声明标识用于在 JSP 页面中定义全局的变量或方法。通过声明标识定义的变量和方法可以被整个 JSP 页面访问，所以通常使用该标识定义整个 JSP 页面都需要引用的变量或方法。

服务器执行 JSP 页面时，会将 JSP 页面转换为 Servlet 类。在该类中，会把使用 JSP 声明标识定义的变量和方法转换为类的成员变量和方法。

声明标识的语法格式如下：

```
<%! 声明变量或方法的代码 %>
```

<%与!之间不可以有空格，但是!与其后面的代码之间可以有空格。另外，<%!与%>可以不在同一行。例如，下面的格式也是正确的：

```
<%!
        声明变量或方法的代码
%>
```

【例 5-14】 通过声明标识声明一个全局变量和全局方法。

```
<%!
    int number = 0;             //声明全局变量
    int count() {               //声明全局方法
        number++;               //累加 number
        return number;          //返回 number 的值
    }
%>
```

通过上面的代码声明全局变量和全局方法后，后面如果通过<%=count()%>调用全局方法，则每次刷新页面，都会输出前一次值+1 的值。

5.3.3 代码片段

所谓代码片段就是在 JSP 页面中嵌入的 Java 代码或脚本代码。代码片段将在页面请求的处理期间被执行，通过 Java 代码可以定义变量或流程控制语句等；而通过脚本代码可以应用 JSP 的内置对象在页面输出内容、处理请求和响应、访问 session 会话等。代码片段的语法格式如下：

```
<% Java 代码或脚本代码 %>
```

代码片段的使用比较灵活，它所实现的功能是 JSP 表达式无法实现的。

代码片段与声明标识的区别是：通过声明标识创建的变量和方法在当前 JSP 页面中有效，它的生命周期是从创建开始到服务器关闭结束；而通过代码片段创建的变量或方法也是在当前 JSP 页面中有效，但它的生命周期更短，在页面关闭后就会被销毁。

【例 5-15】 通过代码片段和 JSP 表达式在 JSP 页面中输出九九乘法表。（实例位置：光盘\MR\源码\第 5 章\5-15）

编写一个名称为 index.jsp 的文件，在该页面中，先通过代码片段将输出九九乘法表的文本连接成一个字符串，然后通过 JSP 表达式输出该字符串。index.jsp 文件的关键代码如下：

```
<body>
    <%
        String str = "";                            //声明保存九九乘法表的字符串变量
        //连接生成九九乘法表的字符串
        for (int i = 1; i <= 9; i++) {              // 外循环
            for (int j = 1; j <= i; j++) {          // 内循环
                str += j + "×" + i + "=" + j * i;
                str += " ";                    //加入空格符
            }
            str += "<br>";                          // 加入换行符
        }
    %>
```

```
    <div>
        <ul>
            <li id="title">九九乘法表</li>
            <li><%=str%> <!-- 输出九九乘法表 --></li>
        </ul>
    </div>
</body>
```

运行程序，将显示如图 5-5 所示的效果。

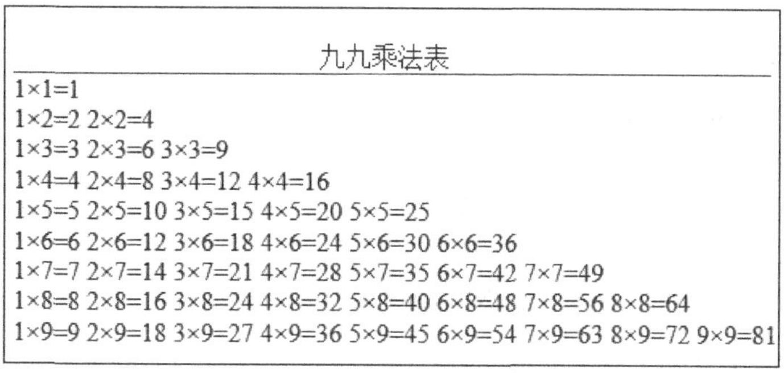

九九乘法表
1×1=1
1×2=2 2×2=4
1×3=3 2×3=6 3×3=9
1×4=4 2×4=8 3×4=12 4×4=16
1×5=5 2×5=10 3×5=15 4×5=20 5×5=25
1×6=6 2×6=12 3×6=18 4×6=24 5×6=30 6×6=36
1×7=7 2×7=14 3×7=21 4×7=28 5×7=35 6×7=42 7×7=49
1×8=8 2×8=16 3×8=24 4×8=32 5×8=40 6×8=48 7×8=56 8×8=64
1×9=9 2×9=18 3×9=27 4×9=36 5×9=45 6×9=54 7×9=63 8×9=72 9×9=81

图 5-5　在页面中输出九九乘法表

5.4　注　　释

所谓注释就是为了让他人一看就知道代码是做什么用的而添加的解释或说明性的文字。在程序代码中，合理地添加注释可以增加程序的可读性和可维护性。JSP 页面中支持 HTML 中的注释、隐藏注释和代码片段中的注释等多种注释。不同的注释适用于不同的位置，例如，HTML 注释和隐藏注释只能插入到 HTML 标记和 JSP 脚本标识以外的位置，而代码片段中的注释只能插入到代码片段中。下面将对这些注释进行详细介绍。

5.4.1　HTML 中的注释

HTML 中的注释不会被显示在网页中，但是在浏览器中选择查看网页源代码时还是能够看到注释信息的。

HTML 中注释的语法格式如下：

```
<!-- 注释文本 -->
```

【例 5-16】　在 HTML 中添加注释。

```
<!-- 显示数据报表的表格 -->
<table>
    ......
</table>
```

上述代码为 HTML 的一个表格添加了注释信息，其他程序开发人员可以直接从注释中了解表格的用途，无须重新分析代码。在浏览器中查看网页代码时，上述代码将完整地被显示，包括注释信息。

5.4.2 隐藏注释

在文档中添加的 HTML 注释虽然在浏览器中不显示，但是用户可以通过查看源代码看到这些注释信息，所以严格来说，这种注释是不安全的。不过 JSP 还提供了一种隐藏注释，这种注释不仅在浏览器中看不到，而且在查看 HTML 源代码时也看不到，所以这种注释的安全性比较高。

隐藏注释的语法格式如下：

```
<%-- 注释内容 --%>
```

5.4.3 动态注释

由于 HTML 注释对 JSP 嵌入的代码不起作用，因此可以利用它们的组合构成动态的 HTML 注释文本。

例如，在 JSP 页面中添加动态注释，代码如下：

```
<!-- <%=new Date()%> -->
```

上述代码将当前日期和时间作为 HTML 注释文本。

5.4.4 代码片段中的注释

在 JSP 页面中可以嵌入代码片段，在代码片段中也可加入注释。在代码片段中加入的注释与 Java 的注释相同，也包括以下 3 种情况。

1. 单行注释

单行注释以“//”开头，后面接注释内容，其语法格式如下：

```
// 注释内容
```

例如，下面的代码演示了在代码片段中加入单行注释的几种情况。

```
<%
    String username = "";           //定义一个保存用户名的变量
    //根据用户名是否为空输出不同的信息
    if ("".equals(username)) {
        System.out.println("用户名为空");
    } else {
        // System.out.println("您好！" + username);
    }
%>
```

在上面的代码中，通过单行注释可以让语句“System.out.println("您好！" + username);”不执行。

注意

单行注释只对当前行有效，即只有与“//”同一行并且在其后面的内容会被注释掉，包括代码片段，但是不对其下一行的内容起作用。例如，在下面的代码中，第一行的内容为“定义保存用户名的变量”，其下一行的代码片段“String pwd="";”并没有被注释；第二行的注释内容为“定义保存密码的变量”。

```
<%
String username="";         //定义保存用户名的变量
String pwd="";              //定义保存密码的变量
%>
```

2. 多行注释

多行注释以“/*”开头，以“*/”结束。这个标识中间的内容为注释内容，并且注释内容可以换行。其语法格式如下：

```
/*
   注释内容 1
   注释内容 2
   ……
 */
```

为了程序代码的美观，习惯上在每行注释内容的前面加上一个*号，构成以下注释格式：

```
/*
 * 注释内容 1
 * 注释内容 2
 * ……
 */
```

例如，在代码片段中添加多行注释的代码如下：

```
<%
/*
* function：显示用户信息
* author:wgh
* time:20012-5-21
*/
%>
用户名：无语<br>
部  门：Java 部门 <br>
```

服务器不会对“/*”与“*/”之间的所有内容进行任何处理，包括 JSP 表达式或其他的脚本程序。多行注释的开始标记和结束标记可以不在同一个脚本程序中同时出现。

3. 提示文档注释

提示文档注释会被 Javadoc 文档工具生成文档时所读取，文档是对代码结构和功能的描述。其语法格式如下：

```
/**
   提示信息 1
   提示信息 2
   ……
*/
```

同多行注释一样，为了程序代码的美观，也可以在每行注释内容的前面加上一个*号，构成以下注释格式：

```
/**
  * 提示信息 1
  * 提示信息 2
  * ……
*/
```

提示文档注释方法与多行注释很相似，但细心的读者会发现它是以“/**”符号作为注释的开始标记，而不是“/*”。与多行注释一样，被“*/*”和“*/”符号注释的所有内容，服务器都不会做任何处理。

提示文档注释也可以应用到声明标识中。例如，下面的就是在声明标识中添加了提示文档注释，用于为 count()方法添加提示文档。

```
<%!
int number=0;
/**
* function: 计数器
* return:访问次数
*/
int count(){
    number++;
    return number;
}
%>
<%=count() %>
```

在 Eclipse 中，将鼠标移动到 count()方法上时，将显示如图 5-6 所示的提示信息。

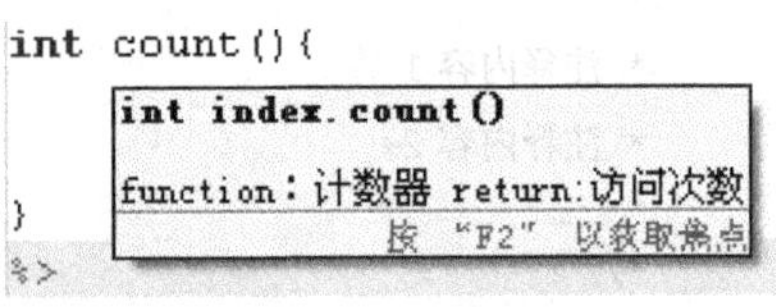

图 5-6 显示的提示信息

5.5 动作标识

JSP 动作标识是在请求处理阶段按照在页面中出现的顺序被执行的，用于实现某些特殊用途（例如，操作 JavaBean、包含其他文件、执行请求转发等）的标识。下面将对 JSP 网站开发中比较常用的动作标识进行介绍。

5.5.1 操作 JavaBean 的动作标识

在 JSP 的动作标识中，有一组用于操作 JavaBean 的动作标识，它们就是创建 JavaBean 实例的动作标识<jsp:useBean>、读取 JavaBean 属性值的动作标识<jsp:getProperty>和设置 JavaBean 属性值的动作标识<jsp:setProperty>。

<jsp:getProperty>动作标识用于在 JSP 页面中创建一个 JavaBean 的实例，并且通过该标识的属性可以指定实例名、实例的范围。如果在指定的范围内已经存在一个指定的 JavaBean 实例，那么将直接使用该实例，而不会再创建一个新的实例。

操作 JavaBean 的动作标识可以分为以下两种情况。

1. 创建 JavaBean 实例并设置 JavaBean 各属性的值

创建 JavaBean 实例并设置 JavaBean 各属性值，有以下两种语法格式。

- 不存在 Body 的语法格式：

```
<jsp:useBean id="实例名" scope="范围" class="完整类名" beanName="完整类名" type="数据类型"/>
    <jsp:setProperty name="JavaBean 实例名" property="属性名" value="属性值" param="请求参数"/>
    …   <!-- 多个子动作标识<jsp:setProperty> -->
```

- 存在 Body 的语法格式：

```
<jsp:useBean id="实例名" scope="范围" class="完整类名" beanName="完整类名" type="数据类型">
    <jsp:setProperty name="JavaBean 实例名" property="属性名" value="属性值" param="请求参数"/>
    …   <!-- 多个子动作标识<jsp:setProperty> -->
</jsp:useBean>
```

这两种语法格式的区别是：在页面中应用<jsp:useBean>标识创建一个 JavaBean 实例时，如果该 JavaBean 是第一次被实例化，那么对于第二种语法格式，标识体内的内容会被执行，若已经存在指定的 JavaBean 实例，则标识体内的内容就不再被执行了。而对于第一种语法格式，无论在指定的范围内是否已经存在一个指定的 JavaBean 实例，<jsp:useBean>标识后面的<jsp:setProperty>子标识都会被执行。

- <jsp:useBean>标识的属性如表 5-1 所示。

表 5-1　<jsp:useBean>标识的常用属性

属性名称	功能描述
id	用于指定创建的 JavaBean 实例的实例名，其属性值为合法的 Java 标识符
scope	用于指定 JavaBean 实例的有效范围，其值可以是 page（当前页面）、request（当前请求）、session（当前会话）和 application（当前应用）4 个，默认值为 page。这 4 个可选值的说明如表 5-2 所示
class	可选属性，用于指定一个完整的类名，包括该类所存在的包路径。例如，要创建一个名称为 UserForm 的 JavaBean 实例，该 JavaBean 被保存在 com.wgh 包中，那么指定的 class 属性值为“com.wgh.UserForm”。在使用<jsp:useBean>标识时，通常使用 class 属性指定类名
type	用于指定所创建的 JavaBean 实例的类型，可以与 class 属性或 beanName 属性的值完全相同。在通过 class 属性指定类名时，该属性可有可无，但是通过 beanName 属性指定类名时，该属性是必需的
beanName	可选属性，用于指定一个完整的类名，该类名中包括完整的包名。该属性与 type 属性一起使用

表 5-2　scope 属性的可选值

值	说　明
page	指定所创建的 JavaBean 实例只能在当前的 JSP 文件中使用，包括在通过 include 指令静态包含的页面
request	指定所创建的 JavaBean 实例可以在请求范围内进行存取。一个请求的生命周期是从客户端向服务器发出一个请求到服务器响应这个请求给用户结束，所以请求结束后，存储在其中的 JavaBean 实例也就失效了
session	指定所创建的 JavaBean 实例的有效范围为 session。session 是当用户访问 Web 应用时，服务器为用户创建的一个对象，服务器通过 session 的 ID 值来区分用户。针对某一个用户而言，该范围中的对象可被多个页面共享
application	指定所创建的 JavaBean 实例的有效范围从服务器启动开始到服务器关闭结束。application 对象是在服务器启动时创建的，被多个用户所共享，所以该 application 对象的所有用户都可以访问该 JavaBean 实例

- <jsp:setProperty>子标识的属性如表 5-3 所示。

表 5-3　<jsp:setProperty>子标识的常用属性

属性名称	功能描述
name	必要属性，用于指定一个 JSP 范围内的 JavaBean 实例名，该属性的值通常与<jsp:useBean>的 id 属性相同。指定实例名后，<jsp:setProperty>标识将会按照 page、request、session 和 application 的顺序来查找这个 JavaBean 实例，直到第一个实例被找到。若任何范围内不存在这个 JavaBean 实例，则会抛出异常

续表

属性名称	功能描述
property	必要属性，用于指定 JavaBean 中的属性，其值可以是“*”或指定 JavaBean 中的属性。当取值为“*”时，则 request 请求中的所有参数的值将被一一赋给 JavaBean 中与参数具有相同名字的属性；若取值为 JavaBean 中的属性，则只会将 request 请求中与该属性同名的一个参数的值赋给这个 JavaBean 属性，若此时指定了 param 属性，那么请求中参数的名称与 JavaBean 属性名可以不同
value	用于指定具体的属性值，通常与 property 属性一起使用，但是该属性不能与 param 属性一起使用
param	用于指定一个 request 请求中的参数。通过该参数，可以允许将请求中的参数赋值给与 JavaBean 属性不同名的属性

【例 5-17】 创建 JavaBean 的实例，并为各属性赋值。（实例位置：光盘\MR\源码\第 5 章\5-17）

（1）创建一个名称为 UserBean 的 JavaBean，并将其保存在 com.wgh 包中。该 JavaBean 存在 name 和 pwd 两个属性，并且这两个属性添加了对应的 setter()和 getter()方法，具体代码如下：

```
package com.wgh;
public class UserBean{
    private String name = "";                       // 用户名
    private String pwd = "";                        // 密码
    public void setName(String name) {             // name 属性对应的 set 方法
        this.name = name;
    }
    public String getName() {                      // name 属性对应的 get 方法
        return name;
    }
    public void setPwd(String pwd) {               // pwd 属性对应的 set 方法
        this.pwd = pwd;
    }
    public String getPwd() {                       // pwd 属性对应的 get 方法
        return pwd;
    }
}
```

说明

关于 JavaBean 的详细介绍请参见本书的第 7 章。

（2）编写一个名称为 index.jsp 的文件，在该页面中添加一个用于收集用户名和用户密码的表单及表单元素，并将表单的处理页设置为 deal.jsp 文件，关键代码如下：

```
<form name="form1" method="post" action="deal.jsp">
用户名：<input name="name" type="text" style="width: 120px"> <br>
密  码：<input name="pwd" type="password" style="width: 120px"> <br><br>
<input type="submit" name="Submit" value="提交">
</form>
```

注意

表单元素的 name 属性必须与 JavaBean 中定义的属性名相同，否则不能通过将<jsp:setProperty>标记的 property 属性为 JavaBean 的各属性统一赋值。

（3）创建一个 deal.jsp 文件，用于接收 Form 表单的值，并将值保存到 JavaBean “UserInfo”

中。deal.jsp 文件的具体代码如下：

```
<jsp:useBean id="user" scope="page" class="com.wgh.UserBean" type="com.wgh.UserBean">
    <jsp:setProperty name="user" property="*" />
</jsp:useBean>
…… <!—此处省略了部分 HTML 代码-->
用户名：<%=user.getName() %><br>
密码：<%=user.getPwd() %>
```

运行程序，首先显示“用户登录”页面，在该页面中输入用户名和密码，如图 5-7 所示，单击“提交”按钮，将进入如图 5-8 所示的页面，显示输入的用户名和密码。

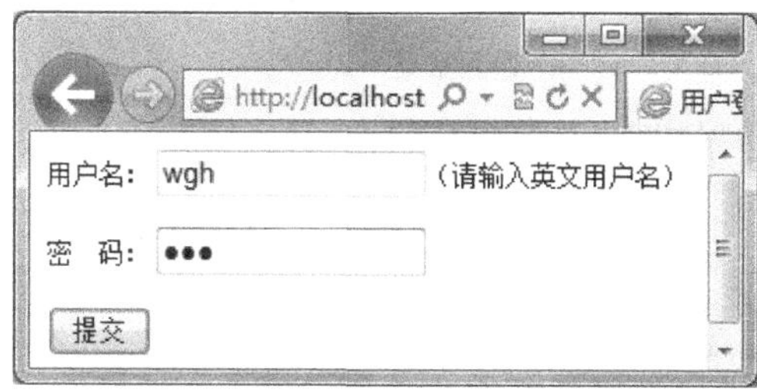

图 5-7　用户登录页面

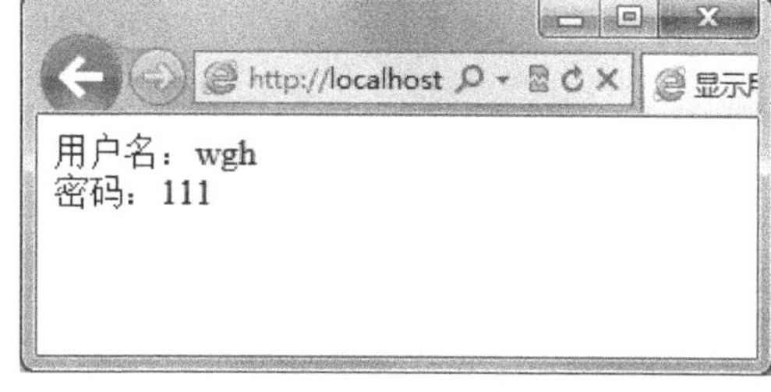

图 5-8　提交后的页面

将步骤（3）中创建的 deal.jsp 文件中的<jsp:useBean>动作标识的代码修改为以下内容：

```
<jsp:useBean id="user" scope="page" class="com.wgh.UserBean"
    type="com.wgh.UserBean">
    <jsp:setProperty name="user" property="name" param="name" />
    <jsp:setProperty name="user" property="pwd" param="pwd" />
</jsp:useBean>
```

程序的运行结果不变。

2. 获取 JavaBean 实例各属性的值

获取 JavaBean 实例各属性的值可以通过<jsp:getProperty>标识实现。其语法格式如下：

```
<jsp:getProperty name="JavaBean 实例名" property="属性名"/>
```

- name 属性：必要属性，用于指定一个 JSP 范围内的 JavaBean 实例名，该属性的值通常与<jsp:useBean>的 id 属性相同。指定实例名后，<jsp:getProperty>标识将会按照 page、rcqucst、session 和 application 的顺序来查找这个 JavaBean 实例，直到第一个实例被找到。若任何范围内都不存在这个 JavaBean 实例，则会抛出异常。
- property 属性：必要属性，用于指定要获取其属性值的 JavaBean 的属性。如果指定的属性为 name，那么在 JavaBean 中必须存在一个名称为 getName()的方法，否则会抛出下面的异常。

```
Cannot find any information on property 'name' in a bean of type 'com.wgh.UserInfo'
```

例如，可以将例 5-17 中通过 JSP 表达式获取 JavaBean 实例的属性值的代码，替换成应用<jsp:getProperty>标识获取，修改后的代码如下：

```
用户名：<jsp:getProperty name="user" property="name"/><br>
密码：<jsp:getProperty name="user" property="pwd"/>
```

如果指定 JavaBean 中的属性为一个对象，那么通过<jsp:getProperty>标识获取到该对象后，将调用其 toString()方法，并将执行结果输出。

5.5.2 包含外部文件的动作标识<jsp:include>

通过 JSP 的动作标识<jsp:include>，可以向当前页面中包含其他的文件。被包含的文件可以是动态文件，也可以是静态文件。<jsp:include>动作标识包含文件的过程如图 5-9 所示。

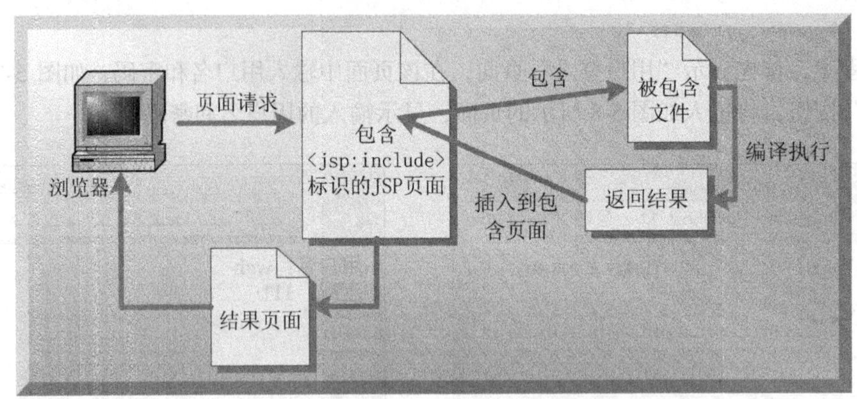

图 5-9 <jsp:include>动作标识包含文件的过程

<jsp:include>动作标识的语法格式如下：

```
<jsp:include page="url" flush="false|true" />
```

或

```
<jsp:include page="url" flush="false|true" >
    子动作标识<jsp:param>
</jsp:include>
```

- page 属性：用于指定被包含文件的相对路径。例如，指定属性值为“top.jsp”，则表示将与当前 JSP 文件相同文件夹中的 top.jsp 文件包含到当前 JSP 页面中。
- flush 属性：可选属性，用于设置是否刷新缓冲区，默认值为 false。如果设置为 true，则在当前页面输出使用了缓冲区的情况下先刷新缓冲区，然后再执行包含工作。
- 子动作标识<jsp:param>：用于向被包含的动态页面中传递参数。关于<jsp:param>标识的详细介绍请参见 5.5.4 节。

说明

<jsp:include>标识对包含的动态文件和静态文件的处理方式是不同的。如果被包含的是静态文件，则页面执行后，在使用了该标识的位置将会输出这个文件的内容；如果<jsp:include>标识包含的是一个动态文件，那么 JSP 编译器将编译并执行这个文件。<jsp:include>标识会识别出文件的类型，而不是通过文件的名称来判断该文件是静态的还是动态的。

【例 5-18】 应用<jsp:include>标识包含网站 Banner 信息和版权信息栏。（实例位置：光盘\MR\源码\第 5 章\5-18）

（1）编写一个名称为 top.jsp 的文件，用于放置网站的 Banner 信息和导航栏。这里将 Banner 信息和导航栏设计为一张图片，这样完成 top.jsp 文件，只需要在该页面通过<img>标记引入图片即可。top.jsp 文件的代码如下：

```
<%@ page pageEncoding="UTF-8"%>
<img src="images/banner.JPG">
```

（2）编写一个名称为 copyright.jsp 的文件，用于放置网站的版权信息。copyright.jsp 文件的具体代码如下：

```
<%@ page pageEncoding="UTF-8"%>
<%String copyright=" All Copyright &copy; 2012 吉林省明日科技有限公司";%>
<footer> <%= copyright %></footer>
```

（3）创建一个名称为 index.jsp 的文件，在该页面中包括 top.jsp 和 copyright.jsp 文件，从而实现一个完整的页面。index.jsp 文件的具体代码如下：

```
<%@ page language="java" contentType="text/html; charset=UTF-8"
    pageEncoding="UTF-8"%>
…… <!–此处省略了部分 HTML 和 CSS 代码-->
<jsp:include page="top.jsp"/>
<section></section>
<jsp:include page="copyright.jsp"/>
```

运行程序，将显示如图 5-10 所示的效果。

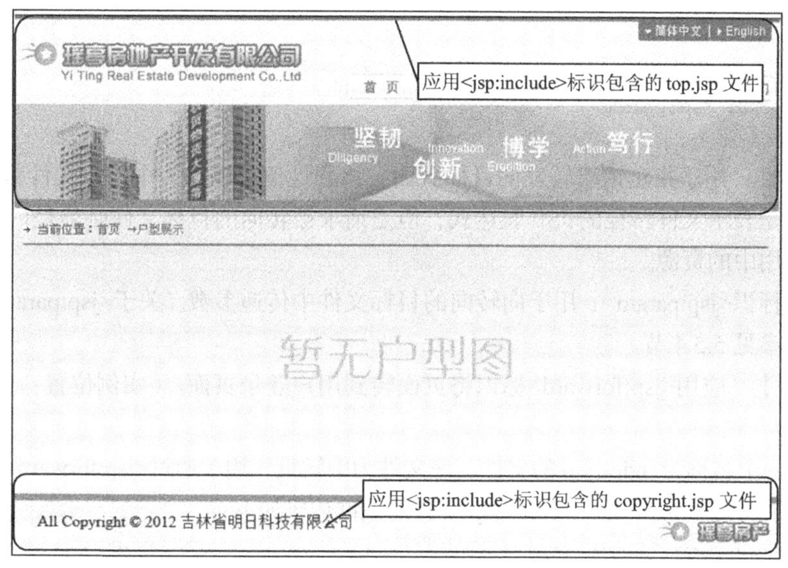

图 5-10 运行结果

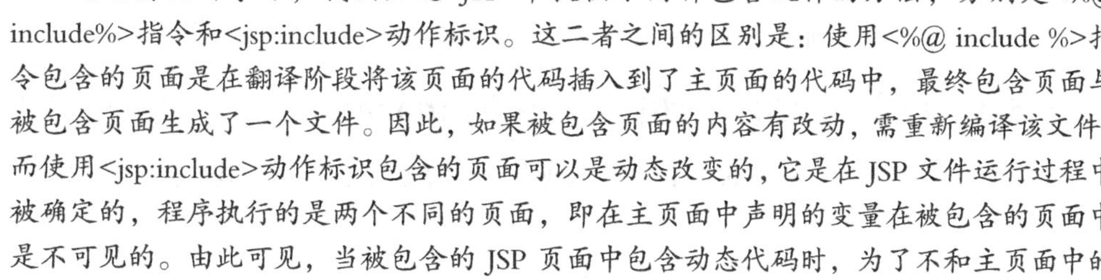
通过前面的学习，我们知道 JSP 中提供了两种包含文件的方法，分别是<%@ include%>指令和<jsp:include>动作标识。这二者之间的区别是：使用<%@ include %>指令包含的页面是在翻译阶段将该页面的代码插入到了主页面的代码中，最终包含页面与被包含页面生成了一个文件。因此，如果被包含页面的内容有改动，需重新编译该文件。而使用<jsp:include>动作标识包含的页面可以是动态改变的，它是在 JSP 文件运行过程中被确定的，程序执行的是两个不同的页面，即在主页面中声明的变量在被包含的页面中是不可见的。由此可见，当被包含的 JSP 页面中包含动态代码时，为了不和主页面中的代码相冲突，需要使用<jsp:include>动作元素包含文件。

5.5.3 执行请求转发的动作标识<jsp:forward>

通过<jsp:forward>动作标识可以将请求转发到其他的 Web 资源，例如另一个 JSP 页面、HTML 页面、Servlet 等。执行请求转发后，当前页面将不再被执行，而是去执行该标识指定的目标页面。

执行请求转发的基本流程如图 5-11 所示。

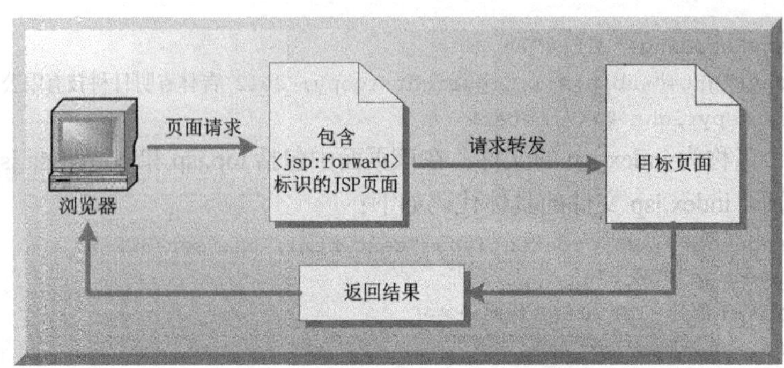

图 5-11　执行请求转发的基本流程

<jsp:forward>动作标识的语法格式如下：

```
<jsp:forward page="url"/>
```

或

```
<jsp:forward page="url">
    子动作标识<jsp:param>
</jsp:forward>
```

- page 属性：用于指定请求转发的目标页面。该属性值可以是一个指定文件路径的字符串，也可以是表示文件路径的 JSP 表达式，但是请求被转向的目标文件必须是内部的资源，即当前应用中的资源。
- 子动作标识<jsp:param>：用于向转向的目标文件中传递参数。关于<jsp:param>标识的详细介绍请参见 5.5.4 节。

【例 5-19】　应用<jsp:forward>标识将页面转到用户登录页面。（实例位置：光盘\MR\源码\第 5 章\5-19）

（1）创建一个名称为 index.jsp 的文件，该文件为中转页，用于通过<jsp:forward>动作标识将页面转到用户登录页面（login.jsp）。index.jsp 文件的关键代码如下：

```
<jsp:forward page="login.jsp"/>
```

（2）编写 login.jsp 文件，在该文件中添加用于收集用户登录信息的表单及表单元素，由于此处的代码比较简单，所以这里就不再给出，具体代码请参考光盘。

运行实例，将显示如图 5-12 所示的用户登录页面。

图 5-12　运行结果

5.5.4　设置参数的子动作标识<jsp:param>

JSP 的动作标识<jsp:param>可以作为其他标识的子标识，用于为其他标识传递参数。语法格式如下：

```
<jsp:param name="参数名" value="参数值" />
```

- name 属性：用于指定参数名称。
- value 属性：用于设置对应的参数值。

例如，通过<jsp:param>标识为<jsp:forward>标识指定参数，可以使用下面的代码：

```
<jsp:forward page="modify.jsp">
    <jsp:param name="userId" value="7"/>
```

```
</jsp:forward>
```

上面的代码实现了将请求转到 modify.jsp 页面的同时传递了参数 userId，其参数值为 7。

通过<jsp:param>动作标识指定的参数，将以“参数名=值”的形式加入到请求中。它的功能与在文件名后面直接加“?参数名=参数值”是相同的。

5.6 综合实例——包含需要传递参数的文件

本实例主要演示如何应用动作标识包含需要传递参数的文件，具体实现步骤如下。

（1）在 Eclipse 中创建 Dynamic Web Project（动态 Web 项目），名称为 example05。

（2）在新建项目的 WebContent 节点下创建 head.jsp 文件，用于放置网站的 Logo 和搜索工具栏，具体代码请参见光盘中提供的源程序。

（3）在 WebContent 节点下创建 copyright.jsp 文件，用于放置网站的版权信息，具体代码请参见光盘中提供的源程序。

（4）在 WebContent 节点下创建 navigation.jsp 文件，用于根据传递的参数动态生成类别超链接并显示，具体代码如下：

```
<%@ page language="java" contentType="text/html; charset=UTF-8"
pageEncoding="UTF-8"%>
    <ul>
        <li style="float: left; padding: 0px 0px 0px 0px"><a href="#"
            class="navigation">首页</a> |</li>
        <%
            if (request.getParameter("type") != null) {
                //将获取到的字符串分割为数组
                String[] type = request.getParameter("type").split(",");
                //遍历数组并显示数组中的各元素
                for (int i = 0; i < type.length; i++) {
        %>
        <li style="float: left; padding: 0px 5px 0px 5px"><a
            class="navigation" href="#"><%=type[i]%></a> |</li>
        <%
                }
            } else {
        %>
        <li style="float: left; padding: 0px 5px 0px 5px"><a
            class="navigation" href="#">暂无分类</a></li>
        <%}%>
        <li style="float: left; padding: 5px 15px 0px 15px">
        <img src="images/navigateion_oa.gif" /></li>
    </u
```

（5）在 WebContent 节点下创建 index.jsp 文件，在该文件中设计在线音乐网的主界面，应用<jsp:include>指令包含 head.jsp、navigation.jsp 和 copyright.jsp 文件。其中，在包含 navigation.jsp 文件时，需要使用<jsp:param>子指令传递歌曲类别。index.jsp 文件的具体代码如下：

```
<%@ page language="java" contentType="text/html; charset=UTF-8"
    pageEncoding="UTF-8"%>
<%
    //此处用于模拟从数据库中查询到的数据
    String type = "流行金曲,经典老歌,热舞 DJ,欧美金曲,少儿歌曲,轻音乐";
```

```
%>
<!DOCTYPE HTML>
<html>
<head>
<meta charset="utf-8">
<link href="CSS/style.css" rel="stylesheet" />
<title>主界面</title>
</head>
<body>
    <div id="box">
        <header>
            <jsp:include page="head.jsp" />
        </header>
        <nav>
            <!-- 动态包含导航条 -->
            <%
                request.setCharacterEncoding("UTF-8"); //不加这句代码会产生中文乱码
            %>
            <jsp:include page="navigation.jsp" flush="true">
                <jsp:param name="type" value="<%=type%>" />
            </jsp:include>
        </nav>
        <section>
            <img src="images/main.png">
        </section>
        <jsp:include page="copyright.jsp" />
    </div>
</body>
</html>
```

运行本实例，将显示如图 5-13 所示的运行结果。

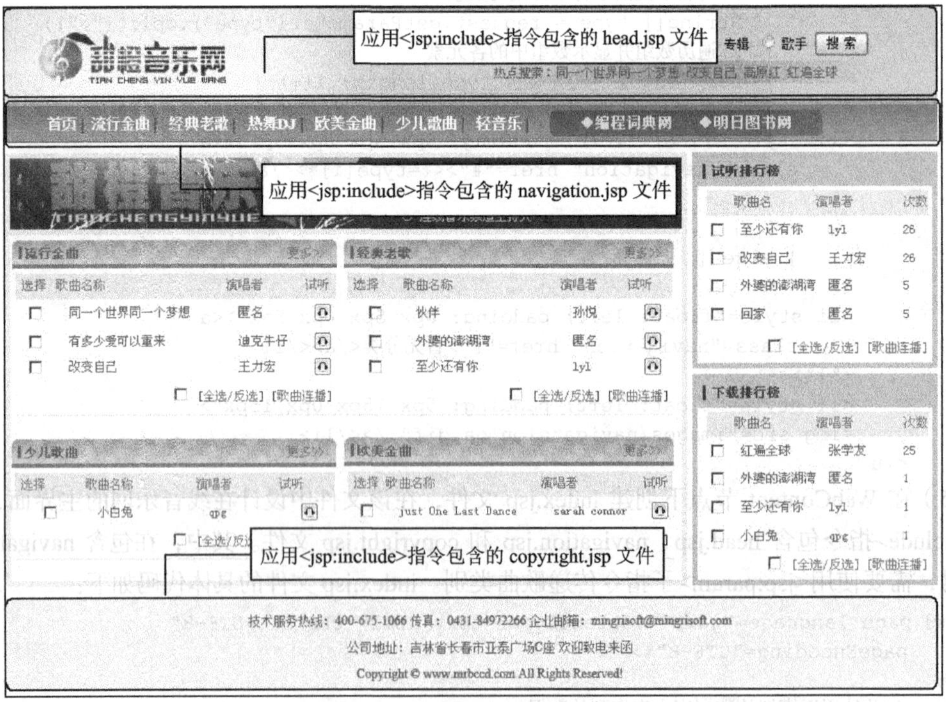

图 5-13　在线音乐网主界面

知识点提炼

（1）JSP 页面是指扩展名为.jsp 的文件。

（2）在一个 JSP 页面中，可以包括指令标识、HTML 代码、JavaScript 代码、嵌入的 Java 代码、注释和 JSP 动作标识等内容。但这些内容并不是一个 JSP 页面所必需的。

（3）page 指令用于定义整个 JSP 页面的相关属性，这些属性在 JSP 被服务器解析成 Servlet 时会转换为相应的 Java 程序代码。

（4）文件包含指令 include 是 JSP 的另一条指令标识。通过该指令可以在一个 JSP 页面中包含另一个 JSP 页面，不过该指令是静态包含指令。

（5）JSP 表达式用于向页面中输出信息。

（6）声明标识用于在 JSP 页面中定义全局的变量或方法。通过声明标识定义的变量和方法可以被整个 JSP 页面访问，所以通常使用该标识定义整个 JSP 页面都需要引用的变量或方法。

（7）所谓代码片段就是在 JSP 页面中嵌入的 Java 代码或脚本代码。代码片段将在页面请求的处理期间被执行。

（8）JSP 动作标识是在请求处理阶段按照在页面中出现的顺序被执行的，用于实现某些特殊用途（例如，操作 JavaBean、包含其他文件、执行请求转发等）的标识。

习　　题

（1）JSP 页面由哪些元素构成？

（2）有几种方法可实现在页面中包含文件？如何实现？它们有什么区别？

（3）JSP 中的脚本标识包含哪些元素？它们的作用及语法格式是什么？

（4）在 JSP 中可以使用哪些注释？它们的语法格式是什么？

（5）如何应用<jsp:include>指令包含需要传递参数的文件？

实验：动态添加下拉列表的列表项

实验目的

（1）掌握代码片段中注释的应用。

（2）掌握 JSP 的脚本标识——Java 代码片段的应用。

实验内容

在 JSP 页面中，应用 Java 代码片段动态添加下拉列表的列表项。

实验步骤

（1）在 Eclipse 中创建 Dynamic Web Project（动态 Web 项目），名称为 experiment05。

（2）在新建项目的 WebContent 节点下创建 index.jsp 文件。在该文件中，首先在文件的顶部应用代码片段声明并初始化一个一维数组，然后在<body>标记中，应用 for 循环语句遍历数组并将数组元素作为下拉列表的列表项显示。index.jsp 文件的具体代码如下：

```
<%@ page language="java" contentType="text/html; charset=UTF-8"
    pageEncoding="UTF-8"%>
<%
    //声明并初始化保存部门名称的一维数组
    String[] dept = { "策划部", "销售部", "研发部", "人事部", "测试部" };
%>
<!DOCTYPE HTML><html>
<head>
<meta charset="utf-8">
<title>应用 Java 代码片段动态添加下拉列表的列表项</title>
<style type="text/css">
body{
    font-size: 12px;        /*设置文字大小*/
}
</style>
</head>
<body>
    <h3>员工信息查询</h3>
    员工姓名：<input type="text" name="name" size="10" />
    年龄：<input type="text" name="age" size="3"/>
    所在部门：
    <select>
        <%
            //遍历数组并将数组元素作为下拉列表的列表项显示
            for (int i = 0; i < dept.length; i++) {
        %>
        <option value="<%=dept[i]%>"><%=dept[i]%></option>
        <%}%>
    </select>
    <input type="button" value="查 询" />
</body>
</html>
```

运行本实例，将显示如图 5-14 所示的运行结果。

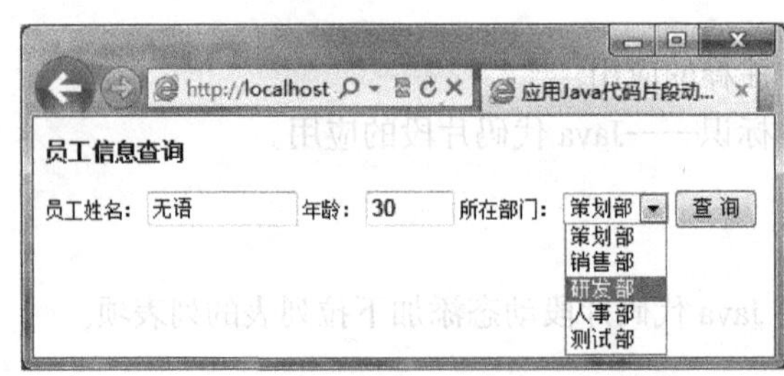

图 5-14　动态添加下拉列表的列表项

第 6 章 JSP 的内置对象

本章要点：

- request 对象的基本应用
- response 对象的基本应用
- out 对象的基本应用
- session 对象的基本应用
- application 对象的基本应用

JSP 提供了由容器实现和管理的内置对象，我们也可以将其称为隐含对象。这些内置对象不需要 JSP 页面编写者来实例化，可以直接在所有的 JSP 页面中使用，起到了简化页面的作用。JSP 的内置对象被广泛应用于 JSP 的各种操作中。本章将对 JSP 提供的 9 个内置对象进行详细介绍。

6.1 内置对象概述

由于 JSP 使用 Java 作为脚本语言，所以 JSP 具有强大的对象处理能力，并且可以动态创建 Web 页面内容。但在使用一个对象前，Java 语法需要先实例化这个对象，这其实是一件比较烦琐的事情。为了简化开发，JSP 提供了一些内置对象，用来实现很多 JSP 应用。在使用 JSP 内置对象时，不需要先定义这些对象，直接使用即可。

JSP 中一共预先定义了如表 6-1 所示的 9 个内置对象。所有的 JSP 代码都可以直接访问这 9 个内置对象。

表 6-1　　JSP 的内置对象

内置对象名称	所属类型	有效范围	说　明
application	javax.servlet.ServletContext	application	该对象代表应用程序上下文，它允许 JSP 页面与包括在同一应用程序中的任何 Web 组件共享信息
config	javax.servlet.ServletConfig	page	该对象允许将初始化数据传递给一个 JSP 页面
exception	java.lang.Throwable	page	该对象含有只能由指定的 JSP "错误处理页面"访问的异常数据
out	javax.servlet.jsp.JspWriter	page	该对象提供对输出流的访问
page	javax.servlet.jsp.HttpJspPage	page	该对象代表 JSP 页面对应的 Servlet 类实例

续表

内置对象名称	所属类型	有效范围	说　明
pageContext	javax.servlet.jsp.PageContext	page	该对象是 JSP 页面本身的上下文，它提供了唯一一组方法来管理具有不同作用域的属性，这些API在实现 JSP 自定义标签处理程序时非常有用
request	javax.servlet.http.HttpServletRequest	request	该对象提供对 HTTP 请求数据的访问，同时还提供用于加入特定请求数据的上下文
response	javax.servlet.http.HttpServletResponse	page	该对象允许直接访问 HttpServletReponse 对象，可用来向客户端输入数据
session	javax.servlet.http.HttpSession	session	该对象可用来保存在服务器与一个客户端之间需要保存的数据，当客户端关闭网站的所有网页时，session 变量会自动消失

6.2　request 请求对象

request 对象封装了由客户端生成的 HTTP 请求的所有细节，主要包括 HTTP 头信息、系统信息、请求方式和请求参数等。通过 request 对象提供的相应方法，可以处理客户端浏览器提交的 HTTP 请求中的各项参数。

6.2.1　获取访问请求参数

我们知道 request 对象用于处理 HTTP 请求中的各项参数。在这些参数中，最常用的就是获取访问请求参数。当我们通过超链接的形式发送请求时，可以为该请求传递参数，这可以通过在超链接的后面加上问号“?”来实现。注意，这个问号为英文半角的符号。例如，发送一个请求到 delete.jsp 页面，并传递一个名称为 id 的参数，可以通过以下超链接实现。

```
<a href="delete.jsp?id=1">删除</a>
```

在通过问号“?”来指定请求参数时，可以同时指定多个参数，各参数间使用“&”符号分隔；参数值不需要使用单引号或双引号括起来，包括字符型的参数。

在 delete.jsp 页面中，可以通过 request 对象的 getParameter()方法获取传递的参数值，具体代码如下：

```
<%request.getParameter("id");%>
```

在使用 request 的 getParameter()方法获取传递的参数值时，如果指定的参数不存在，将返回 null，如果指定了参数名，但未指定参数值，将返回空的字符串""。

【例 6-1】　使用 request 对象获取请求参数值。（实例位置：光盘\MR\源码\第 6 章\6-1）

（1）创建 index.jsp 文件，在该文件中，添加一个用于链接到 deal.jsp 页面的超链接，并传递两个参数。index.jsp 文件的关键代码如下：

```
<%@ page language="java" contentType="text/html; charset=UTF-8"
pageEncoding="UTF-8"%>
…… <!-- 此处省略了部分 HTML 代码 -->
```

```
<body>
<a href="deal.jsp?id=1&user=">处理页</a>
</body>
</html>
```

（2）创建 deal.jsp 文件，在该文件中，通过 request 对象的 getParameter()方法获取请求参数 id、user 和 pwd 的值并输出。deal.jsp 文件的关键代码如下：

```
<%
    String id = request.getParameter("id");      //获取 id 参数的值
    String user = request.getParameter("user"); //获取 user 参数的值
    String pwd = request.getParameter("pwd");    //获取 pwd 参数值
%>
……  <!-- 此处省略了部分 HTML 代码 -->
<body>
    id参数的值为:<%=id%><br> user参数的值为:<%=user%><br>
pwd 参数的值为: <%=pwd%>
</body>
</html>
```

运行本实例，首先进入到 index.jsp 页面，单击“处理页”超链接，将进入处理页获取请求参数并输出，如图 6-1 所示。

图 6-1　处理页运行结果

6.2.2　获取表单提交的信息

在 Web 应用程序中，经常还需要完成用户与网站的交互。例如，当用户填写表单后，需要把数据提交给服务器处理，这时服务器就需要获取这些信息。通过 request 对象的 getParameter()方法，也可以获取用户提交的表单信息。例如，存在一个 name 属性为 username 的文本框，在表单提交后，要获取其 value 值，可以通过下面的代码实现：

```
String userName = request.getParameter("username");
```

参数 username 与 HTML 表单的 name 属性对应，如果参数值不存在，则返回一个 null 值，该方法的返回值为 String 类型。

不是所有的表单信息都可以通过 getParameter()方法获取的，例如，复选框和多选列表框被选定的内容就需要通过 getParameterValues()方法获取。

6.2.3　解决中文乱码

在通过 request 对象获取请求参数时，遇到参数值为中文的情况，如果不进行处理，获取到的参数值将是乱码。在 JSP 中，解决获取到的请求参数中文乱码问题可以分为以下两种情况。

1．获取访问请求参数时乱码

当访问请求参数为中文时，通过 request 对象获取到的中文参数值为乱码，这是因为该请求参数采用的是 ISO-8859-1 编码，不支持中文。此时，只有将获取到的数据通过 String 的构造方法使用 UTF-8 或 GBK 编码重新构造一个 String 对象，才可以正确地显示出中文。例如，在获取包括中文信息的参数 user 时，可以使用下面的代码：

```
String user =
new String(request.getParameter("user").getBytes("iso-8859-1"),"utf-8");
```

2．获取表单提交的信息乱码

当获取表单提交的信息时，通过 request 对象获取到的中文参数值为乱码，此时可以在 page

指令的下方加上调用 request 对象的 setCharacterEncoding()方法，将编码设置为 UTF-8 或是 GBK。例如，在获取包括中文信息的用户名文本框（name 属性为 username）的值时，可以在获取全部表单信息前，加上下面的代码：

```
<%  request.setCharacterEncoding("UTF-8");%>
```

这样，再通过下面的代码获取表单的值时，就不会产生中文乱码了。

```
String user = request.getParameter("username");
```

注意　调用 request 对象的 setCharacterEncoding()方法的语句，一定要在页面中没有调用任何 request 对象的方法时调用，否则该语句将不起作用。

6.2.4 通过 request 对象进行数据传递

在进行请求转发时，需要把一些数据传递到转发后的页面进行处理，这时就需要使用 request 对象的 setAttribute()方法将数据保存到 request 范围内的变量中。

request 对象的 setAttribute()方法的语法格式如下：

```
request.setAttribute(String name,Object object);
```

- name：表示变量名，为 String 类型，在转发后的页面取数据时，就通过这个变量名来获取数据。
- object：用于指定需要在 request 范围内传递的数据，为 Object 类型。

在将数据保存到 request 范围内的变量中后，可以通过 request 对象的 getAttribute()方法获取该变量的值，具体的语法格式如下：

```
request.getAttribute(String name);
```

- name：表示变量名，该变量名在 request 范围内有效。

【例 6-2】 使用 request 对象的 setAttribute()方法保存 request 范围内的变量，并应用 request 对象的 getAttribute()方法读取 request 范围内的变量。（实例位置：光盘\MR\源码\第 6 章\6-2）

（1）创建 index.jsp 文件，在该文件中，首先应用 Java 的 try...catch 语句捕获页面中的异常信息，如果没有异常，则将运行结果保存到 request 范围内的变量中，如果出现异常，则将错误提示信息保存到 request 范围内的变量中，然后应用<jsp:forward>动作指令将页面转发到 deal.jsp 页面。index.jsp 文件的关键代码如下：

```
<%try{                                                    //捕获异常信息
    int money=100;
    int number=0;
    request.setAttribute("result",money/number);          //保存执行结果
}catch(Exception e){
    request.setAttribute("result","很抱歉，页面产生错误！");  //保存错误提示信息
}%>
<jsp:forward page="deal.jsp"/>
```

（2）创建 deal.jsp 文件，在该文件中，通过 request 对象的 getAttribute()方法获取保存在 request 范围内的变量 result 并输出。这里需要注意的是，由于 getAttribute()方法的返回值为 Object 类型，因此需要调用其 toString()方法，将其转换为字符串类型。deal.jsp 文件的关键代码如下：

```
<%String message=request.getAttribute("result").toString(); %>
<%=message %>
```

运行本实例，将显示如图 6-2 所示的运行结果。

http://localhost
很抱歉，页面产生错误！

图 6-2　运行结果

6.2.5　获取客户端信息

通过 request 对象可以获取到客户端的相关信息。例如，HTTP 报头信息、客户信息提交方式、客户端主机 IP 地址、端口号等。在客户端获取用户请求相关信息的 request 对象的方法如表 6-2 所示。

表 6-2　　　　request 获取客户端信息的常用方法

方　　法	说　　明
getHeader(String name)	获得 HTTP 定义的文件头信息
getHeaders(String name)	返回指定名称的 request Header 的所有值，其结果是一个枚举型的实例
getHeadersNames()	返回所有 request Header 的名称，其结果是一个枚举型的实例
getMethod()	获得客户端向服务器端传送数据的方法，如 get、post、header、trace 等
getProtocol()	获得客户端向服务器端传送数据所依据的协议名称
getRequestURI()	获得发出请求字符串的客户端地址，不包括请求的参数
getRequestURL()	获得发出请求字符串的客户端地址
getRealPath()	返回当前请求文件的绝对路径
getRemoteAddr()	获取客户端的 IP 地址
getRemoteHost()	获取客户端的主机名
getServerName()	获取服务器的名字
getServerPath()	获取客户端所请求的脚本文件的文件路径
getServerPort()	获取服务器的端口号

【例 6-3】　使用 request 对象的相关方法获取客户端信息。（实例位置：光盘\MR\源码\第 6 章\6-3）

创建 index.jsp 文件，在该文件中调用 request 对象的相关方法以获取客户端信息。index.jsp 文件的关键代码如下：

```
<%@ page language="java" contentType="text/html; charset=UTF-8"
pageEncoding="UTF-8"%>
……  <!—此处省略了部分 HTML 代码-->
<body>
<br>客户提交信息的方式：<%=request.getMethod()%>
<br>使用的协议：<%=request.getProtocol()%>
<br>获取发出请求字符串的客户端地址：<%=request.getRequestURI()%>
<br>获取发出请求字符串的客户端地址：<%=request.getRequestURL()%>
<br>获取提交数据的客户端 IP 地址：<%=request.getRemoteAddr().intern()%>
<br>获取服务器端口号：<%=request.getServerPort()%>
<br>获取服务器的名称：<%=request.getServerName()%>
<br>获取客户端的主机名：<%=request.getRemoteHost()%>
<br>获取客户端所请求的脚本文件的文件路径:<%=request.getServletPath()%>
<br>获得 Http 协议定义的文件头信息 Host 的值:<%=request.getHeader("host")%>
<br>获得 Http 协议定义的文件头信息 User-Agent 的值:<%=request.getHeader("user-agent")%>
<br>获得 Http 协议定义的文件头信息 accept-language 的值:<%=request. getHeader ("accept-language")%>
```

```
<br>获得请求文件的绝对路径:<%=request.getRealPath("index.jsp")%>
</body>
</html>
```

运行本实例，将显示如图 6-3 所示的运行结果。

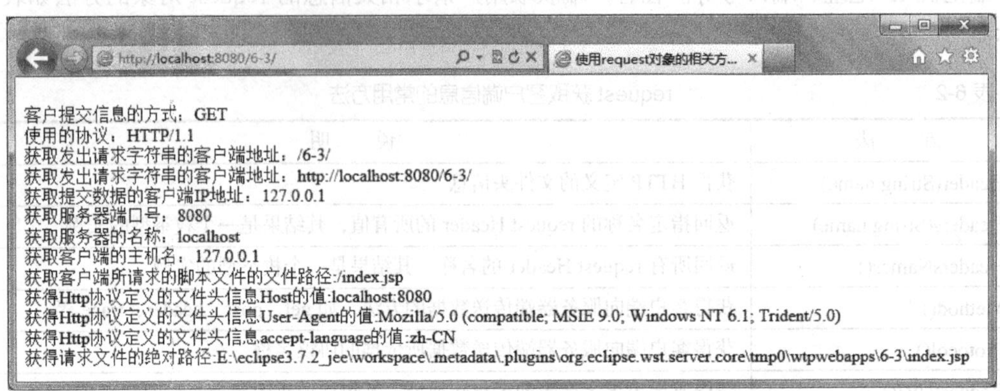

http://localhost:8080/6-3/
使用request对象的相关方...
客户提交信息的方式：GET
使用的协议：HTTP/1.1
获取发出请求字符串的客户端地址：/6-3/
获取发出请求字符串的客户端地址：http://localhost:8080/6-3/
获取提交数据的客户端IP地址：127.0.0.1
获取服务器端口号：8080
获取服务器的名称：localhost
获取客户端的主机名：127.0.0.1
获取客户端所请求的脚本文件的文件路径:/index.jsp
获得Http协议定义的文件头信息Host的值:localhost:8080
获得Http协议定义的文件头信息User-Agent的值:Mozilla/5.0 (compatible; MSIE 9.0; Windows NT 6.1; Trident/5.0)
获得Http协议定义的文件头信息accept-language的值:zh-CN
获得请求文件的绝对路径:E:\eclipse3.7.2_jee\workspace\.metadata\.plugins\org.eclipse.wst.server.core\tmp0\wtpwebapps\6-3\index.jsp

图 6-3　运行结果

默认的情况下，在 Windows 7 系统下，当使用 localhost 进行访问时，应用 request.getRemoteAddr()获取的客户端 IP 地址将是 0:0:0:0:0:0:0:1，这是以 IPv6 的形式显示的 IP 地址，要显示为 127.0.0.1，需要在 C:\Windows\System32\drivers\etc\hosts 文件中添加“127.0.0.1 localhost”，并保存该文件。

6.2.6 获取 cookie

cookie 的中文意思是小甜饼，然而在互联网上的意思就完全不同了。在互联网中，cookie 是小段的文本信息，在网络服务器上生成，并发送给浏览器。通过使用 cookie 可以标识用户身份，记录用户名和密码，跟踪重复用户等。浏览器将 cookie 以 key/value 的形式保存到客户端的某个指定目录中。

通过 cookie 的 getCookies()方法可以获取到所有 cookie 对象的集合；通过 cookie 对象的 getName()方法可以获取到指定名称的 cookie；通过 getValue()方法可以获取到 cookie 对象的值。另外，将一个 cookie 对象发送到客户端可以使用 response 对象的 addCookie()方法。

在使用 cookie 时，应保证客户端上允许使用 cookie。这可以通过在 IE 浏览器中选择“工具”/“Internet 选项”菜单项，在打开的对话框中选择“隐私”选项卡，在该选项卡中进行设置。

【例 6-4】　通过 cookie 保存并读取用户登录信息。（实例位置：光盘\MR\源码\第 6 章\6-4）

（1）创建 index.jsp 文件，在该文件中，首先获取 cookie 对象的集合，如果集合不为空，就通过 for 循环遍历 cookie 集合，从中找出我们设置的 cookie（这里设置为 mrCookie），并从该 cookie 中提取出用户名和注册时间，再根据获取的结果显示不同的提示信息。index.jsp 文件的关键代码如下：

```
<%@ page language="java" contentType="text/html; charset=UTF-8"
pageEncoding="UTF-8"%>
<%@ page import="java.net.URLDecoder" %>
…… <!--此处省略了部分 HTML 代码-->
```

```
<body>
<%
    Cookie[] cookies = request.getCookies();    //从 request 中获得 Cookie 对象的集合
    String user = "";                                          //登录用户
    String date = "";                                          //注册时间
    if (cookies != null) {
        for (int i = 0; i < cookies.length; i++) {             //遍历 cookie 对象的集合
            //如果 cookie 对象的名称为 mrCookie
            if (cookies[i].getName().equals("mrCookie")) {
                //获取用户名
                user = URLDecoder.decode(cookies[i].getValue().split("#")[0]);
                date = cookies[i].getValue().split("#")[1];      //获取注册时间
            }
        }
    }
    if ("".equals(user) && "".equals(date)) {                  //如果没有注册
%>
        游客您好，欢迎您初次光临！<br><br>
        <form action="deal.jsp" method="post">
            请输入姓名：<input name="user" type="text" value="">
            <input type="submit" value="确定">
        </form>
<%  } else {                                                   //已经注册
        %>
        欢迎[<b><%=user %></b>]再次光临<br>
        您注册的时间是：<%=date %>
<%  }%>
</body>
</html>
```

（2）编写 deal.jsp 文件，用于向 cookie 中写入注册信息。deal.jsp 文件的关键代码如下：

```
<%@ page import="java.net.URLEncoder" %>
<%
request.setCharacterEncoding("UTF-8");                        //设置请求的编译为 UTF-8
String user=URLEncoder.encode(request.getParameter("user"),"UTF-8");//获取用户名
Cookie cookie = new Cookie("mrCookie",
user+"#"+new java.util.Date().toLocaleString());              //创建并实例化 cookie 对象
cookie.setMaxAge(60*60*24*30);                                //设置 cookie 有效期 30 天
response.addCookie(cookie);                                   //保存 cookie
%>
<script type="text/javascript">window.location.href="index.jsp"</script>
```

说明

在向 cookie 中保存的信息中，如果包括中文，则需要调用 java.net.URLEncoder 类的 encode()方法将要保存到 cookie 中的信息进行编码；在读取 cookie 的内容时，还需要应用 java.net.URLDecoder 类的 decode()方法进行解码。这样，就可以成功地向 cookie 中写入中文信息了。

运行本实例，第一次显示的页面如图 6-4 所示，输入姓名“无语”，并单击“确定”按钮后，将显示如图 6-5 所示的运行结果。

图 6-4 第一次运行的结果

图 6-5 第二次运行的结果

6.2.7 显示国际化信息

浏览器可以通过accept-language的HTTP报头向Web服务器指明它所使用的本地语言。request对象中的getLocale()和getLocales()方法允许JSP开发人员获取这一信息，获取的信息属于java.util.Local类型。java.util.Local类型的对象封装了一个国家和一种国家所使用的语言。使用这一信息，JSP开发者就可以使用语言所特有的信息做出响应。使用这个报头的代码如下：

```
<%java.util.Locale locale=request.getLocale();
String str="";
if(locale.equals(java.util.Locale.US)){
    str="Hello, welcome to access our company's web!";
}
if(locale.equals(java.util.Locale.CHINA)){
    str="您好，欢迎访问我们公司网站！";
}%>
<%=str %>
```

如果所在区域为中国，上面的代码将显示“您好，欢迎访问我们公司网站！”，而如果所在区域为英国，则显示“Hello, welcome to access our company's web!”。

6.3 response 响应对象

response对象用于响应客户请求，向客户端输出信息。它封装了JSP产生的响应，并发送到客户端以响应客户端的请求。请求的数据可以是各种数据类型，甚至是文件。response对象在JSP页面内有效。

6.3.1 实现重定向页面

使用response对象提供的sendRedirect()方法可以将网页重定向到另一个页面。重定向操作支持将地址重定向到不同的主机上，这一点与转发不同。在客户端浏览器上将会得到跳转的地址，并重新发送请求链接。用户可以从浏览器的地址栏中看到跳转后的地址。进行重定向操作后，request中的属性全部失效，并且开始一个新的request对象。

sendRedirect()方法的语法格式如下：

```
response.sendRedirect(String path);
```

path：用于指定目标路径，可以是相对路径，也可以是不同主机的其他URL地址。

例如，使用sendRedirect()方法重定向网页到login.jsp页面（与当前网页同级）和明日编程词典网（与该网页不在同一主机）的代码如下：

```
response.sendRedirect("login.jsp");                  //重定向到 login.jsp 页面
response.sendRedirect("www.mrbccd.com");             //重定向到明日编程词典网
```

在 JSP 页面中使用该方法时，不要再有 JSP 脚本代码（包括 return 语句），因为重定向之后的代码已经没有意义了，并且还可能产生错误。

【例 6-5】 通过 sendRedirect()方法重定向页面到用户登录页面。（实例位置：光盘\MR\源码\第 6 章\6-5）

（1）创建 index.jsp 文件，在该文件中调用 response 对象的 sendRedirect()方法，重定向页面到用户登录页面 login.jsp。index.jsp 文件的关键代码如下：

```
<%@ page language="java" contentType="text/html; charset=UTF-8"
pageEncoding="UTF-8"%>
<%response.sendRedirect("login.jsp"); %>
```

（2）编写 login.jsp 文件，在该文件中添加用于收集用户登录信息的表单及表单元素，关键代码如下：

```
<form name="form1" method="post" action="">
用户名：<input    name="name" type="text" id="name" style="width: 120px"><br>
密码：<input name="pwd" type="password" id="pwd" style="width: 120px"> <br><br>
<input type="submit" name="Submit" value="提交">
</form>
```

运行本实例，默认执行的是 index.jsp 页面，在该页面中，又执行了重定向页面到 login.jsp 的操作，所以在浏览器中将显示如图 6-6 所示的用户登录页面。

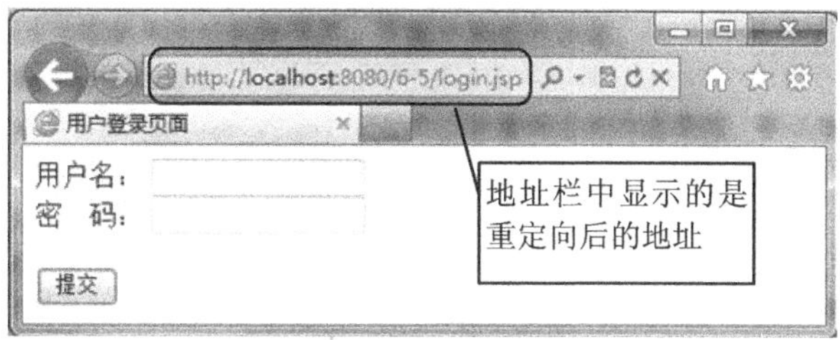

图 6-6　运行结果

6.3.2　处理 HTTP 文件头

通过 response 对象可以设置 HTTP 响应报头，其中，最常用的是设置响应的内容类型、禁用缓存、设置页面自动刷新和定时跳转网页。下面分别进行介绍。

1．设置响应的内容类型

通过 response 对象的 setContentType()方法可以设置响应的内容类型，默认情况下采用的内容类型是 text/html。通过指定响应的内容类型，可以让网页内容以不同的格式输出到浏览器中。setContentType()方法的语法格式如下：

```
response.setContentType(String type);
```

type：用于指定响应的内容类型，可选值为 text/html、text/plain、application/x_msexcel 和 application/msword 等。

【例 6–6】 将网页保存为 Word 文档。（实例位置：光盘\MR\源码\第 6 章\6-6）

创建 index.jsp 文件，首先在该文件的顶部添加一个 if 语句，用于在提交表单后设置响应的内容类型，然后在页面中添加一个表单及表单元素（可以是任何表单元素），再添加一个提交按钮即可。index.jsp 文件的具体代码如下：

```
<%@ page language="java" contentType="text/html; charset=UTF-8"
pageEncoding="UTF-8"%>
<%
if(request.getParameter("Submit")!=null){
    response.setContentType("application/msword;charset=UTF-8"); //设置响应的内容类型
}
%>
……<!– 此处省略了部分 HTML 代码-->
<body>
<form name="form1" method="post" action="">
用户名: <input    name="name" type="text" id="name" style="width: 120px"><br>
密码: <input name="pwd" type="password" id="pwd" style="width: 120px"> <br>
<br>
<input type="submit" name="Submit" value="保存为 word">
</form>
</body>
</html>
```

运行本实例，将显示如图 6-7 所示的页面，单击“保存为 word”按钮，将显示如图 6-8 所示的页面。

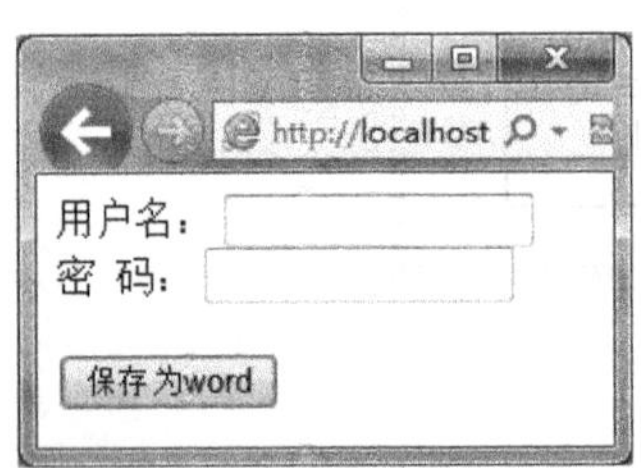

图 6-7　默认的运行结果

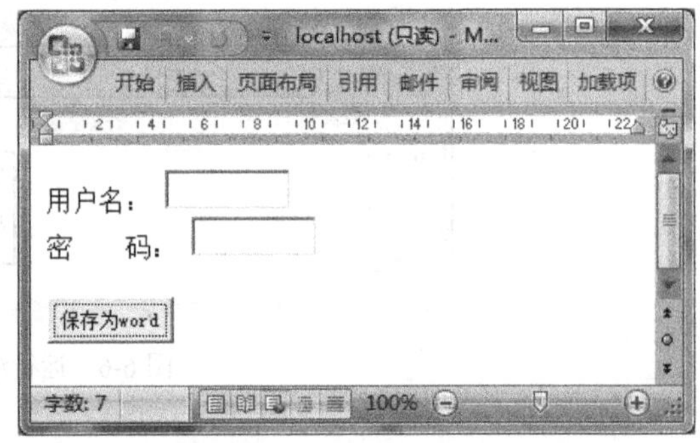

图 6-8　以 word 文档形式显示的结果

2. 禁用缓存

在默认的情况下，浏览器将会对显示的网页内容进行缓存，这样，当用户再次访问相同的网页时，浏览器会判断网页是否有变化，如果没有变化，则直接显示缓存中的内容，这样可以提高网页的显示速度。对于一些安全性要求较高的网站，通常需要禁用缓存。通过设置 HTTP 头的方法实现禁用缓存，可以通过以下代码实现：

```
<%
response.setHeader("Cache-Control","no-store");
response.setDateHeader("Expires",0);
%>
```

3. 设置页面自动刷新

通过设置 HTTP 头还可以实现页面的自动刷新。例如，让网页每隔 10 秒自动刷新一次，可以使用下面的代码：

```
<%response.setHeader("refresh","10");%>
```

4. 定时跳转网页

通过设置 HTTP 头还可以实现定时跳转网页的功能。例如，让网页 5 秒后自动跳转到指定的页面，可以使用下面的代码：

```
<%response.setHeader("refresh","5;URL=login.jsp");%>
```

6.3.3 设置输出缓冲

通常情况下，服务器要输出到客户端的内容不会直接写到客户端，而是先写到一个输出缓冲区，当满足以下 3 种情况之一时，才会把缓冲区的内容写到客户端。

- JSP 页面的输出信息已经全部写入到了缓冲区。
- 缓冲区已满。
- 在 JSP 页面中调用了 response 对象的 flushbuffer()方法或 out 对象的 flush()方法。

response 对象提供了如表 6-3 所示的对缓冲区进行配置的方法。

表 6-3　对缓冲区进行配置的方法

方　法	说　　明
flushBuffer()	强制将缓冲区的内容输出到客户端
getBufferSize()	获取响应所使用的缓冲区的实际大小，如果没有使用缓冲区，则返回 0
setBufferSize(int size)	设置缓冲区的大小，如果将缓冲区的大小设置为 0KB，则表示不缓冲
reset()	清除缓冲区的内容，同时清除状态码和报头
isCommitted()	检测服务器端是否已经把数据写入到了客户端

例如，设置缓冲区的大小为 32KB，可以使用以下代码：

```
response.setBufferSize(32);
```

6.4　out 输出对象

通过 out 对象可以向客户端浏览器输出信息，并且管理应用服务器上的输出缓冲区。在使用 out 对象输出数据时，可以对数据缓冲区进行操作，及时清除缓冲区中的残余数据，为其他的输出让出缓冲空间。待数据输出完毕后，要及时关闭输出流。

6.4.1 向客户端输出数据

out 对象一个最基本的应用，就是向客户端浏览器输出信息。out 对象可以输出各种数据类型的数据，在输出非字符串类型的数据时，会自动转换为字符串进行输出。out 对象提供了 print()和 println()两种向页面输出信息的方法，下面分别进行介绍。

- print()方法

print()方法用于向客户端浏览器输出信息。通过该方法向客户端浏览器输出信息与使用 JSP 表达式输出信息相同。

例如，下面两行代码都可以向客户端浏览器输出文字“明日科技”。

```
<%  out.print("明日科技");%>
<%="明日科技" %>
```

● println()方法

println()方法也用于向客户端浏览器输出信息。与 print()方法不同的是，该方法在输出内容后，还会输出一个换行符。

例如，通过 println()方法向页面中输出数字 3.14159 的代码如下：

```
<%
out.println(3.14159);
out.println("无语");
%>
```

在使用 print()方法和 println()方法在页面中输出信息时，并不能很好地区分出二者的差别，因为在使用 println()方法向页面中输出的换行符显示在页面中时，用户并不能看到其后面的文字真的换行了，例如上面的两行代码在运行后，将显示如图 6-9 所示的结果。如果想让其显示，需要将要输出的文本使用 HTML 的<pre>标记括起来。修改后的代码如下：

```
<pre>
<%
out.println(3.14159);
out.println("无语");
%>
</pre>
```

这段代码在运行后，将显示如图 6-10 所示的效果。

```
3.14159 无语
```

图 6-9　未使用<pre>标记的运行结果

```
3.14159
无语
```

图 6-10　使用<pre>标记的运行结果

6.4.2　管理相应缓冲区

out 对象的类有一个比较重要的功能，那就是对缓冲区进行管理。通过调用 out 对象的 clear()方法可以清除缓冲区的内容。这类似于重置响应流，以便重新开始操作。如果响应已经提交，则会有产生 IOException 异常的副作用。out 对象还提供了另一种清除缓冲区内容的方法，那就是 clearBuffer()方法，通过该方法可以清除缓冲区中的当前内容，而且即使内容已经提交给客户端，也能够访问该方法。除了这两个方法外，out 对象还提供了其他用于管理缓冲区的方法，如表 6-4 所示。

表 6-4　管理缓冲区的方法

方　法	说　明
clear()	清除缓冲区中的内容
clearBuffer()	清除当前缓冲区中的内容
flush()	刷新流
isAutoFlush()	检测当前缓冲区已满时是自动清空还是抛出异常
getBufferSize()	获取缓冲区的大小

6.5　session 会话对象

session 在网络中被称为会话。由于 HTTP 是一种无状态协议，也就是说，当一个客户向服务器发出请求，服务器接收请求并返回响应后，该连接就结束了，而服务器并不保存相关的信息。为了弥补这一缺点，HTTP 提供了 session，用户可以通过 session 在应用程序的 Web 页间进行跳转时保存用户的状态，使整个用户会话一直存在下去，直到关闭浏览器。但是，如果在一个会话中，客户端长时间不向服务器发出请求，session 对象就会自动消失。这个时间取决于服务器，例如，Tomcat 服务器默认为 30 分钟。这个时间可以通过编写程序进行修改。

实际上，一次会话的过程也可以理解为一个打电话的过程。通话从拿起电话或手机拨号开始，一直到挂断电话结束，在这过程中，您可以与对方聊很多话题，甚至是重复的话题。一个会话也是，用户可以重复访问相同的 Web 页。

6.5.1　创建及获取客户的会话

通过 session 对象可以存储或读取客户相关的信息，例如，用户名或购物信息等。这可以通过 session 对象的 setAttribute()方法和 getAttribute()方法实现。下面分别进行介绍。

- setAttribute()方法

该方法用于将信息保存在 session 范围内，其语法格式如下：

```
session.setAttribute(String name,Object obj)
```

- name：用于指定作用域在 session 范围内的变量名。
- obj：保存在 session 范围内的对象。

例如，将用户名“无语”保存到 session 范围内的 username 变量中，可以使用下面的代码：

```
session.setAttribute("username","无语");
```

- getAttribute()方法

该方法用于获取保存在 session 范围内的信息，其语法格式如下：

```
getAtttibute(String name)
```

- name：指定保存在 session 范围内的关键字。

例如，读取保存到 session 范围内的 username 变量的值，可以使用下面的代码：

```
session.getAttribute("username");
```

getAttribute()方法的返回值是 Object 类型，如果需要将获取到的信息赋值给 String 类型的变量，需要进行强制类型转换或是调用其 toString()方法。例如，下面的两行代码都是正确的。

```
String user=(String)session.getAttribute("username");       //强制类型转换
String user1=session.getAttribute("username").toString(); //调用 toString()方法
```

6.5.2　从会话中移除指定的对象

对于存储在 session 会话中的对象，如果想将其从 session 会话中移除，可以使用 session 对象的 removeAttribute()方法。该方法的语法格式如下：

```
removeAttribute(String name)
```

在上面的语法中，name 参数用于指定作用域在 session 范围内的变量名。一定要保证该变量在 session 范围内有效，否则将抛出异常。

例如，将保存在 session 会话中的 username 对象移除的代码如下：

```
<%session.removeAttribute("username");%>
```

6.5.3 设置 session 的有效时间

当用户访问网站时，会产生一个新的会话，该会话可以记录用户的状态，但并不是永久存在的。如果在一个会话中，客户端长时间不向服务器发出请求，这个会话将被自动销毁。这个时间取决于服务器，例如，Tomcat 服务器默认为 30 分钟。不过 session 对象提供了一个设置 session 有效时间的方法 setMaxInactiveInterval()，通过这个方法可以设置 session 的有效期。setMaxInactiveInterval()方法的语法格式如下：

```
session.setMaxInactiveInterval(int time);
```

- time：用于指定有效时间，单位为秒。例如要指定有效时间为 1 小时，可以指定为 3600。

例如，将 session 的有效时间设置为 1 小时，可以使用下面的代码：

```
session.setMaxInactiveInterval(3600);
```

在对 session 进行操作时，有时需要获取最后一次与会话相关联的请求时间和两个请求的最大时间间隔，这可以通过 session 对象提供的 getLastAccessedTime()方法和 getMaxInactiveInterval()方法实现。其中，getLastAccessedTime()方法可以返回客户端最后一次与会话相关联的请求时间；getMaxInactiveInterval()方法将返回一个会话内两个请求的最大时间间隔，以秒为单位。

6.5.4 销毁 session

虽然当客户端长时间不向服务器发送请求时 session 对象会自动消失，但对于某些实时统计在线人数的网站（例如，聊天室）来说，每次都等 session 过期后才统计出准确的人数，这是远远不够的，所以还需要手动销毁 session。通过 session 对象的 invalidate()方法可以销毁 session，其语法格式如下：

```
session.invalidate();
```

session 对象被销毁后，就不可以再使用该 session 对象了。如果在 session 被销毁后再调用 session 对象的任何方法，都将报出“Session already invalidated”异常。

6.6 application 应用对象

application 对象用于保存所有应用程序中的公有数据。它在服务器启动时自动创建，在服务器停止时销毁。当 application 对象没有被销毁时，所有用户都可以共享该 application 对象。与 session 对象相比，application 对象的生命周期更长，类似于系统的“全局变量”。

6.6.1 访问应用程序初始化参数

application 对象提供了对应用程序初始化参数进行访问的方法。应用程序初始化参数在 web.xml 文件中进行设置。web.xml 文件位于 Web 应用所在目录下的 WEB-INF 子目录中。在

web.xml 文件中，通过<context-param>标记可以配置应用程序初始化参数。例如，在 web.xml 文件中配置连接 MySQL 数据库所需的 url 参数，可以使用下面的代码：

```
...
<context-param>
    <param-name>url</param-name>
    <param-value>jdbc:mysql://127.0.0.1:3306/db_database</param-value>
 </context-param>
</web-app>
```

application 对象提供了两种访问应用程序初始化参数的方法，下面分别进行介绍。

- getInitParameter()方法

该方法用于返回一下已命名的参数值，其语法格式如下：

```
application.getInitParameter(String name);
```

name：用于指定参数名。

例如，获取上面 web.xml 文件中配置的 url 参数的值，可以使用下面的代码：

```
application.getInitParameter("url");
```

- getAttributeNames()方法

该方法用于返回所有已定义的应用程序初始化参数名的枚举。

```
application.getAttributeNames();
```

例如，应用 getAttributeNames()方法获取 web.xml 中定义的全部应用程序初始化参数名，并通过循环输出，可以使用下面的代码：

```
<%@ page import="java.util.*" %>
<%Enumeration enema=application.getInitParameterNames();      //获取全部初始化参数
while(enema.hasMoreElements()){
    String name=(String)enema.nextElement();                  //获取参数名
    String value=application.getInitParameter(name);          //获取参数值
    out.println(name+": ");                                    //输出参数名
    out.println(value);                                        //输出参数值
}
%>
```

如果在 web.xml 文件中只包括一个上面添加的 url 参数，执行上面的代码将显示以下内容：

```
url: jdbc:mysql://127.0.0.1:3306/db_database
```

6.6.2 应用程序环境属性管理

通过 application 对象可以存储、读取或移除应用程序环境属性，例如，网站访问次数和聊天信息等。应用程序环境属性在 application 范围内有效。对应用程序环境属性的管理，可以通过 application 对象的 setAttribute()方法、getAttribute()方法和 removeAttribute()方法实现。下面分别进行介绍。

- setAttribute()方法

setAttribute()方法用于保存应用程序环境属性，该属性在 application 范围内有效，其语法格式如下：

```
application.setAttribute(String name,Object obj);
```

name：用于指定应用程序环境属性的名称。

obj：用于指定属性值，其值可以是任何 Java 数据类型。

例如，创建一个 application 范围内有效的 number 属性，其属性值为 0，可以使用下面的代码：

```
<%application.setAttribute("number",0); %>
```

● getAttributeNames()方法

getAttributeNames()方法用于获取所有 application 对象使用的属性名，其语法格式如下：

```
application.getAttributeNames();
```

例如，下面的代码将使用 getAttributeNames()方法获取所有 application 对象使用的属性名及属性值。

```
<%@ page import="java.util.*" %>
<%
application.setAttribute("number",0);
Enumeration enema=application.getAttributeNames();   //获取 application 范围内的全部属性
while(enema.hasMoreElements()){
    String name=(String)enema.nextElement();          //获取属性名
    Object value=application.getAttribute(name);      //获取属性值
    out.print(name+": ");                              //输出属性名
    out.println(value);                                //输出属性值
}%>
```

上面的代码运行后，将显示类似图 6-11 所示的信息。

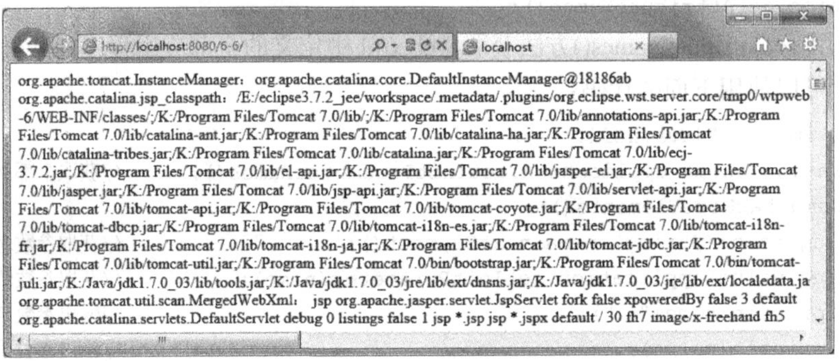

图 6-11　获取的属性值

● getAttribute()方法

getAttribute()方法用于获取指定属性的属性值，其语法格式如下：

```
application.getAttribute(String name);
```

name：用于指定属性名，该属性名在 application 范围内有效。

例如，获取 application 范围内的 number 属性的代码如下：

```
<%application.getAttribute("number");%>
```

● removeAttribute()方法

removeAttribute()方法用于从 application 对象中去掉指定名称的属性，其语法格式如下：

```
removeAttribute(String name);
```

name：用于指定属性名，该属性名在 application 范围内有效，否则将抛出异常。

例如，移出 number 属性的代码如下：

```
<%application.removeAttribute("number");%>
```

6.6.3　应用 application 实现网页计数器

在项目开发中，application 对象常用于实现网页计数器或聊天室。下面将应用 application 对象实现一个简易的网页计数器。

【例 6-7】　应用 application 对象实现网页计数器。（实例位置：光盘\MR\源码\第 6 章\6-7）

创建 index.jsp 文件，在该文件中，首先定义一个保存访问次数的变量 number，并赋初值为 0，然后判断 application 范围内是否存在 number 属性，如果不存在，将变量 number 的值设置为 1，否则获取 number 属性，并转换为 int 型，再加 1，最后输出当前访问次数，并将新的访问次数保存到 application 范围内的属性中。index.jsp 文件的具体代码如下：

```
<%@ page language="java" contentType="text/html; charset=UTF-8"
pageEncoding="UTF-8"%>
……<!- 此处省略了部分 HTML 代码-->
<%
int number=0;                                          //定义一个保存访问次数的变量
if(application.getAttribute("number")==null){         //当用户第一次访问时
    number=1;
}else{
    //获取 application 范围内的变量，并转换为 int 型
    number=Integer.parseInt(application.getAttribute("number").toString());
    number=number+1;                                   //让访问次数加 1
}
out.print("您是第"+number+"位访问者！");                 //输出当前访问次数
//将新的访问次数保存到 application 范围内的属性中
application.setAttribute("number",number);
%>
</body>
</html>
```

运行本实例，如果您是第 6 位访问该网页的用户，将显示如图 6-12 所示的效果。

图 6-12　运行结果

6.7　其他内置对象

除了上面介绍的内置对象外，JSP 还提供了 pageContext、config、page 和 exception 对象。下面对这些对象分别进行介绍。

6.7.1　应答与请求的 page 对象

page 对象代表 JSP 本身，只在 JSP 页面内才是合法的。page 对象本质上是包含当前 Servlet 接口引用的变量，可以看作是 this 关键字的别名。page 对象提供的常用方法如表 6-5 所示。

表 6-5　page 对象的常用方法

方　法	说　明
getClass()	返回当前 Object 的类
hashCode()	返回该 Object 的哈希代码
toString()	把该 Object 类转换成字符串
equals(Object o)	比较该对象和指定的对象是否相等

6.7.2 获取页面上下文的 pageContext 对象

获取页面上下文的 pageContext 对象是一个比较特殊的对象，通过它可以获取 JSP 页面的 request、response、session、application、exception 等对象。pageContext 对象的创建和初始化都是由容器来完成的。JSP 页面里可以直接使用 pageContext 对象。pageContext 对象的常用方法如表 6-6 所示。

表 6-6　　pageContext 对象的常用方法

方　法	说　明
forward(java.lang.String relativeUtlpath)	把页面转发到另一个页面
getAttribute(String name)	获取参数值
getAttributeNamesInScope(int scope)	获取某范围的参数名称的集合，返回值为 java.util.Enumeration 对象
getException()	返回 exception 对象
getRequest()	返回 request 对象
getResponse()	返回 response 对象
getSession()	返回 session 对象
getOut()	返回 out 对象
getApplication	返回 application 对象
setAttribute()	为指定范围内的属性设置属性值
removeAttribute()	删除指定范围内的指定属性

说明　pageContext 对象在实际 JSP 开发过程中很少使用，因为 request 和 response 等对象均为内置对象，都可以直接调用其相关方法实现具体的功能，如果通过 pageContext 来调用这些对象则比较麻烦。

6.7.3 获取 web.xml 配置信息的 config 对象

config 对象主要用于取得服务器的配置信息。通过 pageContext 对象的 getServletConfig()方法可以获取一个 config 对象。当一个 Servlet 初始化时，容器把某些信息通过 config 对象传递给这个 Servlet。开发者可以在 web.xml 文件中为应用程序环境中的 Servlet 程序和 JSP 页面提供初始化参数。config 对象的常用方法如表 6-7 所示。

表 6-7　　config 对象的常用方法

方　法	说　明
getServletContext()	获取 Servlet 上下文
getServletName()	获取 Servlet 服务器名
getInitParameter()	获取服务器所有初始参数名称，返回值为 java.util.Enumeration 对象
getInitParameterNames()	获取服务器中 name 参数的初始值

6.7.4 获取异常信息的 exception 对象

exception 对象用来处理 JSP 文件执行时发生的所有错误和异常，只有在 page 指令中设置

isErrorPage 属性值为 true 的页面中才可以被使用，在一般的 JSP 页面中使用该对象将无法编译 JSP 文件。exception 对象几乎定义了所有异常情况，在 Java 程序中，可以使用 try...catch 关键字来处理异常情况，如果在 JSP 页面中出现没有捕捉到的异常，就会生成 exception 对象，并把 exception 对象传送到在 page 指令中设定的错误页面中，然后在错误页面中处理相应的 exception 对象。exception 对象的常用方法如表 6-8 所示。

表 6-8　　exception 对象的常用方法

方　法	说　明
getMessage()	返回 exception 对象的异常信息字符串
getLocalizedmessage()	返回本地化的异常错误
toString()	返回关于异常错误的简单信息描述
fillInStackTrace()	重写异常错误的栈的执行轨迹

【例 6-8】　使用 exception 对象获取异常信息。（实例位置：光盘\MR\源码\第 6 章\6-8）

（1）创建 index.jsp 文件，在该文件中，首先在 page 指令中指定 errorPage 属性值为 error.jsp，即指定显示异常信息的页面，然后定义保存单价的 request 范围内的变量，并赋值为非数值型，最后获取该变量并转换为 float 型。index.jsp 文件的具体代码如下：

```
<%@ page language="java" contentType="text/html; charset=UTF-8"
pageEncoding="UTF-8" errorPage="error.jsp"%>
……<!– 此处省略了部分 HTML 代码-->
<%
request.setAttribute("price","109.6元");     //保存单价到 request 范围内的变量 price 中
//获取单价，并转换为 float 型
float price=Float.parseFloat(request.getAttribute("price").toString());
%>
</body></html>
```

页面运行时，上面的代码将抛出异常，因为非数值型字符串不能转换为 float 型。

（2）编写 error.jsp 文件，将该页面的 page 指令的 isErrorPage 属性值设置为 true，并输出异常信息，具体代码如下：

```
<%@ page language="java" contentType="text/html; charset=UTF-8"
pageEncoding="UTF-8" isErrorPage="true"%>
……<!– 此处省略了部分 HTML 代码-->
<body>
错误提示为：<%=exception.getMessage() %>
</body></html>
```

运行本实例，将显示如图 6-13 所示的效果。

图 6-13　运行结果

6.8　综合实例——应用 session 实现用户登录

session 对象一个最常用的功能就是记录用户的状态。下面将通过一个具体的实例介绍应用 session 对象实现用户登录。

（1）创建 index.jsp 文件，在该文件中添加用于收集用户登录信息的表单及表单元素，关键代码如下：

```
<form name="form1" method="post" action="deal.jsp">
用户名： <input   name="username" type="text" id="username" style="width: 120px"><br>
密码： <input name="pwd" type="password" id="pwd" style="width: 120px"> <br><br>
<input type="submit" name="Submit" value="提交">
```

（2）编写 deal.jsp 文件，在该文件中模拟用户登录（这里将用户信息保存到一个二维数组中），如果用户登录成功，将用户名保存到 session 范围内的变量中，并将页面重定向到 main.jsp 页面，否则将页面重定向到 index.jsp 页面，重新登录。deal.jsp 文件的具体代码如下：

```
<%@ page import="java.util.*" %>
<%//定义一个保存用户列表的二维数组
String[][] userList={{"mr","mrsoft"},{"wgh","111"},{"sk","111"}};
boolean flag=false;                                      //登录状态
request.setCharacterEncoding("UTF-8");                   //设置编码
String username=request.getParameter("username");        //获取用户名
String pwd=request.getParameter("pwd");                  //获取密码
for(int i=0;i<userList.length;i++){                      //遍历二维数组
    if(userList[i][0].equals(username)){                 //判断用户名
        if(userList[i][1].equals(pwd)){                  //判断密码
            flag=true;                                   //表示登录成功
            break;                                       //跳出 for 循环
        }
    }
}
if(flag){                                                //如果值为 true，表示登录成功
    session.setAttribute("username",username);           //保存用户名到 session 范围的变量中
    response.sendRedirect("main.jsp");                   //跳转到主页
}else{
    response.sendRedirect("index.jsp");                  //跳转到用户登录页面
}%>
```

（3）编写 main.jsp 文件，在该文件中，首先获取并显示保存到 session 范围内的变量，然后添加一个退出超链接。main.jsp 文件的具体代码如下：

```
<%@ page language="java" contentType="text/html; charset=UTF-8"
pageEncoding="UTF-8"%>
<%
//获取保存在 session 范围内的用户名
String username=(String)session.getAttribute("username");
%>
……<!— 此处省略了部分 HTML 代码-->
<body>
您好！ [<%=username %>]欢迎您访问！ <br>
<a href="exit.jsp">[退出]</a>
</body>
</html>
```

（4）编写 exit.jsp 文件，在该文件中销毁 session，并重定向页面到 index.jsp 页面。exit.jsp 文件的具体代码如下：

```
<%@ page language="java" contentType="text/html; charset=UTF-8"
pageEncoding="UTF-8"%>
<%session.invalidate();//销毁 session
response.sendRedirect("index.jsp");//重定向页面到 index.jsp
%>
```

运行本实例，首先进入的是用户登录页面，输入用户名（mr）和密码（mrsoft）后，如图 6-14 所示，单击“提交”按钮，将显示如图 6-15 所示的系统主页，如果用户名输入 mr，密码不输入 mrsoft，则重新返回到用户登录页面。在系统主页，单击“[退出]”超链接，将销毁当前 session，重新返回到用户登录页面。

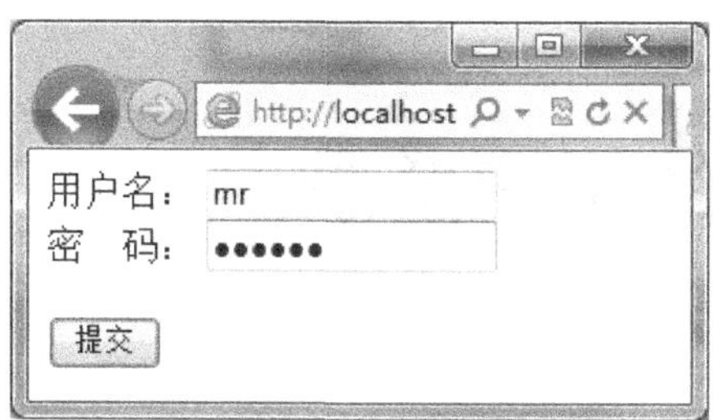

图 6-14　用户登录页面

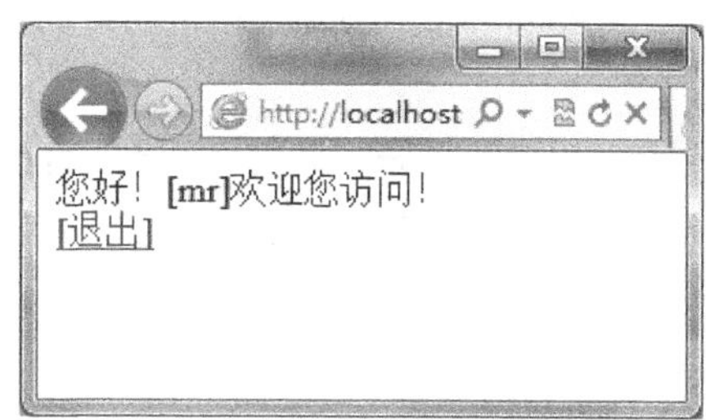

图 6-15　系统主页

知识点提炼

（1）JSP 提供了由容器实现和管理的内置对象，我们也可以将其称为隐含对象。这些内置对象不需要 JSP 页面编写都来实例化，可以直接在所有的 JSP 页面中使用，起到了简化页面的作用。

（2）request 对象封装了由客户端生成的 HTTP 请求的所有细节，主要包括 HTTP 头信息、系统信息、请求方式和请求参数等。

（3）response 对象用于响应客户请求，向客户端输出信息。它封装了 JSP 产生的响应，并发送到客户端以响应客户端的请求。请求的数据可以是各种数据类型，甚至是文件。

（4）通过 out 对象可以向客户端浏览器输出信息，并且管理应用服务器上的输出缓冲区。

（5）session 在网络中被称为会话。通过 session，用户可以在应用程序的 Web 页间进行跳转时保存用户的状态，使整个用户会话一直存在下去，直到关闭浏览器。

（6）application 对象用于保存所有应用程序中的公有数据。它在服务器启动时自动创建，在服务器停止时销毁。

（7）page 对象代表 JSP 本身，只在 JSP 页面内才是合法的。page 对象本质上是包含当前 Servlet 接口引用的变量，可以看作是 this 关键字的别名。

（8）config 对象主要用于取得服务器的配置信息。

（9）exception 对象用来处理 JSP 文件执行时发生的所有错误和异常，只有在 page 指令中设置 isErrorPage 属性值为 true 的页面中才可以被使用，在一般的 JSP 页面中使用该对象将无法编译 JSP 文件。

习　　题

（1）JSP 提供的内置对象有哪些？作用分别是什么？

（2）当表单提交信息中包括汉字时，在获取时应该做怎样的处理？

（3）如何实现禁用缓存功能？

（4）如何重定向网页？

（5）session 对象与 application 对象的区别有哪些？

实验：带验证码的用户登录

实验目的

（1）掌握应用 request 对象获取表单提交的数据。

（2）掌握解决获取表单提交数据产生中文乱码的问题。

实验内容

设计带验证码的用户登录页面，并验证提交的数据。

实验步骤

（1）创建 index.jsp 文件，在该文件中添加用于收集用户登录信息的表单及用户名、密码和验证码文本框，并显示 4 张随机的验证码图片，关键代码如下：

```
<form name="form1" method="POST" action="check.jsp">
    用户名：<input name="UserName" type="text"><br><br>  <!-- 设置用户名文本框-->
    密码：<input name="PWD" type="password"><br><br> <!-- 设置密码文本框 -->
    验证码：<input name="yanzheng" type="text" size="8"><!-- 设置验证码文本框 -->
    <%
        int intmethod = (int) (((Math.random()) * 11)) - 1);
        int intmethod2 = (int) (((Math.random()) * 11)) - 1);
        int intmethod3 = (int) (((Math.random()) * 11)) - 1);
        int intmethod4 = (int) (((Math.random()) * 11)) - 1);
        String intsum = intmethod + "" + intmethod2 + intmethod3 + intmethod4;
        //将得到的随机数进行连接
    %>
    <!-- 设置隐藏域,用来做验证比较-->
    <input type="hidden" name="vcode" value="<%=intsum%>">
    <!-- 将图片名称与得到的随机数相同的图片显示在页面上 -->
    <img src="num/<%=intmethod%>.gif"> <img src="num/<%=intmethod2%>.gif">
    <img src="num/<%=intmethod3%>.gif"> <img src="num/<%=intmethod4%>.gif">
    <br><br>
    <!-- 设置提交与重置按钮-->
    <input name="Submit"
```

```
            type="button" class="submit1" value="登录" onClick="mycheck()">
          <input name="Submit2" type="reset" class="submit1" value="重置">
    </form>
```

（2）在 index.jsp 文件中编写自定义的 JavaScript 函数，用于验证表单元素是否为空，以及验证码是否正确，具体代码请参见光盘源程序。

（3）编写用于验证提交数据的 check.jsp 文件，在该文件中，首先设置请求的编码，并应用 request 对象获取表单数据，然后判断输入的用户名与密码是否合法，并根据判断结果显示相应的提示信息，具体代码如下：

```
<%@ page language="java" contentType="text/html; charset=UTF-8"
    pageEncoding="UTF-8"%>
  <%request.setCharacterEncoding("UTF-8"); //设置请求的编码，用于解决中文乱码问题
    String name = request.getParameter("UserName");      //获取用户名参数
    String password = request.getParameter("PWD");       //获取用户输入的密码参数
    String message ;
    if(request.getParameter("vcode").equals(request.getParameter("yanzheng"))){
        message ="您输入的验证码不正确！";
    }else
      if(name.equals("mr")&&(password.equals("mrsoft"))){//判断用户名与密码是否合法
        message ="可以登录系统！";
    }else{
        message ="用户名或密码错误！";
    }%>
   <script language="javascript">
   alert("<%=message%>")
   window.location.href='index.jsp';
  </script>
```

运行本实例，将显示带验证码的用户登录页面，在该页面中输入用户名 mr、密码 mrsoft、验证码 2011，如图 6-16 所示，单击“登录”按钮，将显示如图 6-17 所示的对话框，单击“确定”按钮，将返回到用户登录页面。如果用户名或者密码错误，将弹出如图 6-18 所示的对话框。

图 6-16　带验证码的用户登录页面

图 6-17　通过验证对话框

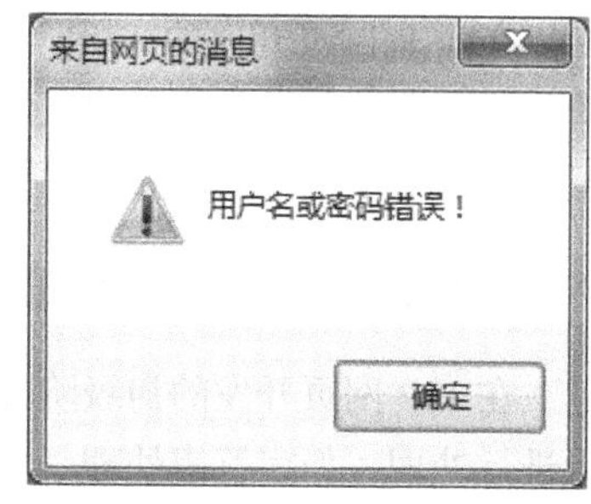

图 6-18　未通过验证对话框

第7章 JavaBean 技术

本章要点：

- 纯 JSP 和 JSP+JavaBean 开发方式简介
- JavaBean 的种类
- 如何获取 JavaBean 属性
- 如何对 JavaBean 属性赋值
- 在 JSP 页面中应用 JavaBean

JavaBean 的产生，使 JSP 页面中的业务逻辑变得更加清晰，程序中的实体对象及业务逻辑可以单独封装到 Java 类中。JSP 页面通过自身操作 JavaBean 的动作标识对其进行操作，改变了 HTML 网页代码与 Java 代码混乱的编写方式，不仅提高了程序的可读性、易维护性，而且还提高了代码的重用性。把 JavaBean 应用到 JSP 编程中，使 JSP 的发展进入了一个崭新的阶段。本章将对 JavaBean 技术进行详细介绍。

7.1 JavaBean 技术简介

在 JSP 网页开发的初级阶段并没有所谓的框架与逻辑分层的概念，JSP 网页代码是与业务逻辑代码写在一起的。这种混乱的代码书写方式，给程序的调试及维护工作带来了很大的困难，直至 JavaBean 的出现，这一问题才得到了些许改善。

7.1.1 JavaBean 概述

在 JSP 网页开发的初级阶段，需要将 Java 代码嵌入到网页之中，对 JSP 页面中的一些业务逻辑进行处理，如字符串处理、数据库操作等，其开发流程如图 7-1 所示。

此种开发方式虽然看似流程简单，但如果将大量的 Java 代码嵌入到 JSP 页面之中，必定会给修改及维护工作带来一定的困难，因为在 JSP 页面中包含 HTML 代码、CSS 代码、JS 代码等，同时再加入业务逻辑处理代码，既不利于页面编程人员的设计，也不利于 Java 程序员对程序的开发，而且将 Java 代码写入 JSP 页面中，不能体现面向对象的开发模式，达不到代码的重用。

如果使 HTML 代码与 Java 代码相分离，将 Java 代码单独封装成为一个处理某种业务逻辑的类，然后在 JSP 页面中调用此类，则可以降低 HTML 代码与 Java 代码之间的耦合度，简化 JSP 页面，提高 Java 程序代码的重用性及灵活性。这种与 HTML 代码相分离而使用 Java 代码封装的类就是一个 JavaBean 组件。在 JSP 开发中，可以使用 JavaBean 组件来完成业务逻辑的处理。应用 JavaBean 与 JSP 整合的开发模式如图 7-2 所示。

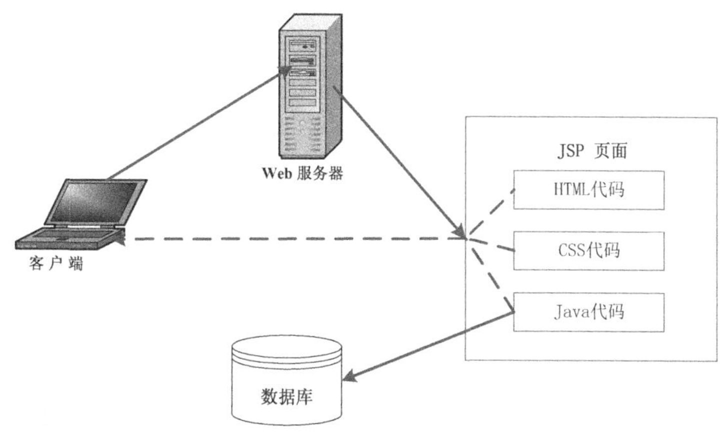

图 7-1　纯 JSP 开发方式

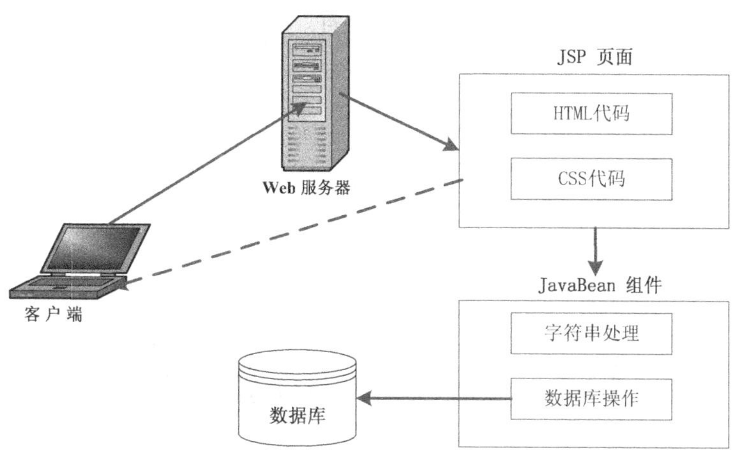

图 7-2　JSP+JavaBean 开发方式

从图 7-2 可以看出，JavaBean 的应用简化了 JSP 页面，在 JSP 页面中只包含了 HTML 代码、CSS 代码等，但 JSP 页面可以引用 JavaBean 组件来完成某一业务逻辑，如字符串处理、数据库操作等。

7.1.2　JavaBean 种类

最初，JavaBean 的功用是将可以重复使用的代码进行打包。在传统的应用中，JavaBean 主要用于实现一些可视化界面，如一个窗体、按钮和文本框等，这样的 JavaBean 被称为可视化的 JavaBean。可视化 JavaBean 一般应用于 Swing 的程序中，在 JSP 开发中很少用。

随着技术的不断发展与项目的需求，现在的 JavaBean 主要用于实现一些业务逻辑或封装一些业务对象，由于这样的 JavaBean 并没有可视化的界面，所以又被称为非可视化的 JavaBean。非可视化 JavaBean 又分为值 JavaBean 和工具 JavaBean。值 JavaBean 严格遵循了 JavaBean 的命名规范，通常用来封装表单数据，作为信息的容器。例如，下面的 JavaBean 就是一个值 JavaBean。

【例 7-1】 创建一个用来封装用户登录时表单中的用户名和密码的值 JavaBean。

```
public class UserBean{
    private String name;
    private String password;
    public String getName() {
        return name;
    }
    public void setName(String name) {
        this.name = name;
    }
    public String getPassword() {
        return password;
    }
    public void setPassword(String password) {
        this.password = password;
    }
}
```

工具 JavaBean 则可以不遵循 JavaBean 规范，通常用于封装业务逻辑、数据操作等，例如连接数据库，对数据库进行增、删、改、查和解决中文乱码等操作。工具 JavaBean 可以实现业务逻辑与页面显示的分离，提高了代码的可读性与易维护性。例如，下面的 JavaBean 就是一个工具 JavaBean，它用来转换字符串中的“<”与“>”字符。

【例 7-2】 工具 JavaBean 示例。

```
public class MyTools{
    public String change(String source){
        source=source.replace("<","&lt;");
        source=source.replace(">","&gt;");
        return source;
    }
}
```

7.2 JavaBean 的应用

JavaBean 是用 Java 语言所写成的可重用组件，它可以应用于系统中的很多层中，如 PO、VO、DTO 和 POJO 等，其应用十分广泛。

7.2.1 获取 JavaBean 属性

在 JavaBean 对象中，为了防止外部直接对 JavaBean 属性进行调用，通常将 JavaBean 中的属性设置为私有的（private），但需要为其提供公共的（public）访问方法，也就是所说的 getter 方法。下面就通过实例来讲解如何获取 JavaBean 属性信息。

【例 7-3】 编写商品对象的 JavaBean。在该 JavBean 中，首先定义相应的属性信息，并为属性提供 getter 方法，然后在 JSP 页面中获取并输出。（实例位置：光盘\MR\源码\第 7 章\7-3）

（1）编写名称为 Produce 的类，此类是封装商品对象的 JavaBean。在 Produce 类中定义商品属性，并提供相应的 getter 方法，其关键代码如下：

```
package com.wgh;
public class Produce {
    private String name = "编程词典个人版";          // 商品名称
```

```
    private double price = 298;                         // 商品价格
    private int count = 10;                             // 数量
    private String factoryAdd = "吉林省明日科技有限公司";  // 出厂地址
    public String getName() {
        return name;
    }
    public double getPrice() {
        return price;
    }
    …… //省略了其他属性对应的 getter 和 setter 方法
}
```

本实例演示如何获取 JavaBean 中的属性信息，所以对 Produce 类中的属性设置了默认值，可通过 getter 方法直接进行获取。

（2）在 JSP 页面中获取商品 JavaBean 中的属性信息，此操作通过 JSP 动作标识进行获取，其关键代码如下：

```
<jsp:useBean id="produce" class="com.wgh.Produce"></jsp:useBean>
…… <!--此处省略了部分 HTML 代码-->
<div>
    <ul>
        <li>商品名称：<jsp:getProperty property="name" name="produce"/></li>
        <li>价格：<jsp:getProperty property="price" name="produce"/>（元）</li>
        <li>数量：<jsp:getProperty property="count" name="produce"/></li>
        <li>厂址：<jsp:getProperty property="factoryAdd" name="produce"/></li>
    </ul>
</div>
```

在 JSP 网站开发中，JSP 页面中应该尽量避免出现 Java 代码，否则会导致代码看起来比较混乱，所以实例中采用 JSP 的动作标识来避免这一问题。

实例中主要通过<jsp:useBean>动作标识实例化商品的 JavaBean 对象，<jsp:getProperty>动作标识获取 JavaBean 中的属性信息，实例运行后，将显示如图 7-3 所示的运行结果。

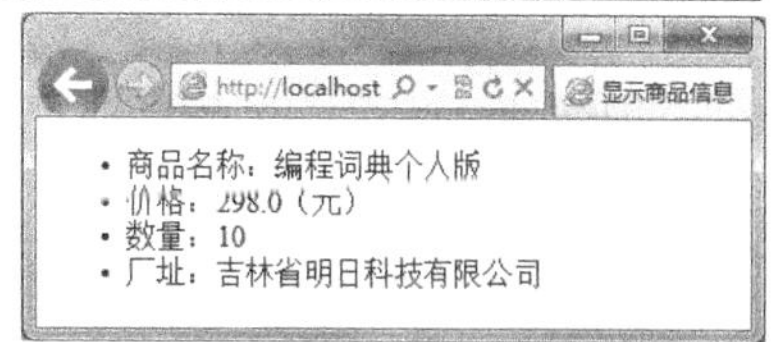

图 7-3　实例运行结果

使用<jsp:useBean>动作标识可以实例化 JavaBean 对象，使用<jsp:getProperty>动作标识可以获取JavaBean 中的属性信息，这两个动作标识居然可以直接操作我们所编写的Java 类，它真的有那么强大，是不是在 JSP 页面中可以操作所有的 Java 类呢？答案是否定的。<jsp:useBean>动作标识与<jsp:getProperty>动作标识之所以能够操作 Java 类，是因为我们所编写的 Java 类遵循了 JavaBean 规范。<jsp:useBean>动作标识获取类的实例，其内部是通过实例化类的默认构造方法进行获取的，所以 JavaBean 需要有一个默认的无参的构造方法；<jsp:getProperty>动作标识获取 JavaBean 中的属性，其内部是通过调用指定属性的 getter 方法进行获取的，所以 JavaBean 规范要求为属性提供公共（public）类型的访问器。只有严格遵循 JavaBean 规范，才能对其更好地应用，因此，在编写 JavaBean 时要严格遵循 JavaBean 规范。

7.2.2 对 JavaBean 属性赋值

编写 JavaBean 对象要遵循 JavaBean 规范，JavaBean 规范中的访问器 setter 方法用于对 JavaBean 中的属性赋值，如果对 JavaBean 对象的属性提供了 setter 方法，在 JSP 页面中就可能通过<jsp:setProperty>对其进行赋值。

【例 7-4】 编写封装商品信息的 JavaBean，这个类中提供属性及与属性相对应的 setter 和 getter 方法，并在 JSP 页面中对 JavaBean 属性赋值并获取输出。（实例位置：光盘\MR\源码\第 7 章\7-4）

（1）编写名称为 Produce 的 JavaBean，用于封装商品信息。在该类中定义商品属性，以及与属性相对应的 setter 和 getter 方法，其关键代码如下：

```
package com.wgh;
public class Produce {
    private String name = "编程词典个人版";                // 商品名称
    private double price = 298;                          // 商品价格
    private int count = 10;                              // 数量
    private String factoryAdd = "吉林省明日科技有限公司";   // 出厂地址
    public String getName() {
        return name;
    }
        public void setName(String name) {
        this.name = name;
    }
    …… // 此处省略了其他属性对应的 setter 和 getter 方法
}
```

（2）编写名称为 index.jsp 的页面，在此页面中实例化 Produce 对象，并对其属性进行赋值并输出，其关键代码如下：

```
<jsp:useBean id="produce" class="com.wgh.Produce"></jsp:useBean>
<jsp:setProperty property="name" name="produce" value="手机"/>
<jsp:setProperty property="price" name="produce" value="1980.88"/>
<jsp:setProperty property="count" name="produce" value="1"/>
<jsp:setProperty property="factoryAdd" name="produce" value="广东省×××公司"/>
<div>
    <ul>
        <li>
            商品名称:<jsp:getProperty property="name" name="produce"/>
        </li>
        <li>
            价格：<jsp:getProperty property="price" name="produce"/>（元）
        </li>
        ……<!--此处省略了显示其他属性值的代码-->
    </ul>
</div>
```

index.jsp 页面是程序中的首页，此页面主要通过<jsp:useBean>动作标识实例化 Produce 对象，通过<jsp:setProperty>动作标识对 Produce 对象中的属性进行赋值，然后通过<jsp:getProperty>动作标识输出已赋值的 Produce 对象中的属性信息，实例运行结果如图 7-4 所示。

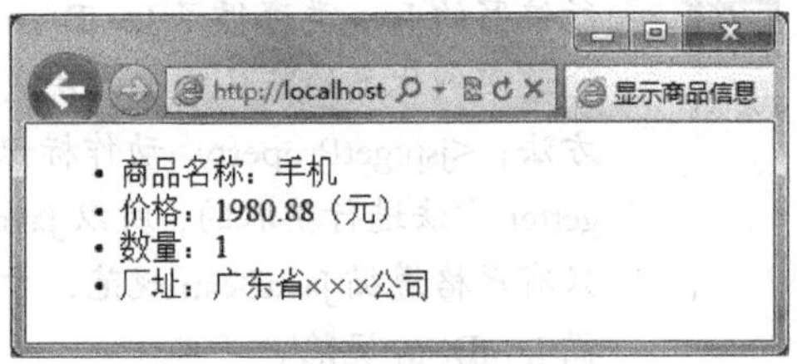

图 7-4 对 JavaBean 属性赋值

7.2.3 如何在 JSP 页面中应用 JavaBean

在 JSP 页面中应用 JavaBean 非常简单，主要通过 JSP 动作标识<jsp:useBean>、<jsp:getProperty>、<jsp:setProperty>来实现对 JavaBean 对象的操作，但所编写的 JavaBean 对象要遵循 JavaBean 规范。只有严格遵循 JavaBean 规范，在 JSP 页面中才能够方便地调用及操作 JavaBean。

将 JavaBean 对象应用到 JSP 页面中，JavaBean 的生命周期可以自行进行设置，它存在于 page、request、session 和 application 共 4 种范围之内。默认的情况下，JavaBean 作用于 page 范围之内。

【例 7-5】 在办公自动化系统中实现录入员工信息功能，主要通过在 JSP 页面中应用 JavaBean 进行实现。（实例位置：光盘\MR\源码\第 7 章\7-5）

（1）编写名称为 Person 的类，将其放置于 com.wgh 包中，实现对用户信息的封装，其关键代码如下：

```
package com.wgh;

public class Person {
        private String name;            // 姓名
        private int age;                // 年龄
        private String sex;             // 性别
        private String address;         // 住址
        public String getName() {
            return name;
        }
        public void setName(String name) {
            this.name = name;
        }
        …… //此处省略了其他属性所对应的 getter 和 setter 方法
}
```

在 Person 类中包含 4 个属性，分别代表姓名、年龄、性别与住址，此类在实例中充当员工信息对象的 JavaBean。

（2）编写程序的主页面 index.jsp，在此页面中放置录入员工信息所需要的表单，其具体代码如下：

```
<%@ page language="java" contentType="text/html; charset=UTF-8"
    pageEncoding="UTF-8"%>
<!DOCTYPE HTML>
<html>
<head>
<meta charset="utf-8">
<title>录入员工信息页面</title>
<style type="text/css">
ul {
    list-style: none; /*设置不显示项目符号*/
    margin:0px;       /*设置外边距*/
    padding:5px;      /*设置内边距*/
}
li {
    padding:5px;      /*设置内边距*/
```

```
}
</style>
</head>
<body>
    <form action="register.jsp" method="post">
        <ul>
            <li>姓  名: <input type="text" name="name"></li>
            <li>年  龄: <input type="text" name="age"></li>
            <li>性  别: <input type="text" name="sex"></li>
            <li>住  址: <input type="text" name="add" size="35"></li>
            <li><input type="submit" value="添  加"></li>
        </ul>
    </form>
</body>
</html>
```

说明

表单信息中的属性名称最好设置成为 JavaBean 中的属性名称，这样可以通过“<jsp:setProperty property="*"/>”的形式来接收所有参数。此种方式可以减少程序中的代码量，如将用户年龄文本框的 name 属性设置为“age”，它对应 Person 类中的 age。

（3）编写名称为 register.jsp 的 JSP 页面，用于对 index.jsp 页面中表单的提交请求进行处理，此页面将获取表单提交的所有信息，然后将所获取的员工信息输出到页面之中，其关键代码如下：

```
<%@ page language="java" contentType="text/html; charset=UTF-8"
    pageEncoding="UTF-8"%>
<%  request.setCharacterEncoding("UTF-8");%>
<jsp:useBean id="person" class="com.wgh.Person" scope="page">
    <jsp:setProperty name="person" property="*" />
</jsp:useBean>
…… <!-- 此处省略了部分 HTML 和 CSS 代码 -->
<body>
    <ul>
        <li>姓 名: <jsp:getProperty property="name" name="person" /></li>
        <li>年 龄: <jsp:getProperty property="age" name="person" /></li>
        <li>性 别: <jsp:getProperty property="sex" name="person" /></li>
        <li>住 址: <jsp:getProperty property="address" name="person" /></li>
    </ul>
</body>
</html>
```

说明

如果所处理的表单信息中包含中文，通过 JSP 内置对象 request 获取的参数值将出现乱码现象，此时可以通过 request 的 setCharacterEncoding()方法指定字符编码格式进行解决，实例中将其设置为“UTF-8”。

register.jsp 页面的<jsp:userBean>动作标识实例化了 JavaBean，然后通过“<jsp:setProperty name="person" property="*"/>”对 Person 类中的所有属性进行赋值。使用这种方式要求表单中的属性名称与 JavaBean 中的属性名称一致。

说明

表单中的属性名称与 JavaBean 中的属性名称不一致，可以通过<jsp:setProperty>动作标识中的 param 属性来指定表单中的属性，如表单中的用户名为“username”，可以使用<jsp:setProperty name="person" property="name" param="username"/>对其赋值。

设置完 Person 的所有属性后，register.jsp 页面通过<jsp:getProperty>动作标识来读取 JavaBean 对象 Person 中的属性。实例运行后，将进入到程序的主页面 index.jsp 页面，输入如图 7-5 所示的员工信息后，单击“添加”按钮，将显示如图 7-6 所示的运行结果。

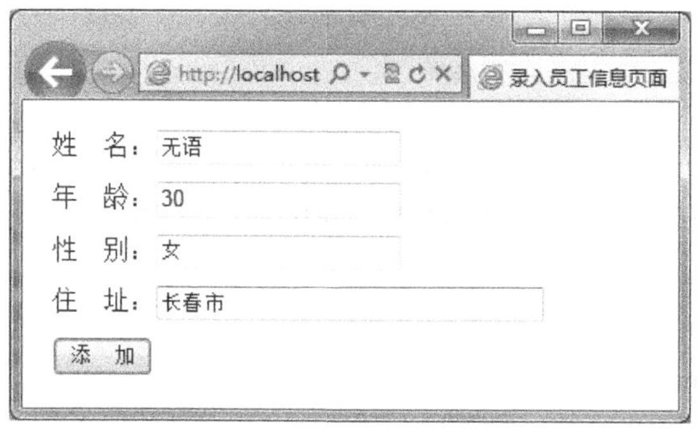

图 7-5　在主页面输入员工信息

图 7-6　页面的运行结果

7.3　综合实例——应用 JavaBean 解决中文乱码

在 JSP 程序开发中，若通过表单提交的数据中存在中文，则获取该数据后输出到页面中时将显示乱码，所以在输出获取的表单数据之前，必须进行转码操作。将转码操作放在 JavaBean 中实现，可以实现代码的重用，避免重复编码。本实例将介绍如何应用 JavaBean 解决中文乱码问题，具体开发步骤如下。

（1）编写用于填写留言信息的 index.jsp 页面，在该页面中添加一个表单，设置表单被提交给 deal.jsp 页面进行处理，并向表单中添加 author、title 和 content 这 3 个字段，分别用来表示留言者、留言标题和留言内容。index.jsp 页面的关键代码如下：

```
<form action="deal.jsp" method="post">
    <ul>
        <li>留  言  者：<input type="text" name="author" size="20"></li>
        <li>留言标题：<input type="text" name="title" size="35"></li>
        <li>留言内容：<textarea name="content" rows="8" cols="34"></textarea></li>
        <li><input type="submit" value="提交"><input type="reset" value="重置"></li>
    </ul>
</form>
```

（2）编写用来封装表单数据的值 JavaBean——MessageBean。该 JavaBean 存在 author、title 和 content 共 3 个属性，分别用来存储 index.jsp 页面中表单的留言者、留言标题和留言内容字段。MessageBean 的关键代码如下：

```
package com.wgh;
public class MessageBean{
    private String author;                //留言者
    private String title;                 //留言标题
    private String content;               //留言内容
    //定义 getter 方法
    public String getAuthor() {
```

```
        return author;
    }
    //定义 setter 方法
    public void setAuthor(String author) {
        this.author = author;
    }
    …… //省略了 title 和 content 属性的 setter 与 getter 方法
}
```

（3）编写用于进行转码操作的工具 JavaBean——MyTools。在该 JavaBean 中创建一个方法，该方法存在一个 String 型参数，在方法体内实现对该参数进行转码的操作。MyTools 类的代码如下：

```
package com.wgh;
import java.io.UnsupportedEncodingException;
public class MyTools {
    public static String toChinese(String str) {
        if (str == null)
            str = "";
        try {
            // 通过 String 类的构造方法，将指定的字符串转换为“UTF-8”编码
            str = new String(str.getBytes("ISO-8859-1"), "UTF-8");
        } catch (UnsupportedEncodingException e) {
            str = "";
            e.printStackTrace();                        //输出异常信息
        }
        return str;
    }
}
```

（4）编写表单处理页 deal.jsp，用来接收表单数据，然后将请求转发到 show.jsp 页面来显示用户输入的留言信息。deal.jsp 页面的具体代码如下：

```
<jsp:useBean id="messageBean" class="com.wgh.MessageBean" scope="request">
    <jsp:setProperty name="messageBean" property="*"/>
</jsp:useBean>
<jsp:forward page="show.jsp"/>
```

页面中通过调用<jsp:useBean>和<jsp:setProperty>标识将表单数据封装到 MessageBean 中，并将该 JavaBean 存储到 request 范围中。这样，当请求转发到 show.jsp 页面后，就可从 request 中获取该 JavaBean 了。

（5）编写显示留言信息的 show.jsp 页面，该页面将获取在 deal.jsp 页面中存储的 JavaBean，然后调用 JavaBean 中的 getter 方法获取留言信息。如果这里直接将通过 getter 方法获取的信息输出到页面中，就会出现如图 7-8 所示的乱码，所以还需要调用 MyTools 工具 JavaBean 中的 toChinese() 方法进行转码操作。show.jsp 页面的关键代码如下：

```
<%@ page import="com.wgh.MyTools" %>
<!-- 获取 request 范围内名称为 messageBean 的 MessageBean 类实例 -->
<jsp:useBean id="messageBean" class="com.wgh.MessageBean" scope="request"/>
…… <!--此处省略了部分 HTML 和 CSS 代码-->
<body>
    <ul>
        <!-- 获取留言者后进行转码操作 -->
        <li>
            留  言  者：<%=MyTools.toChinese(messageBean.getAuthor()) %>
        </li>
```

```
        <!-- 获取留言标题后进行转码操作 -->
        <li>留言标题：<%=MyTools.toChinese(messageBean.getTitle()) %></li>
        <!-- 获取留言内容后进行转码操作 -->
        <li>
            留言内容：<textarea rows="6" cols="30" readonly>
            <%=MyTools.toChinese(messageBean.getContent()) %></textarea>
        </li>
        <li><a href="index.jsp">继续留言</a></li>
    </ul>
</body>
```

运行本实例，在留言页面中输入如图 7-7 所示的内容，单击“提交”按钮提交表单，将显示如图 7-8、图 7-9 所示的运行结果。

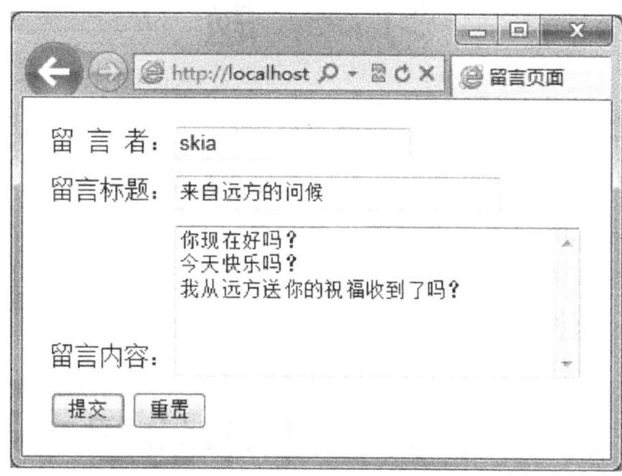

图 7-7　输入的留言信息

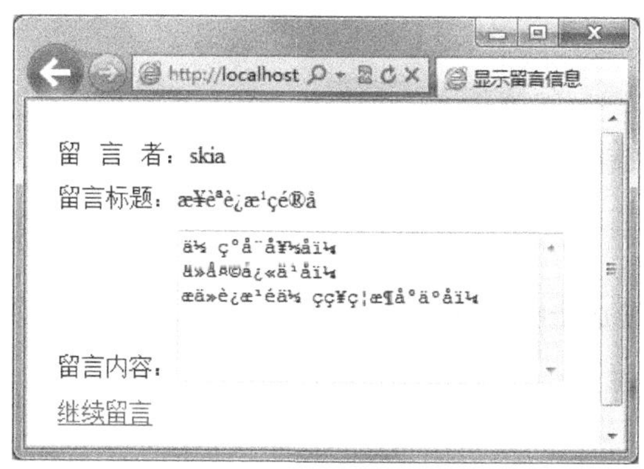

图 7-8　转码前的留言信息

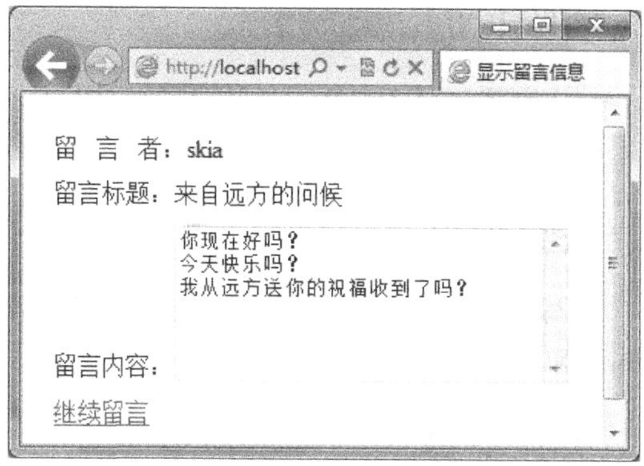

图 7-9　转码后的留言信息

知识点提炼

（1）JavaBean 的产生，使 JSP 页面中的业务逻辑变得更加清晰，程序中的实体对象及业务逻辑可以单独封装到 Java 类中。JSP 页面通过自身操作 JavaBean 的动作标识对其进行操作，改变了

HTML 网页代码与 Java 代码混乱的编写方式，不仅提高了程序的可读性、易维护性，而且还提高了代码的重用性。

（2）在传统的应用中，JavaBean 主要用于实现一些可视化界面，如一个窗体、按钮和文本框等，这样的 JavaBean 被称为可视化的 JavaBean。可视化 JavaBean 一般应用于 Swing 的程序中，在 JSP 开发中很少用。

（3）现在的 JavaBean 主要用于实现一些业务逻辑或封装一些业务对象，由于这样的 JavaBean 并没有可视化的界面，所以又被称为非可视化的 JavaBean。

（4）JavaBean 是用 Java 语言所写成的可重用组件，它可以应用于系统中的很多层中，如 PO、VO、DTO、POJO 等，其应用十分广泛。

习　题

（1）什么是 JavaBean？使用 JavaBean 的优点是什么？

（2）JavaBean 可分为哪几种？在 JSP 中最为常用的是哪一种？

（3）分别介绍值 JavaBean 与工具 JavaBean 的作用。

（4）如何获取 JavaBean 的属性？

（5）如何对 JavaBean 属性赋值？

实验：转换输入文本中的回车和空格

实验目的

（1）熟悉工具 JavaBean 的编写及应用。

（2）掌握如何让表单提交文本中的空格和回车原样输出。

实验内容

编写 JavaBean，将用户输入的回车和空格转换成能够在 JSP 页面中输出的回车和空格，即"
"和" "。

实验步骤

（1）编写用于填写留言信息的 index.jsp 页面，在该页面中添加一个表单，设置表单被提交给 deal.jsp 页面进行处理，并向表单中添加 author、title 和 content 这 3 个字段，分别用来表示留言者、留言标题和留言内容。index.jsp 页面的具体代码如下：

```
<%@ page language="java" contentType="text/html; charset=UTF-8"pageEncoding="UTF-8"%>
…… <!-- 此处省略了部分 HTML 和 CSS 代码 -->
<body>
    <form action="deal.jsp" method="post">
        <ul>
            <li>留言者：<input type="text" name="author" size="20"></li>
```

```
            <li>留言标题：<input type="text" name="title" size="35"></li>
            <li>留言内容：<textarea name="content" rows="8" cols="34"></textarea>
            </li>
            <li><input type="submit" value="提交"><input type="reset" value="重置">
            </li>
        </ul>
    </form>
</body>
```

（2）编写用来封装表单数据的值 JavaBean——MessageBean。该 JavaBean 存在 author、title 和 content 共 3 个属性，分别用来存储 index.jsp 页面中表单的留言者、留言标题和留言内容字段。MessageBean 的关键代码如下：

```
public class MessageBean{
    private String author;                              //留言者
    private String title;                               //留言标题
    private String content;                             //留言内容
    public String getAuthor() {                         //定义 getter 方法
        return author;
    }
    public void setAuthor(String author) {              //定义 setter 方法
        this.author = author;
    }
    …… //省略了 title 和 content 属性的 setter 与 getter 方法
}
```

（3）编写用于进行转码操作的工具 JavaBean——MyTool。在该 JavaBean 中创建一个 changeES() 方法，该方法存在一个 String 型入口参数，在方法体内实现对该参数中的回车换行符和空格进行替换操作。MyTool 类的代码如下：

```
package com.wgh;
public class MyTool {
    public static String changeES(String str) {
        if (!"".equals(str) && str != null) {
            str = str.replaceAll(" ", " ");        // 替换空格
            str = str.replaceAll("\r\n", "<br>");       // 替换回车换行符
        } else {
            str = "无留言内容！";                        // 设置默认显示内容
        }
        return str;
    }
}
```

（4）编写表单处理页面 deal.jsp，用来接收表单数据，然后将获取到的留言信息显示到当前页面中。在显示留言内容时，需要调用工具 JavaBean——MyTool 的 changeES()方法转换输入文本中的回车和空格。deal.jsp 页面的具体代码如下：

```
<%@ page import="com.wgh.MyTool" %>
<%request.setCharacterEncoding("UTF-8"); //设置请求的编码，防止中文乱码%>
<jsp:useBean id="message" class="com.wgh.MessageBean" scope="page">
    <jsp:setProperty name="message" property="*"/>
</jsp:useBean>
…… <!-- 此处省略了部分 HTML 和 CSS 代码 -->
<body><ul>
```

```
        <li>留  言  者：<%=message.getAuthor()%></li>
        <li>留言标题：<%=message.getTitle()%></li>
        <!-- 对留言内容进行处理 -->
        <li>留言内容：</li>
        <li style="border:1px #000 solid">
            <%=MyTool.changeES(message.getContent())%>
        </li>        <li><a href="index.jsp">[ 返回 ]</a></li>
    </ul></body>
```

运行本实例，在输入留言信息页面中输入如图 7-10 所示的内容后，单击"提交"按钮，将显示如图 7-11 所示的运行结果。如果不调用 MyTool 类的 changeES()方法，将显示如图 7-12 所示的运行结果。

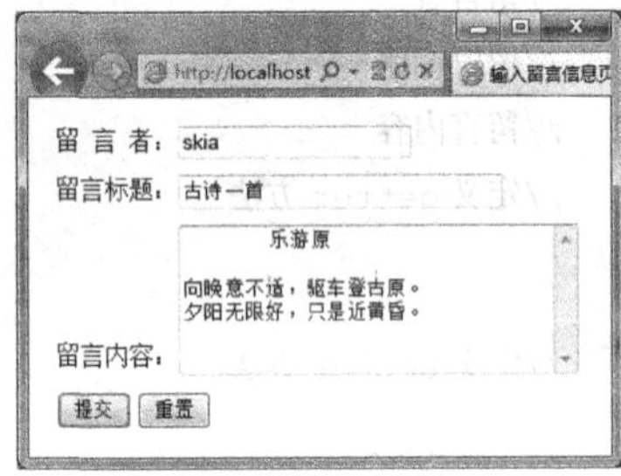

图 7-10　输入留言信息

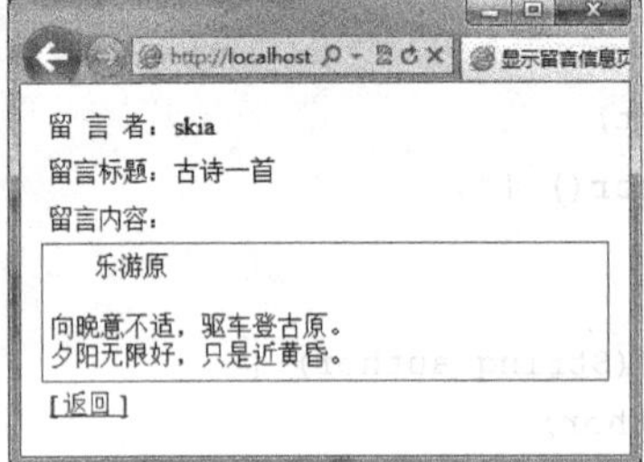

图 7-11　显示处理后的留言信息

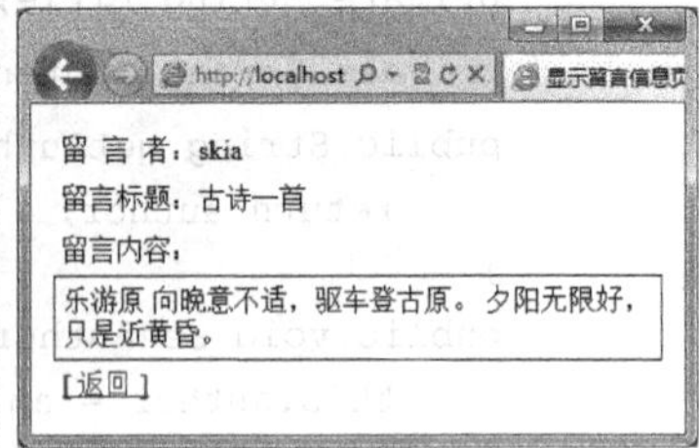

图 7-12　显示未处理的留言信息

第 8 章 Servlet 技术

本章要点：

- 什么是 Servlet，以及 Servlet 的技术特点
- Servlet 的创建及配置
- 什么是过滤器，以及过滤器的核心对象
- 过滤器的创建与配置
- 监听器简介及原理
- Servlet 上下文、会话和请求监听器

Servlet 是用 Java 语言编写的、应用于 Web 服务器端的扩展技术，它先于 JSP 产生，可以方便地对 Web 应用中的 HTTP 请求进行处理。在 Java Web 程序开发中，Servlet 主要用于处理各种业务逻辑，它比 JSP 更具有业务逻辑层的意义，而且其安全性、扩展性以及性能方面都十分优秀。本章将对 Servlet 开发、过滤器和监听器等进行详细介绍。

8.1 Servlet 基础

Servlet 是一种独立于平台和协议的服务器端的 Java 技术，它使用 Java 语言编写，可以用来生成动态的 Web 页面。与 Java 程序不同的是，Servlet 对象主要封装了对 HTTP 请求的处理，并且它的运行需要 Servlet 容器的支持。在如今的 Java EE 开发中，Servlet 占有十分重要的地位，它对 Web 请求的处理功能也是非常强大的。

8.1.1 Servlet 体系结构

Servlet 实质就是按 Servlet 规范编写的 Java 类，但它可以处理 Web 应用中的相关请求。Servlet 是一个标准，它由 Sun 定义，其具体细节由 Servlet 容器进行实现，如 Tomcat 和 JBoss 等。在 Java EE 架构中，Servlet 结构体系的 UML 图如图 8-1 所示。

在图 8-1 中，Servlet 对象、ServletConfig 对象与 Serializable 对象是接口对象，其中 Serializable 是 java.io 包中的序列化接口，Servlet 对象、ServletConfig 对象是 javax.servlet 包中定义的对象，这两个对象定义了 Servlet 的基本方法并封装了 Servlet 的相关配置信息。GenericServlet 对象是一个抽象类，它分别实现了上述的 3 个接口，此对象为 Servlet 接口及 ServletConfig 接口提供了部分实现，但它并没有对 HTTP 请求处理进行实现，这一操作由它的子类 HttpServlet 进行实现。这个对象为 HTTP 请求中的 POST、GET 等类型提供了具体的操作方法，所以通常情况下，我们所编

写的 Servlet 对象都继承于 HttpServlet，在开发之中所使用的具体的 Servlet 对象就是 HttpServlet 对象，因为 HttpServlet 对 Servlet 做出了实现，并提供了 HTTP 请求的处理方法。

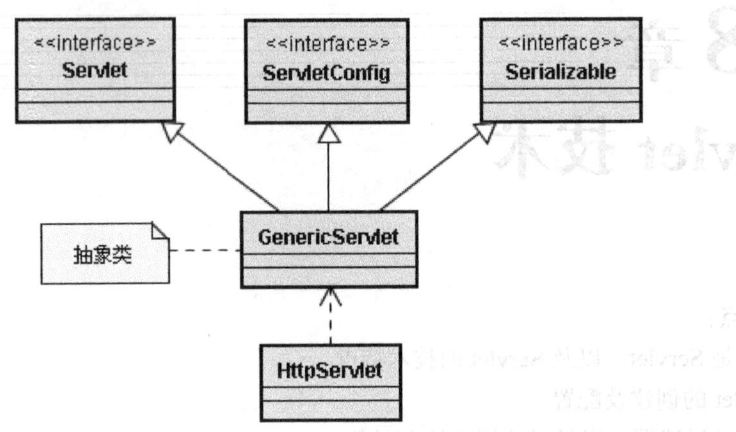

图 8-1　Servlet UML 图

8.1.2　Servlet 技术特点

Servlet 使用 Java 语言编写，它不仅继承了 Java 语言的优点，而且还对 Web 的相关应用进行了封装，同时 Servlet 容器还提供了对应用的相关扩展，在功能、性能、安全等方面都十分优秀，其技术特点表现在以下方面。

- 功能强大

Servlet 可以调用 Java API 中的对象及方法，此外，Servlet 对象对 Web 应用进行了封装，提供了 Servlet 对 Web 应用的编程接口，还可以对 HTTP 请求进行相应的处理，如处理提交数据、会话跟踪、读取和设置 HTTP 头信息等。由于 Servlet 既拥有 Java 提供的 API，而且还可以调用 Servlet 封装的 Servlet API 编程接口，因此它在业务功能方面是十分强大的。

- 可移植

Java 语言是跨越平台的（所谓跨越平台是指程序的运行不依赖于操作系统平台，它可以运行到多个系统平台之中，如目前常用的操作系统 Windows、Linux、UNIX 等），由于 Servlet 使用 Java 语言编写，所以 Servlet 继承了 Java 语言的优点，程序一次编码，多平台运行，拥有超强的可移植性。

- 性能高效

Servlet 对象在 Servlet 容器启动时被初始化，当第一次被请求时，Servlet 容器将其实例化，此时它驻存于内存之中，如果存在多个请求，Servlet 不会再被实例化，仍然由此 Servlet 对其进行处理。每一个请求是一个线程，而不是一个进程，因此，Servlet 对请求处理的性能是十分高效的。

- 安全性高

Servlet 使用了 Java 的安全框架，同时 Servlet 容器还对 Servlet 提供额外的功能，它的安全性是非常高的。

- 可扩展

Java 语言是面向对象的编程语言，Servlet 由 Java 语言编写，所以它继承了 Java 的面向对象的优点，在业务逻辑处理之中，可以通过封装、继承等来扩展实际的业务需要，其扩展性非常强。

8.1.3　Servlet 与 JSP 的区别

Servlet 是使用 Java Servlet 接口（API）运行在 Web 应用服务器上的 Java 程序，其功能十分强大，不但可以处理 HTTP 请求中的业务逻辑，而且还可以输出 HTML 代码来显示指定的页面。而 JSP 是一种在 Servlet 规范之上的动态网页技术，在 JSP 页面之中同样可以编写业务逻辑处理 HTTP 请求，也可以通过 HTML 代码来编辑页面。在实现功能上，Servlet 与 JSP 貌似相同，实际上存在一定的区别，主要表现在以下几个方面。

- 角色不同

JSP 页面可以存在 HTML 代码与 Java 代码并存的情况，而 Servlet 需要承担客户请求与业务处理的中间角色，只有调用固定的方法才能将动态内容输出为静态的 HTML，所以 JSP 更具显示层的角色。

- 编程方法不同

Servlet 与 JSP 在编程方法上存在很大的区别，使用 Servlet 开发 Web 应用程序需要遵循 Java 的标准，而 JSP 需要遵循一定的脚本语言规范。在 Servlet 代码之中，需要调用 Servlet 提供的相关 API 接口方法，才可以对 HTTP 请求及业务进行处理，对业务逻辑方面的处理功能更加强大。然而在 JSP 页面之中，可以通过 HTML 代码与 JSP 内置对象实现对 HTTP 的请求及页面的处理，其显示界面的功能更加强大。

- Servlet 需要编译后运行

Servlet 需要在 Java 编译器编译后才可以运行，如果 Servlet 在编写完成或修改后没有被重新编译，则不能运行在 Web 容器之中。而 JSP 则与之相反，JSP 由 JSP 容器对其进行管理，它的编辑过程也由 JSP 容器对 JSP 进行自动编辑，所以，无论 JSP 文件是被创建还是修改，都不需要对其进行编译就可以执行。

- 速度不同

由于 JSP 页面由 JSP 容器对其进行管理，在每次执行不同内容的动态 JSP 页面时，JSP 容器都要对其自动编译，所以，它的效率低于 Servlet 的执行效率。而 Servlet 在编译完成之后不需要再次编译，可以直接获取及输出动态内容。如果 JSP 页面中的内容没有变化，JSP 页面的编译完成之后，JSP 容器就不会再次对 JSP 进行编译了。

在 JSP 产生之前，无论是页面设计还是业务逻辑代码，都需要编写于 Servlet 之中，虽然 Servlet 在功能方面很强大，完全可以满足对 Web 应用的开发需求，但如果每一句 HTML 代码都由 Servlet 的固定方法来输出，操作过于复杂。而且在页面之中，往往还需要用到 CSS 样式代码、JS 脚本代码等，对于程序开发人员而言，其代码量将不断增加，所以操作十分烦琐。针对这一问题，Sun 公司提出了 JSP（Java Server Page）技术，可以将 HTML、CSS、JS 等相关代码直接写入到 JSP 页面之中，从而简化了程序员对 Web 程序的开发。

8.2　Servlet 开发

在实际开发之中，Servlet 主要应用于 B/S 结构的开发中。所谓 B/S 结构，就是指浏览器

（Browser）与服务器（Server）的网络开发模式。在这一模式中，Servlet 充当一个请求控制处理的角色，当浏览器发送一个请求时，由 Servlet 进行接收并对其进行相应的业务逻辑处理，最后对浏览器做出回应，可见 Servlet 的重要性。

8.2.1 创建 Servlet

创建 Servlet 的方法有主要有两种：一种方法是通过创建一个 Java 类，使这个 Java 类实现 Servlet 接口或继承于 Servlet 接口的实现类（HttpServlet）来实现；另一种方法是通过 IDE 集成开发工具进行创建。

使用 IDE 集成开发工具创建 Servlet 对象比较简单，适合初学者。下面就以 Eclipse IDE for Java EE 为例介绍 Servlet 的创建，其具体创建方法如下。

（1）创建一个动态 Web 项目，然后在包资源管理器的新建项目名称节点上单击鼠标右键，在弹出的快捷菜单中选择“新建”/“Servlet”菜单项，将打开 Create Servlet 对话框，在该对话框的 Java package 文本框中输入包名 com.mingrisoft，在 Class name 文本框中输入类名 FirstServlet，其他的采用默认，如图 8-2 所示。

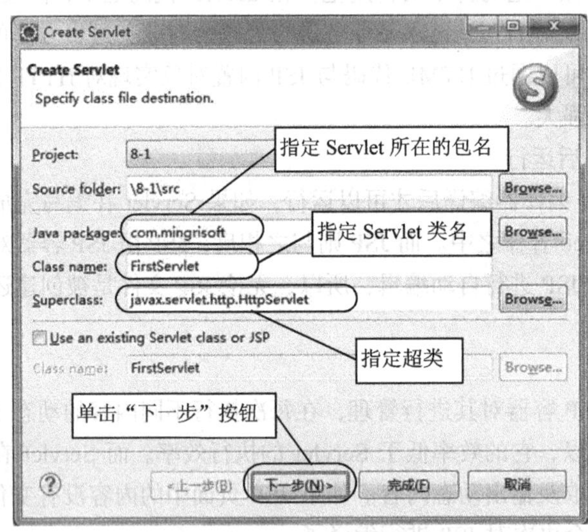

图 8-2　Create Servlet 对话框

（2）单击“下一步”按钮，进入到如图 8-3 所示的指定配置 Servlet 部署描述信息页面，在该页面中采用默认设置。

在 Servlet 开发中，如果需要配置 Servlet 的相关信息，可以在如图 8-3 所示的窗口中进行配置，如描述信息、初始化参数、URL 映射。其中描述信息指对 Servlet 的一段描述文字；初始化参数指在 Servlet 初始化过程中用到的参数，这些参数可以在 Servlet 的 init 方法中进行调用；URL 映射指通过哪一个 URL 来访问 Servlet。

（3）单击“下一步”按钮，将进入到如图 8-4 所示的用于选择修饰符、实现接口和要生成的方法的对话框。在该对话框中，修饰符和接口保持默认，在下面的复选框组中选中除 service、getServletInfo 和 getServletConfig 以外的复选框，单击“完成”按钮，完成 Servlet 的创建。

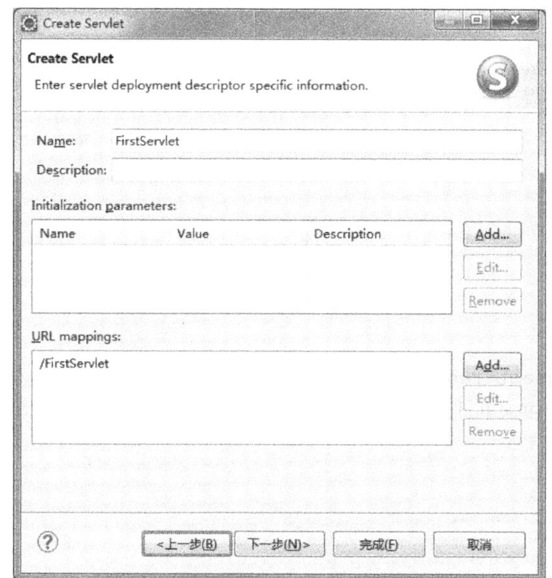
图 8-3 配置 Servlet 部署描述信息

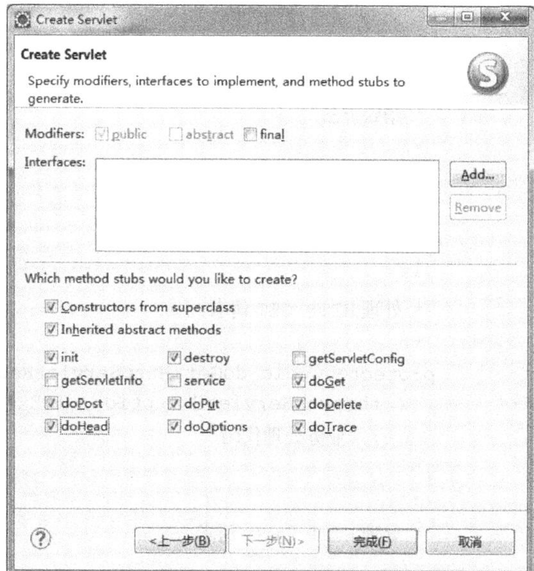
图 8-4 选择修饰符、实现接口和生成的方法对话框

说明

在 JSP 网站开发时，如果要应用 Servlet 实现业务逻辑控制，通常情况下只选中 doPost 和 doGet 两个复选框就可以了。这里我们之所以选择了这些，是想通过生成的代码来说明 Servlet 的代码结构。

Servlet 创建完成后，Eclipse 将自动打开该文件。创建的 FirstServlet 的具体代码如下：

```
package com.mingrisoft;
import java.io.IOException;
import javax.servlet.ServletConfig;
import javax.servlet.ServletException;
import javax.servlet.annotation.WebServlet;
import javax.servlet.http.HttpServlet;
import javax.servlet.http.HttpServletRequest;
import javax.servlet.http.HttpServletResponse;
/**
 * Servlet 实现类 FirstServlet
 */
@WebServlet("/FirstServlet")
public class FirstServlet extends HttpServlet {
    private static final long serialVersionUID = 1L;

   /**
    * 构造方法
    */
   public FirstServlet() {
      super();
    // 业务处理代码
   }
    /**
     * 初始化方法
     */
    public void init(ServletConfig config) throws ServletException {
```

```
        // 业务处理代码
    }
    /**
     * 销毁方法
     */
    public void destroy() {
        // 业务处理代码
    }
    /**
     * 处理 HTTP GET 请求
     */
    protected void doGet(HttpServletRequest request, HttpServletResponse response)
        throws ServletException, IOException {
        // 业务处理代码
    }
    /**
     * 处理 HTTP POST 请求
     */
    protected void doPost(HttpServletRequest request, HttpServletResponse response)
        throws ServletException, IOException {
        // 业务处理代码
    }
    /**
     * 处理 HTTP PUT 请求
     */
    protected void doPut(HttpServletRequest request, HttpServletResponse response)
        throws ServletException, IOException {
        // 业务处理代码
    }
    /**
     * 处理 HTTP DELETE 请求
     */
    protected void doDelete(HttpServletRequest request, HttpServletResponse
        response) throws ServletException, IOException {
        // 业务处理
    }
    /**
     * 处理 HTTP HEAD 请求
     */
    protected void doHead(HttpServletRequest request, HttpServletResponse response)
        throws ServletException, IOException {
        // 业务处理代码
    }
    /**
     * 处理 HTTP OPTIONS 请求
     */
    protected void doOptions(HttpServletRequest request, HttpServletResponse
        response) throws ServletException, IOException {
        // 业务处理代码
    }
    /**
```

```
     * 处理 HTTP TRACE 请求
     */
    protected void doTrace(HttpServletRequest request, HttpServletResponse response)
        throws ServletException, IOException {
        // 业务处理代码
    }
}
```

在上述代码中，FirstServlet 类通过继承 HttpServlet 类实现了一个 Servlet 对象，并重写了 HttpServlet 类中的部分方法。其中 init()方法与 destroy()方法的作用是对 Servlet 的初始化及销毁进行操作，比如在 Servlet 初始化时建立数据连接，这样的操作就需要写在 init()方法中，而在服务器停止时需要释放一些资源，就可以通过 destroy()方法进行释放。

8.2.2 Servlet 配置

创建了 Servlet 类后，还需要对 Servlet 进行配置，配置的目的是将创建的 Servlet 注册到 Servlet 容器之中，以方便 Servlet 容器对 Servlet 的调用。在 Servlet 3.0 以前的版本中，只能在 web.xml 文件中配置 Servlet，而在 Servlet 3.0 中，除了可以在 web.xml 文件中配置以外，还可以利用注解来配置 Servlet。下面将分别介绍这两种方法。

1. 在 web.xml 文件中配置 Servlet

【例 8-1】 在 web.xml 文件中配置 com.mingrisoft 包中的 FirstServlet。（实例位置：光盘\MR\源码\第 8 章\8-1）

具体代码如下：

```
<!-- 注册 Servlet -->
<servlet>
    <!-- Servlet 描述信息 -->
    <description>This is my first Servlet</description>
    <!-- Servlet 的名称 -->
    <servlet-name>FirstServlet</servlet-name>
    <!-- Servlet 类的完整类名 -->
    <servlet-class>com.mingrisoft.FirstServlet</servlet-class>
</servlet>
<!-- Servlet 映射 -->
<servlet-mapping>
    <!-- Servlet 名称 -->
    <servlet-name>FirstServlet</servlet-name>
    <!-- 访问 URL 地址 -->
    <url-pattern>/FirstServlet</url-pattern>
</servlet-mapping>
```

2. 采用注解配置 Servlet

【例 8-2】 采用注解的方式配置 com.mingrisoft 包中的 FirstServlet。（实例位置：光盘\MR\源码\第 8 章\8-2）

具体代码如下：

```
import javax.servlet.annotation.WebServlet;
@WebServlet("/FirstServlet")
public class FirstServlet extends HttpServlet {
    …
}
```

8.2.3 在 Servlet 中实现页面转发

在 Servlet 中实现页面转发主要是利用 RequestDispatcher 接口实现的。RequestDispatcher 接口可以把一个请求转发到另一个 JSP 页面。该接口包括以下两个方法。

- forward()方法

forward()方法用于把请求转发到服务器上的另一个资源，可以是 Servlet、JSP 或 HTML。forward()方法的语法格式如下：

```
requestDispatcher.forward(HttpServletRequest request,HttpServletResponse response)
```

其中，requestDispatcher 为 RequestDispatcher 对象的实例。

- include()方法

include()方法用于把服务器上的另一个资源（Servlet、JSP、HTML）包含到响应中。include()方法的语法格式如下：

```
requestDispatcher.include(HttpServletRequest request,HttpServletResponse response)
```

其中，requestDispatcher 为 RequestDispatcher 对象的实例。

【例 8-3】 编写一个 Servlet 程序，实现在网站运行时将页面直接跳转到网站首页 main.jsp。（实例位置：光盘\MR\源码\第 8 章\8-3）

（1）创建名称为 ForwardServlet.java 的类文件，该类继承了 HttpServlet 类。在该 Servlet 的 doGet()方法中调用 RequestDispatcher 接口的 forward()方法，将页面转发到 main.jsp 页面。ForwardServlet 类的关键代码如下：

```
@WebServlet("/ForwardServlet")                       //通过注解配置 ForwardServlet
public class ForwardServlet extends HttpServlet {
    private static final long serialVersionUID = 1L;
   public ForwardServlet() {
       super();
   }
    /**
     * 执行 HTTP GET 请求
     */
    protected void doGet(HttpServletRequest request, HttpServletResponse response)
         throws ServletException, IOException {
         RequestDispatcher requestDispatcher=
           request.getRequestDispatcher("main.jsp");//创建 RequestDispatcher 类的对象
         requestDispatcher.forward(request, response);          //转发页面
    }
}
```

在上面的代码中，将通过注解来配置 Servlet，配置后的 URI 映射为/ForwardServlet。

（2）打开 IE 浏览器，在地址栏中输入地址“http://localhost:8080/8-3/ForwardServlet”，则会出现如图 8-5 所示的运行结果。

图 8-5 通过 Servlet 实现页面转发

8.2.4 Servlet 处理表单数据

下面将通过一个添加留言信息的程序说明 Servlet 如何处理表单数据。

【例 8-4】 应用 Servlet 处理表单提交的数据。(实例位置：光盘\MR\源码\第 8 章\8-4)

(1)编写 index.jsp 页面，在该页面中添加用于收集留言信息的表单及表单元素，具体代码如下：

```
<%@ page language="java" contentType="text/html; charset=UTF-8"
   pageEncoding="UTF-8"%>
…… <!—此处省略了部分 HTML 代码-->
<body>
<form id="form1" name="form1" method="post" action="MessageServlet">
      留 言 人:
      <input name="person" type="text" id="person" /><br /><br />
    留言内容:
    <textarea name="content" cols="30" rows="5" id="content"></textarea><br /><br />
    <input type="submit" name="Submit" value="提交" /> 
    <input type="reset" name="Submit2" value="重置" />
</form>
</body>
</html>
```

(2)编写一个名称为 MessageServlet 的 Servlet，在该 Servlet 的 doPost()方法中获取表单数据并输出。MessageServlet 的关键代码如下：

```
@WebServlet("/MessageServlet")                                //配置 Servlet
public class MessageServlet extends HttpServlet {
    //此处省略了部分代码
    /**
     * 处理 HTTP POST 请求
     */
    protected void doPost(HttpServletRequest request, HttpServletResponse response)
    throws ServletException, IOException {
        request.setCharacterEncoding("UTF-8");               //设置请求的编码，防止中文乱码
        String person=request.getParameter("person");           //留言人
        String content=request.getParameter("content");         //留言内容
        response.setContentType("text/html;charset=UTF-8");  //设置内容类型
        PrintWriter out=response.getWriter();                   //创建输出流对象
        out.println("<html><head><title>获取留言信息</title></head><body>");
        out.println("留言人: "+person+"<br>");
        out.println("留言内容: "+content+"<br>");
        out.println("<a href='index.jsp'>返回</a>");
        out.println("</body></html>");
        out.close();                                            //关闭输出流对象
    }
}
```

运行该程序，首先进入的是填加留言页面，如图 8-6 所示，在该页面中填写留言人和留言内容后，单击“提交”按钮，将表单信息提交到 Servlet 中，在该 Servlet 中获取表单数据并显示，如图 8-7 所示。

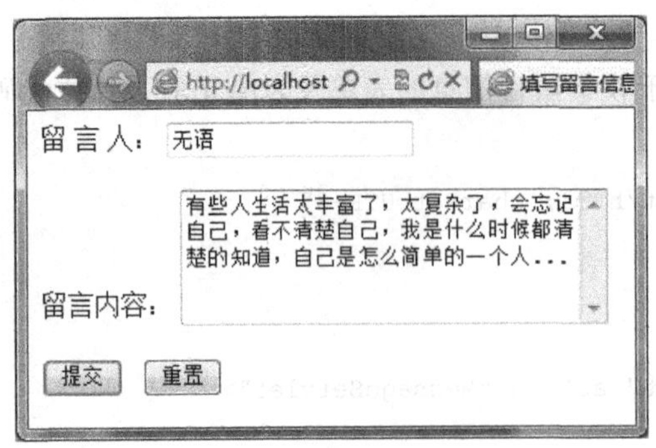

图 8-6　填写的留言信息

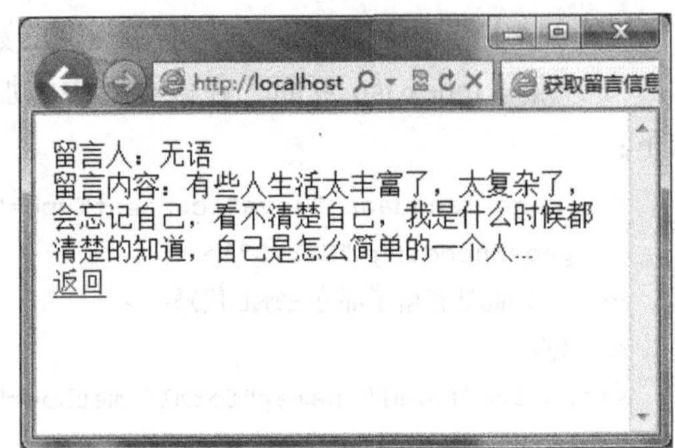

图 8-7　获取的留言信息

8.3　Servlet 过滤器

在现实生活之中，自来水都是经过层层的过滤处理才达到食用标准的，每一层过滤都起到一种净化的作用。Servlet 过滤器与自来水被过滤的原理相似，它主要用于对客户端（浏览器）的请求进行过滤处理，再将过滤后的请求转交给下一资源，它在 JSP 网站开发中具有十分重要的作用。

8.3.1　什么是过滤器

Servlet 过滤器与 Servlet 十分相似，但它具有拦截客户端（浏览器）请求的功能。Servlet 过滤器可以改变请求中的内容，来满足实际开发中的需要。对于程序开发人员而言，过滤器的实质就是在 Web 应用服务器上的一个 Web 应用组件，用于拦截客户端（浏览器）与目标资源的请求，并对这些请求进行一定的过滤处理再发送给目标资源。过滤器的处理方式如图 8-8 所示。

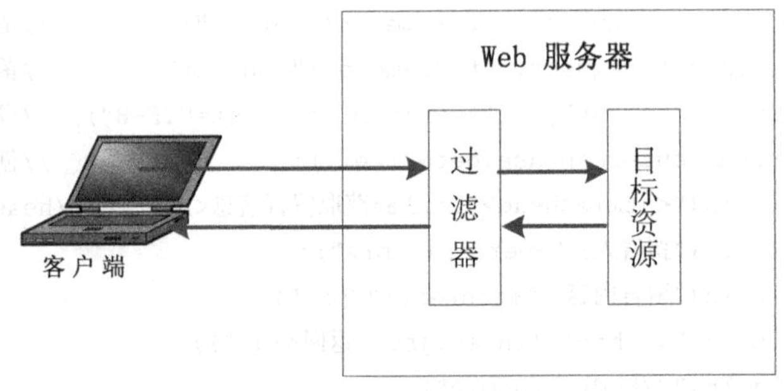

图 8-8　过滤器的处理方式

从图 8-8 可以看出，在 Web 容器中部署了过滤器以后，不仅客户端发送的请求会经过过滤器的处理，而且请求在发送到目标资源处理以后，请求的响应信息也同样要经过过滤器。

如果一个 Web 应用中使用一个过滤器不能解决实际中的业务需要，那么可以部署多个过滤器对业务请求进行多次处理，这样做就组成了一个过滤器链。Web 容器在处理过滤器链时，将按过滤器的先后顺序对请求进行处理，如图 8-9 所示。

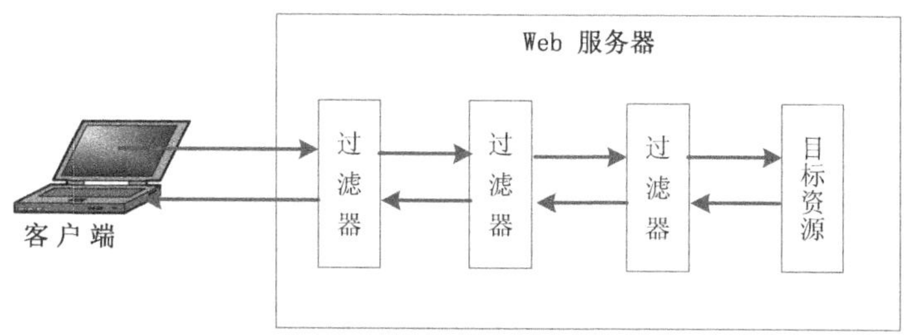

图 8-9　过滤器链

如果在 Web 窗口中部署了过滤器链，也就是部署了多个过滤器，请求会依次按照过滤器的顺序进行处理，在第一个过滤器处理请求后，会传递给第二个过滤器进行处理，以此类推，一直传递到最后一个过滤器为止，再将请求交给目标资源进行处理。目标资源在处理了经过过滤的请求后，其响应信息再从最后一个过滤器依次传递到第一个过滤器，最后传送到客户端，这就是过滤器在过滤器链中的应用流程。

8.3.2　过滤器的核心对象

过滤器的对象放置在 javax.servlet 包中，其名称为 Filter，它是一个接口。除这个接口外，与过滤器相关的对象还有 FilterConfig 对象与 FilterChain 对象。这两个对象也同样是接口对象，位于 javax.servlet 包中，分别是过滤器的配置对象与过滤器的传递工具。在实际开发中，定义过滤器对象只需要直接或间接地实现 Filter 接口就可以了。如图 8-10 所示，MyFilter1 过滤器与 MyFilter2 过滤器，而 FilterConfig 对象与 FilterChain 对象用于对过滤器进行相关操作。

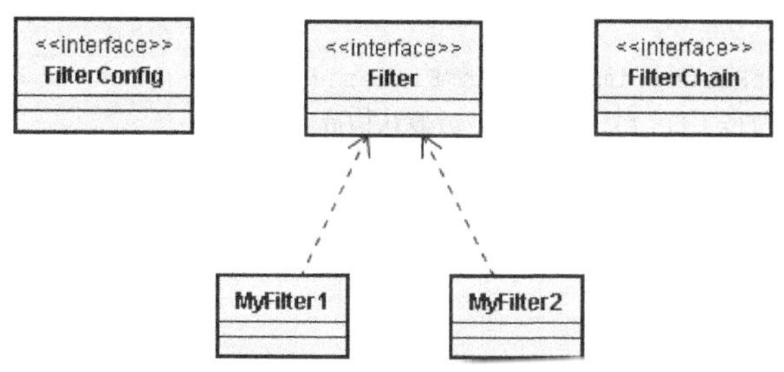

图 8-10　Filter 及相关对象

- Filter 接口

每一个过滤器对象都要直接或间接地实现 Filter 接口，在 Filter 接口中定义了 3 个方法，分别为 init()方法、doFilter()方法与 destroy()方法，其方法声明及说明如表 8-1 所示。

表 8-1　Filter 接口

方法声明	说　明
public void init(FilterConfig filterConfig) throws ServletException	过滤器初始化方法，此方法在过滤器初始化时调用
public void doFilter (ServletRequest request, ServletResponse response, FilterChain chain) throws IOException, ServletException	对请求进行过滤处理
public void destroy()	销毁方法，以便释放资源

● FilterConfig 接口

FilterConfig 接口由 Servlet 容器实现，主要用于获取过滤器中的配置信息，其方法声明及说明如表 8-2 所示。

表 8-2　FilterConfig 接口

方法声明	说　明
public String getFilterName()	用于获取过滤器的名字
public ServletContext getServletContext()	获取 Servlet 上下文
public String getInitParameter(String name)	获取过滤器的初始化参数值
public Enumeration getInitParameterNames()	获取过滤器的所有初始化参数

● FilterChain 接口

FilterChain 接口仍然由 Servlet 容器实现，这个接口中只有一个方法，其方法声明如下：

```
public void doFilter ( ServletRequest request, ServletResponse response ) throws IOException, ServletException
```

该方法用于将过滤后的请求传递给下一个过滤器，如果此过滤器已经是过滤器链中的最后一个过滤器，那么请求将传送给目标资源。

8.3.3 过滤器创建与配置

创建一个过滤器对象需要实现 javax.servlet.Filter 接口，同时实现 Filter 接口的 destroy()、doFilter()和 init()这 3 个方法。

【例 8-5】 创建名称为 FirstFilter 的过滤器。

关键代码如下：

```
public class FirstFilter implements Filter {
    public FirstFilter() {}          //默认构造方法
     public void destroy() {         //销毁方法
         // 释放资源
     }
     /**
      * 过滤处理方法
      */
     public void doFilter(ServletRequest request, ServletResponse response, FilterChain chain) throws IOException, ServletException {
         // 过滤处理
         chain.doFilter(request, response);
     }
     /**
      * 初始化方法
      */
     public void init(FilterConfig fConfig) throws ServletException {
         // 初始化处理
     }

}
```

过滤器中的 init()方法用于对过滤器的初始化进行处理，destroy()方法是过滤器的销毁方法，主要用于释放资源，对过滤处理的业务逻辑需要编写到 doFilter()方法中，在请求过滤处理后，需要调用 chain 参数的 doFilter()方法将请求向下传递给下一过滤器或目标资源。

使用过滤器并不一定要将请求向下传递到下一过滤器或目标资源，如果业务逻辑需要，也可以在过滤处理后直接响应于客户端。

过滤器与 Servlet 十分相似，在创建之后同样需要对其进行配置。Servlet 3.0 中提供了采用注解的方式配置过滤器，其具体的实现方法比较简单，只需要在创建类的代码上方采用以下语法格式进行配置就可以。

```
import javax.servlet.Filter;
import javax.servlet.annotation.WebFilter;
import javax.servlet.annotation.WebInitParam;

@WebFilter(filterName = "DemoFilter",
urlPatterns = {"/*"},
initParams = {
@WebInitParam(name = "mood", value = "awake")})
public class DemoFilter implements Filter {
...
```

- filterName 属性：用于指定 Servlet 过滤器名。
- urlPatterns 属性：用于指定哪些 URL 应用该过滤器。如果指定所有页面均应用该过滤器，可以设置该属性值为“/*”。
- initParams 属性：用于指定初始化参数。

上面的 3 个属性不是必需的，可以根据需要选择使用。

例如，采用注解的方式配置一个作用过 index.jsp 文件的过滤器 FirstFilter，代码如下：

```
@WebFilter(filterName = "FirstFilter",urlPatterns={"/index.jsp"})
public class FirstFilter implements Filter {
```

【例 8-6】 创建一个过滤器，实现网站访问计数器的功能，并在配置过滤器时将网站访问量的初始值设置为 1000。（实例位置：光盘\MR\源码\第 8 章\8-6）

（1）创建名称为 CountFilter 的类，此类实现 javax.servlet.Filter 接口，是一个过滤器对象，用于实现统计网站访问人数的功能，其关键代码如下：

```
public class CountFilter implements Filter {
        private int count;    // 来访数量
    /**
     * 默认构造方法
     */
    public CountFilter() { }
     /**
      * 销毁方法
      */
     public void destroy() {    }
     /**
      * 过滤处理方法
      */
     public void doFilter(ServletRequest request, ServletResponse response,
          FilterChain chain) throws IOException, ServletException {
```

```
        count ++;                                                // 访问数量自增
        // 将 ServletRequest 转换成 HttpServletRequest
        HttpServletRequest req = (HttpServletRequest) request;
        // 获取 ServletContext
        ServletContext context = req.getServletContext();
        context.setAttribute("count", count);  // 将来访数量值放入 ServletContext 中
        chain.doFilter(request, response);                       // 向下传递过滤器
    }
    /**
     * 初始化方法
     */
    public void init(FilterConfig fConfig) throws ServletException {
        String param = fConfig.getInitParameter("count");   // 获取初始化参数
        count = Integer.valueOf(param);                          // 将字符串转换为 int 型
    }
}
```

在 CountFilter 类中包含了一个成员变量 count，用于记录网站访问人数，此变量在过滤器的初始化方法 init()中被赋值，它的初始化值通过 FilterConfig 对象读取初始化参数来获取。

计数器 count 变量的值在 CountFilter 类的 doFilter()方法中被递增，因为客户端在请求服务器中的 Web 应用时，过滤器拦截请求通过 doFilter()方法进行过滤处理，所以当客户端请求 Web 应用时，计数器 count 的值将自增 1。为了能够访问计数器中的值，实例中将其放置于 Servlet 上下文之中，Servlet 上下文对象通过将 ServletRequest 转换成为 HttpServletRequest 对象后获取。

编写过滤器对象需要实现 javax.servlet.Filter 接口，实现此接口后需要对 Filter 对象的 3 个方法进行实现。在这 3 个方法中，除了 doFilter()方法外，如果在业务逻辑中不涉及初始化方法 init()与销毁方法 destroy()，可以不编写任何代码对其进行实现，如实例中的 destroy()方法。

（2）通过注解配置已创建的 CountFilter 对象，关键代码如下：

```
@WebFilter(
        urlPatterns = { "/index.jsp" },
        initParams = {
                @WebInitParam(name = "count", value = "1000")
        })
public class CountFilter implements Filter {
```

CountFilter 对象的配置主要通过声明过滤器及创建过滤器的映射进行实现，其中声明过滤器通过<filter>标签进行实现，在声明过程中，实例通过 initParams 属性配置过滤器的初始化参数，初始化参数的名称为 count，参数值为 1000。

如果直接对过滤器对象中的成员变量进行赋值，那么在过滤器被编译后将不可修改，所以，实例中将过滤器对象中的成员变量定义为过滤器的初始化参数，从而提高代码的灵活性。

（3）创建程序中的首页 index.jsp，在此页面中，通过 JSP 内置对象 Application 获取计数器的值，其关键代码如下：

```
<%@ page language="java" contentType="text/html; charset=UTF-8"
    pageEncoding="UTF-8"%>
…… <!--此处省略了部分 HTML 代码-->
```

```
    <h2>
    欢迎光临，<br>
    您是本站的第【
    <%=application.getAttribute("count") %>
     】位访客！
     </h2>
</body>
</html>
```

由于在配置过滤器时将访客人数的初始值设置为 1000，所以实例运行后，计数器的数值将在 1000 的基础上进行累加，多次刷新页面后，实例的运行结果如图 8-11 所示。

图 8-11　实现网站计数器

8.4　Servlet 监听器

Servlet 监听器与 Servlet 过滤器的很多特性是一致的，它的很多概念与 Java 中的过滤器概念也是一致的。它可以在特定事件发生时监听到，并根据其做出相应的反应。下面将详细介绍 Servlet 监听器的相关知识。

8.4.1　Servlet 监听器简介

监听器的作用是监听 Web 容器的有效期事件，因此它是由容器管理的。利用 Listener 接口监听在容器中的某个执行程序，并根据其应用程序的需求做出适当的响应。表 8-3 列出了 Servlet 和 JSP 中的 8 个 Listener 接口和 6 个 Event 类。

表 8-3　Listener 接口与 Event 类

Listener 接口	Event 类
ServletContextListener	ServletContextEvent
ServletContextAttributeListener	ServletContextAttributeEvent
HttpSessionListener	HttpSessionEvent
HttpSessionActivationListener	
HttpSessionAttributeListener	HttpSessionBindingEvent
HttpSessionBindingListener	
ServletRequestListener	ServletRequestEvent
ServletRequestAttributeListener	ServletRequestAttributeEvent

8.4.2　Servlet 监听器的原理

Servlet 监听器是当今 Web 应用开发的一个重要组成部分。它是在 Servlet 2.3 规范中和 Servlet 过滤器一起引入的，并且在 Servlet 2.4 规范中进行了较大的改进，主要用来对 Web 应用进行监听和控制，极大地增强了 Web 应用的事件处理能力。

Servlet 监听器的功能比较接近 Java 的 GUI 程序的监听器，可以监听由于 Web 应用中状态改变而引起的 Servlet 容器产生的相应事件，然后接受并处理这些事件。

8.4.3 Servlet 上下文监听

Servlet 上下文监听可以监听 ServletContext 对象的创建、删除以及属性添加、删除和修改操作。该监听器需要用到以下两个接口。

1. ServletContextListener 接口

该接口存放在javax.servlet包内，主要监听ServletContext的创建和删除。ServletContextListener接口提供了两个方法，它们也被称为"Web 应用程序的生命周期方法"。下面分别进行介绍。

- contextInitialized（ServletContextEvent event）方法：通知正在收听的对象应用程序已经被加载及初始化。
- contextDestroyed（ServletContextEvent event）方法：通知正在收听的对象应用程序已经被卸载，即关闭。

2. ServletAttributeListener 接口

该接口存放在 javax.servlet 包内，主要监听 ServletContext 属性的增加、删除、修改。ServletAttributeListener 接口提供了以下 3 个方法。

- attributeAdded（ServletContextAttributeEvent event）方法：当有对象加入 Application 的范围时，通知正在收听的对象。
- attributeReplaced（ServletContextAttributeEvent event）方法：当在 Application 的范围有对象取代另一个对象时，通知正在收听的对象。
- attributeRemoved（ServletContextAttributeEvent event）方法：当有对象从 Application 的范围移除时，通知正在收听的对象。

【例 8-7】 创建并配置上下文监听器，实现当项目发布时，在控制台输出提示信息"初始化"；当项目被移去时，在控制台输出文字"销毁"。

```
import javax.servlet.ServletContextEvent;
import javax.servlet.ServletContextListener;
import javax.servlet.annotation.WebListener;
@WebListener                                                    //配置监听器
public class FirstListener implements ServletContextListener {
    public FirstListener() {                                    //默认构造方法
    }
     /**
     * Servlet 上下文初始化成功时触发的方法
     */
    public void contextInitialized(ServletContextEvent arg0) {
        System.out.println("初始化");
    }
     /**
     * Servlet 上下文被销毁时触发的方法
     */
    public void contextDestroyed(ServletContextEvent arg0) {
        System.out.println("销毁");
    }
}
```

程序在 Eclipse 中部署到服务器上时，将在控制台输出文字"初始化"，从服务器中移除时，将在控制台上输出文字"销毁"。例如，在 Eclipse 中更改资源后，自动部署项目时，控制台将显示如图 8-12 所示的信息。

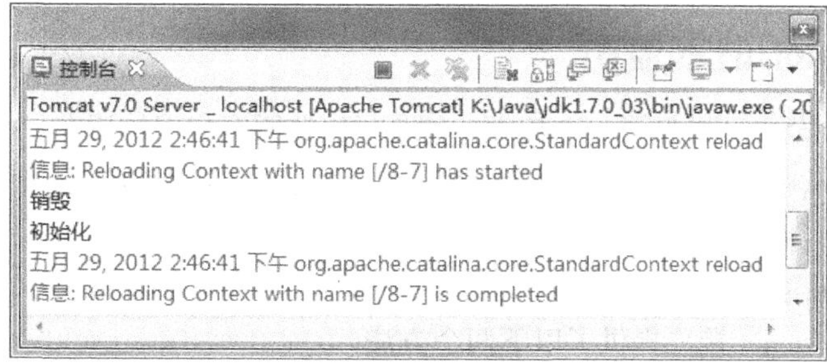

图 8-12　自动部署项目时输出的控制台信息

8.4.4　HTTP 会话监听

HTTP 会话监听（HttpSession）主要用于监听信息，有 4 个接口可以进行监听。

1. HttpSessionListener 接口

HttpSessionListener 接口用于监听 HTTP 会话的创建、销毁，它提供了以下两个方法。

- sessionCreated（HttpSessionEvent event）方法：通知正在收听的对象 session 已经被加载及初始化。
- sessionDestroyed（HttpSessionEvent event）方法：通知正在收听的对象 session 已经被载出。（HttpSessionEvent 类的主要方法是 getSession()，可以使用该方法回传一个 session 对象。）

2. HttpSessionActivationListener 接口

HttpSessionActivationListener 接口用于监听 HTTP 会话 active、passivate 的情况，它提供了以下 3 个方法。

- attributeAdded（HttpSessionBindingEvent event）方法：当有对象加入 session 的范围时通知正在收听的对象。
- attributeReplaced（HttpSessionBindingEvent event）方法：当在 session 的范围有对象取代另一个对象时，通知正在收听的对象。
- attributeRemoved（HttpSessionBindingEvent event）方法：当有对象从 session 的范围移除时，通知正在收听的对象。（HttpSessionBindingEvent 类主要有 3 个方法：getName()、getSession() 和 getValues()。）

3. HttpBindingListener 接口

HttpBindingListener 接口用于监听 HTTP 会话中对象的绑定信息。它是唯一一个不需要在 web.xml 中设定 Listener 的。HttpBindingListener 接口提供以下两个方法。

- valueBound（HttpSessionBindingEvent event）方法：当有对象加入 session 的范围时会被自动调用。
- valueUnBound（HttpSessionBindingEvent event）方法：当有对象从 session 的范围内移除时会被自动调用。

4. HttpSessionAttributeListener 接口

HttpSessionAttributeListener 接口用于监听 HTTP 会话中属性的设置请求，它提供了以下两个方法。

- sessinDidActivate（HttpSessionEvent event）方法：通知正在收听的对象，它的 session 已经变为有效状态。
- sessinWillPassivate（HttpSessionEvent event）方法：通知正在收听的对象，它的 session 已经变为无效状态。

8.4.5 Servlet 请求监听

在 Servlet 2.4 规范中新增加了一个技术，就是可以监听客户端的请求。一旦能够在监听程序中获取客户端的请求，就可以对请求进行统一处理。要实现客户端的请求和请求参数设置，监听需要实现两个接口。

1. ServletRequestListener 接口

ServletRequestListener 接口提供了以下两个方法。

- requestInitalized（ServletRequestEvent event）方法：通知正在收听的对象，ServletRequest 已经被加载及初始化。
- requestDestroyed（ServletRequestEvent event）方法：通知正在收听的对象，ServletRequest 已经被载出，即关闭。

2. ServletRequestAttributeListener 接口

ServletRequestAttributeListener 接口提供了以下 3 个方法。

- attributeAdded（ServletRequestAttributeEvent event）方法：当有对象加入 request 的范围时通知正在收听的对象。
- attributeReplaced（ServletRequestAttributeEvent event）方法：当在 request 的范围内有对象取代另一个对象时通知正在收听的对象。
- attributeRemoved（ServletRequestAttributeEvent event）方法：当有对象从 request 的范围移除时通知正在收听的对象。

8.5 综合实例——应用监听器统计在线用户

本实例主要演示如何应用 Servlet 监听器统计在线用户，开发步骤如下。

（1）创建 UserInfoList.java 类文件，主要用来存储在线用户和对在线用户进行具体操作。该文件的完整代码如下：

```
import java.util.Vector;
public class UserInfoList {
    private static UserInfoList user = new UserInfoList();
    private Vector<String> vector = null;
    /*
    * 利用 private 调用构造函数， 防止被外界产生新的 instance 对象
    */
    public UserInfoList() {
        this.vector = new Vector<>();
    }
    /* 外界使用的 instance 对象 */
    public static UserInfoList getInstance() {
        return user;
    }
    /* 增加用户 */
    public boolean addUserInfo(String user) {
        if (user != null) {
            this.vector.add(user);
            return true;
```

```
        } else {
            return false;
        }
    }
    /* 获取用户列表 */
    public Vector<String> getList() {
        return vector;
    }
    /* 移除用户 */
    public void removeUserInfo(String user) {
        if (user != null) {
            vector.removeElement(user);
        }
    }
}
```

（2）创建 UserInfoTrace.java 类文件，主要实现 valueBound(HttpSessionBindingEvent arg0)和 valueUnbound(HttpSessionBindingEvent arg0)两个方法。当有对象加入 session 时，valueBound()方法会自动被执行；当有对象从 session 中移除时，valueUnbound()方法会自动被执行。valueBound()和 valueUnbound()方法里面都加入了输出信息的功能，可使用户在控制台中更清楚地了解执行过程。UserInfoTrace.java 文件的完整代码如下：

```
import javax.servlet.http.HttpSessionBindingEvent;
public class UserInfoTrace implements
        javax.servlet.http.HttpSessionBindingListener {
    private String user;
    //获得 UserInfoList 类的对象
    private UserInfoList container = UserInfoList.getInstance();
    public UserInfoTrace() {
        user = "";
    }
    // 设置在线监听人员
    public void setUser(String user) {
        this.user = user;
    }
    // 获取在线监听
    public String getUser() {
        return this.user;
    }
    //当 Session 有对象加入时执行的方法
    public void valueBound(HttpSessionBindingEvent arg0) {
        System.out.println("[ " + this.user + " ]上线");
    }
    //当 Session 有对象移除时执行的方法
    public void valueUnbound(HttpSessionBindingEvent arg0) {
        System.out.println("[ " + this.user + " ]下线");
        if (user != "") {
            container.removeUserInfo(user);
        }
    }
}
```

（3）创建 index.jsp 文件，在该页面中添加用于输入用户名的表单及表单元素，关键代码如下：

```
<form name="form" method="post" action="showuser.jsp"
    onSubmit="return checkEmpty(form)">
```

```
    <input type="text" name="user">
    <input type="submit" name="Submit" value="登录">
</form>
```

（4）创建 showuser.jsp 文件，在该文件中设置 session 的 setMaxInactiveInterval()为 30 秒，这样可以缩短 session 的生命周期，具体代码如下：

```
<%@ page language="java" contentType="text/html; charset=UTF-8"
    pageEncoding="UTF-8"%>
<%@ page import="java.util.*"%>
<%@ page import="com.mingrisoft.*"%>
<%
    UserInfoList list = UserInfoList.getInstance(); //获得 UserInfoList 类的对象
    UserInfoTrace ut = new UserInfoTrace();         //创建 UserInfoTrace 类的对象
    request.setCharacterEncoding("UTF-8");          //设置编码为 UTF-8，解决中文乱码
    String name = request.getParameter("user");     //获取输入的用户名
    ut.setUser(name);                               //设置用户名
    session.setAttribute("list", ut);               //将UserInfoTrace对象绑定到Session中
    list.addUserInfo(ut.getUser());                 //添加用户到 UserInfo 类的对象中
    session.setMaxInactiveInterval(30);             //设置 Session 的过期时间为 30 秒
%>
……<!—此处省略了部分 HTML 和 CSS 代码-->
<body>
<section>
<div>
    <textarea rows="10" cols="34"><%
        Vector vector = list.getList();
        if (vector != null && vector.size() > 0) {
            for (int i = 0; i < vector.size(); i++) {
                out.println(vector.elementAt(i));
            }
        }
    %>
    </textarea>
</div>
</section>
</body>
</html>
```

运行本实例，在用户登录页面中输入用户名，如图 8-13 所示，单击“登录”按钮，将进入到如图 8-14 所示的在线用户列表页面，在该页面中将显示当前在线用户。

图 8-13　用户登录页面

图 8-14　在线用户列表

知识点提炼

（1）Servlet 是一种独立于平台和协议的服务器端的 Java 技术，它使用 Java 语言编写，可以用来生成动态的 Web 页面。

（2）在 Servlet 中实现页面转发主要是利用 RequestDispatcher 接口实现的。

（3）Servlet 过滤器具有拦截客户端（浏览器）请求的功能，它可以改变请求中的内容，来满足实际开发中的需要。对于程序开发人员而言，过滤器的实质就是在 Web 应用服务器上的一个 Web 应用组件，用于拦截客户端（浏览器）与目标资源的请求，并对这些请求进行一定的过滤处理再发送给目标资源。

（4）FilterConfig 接口由 Servlet 容器实现，主要用于获取过滤器中的配置信息。

（5）监听器的作用是监听 Web 容器的有效期事件，因此它是由容器管理的。利用 Listener 接口监听在容器中的某个执行程序，并根据其应用程序的需求做出适当的响应。

（6）Servlet 上下文监听可以监听 ServletContext 对象的创建、删除以及属性添加、删除和修改操作。

（7）在 Servlet 2.4 规范中新增加了一个技术，就是可以监听客户端的请求。一旦能够在监听程序中获取客户端的请求，就可以对请求进行统一处理。

习　　题

（1）什么是 Servlet？Servlet 的技术特点是什么？Servlet 与 JSP 有什么区别？

（2）简述 Servlet 的体系结构。

（3）创建一个 Servlet 通常分为哪几个步骤？

（4）什么是过滤器？过滤器的核心对象有哪些？

（5）什么是监听器？监听器的原理是什么？

实验：编写一个字符编码过滤器

实验目的

（1）熟悉过滤器的应用范围。

（2）掌握创建和配置过滤器的基本步骤。

实验内容

实现图书信息的添加功能，并创建字符编码过滤器，避免中文乱码现象的产生。

实验步骤

（1）创建字符编码过滤器对象，其名称为 CharactorFilter 类。此类继承 javax.servlet.Filter 接口，并在 doFilter()方法中对请求的字符编码格式进行设置，其关键代码如下：

```
/**
 * Servlet 过滤器实现类 CharactorFilter
 */
public class CharactorFilter implements Filter {
    String encoding = null;                                    // 字符编码
    public CharactorFilter() {
    }
    /**
     * 销毁方法
     */
    public void destroy() {
        encoding = null;
    }
    /**
     * 过滤处理方法
     */
    public void doFilter(ServletRequest request, ServletResponse response, Filter Chain
chain) throws IOException, ServletException {
        if(encoding != null){                                   // 判断字符编码是否为空
            request.setCharacterEncoding(encoding);             // 设置请求的编码格式
            // 设置 response 字符编码
            response.setContentType("text/html; charset="+encoding);
        }
        chain.doFilter(request, response);                      // 传递给下一个过滤器
    }
    /**
     * 初始化方法
     */
    public void init(FilterConfig fConfig) throws ServletException {
        encoding = fConfig.getInitParameter("encoding");        // 获取初始化参数
    }
}
```

CharactorFilter 类是实例中的字符编码过滤器，它主要通过在 doFilter()方法中指定 request 与 response 两个参数的字符集 encoding 进行编码处理，使得目标资源的字符集支持中文。其中 encoding 是 CharactorFilter 类定义的字符编码格式成员变量，此变量在过滤器的初始化方法 init()中被赋值，它的值是通过 FilterConfig 对象读取配置文件中的初始化参数获取的。

注意

在过滤器对象的 doFilter()方法中，业务逻辑处理完成之后，需要通过 FilterChain 对象的 doFilter()方法将请求传递到下一过滤器或目标资源，否则将出现错误。

在创建了过滤器对象之后，还需要对过滤器进行一定的配置才可以正常使用。采用注解的方式配置过滤器 CharactorFilter 的代码如下：

```
@WebFilter(
        urlPatterns = { "/*" },
        initParams = {
                @WebInitParam(name = "encoding", value = "UTF-8")
        })                                                     //配置过滤器
```

在过滤器 CharactorFilter 的配置声明中，将它的初始化参数 encoding 的值设置为 UTF-8，它与 JSP 页面的编码格式相同，支持中文。

配置过滤器时，URL 映射可以使用正则表达式进行配置，如本实例中使用“/*”来匹配所有请求。

（2）创建名称为 AddServlet 的类，该类继承 HttpServlet，是处理添加图书信息请求的 Servlet 对象，其关键代码如下：

```
@WebServlet("/AddServlet")      //配置 Servlet
public class AddServlet extends HttpServlet {
    private static final long serialVersionUID = 1L;
    public AddServlet() {
        super();
    }
    /**
     * 处理 GET 请求的方法
     */
    protected void doGet(HttpServletRequest request,
            HttpServletResponse response) throws ServletException, IOException {
        doPost(request, response);                          // 处理 GET 请求
    }
    /**
     * 处理 POST 请求的方法
     */
    protected void doPost(HttpServletRequest request,
            HttpServletResponse response) throws ServletException, IOException {
        // 处理 POST 请求
        PrintWriter out = response.getWriter();             // 获取 PrintWriter
        String id = request.getParameter("id");             // 获取图书编号
        String name = request.getParameter("name");         // 获取名称
        String author = request.getParameter("author"); // 获取作者
        String price = request.getParameter("price");       // 获取价格
        out.print("<h2>图书信息添加成功</h2><hr>");          // 输出图书信息
        out.print("图书编号：" + id + "<br>");
        out.print("图书名称：" + name + "<br>");
        out.print("作者：" + author + "<br>");
        out.print("价格：" + price + "<br>");
        out.flush();                                        // 刷新流
        out.close();                                        // 关闭流
    }
}
```

AddServlet 的类主要通过 doPost()方法实现添加图书信息请求的处理，其处理方式是将所获取到的图书信息数据直接输出到页面中。

通过情况下，Servlet 所处理的请求类型都是 GET 或 POST，所以可以在 doGet()方法中调用 doPost()方法，把业务处理代码写到 doPost()方法中，或在 doPost()方法中调用 doGet()方法，把业务处理代码写到 doGet()方法中。无论 Servlet 接收的请求类型是 GET 还是 POST，Servlet 都对其进行处理。

（3）创建名称为 index.jsp 的文件，它是程序的首页，主要用于放置添加图书信息的表单。

index.jsp 文件的具体代码如下：

```
…… <!—此处省略了部分 HTML 和 CSS 代码-->
<section>
    <h2>    添加图书信息</h2>
    <form action="AddServlet" method="post">
        <ul>
            <li>图书编号：<input type="text" name="id"></li>
            <li>图书名称：<input type="text" name="name"></li>
            <li>作    者：<input type="text" name="author"></li>
            <li>价    格：<input type="text" name="price"></li>
            <li>        <input type="submit" value="添  加"></li>
        </ul>
    </form>
</section>
```

运行本实例，将打开 index.jsp 页面，输入如图 8-15 所示的图书信息后，单击“添加”按钮，将显示如图 8-16 所示的效果。

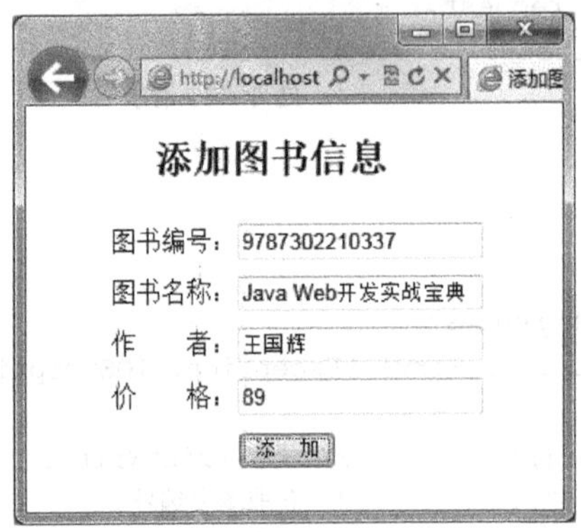

图 8-15　添加图书信息

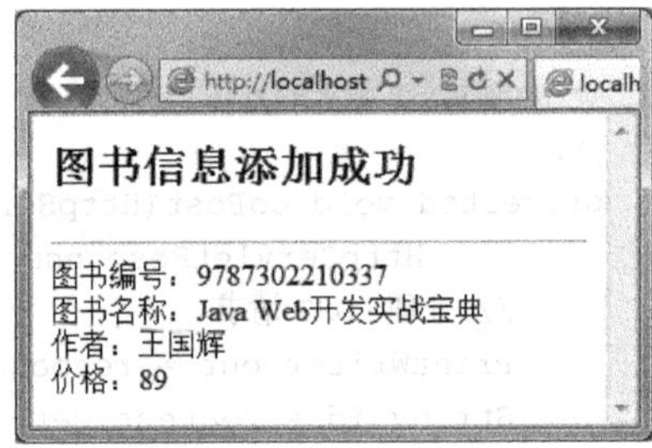

图 8-16　显示图书信息

第 9 章 数据库应用开发

本章要点：

- 什么是 JDBC，以及 Java 程序与数据库的交互原理
- JDBC API 中提供的常用接口和类
- 如何应用 JDBC 连接数据库
- 如何实现对数据库的 CRUD 操作
- 如何实现批处理操作
- 如何应用 JDBC 调用存储过程

数据库应用在日常的生活和工作中可以说是无处不在，无论是一个小型的企业办公自动化系统，还是像中国移动那样的大型运营系统，都离不开数据库。对于大多数应用程序来说，不管它们是 Windows 桌面应用程序，还是 Web 应用程序，存储和检索数据都是其核心功能，所以针对数据库的开发已经成为软件开发的一种必备技能。本章将介绍如何在 JSP 中进行数据库应用开发。

9.1 JDBC 简介

JDBC 是 Java 程序与数据库系统通信的标准 API，它定义在 JDK 的 API 中。通过 JDBC 技术，Java 程序可以非常方便地与各种数据库交互。JDBC 在 Java 程序与数据库系统之间建立了一座桥梁。

9.1.1 JDBC 技术介绍

JDBC（Java Data Base Connectivity 的缩写）是 Java 程序操作数据库的 API，也是 Java 程序与数据库交互的一门技术。JDBC 是 Java 操作数据库的规范，由一组用 Java 语言编写的类和接口组成，它对数据库的操作提供基本方法，但对于数据库的细节操作由数据库厂商进行实现。使用 JDBC 操作数据库，需要数据库厂商提供数据库的驱动程序。关于 Java 程序与数据库交互的示意图如图 9-1 所示。

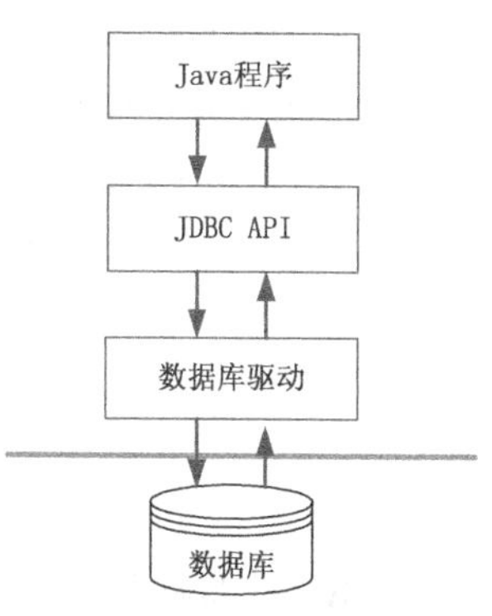

图 9-1　Java 程序与数据库交互

通过图 9-1 可以看出，JDBC 在 Java 程序与数据库之间起到了一个桥梁的作用，有了 JDBC 就可以方便地与各种数据库进行交互，不必为某一个特定的数据库制定专门访问程序，如访问 MySQL 数据库可以使用 JDBC 进行访问、访问 SQL Server 同样使用 JDBC。

因此，JDBC 对 Java 程序员而言，是一套标准的操作数据库的 API，而对数据库厂商而言，又是一套标准的模型接口。

目前，除 JDBC 访问数据库的方法外，Java 程序也可以通过 Microsoft 提供的 ODBC 来访问数据库。ODBC 通过 C 语言进行实现 API，它使用的是 C 语言中的接口。虽然 ODBC 的应用是十分广泛的，但通过 Java 语言来调用 ODBC 中的 C 代码，在技术实现、安全性、跨平台等方面，必定存在一定的缺点，并且也有一定的难度，而 JDBC 则是纯 Java 语言编写的，通过 Java 程序来调用 JDBC 自然也非常简单。所以，在 Java 领域中，几乎所有的 Java 程序员都使用 JDBC 来操作数据库。

9.1.2 JDBC 驱动程序

JDBC 驱动程序是用于解决应用程序与数据库通信问题的，它基本上分为 JDBC-ODBC Bridge、JDBC-Native API Bridge、JDBC-middleware 和 Pure JDBC Driver 这 4 种类型。下面分别进行介绍。

1. JDBC-ODBC Bridge

JDBC-ODBC Bridge 是通过本地的 ODBC Driver 连接到 RDBMS 上。这种连接方式必须将 ODBC 二进制代码（许多情况下还包括数据库客户机代码）加载到使用该驱动程序的每个客户机上，因此，这种类型的驱动程序最适合于企业网，或者是利用 Java 编写的 3 层结构的应用程序服务器代码。

2. JDBC-Native API Bridge

JDBC-Native API Bridge 驱动通过调用本地的 native 程序实现数据库连接，这种类型的驱动程序，把客户机 API 上的 JDBC 调用转换为 Oracle、Sybase、Informix、DB2 或其他 DBMS 的调用。需要注意的是，和 JDBC-ODBC Bridge 驱动程序一样，这种类型的驱动程序要求将某些二进制代码加载到每台客户机上。

3. JDBC-middleware

JDBC-middleware 驱动是一种完全利用 Java 编写的 JDBC 驱动，这种驱动程序将 JDBC 转换为与 DBMS 无关的网络协议，然后将这种协议通过网络服务器转换为 DBMS 协议。这种网络服务器中间件能够将纯 Java 客户机连接到多种不同的数据库上，使用的具体协议取决于提供者。通常情况下，这是最为灵活的 JDBC 驱动程序，有可能所有这种解决方案的提供者都提供适合于 Intranet 用的产品。为了使这些产品也支持 Internet 访问，它们必须处理 Web 所提出的安全性、通过防火墙的访问等方面的额外要求。几家提供者正将 JDBC 驱动程序加到他们现有的数据库中间件产品中。

4. Pure JDBC Driver

Pure JDBC Driver 驱动是一种完全利用 Java 编写的 JDBC 驱动，这种类型的驱动程序将 JDBC 调用直接转换为 DBMS 所使用的网络协议。这将允许从客户机上直接调用 DBMS 服务器，是 Intranet 访问的一个很实用的解决方法。由于许多这样的协议都是专用的，因此数据库提供者自己就是主要来源，有几家提供者已在着手做这件事了。

9.2 JDBC API

JDBC 是 Java 程序操作数据库的标准，它由一组用 Java 语言编写的类和接口组成，Java 通过

JDBC 可以对多种关系数据库进行统一访问。所以，要学习 JDBC，需要掌握 JDBC 中的类和接口，也就是 JDBC API。

9.2.1　Driver 接口

每种数据库的驱动程序都应该提供一个实现 java.sql.Driver 接口的类，简称 Driver 类，在加载 Driver 类时，应该创建自己的实例，并向 java.sql.DriverManager 类注册该实例。

通常情况下，通过 java.lang.Class 类的静态方法 forName(String className)加载要连接数据库的 Driver 类，该方法的入口参数为要加载 Driver 类的完整包名。成功加载后，会将 Driver 类的实例注册到 DriverManager 类中，如果加载失败，将抛出 ClassNotFoundException 异常，即未找到指定 Driver 类的异常。

9.2.2　Connection 接口

Connection 接口位于 java.sql.包中，负责与特定数据库的连接。在数据库应用开发时，只有获得特定数据库的连接对象，才能访问数据库，操作数据库中的数据表、视图和存储过程等。Connection 接口提供的常用方法如表 9-1 所示。

表 9-1　Connection 接口提供的常用方法

方法名称	功能描述
void close() throws SQLException	立即释放此 Connection 对象的数据库连接占用的 JDBC 资源，在操作数据库后应立即调用此方法
void commit() throws SQLException	提交事务，并释放此 Connection 对象当前持有的所有数据库锁。当事务被设置为手动提交模式时，需要调用此方法提交事务
Statement createStatement() throws SQLException	创建一个 Statement 对象来将 SQL 语句发送到数据库，此方法返回 Statement 对象
boolean getAutoCommit() throws SQLException	用于判断 Connection 对象是否被设置为自动提交模式，此方法返回 boolean 值
DatabaseMetaData getMetaData() throws SQLException	获取此 Connection 对象所连接的数据库的元数据 DatabaseMetaData 对象，元数据包括关于数据库的表、受支持的 SQL 语法、存储过程、此连接功能等信息
int getTransactionIsolation() throws SQLException	获取此 Connection 对象的当前事务隔离级别
boolean isClosed() throws SQLException	判断此 Connection 对象是否与数据库断开连接，此方法返回布尔值。注意，如果 Connection 对象与数据库断开连接，则不能通过此 Connection 对象操作数据库
boolean isReadOnly() throws SQLException	判断此 Connection 对象是否为只读模式，此方法返回 boolean 值
PreparedStatement prepareStatement(String sql) throws SQLException	将参数化的 SQL 语句预编译并存储在 PreparedStatement 对象中，并返回所创建的这个 PreparedStatement 对象
void releaseSavepoint(Savepoint savepoint) throws SQLException	从当前事务中移除指定的 Savepoint 和后续 Savepoint 对象
void rollback() throws SQLException	回滚事务，并释放此 Connection 对象当前持有的所有数据库锁。注意，此方法需要应用于 Connection 对象的手动提交模式中

续表

方法名称	功能描述
void rollback(Savepoint savepoint) throws SQLException	回滚事务，针对 Savepoint 对象之后的更改
void setAutoCommit(boolean autoCommit) throws SQLException	设置 Connection 对象的提交模式，如果参数 autoCommit 的值设置为 true，则 Connection 对象为自动提交模式，如果参数 autoCommit 的值设置为 false，则 Connection 对象为手动提交模式
void setReadOnly(boolean readOnly) throws SQLException	将 Connection 对象的连接模式设置为只读，此方法用于对数据库的优化
Savepoint setSavepoint() throws SQLException	在当前事务中创建一个未命名的保留点，并返回这个保留点对象
Savepoint setSavepoint(String name) throws SQLException	在当前事务中创建一个指定名称的保留点，并返回这个保留点对象

表 9-1 中所列出的方法均为 Connection 接口的常用方法，其更多方法的声明及说明请参见 Java SE 的 API。

9.2.3 DriverManager 类

使用 JDBC 操作数据库，需要使用数据库厂商提供的驱动程序才可以与数据库进行交互。DriverManager 类主要作用于用户及驱动程序之间，它是 JDBC 中的管理层，通过 DriverManager 类可以管理数据库厂商提供的驱动程序，并建立应用程序与数据库之间的连接，其常用方法及说明如表 9-2 所示。

表 9-2　　DriverManager 类方法声明及说明

方法声明	说　明
public static void deregisterDriver(Driver driver) throws SQLException	从 DriverManager 的管理列表中删除一个驱动程序。参数 driver 为要删除的驱动对象
public static Connection getConnection(String url) throws SQLException	根据指定数据库连接 URL 建立数据库连接 Connection。参数 url 为数据库连接 URL
public static Connection getConnection(String url, Properties info) throws SQLException	根据指定数据库连接 URL 及数据库连接属性信息建立数据库连接 Connection。参数 url 为数据库连接 URL，参数 info 为数据库连接属性
public static Connection getConnection(String url, String user, String password) throws SQLException	根据指定数据库连接 URL、用户名及密码建立数据库连接 Connection。参数 url 为数据库连接 URL，参数 user 为连接数据库的用户名，参数 password 为连接数据库的密码
public static Enumeration<Driver> getDrivers()	获取当前 DriverManager 中已加载的所有驱动程序，它的返回值为 Enumeration
public static void registerDriver(Driver driver) throws SQLException	向 DriverManager 注册一个驱动对象，参数 driver 为要注册的驱动

9.2.4 Statement 接口

在创建数据库连接之后，就可以通过程序来调用 SQL 语句对数据库进行操作了。在 JDBC 中，Statement 接口封装了这些操作。Statement 接口提供了执行语句和获取查询结果的基本方法，其方法声明及说明如表 9-3 所示。

表 9-3　Statement 接口方法声明及说明

方法声明	说　明
void addBatch(String sql) throws SQLException	将 SQL 语句添加到此 Statement 对象的当前命令列表中，此方法用于 SQL 命令的批处理
void clearBatch() throws SQLException	清空 Statement 对象中的命令列表
void close() throws SQLException	立即释放此 Statement 对象的数据库和 JDBC 资源，而不是等待该对象自动关闭时发生此操作
boolean execute(String sql) throws SQLException	执行指定的 SQL 语句。如果 sql 语句返回结果，则此方法返回 true，否则返回 false
int[] executeBatch() throws SQLException	执行 Batch 中的所有 SQL 语句，如果全部执行成功，则返回由更新计数组成的数组，数组元素的排序与 SQL 语句的添加顺序对应。数组元素有以下几种情况：①大于或等于零的数，说明 SQL 语句执行成功，为影响数据库中行数的更新计数；②-2，说明 SQL 语句执行成功，但未得到受影响的行数③-3，说明 SQL 语句执行失败，仅当执行失败后继续执行后面的 SQL 语句时出现。如果驱动程序不支持批量，或者未能成功执行 Batch 中的 SQL 语句之一，将抛出异常
ResultSet executeQuery(String sql) throws SQLException	执行查询类型（select）的 SQL 语句，此方法返回查询所获取的结果集 ResultSet 对象
executeUpdate int executeUpdate(String sql) throws SQLException	执行 SQL 语句中 DML 类型（insert、update、delete）的 SQL 语句，返回更新所影响的行数
Connection getConnection() throws SQLException	获取生成此 Statement 对象的 Connection 对象
boolean isClosed() throws SQLException	判断 Statement 对象是否已被关闭，如果 Statement 对象被关闭，则不能再调用此 Statement 对象执行 SQL 语句，此方法返回布尔值

9.2.5 PreparedStatement 接口

Statement 接口封装了 JDBC 执行 SQL 语句的方法，它可以完成 Java 程序执行 SQL 语句的操作，但在实际开发过程中，SQL 语句往往需要将程序中的变量作为查询条件等参数，使用 Statement 接口进行操作过于烦琐，而且存在安全方面的缺陷。针对这一问题，JDBC API 中封装了 Statement 的扩展 PreparedStatement 对象。

PreparedStatement 接口继承于 Statement 接口，它拥有 Statement 接口中的方法，而且针对带有参数 SQL 语句的执行操作进行了扩展，应用于 PreparedStatement 接口中的 SQL 语句，可以使用占位符“?”来代替 SQL 语句中的参数，然后再对其进行赋值。PreparedStatement 接口的常用方法及说明如表 9-4 所示。

表 9-4　　PreparedStatement 接口方法声明及说明

方法声明	说　明
void setBinaryStream(int parameterIndex, InputStream x) throws SQLException	将输入流 x 作为 SQL 语句中的参数值，parameterIndex 为参数位置的索引
void setBoolean(int parameterIndex,boolean x) throws SQLException	将布尔值 x 作为 SQL 语句中的参数值，parameterIndex 为参数位置的索引
void setByte(int parameterIndex, byte x) hrows SQLException	将 byte 值 x 作为 SQL 语句中的参数值，parameterIndex 为参数位置的索引
void setDate(int parameterIndex, Date x) hrows SQLException	将 java.sql.Date 值 x 作为 SQL 语句中的参数值，parameterIndex 为参数位置的索引
void setDouble(int parameterIndex, double x) hrows SQLException	将 double 值 x 作为 SQL 语句中的参数值，parameterIndex 为参数位置的索引
void setFloat(int parameterIndex,float x) hrows SQLException	将 float 值 x 作为 SQL 语句中的参数值，parameterIndex 为参数位置的索引
void setInt(int parameterIndex, int x) throws SQLException	将 int 值 x 作为 SQL 语句中的参数值，parameterIndex 为参数位置的索引
void setInt(int parameterIndex, long x) throws SQLException	将 long 值 x 作为 SQL 语句中的参数值，parameterIndex 为参数位置的索引
void setObject(int parameterIndex, Object x) throws SQLException	将 Object 对象 x 作为 SQL 语句中的参数值，parameterIndex 为参数位置的索引
void setShort(int parameterIndex, short x) throws SQLException	将 short 值 x 作为 SQL 语句中的参数值，parameterIndex 为参数位置的索引
void setString(int parameterIndex, String x) throws SQLException	将 String 值 x 作为 SQL 语句中的参数值，parameterIndex 为参数位置的索引
void setTimestamp(int parameterIndex, Timestamp x) throws SQLException	将 java.sql.Timestamp 值 x 作为 SQL 语句中的参数值，parameterIndex 为参数位置的索引

在实际的开发过程中，如果涉及向 SQL 语句传递参数，最好使用 PreparedStatement 接口进行实现，因为使用 PreparedStatement 对象不仅可提高 SQL 的执行效率，而且还可以避免 SQL 语句的注入式攻击。

9.2.6　CallableStatement 接口

java.sql.CallableStatement 接口继承于 PreparedStatement 接口，是 PreparedStatement 接口的扩展，用来执行 SQL 的存储过程。

JDBC API 定义了一套存储过程，即 SQL 转义语法，该语法允许对所有 RDBMS 通过标准方式调用存储过程。该语法定义了两种形式，分别是包含结果参数和不包含结果参数，如果使用结果参数，则必须将其注册为 OUT 型参数，参数是根据定义位置按顺序引用的，第一个参数的索引为 1。

为参数赋值可以使用从 PreparedStatement 中继承来的 setter 方法。在执行存储过程之前，必须注册所有 OUT 参数的类型，它们的值是在执行后通过 getter 方法检索的。

CallableStatement 可以返回一个或多个 ResultSet 实例。处理多个 ResultSet 对象的方法是从 Statement 中继承来的。

9.2.7　ResultSet 接口

执行 SQL 语句的查询语句会返回查询的结果集。在 JDBC API 中，ResultSet 对象用于接收查询结果集。

ResultSet 接口位于 java.sql 包中，封装了数据查询的结果集。ResultSet 对象包含了符合 SQL 语句的所有行，针对 Java 的数据类型提供了一套 getter 方法，通过这些方法可以获取每一行中的数据。除此之外，ResultSet 还提供了光标的功能，通过光标可以自由定位到某一行中的数据，其常用方法及说明如表 9-5 所示。

表 9-5　　ResultSet 接口方法声明及说明

方法声明	说　明
boolean absolute(int row) throws SQLException	将光标移动到此 ResultSet 对象的给定行编号，参数 row 为行编号
void afterLast() throws SQLException	将光标移动到此 ResultSet 对象的最后一行之后。如果结果集中不包含任何行，则此方法无效
void beforeFirst()throws SQLException	立即释放此 ResultSet 对象的数据库和 JDBC 资源
void deleteRow() throws SQLException	从此 ResultSet 对象和底层数据库中删除当前行
boolean first() throws SQLException	将光标移动到此 ResultSet 对象的第一行
InputStream getBinaryStream(String columnLabel) throws SQLException	以 byte 流的方式获取 ResultSet 对象当前行中指定列的值，参数 columnLabel 为列名称
Date getDate(String columnLabel) throws SQLException	以 java.sql.Date 的方式获取 ResultSet 对象当前行中指定列的值，参数 columnLabel 为列名称
double getDouble(String columnLabel) throws SQLException	以 double 的方式获取 ResultSet 对象当前行中指定列的值，参数 columnLabel 为列名称
float getFloat(String columnLabel) throws SQLException	以 float 的方式获取 ResultSet 对象当前行中指定列的值，参数 columnLabel 为列名称
int getInt(String columnLabel) throws SQLException	以 int 的方式获取 ResultSet 对象当前行中指定列的值，参数 columnLabel 为列名称
String getString(String columnLabel) throws SQLException	以 String 的方式获取 ResultSet 对象当前行中指定列的值，参数 columnLabel 为列名称
boolean isClosed()throws SQLException	判断当前 ResultSet 对象是否已关闭
boolean last() throws SQLException	将光标移动到此 ResultSet 对象的最后一行
boolean next()throws SQLException	将光标位置向后移动一行，如移动的新行有效则返回 true，否则返回 false
boolean previous()throws SQLException	将光标位置向前移动一行，如移动的新行有效则返回 true，否则返回 false

9.3　连接数据库

在对数据库进行操作时，首先需要连接数据库。在 JSP 中连接数据库大致可以分为加载 JDBC 驱动程序、创建数据库连接、执行 SQL 语句、获得查询结果和关闭连接 5 个步骤，下面分别进行介绍。

9.3.1 加载 JDBC 驱动程序

在连接数据库之前，首先应加载要连接数据库的驱动到 JVM（Java 虚拟机），可以通过 java.lang.Class 类的静态方法 forName(String className)实现。例如，加载 MySQL 驱动程序的代码如下：

```
try {
    Class.forName("com.mysql.jdbc.Driver");
} catch (ClassNotFoundException e) {
    System.out.println("加载数据库驱动时抛出异常，内容如下：");
    e.printStackTrace();
}
```

成功加载后，会将加载的驱动类注册给 DriverManager 类，如果加载失败，将抛出 ClassNotFoundException 异常，即未找到指定的驱动类，所以需要在加载数据库驱动类时捕捉可能抛出的异常。

通常将负责加载驱动的代码放在 static 块中，这样做的好处是只有 static 块所在的类第一次被加载时才加载数据库驱动，避免重复加载驱动程序造成计算机资源浪费。

9.3.2 创建数据库连接

java.sql.DriverManager（驱动程序管理器）类是 JDBC 的管理层，负责建立和管理数据库连接。通过 DriverManager 类的静态方法 getConnection(String url, String user, String password)可以建立数据库连接，3 个入口参数依次为要连接数据库的路径、用户名和密码，该方法的返回值类型为 java.sql.Connection，典型代码如下：

```
Connection conn = DriverManager.getConnection(
    "jdbc:microsoft:sqlserver://127.0.0.1:1433;DatabaseName=db_database09", "root",
"root");
```

在上面的代码中，连接的是本地的 MySQL 数据库，数据库名称为 db_database09，登录用户为 root，密码为 root。

【例 9-1】 在 JSP 中连接 MySQL 数据库 db_databse09。（实例位置：光盘\MR\源码\第 9 章\9-1）

（1）创建名称为 9-1 的动态 Web 项目，将 MySQL 数据库的驱动包添加至项目的构建路径，构建开发环境。

JDK 中不包含数据库的驱动程序，使用 JDBC 操作数据库时需要先下载数据库厂商提供的驱动包，本实例中使用的是 MySQL 数据库，所以添加的是 MySQL 官方提供的数据库驱动包，其名称为 mysql-connector-java-5.1.10-bin.jar。

（2）创建程序的首页 index.jsp，在该页面中，首先通过 Class 的 forName()方法加载数据库驱动，然后使用 DriverManager 对象的 getConnection()方法获取数据库连接 Connection 对象，最后将获取结果输出到页面中。index.jsp 的关键代码如下：

```
<%
    try {
        Class.forName("com.mysql.jdbc.Driver");        // 加载数据库驱动，注册到驱动管理器
        String url = "jdbc:mysql://localhost:3306/db_database09";// 数据库连接字符串
        String username = "root";                      // 数据库用户名
```

```
        String password = "root";                           // 数据库密码
        // 创建 Connection 连接
        Connection conn = DriverManager.getConnection(url,username,password);
        if(conn != null){                                   // 判断数据库连接是否为空
            out.println("数据库连接成功！");                // 输出连接信息
            conn.close();                                   // 关闭数据库连接
        }else{
            out.println("数据库连接失败！");                // 输出连接信息
        }
    } catch (ClassNotFoundException e) {
        e.printStackTrace();
    } catch (SQLException e) {
        e.printStackTrace();
    }
%>
```

Class 的 forName()方法的作用是将指定字符串名的类加载到 JVM 中，实例中调用此方法来加载数据库驱动，加载后，数据库驱动程序将会把驱动类自动注册到驱动管理器中。

图 9-2　与数据库建立连接

运行本实例，将显示如图 9-2 所示的运行结果。

在进行数据库连接时，如果抛出异常信息 java.lang.ClassNotFoundException: com.mysql.jdbc.Driver，则说明没有添加数据库驱动包；如果抛出异常信息 java.sql.SQLException: Access denied for user 'root'@'localhost' (using password: YES)，则说明登录用户的密码错误。

9.3.3　执行 SQL 语句

建立数据库连接（Connection）的目的是与数据库进行通信，实现方式为执行 SQL 语句，但是通过 Connection 实例并不能执行 SQL 语句，还需要通过 Connection 实例创建 Statement 实例。Statement 实例又分为以下 3 种类型。

- Statement 实例：该类型的实例只能用来执行静态的 SQL 语句。
- PreparedStatement 实例：该类型的实例增加了执行动态 SQL 语句的功能。
- CallableStatement 对象：该类型的实例增加了执行数据库存储过程的功能。

其中，Statement 是最基础的，PreparedStatement 继承了 Statement，并做了相应的扩展，而 CallableStatement 继承了 PreparedStatement，又做了相应的扩展，从而保证在基本功能的基础上，各自又增加了一些独特的功能。

9.3.4　获得查询结果

通过 Statement 接口的 executeUpdate()或 executeQuery()方法可以执行 SQL 语句，同时将返回执行结果。如果执行的是 executeUpdate()方法，将返回一个 int 型数值，代表影响数据库记录的条数，即插入、修改或删除记录的条数；如果执行的是 executeQuery()方法，将返回一个 ResultSet 型的结果集，其中不仅包含所有满足查询条件的记录，还包含相应数据表的相关信息，例如列的名称、类型和列的数量等。

9.3.5 关闭连接

在建立 Connection、Statement 和 ResultSet 实例时，均需占用一定的数据库和 JDBC 资源，所以每次访问数据库结束后，应该及时销毁这些实例，释放它们占用的所有资源，方法是通过各个实例的 close()方法。关闭时建议按照以下的顺序：

```
resultSet.close();
statement.close();
connection.close();
```

采用上面的顺序关闭的原因在于 Connection 是一个接口，close()方法的实现方式可能多种多样。如果是通过 DriverManager 类的 getConnection()方法得到的 Connection 实例，在调用 close()方法关闭 Connection 实例时会同时关闭 Statement 实例和 ResultSet 实例。但是通常情况下需要采用数据库连接池，在调用通过连接池得到的 Connection 实例的 close()方法时，Connection 实例可能并没有被释放，而是被放回到了连接池中，又被其他连接调用，在这种情况下，如果不手动关闭 Statement 实例和 ResultSet 实例，它们在 Connection 中可能会越来越多，虽然 JVM 的垃圾回收机制会定时清理缓存，但是如果清理得不及时，当数据库连接达到一定数量时，将严重影响数据库和计算机的运行速度，甚至导致软件或系统瘫痪。

9.4 JDBC 操作数据库

在开发 Web 应用程序时，经常需要对数据库进行操作，最常用的数据库操作技术包括查询、添加、修改或删除数据库中的数据，这些操作既可以通过静态的 SQL 语句实现，也可以通过动态的 SQL 语句实现，还可以通过存储过程实现，具体采用的实现方式要根据实际情况而定。

9.4.1 添加数据

JDBC 提供了两种实现数据添加操作的方法，一种是通过 Statement 对象执行静态的 SQL 语句实现；另一种是通过 PreparedStatement 对象执行动态的 SQL 语句实现。二者的区别是，使用 PreparedStatement 对象时，SQL 语句会被预编译，当重复执行相同的 SQL 语句时（例如，在实现批量添加数据时），使用 PreparedStatement 的效率要比 Statement 对象高，而对于只执行一次的 SQL 语句来说，就可以使用 Statement 对象。实现数据添加操作使用的 SQL 语句为 INSERT 语句，其语法格式如下：

```
Insert [INTO] table_name[(column_list)] values(data_values)
```

语法中各参数说明如表 9-6 所示。

表 9-6　INSERT 语句的参数说明

参　数	描　述
[INTO]	可选项，无特殊含义，可以将它用在 INSERT 和目标表之前
table_name	要添加记录的数据表名称
column_list	是表中的字段列表，表示向表中哪些字段插入数据。如果是多个字段，字段之间用逗号分隔。如果不指定 column_list，默认向数据表中的所有字段插入数据

续表

参　数	描　述
data_values	要添加的数据列表，各个数据之间使用逗号分隔。数据列表中的个数、数据类型必须和字段列表中的字段个数、数据类型相一致
values	引入要插入的数据值的列表。对于 column_list（如果已指定）中或者表中的每个列，都必须有一个数据值。必须用圆括号将值列表括起来。如果 values 列表中的值与表中的值和表中列的顺序不相同，或者未包含表中所有列的值，那么必须使用 column_list 明确地指定存储每个传入值的列

【例 9-2】 创建动态 Web 项目，通过 JDBC 实现图书信息添加功能。（实例位置：光盘\MR\源码\第 9 章\9-2）

（1）在 MySQL 数据库 db_database09 中创建图书信息表 tb_book，其结构如图 9-3 所示。

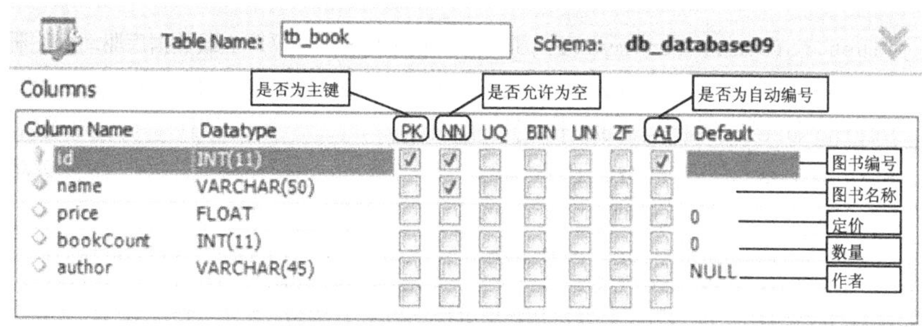

图 9-3　tb_books 表结构

（2）创建名称为 BookBean 的类，用于封装图书对象信息，关键代码如下：

```
public class BookBean {
    private int id;                  // 编号
    private String name;             // 图书名称
    private double price;            // 定价
    private int bookCount;           // 数量
    private String author;           // 作者
    public int getId() {
        return id;
    }
    public void setId(int id) {
        this.id = id;
    }
    // 省略了其他属性的 setter 与 getter 方法
}
```

（3）创建 index.jsp 页面，它是程序中的主页，用于放置添加图书信息所需要的表单，此表单提交到 addBook.jsp 页面进行处理，其关键代码如下：

```
<form action="addBook.jsp" method="post" onsubmit=" return check(this)">
    <ul>
        <li>图书名称：<input type="text" name="name" /></li>
        <li>价　　格：<input type="text" name="price" /></li>
        <li>数　　量：<input type="text" name="bookCount" /></li>
        <li>作　　者：<input type="text" name="author" /></li>
        <li><input type="submit" value="添　加"></li>
```

```
        </ul>
    </form>
```

（4）创建 addBook.jsp 页面，在该页面中，首先通过<jsp:useBean>实例化 JavaBean 对象 Book，并通过<jsp:setProperty>对 Book 对象中的属性赋值，然后连接数据库，并将 Book 对象中保存的图书信息写入到数据库中。addBook.jsp 页面的具体代码如下：

```
<%@ page language="java" contentType="text/html; charset=UTF-8"
  pageEncoding="UTF-8"%>
<%@ page import="java.sql.*" %>
<%request.setCharacterEncoding("UTF-8"); %>
<jsp:useBean id="book" class="com.mingrisoft.BookBean"></jsp:useBean>
<jsp:setProperty property="*" name="book"/>
…… <!-此处省略了部分 HTML 代码-->
<%
    try {
        Class.forName("com.mysql.jdbc.Driver");     // 加载数据库驱动，注册到驱动管理器
        String url = "jdbc:mysql://localhost:3306/db_database09";// 数据库连接字符串
        String username = "root";                             // 数据库用户名
        String password = "root";                             // 数据库密码
        // 创建 Connection 连接
        Connection conn = DriverManager.getConnection(url,username,password);
        String sql = "insert into tb_book(name,price,bookCount,author)
            values(?,?,?,?)"; // 添加图书信息的 SQL 语句
        PreparedStatement ps = conn.prepareStatement(sql); // 获取 PreparedStatement
        ps.setString(1, book.getName());              // 对 SQL 语句中的第 1 个参数赋值
        ps.setDouble(2, book.getPrice());             // 对 SQL 语句中的第 2 个参数赋值
        ps.setInt(3,book.getBookCount());             // 对 SQL 语句中的第 3 个参数赋值
        ps.setString(4, book.getAuthor());            // 对 SQL 语句中的第 4 个参数赋值
        int row = ps.executeUpdate();                 // 执行更新操作，返回所影响的行数
        if(row > 0){                                  // 判断是否更新成功
            out.print("成功添加了 " + row + "条数据！");   // 更新成输出信息
        }
        ps.close();                                   // 关闭 PreparedStatement，释放资源
        conn.close();                                 // 关闭 Connection，释放资源
    } catch (Exception e) {
        out.print("图书信息添加失败！");
        e.printStackTrace();
    }
%>
<br><a href="index.jsp">返回</a>
```

说明

<jsp:setProperty>标签的 property 属性的值可以设置为“*”，它的作用是将与表单中同名称的属性值赋给 JavaBean 对象中的同名属性，使用此种方式可以不必对 JavaBean 中的属性进行一一赋值，从而减少程序中的代码量。

向数据库插入图书信息的过程中，主要通过 PreparedStatement 对象进行操作。使用 PreparedStatement 对象，其 SQL 语句中的参数可以使用占位符“?”代替，再通过 PreparedStatement 对象对 SQL 语句中的参数逐一赋值，将图书信息传递到 SQL 语句中。

使用 PreparedStatement 对象对 SQL 语句的占位符参数赋值，其参数的下标值不是 0，而是 1，它与数组的下标有所区别。

通过 PreparedStatement 对象对 SQL 语句中的参数进行赋值后，并没有将图书信息写入到数据库中，而是需要调用它的 executeUpdate()方法执行更新操作，才能将图书信息写入到数据库中。此方法被执行后返回 int 型数据，其含义是所影响的行数，实例中将其获取并输出到页面中。

在数据操作之后，应该立即调用 ResultSet 对象、PreparedStatement 对象、Connection 对象的 close()方法，从而及时释放所占用的数据库资源。

运行本实例，将显示添加图书信息页面，在该页面中输入如图 9-4 所示的图书信息。

单击"添加"按钮，图书信息数据将被写入到数据库中，同时显示如图 9-5 所示的运行结果。

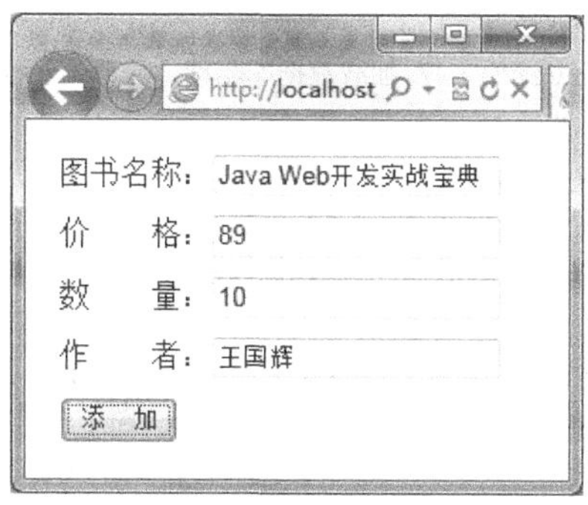

图 9-4　添加图书信息

图 9-5　图书信息添加成功

由于 id 值设置了自动编号，所以添加的图书信息中的 id 为自动生成，数据表 tb_book 中显示的最后一条数据为新添加的数据。例如，输入如图 9-4 所示的数据，插入到 tb_book 表中的效果如图 9-6 所示。

id	name	price	bookCount	author
3	Java Web开发实战宝典	89	10	王国辉

图 9-6　添加到 tb_book 表中的数据

9.4.2　查询数据

使用 JDBC 查询数据与添加数据的流程基本相同，但查询数据操作后需要通过一个对象来装载查询结果集，这个对象就是 ResultSet 对象。

ResultSet 对象是 JDBC API 中封装的结果集对象，从数据表中所查询到的数据都放置在这个集合中，其结构如图 9-7 所示。

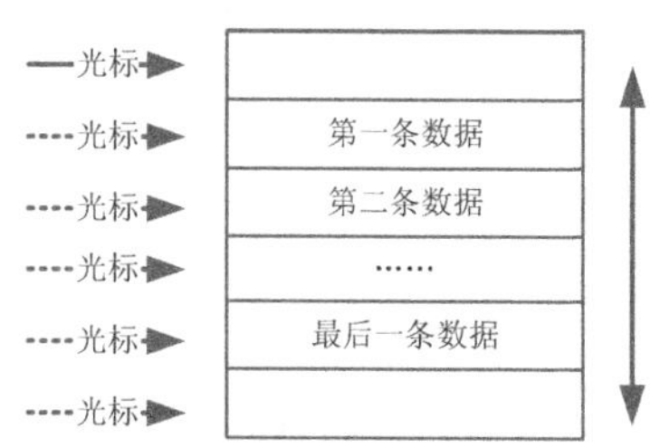

图 9-7　ResultSet 结构图

如图 9-7 所示，在 ResultSet 集合中，通过移动"光标"来获取所查询到的数据，ResultSet 对象中的"光标"可以进行上下移动，如要获取 ResultSet 集合中的一条数据，只需要把“光标”定位到当前数据行的光标行即可。

从图 9-7 可以看出，ResultSet 集合所查询的数据位于集合的中间位置，在第一条数据之前与最后一条数据之后都有一个位置，默认情况下，ResultSet 的光标位置在第一行数据之前，所以在第一次获取数据时就需要移动光标位置。

【例 9-3】 创建 Web 项目，通过 JDBC 查询图书信息表中的图书信息数据，并将其显示在 JSP 页面中。（实例位置：光盘\MR\源码\第 9 章\9-3）

（1）创建名称为 BookBean 的类，用于封装图书信息，该类的代码与例 9-2 的完全相同，这里将不再给出。

（2）创建名称为 FindServlet 的 Servlet 对象，用于查询所有图书信息。在此 Servlet 中编写 doGet() 方法，建立数据库连接，并将所查询的数据集放置到 HttpServletRequest 对象中，将请求转发到 JSP 页面，其关键代码如下：

```
    protected void doGet(HttpServletRequest request, HttpServletResponse response)
throws ServletException, IOException {
        try {
            Class.forName("com.mysql.jdbc.Driver");// 加载数据库驱动，注册到驱动管理器
            // 数据库连接字符串
            String url = "jdbc:mysql://localhost:3306/db_database09";
            String username = "root";                          // 数据库用户名
            String password = "root";                          // 数据库密码
            // 创建 Connection 连接
            Connection conn = DriverManager.getConnection(url,username,password);
            Statement stmt = conn.createStatement();           // 获取 Statement
            String sql = "select * from tb_book";              // 查询图书信息的 SQL 语句
            ResultSet rs = stmt.executeQuery(sql);             // 执行查询
            List<BookBean> list = new ArrayList<>();           // 实例化 List 对象
            while(rs.next()){                                  // 光标向后移动，并判断是否有效
                BookBean book = new BookBean();                // 实例化 Book 对象
                book.setId(rs.getInt("id"));                   // 对 id 属性赋值
                book.setName(rs.getString("name"));            // 对 name 属性赋值
                book.setPrice(rs.getDouble("price"));          // 对 price 属性赋值
                book.setBookCount(rs.getInt("bookCount"));     // 对 bookCount 属性赋值
                book.setAuthor(rs.getString("author"));// 对 author 属性赋值
                list.add(book);                                // 将图书对象添加到集合中
            }
            request.setAttribute("list", list);                // 将图书集放置到 request 中
            rs.close();                                        // 关闭 ResultSet
            stmt.close();                                      // 关闭 Statement
            conn.close();                                      // 关闭 Connection
        } catch (ClassNotFoundException e) {
            e.printStackTrace();
        } catch (SQLException e) {
            e.printStackTrace();
        }
        // 请求转发到 bookList.jsp
        request.getRequestDispatcher("bookList.jsp").forward(request, response);
    }
```

在 doGet()方法中，首先获取了数据库的连接 Connection，然后通过 Statement 对象执行查询图书信息的 SELECT 语句，并获取 ResultSet 结果集，最后遍历 ResultSet 中的数据来封装图书对象 BookBean，并将其添加到 List 集合中，转发到显示页面进行显示。

ResultSet 集合中的第一行数据之前与最后一行数据之后都存在一个位置，而默认情况下光标位于第一行数据之前，使用 Java 中的 for 循环、do...while 循环等都不能对其很好的遍历，所以，实例中使用 while 条件循环遍历 ResultSet 对象，在第一次循环时就会执行条件 rs.next()，将光标移动到第一条数据的位置。

获取到 ResultSet 对象后，就可以通过移动光标定位到查询结果中的指定行，然后通过 ResultSet 对象提供的一系列 getter 方法来获取当前行的数据。

使用 ResultSet 对象提供的 getter 方法获取数据，其数据类型要与数据表中的字段类型相对应，否则将抛出 java.sql.SQLExcption 异常。

（3）创建 book_list.jsp 页面，用于显示所有图书信息，其关键代码如下：

```
<%@ page language="java" contentType="text/html; charset=UTF-8"
    pageEncoding="UTF-8"%>
<%@ page import="java.util.*"%>
<%@ page import="com.mingrisoft.BookBean"%>
…… <!—此处省略了部分 HTML 和 CSS 代码-->
    <table width="98%" border="0" align="center" cellpadding="0"
        cellspacing="1" bgcolor="#666666">
        <tr>
            <th bgcolor="#FFFFFF">ID</th>
            <th bgcolor="#FFFFFF">图书名称</th>
            <th bgcolor="#FFFFFF">价格</th>
            <th bgcolor="#FFFFFF">数量</th>
            <th bgcolor="#FFFFFF">作者</th>
        </tr>
        <%
            // 获取图书信息集合
            List<BookBean> list = (List<BookBean>) request.getAttribute("list");
            // 判断集合是否有效
            if (list == null || list.size() < 1) {
                out.print("<tr><td bgcolor='#FFFFFF' colspan='5'>没有任何图书信息!
                        </td></tr>");
            } else {
                // 遍历图书集合中的数据
                for (BookBean book : list) {
        %>
        <tr align="center">
            <td bgcolor="#FFFFFF"><%=book.getId()%></td>
            <td bgcolor="#FFFFFF"><%=book.getName()%></td>
            <td bgcolor="#FFFFFF"><%=book.getPrice()%></td>
            <td bgcolor="#FFFFFF"><%=book.getBookCount()%></td>
            <td bgcolor="#FFFFFF"><%=book.getAuthor()%></td>
        </tr>
        <%
            }
        }
        %>
    </table>
```

由于 FindServlet 将查询的所有图书信息集合保存到 request 中，所以在 bookList.jsp 页面中，可以通过 request 的 getAtttribute()方法获取这一集合对象。实例中，在获取所有图书信息集合后，通过 for 循环遍历所有图书信息集合，并将其输出到页面中。

在 bookList.jsp 页面中，实例使用 for/in 循环遍历所有图书信息，此种方式可以简化程序的代码。

（4）创建 index.jsp 页面作为程序首页，用于添加一个查看图书列表的超链接，关键代码如下：

```
<a href="FindServlet">查看图书列表</a>
```

运行本实例，单击"查看图书列表"链接后，可以查看到如图 9-8 所示的从数据库中查询的所有图书信息。

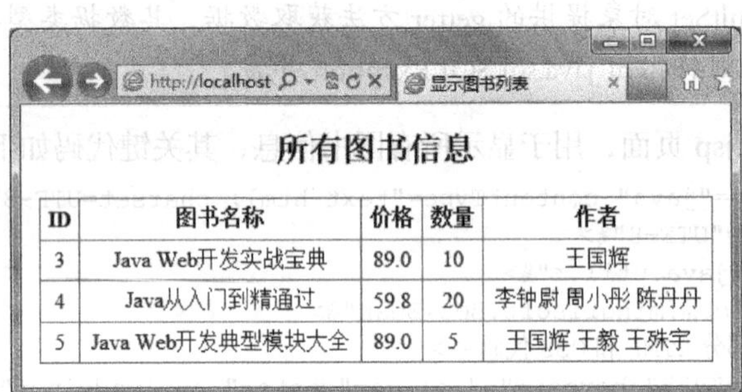

图 9-8　查询所有图书信息

9.4.3　修改数据

使用 JDBC 修改数据库中的数据，其操作方法与添加数据相似，只不过修改数据需要使用 UPDATE 语句来实现。其语法格式如下：

```
UPDATE table_name
SET <column_name>=<expression>
   [….,<last column_name>=<last expression>]
[WHERE<search_condition>]
```

语法中各参数说明如表 9-7 所示。

表 9-7　UPDATE 语句的参数说明

参　数	描　述
table_name	需要更新的数据表名
SET	指定要更新的列或变量名称的列表
column_name	含有要更改数据的列的名称。column_name 必须驻留于 UPDATE 子句中所指定的表或视图中。标识列不能进行更新。如果指定了限定的列名称，限定符必须同 UPDATE 子句中的表或视图的名称相匹配
expression	变量、字面值、表达式或加上括号返回单个值的 subSELECT 语句。expression 返回的值将替换 column_name 中的现有值
WHERE	指定条件来限定所更新的行
<search_condition>	为要更新行指定需满足的条件。搜索条件也可以是连接所基于的条件。对搜索条件中可以包含的谓词数量没有限制

【例 9-4】　在查询所有图书信息的页面中，添加修改图书数量表单，通过 Servlet 修改数据库中的图书数量。（实例位置：光盘\MR\源码\第 9 章\9-4）

（1）在 bookList.jsp 页面的图书列表中添加一列，在该列中放置修改图书数量的表单，将此表单的提交地址设置为 UpdateServlet，关键代码如下：

```
<form action="UpdateServlet" method="post" onsubmit="return check(this);">
    <input type="hidden" name="id" value="<%=book.getId()%>">
    <input type="text" name="bookCount" size="3">
    <input type="submit" value="修  改">
</form>
```

修改图书信息的表单中主要包含了两个属性信息，分别为图书 id 与图书数量 bookCount，因为修改图书数量时需要明确指定图书的 id 作为修改的条件，否则将会修改所有图书信息记录。

由于图书 id 属性并不需要显示在表单中，而在图书信息的修改过程中又需要获取这个值，因此，在表单中添加一个隐藏域，用于保存图书 id，从而实现在提交表单时可以将图书 id 一同提交。

（2）创建修改图书信息的 Servlet 对象，其名称为 UpdateServlet。由于表单提交的请求类型为 post，因此在 UpdateServlet 中编写 doPost()方法，在 doPost()方法中，首先通过 HttpServletRequest 获取图书的 id 与修改的图书数量，然后建立数据库连接 Connection，通过 PreparedStatement 对 SQL 语句进行预处理并对 SQL 语句参数赋值，再执行更新操作，最后通过 HttpServletRequest 对象将请求重定向到 FindServlet，查看更新后的结果。关键代码如下：

```
protected void doPost(HttpServletRequest request,
        HttpServletResponse response) throws ServletException, IOException {
    int id = Integer.valueOf(request.getParameter("id"));
    int bookCount = Integer.valueOf(request.getParameter("bookCount"));
    try {
        Class.forName("com.mysql.jdbc.Driver"); // 加载数据库驱动，注册到驱动管理器
        // 数据库连接字符串
        String url = "jdbc:mysql://localhost:3306/db_database09";
        String username = "root";                   // 数据库用户名
        String password = "root";                   // 数据库密码
        // 创建 Connection 连接
        Connection conn = DriverManager.getConnection(url, username,
                password);
        String sql = "update tb_book set bookcount=? where id=?";//更新 SQL 语句
        // 获取 PreparedStatement
        PreparedStatement ps = conn.prepareStatement(sql);
        ps.setInt(1, bookCount);                    // 对 SQL 语句中的第一个参数赋值
        ps.setInt(2, id);                           // 对 SQL 语句中的第二个参数赋值
        ps.executeUpdate();                         // 执行更新操作
        ps.close();                                 // 关闭 PreparedStatement
        conn.close();                               // 关闭 Connection
    } catch (Exception e) {
        e.printStackTrace();
    }
    response.sendRedirect("FindServlet");           // 重定向到 FindServlet
}
```

HttpServletRequest 所接受的参数值为 String 类型，而图书 id 与图书数量为 int 类型，所以需要对其进行转换类型操作，实例中通过 Integer 类的 valueOf()方法进行实现。

在执行更新操作之后，一定要关闭数据库连接，从而及时释放所占用的数据库资源。

运行本实例，将直接进入到显示图书列表页面，在该页面中可以对图书数量进行修改，如图 9-9 所示。正确填写图书数量后，单击“修改”按钮就可以将图书数量更新到数据库中。

所有图书信息

ID	图书名称	价格	数量	作者	修改数量
3	Java Web开发实战宝典	89.0	10	王国辉	修改
4	Java从入门到精通过	59.8	20	李钟尉 周小彤 陈丹丹	修改
5	Java Web开发典型模块大全	89.0	5	王国辉 王毅 王殊宇	15 修改

图 9-9　修改图书数量

9.4.4　删除数据

实现数据删除操作也可以通过两种方法实现，一种是通过 Statement 对象执行静态的 SQL 语句实现；另一种是通过 PreparedStatement 对象执行动态的 SQL 语句实现。

通过 Statement 对象和 PreparedStatement 对象实现数据删除操作的方法与实现添加操作的方法基本相同，所不同的就是执行的 SQL 语句不同，实现数据删除操作使用的 SQL 语句为 DELETE 语句。其语法格式如下：

```
DELETE FROM <table_name >[WHERE<search condition>]
```

在上面的语法中，table_name 用于指定要删除数据的表的名称；<search_condition>用于指定删除数据的限定条件。在搜索条件中对包含的谓词数量没有限制。

应用 Statement 对象从数据表 tb_user 中删除 name 字段值为 hope 的数据，关键代码如下：

```
Statement stmt=conn.createStatement();
int rtn= stmt.executeUpdate("delete tb_user where name='hope'");
```

利用 PreparedStatement 对象从数据表 tb_user 中删除 name 字段值为 dream 的数据，关键代码如下：

```
PreparedStatement pStmt = conn.prepareStatement("delete from tb_user where name=?");
pStmt.setString(1,"dream");
int rtn= pStmt.executeUpdate();
```

9.4.5　批处理

在 JDBC 开发中，操作数据库需要先与数据库建立连接，然后将要执行的 SQL 语句传送到数据库服务器，最后关闭数据库连接，都是按照这样一个流程进行操作的。如果按照此流程执行多条 SQL 语句，那么就需要建立多个数据库连接，从而导致将时间浪费在数据库连接上。针对这一问题，JDBC 的批处理提供了很好的解决方案。

JDBC 中批处理的原理是将批量的 SQL 语句一次性发送到数据库中进行执行，从而解决多次与数据库连接所产生的速度瓶颈。

【例 9-5】 创建学生信息表，通过 JDBC 的批处理操作，一次性将多个学生信息写入到数据库中。（实例位置：光盘\MR\源码\第 9 章\9-5）

（1）创建学生信息表 tb_student，其结构如图 9-10 所示。

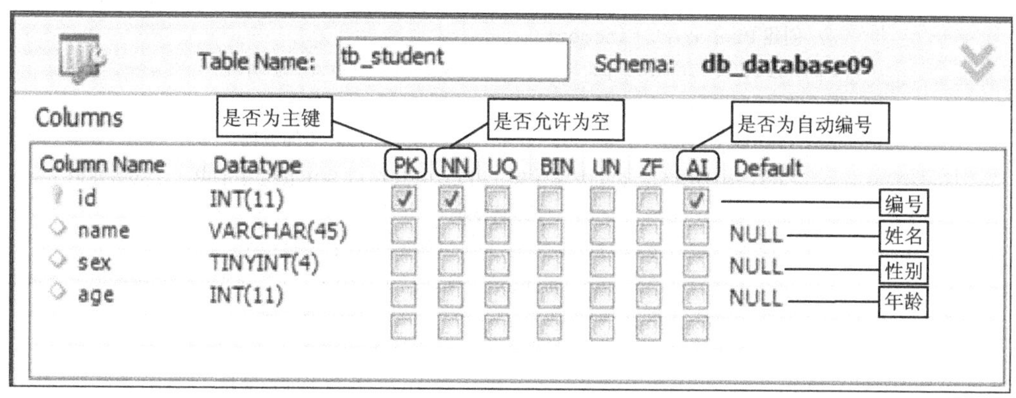

图 9-10　学生信息表 tb_student

（2）创建名称为 Batch 的类，用于实现对学生信息的批量添加操作。首先在 Batch 类中编写 getConnection()方法，用于获取数据库连接 Connection 对象，其关键代码如下：

```
/**
 * 获取数据库连接
 * @return Connection 对象
 */
    public Connection getConnection(){
        Connection conn = null;                          // 数据库连接
        try {
            Class.forName("com.mysql.jdbc.Driver");// 加载数据库驱动，注册到驱动管理器
            // 数据库连接字符串
            String url = "jdbc:mysql://localhost:3306/db_database09";
            String username = "root";                    // 数据库用户名
            String password = "root";                    // 数据库密码
            // 创建 Connection 连接
            conn = DriverManager.getConnection(url,username,password);
        } catch (ClassNotFoundException e) {
            e.printStackTrace();
        } catch (SQLException e) {
            e.printStackTrace();
        }
        return conn;                                     // 返回数据库连接
    }
```

然后编写 saveBatch()方法，实现批量添加学生信息的功能，实例中主要通过 PreparedStatement 对象进行批量添加学生信息，其关键代码如下：

```
    /**
     * 批量添加数据
     * @return 所影响的行数
```

```
    */
    public int saveBatch(){
        int row = 0 ;                                       // 行数
        Connection conn = getConnection();                  // 获取数据库连接
        try {
            // 插入数据的 SQL 语句
            String sql = "insert into tb_student(name,sex,age)  values(?,?,?)";
            // 创建 PreparedStatement
            PreparedStatement ps = conn.prepareStatement(sql);
            Random random = new Random();                   // 实例化 Random
            for (int i = 0; i < 10; i++) {                  // 循环添加数据
                ps.setString(1, "学生" + i);                // 对 SQL 语句中的第 1 个参数赋值
                // 对 SQL 语句中的第 2 个参数赋值
                ps.setBoolean(2, i % 2 == 0 ? true : false);
                ps.setInt(3, random.nextInt(5) + 10);  // 对SQL语句中的第3个参数赋值
                ps.addBatch();                              // 添加批处理命令
            }
            int[] rows = ps.executeBatch();                 // 执行批处理操作并返回计数组成的数组
            row = rows.length;                              // 对行数赋值
            ps.close();                                     // 关闭 PreparedStatement
            conn.close();                                   // 关闭 Connection
        } catch (Exception e) {
            e.printStackTrace();
        }
        return row;                                         // 返回添加的行数
    }
```

在本实例中创建了 PreparedStatement 对象以后，通过 for 循环向 PreparedStatement 批量添加 SQL 命令，其中学生信息数据通过程序模拟生成。

由于“性别”字段使用的是布尔类型，因此在为其赋值时，我们通过三目运算符?:来实现（如果变量 i 能被 2 整除，则为 true，否则为 false。），它相当于 if...else 语句。使用此种代码编写方式可以简化程序中的代码。

执行批处理操作后，实例中获取返回计数组成的数组，将数组的长度赋值给 row 变量，来计算数据库操作所影响到的行数。

PreparedStatement 对象的批处理操作调用的是 executeBatch()方法，而不是 execute()方法或 executeUpdate()方法。

（3）创建程序中的首页面 index.jsp，在此页面中通过<jsp:useBean>实例化 Batch 对象，并执行批量添加数据操作，其关键代码如下：

```
<jsp:useBean id="batch" class="com.mingrisoft.Batch"></jsp:useBean>
<%
    // 执行批量插入操作
    int row = batch.saveBatch();
    out.print("批量插入了【" + row + "】条数据！");
%>
```

实例运行后，程序向数据库批量添加了 10 条学生信息，并显示如图 9-11 所示的提示信息。

这时如果打开数据表 tb_student，可以看到如图 9-12 所示的信息。

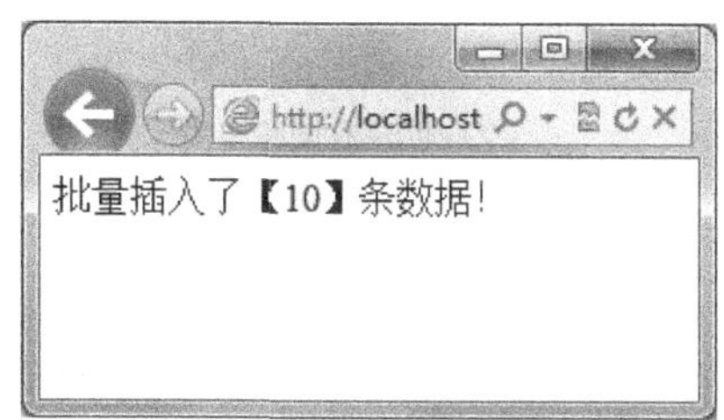

图 9-11　实例运行结果

id	name	sex	age
1	学生0	1	13
2	学生1	0	12
3	学生2	1	13
4	学生3	0	12
5	学生4	1	10
6	学生5	0	14
7	学生6	1	11
8	学生7	0	10
9	学生8	1	13
10	学生9	0	13

图 9-12　表 tb_student 中的数据

9.4.6　调用存储过程

JDBC API 中提供了调用存储过程的方法，它可以通过 CallableStatement 对象进行操作。CallableStatement 对象位于 java.sql 包中，它继承于 Statement 对象，主要用于执行数据库中定义的存储过程，其调用方法如下：

```
{call <procedure-name>[(<arg1>,<arg2>, ...)]}
```

其中 arg1、arg2 为存储过程中的参数，如果存储过程中需要传递参数，可以对其进行赋值操作。

说明

存储过程是一个 SQL 语句和可选控制流语句的预编译集合，编译完成后存放在数据库内，这样就省去了执行 SQL 语句时对 SQL 语句进行编译所花费的时间。在执行存储过程的时候，只需要将参数传递到数据库中，而不需要将整条 SQL 语句都提交给数据库，从而减少了网络传送的流量，从另一方面提高了程序的运行速度。

【例 9-6】　创建查询所有图书信息的存储过程，通过 JDBC API 调用存储过程获取所有图书信息，并将其输出到 JSP 页面中。（实例位置：光盘\MR\源码\第 9 章\9-6）

（1）在数据库 db_database09 中创建名称为 findAllBook 的存储过程，用于查询所有图书信息，关键代码如下：

```
DELIMITER $$

CREATE PROCEDURE 'db_database09'.'findAllBook' ()
BEGIN
   SELECT * FROM tb_book ORDER BY id DESC;
END
```

说明

各种数据库创建存储过程的方法并非一致，本实例使用的是 MySQL 数据库，如需使用其他数据库创建存储过程，请参阅数据库提供的帮助文档。

（2）创建名称为 BookBean 的类，用于封装图书信息，该类的代码与例 9-2 的完全相同，这里不再给出。

（3）创建名称为 FindBook 的类，用于执行查询图书信息的存储过程。首先在此类中编写

getConnection()方法，用于获取数据库连接对象 Connection，其关键代码如下：

```
public class FindBook {
    ……      //由于 getConnection()方法的代码与例 9-5 的相同，所以此处省略了该方法的代码
    }
```

然后编写 findAll()方法，用于调用数据库中定义的存储过程 findAllBook，查询所有图书信息，并将查询到的图书信息放置到 List 集合中，其关键代码如下：

```
    public List<BookBean> findAll(){
        List<BookBean> list = new ArrayList<>();     // 实例化 List 对象
        Connection conn = getConnection();           // 创建数据库连接
        try {
            //调用存储过程
            CallableStatement cs = conn.prepareCall("{call findAllBook()}");
            ResultSet rs = cs.executeQuery();        // 执行查询操作，并获取结果集
            while(rs.next()){                        // 判断光标向后移动，并判断是否有效
                BookBean book = new BookBean();      // 实例化 Book 对象
                book.setId(rs.getInt("id"));         // 对 id 属性赋值
                book.setName(rs.getString("name"));          // 对 name 属性赋值
                book.setPrice(rs.getDouble("price"));        // 对 price 属性赋值
                book.setBookCount(rs.getInt("bookCount"));   // 对 bookCount 属性赋值
                book.setAuthor(rs.getString("author"));      // 对 author 属性赋值
                list.add(book);                              // 将图书对象添加到集合中
            }
        } catch (Exception e) {
            e.printStackTrace();
        }
        return list;                                         // 返回 list
    }
```

由于存储过程 findAllBook 中没有定义参数，因此实例中通过调用“{call findAllBook()}”来调用存储过程。

注意

在通过 Connection 创建 CallableStatement 对象后，还需要 CallableStatement 对象的 executeQuery ()方法来执行存储过程，在调用此方法后就可以获取 ResultSet 对象来获取查询结果集了。

（4）创建程序中的主页 index.jsp，在此页面中实例化 FindBook 对象，并调用它的 findAll()方法获取所有图书信息，将图书信息数据显示在页面中，关键代码如下：

```
<%@ page import="java.util.*"%>
<%@ page import="com.mingrisoft.BookBean"%>
<jsp:useBean id="findBook" class="com.mingrisoft.FindBook"></jsp:useBean>
…… <!—此处省略了部分 HTML 代码-->
    <%
        // 获取图书信息集合
        List<BookBean> list = findBook.findAll();
        // 判断集合是否有效
        if (list == null || list.size() < 1) {
            out.print("<tr><td bgcolor='#FFFFFF' colspan='5'>没有任何图书信息!
            </td></tr>");
        } else {
```

```
            // 遍历图书集合中的数据
            for (BookBean book : list) {
%>
……<!-此处省略了用于将获取到的图书信息显示到页面上的代码-->
<%
      }
}
%>
```

实例运行后，进入到 index.jsp 页面，程序将调用数据库中定义的存储过程 findAllBook 查询图书信息，其运行结果如图 9-13 所示。

所有图书信息

ID	图书名称	价格	数量	作者
5	Java Web开发典型模块大全	89.0	15	王国辉 王毅 王殊宇
4	Java从入门到精通过	59.8	20	李钟尉 周小彤 陈丹丹
3	Java Web开发实战宝典	89.0	10	王国辉

图 9-13　调用存储过程查询数据

9.5　综合实例——分页查询

本实例主要通过 MySQL 数据库提供的分页机制实现商品信息的分页查询功能，并将分页数据显示在 JSP 页面中，开发步骤如下。

（1）创建名称为 BookBean 的类，用于封装商品信息。此类是图书信息的 JavaBean，具体代码请参见光盘源程序。

BookBean 类中除了封装了商品对象的基本信息外，还定义了分页中的每页记录数。每页记录数是一个静态变量，可以直接对其进行引用，同时由于每页记录数并不会被经常修改，因此本实例将其定义为 final 类型。

（2）创建名称为 BookDao 的类，主要用于封装对商品的数据库相关操作。在 BookDao 类中，首先编写 getConnection()方法，用于创建数据库连接 Connection 对象，其关键代码如下：

```
public class BookDao {
……<!-由于 getConnection()方法的代码与例 9-5 的相同，所以此处省略了该方法的代码-->
}
```

说明

Connection 对象是每一个数据操作方法都要用到的对象，所以实例中将封装 getConnection()方法创建 Connection 对象，实现代码的重用。

创建商品信息的分页查询方法 find()，此方法包含一个 page 参数，用于传递要查询的页码，其关键代码如下。

```
/**
 * 分页查询所有商品信息
```

```
 * @param page 页数
 * @return List<Book>
 */
public List<BookBean> find(int page){
    List<BookBean> list = new ArrayList<>();              // 创建 List
    Connection conn = getConnection();                    // 获取数据库连接
    // 分页查询的 SQL 语句
    String sql = "select * from tb_Book order by id desc limit ?,?";
    try {
        PreparedStatement ps = conn.prepareStatement(sql); // 获取 PreparedStatement
        ps.setInt(1, (page - 1) * BookBean.PAGE_SIZE);     // 对SQL语句中的第1个参数赋值
        ps.setInt(2, BookBean.PAGE_SIZE);                  // 对SQL语句中的第2个参数赋值
        ResultSet rs = ps.executeQuery();                  // 执行查询操作
        while(rs.next()){                                  // 光标向后移动，并判断是否有效
            BookBean b = new BookBean();                   // 实例化 BookBean
            b.setId(rs.getInt("id"));                      // 对 id 属性赋值
            b.setName(rs.getString("name"));               // 对 name 属性赋值
            b.setNum(rs.getInt("num"));                    // 对 num 属性赋值
            b.setPrice(rs.getDouble("price"));             // 对 price 属性赋值
            b.setUnit(rs.getString("unit"));               // 对 unit 属性赋值
            list.add(b);                                   // 将BookBean添加到List集合中
        }
        rs.close();                                        // 关闭 ResultSet
        ps.close();                                        // 关闭 PreparedStatement
        conn.close();                                      // 关闭 Connection
    } catch (SQLException e) {
        e.printStackTrace();
    }
    return list;
}
```

find()方法用于实现分页查询功能，此方法根据入口参数 page 传递的页码查询指定页码中的记录，主要通过 limit 关键字进行实现。

MySQL 数据库提供的 limit 关键字能够控制查询数据结果集的起始位置及返回记录的数量，它的使用方式如下：

```
limit arg1,arg2
```

其中，arg1 用于指定查询记录的起始位置；arg2 用于指定查询数据所返回的记录数。

find()方法主要应用 limit 关键字编写分页查询的 SQL 语句，其中 limit 关键字的两个参数通过 PreparedStatement 对其进行赋值，第一个参数为查询记录的起始位置，根据 find()方法中的页码参数 page 可以对其进行计算，其算法为(page - 1) * BookBean.PAGE_SIZE；第二个参数为返回的记录数，也就是每一页所显示的记录数量，其值为 BookBean.PAGE_SIZE。

在对 SQL 语句传递了这两个参数后，执行 PreparedStatement 对象的 executeQuery()方法，就可以获取到指定页码中的结果集，实例中将所查询的商品信息封装为 BookBean 对象，放置到 List 集合中，最后将其返回。

BookDao 类主要用于封装商品信息的数据库操作，所以对商品信息的数据库操作相关的方法

应定义在此类中。在分页查询过程中，还需要获取商品信息的总记录数，用于计算商品信息的总页数，此操作编写在 findCount()方法中，其关键代码如下：

```
    public int findCount(){
        int count = 0;                                    // 总记录数
        Connection conn = getConnection();                // 获取数据库连接
        String sql = "select count(*) from tb_book";      // 查询总记录数的 SQL 语句
        try {
            Statement stmt = conn.createStatement();      // 创建 Statement
            ResultSet rs = stmt.executeQuery(sql);        // 查询并获取 ResultSet
            if(rs.next()){                                // 光标向后移动，并判断是否有效
                count = rs.getInt(1);                     // 对总记录数赋值
            }
            rs.close();                                   // 关闭 ResultSet
            conn.close();                                 // 关闭 Connection
        } catch (SQLException e) {
            e.printStackTrace();
        }
        return count;                                     // 返回总记录数
    }
}
```

查询商品信息总记录数的 SQL 语句为“select count(*) from tb_book”，findCount()方法主要通过执行这条 SQL 语句获取总记录数的值。

获取查询结果需要调用 ResultSet 对象的 next()方法向下移动光标，由于所获取的数据只是单一的数值，因此实例中通过 if(rs.next())进行调用，而没有使用 while 调用。

（3）创建名称为 FindServlet 的类，此类是分页查询商品信息的 Servlet 对象。在 FindServlet 类中重写 doGet()方法，对分页请求进行处理，其关键代码如下：

```
  protected void doGet(HttpServletRequest request, HttpServletResponse response) throws
ServletException, IOException {
      int currPage = 1;                                      // 当前页码
      if(request.getParameter("page") != null){              // 判断传递页码是否有效
          currPage = Integer.parseInt(request.getParameter("page"));// 对当前页码赋值
      }
      BookDao dao = new BookDao();                           // 实例化 BookDao
      List<BookBean> list = dao.find(currPage);              // 查询所有图书信息
      request.setAttribute("list", list);                    // 将 list 放置到 request 中
      int pages ;                                            // 总页数
      int count = dao.findCount();                           // 查询总记录数
      if(count % BookBean.PAGE_SIZE == 0){                   // 计算总页数
          pages = count / BookBean.PAGE_SIZE;                // 对总页数赋值
      }else{
          pages = count / BookBean.PAGE_SIZE + 1;            // 对总页数赋值
      }
      StringBuffer sb = new StringBuffer();                  // 实例化 StringBuffer
      for(int i=1; i <= pages; i++){                         // 通过循环构建分页导航条
          if(i == currPage){                                 // 判断是否为当前页
```

```
                sb.append("『" + i + "』");                        // 构建分页导航条
            }else{
                // 构建分页导航条
                sb.append("<a href='FindServlet?page=" + i + "'>" + i + "</a>");
            }
            sb.append("  ");                                      // 构建分页导航条
        }
        request.setAttribute("bar", sb.toString()); // 将分页导航条的字符串放置到 request 中
        // 转发到 bookList.jsp 页面
        request.getRequestDispatcher("bookList.jsp").forward(request, response);
    }
```

FindServlet 类的 doGet()方法主要做了两件事，分别为获取分页查询结果集及构造分页导航条对象。其中，获取分页查询结果非常简单，通过调用 BookDao 类的 find()方法并传递所要查询的页码就可以获取；分页导航条对象是 JSP 页面中的分页导航条，用于显示商品信息的页码，程序中主要通过创建页码的超链接，然后组合字符串进行构造。

分页导航条在 JSP 页面中是动态的内容，每次查看新页面都要重新构造，所以，实例中将分页的构造放置到 Servlet 中，以简化 JSP 页面的代码。

在构建分页导航条时，需要计算商品信息的总页码，它的值通过总记录数与每页记录数计算得出，计算得出总页码后，实例中通过 StringBuffer 组合字符串构建分页导航条。

如果一个字符串经常发生变化，应该使用 StringBuffer 对字符进行操作，因为在 JVM 中，每次创建一个新的字符串都需要分配一个字符串空间，而 StringBuffer 则是字符串的缓冲区，所以在经常修改字符串的情况下，StringBuffer 性能更高。

在获取查询结果集 List 与分页导航条后，FindServlet 分别将这两个对象放置到 request 中，将请求转发到 bookList.jsp 页面进行显示。

（4）创建 bookList.jsp 页面，此页面通过获取查询结果集 List 与分页导航条来分页显示商品信息数据，其关键代码如下：

```
<%@ page language="java" contentType="text/html; charset=UTF-8"
   pageEncoding="UTF-8"%>
<%@ page import="java.util.*"%>
<%@ page import="com.mingrisoft.BookBean"%>
…… <!--此处省略了部分 HTML 和 CSS 代码-->
        <%  // 获取图书信息集合
            List<BookBean> list = (List<BookBean>) request.getAttribute("list");
            if (list == null || list.size() < 1) {        // 判断集合是否有效
                out.print("<tr><td bgcolor='#FFFFFF' colspan='5'>没有任何图书信息!
                    </td></tr>");
            } else {
                for (BookBean book : list) {                // 遍历图书集合中的数据
        %>
        <tr align="center">
            <td bgcolor="#FFFFFF" ><%=book.getId()%></td>
            <td bgcolor="#FFFFFF"><%=book.getName()%></td>
            <td bgcolor="#FFFFFF"><%=book.getPrice()%></td>
            <td bgcolor="#FFFFFF"><%=book.getBookCount()%></td>
            <td bgcolor="#FFFFFF"><%=book.getAuthor()%></td>
```

```
        </tr>
        <%    }
        }%>
    </table>
    <div width="98%" align="center" style="padding-top:10px;">
        <%=request.getAttribute("bar")%>    <!--用于输出分页导航条-->
    </div>
```

查询结果集 List 与分页导航条均从 request 对象中进行获取，其中结果集 List 通过 for 循环遍历并将每一条商品信息输出到页面中，分页导航条输出到商品信息下方。

运行本实例，将显示如图 9-14 所示的运行效果。在该页面中，单击分页导航条中的页码，可以查看对应页的图书信息。

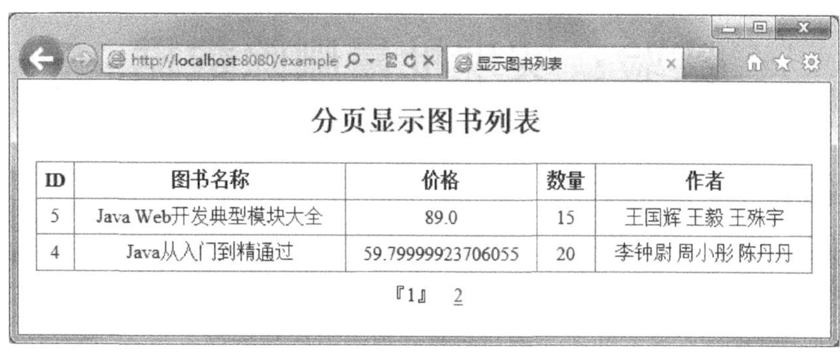

图 9-14　分页显示商品信息

知识点提炼

（1）JDBC（Java Data Base Connectivity 的缩写）是 Java 程序操作数据库的 API，也是 Java 程序与数据库交互的一门技术。

（2）JDBC-Native API Bridge 驱动通过调用本地的 native 程序实现数据库连接，这种类型的驱动程序，把客户机 API 上的 JDBC 调用转换为 Oracle、Sybase、Informix、DB2 或其他 DBMS 的调用。

（3）JDBC-middleware 驱动是一种完全利用 Java 编写的 JDBC 驱动，这种驱动程序将 JDBC 转换为与 DBMS 无关的网络协议，然后将这种协议通过网络服务器转换为 DBMS 协议。

（4）Pure JDBC Driver 驱动是一种完全利用 Java 编写的 JDBC 驱动，这种类型的驱动程序将 JDBC 调用直接转换为 DBMS 所使用的网络协议。

（5）Connection 接口位于 java.sql.包中，负责与特定数据库的连接。

（6）Statement 接口封装了 JDBC 执行 SQL 语句的方法，它可以完成 Java 程序执行 SQL 语句的操作。

（7）java.sql.CallableStatement 接口继承于 PreparedStatement 接口，是 PreparedStatement 接口的扩展，用来执行 SQL 的存储过程。

（8）ResultSet 接口位于 java.sql 包中，封装了数据查询的结果集。

习　题

（1）什么是 JDBC？JDBC 驱动程序有哪几种类型？
（2）简述 JDBC 连接数据库的基本步骤。
（3）执行动态 SQL 语句的接口是什么？
（4）PreparedStatement 与 Statement 的区别是什么？
（5）什么是存储过程？在 JSP 中如何调用存储过程？

实验：实现批量删除数据

实验目的

（1）掌握使用 JDBC 连接 MySQL 数据库的方法。
（2）掌握 SQL 语句中的 DELETE 语句的应用。
（3）掌握应用 PreparedStatement 对象进行批处理操作。

实验内容

应用 PreparedStatement 对象实现批量删除数据。

实验步骤

（1）创建动态 Web 项目，名称为 experiment09，并将 MySQL 数据库的驱动包添加至项目的构建路径中。

（2）创建名称为 BookBean 的类，用于封装图书信息，该类的代码与例 9-2 的完全相同，这里将不再给出。

（3）编写并配置名称为 FindServlet 的 Servlet，用于查询所有图书信息。在该 Servlet 中编写 doGet()方法，建立数据库连接，并将所查询的数据集合放置到 HttpServletRequest 对象中，将请求转发到 JSP 页面，关键代码如下：

```
@WebServlet("/")          //配置 Servlet 为默认执行页
public class FindServlet extends HttpServlet {
    ……          //此处省略了部分代码
    protected void doGet(HttpServletRequest request, HttpServletResponse response)
throws ServletException, IOException {
        try {
            Class.forName("com.mysql.jdbc.Driver");// 加载数据库驱动，注册到驱动管理器
            // 数据库连接字符串
            String url = "jdbc:mysql://localhost:3306/db_database09";
            String username = "root";                    // 数据库用户名
            String password = "root";                    // 数据库密码
            // 创建 Connection 连接
```

```
            Connection conn = DriverManager.getConnection(url,username,password);
            Statement stmt = conn.createStatement();            // 获取 Statement
            String sql = "select * from tb_book";               // 添加图书信息的 SQL 语句
            ResultSet rs = stmt.executeQuery(sql);              // 执行查询
            List<BookBean> list = new ArrayList<>();            // 实例化 List 对象
            while(rs.next()){                              // 光标向后移动，并判断是否有效
                BookBean book = new BookBean();                 // 实例化 Book 对象
                book.setId(rs.getInt("id"));                    // 对 id 属性赋值
                book.setName(rs.getString("name"));             // 对 name 属性赋值
                book.setPrice(rs.getDouble("price"));           // 对 price 属性赋值
                book.setBookCount(rs.getInt("bookCount"));      // 对 bookCount 属性赋值
                book.setAuthor(rs.getString("author"));         // 对 author 属性赋值
                list.add(book);                                 // 将图书对象添加到集合中
            }
            request.setAttribute("list", list);            // 将图书集合放置到 request 中
            rs.close();                                         // 关闭 ResultSet
            stmt.close();                                       // 关闭 Statement
            conn.close();                                       // 关闭 Connection
        } catch (ClassNotFoundException e) {
            e.printStackTrace();
        } catch (SQLException e) {
            e.printStackTrace();
        }
        // 将请求转发到 bookList.jsp
        request.getRequestDispatcher("bookList.jsp").forward(request, response);
    }
}
```

（4）创建 bookList.jsp 文件，在该文件中，首先显示从数据表中查询到的图书信息，并在每条记录后面添加一个用于选择是否删除的复选框，然后编写自定义的 JavaScript 函数 CheckAll()，用于设置复选框的全选或反选，再编写自定义的 JavaScript 函数 checkdel()，用于判断用户是否选择了要删除的记录，如果是，则提示“是否删除”，否则提示“请选择要删除的记录”，最后添加一个用于控制“全选/反选”和删除的控制条。bookList.jsp 文件的关键代码如下：

```
<%@ page language="java" contentType="text/html; charset=UTF-8"
    pageEncoding="UTF-8"%>
<%@ page import="java.util.*"%>
<%@ page import="com.mingrisoft.BookBean"%>
…… <!-此处省略了部分 HTML 和 CSS 代码-->
<script type="text/javascript">
    function CheckAll(elementsA, elementsB) {
        for (i = 0; i < elementsA.length; i++) {
            elementsA[i].checked = true;
        }
        if (elementsB.checked == false) {
            for (j = 0; j < elementsA.length; j++) {
                elementsA[j].checked = false;
            }
        }
    }
```

```
        //判断用户是否选择了要删除的记录，如果是，则提示“是否删除”；否则提示“请选择要删除的记录”
        function checkdel(delid, formname) {
            var flag = false;
            for (i = 0; i < delid.length; i++) {
                if (delid[i].checked) {
                    flag = true;
                    break;
                }
            }
            if (!flag) {
                alert("请选择要删除的记录！");
                return false;
            } else {
                if (confirm("确定要删除吗？")) {
                    formname.submit();
                }
            }
        }
    </script>
    </head>
    <body>
        <div width="98%" align="center"><h2>所有图书信息</h2></div>
        <form action="DelServlet" method="post" name="frm">
            <table width="98%" border="0" align="center" cellpadding="0"
                cellspacing="1" bgcolor="#666666">
                …… <!--此处省略了设置表头的代码-->
    <%// 获取图书信息集合
      List<BookBean> list = (List<BookBean>) request.getAttribute("list");
      if (list == null || list.size() < 1) {      // 判断集合是否有效
          out.print("<tr><td bgcolor='#FFFFFF' colspan='6'>没有任何图书信息！</td></tr>");
      } else {
          // 遍历图书集合中的数据
          for (BookBean book : list) { %>
                <tr align="center">
                    <td bgcolor="#FFFFFF"><%=book.getId()%></td>
                    <td bgcolor="#FFFFFF"><%=book.getName()%></td>
                    <td bgcolor="#FFFFFF"><%=book.getPrice()%></td>
                    <td bgcolor="#FFFFFF"><%=book.getBookCount()%></td>
                    <td bgcolor="#FFFFFF"><%=book.getAuthor()%></td>
                    <td bgcolor="#FFFFFF"><input name="delid" type="checkbox"
                        class="noborder" value="<%=book.getId()%>"></td>
                </tr>
        <%}
        }%>
            </table>
            <footer>
                <input name="checkbox" type="checkbox" class="noborder"
                    onClick="CheckAll(frm.delid,frm.checkbox)"> [全选/反选] [<a
                    style="color:red;cursor:pointer;"
                        onClick="checkdel(frm.delid,frm)"> 删除</a>]
                <div id="ch" style="display: none">
                    <input name="delid" type="checkbox" class="noborder" value="0">
                </div>
                <!--层 ch 用于放置隐藏的 checkbox 控件，因为当表单中只是一个 checkbox 控件时，
```

```
                应用 JavaScript 获得其 length 属性值为 undefine-->
        </footer>
    </form>
</body>
</html>
```

（5）编写并配置名称为 DelServlet 的 Servlet，用于删除选中的图书信息。在该 Servlet 中编写 doPost()方法，建立数据库连接，并将所查询的数据集合放置到 HttpServletRequest 对象中，将请求转发到 FindServlet，关键代码如下：

```
protected void doPost(HttpServletRequest request,
        HttpServletResponse response) throws ServletException, IOException {
    try {
        Class.forName("com.mysql.jdbc.Driver"); // 加载数据库驱动，注册到驱动管理器
        String url = "jdbc:mysql://localhost:3306/db_database09";// 数据库连接字符串
        String username = "root";                                // 数据库用户名
        String password = "root";                                // 数据库密码
        // 创建 Connection 连接
        Connection conn = DriverManager.getConnection(url, username,password);
        String sql = "DELETE FROM tb_book WHERE id=?";           // 删除的 SQL 语句
        PreparedStatement ps = conn.prepareStatement(sql);// 获取 PreparedStatement
        String ID[]=request.getParameterValues("delid");         //获取要删除的图书编号
        if (ID.length>0){
            for(int i=0;i<ID.length;i++){
                ps.setInt(1,Integer.parseInt(ID[i]));   // 对 SQL 语句中的第 1 个参数赋值
                ps.addBatch();                          // 添加批处理命令
            }
        }
        ps.executeBatch();                              // 执行批处理操作
        ps.close();                                     // 关闭 PreparedStatement
        conn.close();                                   // 关闭 Connection
    } catch (Exception e) {
        e.printStackTrace();
    }
    response.sendRedirect("FindServlet");               // 重定向到 FindServlet
}
```

运行本实例，将显示带“删除”复选框的全部图书列表，选中要删除的图书信息，如图 9-15 所示，单击“删除”超链接，即可将这些图书信息删除。[全选/反选]前面的复选框可以实现选中全部图书信息或不选中任何一本图书信息的功能。

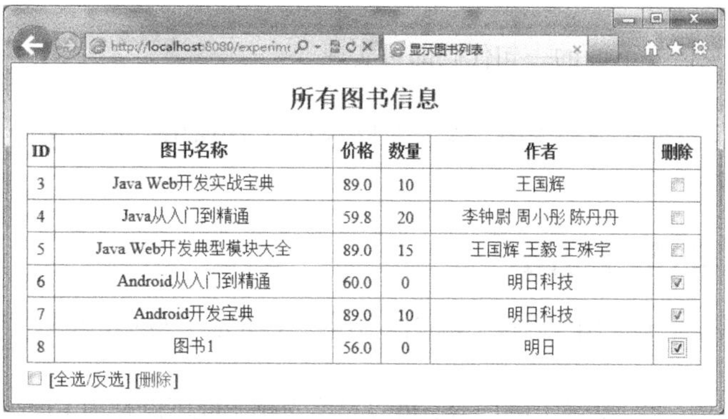

ID	图书名称	价格	数量	作者	删除
3	Java Web开发实战宝典	89.0	10	王国辉	☐
4	Java从入门到精通	59.8	20	李钟尉 周小彤 陈丹丹	☐
5	Java Web开发典型模块大全	89.0	15	王国辉 王毅 王殊宇	☐
6	Android从入门到精通	60.0	0	明日科技	☑
7	Android开发宝典	89.0	10	明日科技	☑
8	图书1	56.0	0	明日	☑

☐ [全选/反选] [删除]

图 9-15 批量删除图书信息

第10章 EL（表达式语言）

本章要点：

- EL 的基本语法
- 禁用 EL 的几种方法
- EL 表达式中的保留关键字
- EL 的运算符及优先级
- 使用 EL 的隐含对象
- 定义和使用 EL 的函数

EL 表达式是 JSP 2.0 引入的一个新的内容。通过它可以简化在 JSP 开发中对对象的引用，从而规范页面代码，增加程序的可读性及可维护性。EL 为不熟悉 Java 语言页面开发的人员提供了一个开发 JSP 网站的新途径。本章将对 EL 的语法、运算符及隐含对象进行详细介绍。

10.1 EL（表达式语言）概述

EL 是 Expression Language 的简称，意思是表达式语言。在 EL 没有出现前，开发 JSP 程序时经常需要将大量的 Java 代码片段嵌入到 JSP 页面中，使页面看起来很乱，而使用 EL 则比较简洁。例如，我们需要在 JSP 页面中显示保存在 session 范围内的变量 username，如果使用 Java 代码片段，则需要使用以下代码：

```
<%if(session.getAttribute("username")!=null){
    out.println(session.getAttribute("username").toString());
} %>
```

而使用 EL，则只需要下面的一句代码即可实现。

```
${username }
```

因此，EL 在 JSP 开发中比较常用，它通常与 JSTL 一同使用。关于 JSTL 我们将在第 11 章中详细介绍。

10.1.1 EL 的基本语法

EL 的语法很简单，它以“${”开头，以“}”结束，中间为合法的表达式，具体的语法格式如下：

```
${expression}
```

- expression：用于指定要输出的内容，可以是字符串，也可以是由 EL 运算符组成的表达式。

由于EL表达式的语法以“${”开头，因此如果要在JSP网页中显示“${”字符串，必须在前面加上\符号，即“\${”，或者写成“${'${'}”，也就是用表达式来输出“${”符号。

要在 EL 表达式中输出一个字符串，可以将此字符串放在一对单引号或双引号内。例如，要在页面中输出字符串“明日科技编程词典”，使用下面任意一行代码都可以。

```
${'明日科技编程词典'}
${"明日科技编程词典"}
```

10.1.2　EL 的特点

EL 除了具有语法简单、使用方便的特点外，还具有以下特点。

- EL 可以与 JSTL 结合使用，也可以与 JavaScript 语句结合使用。
- EL 中会自动进行类型转换。如果想通过 EL 输入两个字符串型数值（例如，number1 和 number2）的和，可以直接通过+号进行连接（例如，${number1+number2}）。
- EL 不仅可以访问一般变量，而且还可以访问 JavaBean 中的属性以及嵌套属性和集合对象。
- 在 EL 中可以执行算术运算、逻辑运算、关系运算和条件运算等。
- 在 EL 中可以获得命名空间（PageContext 对象，它是页面中所有其他内置对象的最大范围的集成对象，通过它可以访问其他内置对象）。
- 在使用 EL 进行除法运算时，如果 0 作为除数，则返回无穷大 Infinity，而不返回错误。
- 在 EL 中可以访问 JSP 的作用域（request、session、application 以及 page）。
- 扩展函数可以与 Java 类的静态方法进行映射。

10.2　与低版本的环境兼容——禁用 EL

如今，EL 已经是一项成熟、标准的技术了，只要安装的 Web 服务器能够支持 Servlet 2.4/JSP 2.0，就可以在 JSP 页面中直接使用 EL。由于在 JSP 2.0 以前版本中没有 EL，因此为了和以前的规范兼容，JSP 还提供了禁用 EL 的方法。JSP 提供了以下 3 种禁用 EL 方法，下面将分别进行介绍。

在使用 EL 时，如果其内容没有被正确解析，而是直接将 EL 内容原样显示到页面中，包括$和{}，则说明您的 Web 服务器不支持 EL，此时需要检查一下 EL 有没有被禁用。

10.2.1　使用反斜杠“\”符号

使用反斜杠符号是一种比较简单的禁用 EL 的方法。该方法只需要在 EL 的起始标记“${”前加上“\”符号，具体的语法如下：

```
\${expression}
```

例如，要禁用页面中的 EL“${number}”，可以使用下面的代码。

```
\${number}
```

该语法适合只禁用页面的一个或几个 EL 的情况。

10.2.2 使用 page 指令

使用 JSP 的 page 指令也可以禁用 EL 表达式，其具体的语法格式如下：

```
<%@ page isELIgnored="布尔值" %>
```

isELIgnored 属性：用于指定是否禁用页面中的 EL，如果属性值为 true，则忽略页面中的 EL，否则将解析页面中的 EL。

例如，如果想忽略页面中的 EL，可以在页面的顶部添加以下代码：

```
<%@ page isELIgnored="true" %>
```

该方法适合禁用一个 JSP 页面中的 EL。

10.2.3 在 web.xml 文件中配置<el-ignored>元素

在 web.xml 文件中配置<el-ignored>元素可以禁用服务器中的 EL。在 web.xml 文件中配置<el-ignored>元素的具体代码如下：

```
<jsp-config>
    <jsp-property-group>
        <url-pattern>*.jsp</url-pattern>
        <el-ignored>true</el-ignored>        <!--将此处的值设置为 false，表示使用 EL-->
    </jsp-property-group>
</jsp-config>
```

该方法适用于禁用 Web 应用中的所有 JSP 页面中的 EL。

10.3 保留的关键字

同 Java 一样，EL 也有自己的保留关键字，在为变量命名时，应该避免使用这些关键字，包括在使用 EL 输出已经保存在作用域范围内的变量名时也不能使用关键字，如果已经定义了，那么需要修改为其他的变量名。EL 的保留关键字如表 10-1 所示。

表 10-1　　EL 的保留关键字

and	eq	gt	true
instanceof	div	or	ne
le	false	empty	mod
not	lt	ge	null

如果在 EL 中使用了保留的关键字，那么在 Eclipse 中将给出如图 10-1 所示的错误提示。如果忽略该提示，直接运行程序，将显示如图 10-2 所示的错误提示。

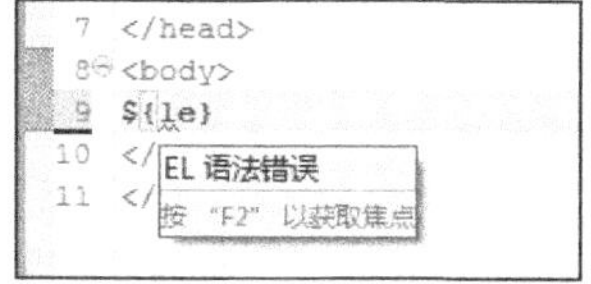

图 10-1 在 Eclipse 中显示的错误提示

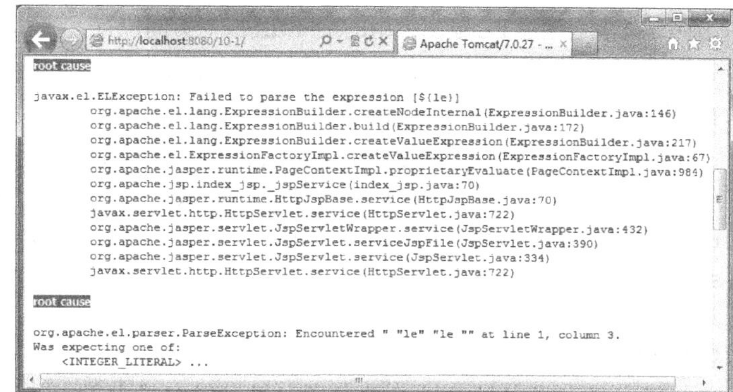

图 10-2 在 IE 浏览器中显示的错误提示

10.4 EL 的运算符及优先级

EL 提供了访问数据运算符、算术运算符、关系运算符、逻辑运算符、条件运算符及 empty 运算符等，各运算符的优先级如图 10-3 所示。运算符的优先级决定了在多个运算符同时存在时各个运算符的求值顺序，同级的运算符采用从左向右计算的原则。

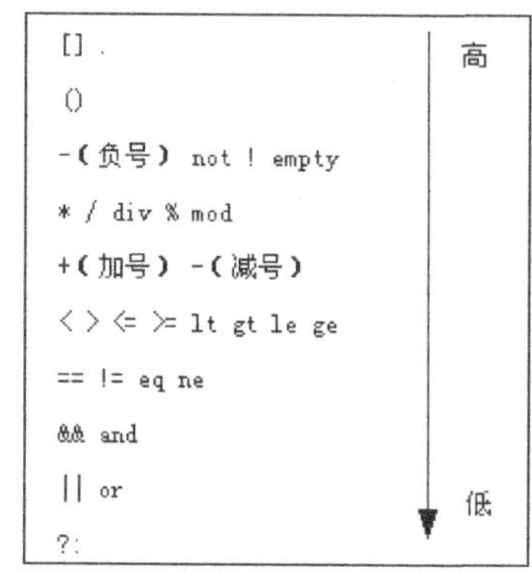

[] .
()
-（负号） not ! empty
* / div % mod
+（加号） -（减号）
< > <= >= lt gt le ge
== != eq ne
&& and
|| or
?:
高
低

图 10-3 EL 运算符的优先级

说明：使用括号()可以改变优先级，例如，${5 / (9−6)}改变了先乘除后加减的基本规则，这是因为括号的优先级高于绝大部分的运算符。在复杂的表达式中，使用括号可以使表达式更容易阅读及避免出错。

下面我们将结合运算符的应用对 EL 的运算符进行详细介绍。

10.4.1 通过 EL 访问数据

通过 EL 提供的"[]"和"."运算符可以访问数据。通常情况下，"[]"和"."运算符是等价的，可以相互代替。例如，要访问 JavaBean 对象 userInfo 的 id 属性，可以写成以下两种形式：

```
${userInfo.id}
${userInfo[id]}
```

但是，并不是所有情况下都可以相互替代的，例如，当对象的属性名中包括一些特殊的符号（-或.）时，就只能使用[]运算符来访问对象的属性。例如，"${userInfo[user-id]}"是正确的，而"${userInfo.user-name}"则是错误的。另外，EL 的"[]"运算符还有一个用途，就是用来读取数组或是 List 集合中的数据，下面进行详细介绍。

- 数组元素的获取

应用"[]"运算符可以获取数组的指定元素，但是"."运算符则不能。例如，要获取 request 范围中的数组 arrBook 中的第 1 个元素，可以使用以下 EL：

```
${arrBook[0]}
```

说明：由于数组的索引值是从 0 开始的，所以要获取第 1 个元素，需要使用索引值 0。

【例 10-1】 通过 EL 输出数组的全部元素。（实例位置：光盘\MR\源码\第 10 章\10-1）

编写 index.jsp 文件，在该文件中，首先定义一个包含 3 个元素的一维数组，并赋初始值，然后通过 for 循环和 EL 输出该数组中的全部元素。index.jsp 文件的关键代码如下：

```
<%String[] arr={"Java Web 开发典型模块大全","Java Web 开发实战宝典",
            "JSP 项目开发全程实录（第二版）"};          //定义一维数组
request.setAttribute("book",arr);                    //将数组保存到 request 对象中
String[] arr1=(String[])request.getAttribute("book");//获取保存到 request 范围内的变量
//通过循环和 EL 输出一维数组的内容
for(int i=0;i<arr1.length;i++){
    request.setAttribute("requestI",i);         //将循环变量 i 保存到 request 范围内的变量中
    %>
    ${requestI}: ${book[requestI]}<br>          <!-- 输出数组中第 i 个元素 -->
<%} %>
```

在上面的代码中，必须将循环变量 i 保存到 request 范围内的变量中，否则将不能正确访问数组，这里不能直接使用 Java 代码片段中定义的变量 i，也不能使用<%=i%>输出 i。

在运行时，系统会先获取 requestI 变量的值，然后将输出数组内容的表达式转换为“${book[索引]}”格式（例如，获取第 1 个数组元素，则转换为${book[0]}），再进行输出。实例的运行结果如图 10-4 所示。

图 10-4 运行结果

- List 集合元素的获取

应用“[]”运算符还可以获取 List 集合中的指定元素，但是“.”运算符则不能。

【例 10-2】 通过 EL 输出 List 集合的全部元素。（实例位置：光盘\MR\源码\第 10 章\10-2）

向 session 域中保存一个包含 3 个元素的 List 集合对象，并应用 EL 输出该集合的全部元素，代码如下：

```
<%List<String> list = new ArrayList<String>();         //声明一个 List 集合的对象
list.add("相框");                                      //添加第 1 个元素
list.add("笔筒");                                      //添加第 2 个元素
list.add("鼠标垫");                                    //添加第 3 个元素
session.setAttribute("goodsList",list);                //将 List 集合保存到 session 对象中
//获取保存到 session 范围内的变量
List<String> list1=(List<String>)session.getAttribute("goodsList");
//通过循环和 EL 输出 List 集合的内容
for(int i=0;i<list1.size();i++){
    request.setAttribute("requestI",i);                //将循环增量保存到 request 范围内
%>
```

```
    ${requestI}: ${goodsList[requestI]}<br>            <!-- 输出集合中的第 i 个元素 -->
<%} %>
```

上面的代码运行后，将显示如图 10-5 所示的运行结果。

图 10-5　显示 List 集合中的全部元素

10.4.2　在 EL 中进行算术运算

在 EL 中也可以进行算术运算。同 Java 语言一样，EL 提供了加、减、乘、除和求余 5 种算术运算符，各运算符及其用法如表 10-2 所示。

表 10-2　EL 的算术运算符

运 算 符	功　能	示　例	结　果
+	加	${19+1}	20
-	减	${66-30}	36
*	乘	${52.1*10}	521.0
/或 div	除	${5/2}或${5 div 2}	2.5
		${9/0}或${9 div 0}	Infinity
%或 mod	求余	${17%3}或${17 mod 3}	2
		${15%0}或${15 mod 0}	将抛出异常：java.lang.ArithmeticException: / by zero

EL 的"+"运算符与 Java 的"+"运算符不同，它不能实现两个字符串的相连接，如果使用该运算符连接两个不可以转换为数值型的字符串，将抛出异常；如果使用该运算符连接两个可以转换为数值型的字符串，则 EL 自动将这两个字符串转换为数值型，再进行加法运算。

10.4.3　在 EL 中判断对象是否为空

要在 EL 中判断对象是否为空，可以通过 empty 运算符实现。该运算符是一个前缀（prefix）运算符，即 empty 运算符位于操作数前方，用来确定一个对象或变量是否为 null 或空。empty 运算符的格式如下：

```
${empty expression}
```

expression：用于指定要判断的变量或对象。

例如，定义两个 request 范围内的变量 user 和 user1，分别设置值为 null 和""，代码如下：

```
<%request.setAttribute("user",""); %>
<%request.setAttribute("user1",null); %>
```

然后，通过 empty 运算符判断 user 和 user1 是否为空，代码如下：

```
${empty user}              <!-- 返回值为 true -->
${empty user1}             <!-- 返回值为 true -->
```

一个变量或对象为null或空代表的意义是不同的。null表示这个变量没有指明任何对象，而空表示这个变量所属的对象内容为空，例如，空字符串、空的数组或者空的List容器。

另外，empty 运算符也可以与 not 运算符结合使用，用于判断一个对象或变量是否为非空。例如，要判断 request 范围中的变量 user 是否为非空，可以使用以下代码：

```
<%request.setAttribute("user",""); %>
${not empty user}                          <!-- 返回值为false -->
```

10.4.4 在 EL 中进行逻辑关系运算

在 EL 中，通过逻辑运算符和关系运算符可以实现逻辑关系运算。关系运算符用于实现对两个表达式的比较，进行比较的表达式可以是数值型，也可以是字符串型。而逻辑运算符则常用于对 boolean 型数据进行操作。逻辑运算符和关系运算符经常一同使用。例如，在判断考试成绩时，可以用下面的表达式判断 60～80 分的成绩。

```
成绩>60 and 成绩<80
```

在这个表达式中，“>”和“<”为关系运算符，and 为与运算符。下面我们就对关系运算符和逻辑运算符进行详细介绍。

1. 关系运算符

EL 中提供了 6 种关系运算符。这 6 种关系运算符不仅可以用来比较整数和浮点数，还可以用来比较字符串。关系运算符的使用格式如下：

```
${表达式1 关系运算符 表达式2}
```

EL 中提供的关系运算符如表 10-3 所示。

表 10-3　EL 的关系运算符

运算符	功能	示例	结果
==或 eq	等于	${10==10}或${10 eq 10}	true
		${"A"=="a"}或${"A" eq "a"}	false
!=或 ne	不等于	${10!=10}或${10 ne 10}	false
		${"A"!="A"}或${"A" ne "A"}	false
<或 lt	小于	${7<6}或${7 lt 6}	false
		${"A"<"B"}或${"A" lt "B"}	true
>或 gt	大于	${7>6}或${7 gt 6}	true
		${"A">"B"}或${"A" gt "B"}	false
<=或 le	小于等于	${7<=6}或${7 le 6}	false
		${"A"<="A"}或${"A" le "A"}	true
>=或 ge	大于等于	${7>=6}或${7 ge 6}	true
		${"A">="B"}或${"A" ge "B"}	false

2. 逻辑运算符

在进行比较运算时，如果涉及两个或两个以上的条件判断（例如，要判断变量 a 是否大于等于 60，并且小于等于 80），就需要应用逻辑运算符了。逻辑运算符的条件表达式的值必须是 boolean 型或是可以转换为 boolean 型的字符串，并且返回的结果也是 boolean 型。

EL 中提供的逻辑运算符如表 10-4 所示。

表 10-4　　　　EL 的逻辑运算符

运 算 符	功　能	示　例	结　果
&& 或 and	与	${true && false}或${true and false}	false
		${"true" && "true"}或${"true" and "true"}	true
|| 或 or	或	${true || false}或${true or false}	true
		${false || false}或${false or false}	false
! 或 not	非	${! true}或${not true}	false
		${!false}或${not false}	true

在进行逻辑运行时，只要表达式的值可以确定，将停止执行。例如，在表达式 A and B and C 中，如果 A 为 true，B 为 false，则只计算 A and B，并返回 false；再例如，在表达式 A or B or C 中，如果 A 为 true，B 为 false，则只计算 A or B，并返回 true。

【例 10-3】 关系运算符和逻辑运算符的应用示例。（实例位置：光盘\MR\源码\第 10 章\10-3）

编写 index.jsp 文件，在该文件中，首先定义两个 request 范围内的变量并赋初始值，然后输入这两个变量，最后将这两个变量和关系运算符、逻辑运算符组成条件表达式，并输出。index.jsp 文件的关键代码如下：

```
<%request.setAttribute("userName","mr");    //定义 request 范围内的变量 userName
request.setAttribute("pwd","mrsoft");       //定义 pwd 范围内的变量 pwd
%>
userName=${userName}<br>                    <!-- 输入变量 userName -->
pwd=${pwd}<br>                              <!-- 输入变量 pwd -->
\${userName!="" and (userName=="明日") }:
<!-- 将 EL 原样输出 -->
${userName!="" and userName=="明日" }<br><!-- 输出由关系运算符和逻辑运算符组成的表达式的值 -->
\${userName=="mr" and pwd=="mrsoft" }:
<!-- 将 EL 原样输出 -->
${userName=="mr" and pwd=="mrsoft" }<!-- 输出由关系运算符和逻辑运算符组成的表达式的值 -->
```

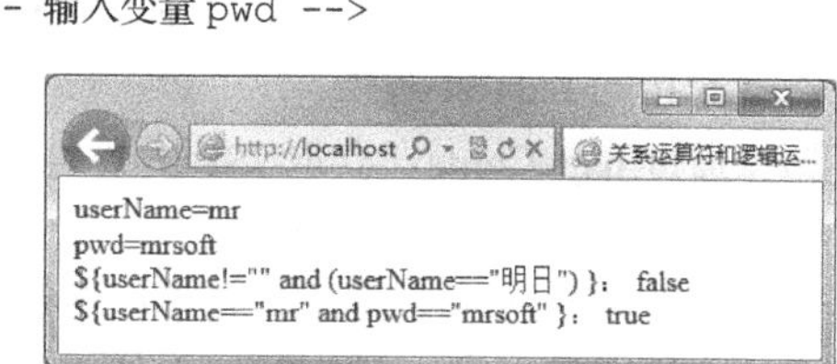

图 10-6　运行结果

运行本实例，将显示如图 10-6 所示的运行结果。

10.4.5　在 EL 中进行条件运算

在 EL 中进行简单的条件运算，可以通过条件运算符实现。EL 的条件运算符唯一的优点在于其非常简单和方便，和 Java 语言里的用法完全一致。其语法格式如下：

```
${条件表达式 ? 表达式1 : 表达式2}
```

- 条件表达式：用于指定一个条件表达式，该表达式的值为 boolean 型。可以由关系运算符、逻辑运算符和 empty 运算符组成。
- 表达式 1：用于指定当条件表达式的值为 true 时将要返回的值。
- 表达式 2：用于指定当条件表达式的值为 false 时将要返回的值。

在上面的语法中，如果条件表达式为真，则返回表达式 1 的值，否则返回表达式 2 的值。

例如，应用条件运算符实现，当变量 cart 的值为空时，输出“购物车为空”，否则输出 cart 的值，具体的代码如下：

```
${empty cart ? "cart 为空" : cart}
```

通常情况下，条件运算符可以用 JSTL 中的条件标签<c:if>或<c:choose>替代。

10.5 EL 的隐含对象

为了能够获得 Web 应用程序中的相关数据，EL 提供了 11 个隐含对象，这些对象类似于 JSP 的内置对象，也是直接通过对象名进行操作的。在 EL 的隐含对象中，除 PageContext 是 JavaBean 对象，对应于 javax.servlet.jsp.PageContext 类型外，其他的隐含对象都对应于 java.util.Map 类型。这些隐含对象可以分为页面上下文对象、访问作用域范围的隐含对象和访问环境信息的隐含对象 3 种。下面进行详细介绍。

10.5.1 页面上下文对象

页面上下文对象为 pageContext，用于访问 JSP 内置对象（例如 request、response、out、session、exception、page 等，但不能用于获取 application、config 和 pageContext 对象）和 servletContext。在获取到这些内置对象后，就可以获取其属性值了。这些属性与对象的 getter 方法相对应，在使用时，去掉方法名中的 get，并将首字母改为小写即可。下面将分别介绍如何应用页面上下文对象访问 JSP 的内置对象和 servletContext 对象。

- 访问 request 对象

通过 pageContext 获取 JSP 内置对象中的 request 对象，可以使用下面的语句：

```
${pageContext.request}
```

获取到 request 对象后，就可以通过该对象获取与客户端相关的信息，例如，HTTP 报头信息、客户信息提交方式，客户端主机 IP 地址，端口号等。具体都可以获取哪些信息，请参见第 6 章中的表 6-2。该表列出了 request 对象用于获取客户端相关信息的常用方法，此处只需要将方法名中的 get 去掉，并将方法名的首字母改为小写即可。例如，要访问 getServerPort()方法，可以使用下面的代码：

```
${pageContext.request.serverPort }
```

这句代码将返回端口号，这里为 8080。

不可以通过 pageContext 对象获取保存到 request 范围内的变量。

- 访问 response 对象

通过 pageContext 获取 JSP 内置对象中的 response 对象，可以使用下面的语句：

```
${pageContext.response}
```

获取到 response 对象后，就可以通过该对象获取与响应相关的信息，例如，响应的内容类型。要获取响应的内容类型，可以使用下面的代码：

```
${pageContext.response.contentType }
```

这句代码将返回响应的内容类型，这里为“text/html;charset=UTF-8”。

● 访问 out 对象

通过 pageContext 获取 JSP 内置对象中的 out 对象，可以使用下面的语句：

```
${pageContext.out}
```

获取到 out 对象后，就可以通过该对象获取与输出相关的信息，例如，输出缓冲区的大小。要获取输出缓冲区的大小，可以使用下面的代码：

```
${pageContext.out.bufferSize }
```

这句代码将返回输出缓冲区的大小，这里为 8192。

● 访问 session 对象

通过 pageContext 获取 JSP 内置对象中的 session 对象，可以使用下面的语句：

```
${pageContext.session}
```

获取到 session 对象后，就可以通过该对象获取与 session 相关的信息，例如，session 的有效时间。要获取 session 的有效时间，可以使用下面的代码：

```
${pageContext.session.maxInactiveInterval}
```

这句代码将返回 session 的有效时间，这里为 1800 秒，即 30 分钟。

● 访问 exception 对象

通过 pageContext 获取 JSP 内置对象中的 exception 对象，可以使用下面的语句：

```
${pageContext.exception}
```

获取到 exception 对象后，就可以通过该对象获取 JSP 页面的异常信息，例如，获取异常信息字符串。要获取异常信息字符串，可以使用下面的代码：

```
${pageContext.exception.message}
```

说明　在使用该对象时，也需要在可能出现错误的页面中指定错误处理页，并且在错误处理页中指定 page 指令的 isErrorPage 属性值为 true，然后使用上面的 EL 输出异常信息。

● 访问 page 对象

通过 pageContext 获取 JSP 内置对象中的 page 对象，可以使用下面的语句：

```
${pageContext.page}
```

获取到 page 对象后，就可以通过该对象获取当前页面的类文件，具体代码如下：

```
${pageContext.page.class}
```

这句代码将返回当前页面的类文件，这里为“class org.apache.jsp.index_jsp”。

● 访问 servletContext 对象

通过 pageContext 获取 JSP 内置对象中的 servletContext 对象，可以使用下面的语句：

```
${pageContext.servletContext}
```

获取到 servletContext 对象后，就可以通过该对象获取 servlet 上下文信息，例如，获取上下文路径。获取 servlet 上下文路径的具体代码如下：

```
${pageContext.servletContext.contextPath}
```

这句代码将返回当前页面的上下文路径，这里为“/10-3”。

10.5.2　访问作用域范围的隐含对象

EL 中提供了 4 个用于访问作用域范围的隐含对象，即 pageScope、requestScope、sessionScope 和 applicationScope。应用这 4 个隐含对象指定所要查找的标识符的作用域后，系统将不再按照默认的顺序（page、request、session 及 application）来查找相应的标识符。它们与 JSP 中的 page、 request、session 及 application 内置对象类似，只不过这 4 个隐含对象只能用来获取指定范围内的属性值，而不能获取其他相关信息。下面将对这 4 个隐含对象进行介绍。

● pageScope 隐含对象

pageScope 隐含对象用于返回包含 page（页面）范围内的属性值的集合，返回值为 java.util.Map 对象。下面通过一个具体的例子介绍 pageScope 隐含对象的应用。

【例 10-4】 通过 pageScope 隐含对象读取 page 范围内 JavaBean 的属性值。（实例位置：光盘\MR\源码\第 10 章\10-4）

（1）创建一个名称为 UserInfo 的 JavaBean，并将其保存到 com.wgh 包中。该 JavaBean 中包括一个 name 属性，具体代码请参见光盘的源程序。

（2）编写 index. jsp 文件，在该文件中应用<jsp:useBean>动作标识，创建一个 page 范围内的 JavaBean 实例，并设置 name 属性的值为“无语”，具体代码如下：

```
<jsp:useBean id="user" scope="page" class="com.wgh.UserInfo"
    type="com.wgh.UserInfo">
    <jsp:setProperty name="user" property="name" value="无语"/>
</jsp:useBean>
```

（3）在 index.jsp 的<body>标记中，应用 pageScope 隐含对象获取该 JavaBean 实例的 name 属性，代码如下：

```
用户名为：${pageScope.user.name}
```

运行本实例，将显示如图 10-7 所示的运行结果。

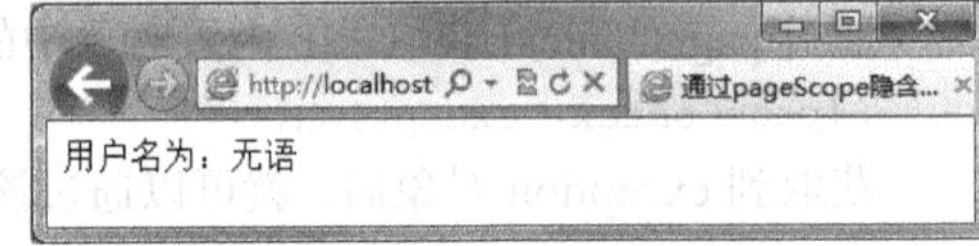

图 10-7　运行结果

● requestScope 隐含对象

requestScope 隐含对象用于返回包含 request（请求）范围内的属性值的集合，返回值为 java.util.Map 对象。例如，要获取保存在 request 范围内的 userName 变量，可以使用下面的代码：

```
<%request.setAttribute("userName","mr");          //定义 request 范围内的变量 userName
%>
${requestScope.userName}
```

● sessionScope 隐含对象

sessionScope 隐含对象用于返回包含 session（会话）范围内的属性值的集合，返回值为 java.util.Map 对象。例如，要获取保存在 session 范围内的 manager 变量，可以使用下面的代码：

```
<%session.setAttribute("manager","mr");          //定义 session 范围内的变量 manager
%>
${sessionScope.manager}
```

● applicationScope 隐含对象

applicationScope 隐含对象用于返回包含 application（应用）范围内的属性值的集合，返回值为 java.util.Map 对象。例如，要获取保存在 application 范围内的 message 变量，可以使用下面的代码：

```
<%//定义 application 范围内的变量 message
    application.setAttribute("message","欢迎光临丫丫聊天室！");%>
${applicationScope.message}
```

10.5.3　访问环境信息的隐含对象

EL 中提供了 6 个访问环境信息的隐含对象。下面将对这 6 个隐含对象进行详细介绍。

● param 对象

param 对象用于获取请求参数的值，应用在参数值只有一个的情况。在应用 param 对象时，返回的结果为字符串。

例如，在 JSP 页面中放置一个名称为 name 的文本框，关键代码如下：

```
<input name="name" type="text">
```

当表单提交后，要获取 name 文本框的值，可以使用下面的代码：

```
${param.name}
```

如果 name 文本框中可以输入中文，那么在应用 EL 输出其内容前，还需应用 “request.setCharacterEncoding("UTF-8");” 语句设置请求的编码为支持中文的编码，否则将产生乱码。

● paramValues 对象

如果一个请求参数名对应多个值，则需要使用 paramValues 对象获取请求参数的值。在应用 paramValues 对象时，返回的结果为数组。

【例 10-5】 在 JSP 页面中放置一个名称为 affect 的复选框组，关键代码如下：

```
<input name="affect" type="checkbox" id="affect" value="登山">登山
<input name="affect" type="checkbox" id="affect" value="游泳">游泳
<input name="affect" type="checkbox" id="affect" value="慢走">慢走
<input name="affect" type="checkbox" id="affect" value="晨跑">晨跑
```

当表单提交后，要获取 affect 的值，可以使用下面的代码：

```
<%request.setCharacterEncoding("UTF-8"); %>
爱好为：
${paramValues.affect[0]}${paramValues.affect[1]}${paramValues.affect[2]}${paramValues.affect[3]}
```

在应用 param 和 paramValues 对象时，如果指定的参数不存在，则返回空的字符串，而不是返回 null。

● header 和 headerValues 对象

header 对象用于获取 HTTP 请求的一个具体的 header 值，但是在有些情况下可能存在同一个 header 拥有多个不同的值，这时就必须使用 headerValues 对象。

例如，要获取 HTTP 请求的 header 的 connection（是否需要持久连接）属性，可以应用以下代码实现：

```
${header.connection}或${header["connection"]}
```

上面的 EL 将输出如图 10-8 所示的结果。

但是，如果要获取 HTTP 请求的 header 的 user-agent 属性，则必需应用以下 EL：

```
${header["user-agent"]}
```

上面的代码将输出如图 10-9 所示的结果。

图 10-8　应用 header 对象获取的 connection 属性

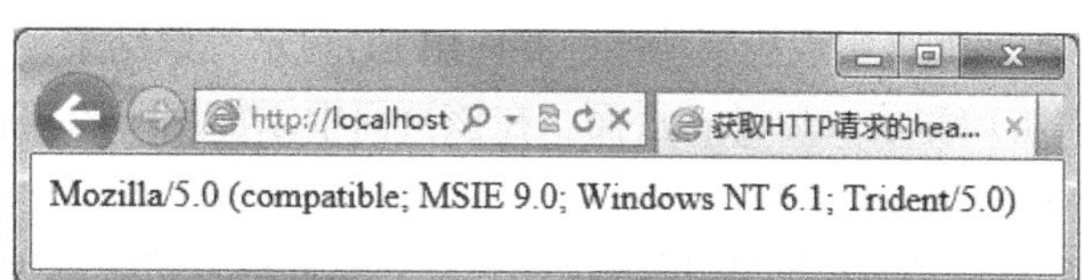

图 10-9　应用 header 对象获取的 user-agent 属性

● initParam 对象

initParam 对象用于获取 Web 应用初始化参数的值。例如，在 Web 应用的 web.xml 文件中设置一个初始化参数 author，用于指定作者，具体代码如下：

```
<context-param>
   <param-name>author</param-name>
   <param-value>mr</param-value>
</context-param>
```

应用 EL 获取参数 author 的代码如下：

```
${initParam.author}
```

【例 10-6】 获取 Web 应用初始化参数并显示。（实例位置：光盘\MR\源码\第 10 章\10-6）

（1）打开 web.xml 文件，在</web-app>标记的上方添加如下设置初始化参数的代码。

```
<context-param>
   <param-name>company</param-name>
   <param-value>吉林省明日科技有限公司</param-value>
</context-param>
```

上面的代码设置了一个名称为 company 的参数，参数值为“吉林省明日科技有限公司”。

（2）编写 index.jsp 文件，在该文件中应用 EL 获取并显示初始化参数 company，关键代码如下：

```
版权所有：${initParam.company}
```

运行本实例，将显示如图 10-10 所示的运行结果。

图 10-10 运行结果

● cookie 对象

虽然在 EL 中并没有提供向 cookie 中保存值的方法，但是它提供了访问由请求设置的 cookie 的方法，这可以通过 cookie 隐含对象实现。如果在 cookie 中已经设定一个名称为 username 的值，那么可以使用${cookie.username}来获取该 cookie 对象。但如果要获取 cookie 中的值，需要使用 cookie 对象的 value 属性。

例如，使用 response 对象设置一个请求有效的 cookie 对象，然后使用 EL 获取该 cookie 对象的值，可以使用下面的代码：

```
<%Cookie cookie=new Cookie("user","mrbccd");
 response.addCookie(cookie);%>
${cookie.user.value}
```

运行上面的代码后，将在页面中显示 mrbccd。

说明

所谓 cookie 是一个文本文件，它是以 key、value 的方法将用户会话信息记录在这个文本文件内，并将其暂时存放在客户端浏览器中。

10.6 综合实例——通过 EL 显示投票结果

本实例将实现投票功能，并应用 EL 显示投票结果，具体的开发步骤如下。

（1）编写 index.jsp 页面，在该页面中添加用于收集投票信息的表单及表单元素，关键代码如下：

```
<form name="form1" method="post" action="PollServlet">
 ·您最需要哪方面的编程类图书?
```

```
<input name="item" type="radio" value="基础教程类" checked>基础教程类
 <input name="item" type="radio" value="实例集锦类">实例集锦类
 <input name="item" type="radio" value="经验技巧类">经验技巧类
 <input name="item" type="radio" value="速查手册类">速查手册类
 <input name="item" type="radio" value="案例剖析类">案例剖析类
 <input name="Submit" type="submit" value="投票">
 <input name="Submit2" type="button" value="查看投票结果"
    onClick="window.location.href='showResult.jsp'">
</form>
```

（2）编写完成投票功能的 Servlet，将其保存到 com.wgh.servlet 包中，名称为 PollServlet。在该 Servlet 的 doPost()方法中，首先设置请求的编码为 GBK，并获取投票项，然后判断是否存在保存投票结果的 ServletContext 对象（该对象 application 范围内有效），如果存在，则获取保存在 ServletContext 对象中的 Map 集合，并将指定投票项的得票数加 1，否则创建并初始化一个保存投票信息的 Map 集合，再将保存投票结果的 Map 集合保存到 ServletContext 对象中，最后向浏览器输出弹出提示对话框并重定向网页的 JavaScript 代码。PollServlet 的具体代码如下：

```
public class PollServlet extends HttpServlet {
    public void doPost(HttpServletRequest request, HttpServletResponse response)
            throws ServletException, IOException {
        request.setCharacterEncoding("GBK");                         //设置请求的编码方式
        String item=request.getParameter("item");                   //获取投票项
        //获取 ServletContext 对象，该对象在 application 范围内有效
        ServletContext servletContext=request.getSession().getServletContext();
        Map map=null;
        if(servletContext.getAttribute("pollResult")!=null){
            map=(Map)servletContext.getAttribute("pollResult");  //获取投票结果
            //将当前的投票项加 1
            map.put(item,Integer.parseInt(map.get(item).toString())+1);
        }else{   //初始化一个保存投票信息的 Map 集合，并将选定投票项的投票数设置为 1，其他为 0
            String[] arr={"基础教程类","实例集锦类","经验技巧类",
                                              "速查手册类","案例剖析类"};
            map=new HashMap();
            //初始化 Map 集合
            for(int i=0;i<arr.length;i++){
                if(item.equals(arr[i])){                          //判断是否为选定的投票项
                    map.put(arr[i], 1);
                }else{
                    map.put(arr[i], 0);
                }
            }
        }
        //保存投票结果到 ServletContext 对象中
        servletContext.setAttribute("pollResult", map);
        //设置响应的类型和编码方式，如果不设置，弹出对话框中的文字将显示乱码
        response.setContentType("text/html;charset=UTF-8");
        PrintWriter out=response.getWriter();
        out.println("<script>alert('投票成功！');
                            window.location.href='showResult.jsp';</script>");
    }
}
```

（3）编写 showResult.jsp 页面，在该页面中应用 EL 输出投票结果，具体代码如下：

```
您最需要哪方面的编程类图书?
基础教程类:
<img src="bar.gif" width='${220*(applicationScope.pollResult["基础教程类"]/(applicationScope.pollResult["基础教程类"]+applicationScope.pollResult["实例集锦类"]+applicationScope.pollResult["经验技巧类"]+applicationScope.pollResult["速查手册类"]+applicationScope.pollResult["案例剖析类"]))}' height="13">
    (${empty applicationScope.pollResult["基础教程类"]? 0 :applicationScope.pollResult["基础教程类"]})
实例集锦类:
<img src="bar.gif" width='${220*(applicationScope.pollResult["实例集锦类"]/(applicationScope.pollResult["基础教程类"]+applicationScope.pollResult["实例集锦类"]+applicationScope.pollResult["经验技巧类"]+applicationScope.pollResult["速查手册类"]+applicationScope.pollResult["案例剖析类"]))}' height="13">
    (${empty applicationScope.pollResult["实例集锦类"]? 0 :applicationScope. pollResult["实例集锦类"]})
经验技巧类:
<img src="bar.gif" width='${220*(applicationScope.pollResult["经验技巧类"]/(applicationScope.pollResult["基础教程类"]+applicationScope.pollResult["实例集锦类"]+applicationScope.pollResult["经验技巧类"]+applicationScope.pollResult["速查手册类"]+applicationScope.pollResult["案例剖析类"]))}' height="13">
    (${empty applicationScope.pollResult["经验技巧类"]? 0 :applicationScope. pollResult["经验技巧类"]})
速查手册类:
<img src="bar.gif" width='${220*(applicationScope.pollResult["速查手册类"]/(applicationScope.pollResult["基础教程类"]+applicationScope.pollResult["实例集锦类"]+applicationScope.pollResult["经验技巧类"]+applicationScope.pollResult["速查手册类"]+applicationScope.pollResult["案例剖析类"]))}' height="13">
    (${empty applicationScope.pollResult["速查手册类"]? 0 :applicationScope. pollResult["速查手册类"]})
案例剖析类:
<img src="bar.gif" width='${220*(applicationScope.pollResult["案例剖析类"]/(applicationScope.pollResult["基础教程类"]+applicationScope.pollResult["实例集锦类"]+applicationScope.pollResult["经验技巧类"]+applicationScope.pollResult["速查手册类"]+applicationScope.pollResult["案例剖析类"]))}' height="13">
    (${empty applicationScope.pollResult["案例剖析类"]? 0 :applicationScope.pollResult["案例剖析类"]})
合计:
${applicationScope.pollResult["基础教程类"]+applicationScope.pollResult["实例集锦类"]+applicationScope.pollResult["经验技巧类"]+applicationScope.pollResult["速查手册类"]+applicationScope.pollResult["案例剖析类"]}人投票!
    <input name="Button" type="button" class="btn_grey" value="返回" onClick="window.location.href='index.jsp'">
```

说明

上面的代码中，EL "${empty applicationScope.pollResult["案例剖析类"]? 0 :applicationScope.pollResult["案例剖析类"]}" 用于显示案例剖析类图书的得票数，在该 EL 中应用条件运算符，用于当没有投票信息时将得票数显示为 0。

运行程序，将显示如图 10-11 所示的投票页面，在该页面中，选中自己需要的编程类图书，单击“投票”按钮，将完成投票，并显示投票结果，如图 10-12 所示。在投票页面，单击“查看投票结果”按钮也可以查看投票结果。

图 10-11 投票页面

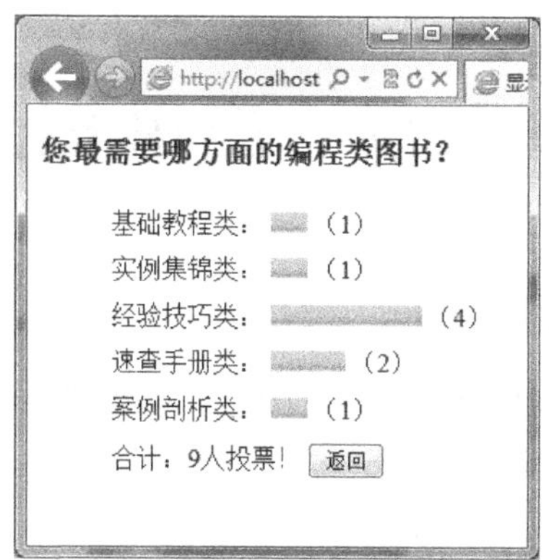

图 10-12 显示投票结果页面

知识点提炼

（1）EL 是 Expression Language 的简称，意思是表达式语言。通过它可以简化在 JSP 开发中对对象的引用，从而规范页面代码，增加程序的可读性及可维护性。

（2）EL 的语法很简单，它以“${”开头，以“}”结束，中间为合法的表达式。

（3）pageScope 隐含对象用于返回包含 page（页面）范围内的属性值的集合，返回值为 java.util.Map 对象。

（4）requestScope 隐含对象用于返回包含 request（请求）范围内的属性值的集合，返回值为 java.util.Map 对象。

（5）sessionScope 隐含对象用于返回包含 session（会话）范围内的属性值的集合，返回值为 java.util.Map 对象。

（6）applicationScope 隐含对象用于返回包含 application（应用）范围内的属性值的集合，返回值为 java.util.Map 对象。

（7）param 对象用于获取请求参数的值，应用在参数值只有一个的情况。在应用 param 对象时，返回的结果为字符串。

（8）header 对象用于获取 HTTP 请求的一个具体的 header 值，但是在有些情况下可能存在同一个 header 拥有多个不同的值，这时就必须使用 headerValues 对象。

（9）initParam 对象用于获取 Web 应用初始化参数的值。

习 题

（1）EL 表达式的基本语法是什么？

（2）如何让 JSP 页面忽略 EL 表达式？

（3）EL 表达式提供了几种运算符？各运算符的优先级是什么？

（4）EL 表达式提供了哪几种隐含对象？

（5）如何定义和使用 EL 的函数？

实验：应用 EL 访问 JavaBean 属性

实验目的

（1）巩固使用 JSP 的动作标识创建 JavaBean 实例，并为其属性赋值。

（2）掌握应用 EL 访问 JavaBean 属性的方法。

实验内容

在客户端的表单中填写用户注册信息后，单击“提交”按钮，将应用 EL 访问 JavaBean 属性的方法显示到页面上。

实验步骤

（1）在 Eclipse 中创建动态 Web 项目，名称为 experiment10。

（2）编写 index.jsp 页面，在该页面中添加用于收集用户注册信息的表单及表单元素，关键代码如下：

```
<form name="form1" method="post" action="deal.jsp">
用户名：<input name="username" type="text" id="username">
密    码：<input name="pwd" type="password" id="pwd">
确认密码：<input name="repwd" type="password" id="repwd">
性    别：
<input name="sex" type="radio" value="男">男
<input name="sex" type="radio" value="女">女
爱    好：
<input name="affect" type="checkbox" id="affect" value="体育">体育
<input name="affect" type="checkbox" id="affect" value="美术">美术
<input name="affect" type="checkbox" id="affect" value="音乐">音乐
<input name="affect" type="checkbox" id="affect" value="旅游">旅游
<input name="Submit" type="submit" value="提交">
<input name="Submit2" type="reset" value="重置">
</form>
```

（3）编写保存用户信息的 JavaBean，将其保存到 com.wgh 包中，名称为 UserForm，关键代码如下：

```
public class UserForm {
    private String username="";                    //用户名属性
    private String pwd="";                         //密码属性
    private String sex="";                         //性别属性
```

```
    private String[] affect=null;                      //爱好属性
    public void setUsername(String username) {  //设置 username 属性的方法
        this.username = username;
    }
    public String getUsername() {                     //获取 username 属性的方法
        return username;
    }
    ……      //此处省略了设置其他属性对应的 setter 和 getter 方法的代码
    public void setAffect(String[] affect) {     //设置 affect 属性的方法
        this.affect = affect;
    }
    public String[] getAffect() {                     //获取 affect 属性的方法
        return affect;
    }
}
```

（4）编写 deal.jsp 页面，在该页面中，首先应用 request 内置对象的 setCharacterEncoding()方法设置请求的编码方式为 UTF-8，然后应用<jsp:useBean>动作指令在页面中创建一个 JavaBean 实例，再应用<jsp:setProperty>动作指令设置 JavaBean 实例的各属性值，最后应用 EL 将 JavaBean 的各属性显示到页面中，具体代码如下：

```
<%@ page language="java" contentType="text/html; charset=UTF-8"
    pageEncoding="UTF-8"%>
<%request.setCharacterEncoding("UTF-8");%>
<jsp:useBean id="userForm" class="com.wgh.UserForm" scope="page"/>
<jsp:setProperty name="userForm" property="*"/>
<!--显示用户注册信息-->
用户名：${userForm.username}
密　码：${userForm.pwd}
性　别：${userForm.sex}
爱　好：${userForm.affect[0]} ${userForm.affect[1]}
       ${userForm.affect[2]} ${userForm.affect[3]}
<input name="Button" type="button" value="返回"
    onClick="window.location.href='index.jsp'">
```

运行程序，在页面的“用户名”文本框中输入用户名，在“密码”文本框中输入密码，在“确认密码”文本框中确认密码，选择性别和爱好后，如图 10-13 所示，单击“提交”按钮，即可将该用户信息显示到页面中，如图 10-14 所示。

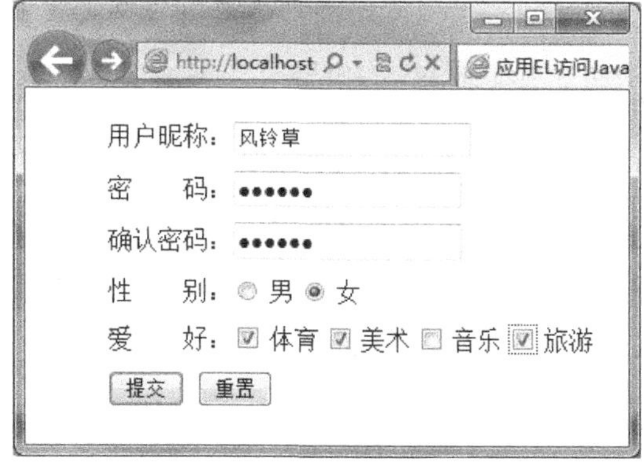

图 10-13　填写注册信息页面

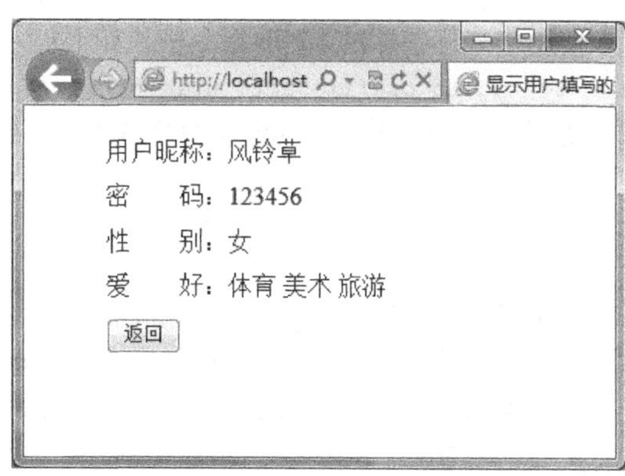

图 10-14　显示注册信息页面

第11章 JSTL核心标签库

本章要点：

- 如何引用 JSTL 提供的各种标签库
- 如何下载与配置 JSTL
- 如何使用 JSTL 提供的表达式标签
- 如何使用 JSTL 提供的 URL 相关标签
- 如何使用 JSTL 提供的流程控制标签
- 如何使用 JSTL 提供的循环标签

JSTL 是一个不断完善的、开放源代码的 JSP 标签库，JSP 2.0 中已将 JSTL 作为标准支持。使用 JSTL 可以取代在传统 JSP 程序中嵌入 Java 代码的做法，大大提高了程序的可维护性。本章将对 JSTL 的下载和配置以及 JSTL 的核心标签库进行详细介绍。

11.1 JSTL 标签库简介

虽然 JSTL 叫作标准标签库，但实际上它是由 5 个功能不同的标签库组成的。这 5 个标签库分别是核心标签库、格式标签库、SQL 标签库、XML 标签库和函数标签库等。在使用这些标签之前，必须在 JSP 页面的顶部使用<%@ taglib%>指令定义引用的标签库和访问前缀。

使用核心标签库的 taglib 指令格式如下：

```
<%@ taglib prefix="c" uri="http://java.sun.com/jsp/jstl/core" %>
```

使用格式标签库的 taglib 指令格式如下：

```
<%@ taglib prefix="fmt" uri="http://java.sun.com/jsp/jstl/fmt"%>
```

使用 SQL 标签库的 taglib 指令格式如下：

```
<%@ taglib prefix="sql" uri="http://java.sun.com/jsp/jstl/sql"%>
```

使用 XML 标签库的 taglib 指令格式如下：

```
<%@ taglib prefix="xml" uri="http://java.sun.com/jsp/jstl/xml"%>
```

使用函数标签库的 taglib 指令格式如下：

```
<%@ taglib prefix="fn" uri="http://java.sun.com/jsp/jstl/functions"%>
```

下面就来对 JSTL 提供的这 5 个标签库分别进行简要介绍。

- 核心标签库

核心标签库主要用于完成 JSP 页面的常用功能，包括 JSTL 的表达式标签、URL 标签、流程控制标签和循环标签 4 种。其中，表达式标签包括<c:out>、<c:set>、<c:remove>和<c:catch>；URL 标签包括<c:import>、<c:redirect>、<c:url>和<c:param>；流程控制标签包括<c:if>、<c:choose>、<c:when>和<c:otherwise>；循环标签包括<c:forEach>和<c:forTokens >。这些标签的基本作用如表 11-1 所示。

表 11-1　　核心标签库

标　签	说　明
<c:out>	将表达式的值输出到 JSP 页面中，相当于 JSP 表达式<%＝ 表达式%>
<c:set>	在指定范围中定义变量，或为指定的对象设置属性值
<c:remove>	从指定的 JSP 范围中移除指定的变量
<c:catch>	捕获程序中出现的异常，相当于 Java 语言中的 try…catch 语句
<c:import>	导入站内或其他网站的静态和动态文件到 Web 页面中
<c:redirect>	将客户端发出的 request 请求重定向到其他 URL 服务端
<c:url>	使用正确的 URL 重写规则构造一个 URL
<c:param>	为其他标签提供参数信息，通常与其标签结合使用
<c: if>	根据不同的条件去处理不同的业务，与 Java 语言中的 if 语句类似，只不过该语句没有 else 标签
<c:choose> <c:when> <c:otherwise>	根据不同的条件去完成指定的业务逻辑，如果没有符合的条件，则会执行默认条件的业务逻辑，相当于 Java 语言中的 switch 语句
<c:forEach>	根据循环条件遍历数组和集合类中的所有或部分数据
<c:forTokens>	迭代字符串中由分隔符分隔的各成员

- 格式标签库

格式标签库提供了一个简单的国际化标记，也被称为 I18N 标签库，用于处理和解决国际化相关的问题。另外，格式标签库中还包含用于格式化数字和日期显示格式的标签。由于该标签库在实际项目开发中并不经常应用，这里不做详细介绍。

- SQL 标签库

SQL 标签库提供了基本的访问关系型数据的能力，使用 SQL 标签可以简化对数据库的访问。如果结合核心标签库，可以方便地获取结果集，并迭代输出结果集中的数据。由于该标签库在实际项目开发中并不经常应用，这里不做详细介绍。

- XML 标签库

XML 标签库可以处理和生成 XML 的标记，使用这些标记可以很方便地开发基于 XML 的 Web 应用。由于该标签库在实际项目开发中并不经常应用，这里不做详细介绍。

- 函数标签库

函数标签库提供了一系列字符串操作函数，用于完成分解字符串、连接字符串、返回子串、确定字符串是否包含特定的子串等功能。由于该标签库在实际项目开发中并不经常应用，这里不做详细介绍。

11.2　JSTL 的下载与配置

由于 JSTL 还不是 JSP 2.0 规范中的一部分，因此在使用 JSTL 之前需要安装并配置 JSTL。下面将介绍如何下载与配置 JSTL。

11.2.1　下载 JSTL 标签库

JSTL 标签库可以到 http://jstl.java.net/download.html 网站中下载。该页面提供两个超链接，一个是 JSTL API 超链接（用于下载 JSTL 的 API），另一个是 JSTL Implementation 超链接（用于下载 JSTL 的实现 Implementation）。单击 JSTL API 超链接下载 JSTL 的 API，下载后的文件名为 javax.servlet.jsp.jstl-api-1.2.1.jar；单击 JSTL Implementation 超链接下载 JSTL 的实现 Implementation，下载后的文件名为 javax.servlet.jsp.jstl-1.2.1.jar。

11.2.2　配置 JSTL

JSTL 的标签库下载完毕后，就可以在 Web 应用中配置 JSTL 标签库了。配置 JSTL 标签库有两种方法：一种是直接将 javax.servlet.jsp.jstl-api-1.2.1.jar 和 javax.servlet.jsp.jstl-1.2.1.jar 复制到 Web 应用的 WEB-INF\lib 目录中；另一种是在 Eclipse 中通过配置构建路径的方法进行添加。在 Eclipse 中通过配置构建路径的方法添加 JSTL 标签库的具体步骤如下。

（1）在项目名称节点上单击鼠标右键，在弹出的快捷菜单中选择“构建路径”/“配置构建路径”菜单项，将打开“Java 构建路径”对话框，在该对话框中，单击“添加库”按钮，将打开“添加库”对话框，选择“用户库”节点，单击“下一步”按钮，将打开如图 11-1 所示的对话框。

（2）单击“用户库”按钮，将打开“首选项”对话框，在该对话框中，单击“新建”按钮，将打开“新建用户库”对话框，在该对话框中输入用户库名称，这里为 JSTL 1.2.1，如图 11-2 所示。

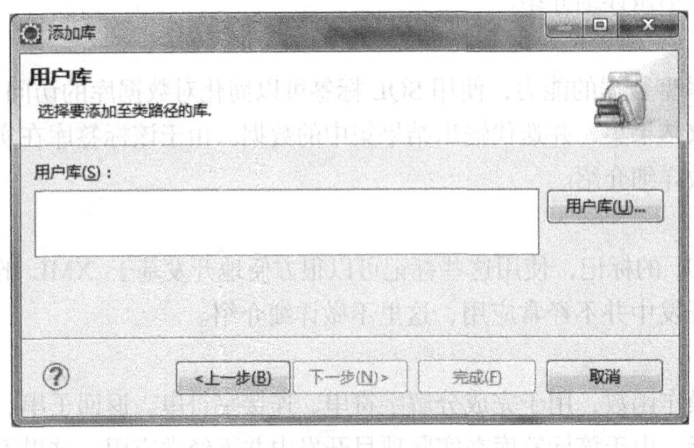

图 11-1　“添加库”对话框

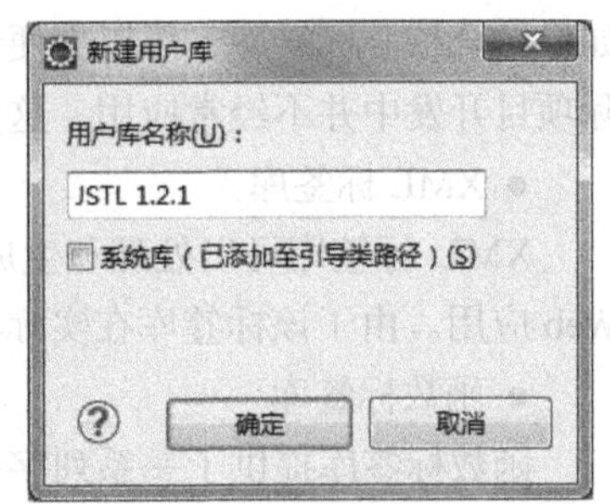

图 11-2　“新建用户库”对话框

（3）单击“确定”按钮，返回到“首选项”对话框，该对话框中将显示刚刚创建的用户库，如图 11-3 所示。

图 11-3　“首选项”对话框

（4）选中 JSTL 1.2.1 节点，单击“添加 JAR”按钮，在打开的“选择 JAR”对话框中选择刚刚下载的 JSTL 标签库，如图 11-4 所示。

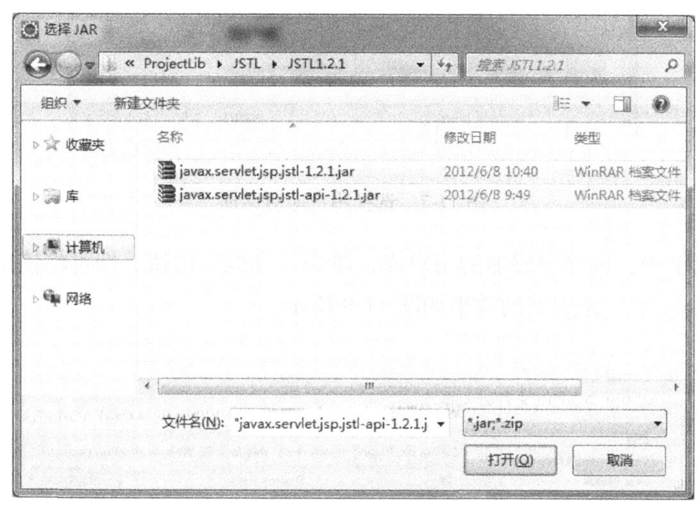

图 11-4　选择 JSTL 标签库

（5）单击“打开”按钮，将返回到“首选项”对话框中。单击“确定”按钮，返回到“添加库”对话框，在该对话框中，单击“完成”按钮，完成 JSTL 库的添加。选中当前项目，并刷新该项目，这时依次展开如图 11-5 所示的节点，可以看到在项目节点下添加了一个 JSTL 1.2.1 节点。

（6）在项目名称节点上单击鼠标右键，在弹出的快捷菜单中选择“属性”菜单项，将打开“项目属性”对话框，在该对话框的左侧列表中，选择 Deployment Assembly 节点，右侧将显示 Web Deployment Assembly 信息，单击“添加”按钮，将打开如图 11-6 所示的对话框。

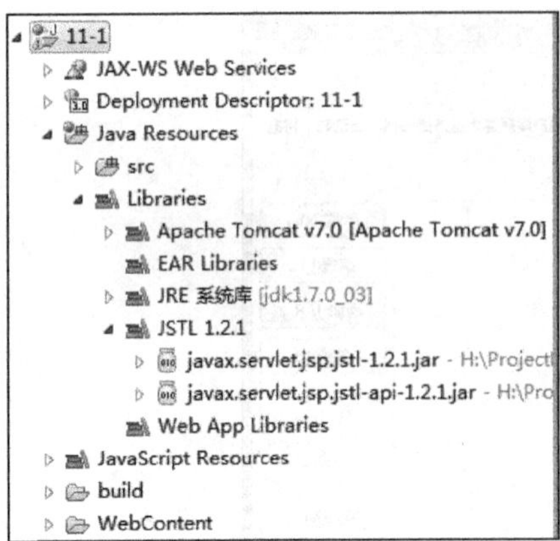

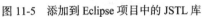

图 11-5　添加到 Eclipse 项目中的 JSTL 库

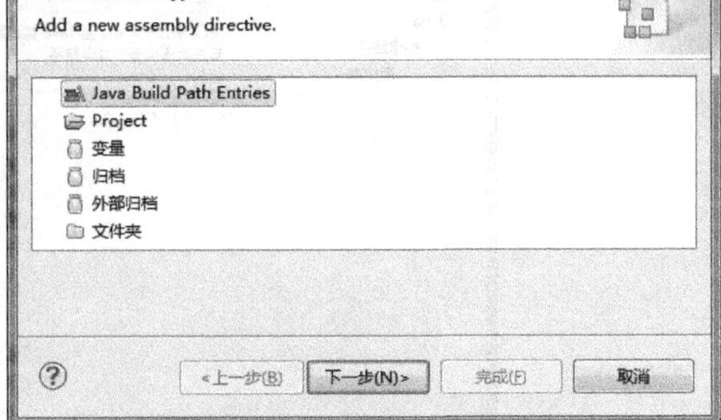

图 11-6　New Assembly Directive 对话框

（7）双击 Java Build Path Entries 列表项，将显示如图 11-7 所示的对话框。

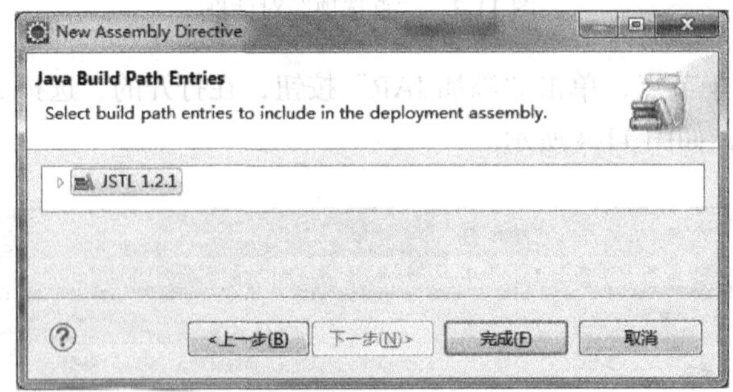

图 11-7　选择用户库对话框

（8）在该对话框中，选择要添加的用户库，单击“完成”按钮，即可将该用户库添加到 Web Deployment Assembly 中，添加后的效果如图 11-8 所示。

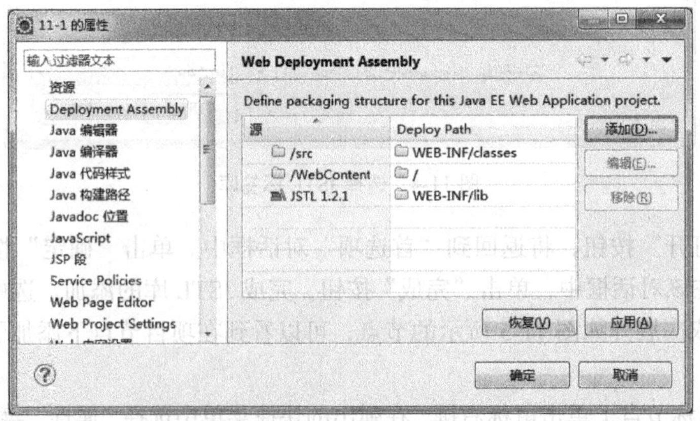

图 11-8　添加用户库到 Web Deployment Assembly 中的效果

这里介绍的添加 JSTL 标签库文件到项目中的方法也适用于添加其他的库文件。

至此，下载并配置 JSTL 的基本步骤就完成了，这时就可以在项目中使用 JSTL 标签库了。

11.3 表达式标签

11.3.1 <c:out>输出标签

<c:out>标签用于将表达式的值输出到JSP页面中，该标签类似于JSP的表达式<%=表达式%>，或者 EL 的${expression}。<c:out>标签有两种语法格式，一种没有标签体，另一种有标签体，这两种语言的输出结果完全相同。<c:out>标签的具体语法格式如下：

语法 1——没有标签体：

```
<c:out value="expression" [escapeXml="true|false"] [default="defaultValue"]/>
```

语法 2——有标签体：

```
<c:out value="expression" [escapeXml="true|false"]>
    defalultValue
</c:out>
```

- value 属性：用于指定将要输出的变量或表达式。该属性值类似为 Object，可以使用 EL。
- escapeXml 属性：可选属性，用于指定是否转换特殊字符，可以被转换的字符如表 11-2 所示。其属性值为 true 或 false，默认值为 true，表示转换，即将 HTML 标签转换为转义字符，在页面中显示出了 HTML 标签；如果属性值为 false，则将其中的 html、xml 解析出来。例如，将 “<” 转换为 “<”。

表 11-2 可以被转换的字符

字　　符	字符实体代码	字　　符	字符实体代码
<	<	>	>
'	'	"	"
&	&		

- default 属性：可选属性，用于指定当 value 属性值等于 null 时将要显示的默认值。如果没有指定该属性，并且 value 属性的值为 null，该标签将输出空的字符串。

【例 11-1】 应用<c:out>标签输出字符串“水平线标记<hr>”。（实例位置：光盘\MR\源码\第 11 章\11-1）

编写 index.jsp 文件，在该文件中，首先应用 taglib 指令引用 JSTL 的核心标签库，然后添加两个<c:out>标签，用于输出字符串“水平线标记<hr>”，这两个<c:out>标签的 escapeXml 属性值分别为 true 和 false。index.jsp 文件的具体代码如下：

```
<%@ page language="java" contentType="text/html; charset=UTF-8"
    pageEncoding="UTF-8"%>
<%@ taglib prefix="c" uri="http://java.sun.com/jsp/jstl/core"%>
…… <!—此处省略了部分 HTML 代码-->
escapeXml 属性为 true 时：
<c:out value="水平线标记<hr>" escapeXml="true"></c:out>
<br>
escapeXml 属性为 false 时：
```

```
<c:out value="水平线标记<hr>" escapeXml="false"></c:out>
</body>
</html>
```

运行本实例，将显示如图 11-9 所示的运行结果。

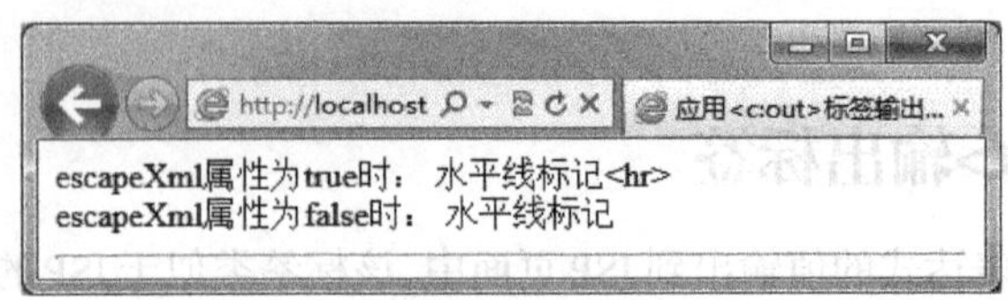

图 11-9 运行结果

从图 11-9 中我们可以看出，当 scapeXml 属性值为 true 时，输出字符串中的<hr>被以字符串的形式输出了，而当 scapeXml 属性值为 false 时，字符串中的<hr>被当作 HTML 标记进行输出。这是因为，当 scapeXml 属性值为 true 时，已经将字符串中的<和>符号转换为对应的实体代码，所以在输出时就不会被当作 HTML 标记进行输出了。这一点可以通过查看源代码看出。本实例在运行后，将得到下面的源代码。

```
<!DOCTYPE HTML>
<html>
<head>
<meta charset="utf-8">
<title>应用&lt;c:out&gt;标签输出字符串“水平线标记&lt;hr&gt;”</title>
</head>
<body>
escapeXml 属性为 true 时:
水平线标记&lt;hr&gt;
<br>
escapeXml 属性为 false 时:
水平线标记<hr>
</body>
</html>
```

11.3.2 <c:set>变量设置标签

<c:set>标签用于在指定范围（page、request、session 或 application）中定义保存某个值的变量，或为指定的对象设置属性值。使用该标签可以在页面中定义变量，而不用在 JSP 页面中嵌入打乱 HTML 排版的 Java 代码。<:set>标签有 4 种语法格式。

语法 1：在 scope 指定的范围内将变量值存储到变量中。

```
<c:set var="name" value="value" [scope="范围"]/>
```

语法 2：在 scope 指定的范围内将标签体存储到变量中。

```
<c:set var="name" [scope="page|request|session|application"]>
    标签体
</c:set>
```

语法 3：将变量值存储在 target 属性指定的目标对象的 propName 属性中。

```
<c:set value="value" target="object" property="propName"/>
```

语法 4：将标签体存储到 target 属性指定的目标对象的 propName 属性中。

```
<c:set target="object" property="propName">
```

```
    标签体
</c:set>
```

<c:set>标签的属性说明如表 11-3 所示。

表 11-3 <c:set>标签的属性说明

属性	说明
var	用于指定变量名。通过该标签定义的变量名，可以通过 EL 指定为<c:out>的 value 属性的值
value	用于指定变量值，可以使用 EL
scope	用于指定变量的作用域，默认值是 page。可选值包括 page、request、session 和 application
target	用于指定存储变量值或者标签体的目标对象，可以是 JavaBean 或 Map 集合对象
property	用于指定目标对象存储数据的属性名

注意 target 属性不能是直接指定的 JavaBean 或 Map，而应该是使用 EL 表达式或一个脚本表达式指定的真正对象。例如，要为 JavaBean "CartForm"的 id 属性赋值，那么 target 属性值应该是 target="${cart}"，而不应该是 target="cart"。其中 cart 为 CartForm 的对象。

【例 11-2】 应用<c:set>标签定义变量和，为 JavaBean 属性赋值。（实例位置：光盘\MR\源码\第 11 章\11-2）

（1）编写一个名称为 UserInfo 的 JavaBean，并保存到 com.wgh 包中。在该 JavaBean 中添加一个 name 属性，并为该属性添加对应的 setter 和 getter 方法，具体代码请参见光盘的源程序。

（2）编写 index.jsp 文件，在该文件中，首先应用 taglib 指令引用 JSTL 的核心标签库，然后应用<c:set>标签定义一个 request 范围内的变量 username，并应用<c:out>标签输出该变量，接下来再应用<jsp:useBean>动作标识创建 JavaBean 的实例，最后应用<c:set>标签为 JavaBean 中的 name 属性设置属性值，并应用<c:out>标签输出该属性。index.jsp 文件的关键代码如下：

```
<%@ taglib prefix="c" uri="http://java.sun.com/jsp/jstl/core"%>
…… <!--此处省略了部分 HTML 和 CSS 代码-->
<ul>
<li>定义 request 范围内的变量 username</li>
<c:set var="username" value="明日科技" scope="request"/>
<c:out value="username 的值为：${username}"/>
<li>设置 UserInfo 对象的 name 属性</li>
<jsp:useBean class="com.wgh.UserInfo" id="userInfo"/>
<c:set target="${userInfo}" property="name">wgh</c:set>
<c:out value="UserInfo 的 name 属性值为：${userInfo.name}"></c:out>
</ul>
```

运行本实例，将显示如图 11-10 所示的运行结果。

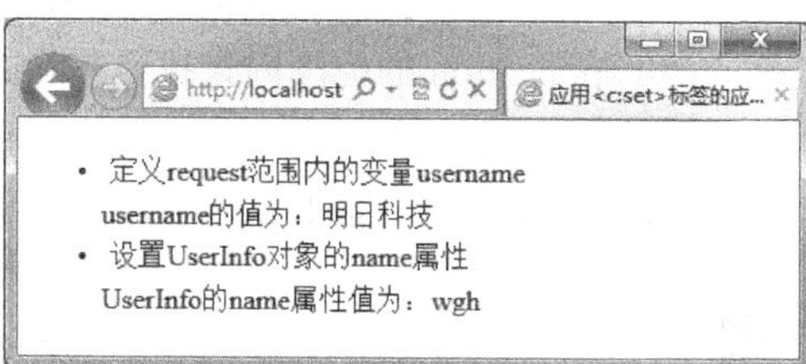

图 11-10 运行结果

在使用语法 3 和语法 4 时，如果 target 属性值为 null、属性值不是 java.util.Map 对象或者不是

JavaBean 对象的有效属性，将抛出如图 11-11 所示的异常。如果读者在程序开发过程中遇到类似的异常信息，需要检查 target 属性的值是否合法。

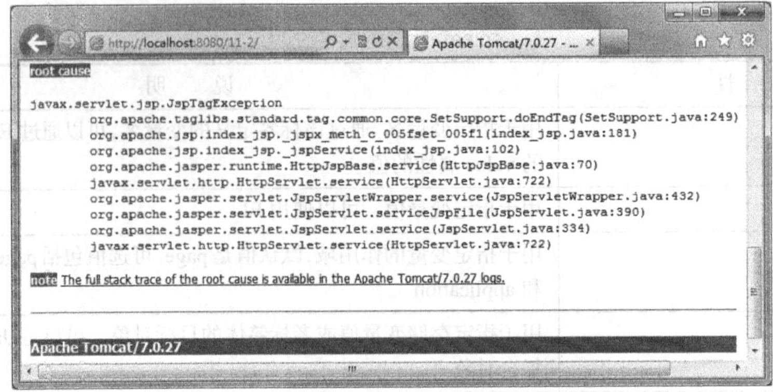

图 11-11　target 属性值不合法时抛出的异常

如果在使用<c:set>标签的语法 3 和语法 4 时产生如图 11-12 所示的异常信息，这是因为该标签的 property 属性值指定了 Map 对象或是 JavaBean 对象中不存在的属性。

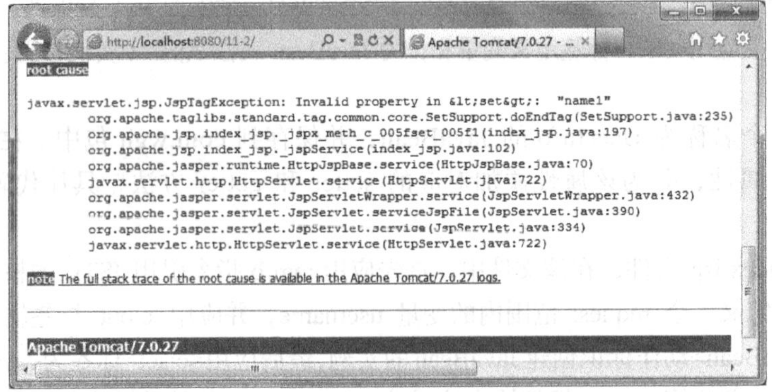

图 11-12　property 属性值不合法时产生的异常

11.3.3　<c:remove>变量移除标签

<c:remove>标签用于移除指定的 JSP 范围内的变量，其语法格式如下：

```
<c:remove var="name" [scope="范围"]/>
```

- var 属性：用于指定要移除的变量名。
- scope 属性：用于指定变量的有效范围，可选值有 page、request、session、application，默认值是 page。如果在该标签中没有指定变量的有效范围，那么将分别在 page、request、session 和 application 的范围内查找要移除的变量并移除。例如，在一个页面中存在不同范围的两个同名变量，如果在不指定范围时移除该变量，这两个范围内的变量都将被移除。为此，在移除变量时，最好指定变量的有效范围。

说明

当指定的要移除的变量不存在时不会抛出异常。

【例 11-3】　应用<c:remove>标签移除变量。（实例位置：光盘\MR\源码\第 11 章\11-3）

编写 index.jsp 文件，在该文件中，首先应用 taglib 指令引用 JSTL 的核心标签库，然后应用<c:set>标签定义一个 request 范围内的变量 softName，并应用<c:out>标签输出该变量，接下来应用<c:remove>标签移除变量 softName，最后再应用<c:out>标签输出变量 softName。index.jsp 文件的关键代码如下：

```
<ul>
    <c:set var="softName" value="明日科技编程词典" scope="request" />
    <li>移除前输出变量 softName 的值：
        <c:out value="${requestScope.softName}" /></li>
    <c:remove var="softName" scope="request" />
    <li>移除后变量 softName 的值：
    <c:out value="${requestScope.softName}"
default="空" /></li>
</ul>
```

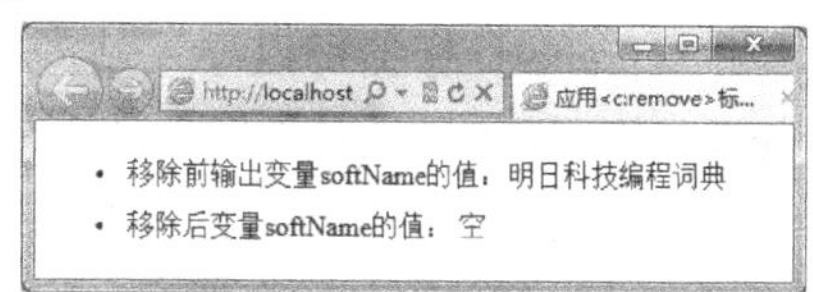

图 11-13　运行结果

运行本实例，将显示如图 11-13 所示的运行结果。

11.3.4　<c:catch>捕获异常标签

<c:catch>标签用于捕获程序中出现的异常，如果需要，还可以将异常信息保存在指定的变量中。该标签与 Java 语言中的 try...catch 语句类似。<c:catch>标签的语法格式如下：

```
<c:catch [var="exception"]>
…              //可能存在异常的代码
</c:catch>
```

- var 属性：可选属性，用于指定存储异常信息的变量。如果不需要保存异常信息，可以省略该属性。

var 属性值只有在<c:catch>标签的后面才有效，也就是说，在<c:catch>标签体中无法使用有关异常的任何信息。

【例 11–4】　应用<c:catch>标签捕获程序中出现的异常，并通过<c:out>标签输出该异常信息。（实例位置：光盘\MR\源码\第 11 章\11-4）

具体代码如下：

```
<%@ taglib prefix="c" uri="http://java.sun.com/jsp/jstl/core"%>
<c:catch var="exception">
<%int number=Integer.parseInt(request.getParameter("number"));
out.println("合计金额为："+521*number);%>
</c:catch>
抛出的异常信息：<c:out value="${exception}"/>
```

运行程序，页面中将显示如图 11-14 所示的异常信息，在 IE 地址栏中，将 URL 地址修改为 http://localhost:8080/11-4/index.jsp?number=10，将显示“合计金额为：5210”。

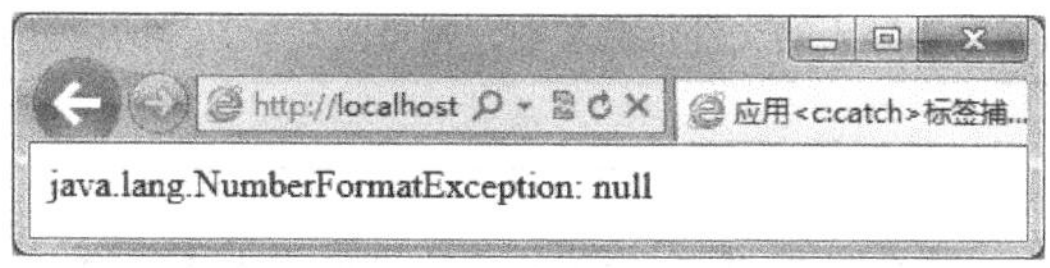

图 11-14　抛出的异常信息

11.4 URL 相关标签

文件导入、重定向和 URL 地址生成是 Web 应用中常用的功能。JSTL 中也提供了与 URL 相关的标签，分别是<c:import>、<c:redirect>、<c:url>和<c:param>。其中<c:param>标签通常与其他标签配合使用。

11.4.1 <c:import>导入标签

<c:import>标签可以导入站内或其他网站的静态和动态文件到 Web 页面中，例如，使用<c:import>标签导入其他网站的天气信息到自己的网页中。<c:import>标签与<jsp:include>动作指令类似，所不同的是<jsp:include>只能导入站内资源，而<c:import>标签不仅可以导入站内资源，也可以导入其他网站的资源。

<c:import>标签的语法格式如下：

语法 1：

```
<c:import url="url" [context="context"] [var="name"] [scope="范围"]
[charEncoding="encoding"]>
[标签体]
</c:import>
```

语法 2：

```
<c:import url="url" varReader="name" [context="context"] [charEncoding="encoding"]>
    [标签体]
</c:import>
```

<c:import>标签的属性说明如表 11-4 所示。

表 11-4　<c:import>标签的属性说明

属　性	说　明
url	用于指定被导入的文件资源的 URL 地址。需要注意的是：如果指定的 url 属性为 null、空或者无效，将抛出“javax.servlet.ServletException”异常。例如，如果指定 url 属性值为 url.jsp，而与当前同级的目录中并不存在 url.jsp 文件，则将抛出“javax.servlet.ServletException: File "/url.jsp" not found”异常
context	上下文路径，用于访问同一个服务器的其他 Web 应用，其值必须以“/”开头，如果指定了该属性，那么 url 属性值也必须以“/”开头
var	用于指定变量名称。该变量用于以 String 类型存储获取的资源
scope	用于指定变量的存在范围，默认值为 page，可选值有 page、request、session 和 application
varReader	用于指定一个变量名，该变量用于以 Reader 类型存储被包含文件内容
charEncoding	用于指定被导入文件的编码格式
标签体	可选，如果需要为导入的文件传递参数，则可以在标签体的位置通过<c:param>标签设置参数

注意

导出的 Reader 对象只能在<c:import>标记的开始标签和结束标签之间使用。

【例 11-5】　应用<c:import>标签导入网站 Banner。(实例位置：光盘\MR\源码\第 11 章\11-5)

(1) 编写 index.jsp 文件，在该文件中，首先应用 taglib 指令引用 JSTL 的核心标签库，然后应用<c:set>标签将歌曲类别列表组成的字符串保存到变量 typeName 中，最后应用<c:import>标签导入网站 Banner（对应的文件为 navigation.jsp），并将歌曲类别列表组成的字符串传递到 navigation.jsp 页面。index.jsp 文件的关键代码如下：

```
<c:set var="typeName" value="流行金曲 | 经典老歌 | 热舞 DJ | 欧美金曲 | 少儿歌曲 | 轻音乐 |
            最新上榜"/>
<!-- 导入网站的 Banner -->
<c:import url="navigation.jsp" charEncoding="UTF-8">
    <c:param name="typeList" value="${typeName}"/>
</c:import>
```

(2) 编写 navigation.jsp 文件，在该文件中，首先设置请求的编码方式为 UTF-8（中文），然后添加一个<header>标记，并在该标记中，利用 EL 输出通过<c:param>标签传递的参数值，最后再通过 CSS 样式控制<header>标记的样式。navigation.jsp 文件的关键代码如下：

```
<%@ page language="java" contentType="text/html; charset=UTF-8"
    pageEncoding="UTF-8"%>
<%request.setCharacterEncoding("UTF-8"); %>
<header>${param.typeList}</header>
```

运行本实例，将显示如图 11-15 所示的运行结果。

图 11-15　应用<c:import>标签导入网站 Banner

11.4.2　<c:url>动态生成 URL 标签

<c:url>标签用于生成一个 URL 路径的字符串，这个生成的字符串可以赋予 HTML 的<a>标记实现 URL 的链接，或者用这个生成的 URL 字符串实现网页转发与重定向等。在使用该标签生成 URL 时，还可以与<c:param>标签相结合，动态添加 URL 的参数信息。<c:url>标签的语法格式如下。

语法 1：

```
<c:url value="url" [var="name"] [scope="范围"] [context="context"]/>
```

该语法将输出产生的 URL 字符串信息，如果指定了 var 和 scope 属性，相应的 URL 信息就不再输出，而是存储在变量中以备后用。

语法 2：

```
<c:url value="url" [var="name"] [scope="范围"] [context="context"]>
    <c:param/>
    …… <!--可以有多个<c:param>标签-->
</c:url>
```

该语法不仅实现了语法 1 的功能，而且还可以搭配<c:param>标签完成带参数的复杂 URL 信息。

- value 属性：用于指定将要处理的 URL 地址，可以使用 EL。
- context 属性：上下文路径，用于访问同一个服务器的其他 Web 工程，其值必须以“/”开头。如果指定了该属性，那么 url 属性值也必须以“/”开头。

● var 属性：用于指定变量名称，以保存新生成的 URL 字符串。

● scope 属性：用于指定变量的存在范围。

【例 11-6】 应用<c:url>标签生成带参数的 URL 地址。(实例位置：光盘\MR\源码\第 11 章\11-6)

编写 index.jsp 文件，在该文件中，首先应用 taglib 指令引用 JSTL 的核心标签库，然后应用<c:url>标签和<c:param>标签生成带参数的 URL 地址，并保存到变量 path 中，最后添加一个超链接，该超链接的目标地址是 path 变量所指定的 URL 地址。index.jsp 文件的关键代码如下：

```
<c:url var="path" value="register.jsp" scope="page">
    <c:param name="user" value="mr"/>
    <c:param name="email" value="wgh717@sohu.com"/>
</c:url>
<a href="${pageScope.path }">提交注册</a>
```

运行本实例，将鼠标移动到“提交注册”超链接上，状态栏中将显示生成的 URL 地址，如图 11-16 所示。

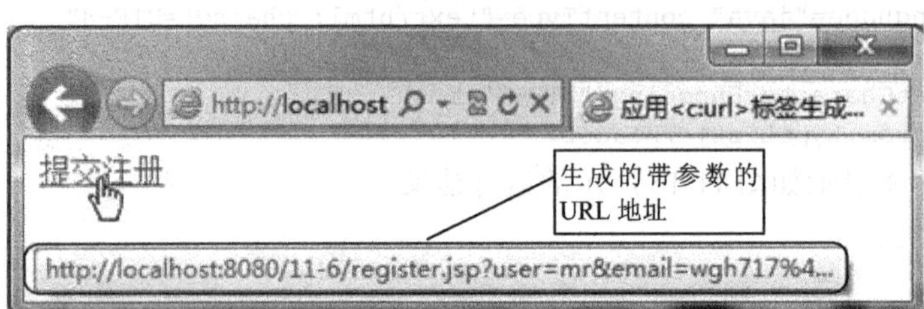

图 11-16　应用<c:url>标签生成带参数的 URL 地址

在应用<c:url>标签生成新的 URL 地址时，空格符将被转换为加号“+”。

11.4.3 <c:redirect>重定向标签

<c:redirect>标签可以将客户端发出的 request 请求重定向到其他 URL 服务端，由其他程序处理客户的请求。而在这期间可以对 request 请求中的属性进行修改或添加，然后把所有属性传递到目标路径。该标签的语法格式如下。

语法 1：该语法格式没有标签体，并且不添加传递到目标路径的参数信息。

```
<c:redirect url="url" [context="/context"]/>
```

语法 2：该语法格式将客户请求重定向到目标路径，并且在标签体中使用<c:param>标签传递其他参数信息。

```
<c:redirect url="url" [context="/context"]>
    <c:param/>
…… <!--可以有多个<c:param>标签-->
</c:redirect>
```

● url 属性：必选属性，用于指定待定向资源的 URL，可以使用 EL。

● context 属性：用于在使用相对路径访问外部 context 资源时指定资源的名字。

例如，应用语法 1 将页面重定向到用户登录页面的代码如下：

```
<c:redirect url="login.jsp"/>
```

再例如，应用语法 2 将页面重定向到 Servlet 映射地址 UserListServlet，并传递 action 参数，参数值为 query，具体代码如下：

```
<c:redirect url="UserListServlet">
    <c:param name="action" value="query"/>
</c:redirect>
```

11.4.4 <c:param>传递参数标签

<c:param>标签只用于为其他标签提供参数信息，它与<c:import>、<c:redirect>和<c:url>标签组合，可以实现动态定制参数，从而使标签可以完成更复杂的程序应用。<c:param>标签的语法格式如下：

```
<c:param name="paramName" value="paramValue"/>
```

- name 属性：用于指定参数名，可以引用 EL。如果参数名为 null 或是空，该标签将不起任何作用。
- value 属性：用于指定参数值，可以引用 EL。如果参数值为 null，则作为空值处理。

【例 11-7】 应用<c:redirect>和<c:param>标签实现重定向页面并传递参数。（实例位置：光盘\MR\源码\第 11 章\11-7）

（1）编写 index.jsp 文件，在该文件中，首先应用 taglib 指令引用 JSTL 的核心标签库，然后应用<c:redirect>标签将页面重定向到 main.jsp 中，并且通过<c:param>标签传递用户名参数。index.jsp 文件的关键代码如下：

```
<c:redirect url="main.jsp">
    <c:param name="user" value="wgh"/>
</c:redirect>
```

（2）编写 main.jsp 文件，在该文件中，通过 EL 显示传递的参数 user。main.jsp 文件的关键代码如下：

```
[${param.user }]您好，欢迎访问我公司网站!
```

图 11-17 获取传递的参数

运行本实例，将页面重定向到 main.jsp 页面，并显示传递的参数，如图 11-17 所示。

11.5 流程控制标签

流程控制在程序中会根据不同的条件去执行不同的代码来产生不同的运行结果，使用流程控制可以处理程序中任何可能发生的事情。JSTL 中包含<c:if>标签、<c:choose>标签、<c:when>标签和<c:otherwise>标签 4 种流程控制标签。

11.5.1 <c:if>条件判断标签

<c:if>标签可以根据不同的条件去处理不同的业务。它与 Java 语言中的 if 语句类似，只不过该语句没有 else 标签。<c:if>标签有两种语法格式。

说明

虽然<c:if>标签没有对应的 else 标签，但是 JSTL 提供了<c:choose>、<c:when>和<c:otherwise>标签来实现 if else 的功能。

语法 1：该语法格式会判断条件表达式，并将条件的判断结果保存在 var 属性指定的变量中，而这个变量存在于 scope 属性所指定的范围中。

```
<c:if test="condition" var="name" [scope=page|request|session|application]/>
```

语法 2：该语法格式不但可以将 test 属性的判断结果保存在指定范围的变量中，还可以根据条件的判断结果去执行标签体。标签体可以是 JSP 页面能够使用的任何元素，例如，HTML 标记、Java 代码或者嵌入其他 JSP 标签。

```
<c:if test="condition" var="name" [scope="范围"]>
    标签体
</c:if>
```

- test 属性：必选属性，用于指定条件表达式，可以使用 EL。
- var 属性：可选属性，用于指定变量名，该变量用于保存 test 属性的判断结果。如果该变量不存在，就创建它。
- scope 属性：用于指定变量的有效范围，默认值为 page，可选值有 page、request、session 和 application。

【例 11-8】 应用<c:if>标签根据是否登录显示不同的内容。（实例位置：光盘\MR\源码\第 11 章\11-8）

编写 index.jsp 文件，在该文件中，首先应用 taglib 指令引用 JSTL 的核心标签库；然后应用<c:if>标签判断保存用户名的参数 username 是否为空，并将判断结果保存到变量 result 中，如果 username 为空，则显示用于输入用户信息的表单及表单元素；最后再判断变量 result 的值是否为 true，如果不为 true，则通过 EL 输出当前登录用户及欢迎信息。index.jsp 文件的关键代码如下：

```
<%@ page language="java" contentType="text/html; charset=UTF-8"
    pageEncoding="UTF-8"%>
<%@ taglib prefix="c" uri="http://java.sun.com/jsp/jstl/core"%>
<%request.setCharacterEncoding("UTF-8"); %>
……<!—此处省略了部分 HTML 代码-->
<c:if var="result" test="${empty param.username}">
  <form name="form1" method="post" action="">
    用户名：<input name="username" type="text" id="username">
     <br><br>
     <input type="submit" name="Submit" value="登录">
  </form>
</c:if>
<c:if test="${!result}">
    [${param.username }] 欢迎访问我公司网站!
</c:if>
```

运行本实例，将显示如图 11-18 所示的页面，在“用户名”文本框中输入用户名“无语”，单击“登录”按钮，将显示如图 11-19 所示的页面，显示欢迎信息。

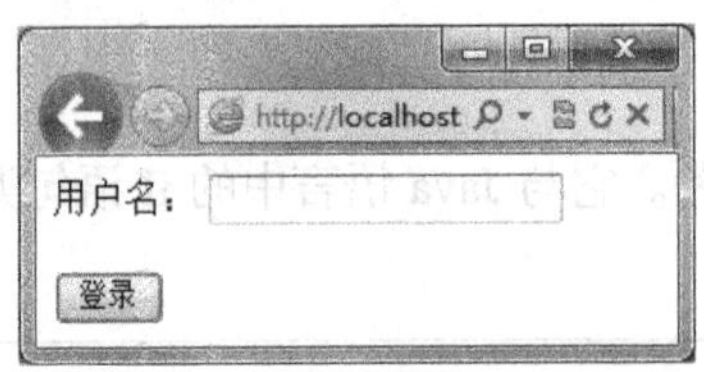

图 11-18 未登录时显示的信息

图 11-19 登录后显示的内容

11.5.2 <c:choose>条件选择标签

<c:choose>标签可以根据不同的条件去完成指定的业务逻辑，如果没有符合的条件，会执行

默认条件的业务逻辑。<c:choose>标签只能作为<c:when>和<c:otherwise>标签的父标签，而要实现条件选择逻辑，可以在<c:choose>标签中嵌套<c:when>和<c:otherwise>标签来完成。<c:choose>标签的语法格式如下：

```
<c:choose>
    标签体    <!--由<c:when>标签和<c:otherwise>标签组成-->
</c:choose>
```

<c:choose>标签没有相关属性，它只是作为<c:when>和<c:otherwise>标签的父标签来使用，并且在<c:choose>标签中除了空白字符外，只能包括<c:when>和<c:otherwise>标签。

一个<c:choose>标签中可以包含多个<c:when>标签来处理不同条件的业务逻辑，但是只能有一个<c:otherwise>标签来处理默认条件的业务逻辑。

说明　在运行时，首先判断<c:when>标签的条件是否为 true，如果为 true，则将<c:when>标签体中的内容显示到页面中，否则判断下一个<c:when>标签的条件，如果该标签的条件也不满足，则继续判断下一个<c:when>标签，直到<c:otherwise>标签体被执行。

【例 11-9】　应用<c:choose>标签根据是否登录显示不同的内容。（实例位置：光盘\MR\源码\第 11 章\11-9）

编写 index.jsp 文件，在该文件中，首先应用 taglib 指令引用 JSTL 的核心标签库；然后添加<c:choose>标签，在该标签中应用<c:when>标签判断保存用户名的参数 username 是否为空，如果 username 为空，则显示用于输入用户信息的表单及表单元素，否则应用<c:otherwise>标签处理不为空的情况，这里将通过 EL 输出当前登录用户及欢迎信息。index.jsp 文件的关键代码如下：

```
<c:choose>
    <c:when test="${empty param.username}">
      <form name="form1" method="post" action="">
        用户名：
         <input name="username" type="text" id="username">
       <input type="submit" name="Submit" value="登录">
      </form>
    </c:when>
    <c:otherwise>
        [${param.username }] 欢迎访问我公司网站!
    </c:otherwise>
</c:choose>
```

运行本实例，将显示如图 11-20 所示的页面，在“用户名”文本框中输入用户名“bellflower”，单击“登录”按钮，将显示如图 11-21 所示的页面，显示欢迎信息。

图 11-20　未登录时显示的信息

图 11-21　登录后显示的内容

11.5.3　<c:when>条件测试标签

<c:when>标签是<c:choose>标签的子标签，它根据不同的条件去执行相应的业务逻辑，可以

存在多个<c:when>标签来处理不同条件的业务逻辑。<c:when>标签的语法格式如下：

```
<c:when test="condition">
    标签体
</c:when>
```

属性：test 为条件表达式，这是<c:when>标签必须定义的属性，可以是 EL。

在<c:choose>标签中必须有一个<c:when>标签，但是<c:otherwise>标签是可选的。如果省略了<c:otherwise>标签，当所有的<c:when>标签都不满足条件时，将不会处理<c:choose>标签的标签体。

<c:when>标签必须出现在<c:otherwise>标签之前。

【例 11-10】 实现分时问候。（实例位置：光盘\MR\源码\第 11 章\11-10）

编写 index.jsp 文件，在该文件中，首先应用 taglib 指令引用 JSTL 的核心标签库；然后应用<c:set>标签定义两个变量，分别用于保存当前的小时数和分钟数；接下来再添加<c:choose>标签，在该标签中应用<c:when>标签进行分时判断，并显示不同的问候信息；最后应用 EL 输出当前的小时和分钟数。index.jsp 文件的关键代码如下：

```
<!-- 获取小时数并保存到变量中 -->
<c:set var="hours">
    <%=new java.util.Date().getHours()%>
</c:set>
<!-- 获取分钟数并保存到变量中-->
<c:set var="second">
    <%=new java.util.Date().getMinutes()%>
</c:set>
<c:choose>
    <c:when test="${hours>1 && hours<7}">早上好！</c:when>
    <c:when test="${hours>=7 && hours<12}" >上午好！</c:when>
    <c:when test="${hours>=12 && hours<18}">下午好！</c:when>
    <c:when test="${hours>=18  && hours<24}">晚上好！
</c:when>
</c:choose>
现在时间是：${hours}:${second}
```

图 11-22 运行结果

运行本实例，将显示如图 11-22 所示的问候信息。

11.5.4 <c:otherwise>其他条件标签

<c:otherwise>标签也是<c:choose>标签的子标签，用于定义<c:choose>标签中的默认条件处理逻辑，如果没有任何一个结果满足<c:when>标签指定的条件，将会执行这个标签体中定义的逻辑代码。在<c:choose>标签范围内只能存在一个该标签的定义。<c:otherwise>标签的语法格式如下：

```
<c:otherwise>
标签体
</c:otherwise>
```

<c:otherwise>标签必须定义在所有<c:when>标签的后面，也就是说它是<c:choose>标签的最后一个子标签。

【例 11-11】　幸运大抽奖。（实例位置：光盘\MR\源码\第 11 章\11-11）

编写 index.jsp 文件，在该文件中，首先应用 taglib 指令引用 JSTL 的核心标签库；然后抽取幸运数字并保存到变量中；最后应用<c:choose>标签、<c:when>标签和<c:otherwise>标签根据幸运数字显示不同的中奖信息。index.jsp 文件的关键代码如下：

```
<%Random rnd=new Random();%>
<!-- 将抽取的幸运数字保存到变量中 -->
<c:set var="luck">
    <%=rnd.nextInt(10)%>
</c:set>
<c:choose>
    <c:when test="${luck==6}">恭喜你，中了一等奖！</c:when>
    <c:when test="${Luck==7}" >恭喜你，中了二等奖！</c:when>
    <c:when test="${Luck==8}">恭喜你，中了三等奖！</c:when>
    <c:otherwise>谢谢您的参与！</c:otherwise>
</c:choose>
```

运行本实例，当产生随机数 6 时，将显示如图 11-23 所示的中奖信息。

图 11-23　运行结果

11.6　循环标签

循环是程序算法中的重要环节，有很多著名的算法都需要在循环中完成，例如递归算法、查询算法和排序算法等。JSTL 标签库中包含<c:forEach>和<c:forTokens>两个循环标签。

11.6.1　<c:forEach>循环标签

<c:forEach>循环标签可以根据循环条件遍历数组和集合类中的所有或部分数据。例如，在使用 Hibernate 技术访问数据库时，返回的都是数组、java.util.List 和 java.util.Map 对象，它们封装了从数据库中查询出的数据，这些数据都是 JSP 页面需要的。如果在 JSP 页面中使用 Java 代码来循环遍历所有数据，页面会非常混乱，不易分析和维护。使用 JSTL 的<c:forEach>标签循环显示这些数据不但可以解决 JSP 页面混乱的问题，而且可以提高代码的可维护性。

<c:forEach>标签的语法格式如下。

语法 1：集合成员迭代

```
<c:forEach items="data" [var="name"] [begin="start"] [end="finish"] [step="step"]
[varStatus="statusName"]>
    标签体
</c:forEach>
```

在该语法中，items 属性是必选属性，通常使用 EL 指定，其他属性均为可选属性。

语法 2：数字索引迭代

```
<c:forEach begin="start" end="finish" [var="name"] [varStatus="statusName"]
[step="step"]>
    标签体
</c:forEach>
```

在该语法中，各属性的说明如表 11-5 所示，在这些属性中，begin 和 end 属性是必选属性，其他属性均为可选属性。

表 11-5　　<c:forEach>标签的常用属性

属　性	说　明
items	用于指定被循环遍历的对象，多用于数组与集合类。该属性的值可以是数组、集合类、字符串和枚举类型，并且可以通过 EL 进行指定
var	用于指定循环体的变量名，该变量用于存储 items 指定的对象的成员
begin	用于指定循环的起始位置，如果没有指定，则从集合的第一个值开始迭代。可以使用 EL
end	用于指定循环的终止位置，如果没有指定，则一直迭代到集合的最后一位。可以使用 EL
step	用于指定循环的步长，可以使用 EL
varStatus	用于指定循环的状态变量，该属性还有 4 个状态属性，如表 11-5 所示
标签体	可以是 JSP 页面能显示的任何元素

表 11-6　　状态属性

变　量	类　型	描　述
index	int	当前循环的索引值，从 0 开始
count	int	当前循环的循环计数，从 1 开始
first	boolean	是否为第一次循环
last	boolean	是否为最后一次循环

如果要在循环的过程中得到循环计数，可以应用 varStatus 属性的状态属性 count 获得。

【例 11-12】　遍历 List 集合。（实例位置：光盘\MR\源码\第 11 章\11-12）

编写 index.jsp 文件，在该文件中，首先应用 taglib 指令引用 JSTL 的核心标签库；然后创建一个包含 3 个元素的 List 集合对象，并保存到 request 范围内的 list 变量中；接下来应用<c:forEach>标签遍历 List 集合中的全部元素，并输出；最后应用<c:forEach>标签遍历 List 集合中第 1 个元素以后的元素，包括第 1 个元素，并输出。index.jsp 文件的关键代码如下：

```
<%List<String> list=new ArrayList<String>();                //创建 List 集合的对象
list.add("简单是可靠的先决条件");                              //向 List 集合中添加元素
list.add("兴趣是最好的老师");
list.add("知识上的投资总能得到最好的回报");
request.setAttribute("list",list);                          //将 List 集合保存到 request 对象中
%>
<b>遍历 List 集合的全部元素：</b><br>
<c:forEach items="${requestScope.list}" var="keyword" varStatus="id">
    ${id.index } : ${keyword}<br>
</c:forEach>
<b>遍历 List 集合中第 1 个元素以后的元素（不包括第 1 个元素）：</b><br>
<c:forEach items="${requestScope.list}" var="keyword" varStatus="id" begin="1">
    ${id.index } : ${keyword}<br>
</c:forEach>
```

在应用<c:forEach>标签时，var 属性指定的变量只在循环体内有效，这一点与 Java 语言 for 循环语句中的循环变量类似。

运行本实例，将显示如图 11-24 所示的效果。

【例 11-13】　应用<c:forEach>列举 10 以内的全部奇数。（实例位置：光盘\MR\源码\第 11 章\11-13）

编写 index.jsp 文件，在该文件中，首先应用 taglib 指令引用 JSTL 的核心标签库；然后应用<c:forEach>标签输出 10 以内的全部奇数。index.jsp 文件的关键代码如下：

```
<c:forEach var="i" begin="1" end="10" step="2">
    ${i}  
</c:forEach>
```

运行本实例，将显示 11.25 所示的效果。

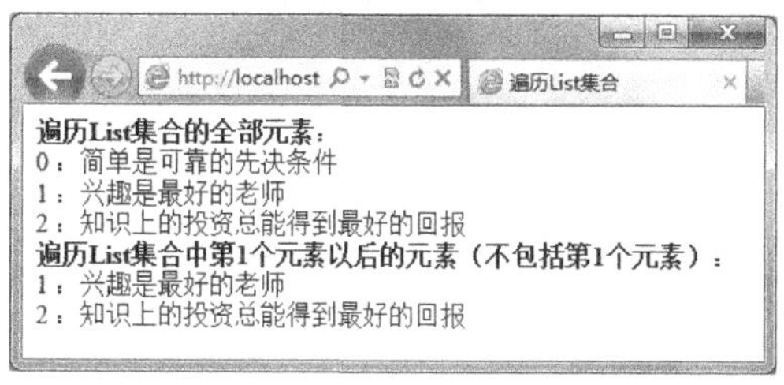

图 11-24　运行结果

图 11-25　列举 10 以内的全部奇数

11.6.2　<c:forTokens>迭代标签

<c:forTokens>迭代标签可以用指定的分隔符将一个字符串分割开，根据分割的数量确定循环的次数。<c:forTokens>标签的语法格式如下：

```
<c:forTokens items="String" delims="char" [var="name"] [begin="start"] [end="end"]
[step="len"] [varStatus="statusName"]>
    标签体
</c:forTokens>
```

<c:forTokens>标签的常用属性如表 11-7 所示。

表 11-7　<c:forTokens>标签的常用属性

属　性	说　明
items	用于指定要迭代的 String 对象，该字符串通常由指定的分隔符分隔
delims	用于指定分隔字符串的分隔符，可以同时有多个分隔符
var	用于指定变量名，该变量中保存了分隔后的字符串
begin	用于指定迭代的开始位置，索引值从 0 开始
end	用于指定迭代的结束位置
step	用于指定迭代的步长，默认步长为 1
varStatus	用于指定循环的状态变量，同<c:forEach>标签一样，该属性也有 4 个状态属性，如表 11-5 所示
标签体	可以是 JSP 页面能显示的任何元素

【例 11-14】　应用<c:forTokens>分隔字符串。（实例位置：光盘\MR\源码\第 11 章\11-14）

编写 index.jsp 文件，在该文件中，首先应用 taglib 指令引用 JSTL 的核心标签库；然后应用<c:set>标签定义一个字符串变量，并输出该字符串；最后应用<c:forTokens>标签迭代输出按指定分隔符分隔的字符串。index.jsp 文件的关键代码如下：

```
<c:set var="sourceStr" value="Java Web：程序开发范例宝典、典型模块大全；Java：实例完全自学手册、典型模块大全"/>
<b>原字符串：</b><c:out value="${sourceStr}"/><br><b>分割后的字符串：</b><br>
<c:forTokens items="${sourceStr}" delims="：、；" var="item">
    ${item}<br>
</c:forTokens>
```

运行本实例，将显示如图 11-26 所示的效果。

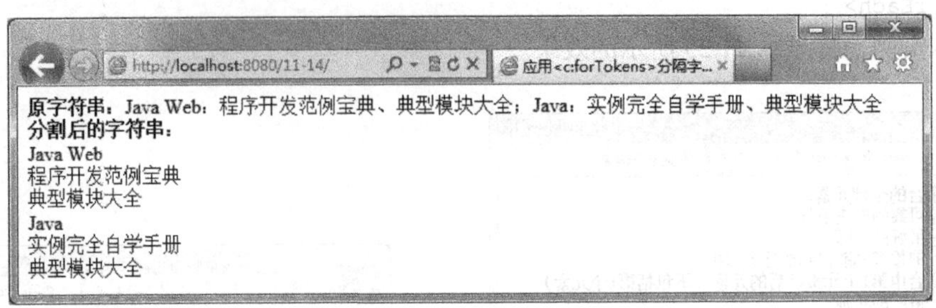
http://localhost:8080/11-14/
应用<c:forTokens>分隔字...
原字符串：Java Web：程序开发范例宝典、典型模块大全；Java：实例完全自学手册、典型模块大全
分割后的字符串：
Java Web
程序开发范例宝典
典型模块大全
Java
实例完全自学手册
典型模块大全

图 11-26　运行结果

11.7　综合实例——JSTL 在电子商城中的应用

本实例将应用 JSTL 实现电子商城网站中的用户登录、显示分时问候和页面重定向等功能，具体的开发步骤如下。

（1）编写 top.jsp 页面，在该页面中应用 DIV+CSS 样式进行布局，并在页面的合适位置应用<c:choose>、<c:when>和<c:otherwise>标签显示分时问候。top.jsp 页面的具体代码如下：

```
<%@ page language="java" pageEncoding="UTF-8"%>
<%@ taglib prefix="c" uri="http://java.sun.com/jsp/jstl/core"%>
<div style="width:100%; text-align:center">
    <div id="top">
        <div id="greeting">
            <jsp:useBean id="now" class="java.util.Date"/>
            <c:choose>
                <c:when test="${now.hours>=0 && now.hours<5}">凌晨好！</c:when>
                <c:when test="${now.hours>=5 && now.hours<8}">早上好</c:when>
                <c:when test="${now.hours>=8 && now.hours<11}">上午好！</c:when>
                <c:when test="${now.hours>=11 && now.hours<13}">中午好！</c:when>
                <c:when test="${now.hours>=13 && now.hours<17}">下午好！</c:when>
                <c:otherwise>晚上好！</c:otherwise>
            </c:choose>
            现在时间是：${now.hours}时${now.minutes}分${now.seconds}秒
        </div>
    </div>
</div>
```

（2）编写 login.jsp 页面，在该页面中应用 DIV+CSS 样式进行布局，并在页面的合适位置应用<c:choose>、<c:when>和<c:otherwise>标签根据用户是否登录显示不同的内容。如果用户没有登

录，则显示用户登录表单，否则显示当前登录用户名和“退出”超链接。login.jsp 页面的具体代码如下：

```
<%@ page language="java" pageEncoding="UTF-8"%>
<%@ taglib prefix="c" uri="http://java.sun.com/jsp/jstl/core"%>
<div style="width:100%; text-align:center">
    <div id="login">
        <div id="loginForm">
        <c:choose>
            <c:when test="${empty sessionScope.user}">
            <form action="deal.jsp" method="post" name="form1">
                <ul>
                <li>用户昵称：<input name="user" type="text" id="user" /></li>
                <li>密　码：<input name="pwd" type="password" id="pwd" /></li>
                <li><input name="Submit" type="submit" value="登录" /> 
                <input name="Submit2" type="reset" value="重置" /></li>
                </ul>
             </form>
            </c:when>
            <c:otherwise>
                <ul><li style="padding-top:30px;">
                欢迎您！${sessionScope.user} [<a href="logout.jsp">退出</a>]
                </li></ul>
            </c:otherwise>
        </c:choose>
      </div>
    </div>
</div>
```

（3）编写 deal.jsp 页面，在该页面中应用 JSTL 标签判断输入的用户名和密码是否合法，并根据判断结果进行相应的处理。如果合法，则保存用户名到 session 中，并重定向页面到 index.jsp 页面，否则弹出提示对话框后，将页面重定向到 index.jsp 页面。deal.jsp 页面的具体代码如下：

```
<%@ page language="java" pageEncoding="UTF-8"%>
<%@ taglib prefix="c" uri="http://java.sun.com/jsp/jstl/core"%>
<%request.setCharacterEncoding("UTF-8");%>
<c:choose>
    <c:when test="${param.user == 'mr' && param.pwd == 'mrsoft'}">
        <c:set var="user" scope="session" value="${param.user}"/>
        <c:redirect url="index.jsp"/>
    </c:when>
    <c:when test="${param.user=='tsoft' && param.pwd=='111'}">
        <c:set var="user" scope="session" value="${param.user}"/>
        <c:redirect url="index.jsp"/>
    </c:when>
    <c:otherwise>
        <script language="javascript">alert("您输入的用户名或密码不正确！");
            window.location.href="index.jsp";</script>
    </c:otherwise>
</c:choose>
```

（4）编写 copyright.jsp 页面，在该页面中应用 DIV+CSS 样式进行布局，并在页面的合适位置插入一张显示版权信息的图片。copyright.jsp 页面的具体代码如下：

```
<%@ page language="java" pageEncoding="UTF-8"%>
```

```
<div style="width:100%; text-align:center">
    <img src="images/copyright.jpg" width="794" height="81">
</div>
```

（5）编写 index.jsp 页面，在该页面中，应用<c:import>标签包含 top.jsp、login.jsp 和 copyright.jsp 页面，并在 login.jsp 和 copyright.jsp 页面之间插入一个<div>用于显示最新产品。index.jsp 页面的关键代码如下：

```
<c:import url="top.jsp"/>
<c:import url="login.jsp"/>
<div style="width:100%; text-align:center">
    <img src="images/newGoods.jpg" width="794" height="208">
</div>
<c:import url="copyright.jsp"/>
<c:set var="user" value="mr"/>
```

运行程序，将显示如图 11-27 所示的电子商城首页，在该页面的“用户名”文本框中输入“mr”，在“密码”文本框中输入“mrsoft”，单击“登录”按钮，成功登录后，原来显示登录表单的区域显示当前登录的用户，如图 11-28 所示。如果用户名或密码输入错误，将给予提示。

图 11-27　未登录时的页面运行结果

图 11-28　登录后的页面运行结果

知识点提炼

（1）JSTL 是一个不断完善的、开放源代码的 JSP 标签库，JSP 2.0 中已将 JSTL 作为标准支持。使用 JSTL 可以取代在传统 JSP 程序中嵌入 Java 代码的做法，大大提高了程序的可维护性。

（2）<c:out>标签用于将表达式的值输出到 JSP 页面中，该标签类似于 JSP 的表达式<%=表达式%>，或者 EL 的${expression}。

（3）<c:set>标签用于在指定范围（page、request、session 或 application）中定义保存某个值的变量，或为指定的对象设置属性值。

（4）<c:remove>标签用于移除指定的 JSP 范围内的变量。

（5）<c:import>标签可以导入站内或其他网站的静态和动态文件到 Web 页面中。

（6）<c:url>标签用于生成一个 URL 路径的字符串，这个生成的字符串可以赋予 HTML 的<a>标记实现 URL 的链接，或者用这个生成的 URL 字符串实现网页转发与重定向等。

（7）<c:if>标签可以根据不同的条件去处理不同的业务。它与 Java 语言中的 if 语句类似，只不过该语句没有 else 标签。

（8）<c:choose>标签可以根据不同的条件去完成指定的业务逻辑，如果没有符合的条件，会执行默认条件的业务逻辑。<c:choose>标签只能作为<c:when>和<c:otherwise>标签的父标签，而要实现条件选择逻辑，可以在<c:choose>标签中嵌套<c:when>和<c:otherwise>标签来完成。

（9）<c:forEach>循环标签可以根据循环条件遍历数组和集合类中的所有或部分数据。

习　题

（1）JSTL 包括哪几种标签库？

（2）如何在 JSP 文件中引用 JSTL 提供的各种标签？

（3）JSTL 提供的 URL 相关的标签有哪几个？

（4）JSTL 提供的流程控制标签有哪几个？

（5）JSTL 提供了几种循环标签？

实验：显示数据库中的图书信息

实验目的

（1）熟悉 JSTL 的配置。

（2）掌握应用 JSTL 的<c:forEach>标签循环输出 List 集合的方法。

实验内容

应用 JSTL 的<c:forEach>标签显示数据库中的图书信息。

实验步骤

（1）创建动态 Web 项目，名称为 example11，并将 MySQL 数据库的驱动包和 JSTL 包添加至项目的构建路径中。

（2）在 MySQL 中创建一个名称为 db_database11 的数据库，并在该数据库中创建一个图书信息表，名称为 tb_book，其数据表结构如图 11-29 所示。

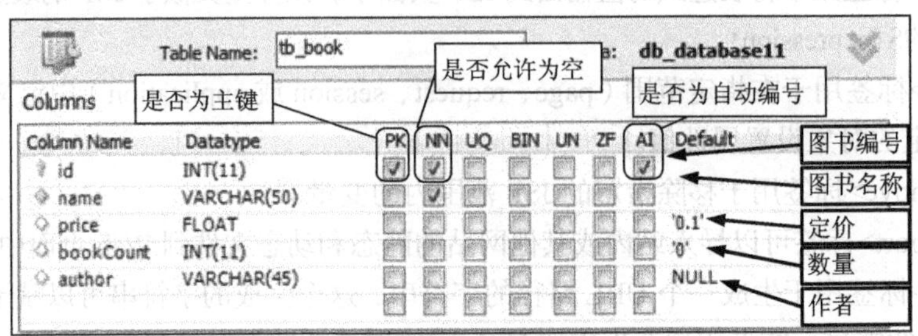

图 11-29 tb_book 表的结构

（3）创建名称为 BookBean 的类，用于封装图书信息，由于此处的代码比较简单，这里不再给出，具体代码请参见光盘。

（4）编写获取商品信息的 Servlet，名称为 BookServlet，保存到 com.wgh.servlet 包中。在该 Servlet 中的 doGet()方法中获取传递的 action 参数，并判断 action 参数值是否为 query，如果为 query，则调用 query()方法获取图书信息。doGet()方法的具体代码如下：

```
public void doGet(HttpServletRequest request, HttpServletResponse response)
        throws ServletException, IOException {
    String action = request.getParameter("action"); //获取 action 参数值
    if ("query".equals(action)) {                   //判断 action 参数值是否为 query
        this.query(request, response);              //调用 query()方法
    }
}
```

（5）在 BookServlet 中编写 query()方法，在该方法中，首先从数据库中获取商品信息，并保存到 List 集合中，然后将该 List 集合保存到 HttpServletRequest 对象中，最后将页面重定向到 bookList.jsp 页面。query()方法的代码如下：

```
public void query(HttpServletRequest request, HttpServletResponse response)
        throws ServletException, IOException {
    ConnDB conn=new ConnDB();                       //创建数据库连接对象
    String sql="SELECT * FROM tb_book";
    ResultSet rs=conn.executeQuery(sql);            //查询全部图书信息
    List<BookForm> list=new ArrayList<>();
    try {
        while(rs.next()){
            BookForm f=new BookForm();
            f.setId(rs.getInt(1));
            f.setName(rs.getString(2));
            f.setPrice(rs.getDouble(3));
            f.setBookCount(rs.getInt(4));
            f.setAuthor(rs.getString(5));
```

```
            list.add(f);                          //将图书信息保存到 List 集合中
        }
    } catch (SQLException e) {
        e.printStackTrace();
    }
    request.setAttribute("bookList", list);       //将图书信息保存到HttpServletRequest中
    //重定向页面
    request.getRequestDispatcher("bookList.jsp").forward(request, response);
}
```

ConnDB 类位于 com.wgh.tools 包中，主要用于获取数据库连接，并通过执行 SQL 语句实现从数据表中查询指定数据的功能。关于该类的具体代码，请读者参见光盘中对应的文件。

（6）编写 index.jsp 页面，在该页面中应用<c:redirect>标签将页面重定向到查询图书信息的 Servlet 中，并传递一个参数 action，值为 query。index.jsp 页面的关键代码如下：

```
<%@ taglib prefix="c" uri="http://java.sun.com/jsp/jstl/core"%>
<c:redirect url="BookServlet">
    <c:param name="action" value="query"/>
</c:redirect>
```

（7）编写 bookList.jsp 页面，在该页面中应用<c:forEach>标签循环显示保存到 request 范围内的图书信息，关键代码如下：

```
<%@ taglib prefix="c" uri="http://java.sun.com/jsp/jstl/core"%>
    ……<!—此处省略了部分 HTML 代码
    <c:forEach var="book" items="${requestScope.bookList}">
   <tr>
    <td height="27" bgcolor="#FFFFFF"> <c:out value="${book.id}"/></td>
    <td bgcolor="#FFFFFF"> <c:out value="${book.name}"/></td>
    <td bgcolor="#FFFFFF"> <c:out value="${book.price}"/>（元）</td>
    <td bgcolor="#FFFFFF"> <c:out value="${book.bookCount}"/></td>
    <td bgcolor="#FFFFFF"> <c:out value="${book.author}"/></td>
   </tr>
    </c:forEach>
 </table>
```

运行本实例，页面中以表格的形式显示图书信息列表，如图 11-30 所示。

图书信息列表

编号	图书名称	单价	数量	作者
3	Java Web开发实战宝典	89.0（元）	10	王国辉
4	Java从入门到精通过	59.8（元）	20	李钟尉 周小彤 陈丹丹
5	Java Web开发典型模块大全	89.0（元）	15	王国辉 王毅 王殊宇

图 11-30　图书信息列表页面

第 12 章 Ajax 技术

本章要点：

- Ajax 使用的技术
- 传统 Ajax 的工作流程
- jQuery 的基本使用方法
- 使用 jQuery 发送 GET 和 POST 请求

随着 Web 2.0 概念的普及，追求更人性化、更美观的页面效果成了网站开发的必修课。Ajax 正在其中充当着重要角色。由于 Ajax 是一个客户端技术，因此无论使用哪种服务器端技术（如 JSP、PHP、ASP.NET 等）都可以使用 Ajax。相对于传统的 Web 应用开发，Ajax 运用的是更加先进、更加标准化、更加高效的 Web 开发技术体系。本章将介绍如何在 JSP 中应用 Ajax。

12.1 Ajax 简介

12.1.1 什么是 Ajax

Ajax 是 Asynchronous JavaScript and XML 的缩写，意思是异步的 JavaScript 与 XML。Ajax 并不是一门新的语言或技术，它是 JavaScript、XML、CSS、DOM 等多种已有技术的组合，可以实现客户端的异步请求操作，从而可以在不需要刷新页面的情况下与服务器进行通信，减少用户的等待时间，减轻服务器和带宽的负担，提供更好的服务响应。

12.1.2 Ajax 开发模式与传统开发模式的比较

在 Web 2.0 以前，多数网站都采用传统的开发模式，而随着 Web 2.0 时代的到来，越来越多的网站都开始采用 Ajax 开发模式。为了让读者更好地了解 Ajax 开发模式，下面将对 Ajax 开发模式与传统开发模式进行比较。

在传统的 Web 应用模式中，页面中用户的每一次操作都将触发一次返回 Web 服务器的 HTTP 请求，服务器进行相应的处理（获得数据、运行与不同的系统会话）后，返回一个 HTML 页面给客户端，如图 12-1 所示。

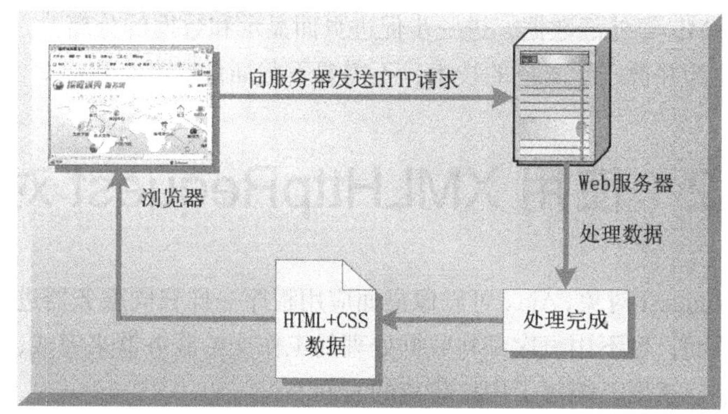

图 12-1 Web 应用的传统模型

而在 Ajax 应用中，页面中用户的操作将通过 Ajax 引擎与服务器端进行通信，然后将返回结果提交给客户端页面的 Ajax 引擎，再由 Ajax 引擎来决定将这些数据插入到页面的指定位置，如图 12-2 所示。

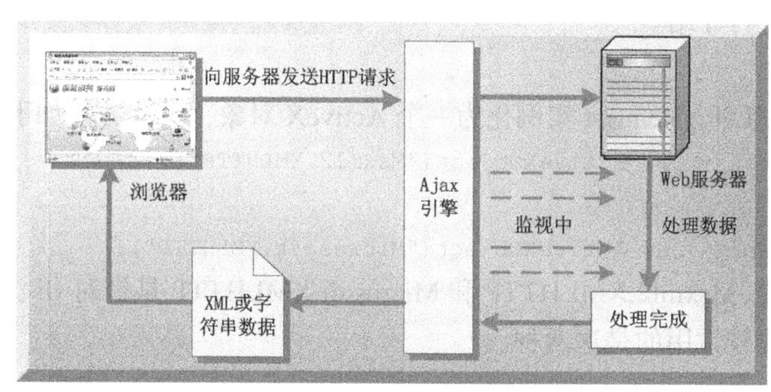

图 12-2 Web 应用的 Ajax 模型

从图 12-1 和图 12-2 中可以看出，对于每个用户的行为，在传统的 Web 应用模型中将生成一次 HTTP 请求，而在 Ajax 应用开发模型中将变成对 Ajax 引擎的一次 JavaScript 调用。在 Ajax 应用开发模型中，通过 JavaScript 实现在不刷新整个页面的情况下，对部分数据进行更新，从而降低了网络流量，给用户带来了更好的体验。

12.1.3 Ajax 的优点

与传统的 Web 应用不同，Ajax 在用户与服务器之间引入一个中间媒介（Ajax 引擎），从而消除了网络交互过程中的“处理—等待—处理—等待”的缺点。使用 Ajax 的优点具体表现在以下几方面。

（1）减轻服务器的负担。Ajax 的原则是“按需求获取数据”，这可以最大限度地减少冗余请求和响应对服务器造成的负担。

（2）可以把一部分以前由服务器负担的工作转移到客户端，利用客户端闲置的资源进行处理，减轻服务器和带宽的负担，节约空间和成本。

（3）无刷新更新页面，用户不用再像以前那样在服务器处理数据时，只能在死板的白屏前焦急地等待。Ajax 使用 XMLHttpRequest 对象发送请求并得到服务器响应，在不需要重新载入整个页面的情况下，就可以通过 DOM 及时将更新的内容显示在页面上。

（4）可以调用 XML 等外部数据，进一步促进页面显示和数据的分离。

（5）基于标准化的并被广泛支持的技术，不需要下载插件或者小程序。

12.2 使用 XMLHttpRequest 对象

通过 XMLHttpRequest 对象，Ajax 可以像桌面应用程序一样只同服务器进行数据层面的交换，而不用每次都刷新页面，也不用每次都将数据处理的工作交给服务器来完成，这样既减轻了服务器负担，又加快了响应速度，缩短了用户等待的时间。

12.2.1 初始化 XMLHttpRequest 对象

在使用 XMLHttpRequest 对象发送请求和处理响应之前，首先需要初始化该对象。由于 XMLHttpRequest 不是一个 W3C 标准，因此对于不同的浏览器，初始化的方法也是不同的。通常情况下，初始化 XMLHttpRequest 对象只需要考虑两种情况，一种是 IE 浏览器，另一种是非 IE 浏览器，下面分别进行介绍。

- IE 浏览器

IE 浏览器把 XMLHttpRequest 实例化为一个 ActiveX 对象，具体方法如下：

```
var http_request = new ActiveXObject("Msxml2.XMLHTTP");
```

或者

```
var http_request = new ActiveXObject("Microsoft.XMLHTTP");
```

在上面的语法中，Msxml2.XMLHTTP 和 Microsoft.XMLHTTP 是针对 IE 浏览器的不同版本而进行设置的，目前比较常用的是这两种。

- 非 IE 浏览器

非 IE 浏览器（例如，Firefox、Opera、Safari 等）把 XMLHttpRequest 对象实例化为一个本地 JavaScript 对象，具体方法如下：

```
var http_request = new XMLHttpRequest();
```

为了提高程序的兼容性，可以创建一个跨浏览器的 XMLHttpRequest 对象。创建一个跨浏览器的 XMLHttpRequest 对象其实很简单，只需要判断不同浏览器的实现方式，如果浏览器提供了 XMLHttpRequest 类，则直接创建一个实例，否则实例化一个 ActiveX 对象。具体代码如下：

```
if (window.XMLHttpRequest) {                          //非 IE 浏览器
    http_request = new XMLHttpRequest();
} else if (window.ActiveXObject) {                    // IE 浏览器
    try {
        http_request = new ActiveXObject("Msxml2.XMLHTTP");
    } catch (e) {
        try {
            http_request = new ActiveXObject("Microsoft.XMLHTTP");
        } catch (e) {}
    }
}
```

在上面的代码中，调用 window.ActiveXObject 将返回一个对象，或是 null，if 语句会把返回值看作是 true 或 false（如果返回的是一个对象，则为 true，如果返回 null，则为 false）。

说明

由于 JavaScript 具有动态类型特性，而且 XMLHttpRequest 对象在不同浏览器上的实例是兼容的，因此可以用同样的方式访问 XMLHttpRequest 实例的属性的方法，不需要考虑创建该实例的方法是什么。

12.2.2 XMLHttpRequest 对象的常用方法

XMLHttpRequest 对象提供了一些常用的方法，通过这些方法可以对请求进行操作。下面对 XMLHttpRequest 对象的常用方法进行介绍。

- open()方法

open()方法用于设置进行异步请求目标的 URL、请求方法以及其他参数信息，具体语法如下：

```
open("method","URL"[,asyncFlag[,"userName"[, "password"]]])
```

open()方法的参数说明如表 12-1 所示。

表 12-1 open()方法的参数说明

参　数	说　明
method	用于指定请求的类型，一般为 GET 或 POST
URL	用于指定请求地址，可以使用绝对地址或者相对地址，并且可以传递查询字符串
asyncFlag	为可选参数，用于指定请求方式，异步请求为 true，同步请求为 false，默认情况下为 true
userName	为可选参数，用于指定请求用户名，没有时可省略
password	为可选参数，用于指定请求密码，没有时可省略

例如，设置异步请求目标为 register.jsp，请求方法为 GET，请求方式为异步，代码如下：

```
http_request.open("GET","register.jsp",true);
```

- send()方法

send()方法用于向服务器发送请求。如果请求声明为异步，该方法将立即返回，否则将等到收到响应为止。send()方法的语法格式如下：

```
send(content)
```

content：用于指定发送的数据，可以是 DOM 对象的实例、输入流或字符串。如果没有参数需要传递，可以设置为 null。

例如，向服务器发送一个不包含任何参数的请求，可以使用下面的代码：

```
http_request.send(null);
```

- setRequestHeader()方法

setRequestHeader()方法用于为请求的 HTTP 头设置值。setRequestHeader()方法的具体语法格式如下：

```
setRequestHeader("header", "value")
```

- header：用于指定 HTTP 头。
- value：用于为指定的 HTTP 头设置值。

注意

setRequestHeader()方法必须在调用 open()方法之后才能调用。

例如，在发送 POST 请求时，需要设置 Content-Type 请求头的值为“application/x-www-form-urlencoded”，这时就可以通过 setRequestHeader()方法进行设置，具体代码如下：

```
http_request.setRequestHeader("Content-Type","application/x-www-form-urlencoded");
```

- abort()方法

abort()方法用于停止或放弃当前异步请求，其语法格式如下：

```
abort()
```

- getResponseHeader()方法

getResponseHeader()方法用于以字符串形式返回指定的 HTTP 头信息，其语法格式如下：

```
getResponseHeader("headerLabel")
```

headerLabel：用于指定 HTTP 头，包括 Server、Content-Type 和 Date 等。

例如，要获取 HTTP 头 Content-Type 的值，可以使用以下代码：

```
http_request.getResponseHeader("Content-Type")
```

上面的代码将获取到以下内容：

```
text/html;charset=UTF-8
```

- getAllResponseHeaders()方法

getAllResponseHeaders()方法用于以字符串形式返回完整的 HTTP 头信息，其中包括 Server、Date、Content-Type 和 Content-Length。getAllResponseHeaders()方法的语法格式如下：

```
getAllResponseHeaders()
```

例如，应用下面的代码调用 getAllResponseHeaders()方法，将弹出如图 12-3 所示的对话框显示完整的 HTTP 头信息。

```
alert(http_request.getAllResponseHeaders());
```

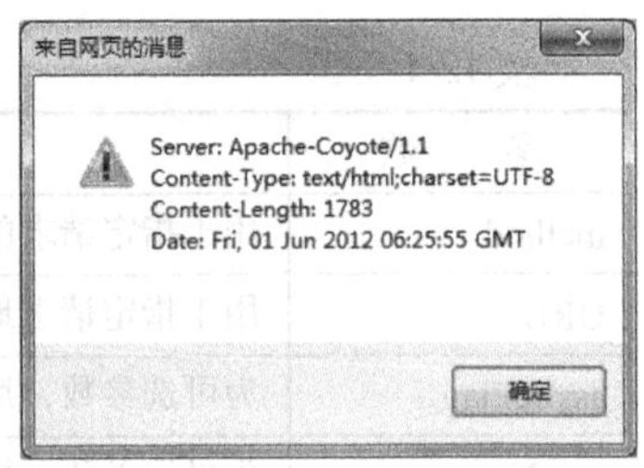

图 12-3　获取的完整 HTTP 头信息

12.2.3　XMLHttpRequest 对象的常用属性

XMLHttpRequest 对象提供了一些常用属性，通过这些属性可以获取服务器的响应状态及响应内容。下面将对 XMLHttpRequest 对象的常用属性进行介绍。

- onreadystatechange 属性

onreadystatechange 属性用于指定状态改变时所触发的事件处理器。在 Ajax 中，每个状态改变时都会触发这个事件处理器，通常会调用一个 JavaScript 函数。

例如，指定状态改变时触发 JavaScript 函数 getResult 的代码如下：

```
http_request.onreadystatechange = getResult;
```

注意：在指定所触发的事件处理器时，所调用的 JavaScript 函数不能添加小括号，也不能指定参数名，但可以使用匿名函数。例如，要调用带参数的函数 getResult()，可以使用下面的代码：

```
http_request.onreadystatechange = function(){
    getResult("添加的参数");          //调用带参数的函数
};                                   //通过匿名函数指定要带参数的函数
```

- readyState 属性

readyState 属性用于获取请求的状态。该属性共包括 5 个属性值，如表 12-2 所示。

表 12-2　readyState 属性的属性值

值	意　义	值	意　义
0	未初始化	1	正在加载
2	已加载	3	交互中
4	完成		

- responseText 属性

responseText 属性用于获取服务器的响应，表示为字符串。

- responseXML 属性

responseXML 属性用于获取服务器的响应，表示为 XML。这个对象可以解析为一个 DOM 对象。

- status 属性

status 属性用于返回服务器的 HTTP 状态码，常用的状态码如表 12-3 所示。

表 12-3 status 属性的状态码

值	意　义	值	意　义
200	请求成功	202	请求被接受，但尚未成功
400	错误的请求	404	文件未找到
500	内部服务器错误		

- statusText 属性

statusText 属性用于返回 HTTP 状态码对应的文本，如 OK 或 Not Found（未找到）等。

12.3 传统 Ajax 的工作流程

通过前面的学习，相信大家已经对 Ajax 以及 Ajax 所使用的技术有所了解了。下面将介绍 Ajax 中如何发送请求与处理服务器响应。

12.3.1 发送请求

Ajax 可以通过 XMLHttpRequest 对象实现采用异步方式在后台发送请求。通常情况下，Ajax 发送请求有两种，一种是发送 GET 请求，另一种是发送 POST 请求。但无论发送哪种请求，都需要经过以下 4 个步骤。

（1）初始化 XMLHttpRequest 对象。为了提高程序的兼容性，需要创建一个跨浏览器的 XMLHttpRequest 对象，并且判断 XMLHttpRequest 对象的实例是否成功，如果不成功，则给予提示。具体代码如下：

```
http_request = false;
if (window.XMLHttpRequest) {                                    //非 IE 浏览器
    http_request = new XMLHttpRequest();                        //创建 XMLHttpRequest 对象
} else if (window.ActiveXObject) {                              //IE 浏览器
    try {
        http_request = new ActiveXObject("Msxml2.XMLHTTP");//创建 XMLHttpRequest 对象
    } catch (e) {
        try {
            //创建 XMLHttpRequest 对象
            http_request = new ActiveXObject("Microsoft.XMLHTTP");
        } catch (e) {}
    }
}
if (!http_request) {
```

```
        alert("不能创建 XMLHttpRequest 对象实例! ");
        return false;
    }
```

（2）为 XMLHttpRequest 对象指定一个返回结果处理函数（即回调函数），用于对返回结果进行处理，具体代码如下：

```
http_request.onreadystatechange = getResult;                    //调用返回结果处理函数
```

使用 XMLHttpRequest 对象的 onreadystatechange 属性指定回调函数时，不能指定要传递的参数。如果要指定传递的参数，可以应用以下方法：

```
http_request.onreadystatechange = function(){getResult(param)};
```

（3）创建一个与服务器的连接。在创建时，需要指定发送请求的方式（即 GET 或 POST），以及设置是否采用异步方式发送请求。

例如，采用异步方式发送 GET 方式的请求，具体代码如下：

```
http_request.open('GET', url, true);
```

例如，采用异步方式发送 POST 方式的请求，具体代码如下：

```
http_request.open('POST', url, true);
```

open()方法中的 url 参数可以是一个 JSP 页面的 URL 地址，也可以是 Servlet 的映射地址。也就是说，请求处理页可以是一个 JSP 页面，也可以是一个 Servlet。

在指定 URL 参数时，最好将一个时间戳追加到该 URL 参数的后面，这样可以防止因浏览器缓存结果而不能实时得到最新的结果。例如，可以指定 URL 参数为以下代码：

```
String url="deal.jsp?nocache="+new Date().getTime();
```

（4）向服务器发送请求。XMLHttpRequest 对象的 send()方法可以实现向服务器发送请求。该方法需要传递一个参数，如果发送的是 GET 请求，可以将该参数设置为 null，如果发送的是 POST 请求，可以通过该参数指定要发送的请求参数。

向服务器发送 GET 请求的代码如下：

```
http_request.send(null);                        //向服务器发送请求
```

向服务器发送 POST 请求的代码如下：

```
var param="user="+form1.user.value+"&pwd="+form1.pwd.value+
    "&email="+form1.email.value;                //组合参数
http_request.send(param);                       //向服务器发送请求
```

需要注意的是，在发送 POST 请求前，还需要设置正确的请求头，具体代码如下：

```
http_request.setRequestHeader("Content-Type","application/x-www-form-urlencoded");
```

上面的这句代码需要添加在“http_request.send(param);”语句之前。

12.3.2 处理服务器响应

向服务器发送请求后，接下来就需要处理服务器响应了。在向服务器发送请求时，需要通过 XMLHttpRequest 对象的 onreadystatechange 属性指定一个回调函数，用于处理服务器响应。在这个回调函数中，首先需要判断服务器的请求状态，保证请求已完成，然后再根据服务器的 HTTP 状态码判断服务器对请求的响应是否成功，如果成功，则获取服务器的响应并反馈给客户端。

XMLHttpRequest 对象提供了两个用来访问服务器响应的属性，一个是 responseText 属性，返回字符串响应，另一个是 responseXML 属性，返回 XML 响应。

1. 处理字符串响应

字符串响应通常应用在响应不是特别复杂的情况下。例如，将响应显示在提示对话框中，或者响应只是显示成功或失败的字符串。

将字符串响应显示到提示对话框中的回调函数的具体代码如下：

```
function getResult() {
    if (http_request.readyState == 4) {              // 判断请求状态
        if (http_request.status == 200) {            // 请求成功，开始处理返回结果
            alert(http_request.responseText);        // 显示判断结果
        } else {                                     // 请求页面有错误
            alert("您所请求的页面有错误！");
        }
    }
}
```

如果需要将响应结果显示到页面的指定位置，也可以先在页面的合适位置添加一个<div>或<span>标记，并设置该标记的 id 属性，例如 div_result，然后在回调函数中应用以下代码显示响应结果。

```
document.getElementById("div_result").innerHTML=http_request.responseText;
```

2. 处理 XML 响应

如果在服务器端需要生成特别复杂的响应，那么就需要应用 XML 响应。应用 XMLHttpRequest 对象的 responseXML 属性可以生成一个 XML 文档，而且当前浏览器已经提供了很好的解析 XML 文档对象的方法。

例如，有一个保存图书信息的 XML 文档，具体代码如下：

```
<?xml version="1.0" encoding="UTF-8"?>
<mr>
    <books>
        <book>
            <title>Java Web 开发典型模块大全</title>
            <publisher>人民邮电出版社</publisher>
        </book>
        <book>
            <title>Java 范例完全自学手册</title>
            <publisher>人民邮电出版社</publisher>
        </book>
    </books>
</mr>
```

在回调函数中遍历保存图书信息的 XML 文档，并显示到页面中，代码如下：

```
function getResult() {
    if (http_request.readyState == 4) {                    //判断请求状态
        if (http_request.status == 200) {                  //请求成功，开始处理响应
            var xmldoc = http_request.responseXML;
            var str="";
            for(i=0;i<xmldoc.getElementsByTagName("book").length;i++){
                var book = xmldoc.getElementsByTagName("book").item(i);
                str=str+"《"+book.getElementsByTagName("title")[0].firstChild.data
                +"》由""+
                book.getElementsByTagName('publisher')[0].firstChild.data+
```

```
                ""出版<br>";
            }
            document.getElementById("book").innerHTML=str;    //显示图书信息
        } else {                                               //请求页面有错误
            alert("您所请求的页面有错误！");
        }
    }
}
<div id="book"></div>
```

通过上面的代码获取的 XML 文档的信息如下：

《Java Web 开发典型模块大全》由“人民邮电出版社”出版

《Java 范例完全自学手册》由“人民邮电出版社”出版

12.3.3 一个完整的实例——检测用户名是否唯一

【例 12-1】 编写一个会员注册页面，并应用 Ajax 实现检测用户名是否唯一的功能。（实例位置：光盘\MR\源码\第 12 章\12-1）

（1）创建 index.jsp 文件，在该文件中添加一个用于收集用户注册信息的表单及表单元素，以及代表“检测用户名”按钮的图片，在该图片的 onClick 事件中调用 checkName()方法，检测用户名是否被注册，关键代码如下：

```
<form method="post" action="" name="form1">
用户名：<input name="username" type="text" id="username" size="32">
<img src="images/checkBt.jpg" width="104" height="23" style="cursor:pointer;"
 onClick="checkUser(form1.username);">
密   码：<input name="pwd1" type="password" id="pwd1" size="35"><
确认密码：<input name="pwd2" type="password" id="pwd2" size="35">
E-mail：<input name="email" type="text" id="email" size="45">
<input type="image" name="imageField" src="images/registerBt.jpg">
</form>
```

（2）在页面的合适位置添加一个用于显示提示信息的<div>标记（id 属性值为 toolTip），并通过 CSS 设置该<div>标记的样式，具体代码请参见光盘源程序。

（3）编写一个自定义的 JavaScript 函数 createRequest()，在该函数中，首先初始化 XMLHttpRequest 对象，然后指定处理函数，再创建与服务器的连接，最后向服务器发送请求。createRequest()函数的具体代码如下：

```
function createRequest(url) {
    http_request = false;
    if (window.XMLHttpRequest) {                        // 非 IE 浏览器
        http_request = new XMLHttpRequest();            //创建 XMLHttpRequest 对象
    } else if (window.ActiveXObject) {                  // IE 浏览器
        try {
         http_request = new ActiveXObject("Msxml2.XMLHTTP");//创建 XMLHttpRequest 对象
        } catch (e) {
          try {
        http_request=new ActiveXObject("Microsoft.XMLHTTP");//创建 XMLHttpRequest 对象
          } catch (e) {}
        }
    }
```

```
    if (!http_request) {
        alert("不能创建 XMLHttpRequest 对象实例! ");
        return false;
    }
    http_request.onreadystatechange = getResult;          //调用返回结果处理函数
    http_request.open('GET', url, true);                  //创建与服务器的连接
    http_request.send(null);                              //向服务器发送请求
}
```

（4）编写回调函数 getResult()，用于根据请求状态对返回结果进行处理。在该函数中，如果请求成功，为提示框设置相应的提示内容，并让该提示框显示。getResult()函数的具体代码如下：

```
function getResult() {
    if (http_request.readyState == 4) {                   // 判断请求状态
        if (http_request.status == 200) {                 // 请求成功，开始处理返回结果
            //设置提示内容
            document.getElementById("toolTip").innerHTML=http_request.responseText;
            document.getElementById("toolTip").style.display="block";   //显示提示框
        } else {                                          // 请求页面有错误
            alert("您所请求的页面有错误! ");
        }
    }
}
```

（5）编写自定义的 JavaScript 函数 checkUser()，用于检测用户名是否为空，当用户名不为空时，调用 createRequest()函数发送异步请求检测用户名是否被注册。checkUser()函数的具体代码如下：

```
function checkUser(userName){
    if(userName.value==""){
        alert("请输入用户名! ");userName.focus();return;
    }else{
        createRequest('checkUser.jsp?user='+ encodeURIComponent(userName.value));
    }
}
```

（6）编写检测用户名是否被注册的处理页 checkUser.jsp，在该页面中判断输入的用户名是否被注册，并应用 JSP 内置对象 out 的 println()方法输出判断结果。checkUser.jsp 页面的具体代码如下：

```
<%@ page language="java" import="java.util.*" pageEncoding="UTF-8" %>
<%  String[] userList={"明日科技","mr","mrsoft","wgh"};          //创建一个一维数组
    String user=new String(request.getParameter("user").
                            getBytes("ISO-8859-1"),"UTF-8");//获取用户名
    Arrays.sort(userList);                                  //对数组排序
    int result=Arrays.binarySearch(userList,user);          //搜索数组
    if(result>-1){
        out.println("很抱歉，该用户名已经被注册! ");              //输出检测结果
    }else{
        out.println("恭喜您，该用户名没有被注册! ");              //输出检测结果
    }%>
```

运行本实例，在“用户名”文本框中输入 mr，单击“检测用户名”按钮，将显示如图 12-4 所示的提示信息。

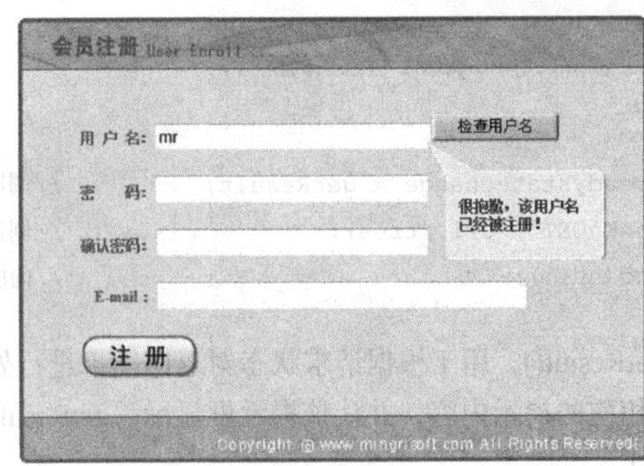

图 12-4 用户名不为空时显示的效果

12.4 应用 jQuery 实现 Ajax

通过前面的介绍，我们可以知道在 Web 中应用 Ajax 的工作流程比较烦琐，每次都需要编写大量的 JavaScript 代码，不过应用目前比较流行的 jQuery 可以简化 Ajax。下面将具体介绍如何应用 jQuery 实现 Ajax。

12.4.1 jQuery 简介

jQuery 是一套简洁、快速、灵活的 JavaScript 脚本库，它是由 John Resig 于 2006 年创建的，它帮助我们简化了 JavaScript 代码。JavaScript 脚本库类似于 Java 的类库，我们将一些工具方法或对象方法封装在类库中，方便用户使用。jQuery 因为它的简便易用，已被大量的开发人员所推崇。

要在自己的网站中应用 jQuery 库，需要下载并配置它。

1. 下载和配置 jQuery

jQuery 是一个开源的脚本库，我们可以在它的官方网站（http://jquery.com）中下载到最新版本的 jQuery 库。当前的版本是 1.7.2，下载后将得到名称为 jquery-1.7.2.min.js 的文件。

将 jQuery 库下载到本地计算机后，还需要在项目中配置 jQuery 库，即将下载后的 jquery-1.7.2.min.js 文件放置到项目的指定文件夹中（通常放置在 JS 文件夹中），然后在需要应用 jQuery 的页面中使用下面的语句将其引用到文件中。

```
<script language="javascript" src="JS/jquery-1.7.2.min.js"></script>
```

或者

```
<script src="JS/jquery-1.7.2.min.js" type="text/javascript"></script>
```

注意

引用 jQuery 的<script>标签必须放在所有自定义脚本文件的<script>之前，否则在自定义的脚本代码中应用不到 jQuery 脚本库。

2. jQuery 的工厂函数

在 jQuery 中，无论我们使用哪种类型的选择符，都需要从一个“$”符号和一对“()”开始。在“()”中通常使用字符串参数，参数中可以包含任何 CSS 选择符表达式。下面介绍几种比较常见的用法。

- 在参数中使用标记名

$("div")：用于获取文档中全部的<div>。

- 在参数中使用 ID

$("#username")：用于获取文档中 ID 属性值为 username 的一个元素。

- 在参数中使用 CSS 类名

$(".btn_grey")：用于获取文档中使用 CSS 类名为 btn_grey 的所有元素。

3. 我的第一个 jQuery 脚本

【例 12-2】 应用 jQuery 弹出一个提示对话框。（实例位置：光盘\MR\源码\第 12 章\12-2）

（1）在 Eclipse 中创建动态 Web 项目，并在该项目的 WebContent 节点下创建一个名称为 JS 的文件夹，将 jquery-1.7.2.min.js 复制到该文件夹中。

默认情况下，在 Eclipse 创建的动态 Web 项目中添加 jQuery 库以后，将出现红×，表示有语法错误，但是程序仍然可以正常运行。解决该问题的方法是：首先在 Eclipse 的主菜单中选择“窗口”/“首选项目”菜单项，打开“首选项”对话框，在“首选项”对话框的左侧选择“JavaScript”/“验证器”/“错误/警告”节点，然后取消选中右侧的“Enable JavaScript Semantic Validation”复选框并应用，接下来再找到项目的.project 文件，将其中的以下代码删除：

```
<buildCommand>
    <name>org.eclipse.wst.jsdt.core.javascriptValidator</name>
    <arguments>
    </arguments>
</buildCommand>
```

保存该文件，最后重新添加 jQuery 库就可以了。

（2）创建一个名称为 index.jsp 的文件，在该文件的<head>标记中引用 jQuery 库文件，关键代码如下：

```
<script type="text/javascript" src="JS/jquery-1.7.2.min.js"></script>
```

（3）在<body>标记中，应用 HTML 的<a>标记添加一个空的超链接，关键代码如下：

```
<a href="#">弹出提示对话框</a>
```

（4）编写 jQuery 代码，实现在单击页面中的超链接时弹出一个提示对话框，具体代码如下：

```
<script>
$(document).ready(function(){
    $("a").click(function(){ //获取超链接对象，并为其添加单击事件
        alert("我的第一个 jQuery 脚本！");
    });
});
</script>
```

实际上，上面的代码还可以更简单，也就是将“$(document).ready”用“$”符代替，替换后的代码如下：

```
<script>
$(function(){
    //获取超链接对象，并为其添加单击事件
    $("a").click(function(){
        alert("我的第一个 jQuery 脚本！");
    });
});
</script>
```

图 12-5　弹出的提示对话框

运行本实例，单击页面中的“弹出提示对话框”超链接，将弹出如图 12-5 所示的提示对话框。

12.4.2 应用 load()方法发送请求

load()方法通过 Ajax 请求从服务器加载数据，并把返回的数据放置到指定的元素中。它的语法格式如下：

```
.load( url [, data] [, complete(responseText, textStatus, XMLHttpRequest)] )
```

- url：用于指定要请求页面的 URL 地址。
- data：可选参数，用于指定跟随请求一同发送的数据。因为 load()方法不仅可以导入静态的 HTML 文件，还可以导入动态脚本（例如 JSP 文件），当要导入动态文件时，就可以通过该参数指定传递的数据。
- complete(responseText, textStatus, XMLHttpRequest)：用于指定调用 load()方法并得到服务器响应后再执行的另外一个函数。如果不指定该参数，那么服务器响应完成后，会直接将匹配元素的 HTML 内容设置为返回的数据。该函数的 3 个参数中，responseText 表示请求返回的内容；textStatus 表示请求状态；XMLHttpRequest 表示 XMLHttpRequest 对象。

例如，要请求名称为 book.html 的静态页面，可以使用下面的代码：

```
$("#getBook").load("book.html");
```

说明

使用 load()方法发送请求时，有两种方式：一种是 GET 请求，另一种是 POST 请求。采用哪种请求方式将由 data 参数的值决定。当 load()方法没有向服务器传递参数时，请求的方式就是 GET；反之，请求的方式就是 POST。

【例 12-3】 应用 jQuery 动态显示当前时间。（实例位置：光盘\MR\源码\第 12 章\12-3）

（1）在 Eclipse 中创建动态 Web 项目，并在该项目的 WebContent 节点下创建一个名称为 JS 的文件夹，将 jquery-1.7.2.min.js 复制到该文件夹中。

（2）创建一个名称为 index.jsp 的文件，在该文件的<head>标记中引用 jQuery 库文件，关键代码如下：

```
<script type="text/javascript" src="JS/jquery-1.7.2.min.js"></script>
```

（3）在<body>标记中，添加一个 id 为 getTime 的<div>标记，关键代码如下：

```
<div id="getTime">正在获取时间...</div>
```

（4）编写 jQuery 代码，实现每隔一秒钟请求一次 getTime.jsp 文件，获取当前系统时间，具体代码如下：

```
<script>
    $(document).ready(function(){
      window.setInterval("$('#getTime').load('getTime.jsp',{});",1000);
    });
</script>
```

（5）创建一个名称为 getTime.jsp 的文件，在该文件中，编写用于在页面中输出当前系统时间的 JSP 代码。getTime.jsp 文件的具体代码如下：

```
<%@ page language="java" contentType="text/html; charset=UTF-8"
    pageEncoding="UTF-8"%>
<%@page import="java.util.Date"%>
<%  out.println(new java.text.SimpleDateFormat("YYYY-MM-dd HH:mm:ss")
                                        .format(new Date())); //输出系统时间
%>
```

运行本实例，在页面中将显示如图 12-6 所示的动态的当前时间。

图 12-6 动态显示当前时间

12.4.3 发送 GET 和 POST 请求

jQuery 中虽然提供了 load()方法可以根据提供的参数发送 GET 和 POST 请求，但是该方法有一定的局限性，它是一个局部方法，需要在 jQuery 包装集上调用，并且会将返回的 HTML 加载到对象中，即使设置了回调函数也还是会加载。为此，jQuery 还提供了全局的、专门用于发送 GET 请求和 POST 请求的 get()方法和 post()方法。

- get()方法

$.get()方法用于通过 GET 方式来进行异步请求，其语法格式如下：

```
$.get(url [, data] [, success(data, textStatus, jqXHR)] [, dataType] )
```

- url：字符串类型的参数，用于指定请求页面的 URL 地址。
- data：可选参数，用于指定发送至服务器的 key/value 数据。data 参数会自动添加到 url 中。如果 url 中的某个参数又通过 data 参数进行传递，那么 get()方法是不会自动合并相同名称的参数的。
- success(data,textStatus,jqXHR)：可选参数，用于指定载入成功后执行的回调函数。其中，data 用于保存返回的数据；testStatus 为状态码（可以是 timeout、error、notmodified、success 或 parsererror）；jqXHR 为 XMLHTTPRequest 对象。不过只有当 testStatus 的值为 success 时，该回调函数才会执行。
- dataType：可选参数，用于指定返回数据的类型，可以是 xml、json、script 或者 html，默认值为 html。

例如，使用 get()方法请求 deal.jsp，并传递两个字符串类型的参数，可以使用下面的代码。

```
$.get("deal.jsp",{name:"无语",branch:"java"});
```

【例 12-4】 将例 12-1 的程序修改为采用 jQuery 的 get()方法发送请求的方式来实现。（实例位置：光盘\MR\源码\第 12 章\12-4）

（1）在 Eclipse 中创建动态 Web 项目，并在该项目的 WebContent 节点下创建一个名称为 JS 的文件夹，将 jquery-1.7.2.min.js 复制到该文件夹中。

（2）创建一个名称为 index.jsp 的文件，在该文件的<head>标记中引用 jQuery 库文件，关键代码如下：

```
<script type="text/javascript" src="JS/jquery-1.7.2.min.js"></script>
```

（3）在<body>标记中，添加一个用于收集用户注册信息的表单及表单元素，以及代表“检测用户名”按钮的图片，并为该图片设置 id 属性，关键代码如下：

```
<form method="post" action="" name="form1">
用户名：<input name="username" type="text" id="username" size="32">
<img id="checkuser" src="images/checkBt.jpg"
        width="104" height="23" style="cursor: pointer;">
密  码：<input name="pwd1" type="password" id="pwd1" size="35">
```

```
确认密码：<input name="pwd2" type="password" id="pwd2" size="35">
E-mail：<input name="email" type="text" id="email" size="45">
<input type="image" name="imageField" src="images/registerBt.jpg">
</form>
```

（4）在页面的合适位置添加一个用于显示提示信息的<div>标记，并通过 CSS 设置该<div>标记的样式。由于此处的代码与例 12-1 完全相同，这里不再给出。

（5）在引用 jQuery 库的代码下方编写 JavaScript 代码，实现当 DOM 元素载入就绪后，为代表“检测用户名”的按钮图片添加单击事件。在该单击事件中，判断用户名是否为空，如果为空，则给出提示对话框，并让该文本框获得焦点，否则应用 get()方法发送异步请求检测用户名是否被注册。具体代码如下：

```
<script type="text/javascript">
    $(document).ready(function(){
        $("#checkuser").click(function(){
            if ($("#username").val()== "") {                    //判断是否输入用户名
                alert("请输入用户名! ");
                $("#username").focus();                         //让用户名文本框获得焦点
                return;
            } else { //已经输入用户名时，检测用户名是否唯一
                $.get("checkUser.jsp",
                    {user:$("#username").val()},
                    function(data){
                        $("#toolTip").text(data);               //设置提示内容
                        $("#toolTip").show();                   //显示提示框
                });
            }
        });
    });
</script>
```

（6）编写检测用户名是否被注册的处理页 checkUser.jsp，在该页面中判断输入的用户名是否被注册，并应用 JSP 内置对象 out 的 println()方法输出判断结果。由于此处的代码与例 12-1 完全相同，这里不再给出。

运行本实例，在“用户名”文本框中输入 mr，单击“检测用户名”按钮，将显示如图 12-4 所示的提示信息。

从这个程序中，我们可以看到使用 jQuery 替代传统的 Ajax 确实简单、方便了许多，它可使开发人员的精力不必集中于实现 Ajax 功能的烦琐步骤，而专注于程序的功能。

get()方法通常用来实现简单的 GET 请求功能，对于复杂的 GET 请求，需要使用$.ajax()方法实现。例如，在 get()方法中指定的回调函数只能在请求成功时调用，如果需要在出错时也执行一个函数，就需要使用$.ajax()方法实现。$.ajax()方法将在 12.4.5 节进行介绍。

- post()方法

$.post()方法用于通过 POST 方式进行异步请求，其语法格式如下：

```
$.post( url [, data] [, success(data, textStatus, jqXHR)] [, dataType] )
```

- url：字符串类型的参数，用于指定请求页面的 URL 地址。
- data：可选参数，用于指定发送到服务器的 key/value 数据，该数据将连同请求一同被发送到服务器。

- success(data, textStatus, jqXHR)：可选参数，用于指定载入成功后执行的回调函数。在回调函数中含有两个参数，分别是 data（返回的数据）和 testStatus（状态码，可以是 timeout、error、notmodified、success 或 parsererror）。不过该回调函数只有当 testStatus 的值为 success 时才会执行。
- dataType：可选参数，用于指定返回数据的类型，可以是 xml、json、script、text 或 html，默认值为 html。

例如，使用 post()方法请求 deal.jsp，并传递两个字符串类型的参数和回调函数，可以使用下面的代码。

```
$.post("deal.jsp",{title:"祝福",content:"祝愿天下的所有母亲平安、健康…"},function(data){
    alert(data);
});
```

【例 12-5】 实时显示聊天内容。（实例位置：光盘\MR\源码\第 12 章\12-5）

（1）在 Eclipse 中创建动态 Web 项目，并在该项目的 WebContent 节点下创建一个名称为 JS 的文件夹，将 jquery-1.7.2.min.js 复制到该文件夹中。

（2）创建一个名称为 index.jsp 的文件，在该文件的<head>标记中引用 jQuery 库文件，关键代码如下：

```
<script type="text/javascript" src="JS/jquery-1.7.2.min.js"></script>
```

（3）在 index.jsp 页面的合适位置添加一个<div>标记，用于显示聊天内容，具体代码如下：

```
<div id="content" style="height:206px; overflow:hidden;">欢迎光临碧海聆音聊天室！</div>
```

（4）在引用 jQuery 库的代码下方编写一个名称为 getContent()的自定义的 JavaScript 函数，用于发送 GET 请求读取聊天内容并显示。getContent()函数的具体代码如下：

```
function getContent() {                                    //读取聊天内容
    $.get("ChatServlet?action=get&nocache=" + new Date().getTime(),
            function(data) {
                $("#content").html(data);                  //显示读取到的聊天内容
            });
}
```

（5）创建并配置一个与聊天信息相关的 Servlet 实现类 ChatServlet，并在该 Servlet 中编写 get()方法获取全部聊天信息。get()方法的具体代码如下：

```
public void get(HttpServletRequest request,HttpServletResponse response) throws
            ServletException,IOException{
    response.setContentType("text/html;charset=UTF-8"); //设置响应的内容类型及编码方式
    response.setHeader("Cache-Control", "no-cache");     //禁止页面缓存
    PrintWriter out = response.getWriter();              //获取输出流对象
    ServletContext application=getServletContext();      //获取 application 对象
    String msg="";
    if(null!=application.getAttribute("message")){
        Vector<String> v_temp=(Vector<String>)application.getAttribute("message");
        for(int i=v_temp.size()-1;i>=0;i--){
            msg=msg+"<br>"+v_temp.get(i);
        }
    }else{
        msg="欢迎光临碧海聆音聊天室！";
    }
    out.println(msg);                                    //输出生成后的聊天信息
```

```
    out.close();                                          //关闭输出流对象
}
```

（6）为了实时显示最新的聊天内容，当 DOM 元素载入就绪后，需要在 index.jsp 文件的引用 jQuery 库的代码下方编写下面的代码。

```
$(document).ready(function() {
    getContent();                                         //获取聊天内容
    window.setInterval("getContent();", 5000);            //每隔 5 秒钟获取一次聊天内容
});
```

（7）在 index.jsp 页面的合适位置添加用于获取用户昵称和说话内容的表单及表单元素，关键代码如下：

```
<form name="form1" method="post" action="">
    <input name="user" type="text" id="user" size="20"> 说:
    <input name="speak" type="text" id="speak" size="50">
      <input id="send" type="button" class="btn_grey" value="发送">
</form>
```

（8）在引用 jQuery 库的代码下方编写 JavaScript 代码，实现当 DOM 元素载入就绪后，为“发送”按钮添加单击事件。在该单击事件中，判断昵称和发送信息文本框是否为空，如果为空，则给出提示对话框，并让该文本框获得焦点，否则应用 post()方法发送异步请求到服务器，保存聊天信息，具体代码如下：

```
$(document).ready(function() {
    $("#send").click(function() {
    …… //此处省略了验证昵称和发送信息文本框是否为空的代码
        $.post("ChatServlet?action=send", {
            user : $("#user").val(),
            speak : $("#speak").val()
        });                                               //发送 POST 请求
        $("#speak").val("");                              //清空说话内容文本框的值
        $("#speak").focus();                              //让说话内容文本框获得焦点
    });
});
```

（9）在与聊天信息相关的 Servlet 实现类 ChatServlet 中编写 send()方法，将聊天信息保存到 application 中。send()方法的具体代码如下：

```
public void send(HttpServletRequest request,HttpServletResponse response)
        throws ServletException, IOException {
    ServletContext application=getServletContext();       //获取 application 对象
    /*********************保存聊天信息****************************/
    response.setContentType("text/html;charset=UTF-8");
    String user=request.getParameter("user");             //获取用户昵称
    String speak=request.getParameter("speak");           //获取说话内容
    Vector<String> v=null;
    String message="["+user+"]说: "+speak;                //组合说话内容
    if(null==application.getAttribute("message")){
        v=new Vector<String>();
    }else{
        v=(Vector<String>)application.getAttribute("message");
    }
    v.add(message);
```

```
        application.setAttribute("message", v);           //将聊天内容保存到 application 中
        Random random = new Random();
        request.getRequestDispatcher("ChatServlet?action=get&nocache=" +
             random.nextInt(10000)).forward(request, response);
    }
```

运行本实例，在页面中将显示最新的聊天内容，如图 12-7 所示。如果当前聊天室内没有任何聊天内容，将显示“欢迎光临碧海聆音聊天室!”。当用户输入昵称及说话内容后，单击“发送”按钮，将发送聊天内容并显示到上方的聊天内容列表中。

图 12-7　实时显示聊天内容

12.4.4　服务器返回的数据格式

服务器端处理完客户端的请求后，会为客户端返回一个数据，这个返回数据的格式可以有很多种，在$.get()方法和$.post()方法中就可以设置服务器返回数据的格式。常用的格式有 HTML、XML、JSON 这 3 种格式。

1. HTML 片段

如果返回的数据格式为 HTML 片段，在回调函数中，数据不需要进行任何的处理就可以直接使用，而且在服务器端也不需要做过多的处理。例如，在例 12-5 中读取聊天信息时，我们使用的是 get()方法与服务器进行交互，并在回调函数处理时返回数据类型为 HTML 的数据。关键代码如下：

```
$.get("ChatServlet?action=get&nocache=" + new Date().getTime(),
        function(date) {
            $("#content").html(date);        //显示读取到的聊天内容
        }
);
```

上面的代码中并没有使用 get()方法的第 4 个参数 dataType 来设置返回数据的类型，因为数据类型默认就是 HTML 片段。

如果返回数据的格式为 HTML 片段，那么返回数据 data 不需要进行任何的处理，直接应用在 html()方法中即可。在 Servlet 中也不必对处理后的数据进行任何加工，只需要设置响应的内容类型为 text/html 即可。例如，例 12-5 中获取聊天信息的 Servlet 代码，这里我们只是设置了响应的内容类型，以及将聊天内容输出到响应中。

```
response.setContentType("text/html;charset=UTF-8");
response.setHeader("Cache-Control", "no-cache");//禁止页面缓存
PrintWriter out = response.getWriter();
```

```
String msg="欢迎光临碧海聆音聊天室！";              // 这里定义一个变量，用于模拟生成的聊天信息
out.println(msg);
out.close();
```

使用 HTML 片段作为返回数据类型实现起来比较简单，但是它有一个致命的缺点，那就是这种数据结构方式不一定能在其他的 Web 程序中得到重用。

2. XML 数据

XML（Extensible Markup Language）是一种可扩展的标记语言，它强大的可移植性和可重用性都是其他语言所无法比拟的。如果返回数据的格式是 XML 文件，那么在回调函数中就需要对 XML 文件进行处理和解析数据。在程序开发时，经常应用 attr()方法来获取节点的属性；应用 find()方法来获取 XML 文档的文本节点。

【例 12-6】 将例 12-5 中获取聊天内容修改为使用 XML 格式返回数据。(实例位置:光盘\MR\源码\第 12 章\12-6)

（1）修改 index.jsp 页面中的读取聊天内容的方法 getContent()，设置 get()方法的返回数据的格式为 XML，将返回的 XML 格式的聊天内容显示到页面中。修改后的代码如下：

```
function getContent() {
    $.get("ChatServlet?action=get&nocache=" + new Date().getTime(),
            function(data) {
                var msg="";                                //初始化聊天内容字符串
                $(data).find("message").each(function(){
                    msg+="<br>"+$(this).text();            //读取一条留言信息
                });
            $("#content").html(msg);                       //显示读取到的聊天内容
            },"XML");
}
```

（2）修改 ChatServlet 中获取全部聊天信息的 get()方法，将聊天内容以 XML 格式输出。修改后的代码如下：

```
public void get(HttpServletRequest request,HttpServletResponse response) throws
        ServletException,IOException{
    response.setContentType("text/xml;charset=UTF-8");   //设置响应的内容类型及编码方式
    PrintWriter out = response.getWriter();              //获取输出流对象
    out.println("<?xml version='1.0'?>");
    out.println("<chat>");
    /********************获取聊天信息****************************/
    ServletContext application=getServletContext();      //获取 application 对象
    if(null!=application.getAttribute("message")){
        Vector<String> v_temp=(Vector<String>)application.getAttribute("message");
        for(int i=v_temp.size()-1;i>=0;i--){
            out.println("<message>"+v_temp.get(i)+"</message>");
        }
    }else{
        out.println("<message>欢迎光临碧海聆音聊天室！</message>");
    }
    out.println("</chat>");
    out.flush();
    out.close();                                         //关闭输出流对象
}
```

运行本实例，同样可以得到如图 12-7 所示的运行结果。

虽然 XML 的可重用性和可移植性比较强，但是 XML 文档的占用空间较大，与其他格式的文档相比，解析和操作 XML 文档要相对慢一些。

3. JSON 数据

JSON（JavaScript Object Notation）是一种轻量级的数据交换格式，它语法简洁，不仅易于阅读和编写，而且也易于机器的解析和生成，读取 JSON 文件的速度也非常快。正是由于 XML 文档的占用空间过于庞大和它较为复杂的操作性，才诞生了 JSON。与 XML 文档一样，JSON 文件也具有很强的重用性，而且相对于 XML 文件而言，JSON 文件的操作更加方便、体积更为小巧。

JSON 由两种数据结构组成，一种是对象（“名称/值”形式的映射），另一种是数组（值的有序列表）。JSON 没有变量或其他控制，只用于数据传送。

- 对象

在 JSON 中，可以使用下面的语法格式来定义对象：

```
{"属性 1":属性值 1,"属性 2":属性值 2, ……, "属性 n":属性值 n}
```

- 属性 1~属性 n：用于指定对象拥有的属性名。
- 属性值 1~属性值 n：用于指定各属性对应的属性值，其值可以是字符串、数字、布尔值（true/false）、null、对象和数组。

例如，定义一个保存人员信息的对象，可以使用下面的代码：

```
{
    "name":"wgh",
    "email":"wgh717@sohu.com",
    "address":"长春市"
}
```

- 数组

在 JSON 中，可以使用下面的语法格式来定义对象：

```
{"数组名":[
    对象 1,对象 2, ……,对象 n
]}
```

- 数组名：用于指定当前数组名。
- 对象 1~对象 n：用于指定各数组元素，它的值为合法的 JSON 对象。

例如，定义一个保存会员信息的数组，可以使用下面的代码：

```
{"member":[
    {"name":"wgh","address":"长春市","email":"wgh717@sohu.com"},
    {"name":"明日科技","address":"长春市","email":"mingrisoft@mingrisoft.com"}
]}
```

这段 JSON 数据在 XML 中的表现形式为：

```
<?xml version="1.0" encoding="UTF-8"?>
<people>
    <name>明日科技</name>
    <address>长春市</branch>
    <email>mingrisoft@mingrisoft.com</email>
</people>
<people>
    <name>wgh</name>
    <address>长春市</branch>
    <email>wgh717@sohu.com</email>
</people>
```

在大数据量的时候，就可以看出 JSON 数据格式相对于 XML 格式的优势，而且 JSON 数据格式的结构更加清晰。

【例 12-7】 将例 12-5 中获取聊天内容修改为使用 JSON 格式返回数据。(实例位置:光盘\MR\源码\第 12 章\12-7)

（1）修改 index.jsp 页面中读取聊天内容的方法 getContent()，设置 get()方法的返回数据的格式为 JSON，并将返回的 JSON 格式的聊天内容显示到页面中。修改后的代码如下：

```
function getContent() {
    $.get("ChatServlet?action=get&nocache=" + new Date().getTime(),
            function(data) {
                var msg="";                                    //初始化聊天内容字符串
                var chats=eval(data);
                $.each(chats,function(i){
                    msg+="<br>"+chats[i].message;              //读取一条留言信息
                });
            $("#content").html(msg);                           //显示读取到的聊天内容
            },"JSON");
}
```

（2）修改 ChatServlet 中获取全部聊天信息的 get()方法，将聊天内容以 JSON 格式输出。修改后的代码如下：

```
public void get(HttpServletRequest request,HttpServletResponse response)
        throws ServletException,IOException{
    //设置响应的内容类型及编码方式
    response.setContentType("application/json;charset=UTF-8");
    PrintWriter out = response.getWriter();                    //获取输出流对象
    out.println("[");
    /*********************获取聊天信息****************************/
    ServletContext application=getServletContext();            //获取 application 对象
    if(null!=application.getAttribute("message")){
        Vector<String> v_temp=(Vector<String>)application.getAttribute("message");
        String msg="";
        for(int i=v_temp.size()-1;i>=0;i--){
            msg+="{\"message\":\""+v_temp.get(i)+"\"},";
        }
        out.println(msg.substring(0, msg.length()-1));  //去除最后一个逗号
    }else{
        out.println("{\"message\":\"欢迎光临碧海聆音聊天室！\"}");
    }
    out.println("]");
    out.flush();
    out.close();                                               //关闭输出流对象
}
```

运行本实例，同样可以得到如图 12-7 所示的运行结果。

12.4.5 使用$.ajax()方法

在 12.4.3 节中，我们介绍了发送 GET 请求的 get()方法和发送 POST 请求的 post()方法，虽然这两个方法可以实现发送 GET 和 POST 请求，但这两个方法只是对请求成功的情况提供了回调函数，并未对失败的情况提供回调函数。如果需要实现对请求失败的情况提供回调函数，那么可以使用$.ajax()方法。$.ajax()方法是 jQuery 中最底层的 Ajax 实现方法。使用该方法可以设置更加复

杂的操作，例如，error（请求失败后处理）和 beforeSend（提前提交回调函数处理）等。使用$.ajax()方法，用户可以根据功能需求自定义 Ajax 操作。$.ajax()方法的语法格式如下。

```
$.ajax( url [, settings] )
```

- url：必选参数，用于发送请求的地址（默认为当前页）。
- settings：可选参数，用于进行 Ajax 请求设置，包含许多可选的设置参数，都是以 key/value 形式体现的。常用的设置参数如表 12-4 所示。

表 12-4　　settings 参数的常用设置参数

设置参数	说　　明
type	用于指定请求方式，可以设置为 GET 或者 POST，默认值为 GET
data	用于指定发送到服务器的数据。如果数据不是字符串，将自动转换为请求字符串格式。在发送 GET 请求时，该数据将附加在 URL 的后面。设置 processData 参数值为 false，可以禁止自动转换。该设置参数的值必须为 key/value 格式。如果为数组，jQuery 将自动为不同值对应同一个名称，例如{foo:["bar1", "bar2"]}将转换为'&foo=bar1&foo=bar2'
dataType	用于指定服务器返回数据的类型。如果不指定，jQuery 将自动根据 HTTP 包的 MIME 信息返回 responseXML 或 responseText，并作为回调函数参数传递，可用值如下： ● text：返回纯文本字符串 ● xml：返回 XML 文档，可用 jQuery 进行处理 ● html：返回纯文本 HTML 信息（包含的<script>元素会在插入 DOM 后执行） ● script：返回纯文本 JavaScript 代码。不会自动缓存结果，除非设置了 cache 参数 ● json：返回 JSON 格式的数据 ● jsonp：JSONP 格式。使用 JSONP 形式调用函数时，如果存在代码“url?callback=?”，那么 jQuery 将自动替换?为正确的函数名，以执行回调函数
async	设置发送请求的方式，默认是 true，为异步请求方式，同步请求方式可以设置成 false
beforeSend(jqXHR, settings)	用于设置一个发送请求前可以修改 XMLHttpRequest 对象的函数，例如，添加自定义 HTTP 头等
complete(jqXHR, textStatus)	用于设置一个请求完成后的回调函数，无论请求成功或失败，该函数均被调用
error(jqXHR, textStatus, errorThrown)	用于设置请求失败时调用的函数
success(data, textStatus, jqXHR)	用于设置请求成功时调用的函数
global	用于设置是否触发全局 Ajax 事件。设置为 true，触发全局 Ajax 事件，设置为 false 则不触发全局 Ajax 事件，默认值为 true
timeout	用于设置请求超时的时间（单位为毫秒）。此设置将覆盖全局设置
cache	用于设置是否从浏览器缓存中加载请求信息，设置为 true 将会从浏览器缓存中加载请求信息。默认值为 true，当 dataType 的值为 script 和 jsonp 时，该值为 false
dataFilter(data,type)	用于指定将 Ajax 返回的原始数据的进行预处理的函数。提供 data 和 type 两个参数：data 是 Ajax 返回的原始数据，type 是调用$.ajax()时提供的 dataType 参数。函数返回的值将由 jQuery 进一步处理
contentType	用于设置发送信息数据至服务器时内容编码类型，默认值为 application/ x-www-form-urlencoded，该默认值适用于大多数应用场合
ifModified	用于设置是否仅在服务器数据改变时获取新数据。使用 HTTP 包的 Last-Modified 头信息判断，默认值为 false

例如，将例 12-7 中使用 get()方法发送请求的代码修改为使用$.ajax()方法发送请求，可以使用下面的代码。

```
$.ajax({
        url : "ChatServlet",                                    //设置请求地址
        type : "GET",                                           //设置请求方式
        dataType : "json",                                      //设置返回数据的类型
        data : {
            "action" : "get",
            "nocache" : new Date().getTime()
        },                                                      //设置传递的数据
        //设置请求成功时执行的回调函数
        success : function(data) {
            var msg = "";                                       //初始化聊天内容字符串
            var chats = eval(data);
            $.each(chats, function(i) {
                msg += "<br>" + chats[i].message;               //读取一条留言信息
            });
            $("#content").html(msg);                            //显示读取到的聊天内容
        },
        //设置请求失败时执行的回调函数
        error : function() {
            alert("请求失败！");
        }
    });
```

12.5　综合实例——多级联动下拉列表

本实例主要演示如何使用 jQuery 实现 Ajax 来创建一个多级联动的下拉列表，开发步骤如下。

（1）在 Eclipse 中创建动态 Web 项目，并在该项目的 WebContent 节点下创建一个名称为 JS 的文件夹，将 jquery-1.7.2.min.js 复制到该文件夹中。

（2）创建一个名称为 index.jsp 的文件，在该文件的<head>标记中引用 jQuery 库文件，关键代码如下：

```
<script type="text/javascript" src="JS/jquery-1.7.2.min.js"></script>
```

（3）创建一个 XML 文件，名称为 zone.xml，用于保存省市信息。zone.xml 文件的关键代码如下：

```
<?xml version="1.0" encoding="UTF-8"?>
<country name="中国">
    <province id="00000" name="北京市">
        <city id="00001" name="北京" area="东城区,西城区,朝阳区,丰台区,
            石景山区,海淀区,门头沟区,房山区,通州区,顺义区,昌平区,大兴区,怀柔区,平谷区,
            密云县,延庆县"></city>
    </province>
    <province id="05000" name="吉林省">
        <city id="05001" name="长春" area="双阳区,德惠市,九台市,农安县,榆树市,南关区,
            宽城区,朝阳区,二道区,绿园区,经济技术开发区,高新区">
```

```
        </city>
        ……<!—省略了其他地级市节点-->
        <city id="05006" name="四平" area="梨树县,伊通满族自治县,公主岭市,双辽市"></city>
    </province>
    ……                    <!-- 省略了其他节点 -->
</country>
```

（4）编写index.jsp文件，应用DIV+CSS进行布局，并在该文件的适当位置添加省/直辖市下拉列表、地级市下拉列表和县/县级市/区下拉列表，关键代码如下：

```
<select name="province" id="province">
  </select>
  -
  <select name="city" id="city">
  </select>
  -
  <select name="area" id="area">
  </select>
```

（5）在index.jsp文件的引用jQuery的代码下方，编写自定义的JavaScript函数getProvince()，用于使用$.ajax()方法向服务器发送请求，获取省份/直辖市，并添加到对应的下拉列表中。getProvince()函数的关键代码如下：

```
//获取省份和直辖市
function getProvince(){
    $.ajax({
        url:"ZoneServlet?action=getProvince&nocache="+new Date().getTime(),
        //设置请求成功时执行的回调函数
        success : function(data) {
            provinceArr=data.split(",");   //将获取的省份名称字符串分隔为数组
            //通过循环将数组中的省份名称添加到下拉列表中
            for(i=0;i<provinceArr.length;i++){
                $("#province").append("<option value='"+provinceArr[i]+"'>"+provinceArr[i]
+"</option>");
            }
            if(provinceArr[0]!=""){
                getCity(provinceArr[0]);   //获取地级市
            }
        }
    });
}
```

（6）编写用于处理请求的Servlet“ZoneServlet”，在该Servlet的doGet()方法中获取action参数的值，并判断action参数的值是否等于getProvince，如果等于，则调用getProvince()方法从XML文件中获取省/直辖市信息。doGet()方法的具体代码如下：

```
protected void doGet(HttpServletRequest request,
        HttpServletResponse response) throws ServletException, IOException {
    String action = request.getParameter("action");      // 获取action参数的值
    if ("getProvince".equals(action)) {                  // 获取省/直辖市信息
        this.getProvince(request, response);
    }
}
```

（7）在ZoneServlet中编写getProvince()方法，在该方法中，首先设置响应的编码方式为UTF-8，并获取保存市县信息的XML文件的完整路径，然后判断该XML文件是否存在，如果存在，则通

过 DOM 组件解析该文件，从中获取省/直辖市并连接为以逗号分隔的字符串，最后设置应答的类型为 HTML，并输出由县和直辖市信息组成的字符串，如果没有获取到相关内容，则输出空的字符串。getProvince()方法的具体代码如下：

```
public void getProvince(HttpServletRequest request,
        HttpServletResponse response) throws ServletException, IOException {
    response.setCharacterEncoding("UTF-8");                    // 设置响应的编码方式
    String fileURL = request..getRealPath("/xml/zone.xml");  // 获取 XML 文件的路径
    File file = new File(fileURL);
    Document document = null;                           // 声明 Document 对象
    Element country = null;                             // 声明表示根节点的 Element 对象
    String result = "";
    if (file.exists()) {                                // 判断文件是否存在，如果存在，则读取该文件
        SAXReader reader = new SAXReader();             // 实例化 SAXReader 对象
        try {
            document = reader.read(new File(fileURL));//获取 XML 文件对应的 XML 文档对象
            country = document.getRootElement();      // 获取根节点
            // 获取表示省/直辖市的节点
            List<Element> provinceList = country.elements("province");
            Element provinceElement = null;
            // 将获取的省份连接为一个以逗号分隔的字符串
            for (int i = 0; i < provinceList.size(); i++) {
                provinceElement = provinceList.get(i);
                result = result + provinceElement.attributeValue("name")
                        + ",";
            }
            result = result.substring(0, result.length() - 1);// 去除最后一个逗号
        } catch (DocumentException e) {
            e.printStackTrace();
        }
    }
    response.setContentType("text/html");
    PrintWriter out = response.getWriter();
    out.print(result);                                              //输出获取的地级市字符串
    out.flush();
    out.close();
}
```

（8）为了让页面载入后即可获取到省/直辖市信息，还需要在页面中的 DOM 元素全部载入完毕后调用 getProvince()函数，具体代码如下：

```
$(document).ready(function(){
    getProvince();              //获取省份和直辖市
});
```

（9）在 index.jsp 文件中编写自定义的 JavaScript 函数 getCity()，用于使用$.ajax()方法向服务器发送请求，获取地级市，并添加到对应的下拉列表中。getCity()函数的关键代码如下：

```
function getCity(selProvince){
    $.ajax({
        url:"ZoneServlet?action=getCity&parProvince="+
                encodeURIComponent(selProvince)+"&nocache="+new Date().getTime(),
        //设置请求成功时执行的回调函数
        success : function(data) {
```

```
            cityArr=data.split(",");  //将获取的地级市名称字符串分隔为数组
            $("#city").empty();       //清空下拉列表
            for(i=0;i<cityArr.length;i++){ //通过循环将数组中的地级市名称添加到下拉列表中
                $("#city").append("<option value='"+cityArr[i]+"'>"
                        +cityArr[i]+"</option>");
            }
            if(cityArr[0]!=""){
                getArea($("#province").val(),cityArr[0]);  //获取县/县级市/区信息
            }
        }
    });
}
```

（10）在 Servlet“ZoneServlet”的 doGet()方法中，添加判断 action 参数的值是否等于 getCity 的代码，如果等于，则调用 getCity()方法从 XML 文件中获取地级市信息，关键代码如下：

```
if ("getCity".equals(action)) {                              // 获取地级市信息
    this.getCity(request, response);
}
```

（11）在 ZoneServlet 中编写 getCity()方法，在该方法中，首先设置响应的编码方式为 UTF-8，并获取保存地级市信息的 XML 文件的完整路径，然后判断该 XML 文件是否存在，如果存在，则通过 dom4j 组件解析该文件，从中获取指定省/直辖市所对应的地级市信息并连接为以逗号分隔的字符串，最后设置应答的类型为 HTML，并输出由地级市信息组成的字符串，如果没有获取到相关内容，则输出空的字符串。getCity()方法的具体代码如下：

```
public void getCity(HttpServletRequest request, HttpServletResponse response)
        throws ServletException, IOException {
    response.setCharacterEncoding("UTF-8");                  // 设置响应的编码方式
    String fileURL = request.getRealPath("/xml/zone.xml");   // 获取 XML 文件的路径
    File file = new File(fileURL);
    Document document = null;                                // 声明 Document 对象
    String result = "";
    if (file.exists()) {              // 判断文件是否存在，如果存在，则读取该文件
        SAXReader reader = new SAXReader();           // 实例化 SAXReader 对象
        try {
            document = reader.read(new File(fileURL));//获取 XML 文件对应的 XML 文档对象
            Element country = document.getRootElement();    // 获取根节点
            String selProvince=request.getParameter("parProvince");// 获取选择的省份
            selProvince = new String(selProvince.getBytes("ISO-8859-1"),"UTF-8");
            Element item = (Element) country
                    .selectSingleNode("/country/province[@name='"
                            + selProvince + "']");    //获取指定 name 属性的省份节点
            List<Element> cityList = item.elements("city");// 获取表示地级市的节点集合
            Element cityElement = null;
            //将获取的地级市连接成以逗号分隔的字符串
            for (int i = 0; i < cityList.size(); i++) {
                cityElement = cityList.get(i);
                result = result + cityElement.attributeValue("name") + ",";
            }
            result = result.substring(0, result.length() - 1);  // 去除最后一个逗号
        } catch (DocumentException e) {
```

```
            e.printStackTrace();
        }
    }
    response.setContentType("text/html");
    PrintWriter out = response.getWriter();
    out.print(result);                                          // 输出获取的地级市字符串
    out.flush();
    out.close();
}
```

（12）在省/直辖市下拉列表的 onChange 事件中调用 getCity()方法，获取地级市信息，关键代码如下：

```
<select name="province" id="province" onChange="getCity(this.value)">
</select>
```

（13）在 index.jsp 文件中编写自定义的 JavaScript 函数 getArea()，用于使用$.ajax()方法向服务器发送请求，获取县/县级市/区信息，并添加到对应的下拉列表中。getArea()函数的关键代码如下：

```
function getArea(selProvince,selCity){
    $.ajax({
        url:"ZoneServlet?action=getArea&parProvince="+encodeURIComponent(selProvince)
+"&parCity="+encodeURIComponent(selCity)+"&nocache="+new Date().getTime(),
        //设置请求成功时执行的回调函数
        success : function(data) {
            areaArr=data.split(",");    //将获取的地级市名称用字符串分隔为数组
            $("#area").empty();         //清空下拉列表
            //通过循环将数组中的县/县级市/区名称添加到下拉列表中
            for(i=0;i<areaArr.length;i++){
                $("#area").append("<option value='"+areaArr[i]+"'>"+areaArr[i]
+"</option>");
            }
        }
    });
}
```

（14）在 Servlet“ZoneServlet”的 doGet()方法中，添加判断 action 参数的值是否等于 getArea 的代码，如果等于，则调用 getArea()方法从 XML 文件中获取县/县级市/区信息，关键代码如下：

```
if ("getArea".equals(action)) {
    this.getArea(request, response);                        //获取县/县级市/区信息
}
```

（15）在 ZoneServlet 中编写 getArea()方法，在该方法中，首先设置响应的编码方式为 UTF-8，并获取保存地级市信息的 XML 文件的完整路径，然后判断该 XML 文件是否存在，如果存在，则通过 dom4j 组件解析该文件，从中获取指定省/直辖市所对应的地级市，所对应的县/县级市/区信息，并连接为以逗号分隔的字符串，最后设置应答的类型为 HTML，并输出由县/县级市/区组成的字符串，如果没有获取到相关内容，则输出空的字符串。getArea()方法的具体代码如下：

```
public void getArea(HttpServletRequest request, HttpServletResponse response)
        throws ServletException, IOException {
    response.setCharacterEncoding("UTF-8");                  // 设置响应的编码方式
    String fileURL = request.getRealPath("/xml/zone.xml");   // 获取 XML 文件的路径
    File file = new File(fileURL);
    Document document = null;                                // 声明 Document 对象
    String result = "";
    if (file.exists()) {                    // 判断文件是否存在，如果存在，则读取该文件
```

```
        SAXReader reader = new SAXReader();// 实例化 SAXReader 对象
        try {
            document = reader.read(new File(fileURL));//获取 XML 文件对应的 XML 文档对象
            Element country = document.getRootElement();          // 获取根节点
            String selProvince=request.getParameter("parProvince");//获取选择的省份
            String selCity = request.getParameter("parCity");   //获取选择的地级市
            selProvince = new String(selProvince.getBytes("ISO-8859-1"),"UTF-8");
            selCity = new String(selCity.getBytes("ISO-8859-1"), "UTF-8");
            Element item=(Element)country
                    .selectSingleNode("/country/province[@name='"+selProvince+"']");
            List<Element> cityList = item.elements("city");// 获取表示地级市的节点集合
            //获取指定的地级市节点
            Element itemArea = (Element) item
                    .selectSingleNode("city[@name='" + selCity + "']");
            result = itemArea.attributeValue("area");      //获取县/县级市/区信息
        } catch (DocumentException e) {
            e.printStackTrace();
        }
    }
    response.setContentType("text/html");
    PrintWriter out = response.getWriter();
    out.print(result);                                     //输出获取的县/县级市/区字符串
    out.flush();
    out.close();
}
```

（16）在地级市下拉列表的 onChange 事件中调用 getArea()方法，获取县/县级市/区信息，关键代码如下：

```
<select name="city" id="city"
  onChange="getArea(document.getElementById('province').value,this.value)">
</select>
```

运行本实例，在页面中将显示一个三级联动下拉列表，用于选择用户的居住地。例如，在省/直辖市的下拉列表中选择“吉林省”，在地级市下拉列表中将显示吉林省包括的全部地级市，在地级市下拉列表中选择“长春”，在县/县级市/区下拉列表中将显示长春市包括的县、县级市或区，如图 12-8 所示。

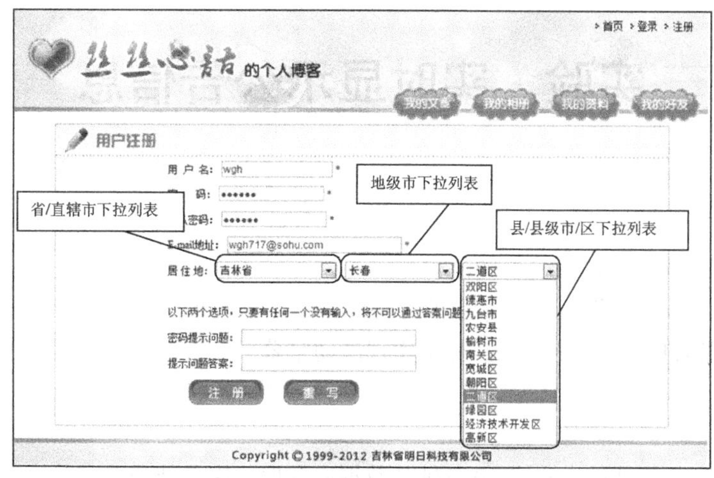

图 12-8　多级联动下拉列表

知识点提炼

（1）Ajax 是 Asynchronous JavaScript and XML 的缩写，意思是异步的 JavaScript 与 XML。

（2）XMLHttpRequest 是一个具有应用程序接口的 JavaScript 对象，能够使用超文本传送协议（HTTP）连接一个服务器，是微软公司为了满足开发者的需要，于 1999 年在 IE 5.0 浏览器中率先推出的。现在许多浏览器都对其提供了支持，不过实现方式与 IE 有所不同。

（3）jQuery 是一套简洁、快速、灵活的 JavaScript 脚本库，它是由 John Resig 于 2006 年创建的，它帮助我们简化了 JavaScript 代码。JavaScript 脚本库类似于 Java 的类库，我们将一些工具方法或对象方法封装在类库中，方便用户使用。

（4）XML（Extensible Markup Language）是一种可扩展的标记语言，它强大的可移植性和可重用性都是其他语言所无法比拟的。如果返回数据的格式是 XML 文件，那么在回调函数中就需要对 XML 文件进行处理和解析数据。

（5）JSON（JavaScript Object Notation）是一种轻量级的数据交换格式，它语法简洁，不仅易于阅读和编写，而且也易于机器的解析和生成。

（6）JSON 由两种数据结构组成，一种是对象（"名称/值" 形式的映射），另一种是数组（值的有序列表）。JSON 没有变量或其他控制，只用于数据传送。

习　题

（1）说明什么是 Ajax，它所使用的技术有哪些。

（2）简述传统 Ajax 的工作流程。

（3）什么是 jQuery？如何配置 jQuery？

（4）简述使用 jQuery 发送 GET 和 POST 请求时常用的几种服务器返回数据的格式。

（5）简述使用 Ajax 时解决中文乱码的几种方法。

实验：实时显示公告信息

实验目的

（1）熟悉应用 jQuery 实现 Ajax 的流程。

（2）掌握应用 jQuery 发送 GET 请求的方法。

（3）掌握使用 HTML 的<marquee>标记实现滚动字幕。

实验内容

应用 Ajax 实现无刷新的、每隔 10 分钟从数据库获取一次最新公告，并滚动显示。

实验步骤

（1）在 Eclipse 中创建动态 Web 项目，并在该项目的 WebContent 节点下创建一个名称为 JS 的文件夹，将 jquery-1.7.2.min.js 复制到该文件夹中。

（2）创建一个名称为 index.jsp 的文件，在该文件的<head>标记中引用 jQuery 库文件，关键代码如下：

```
<script type="text/javascript" src="JS/jquery-1.7.2.min.js"></script>
```

（3）在 index.jsp 文件的<body>标记中添加用于实现滚动字幕的<marquee>标记，并在该标记中添加一个 id 属性为 showInfo 的<div>标记，用于显示获取的公告信息，关键代码如下：

```
<section>
    <marquee direction="up" scrollamount="3">
        <div id="showInfo"></div>
    </marquee>
</section>
```

（4）在引用 jQuery 库的代码下方编写自定义的 JavaScript 函数 getInfo()，用于通过 jQuery 的 get()方法发送 GET 请求，获取最新公告，在请求成功的回调函数中，将获取的结果显示到 id 属性为 showInfo 的<div>中。getInfo()函数的具体代码如下：

```
function getInfo(){
    $.get("getInfo.jsp?nocache="+new Date().getTime(),function(data){
        $("#showInfo").html(data);
    });
}
```

（5）编写 getInfo.jsp 文件，在该文件中编写从数据库中获取公告信息并显示的代码，代码如下：

```
<%@ page language="java" contentType="text/html; charset=UTF-8"
   pageEncoding="UTF-8"%>
<%@ page import="java.sql.*" %>
<jsp:useBean id="conn" class="com.wgh.core.ConnDB" scope="page"></jsp:useBean>
<ul>
<%  //获取公告信息
ResultSet rs=conn.executeQuery("SELECT title FROM tb_bbsInfo ORDER BY id DESC");
if(rs.next()){
    do{
        out.print("<li>"+rs.getString(1)+"</li>");
    }while(rs.next());
}else{
    out.print("<li>暂无公告信息! </li>");
}%>
</ul>
```

说明　com.wgh.core.ConnDB 类主要用于获取数据库连接，并通过执行 SQL 语句实现从数据表中查询指定数据的功能。关于该类的具体代码，请读者参见光盘中对应的文件。

（6）为了让页面载入后即可获取到最新公告信息，以及每隔 10 分钟获取一次公告信息，还需要在页面中的 DOM 元素全部载入完毕后，先调用 getInfo()方法获取公告信息，然后设置每隔 10 分钟获取一次公告信息，具体的代码如下：

```
$(document).ready(function(){
    getInfo();                    //调用 getInfo()方法获取公告信息
    window.setInterval("getInfo()", 600000);
                                  //每隔 10 分钟调用一次 getInfo()方法
});
```

运行本实例，将显示如图 12-9 所示的运行结果。

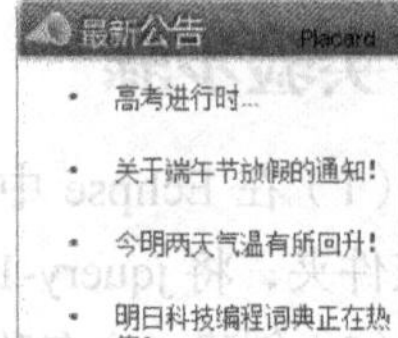

图 12-9　实时显示的公告信息

第 13 章 Struts 2 框架技术

本章要点：

- 了解 Struts 2 基础知识
- 熟悉 Action 对象
- 掌握 Struts 2 的配置文件、开发模式和标签库
- 熟练使用拦截器（Interceptor）
- 掌握数据验证机制

Struts 2 是 Apache 软件组织的一项开放源代码项目，是基于 WebWork 核心思想的全新框架，在 Java Web 开发领域占有十分重要的地位。随着 JSP 技术的成熟，越来越多的开发人员专注于 MVC 框架，Struts 2 受到了广泛的青睐。本章将对 Struts 2 框架进行详细的介绍。

13.1 Struts 2 框架概述

Struts 2 框架起源于 WebWork 框架，也是一个 MVC 框架。下面将对 MVC 原理、Struts 2 框架的产生及其结构体系进行介绍。

13.1.1 理解 MVC 的原理

MVC 是一种程序设计理念，目前在 Java Web 应用中常用的框架有 Struts、JSF、Tapestry 和 Spring MVC 等，其中 Struts 框架的应用最为广泛。

到目前为止，Struts 框架拥有两个主要的版本，分别为 Struts 1.x 与 Struts 2.x 版本，它们都是遵循 MVC 设计理念的开源 Web 框架。在 2001 年 6 月发布的 Struts 1.0 版本是基于 MVC 设计理念而开发的 Java Web 应用框架，其 MVC 架构如图 13-1 所示。

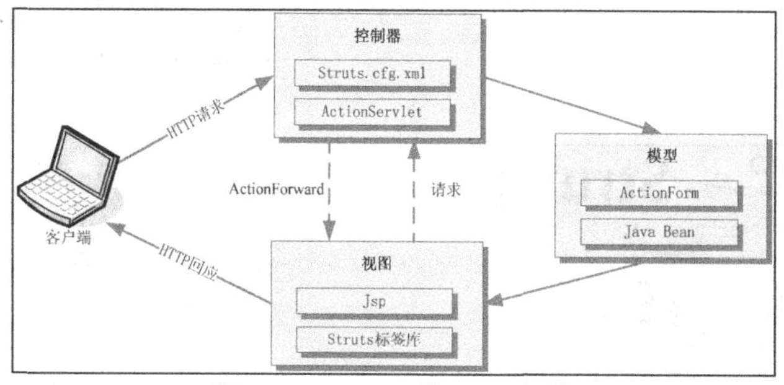

图 13-1 Struts 1 的 MVC 架构

Struts 1 的 MVC 架构中各层的功能如下。

● 控制器

在 Struts 1 的 MVC 架构中，使用中央控制器 ActionServlet 充当控制层，将请求分发配置在配置文件 Struts.cfg.xml 文件中。当客户端发送一个 HTTP 请求时，将由 Struts 的中央控制器分发处理请求，处理后返回 ActionForward 对象，将请求转发到指定的 JSP 页面回应客户端。

● 模型

模型层主要由 Struts 中的 ActionForm 对象及业务 Java Bean 实现，其中前者封装表单数据，能够与网页表单交互并传递数据；后者用于处理实际的业务请求，由 Action 调用。

● 视图

视图指用户看到并与之交互的界面，即 Java Web 应用程序的外观。在 Struts 1 框架中，Struts 提供的标签库增强了 JSP 页面的功能，并通过该标签库与 JSP 页面实现视图层。

由于 Struts 1 的架构是真正意义上的 MVC 架构模式，因此在其发布以后受到了广大开发人员的认可，在 Java Web 开发领域，Struts 1 拥有大量的用户。

13.1.2 Struts 2 框架的产生

性能高效、松耦合和低侵入是开发人员追求的理想状态，针对 Struts 1 框架中存在的缺陷与不足，全新的 Struts 2 框架诞生了。它修改了 Struts 1 框架中的缺陷，而且还提供了更加灵活与强大的功能。

Struts 2 的结构体系与 Struts 1 有很大的区别，因为该框架是在 WebWork 框架的基础上发展而来的，所以是 WebWork 技术与 Struts 技术的结合。在 Struts 的官方网站上可以看到 Struts 2 的图片，如图 13-2 所示。

WebWork 是开源组织 opensymphony 上一个非常优秀的开源 Web 框架，于 2002 年 3 月发布。相对于 Struts 1，其设计思想更加超前，功能也更加灵活。其中 Action 对象不再与 Servlet API 相耦合，它可以在脱离 Web 容器的情况下运行，而且 WebWork 还提供了自己的 IOC 容器，增强了程序的灵活性，通过控制反转使程序测试更加简单。

从某些程度上讲，Struts 2 框架并不是 Struts 1 的升级版本，而是 Struts 与 WebWork 技术的结合。由于 Struts 1 框架与 WebWork 都是非常优秀的框架，而 Struts 2 又吸收了两者的优势，因此 Struts 2 框架的前景非常美好。

13.1.3 Struts 2 的结构体系

Struts 2 是基于 WebWork 技术开发的全新 Web 框架，其结构体系如图 13-3 所示。

图 13-2　Struts 2 的图片

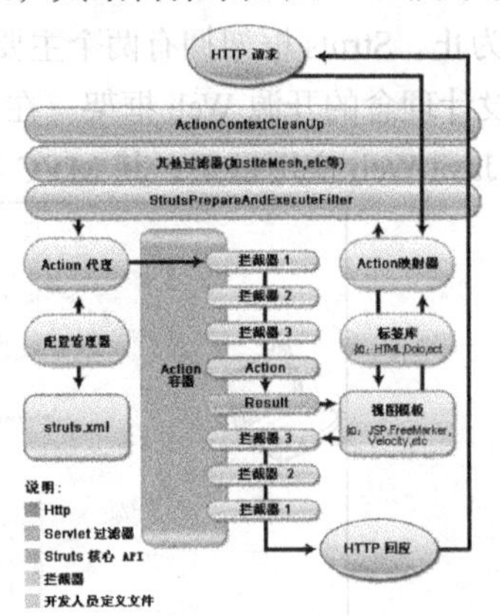

图 13-3　Struts 2 的结构体系

Struts 2 通过过滤器拦截要处理的请求，当客户端发送一个 HTTP 请求时，需要经过一个过滤器链。这个过滤器链包括 ActionContextClearUp 过滤器、其他 Web 应用过滤器及 StrutsPrepareAndExecuteFilter 过滤器，其中 StrutsPrepareAndExecuteFilter 过滤器是必须配置的。

当 StrutsPrepareAndExecuteFilter 过滤器被调用时，Action 映射器将查找需要调用的 Action 对象，并返回该对象的代理，然后 Action 代理将从配置管理器中读取 Struts 2 的相关配置（struts.xml）。Action 容器调用指定的 Action 对象，在调用之前需要经过 Struts 2 的一系列拦截器。拦截器与过滤器的原理相似，从图中可以看出两次执行的顺序是相反的。

当 Action 处理请求后，将返回相应的结果视图（JSP 和 FreeMarker 等），在这些视图中可以使用 Struts 标签显示数据并控制数据逻辑。然后 HTTP 请求回应给浏览器，在回应的过程中同样要经过过滤器链。

13.2　Struts 2 入门

Struts 2 的使用比起 Struts 1 更为简单方便，只要加载一些 jar 包等插件，而不需要配置任何文件，即 Struts 2 采用热部署方式注册插件。

13.2.1　获取与配置 Struts 2

Struts 的官方网站是 http://struts.apache.org，在此网站上可以获取 Struts 的所有版本及帮助文档，本书所使用的 Struts 2 开发包为 Struts 2.3.4 版本。

在项目开发之前，需要添加 Struts 2 的类库支持，即将 lib 目录中的 jar 包文件配置到项目的构建路径中。通常情况下根据项目实际的开发需要添加即可。

表 13-1 为开发 Struts 2 项目需要添加的类库文件，在 Struts 2.3 程序中，这些 jar 文件是必需要添加的。

表 13-1　开发 Struts 2 项目需要添加的类库文件

名　称	说　明
struts2 core 2.3.4.jar	Struts 2 的核心类库
xwork-core-2.3.4.jar	xwork 的核心类库
ognl-3.0.5.jar	OGNL 表达式语言类库
freemarker-2.3.19.jar	Freemarker 模板语言支持类库
commons-io-2.0.1.jar	处理 IO 操作的工具类库
commons-fileupload-1.2.2.jar	文件上传支持类库
javassist-3.11.0.GA.jar	分析、编辑和创建 Java 字节码的类库
asm-commons-3.3.jar	ASM 是一个 Java 字节码处理框架，使用它可以动态生成 stub 类和 proxy 类，在 Java 虚拟机装载类之前动态修改类的内容
asm-3.3.jar	
commons-lang3-3.1.jar	包含了一些数据类型工具类，是 java.lang.*的扩展

在实际的项目开发中可能还需要更多的类库支持，如 Struts 2 集成的一些插件 DOJO、JFreeChar、JSON 及 JSF 等，其相关类库可到 lib 目录中查找添加。

13.2.2 创建第一个 Struts 2 程序

Struts 2 框架主要通过一个过滤器将 Struts 集成到 Web 应用中，这个过滤器对象就是 org.apache.struts2.dispatcher.ng.filter.StrutsPrepareAndExecuteFilter。通过它 Struts 2 即可拦截 Web 应用中的 HTTP 请求，并将这个 HTTP 请求转发到指定的 Action 处理，Action 根据处理的结果返回给客户端相应的页面。因此在 Struts 2 框架中，过滤器 StrutsPrepareAndExecuteFilter 是 Web 应用与 Struts 2 API 之间的入口，它在 Struts 2 应用中具有重要的作用。

应用 Struts 2 框架处理 HTTP 请求的流程如图 13-4 所示。

【例 13-1】 创建 Java Web 项目并添加 Struts 2 的支持类库，通过 Struts 2 将请求转发到指定 JSP 页面。（实例位置：光盘\MR\源码\第 13 章\13-1）

（1）创建名为 13.1 的 Web 项目，将 Struts 2 的类库文件添加到 WEB-INF 目录中的 lib 文件夹中。由于本实例实现的功能比较简单，因此只添加 Struts 2 的核心类包即可，添加的类包如图 13-5 所示。

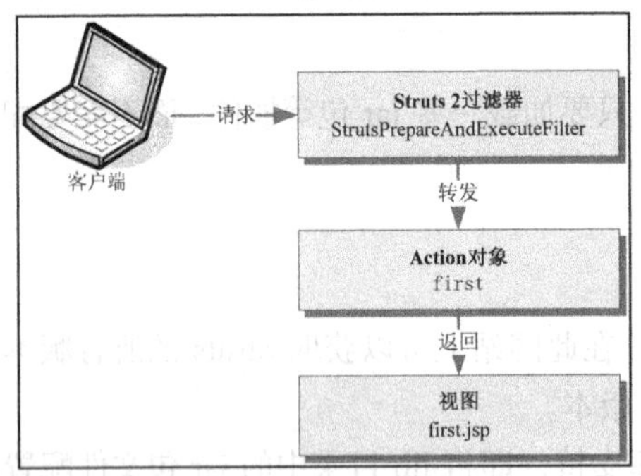

图 13-4 处理 HTTP 请求的流程

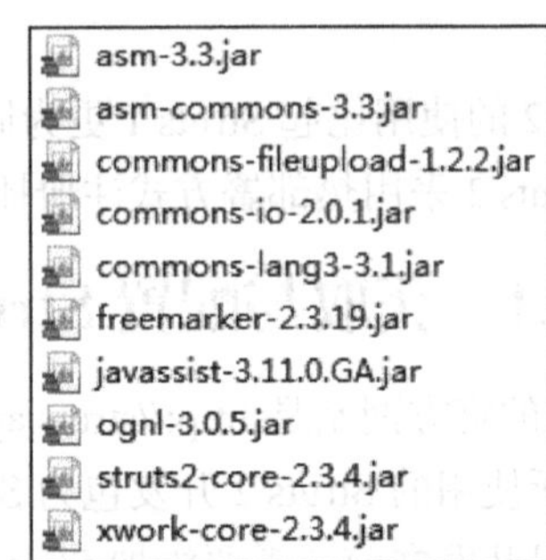

图 13-5 添加的类包

Struts 2 的支持类库可以在下载的 Struts 2 开发包的解压缩目录的 lib 文件夹中得到。

（2）在 web.xml 文件中声明 Struts 2 提供的过滤器，类名为 org.apache.struts2.dispatcher.ng.filter.StrutsPrepareAndExecuteFilter，其关键代码如下：

```
<?xml version="1.0" encoding="UTF-8"?>
<web-app
 xmlns:xsi="http://www.w3.org/2001/XMLSchema-instance"
 xmlns="http://java.sun.com/xml/ns/javaee"
 xmlns:web="http://java.sun.com/xml/ns/javaee/web-app_2_5.xsd"
 xsi:schemaLocation="http://java.sun.com/xml/ns/javaee
 http://java.sun.com/xml/ns/javaee/web-app_3_0.xsd"
 id="WebApp_ID" version="3.0">
  <display-name>13.1</display-name>
  <filter>                                <!-- 配置 Struts 2 过滤器 -->
    <filter-name>struts2</filter-name>        <!-- 过滤器名称 -->
    <!-- 过滤器类 -->
<filter-class>org.apache.struts2.dispatcher.ng.filter.StrutsPrepareAndExecuteFilter</filter-class>
  </filter>
  <filter-mapping>
    <filter-name>struts2</filter-name>        <!-- 过滤器名称 -->
    <url-pattern>/*</url-pattern>             <!-- 过滤器映射 -->
```

```
  </filter-mapping>
</web-app>
```

Struts 2.0 中使用的过滤器类为 org.apache.struts 2.dispatcher.FilterDispatcher，从 Struts 2.1 开始已经不推荐使用了，而使用 org.apache.struts 2.dispatcher.ng.filter.StrutsPrepareAndExecute Filter 类。

（3）在 Web 项目的源码文件夹中创建名为 struts.xml 的配置文，在其中定义 Struts 2 中的 Action 对象，其关键代码如下：

```
<?xml version="1.0" encoding="UTF-8" ?>
<!DOCTYPE struts PUBLIC
    "-//Apache Software Foundation//DTD Struts Configuration 2.3//EN"
    "http://struts.apache.org/dtds/struts-2.3.dtd">
<struts>
    <!-- 声明包 -->
    <package name="myPackage" extends="struts-default">
        <!-- 定义 action -->
        <action name="first">
            <!-- 定义处理成功后的映射页面 -->
            <result>/first.jsp</result>
        </action>
    </package>
</struts>
```

上面的代码中，<package>标签用于声明一个包，通过 name 属性指定其名为 myPackage，并通过 extends 属性指定此包继承于 struts-default 包；<action>标签用于定义 Action 对象，其 name 属性用于指定访问此 Action 的 URL；<result>子元素用于定义处理结果和资源之间的映射关系，实例中<result>子元素的配置为处理成功后请求将转发到 first.jsp 页面。

在 struts.xml 文件中，Struts 2 的 Action 配置需要放置在包空间内，类似 Java 中的包的概念。通过<package>标签声明，通常情况下声明的包需要继承于 struts-default 包。

（4）创建主页面 index.jsp，在其中编写一个超链接，用于访问上面所定义的 Action 对象。此链接指向的地址为 first.action，关键代码如下：

```
<a href="first.action">请求 Struts 2</a>
```

在 Struts 2 中，Action 对象的默认访问后缀为".action"，此后缀可以任意更改，更改方法在后续内容中讲解。

（5）创建名为 first.jsp 的 JSP 页面作为 Action 对象 first 处理成功后的返回页面，其关键代码如下：

```
<body>
    第一个 Struts2 程序！
</body>
```

实例运行后，打开主页面，如图 13-6 所示。

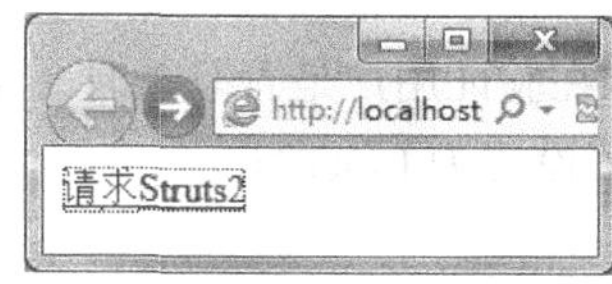

图 13-6　主页面

图 13-7　first.jsp 页面

单击“请求 Struts2”超链接，请求将交给 Action 对象 first 处理，处理成功后返回如图 13-7 所示的 first.jsp 页面。

13.3 Action 对象

在传统的 MVC 框架中，Action 需要实现特定的接口，这些接口由 MVC 框架定义，实现这些接口会与 MVC 框架耦合。Struts 2 比 Action 更为灵活，可以实现或不实现 Struts 2 的接口。

13.3.1 认识 Action 对象

Action 对象是 Struts 2 框架中的重要对象，主要用于处理 HTTP 请求。在 Struts 2 API 中，Action 对象是一个接口，位于 com.opensymphony.xwork2 包中。通常情况下，我们在编写 Struts 2 项目时创建 Action 对象，都要直接或间接地实现 com.opensymphony.xwork2.Action 接口。在该接口中，除了定义 execute()方法外，还定义了 5 个字符串类型的静态常量。com.opensymphony.xwork2.Action 接口的关键代码如下：

```
public interface Action {
public static final String SUCCESS = "success";
public static final String NONE = "none";
public static final String ERROR = "error";
public static final String INPUT = "input";
public static final String LOGIN = "login";
public String execute() throws Exception;
}
```

Action 接口中包含了 5 个静态常量，它们是 Struts 2 API 为处理结果定义的静态常量，具体的含义如下。

- SUCCESS

静态变量 SUCCESS 代表 Action 执行成功的返回值，在 Action 执行成功的情况下需要返回成功页面，则可设置返回值为 SUCCESS。

- NONE

静态变量 NONE 代表 Action 执行成功的返回值，但不需要返回到成功页面，主要用于处理不需要返回结果页面的业务逻辑。

- ERROR

静态变量 ERROR 代表 Action 执行失败的返回值，在一些信息验证失败的情况下可以使 Action 返回此值。

- INPUT

静态变量 INPUT 代表需要返回某个输入信息页面的返回值，如在修改某些信息时，加载数据后需要返回到修改页面，即可将 Action 对象处理的返回值设置为 INPUT。

- LOGIN

静态变量 LOGIN 代表需要用户登录的返回值，如在验证用户是否登录时，Action 验证失败并需要用户重新登录，即可将 Action 对象处理的返回值设置为 LOGIN。

13.3.2　请求参数的注入原理

在 Struts 2 框架之中，表单提交的数据会自动注入到与 Action 对象中相对应的属性，它与 Spring 框架中 IOC 注入原理相同，通过 Action 对象为属性提供 setter 方法进行注入。例如，创建 UserAction 类，并提供一个 username 属性，其代码如下：

```
public class UserAction extends ActionSupport {
    private String username;                          // 用户名属性
    public void setUsername(String username) {        // 为 username 提供 setter 方法
        this.username = username;
    }
    public String getUsername() {                     // 为 username 提供 getter 方法
        return username;
    }
    public String execute() {
        return SUCCESS;
    }
}
```

需要注入属性值的 Action 对象必须为属性提供 setter()方法，因为 Struts 2 的内部实现是按照 JavaBean 规范中提供的 setter 方法自动为属性注入值的。

13.3.3　Action 的基本流程

Struts 2 框架主要通过 Struts 2 的过滤器对象拦截 HTTP 请求，然后将请求分配到指定的 Action 处理，其基本流程如图 13-8 所示。

由于在 Web 项目中配置了 Struts 2 的过滤器，因此当浏览器向 Web 容器发送一个 HTTP 请求时，Web 容器就要调用 Struts 2 过滤器的 doFilter()方法。此时 Struts 2 接收到 HTTP 请求，通过 Struts 2 的内部处理机制判断这个请求是否与某个 Action 对象相匹配。如果找到匹配的 Action，就会调用该对象的 execute()方法，并根据处理结果返回相应的值。然后，Struts 2 通过 Action 的返回值查找返回值所映射的页面，最后通过一定的视图回应给浏览器。

在 Struts 2 框架中，一个"*.action"请求的返回视图由 Action 对象决定。其实现方法是通过查找返回的字符串对应的配置项确定返回的视图，如 Action 中的 execute()方法返回的字符串为 success，那么 Struts 2 就会在配置文件中查找名为 success 的配置项，并返回这个配置项对应的视图。

13.3.4　动态 Action

前面所讲解的 Action 对象都是通过重写 execute()方法处理浏览器请求的，此种方式只适合比较单一的业务逻辑请求。但在实际的项目开发中，业务请求的类型多种多样（如增、删、改和查一个对象的数据），如果通过创建多个 Action 对象并编写多个 execute()方法来处理这些请求，不仅处理方式过于复杂，而且需要编写很多代码。当然，处理这些请求的方式有很多种，如可以将这些处理逻辑编写在一个 Action 对象中，然后通过 execute()方法来判断请求的是哪种业务逻辑，在判断后将请求转发到对应的业务逻辑处理方法上，这也是一种很好的解决方案。

Struts 2 框架中提供了 Dynamic Action 这样一个概念，称为动态 Action。通过动态请求 Action 对象中的方法可以实现某一业务逻辑的处理。应用动态 Action 的处理方式如图 13-9 所示。

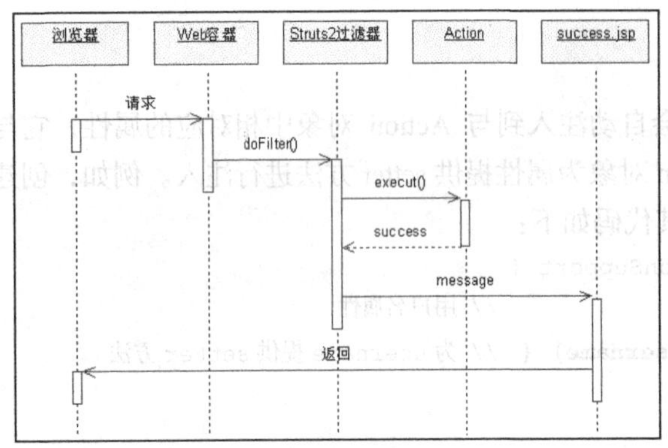

图 13-8　Struts 2 的基本流程

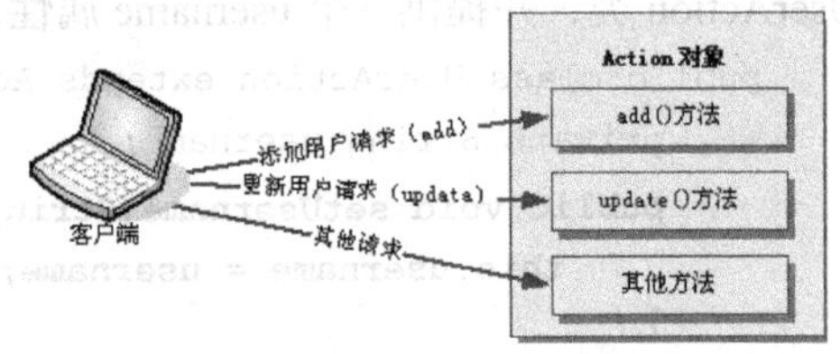

图 13-9　应用动态 Action 的处理方式

从图 13-9 中可以看出，动态 Action 处理方式通过请求 Action 对象中的一个具体方法来实现动态操作，操作方式是通过在请求 Action 的 URL 地址后方加上请求字符串（方法名）与 Action 对象中的方法匹配，注意 Action 地址与请求字符串之间以“!”号分隔。

如在配置文件 struts.xml 中配置了 userAction，则请求其中的 add()方法的格式如下：

```
/userAction!add
```

13.3.5　应用动态 Action

【例 13–2】　创建一个 Java Web 项目，应用 Struts 2 提供的动态 Action 处理添加用户信息及更新用户信息请求。（实例位置：光盘\MR\源码\第 13 章\13-2）

（1）创建 Java Web 项目，将 Struts 2 的支持类库文件添加到 WEB-INF 目录中的 lib 文件夹中，然后在 web.xml 文件中注册 Struts 2 提供的过滤器。

（2）创建名为 UserAction 的 Action 对象，并分别在其中编写 add()与 update()方法，用于处理添加用户信息及更新用户信息的请求，并将请求返回到相应的页面，其关键代码如下：

```
import com.opensymphony.xwork2.ActionSupport;
public class UserAction extends ActionSupport {
    private String info;                                    // 提示信息属性
    // 添加用户信息的方法
    public String add() throws Exception {
        setInfo("添加用户信息");
        return "add";
    }
    // 修改用户信息的方法
    public String update() throws Exception {
        setInfo("修改用户信息");
        return "update";
    }
    public String getInfo() {
        return info;
    }
    public void setInfo(String info) {
        this.info = info;
    }
}
```

本实例主要演示 Struts 2 的动态 Action 处理方式，并没有实际地添加与更新用户信息。add()与 update()方法处理请求的方式非常简单，只为 UserAction 类中的 info 变量赋了一个值，并返回相应的结果。

（3）在 Web 项目的源码文件夹（Eclipse 中默认为 src 目录）中创建名为 struts.xml 的配置文件，在其中配置 UserAction，其关键代码如下：

```
<struts>
    <!-- 声明包 -->
    <package name="user" extends="struts-default">
        <!-- 定义 action -->
        <action name="userAction" class="com.wgh.UserAction">
            <!-- 定义处理成功后的映射页面 -->
            <result name="add">user_add.jsp</result>
            <result name="update">user_update.jsp</result>
        </action>
    </package>
</struts>
```

（4）创建名为 user_add.jsp 的 JSP 页面，作为成功添加用户信息的返回页面，其关键代码如下：

```
<s:property value="info"/>
```

在 user_add.jsp 页面中，本实例通过 Struts 2 标签输出 UserAction 中的信息，即在 UserAction 中 add()方法为 info 属性所赋的值。

（5）创建名为 user_update.jsp 的 JSP 页面，作为成功更新用户信息的返回页面，其关键代码如下：

```
<s:property value="info"/>
```

在 user_update.jsp 页面中，本实例通过 Struts 2 标签输出 UserAction 中的信息，即在 UserAction 中 update()方法为 info 属性所赋的值。

（6）创建程序中的首页 index.jsp，在其中添加两个超链接。通过 Struts 2 提供的动态 Action 功能，将这两个超链接请求分别指向于 UserAction 类的添加与更新用户信息的请求，其关键代码如下：

```
<a href="userAction!add">添加用户</a>
<a href="userAction!update">修改用户</a>
```

使用 Struts 2 的动态 Action 时，其 Action 请求的 URL 地址中使用“!”号分隔 Action 请求与请求字符串，而请求字符串的名称需要与 Action 类中的方法名称相对应，否则将抛出 java.lang.NoSuchMethodException 异常。

运行实例，打开如图 13-10 所示的 index.jsp 页面，在其中显示“添加用户”与“修改用户”超链接。

图 13-10　index.jsp 页面

单击“添加用户”超链接，请求交给 UserAction 的 add()方法处理，此时可以看到浏览器地址栏中的地址变为 http://localhost:8080/13.2/ user/ userAction!add。由于使用了 Struts 2 提供的动态 Action，因此当请求/userAction!add 时，请求会交给 UserAction 类的 add()方法处理；当单击“修改用户”超链接后，请求将由 UserAction 类的 update()方法处理。

说明 从上面的实例可以看出，Action 请求的处理方式并非一定要通过 execute()方法处理，使用动态 Action 的处理方式更加方便。所以在实际的项目开发中，可以将同一模块的一些请求封装在一个 Action 对象中，使用 Struts 2 提供的动态 Action 处理不同请求。

13.4 Struts 2 的配置文件

在使用 Struts 2 时要配置 Struts 2 的相关文件，以使各个程序模块之间可以通信。

13.4.1 Struts 2 的配置文件类型

Struts 2 中的配置文件如表 13-2 所示。

表 13-2 Struts 2 框架的配置文件

名　称	说　明
struts-default.xml	位于 Struts 2-core-2.3.4.jar 文件的 org.apache.Struts 2 包中
struts-plugin.xml	位于 Struts 2 提供的各个插件包中
struts.xml	Web 应用默认的 Struts 2 配置文件
struts.properties	Sturts 2 框架中的属性配置文件
web.xml	此文件是 Web 应用中的 web.xml 文件，在其中也可以设置 Struts 2 框架的一些信息

其中 struts-default.xml 和 struts-plugin.xml 文件是 Struts 2 提供的配置文件，它们都在 Struts 2 提供的包中；而 struts.xml 文件是 Web 应用默认的 Struts 2 配置文件；struts.properties 文件是 Struts 2 框架中的属性配置文件，后两个配置文件需要开发人员编写。

13.4.2 配置 Struts 2 包

在 struts.xml 文件中存在一个包的概念，类似于 Java 中的包。配置文件 struts.xml 中的包使用<package>元素声明，主要用于放置一些项目中的相关配置，可以将其理解为配置文件中的一个逻辑单元。已经配置好的包可以被其他包所继承，从而提高配置文件的重用性。与 Java 中的包类似，在 struts.xml 文件中使用包不仅可以提高程序的可读性，而且可以简化日后的维护工作，其使用方式如下：

```
<struts>
        <package name="user" extends="struts-default">  <!-- 声明包 -->
            ...
        </package>
</struts>
```

包使用<package>元素声明，必须拥有一个 name 属性来指定包的名称。<package>元素包含的属性如表 13-3 所示。

表 13-3 <package>元素包含的属性

属　性	说　明
name	声明包的名称，以便在其他地方引用此包，此属性是必需的
extends	用于声明继承的包，即其父包
namespace	指定名称空间，即访问此包下的 Action 需要访问的路径
abstract	将包声明为抽象类型（包中不定义 action）

13.4.3 配置名称空间

在 Java Web 开发中，Web 文件目录通常以模块划分，如用户模块的首页可以定义在“/user”目录中，其访问地址为“/user/index.jsp”。在 Struts 2 框架中，Struts 2 配置文件提供了名称空间的功能，用于指定一个 Action 对象的访问路径，它通过在配置文件 struts.xml 的包声明中使用 namespace 属性进行声明。

例如，将包 book 的名称空间指定为“/bookmanager”，代码如下：

【例 13-3】 修改例 13-2 的程序，为原来的 user 包配置名称空间。（实例位置：光盘\MR\源码\第 13 章\13-3）

（1）打开 struts.xml 文件，将<package>标记修改为以下内容，也就是指定名称空间为“/user”。

```
<package name="user" extends="struts-default" namespace="/user">
```

在<package>元素中指定名称空间属性，名称空间的值必须以“/”开头，否则找不到 Action 对象的访问地址。

（2）在项目的 WebContent 节点中创建 user 文件夹，并将 user_add.jsp 和 user_update.jsp 文件移动到该文件夹中。修改 index.jsp 文件中的访问地址，在原访问地址前加上名称空间中指定的访问地址，关键代码如下：

```
<a href="user/userAction!add">添加用户</a>
<a href="user/userAction!update">修改用户</a>
```

运行本实例，将会得到与例 13-2 同样的运行结果。这样，我们就通过配置名称空间将关于用户操作的内容放置到单独的文件夹中了。

13.4.4 Action 的相关配置

Struts 2 框架中的 Action 对象是一个控制器的角色，Struts 2 框架通过 Action 处理 HTTP 请求，其请求地址的映射需要在 struts.xml 文件中使用<action>元素配置，如：

```
<action name="userAction" class="com.wgh.action.UserAction" method="save">
    <result>success.jsp</result>
</action>
```

配置文件中的<action>元素主要用于建立 Action 对象的映射，通过该元素可以指定 Action 请求地址及处理后的映射页面。<action>元素的常用属性如表 13-4 所示。

表 13-4 <action>元素的常用属性

属　性	说　明
name	用于配置 Action 对象被请求的 URL 映射
class	指定 Action 对象的类名
method	设置请求 Action 对象时调用该对象的哪一个方法
converter	指定 Action 对象类型转换器的类

在<action>元素中的 name 属性是必须配置的，在建立 Action 对象的映射时必须指定其 URL 映射地址，否则请求找不到 Action 对象。

在实际的项目开发中，每一个模块的业务逻辑都比较复杂，一个 Action 对象可包含多个业务逻辑请求的分支。

在用户管理模块中，需要对用户信息执行添加、删除、修改和查询操作，代码如下：

```
import com.opensymphony.xwork2.ActionSupport;
public class UserAction extends ActionSupport{
    private static final long serialVersionUID = 1L;
    public String save() throws Exception {     // 添加用户信息
        ...
        return SUCCESS;
    }
    public String update() throws Exception {   // 修改用户信息
        ...
        return SUCCESS;
    }
    public String delete() throws Exception {   // 删除用户信息
        ...
        return SUCCESS;
    }
    public String find() throws Exception {     // 查询用户信息
        ...
        return SUCCESS;
    }
}
```

调用一个 Action 对象，默认执行的是 execute()方法。如果在多业务逻辑分支的 Action 对象中需要请求指定的方法，可通过<action>元素的 method 属性配置，即将一个请求交给指定的业务逻辑方法处理，代码如下：

```
<!-- 添加用户 -->
<action name="userAction" class="com.lyq.action.UserAction" method="save">
    <result>success.jsp</result>
</action>
<!-- 修改用户 -->
<action name="userAction" class="com.lyq.action.UserAction" method="update">
    <result>success.jsp</result>
</action>
<!-- 删除用户 -->
<action name="userAction" class="com.lyq.action.UserAction" method="delete">
    <result>success.jsp</result>
</action>
<!-- 查询用户 -->
<action name="userAction" class="com.lyq.action.UserAction" method="find">
    <result>success.jsp</result>
</action>
```

<action>元素的 method 属性主要用于为一个 action 请求分发一个指定业务逻辑方法，如设置为 add，那么这个请求就会交给 Action 对象的 add()方法处理，此种配置方法可以减少 Action 对象的数量。

注意

<action>元素的 method 属性值必须与 Action 对象中的方法名一致，这是因为 Struts 2 框架通过 method 属性值查找与其匹配的方法。

13.4.5　使用通配符简化配置

Struts 2 框架的配置文件 struts.xml 中支持通配符，此种配置方式主要针对多个 Action 的情况，通过一定的命名约定使用通配符来配置 Action 对象，从而达到简化配置的目的。

在 struts.xml 文件中，常用的通配符有如下两个。

- 通配符“*”：匹配 0 个或多个字符。
- 通配符“\”：一个转义字符，如需要匹配“/”，则使用“\/”匹配。

【例 13-4】　在 Struts 2 框架的配置文件 struts.xml 中应用通配符。（实例位置：光盘\MR\源码\第 13 章\13-4）

struts.xml 文件的代码如下：

```
<struts>
    <package name="default" namespace="/" extends="struts-default">
        <action name="*Action" class="com.wgh.action.{1}Action">
            <result name="success">result.jsp </result>
            <result name="update">update.jsp</result>
            <result name="del">result.jsp</result>
        </action>
    </package>
</struts>
```

<action>元素的 name 属性值为“*Action”，匹配的是以字符 Action 结尾的字符串，如 UserAction 和 BookAction。在 Struts 2 框架的配置文件中，可以使用表达式{1}、{2}或{3}的方式获取通配符所匹配的字符，如代码中的“com.wgh.action.{1}Action”。

13.4.6　配置返回结果

在 MVC 的设计思想中，处理业务逻辑之后需要返回一个视图，Struts 2 框架通过 Action 的结果映射配置返回视图。

Action 对象是 Struts 2 框架中的请求处理对象，针对不同的业务请求及处理结果返回一个字符串，即 Action 处理结果的逻辑视图名。Struts 2 框架根据逻辑视图名在配置文件 struts.xml 中查找与其匹配的视图，找到后将这个视图回应给浏览器，如图 13-11 所示。

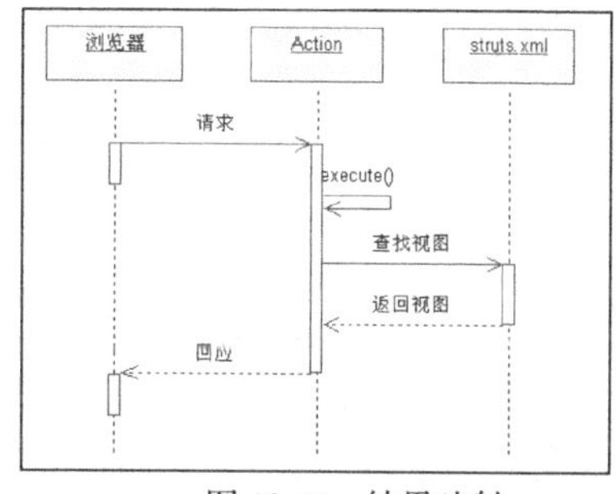

图 13-11　结果映射

在配置文件 struts.xml 文件中，结果映射使用<result>元素，使用方法如下：

```
<action name="user" class="com.wgh.action.UserAction">
    <result>/user/Result.jsp</result>  <!-- 结果映射 -->
    <result name="error">/user/Error.jsp</result>   <!-- 结果映射 -->
    <result name="input" type="dispatcher">/user/Input.jsp</result>  <!--结果映射-->
</action>
```

<result>元素的两个属性为 name 和 type，其中 name 属性用于指定 Result 的逻辑名称，与 Action 对象中方法的返回值相对应，如 execute()方法返回值为 input，那么就将<result>元素的 name 属性配置为 input，对应 Action 对象返回值；type 属性用于设置返回结果的类型，如请求转发和重定向等。

无<result>元素的 name 属性的默认值为 success。

13.5 Struts 2 的标签库

要在 JSP 中使用 Struts 2 的标签库，首先需要在 JSP 页面的顶部应用以下代码来引入该标签。

```
<%@taglib prefix="s" url="/struts-tags" %>
```

13.5.1 应用数据标签

1. property 标签

property 标签是一个常用标签，用于获取数据值并直接输出到页面中，其属性如表 13-5 所示。

表 13-5 property 标签的属性

名　称	是否必需
default	可选
escape	可选
escapeJavaScript	可选
value	可选

2. set 标签

set 标签用于定义一个变量并为其赋值，同时设置变量的作用域（application、request 和 session）。在默认情况下，通过 set 标签定义的变量被放置到值栈中。该标签的属性如表 13-6 所示。

表 13-6 set 标签的属性

名　称	是否必需	类　型	说　明
scope	可选	String	设置变量的作用域，取值为 application、request、session、page 或 action，默认值为 action
value	可选	String	设置变量值
var	可选	String	定义变量名

在 set 标签中还包含 id 与 name 属性，在本书所讲述的 Struts 2 版本中，这两个属性已过时，所以不再讲解。

set 标签的使用方式如下：

```
<s:set var="username" value="'测试 set 标签'" scope="request"></s:set>
<s:property default="没有数据！" value="#request.username"/>
```

上述代码通过 set 标签定义了一个名为 username 的变量，其值是一个字符串，作用域在 request 范围之中。

3. a 标签

a 标签用于构建一个超链接，最终构建效果将形成一个 HTML 中的超链接，其常用属性如表 13-7 所示。

表 13-7　　a 标签的常用属性

名　称	是否必需	类　型	说　明
action	可选	String	将超链接的地址指向 action
href	可选	String	超链接地址
id	可选	String	设置 HTML 中的属性名称
method	可选	String	如果超链接的地址指向 action，method 同时可以为 action 声明所调用的方法
namespace	可选	String	如果超链接的地址指向 action，namespace 可以为 action 声明名称空间

4. param 标签

param 标签用于为参数赋值，可以作为其他标签的子标签。该标签的属性如表 13-8 所示。

表 13-8　　param 标签的属性

名　称	是否必需	类　型	说　明
name	可选	String	设置参数名称
value	可选	Object	设置参数值

5. action 标签

action 标签是一个常用的标签，用于执行一个 Action 请求。当在一个 JSP 页面中通过 action 标签执行 Action 请求时，可以将其返回结果输出到当前页面中，也可以不输出。其常用属性如表 13-9 所示。

表 13-9　　action 标签的常用属性

名　称	是否必需	类　型	说　明
executeResult	可选	Boolean	是否使 Action 返回执行结果，默认值为 false
flush	可选	Boolean	输出结果是否刷新，默认值为 true
ignoreContextParams	可选	Boolean	是否将页面请求参数传入被调用的 Action，默认值为 false
name	必需	String	Action 对象映射的名称，即 struts.xml 中配置的名称
namespace	可选	String	指定名称空间的名称
var	可选	String	引用此 action 的名称

6. push 标签

push 标签用于将对象或值压入到值栈中并放置在顶部，因为值栈中的对象可以直接调用，所以该标签的主要作用是简化操作。其属性只有 value 一个，用于声明压入值栈中的对象。该标签的使用方法如下：

```
<s:push value="#request.student"></s:push>
```

7. date 标签

date 标签用于格式化日期、时间，可以通过指定的格式化样式格式化日期、时间值。该标签的属性如表 13-10 所示。

表 13-10　　date 标签的属性

名　称	是否必需	类　型	说　明
format	可选	String	设置格式化日期的样式
name	必需	String	日期值

续表

名　称	是否必需	类　型	说　明
nice	可选	Boolean	是否输出给定日期与当前日期之间的时差，默认值为 false，不输出时差
var	可选	String	格式化时间的名称变量，通过此变量可以对其进行引用

8. include 标签

include 标签的作用类似于 JSP 中的<include>动作标签，用于包含一个页面，并且可以通过 param 标签向目标页面中传递请求参数。

include 标签只有一个必需的 file 属性，用于包含一个 JSP 页面或 Servlet，其使用方法如下：

```
<%@include file=" /pages/common/common_admin.jsp"%>
```

9. url 标签

url 标签中提供了多个属性，可以满足不同格式的 URL 需求，其常用属性如表 13-10 所示。

表 13-11　　url 标签的常用属性

名　称	是否必需	类　型	说　明
action	可选	String	Action 对象的映射 URL，即对象的访问地址
anchor	可选	String	此 URL 的锚点
encode	可选	Boolean	是否编码参数，默认值为 true
escapeAmp	可选	String	是否将“&”转义为“&”
forceAddSchemeHostAndPort	可选	Boolean	是否添加 URL 的主机地址及端口号，默认值为 false
includeContext	可选	Boolean	生成的 URL 是否包含上下文路径，默认值为 true
includeParams	可选	String	是否包含可选参数，可选值为 none、get 和 all，默认值为 none
method	可选	String	指定请求 Action 对象所调用的方法
namespace	可选	String	指定请求 Action 对象映射地址的名称空间
scheme	可选	String	指定生成 URL 所使用的协议
value	可选	String	指定生成 URL 的地址值
var	可选	String	定义生成 URL 的变量名称，可以通过此名称引用 URL

url 标签是一个常用的标签，在其中可以为 url 传递请求参数，也可以通过该标签提供的属性生成不同格式的 URL。

13.5.2　应用控制标签

1. <s:if>标签

该标签是基本流程控制标签，用于在满足某个条件下的情况下执行标签体中的内容，可以单独使用。

2. <s:elseif>标签

此标签需要与<s:if>标签配合使用，在不满足<s:if>标签中条件的情况下，判断是否满足<s:elseif>标签中的条件。如果满足，那么将执行其标签体中的内容。

3. <s:else>标签

此标签需要与<s:if>或<s:elseif>标签配合使用，在不满足所有条件的情况下，可以使用<s:else>标签来执行其中的代码。

与 Java 语言相同，Struts 2 框架的流程控制标签同样支持 if...else if...else 的条件判断语句，使用方法如下：

```
<s:if test="表达式(布尔值)">
    输出结果...
</s:if>
<s:elseif test="表达式(布尔值)">
    输出结果...
</s:elseif>
可以使用多个<s:elseif>
...
<s:else>
    输出结果...
</s:else>
```

<s:if>与<s:elseif>标签都有一个名为 test 的属性，用于设置标签的判断条件，其值是一个布尔类型的条件表达式。上述代码中可以包含多个<s:elseif>标签，针对不同的条件执行不同的处理。

4. iterator 标签

iterator 标签是一个迭代数据的标签，可以根据循环条件遍历数组和集合类中的所有或部分数据，并迭代出集合或数组的所有数据，也可以指定迭代数据的起始位置、步长及终止位置来迭代集合或数组中的部分数据。该标签的属性如表 13-12 所示。

表 13-12　　iterator 标签的属性

名　称	是否必需	类　型	说　明
begin	可选	Integer	指定迭代数组或集合的起始位置，默认值为 0
end	可选	Integer	指定迭代数组或集合的结束位置，默认值为集合或数组的长度
status	可选	String	迭代过程中的状态
step	可选	Integer	设置迭代的步长，如果指定此值，则每一次迭代后，索引值将在原索引值的基础上增加 step 值，默认值为 1
value	可选	String	指定迭代的集合或数组对象
var	可选	String	设置迭代元素的变量，如果指定此属性，那么所迭代的变量将放压入到值栈之中

status 属性用于获取迭代过程中的状态信息。在 Struts 2 框架的内部结构中，该属性实质是获取了 Struts 2 封装的一个迭代状态的 org.apache.Struts2.views.jsp.IteratorStatus 对象，通过此对象可以获取迭代过程中的如下信息。

- 元素数

IteratorStatus 对象提供了 getCount()方法来获取迭代集合或数组的元素数，如果 status 属性设置为 st，那么可通过 st.count 获取元素数。

- 是否为第 1 个元素

IteratorStatus 对象提供了 isFirst()方法来判断当前元素是否为第 1 个元素，如果 status 属性设置为 st，那么可通过 st.first 判断当前元素是否为第 1 个元素。

- 是否为最后一个元素

IteratorStatus 对象提供了 isLast()方法来判断当前元素是否为最后一个元素，如果 status 属性设置为 st，那么可通过 st.last 判断当前元素是否为最后一个元素。

- 当前索引值

IteratorStatus 对象提供了 getIndex()方法来获取迭代集合或数组的当前索引值，如果 status 属性设置为 st，那么可通过 st.index 获取当前索引值。

● 索引值是否为偶数

IteratorStatus 对象提供了 isEven()方法来判断当前索引值是否为偶数，如果 status 属性设置为 st，那么可通过 st.even 判断当前索引值是否为偶数。

● 索引值是否为奇数

IteratorStatus 对象提供了 isOdd()方法来判断当前索引值是否为奇数，如果 status 属性设置为 st，那么可通过 st.odd 判断当前索引值是否为奇数。

13.5.3 应用表单标签

Struts 2 框架提供了一套表单标签，用于生成表单及其中的元素，如文本框、密码框和选择框等，它们能够与 Struts 2 API 很好地交互。常用的表单标签如表 13-13 所示。

表 13-13 常用的表单标签

名　称	说　明
form	用于生成一个 form 表单
hidden	用于生成一个 HTML 中的隐藏表单元素，相当于使用了 HTML 代码<input type="hidden">
textfield	用于生成一个 HTML 中的文本框元素，相当于使用了 HTML 代码<input type="text">
password	用于生成一个 HTML 中的密码框元素，相当于使用了 HTML 代码<input type="password">
radio	用于生成一个 HTML 中的单选按钮元素，相当于使用了 HTML 代码<input type="radio">
select	用于生成一个 HTML 中的下拉列表元素，相当于使用了 HTML 代码<select><option></option></select>
textarea	用于生成一个 HTML 中的文本域元素，相当于使用了 HTML 代码<textarea></textarea>
checkbox	用于生成一个 HTML 中的复选框元素，相当于使用了 HTML 代码<input type="checkbox">
checkboxlist	用于生成一个或多个 HTML 中的复选框元素，相当于使用了 HTML 代码<input type="text">
submit	用于生成一个 HTML 中的提交按钮元素，相当于使用了 HTML 代码<input type="submit">
reset	用于生成一个 HTML 中的重置按钮元素，相当于使用了 HTML 代码<input type="reset">

表单标签的常用属性如表 13-14 所示。

表 13-14 表单标签的常用属性

名　称	说　明
name	指定表单元素的 name 属性
title	指定表单元素的 title 属性
cssStyle	指定表单元素的 style 属性
cssClass	指定表单元素的 class 属性
required	用于在 lable 上添加"*"号，其值为布尔类型。如果为 true，则添加"*"号，否则不添加
disable	指定表单元素的 disable 属性
value	指定表单元素的 value 属性
labelposition	指定表单元素 label 的位置，默认值为 left
requireposition	指定在表单元素 label 上添加"*"号的位置，默认值为 right

13.6　Struts 2 的开发模式

13.6.1　实现与 Servlet API 的交互

Struts 2 中提供了 Map 类型的 request、session 与 application，可以从 ActionContext 对象中获得。该对象位于 com.opensymphony.xwork2 包中，是 Action 执行的上下文，其常用 API 方法如下。

● 实例化 ActionContext

在 Struts 2 的 API 中，ActionContext 的构造方法需要传递一个 Map 类的上下文对象，应用这个构造方法创建 ActionContext 对象非常不方便，所以通常情况下使用该对象提供的 getContext() 方法创建，其方法声明如下：

```
public static ActionContext getContext()
```

该方法是一个静态方法，可以直接调用，其返回值是 ActionContext。

● 获取 Map 类型的 request

获取 Struts 2 封装的 Map 类型的 request，可以使用 ActionContext 对象提供的 get()方法，其方法声明如下：

```
public Object get(Object key)
```

该方法的入口参数为 Object 类型的值，要获取 request，可以将其设置为 request，如：

```
Map request = ActionContex.getContext.get("request");
```

利用 ActionContext 对象提供的 get()方法也可以获取 session 及 local 等对象。

● 获取 Map 类型的 session

ActionContext 提供了一个直接获取 session 的方法 getSession()，其方法声明如下：

```
public Map getSession()
```

该方法返回 Map 对象，它将作用于 HttpSession 范围中。

● 获取 Map 类型的 application

ActionContext 对象为获取 Map 类型的 application 提供了单独的 getApplication()方法，其方法声明如下：

```
public Map getApplication()
```

该方法返回 Map 对象，作用于 ServletContext 范围中。

13.6.2　Domain Model（域模型）

在讲述前面的内容时，无论是用户注册逻辑还是其他一些表单信息的提交操作，均未通过操作实际的域对象实现，原因是将所有实体对象的属性都封装在了 Action 对象中。而 Action 对象只操作一个实体对象中的属性，不操作某一个实体对象，这样的操作有些偏离了域模型设计的思想。比较好的设计是将某一领域的实体直接封装为一个实体对象，如操作用户信息，可以将用户信息封装为一个域对象 User，并将用户所属的组封装为 Group 对象，如图 13-12 所示。

将一些属性信息封装为一个实体对象的优点很多，如将一个用户信息数据保存在数据库中只需要传递一个 User 对象，而不是传递多个属性。Struts 2 框架中提供了操作域对象的方法，可以在 Action 对象中引用某一个实体对象（见图 13-13）。并且 HTTP 请求中的参数值可以注入到实体对象中的属性，这种方式即 Struts 2 提供的使用 Domain Model 的方式。

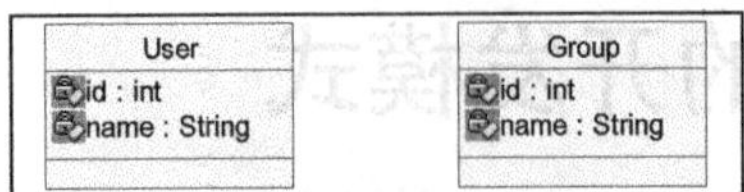

图 13-12　域对象

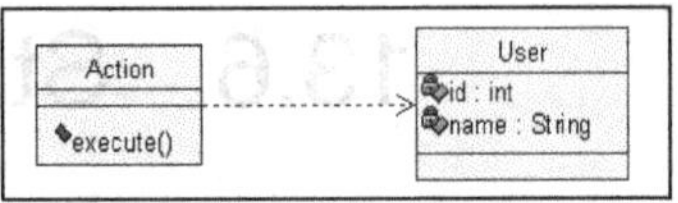

图 13-13　Action 对象引用 User 对象

例如，在 Action 中应用一个 User 对象的代码如下：

```
public class UserAction extends ActionSupport {
    private User user;
    @Override
    public String execute() throws Exception {
        return SUCCESS;
    }
    public User getUser() {
        return user;
    }
    public void setUser(User user) {
        this.user = user;
    }
}
```

在页面中提交注册请求的代码如下：

```
<s:form action="userAction" method="post">
    <s:textfield name="user.name" label="用户名"></s:textfield>
    <s:password name="user.password" label="密码" ></s:password>
    <s:radio name="user.sex" list="#{1 : '男', 0 : '女'}" label="性别" ></s:radio>
    <s:submit value="注册"></s:submit>
</s:form>
```

13.6.3　Model Driven（驱动模型）

在 Domain Model 模式中，虽然 Struts 2 的 Action 对象可以通过直接定义实例对象的引用来调用实体对象执行相关操作，但要求请求参数必须指定参数对应的实体对象，如需要在表单中指定参数名为 user.name，此种做法还是有一些不方便。Struts 2 框架还提供了另外一种方式——Model Driven，不需要指定请求参数所属的对象引用，即可向实体对象中注入参数值。

在 Struts 2 框架的 API 中提供了一个名为 Model Driven 的接口，Action 对象可以通过实现此接口获取指定的实体对象，获取方式是实现该接口提供的 getModel()方法，其语法格式如下：

```
T getModel();
```

ModelDriven 接口应用了泛型，getModel 的返回值为要获取的实体对象。

如果 Action 对象实现了 ModelDriven 接口，当表单提交到 Action 对象后，其处理流程如图 13-14 所示。

Struts 2 首先实例化 Action 对象，然后判断该对象是否为 ModelDriven 对象（是否实现了 ModelDriven 接口），如果是，则调用 getModel()方法来获取实体对象模型，并将其返回（如图 13-14 中调用的 User 对象）。之后的操作中已经存在明确的实体对象，所以不用在表单中的元素名称上添加指

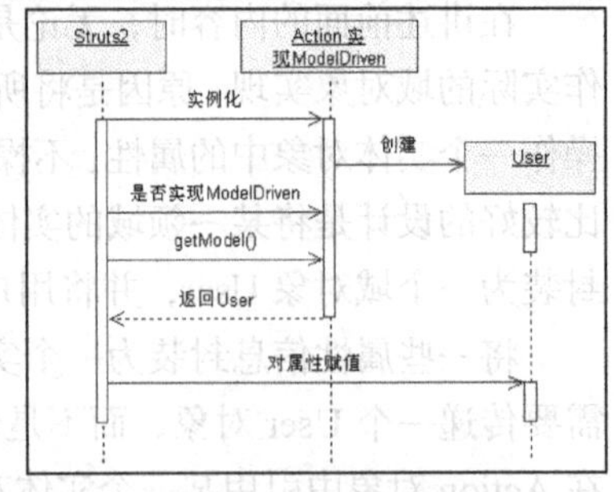

图 13-14　处理流程

定实例对象的引用名称。

例如，应用以下代码添加表单：

```
<s:form action="userAction" method="post">
    <s:textfield name="name" label="用户名"></s:textfield>
    <s:password name="password" label="密码" ></s:password>
    <s:radio name="sex" list="#{1 : '男', 0 : '女'}" label="性别" ></s:radio>
    <s:submit value="注册"></s:submit>
</s:form>
```

那么处理表单请求的 UserAction 对象，同时需要实现 ModelDriven 接口及其 getModel()方法，返回明确的实体对象 user。UserAction 类的关键代码如下：

```
public class UserAction extends ActionSupport implements ModelDriven<User> {
    private User user = new User();
    /**
     * 请求处理方法
     */
    @Override
    public String execute() throws Exception {
        return SUCCESS;
    }
    @Override
    public User getModel() {
        return this.user;
    }
}
```

由于 UserAction 实现了 ModelDriven 接口，getModel()方法返回明确的实体对象 user，所以表单中的元素名称不用指定明确的实体对象引用，即可成功地将表单提交的参数注入到 user 对象中。

UserAction 类中的 user 属性需要初始化，否则在 getModel()方法获取实体对象时将出现空指针异常。

13.7　Struts 2 的拦截器

拦截器其实是 AOP 的一种实现方式，通过它可以在 Action 执行前后处理一些相应的操作。Struts 2 提供了多个拦截器，开发人员也可以根据需要配置拦截器。

13.7.1　拦截器概述

拦截器是 Struts 2 框架中的一个重要的核心对象，它可以动态增强 Action 对象的功能，Struts 2 框架中很多重要的功能都通过拦截器实现。如在使用 Struts 2 框架时我们发现 Struts 2 与 Servlet API 解耦，Action 对请求的处理不依赖于 Servlet API，但 Struts 2 的 Action 却具有更加强大的请求处理功能。这个功能的实现就是拦截器对 Action 的增强，可见拦截器的重要性。此外，Struts 2 框架中的表单重复提交、对象类型转换、文件上传，还有前面所学习的 Model Driven 的操作，都离不开拦截器的幕后操作。Struts 2 拦截器的处理机制是 Struts 2 框架的核心。

拦截器动态作用于 Action 与 Result 之间，可以动态地增强 Action 及 Result（在其中添加新功能），如图 13-15 所示。

客户端发送的请求会被 Struts 2 的过滤器所拦截，此时 Struts 2 对请求持有控制权，它会创建 Action 的代理对象，并通过一系列拦截器处理请求，最后交给指定的 Action 处理。在这期间，拦截器对象作用 Action 和 Result 的前后。可以执行任何操作，所以 Action 对象编写简单是因为拦截器进行了处理。拦截器操作 Action 对象的顺序如图 13-16 所示。

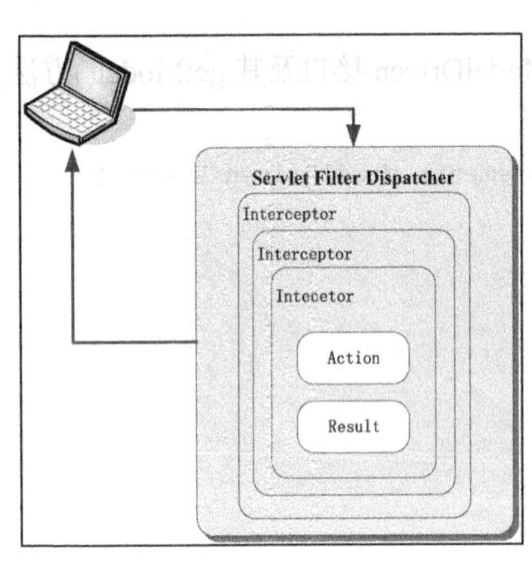

图 13-15　拦截器

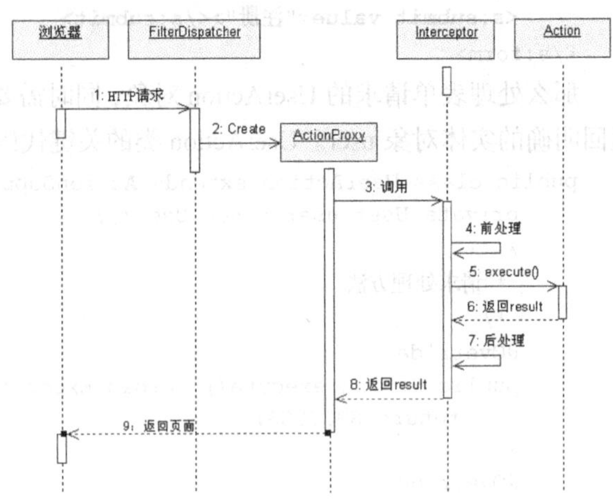

图 13-16　拦截器操作 Action 对象的顺序

当浏览器在请求一个 Action 时会经过 Struts 2 框架的入口对象——Struts 2 过滤器，此时该过滤器会创建 Action 的代理对象，之后通过拦截器即可在 Action 对象执行前后执行一些操作，如图 13-16 中的“前处理”与“后处理”，最后返回结果。

13.7.2　拦截器 API

在 Struts 2 API 中有一个名为 com.opensymphony.xwork2.interceptor 的包，其中有一些 Struts 2 内置的拦截器对象，它们具有不同的功能。在这些对象中，Interceptor 接口是 Struts 2 框架中定义的拦截器对象，其他拦截器都直接或间接地实现于此接口。

拦截器 Interceptor 中包含了 3 个方法，其代码如下：

```
public interface Interceptor extends Serializable {
    void destroy();
    void init();
    String intercept(ActionInvocation invocation) throws Exception;
}
```

destroy()方法指示拦截器的生命周期结束，它在拦截器被销毁前调用，用于释放拦截器在初始化时占用的一些资源。

init()方法用于对拦截器执行一些初始化操作，此方法在拦截器被实例化后和 intercept()方法执行前调用。

intercept()方法是拦截器中的主要方法，用于执行 Action 对象中的请求处理方法及其前后的一些操作，动态增强 Action 的功能。

只有调用了 intercept()方法中 invocation 参数的 invoke()方法，才可以执行 Action 对象中的请求处理方法。

虽然 Struts 2 提供了拦截器对象 Interceptor，但此对象是一个接口。如果通过此接口创建拦截器对象，则需要实现 Interceptor 提供的 3 个方法。实际开发中主要用到 intercept()方法，如果要实现没有用到的 init()与 destroy()方法，这种创建拦截器方式似乎有一些不便。

为了简化程序开发，也可以通过 Struts 2 API 中的 AbstractInterceptor 对象创建拦截器对象，它与 Interceptory 接口的关系如图 13-17 所示。

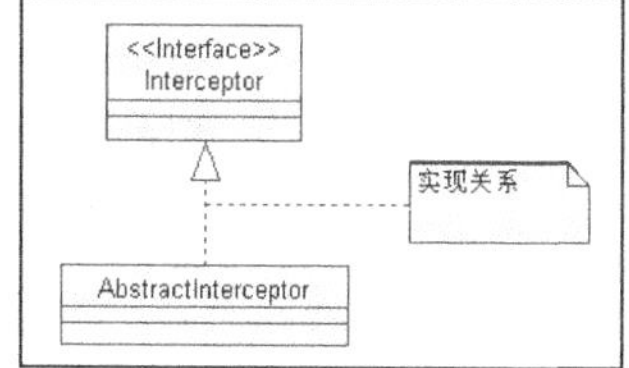

图 13-17　AbstractInterceptor 对象与 Interceptory 接口的关系

AbstractInterceptor 对象是一个抽象类，实现了 Interceptory 接口，在创建拦截器时，可以通过继承该对象创建。在继承 AbstractInterceptor 对象后，创建拦截器的方式更加简单，除了重写必需的 intercept()方法外，如果没有用到 init()与 destroy()方法，则不必实现。

说明　AbstractInterceptor 对象已经实现了 Interceptory 接口的 init()与 destroy()方法，所以通过继承该对象创建拦截器不需要实现这两个方法。如果需要，可以重写。

13.7.3　使用拦截器

如果在 Struts 2 框架中创建了一个拦截器对象，则配置后才可以应用到 Action 对象，配置使用<interceptor-ref>标签。

【例 13–5】 为 Action 对象配置输出执行时间的拦截器，以查看执行 Action 所需的时间。（实例位置：光盘\MR\源码\第 13 章\13-5）

（1）创建动态的 Java Web 项目，将 Struts 2 的相关类包配置到构建路径中，并在 web.xml 文件中注册 Struts 2 提供的 StrutsPrepareAndExecuteFilter 过滤器，从而搭建 Struts 2 的开发环境。

（2）创建名为 TestAction 的类，此类继承于 ActionSupport 对象，其关键代码如下：

```
public class TestAction extends ActionSupport {
    private static final long serialVersionUID = 1L;
    public String execute() throws Exception{
        // 线程睡眠 1 秒
        Thread.sleep(1000);
        return SUCCESS;
    }
}
```

说明　由于实例需要配置输出 Action 执行时间的拦截器，为了方便查看执行时间，可以在 execute()方法中通过 Thread 类的 sleep()方法使当前线程睡眠 1 秒钟。

（3）在 struts.xml 配置文件中配置 TestAction 对象，并将输出 Action 执行时间的拦截器 timer 应用到 TestAction 中，其关键代码如下：

```
<struts>
    <!-- 声明常量（开发模式） -->
    <constant name="struts.devMode" value="true" />
    <!-- 声明常量（在 Struts 2 的配置文件修改后自动加载） -->
    <constant name="struts.configuration.xml.reload" value="true" />
    <!-- 声明包 -->
    <package name="myPackge" extends="struts-default">
```

```
            <!-- 配置 Action -->
            <action name="testAction" class="com.lyq.action.TestAction">
                <!-- 配置拦截器 -->
                <interceptor-ref name="timer"/>
                <!-- 配置返回页面 -->
                <result>success.jsp</result>
            </action>
        </package>
    </struts>
```

在 TestAction 对象的配置中配置了一个拦截器对象 timer，用于输出 TestAction 执行的时间。

如果需要查看一个 Action 对象执行所需的时间，可以为其配置 timer 拦截器。它是 Struts 2 的内置拦截器，不需要创建及编写，直接配置即可。

（4）创建程序的首页 index.jsp 及 TestAction 返回页面 success.jsp。由于本实例测试 timer 拦截器的使用，因此没有过多地设置。

部署项目并访问 TestAction 对象，在访问后可以看到 TestAction 执行所占用的时间，如图 13-18 所示。

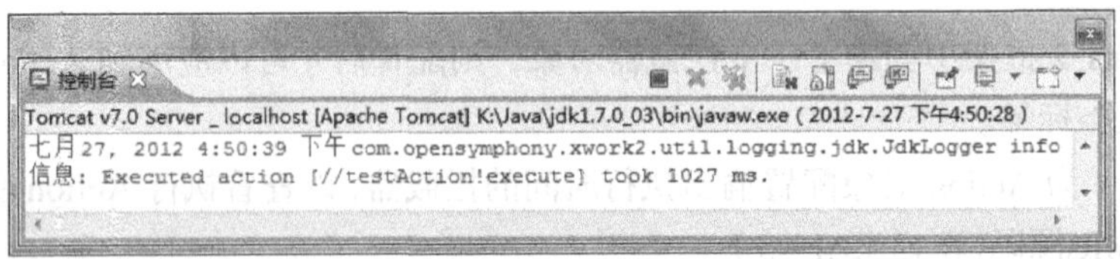

图 13-18　TestAction 执行所占用的时间

访问 TestAction 对象后，可看到 TestAction 对象的执行时间大于 1 秒，原因是在第 1 次访问 TestAction 时需要执行一些初始化操作，在以后的访问中即可看到执行时间变为 1 秒（1 000 ms）。

13.8　综合实例——利用 Struts 2 实现简单的投票器

本实例尝试编写一个简单的投票器，要求在投票页面中，使用 Struts 2 的标签显示要投票的候选人及输入候选人的文本框，单击"提交"按钮，显示投票人的投票结果，运行结果如图 13-19 和图 13-20 所示。

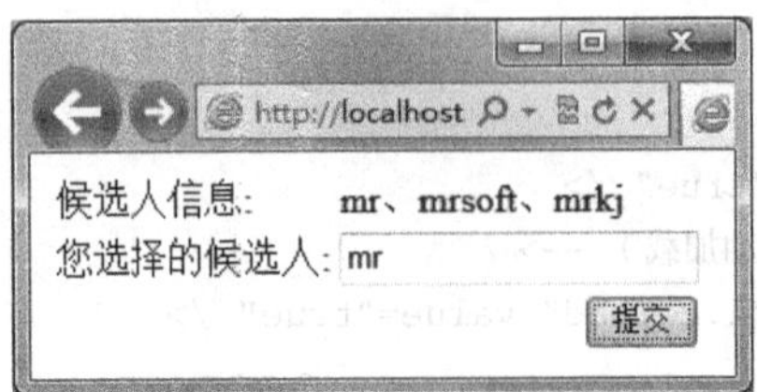

图 13-19　投票页面

图 13-20　显示投票人的投票结果

实现过程如下。

（1）创建 index.jsp 页面，编写提交数据的表单，应用文本框标签实现填写数据的文本框，具体代码如下：

```
<s:form action="piao">
    <s:label value="候选人信息：">mr、mrsoft、mrkj</s:label>
    <s:textfield name="name" label="您选择的候选人"></s:textfield>
    <s:submit value="提交"></s:submit>
</s:form>
```

（2）编写 Action 文件，定义提交属性的变量，并编写这些变量的 getxxx()和 setxxx()方法，最后编写 Action 的默认方法 excute()，这样就可以实现对 index.jsp 页面提交的数据进行相应的逻辑处理，具体代码如下：

```
public class DealAction extends ActionSupport{
    private String name;
    ……        //此处省略了 name 属性的 getxxx()和 setxxx()方法
    public String execute(){
        return SUCCESS;
            }
}
```

要查看配置文件和显示结果文件，读者可以参阅光盘中的源程序。

知识点提炼

（1）MVC 是一种程序设计理念，目前在 Java Web 应用中常用的框架有 Struts、JSF、Tapestry 和 Spring MVC 等，其中 Struts 框架的应用最为广泛。

（2）Struts 2 是基于 WebWork 技术开发的全新 Web 框架。

（3）Struts 2 的使用比起 Struts 1 更为简单方便，只要加载一些 jar 包等插件，而不需要配置任何文件，即 Struts 2 采用热部署方式注册插件。

（4）Action 对象是 Struts 2 框架中的重要对象，主要用于处理 HTTP 请求。

（5）拦截器是 Struts 2 框架中的一个重要的核心对象，它可以动态增强 Action 对象的功能，Struts 2 框架中很多重要的功能都通过拦截器实现。

习　　题

（1）配置 Struts 2 提供的过滤器是在什么配置文件中进行的？

（2）在 struts.xml 中声明名称空间用到的属性是什么？

（3）在 Struts 2 中的零配置实现就是在 Action 类中使用什么定义 Action 的资源？

（4）在 struts.xml 中实现 action 链要配置的 type 属性是什么？

（5）在 Struts 2 中获取数据值，并将数据值直接输出到页面之中的标签是什么？

实验：Struts 2 标签下的用户注册

实验目的

（1）熟悉 Struts 2 框架技术的基本配置。

（2）掌握 Struts 2 框架提供的各个表单标签的基本应用。

实验内容

通过 Struts 2 框架提供的表单标签编写用户注册表单，将用户的注册信息输出到 JSP 页面中。

实验步骤

（1）创建动态的 Java Web 项目，将 Struts 2 的相关类包添加到项目的 classpath，并在 web.xml 文件中注册 Struts 2 提供的 StrutsPrepareAndExecuteFilter 过滤器，从而搭建 Struts 2 的开发环境。

（2）创建程序中的主页 index.jsp，在主页面中，通过 Struts 2 框架提供的表单标签编写用户注册的表单，其关键代码如下：

```
<s:form action="userAction!register" method="post">
    <s:textfield name="name" label="用户名" required="true" requiredposition="left"></s:textfield>
    <s:password name="password" label="密码" required="true" requiredposition="left"></s:password>
    <s:radio name="sex" list="#{1 : '男', 0 : '女'}" label="性别"
    required="true" requiredposition="left"></s:radio>
    <s:select list="{'请选择省份','吉林','广东','山东','河南'}" name="province" label="省份">
    </s:select>
    <s:checkboxlist list="{'足球','羽毛球','乒乓球','蓝球'}" name="hobby" label="爱好">
    </s:checkboxlist>
    <s:textarea name="description" cols="30" rows="5" label="描述"></s:textarea>
    <s:submit value="注册"></s:submit>
    <s:reset value="重置"></s:reset>
</s:form>
```

（3）创建用户注册后的返回页面 success.jsp，在此页面中，通过 Struts 2 的数据标签将用户注册信息输出到页面之中，具体代码请参见光盘的源程序。

（4）创建名称为 UserAction 的类，此类继承 ActionSupport 类，是一个 Action 对象，用于对用户注册请求以及用户信息编辑请求进行处理，其关键代码如下：

```
public class UserAction extends ActionSupport {
    private static final long serialVersionUID = 1L;
    private String name;            //用户名
    …… //此处省略了部分属性
    private String[] hobby;         // 爱好
    public String execute() throws Exception {  // 用户注册
        return SUCCESS;
    }
    ……// 省略部分 getter 与 setter 方法
}
```

说明

由于表单中的爱好对应的表单元素是复选框元素，它的类型就是一个数组对象，因此在 UserAction 类中，用户信息的爱好属性是一个字符串数组，实例中将其定义为字符串数组变量 hobby。

（5）创建 Struts 2 框架的配置文件 struts.xml，在此文件中配置 UserAction 对象，其关键代码如下：

```
<struts>
    <constant name="struts.devMode" value="true" />      <!-- 声明常量（开发模式） -->
    <package name="myPackge" extends="struts-default">      <!-- 声明包 -->
        <!-- 创建 TagAction 的映射  -->
        <action name="userAction" class="com.lyq.action.UserAction">
            <result>success.jsp</result>              <!-- 注册成功的返回页面 -->
        </action>
    </package>
</struts>
```

实例运行后，用户注册页面的运行效果如图 13-21 所示，填写正确的注册信息后，单击“注册”按钮，注册结果如图 13-22 所示。

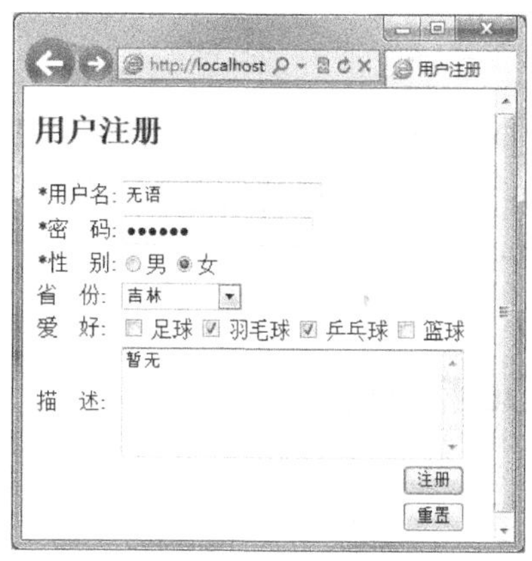

图 13-21　用户注册页面

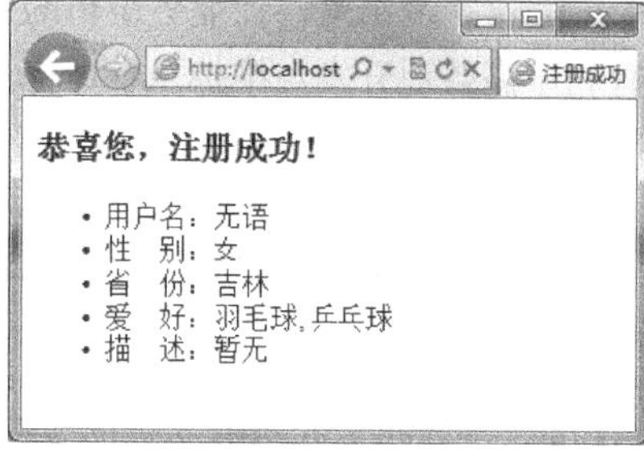

图 13-22　显示注册结果页面

第 14 章 Hibernate 技术

本章要点：

- 了解 ORM 原理
- 掌握如何获取并配置 Hibernate
- 掌握如何使用 Hibernate 进行数据持久化
- 掌握 Hibernate 缓存
- 掌握如何配置实体关联关系映射
- 掌握如何使用 Hibernate 查询语言

作为一个优秀的持久层框架，Hibernate 充分体现了 ORM 的设计理念，它将持久化服务从软件业务层中完全提取出来，让业务逻辑的处理更加简单；程序之间的各种业务并非紧密耦合，从而更加有利于高效地开发与维护。本章将详细介绍 Hibernate 的知识。

14.1 初识 Hibernate

14.1.1 ORM 原理

目前，面向对象思想是软件开发的基本思想，关系数据库又是应用系统中必不可少的一环。但是，面向对象从软件工程的基本原则发展而来，而关系数据库却基于数学理论，二者的区别巨大。为了解决这个问题，ORM（Object Relational Mapping，对象到关系的映射）便应运而生。

ORM 的作用是在关系数据库和对象之间做一个自动映射，将数据库中的数据表映射成为对象，即持久化类。以对象的形式操作数据库，可以减少应用开发过程中数据持久化的编程任务。我们可以把 ORM 理解为关系型数据库和对象的一条纽带，开发人员只需关注纽带一端映射的对象即可。ORM 原理如图 14-1 所示。

Hibernate 是众多 ORM 工具中的佼佼者，相对于 iBATIS，它是全自动的关系/对象的解决方案。Hibernate 通过持久化类（*.java）、映射文件（*.hbm.xml）和配置文件（*.cfg.xml）操作关系型数据库，使开发人员不必再与复杂的 SQL 打交道。

14.1.2 Hibernate 简介

作为一个优秀的持久层框架，Hibernate 充分体现了 ORM 的设计理念，提供了高效的对象到关系型数据库的持久化服务。开发人员可以利用面向对象的思想对关系型数据库执行持久化操作。

如图 14-2 所示为 Hibernate 的体系结构概要。

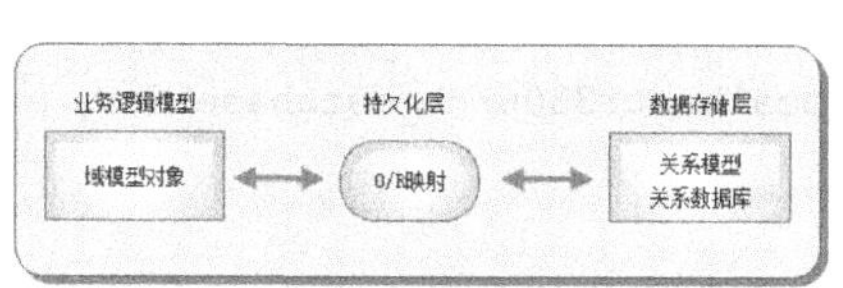

图 14-1　ORM 原理

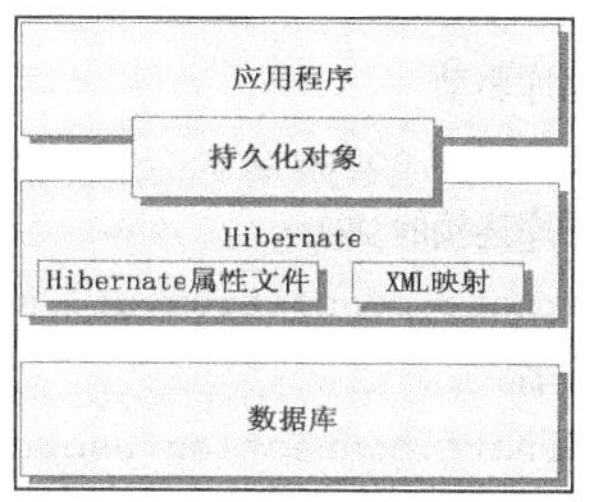

图 14-2　Hibernate 的体系结构概要

从图 14-2 中可以清楚地看出，Hibernate 是通过数据库和配置信息执行数据持久化服务和持久化对象的，它封装了数据库的访问细节，通过配置的属性文件这条纽带连接关系型数据库和程序中的实体类。

Hibernate 中有如下 3 个重要的类。

- 配置类（Configuration）

配置类主要负责管理 Hibernate 的配置信息及启动 Hibernate，在 Hibernate 运行时，该类会读取一些底层实现的基本信息，其中包括数据库 URL、数据库用户名、数据库用户密码、数据库驱动类和数据库适配器等。

- 会话工厂类（Session Factory）

会话工厂类是生成 Session 的工厂，保存当前数据库中所有的映射关系，可能只有一个可选的二级数据缓存，并且它是线程安全的。该类是一个重量级对象，其初始创建过程会耗费大量的系统资源。

- 会话类（Session）

会话类是 Hibernate 中数据库持久化操作的核心，负责 Hibernate 所有的持久化操作，通过它可以实现数据库基本的增、删、改和查操作。该类不是线程安全的，应注意不要多个线程共享一个 Session。

14.2　Hibernate 入门

14.2.1　获取 Hibernate

Hibernate 的官方网站的网址为 http://www.hibernate.org，在该网站可以免费获取 Hibernate 的帮助文档和 jar 包。本书中的相关实例使用 Hibernate 的 jar 包版本为 hibernate-4.1.4。

将 lib 目录下的所有子目录中的 jar 包导入到项目中，随后即可开发 Hibernate 项目。

不同版本之间的 jar 包可能存在差异，读者应尽量保证使用的 jar 包与本书实例所用的 jar 包的版本一致。

14.2.2　Hibernate 配置文件

在 Hibernate 4.14 版本中，默认从 hibernate.properties 文件中加载数据库的配置信息，该文件默认存放于项目的 classpath 根目录下。例如，要连接 MySQL 数据库，需要编写下面的 hibernate.properties 文件。

```
#数据库驱动
hibernate.connection.driver_class = com.mysql.jdbc.Driver
#数据库连接的 URL
hibernate.connection.url = jdbc:mysql://localhost:3306/db_database16
#用户名
hibernate.connection.username = root
#密码
hibernate.connection.password = 111
#是否显示 SQL 语句
hibernate.show_sql=true
#Hibernate 方言
hibernate.dialect = org.hibernate.dialect.MySQLDialect
```

另外，Hibernate 还可以通过读取 XML 配置文件 hibernate.cfg.xml 加载数据库的配置信息，该配置文件默认存放于项目的 classpath 根目录下。下面我们来看一下连接 MySQL 数据库所用的 XML 配置文件。

```
<?xml version="1.0" encoding="UTF-8"?>
<!DOCTYPE hibernate-configuration PUBLIC
      "-//Hibernate/Hibernate Configuration DTD 3.0//EN"
      "http://www.hibernate.org/dtd/hibernate-configuration-3.0.dtd">
 <hibernate-configuration>
    <session-factory>
        <!-- 数据库驱动 -->
        <property name="connection.driver_class">com.mysql.jdbc.Driver</property>
        <!-- 数据库连接的 URL -->
        <property
name="connection.url">jdbc:mysql://localhost:3306/db_database16</property>
        <!-- 数据库连接用户名 -->
        <property name="connection.username">root</property>
        <!-- 数据库连接密码 -->
        <property name="connection.password">111</property>
        <!-- Hibernate 方言 -->
        <property name="dialect">org.hibernate.dialect.MySQLDialect</property>
        <!-- 打印 SQL 语句 -->
        <property name="show_sql">true</property>
        <!-- 映射文件  -->
        <mapping resource="com/mr/employee/Employee.hbm.xml"/>
        <mapping resource="com/mr/user/User.hbm.xml"/>
    </session-factory>
 </hibernate-configuration>
```

从配置文件中可以看出，配置信息包括整个数据库的信息，如数据库的驱动、URL 地址、用户名、密码和 Hibernate 使用的方言，还需要管理程序中各个数据表的映射文件。

Hibernate 提供的常用属性如表 14-1 所示。

表 14-1　　Hibernate 提供的配置属性表

属　　性	说　　明
connection.driver_class	连接数据库的驱动
connection.url	连接数据库的 URL 地址
connection.username	连接数据库用户名
connection.password	连接数据库密码
dialect	连接数据库使用的方言
show_sql	是否在控制台打印 SQL 语句
format_sql	是否格式化 SQL 语句
hbm2ddl.auto	是否自动生成数据表

在程序开发过程中，一般会将 show_sql 属性设置为 true，以便在控制台打印自动生成的 SQL 语句，方便程序的调试。

以上只是 Hibernate 配置的一部分，如还可以配置表的自动生成和 Hibernate 的数据连接池等。

14.2.3　编写持久化类

在 Hibernate 中，持久化类是其操作的对象，即通过对象-关系映射（ORM）后，数据表所映射的实体类描述数据表的结构信息，在持久化类中的属性应该与数据表中的字段相匹配。例如，对于一个包括 id、name 和 password 这 3 个字段的数据表，我们可以创建下面的持久化类。

```
public class User {
    private Integer id;                          //用户 ID
    private String name;                         //用户名
    private String password;                     //用户密码
    //默认的构造方法
    public User(){
    }
    public Integer getId() {
        return id;
    }
    public void setId(Integer id) {
        this.id = id;
    }
…… //此处省略了其他属性的 setter 和 getter 方法
}
```

User 类作为一个简单的持久化类，符合基本的 JavaBean 编码规范，即 POJO（Plain Old Java Object）编程模型。持久化类中的每个属性都有相应的 setter 和 getter 方法，既不依赖于任何接口，也不继承任何类。

POJO 编程模型指普通的 JavaBean，通常有一些参数作为对象的属性，然后为每个属性定义 getter 和 setter 方法作为访问接口，它被大量应用于表现现实中的对象。

Hibernate 中的持久化类有如下 4 条编程规则。

- 实现一个默认的构造函数

所有的持久化类中都必须含有一个默认的无参构造方法（User 类中含有这种方法），以便

Hibernate 通过 Constructor.newInstance()实例化持久化类。

- 提供一个标识属性（可选）

标识属性一般映射数据表中的主键字段，如 User 中的属性 id，建议在持久化类中添加一致的标识属性。

- 使用非 final 类（可选）

如果使用了 final 类，Hibernate 不能使用代理来延迟关联加载，这会影响性能优化的选择。

- 为属性声明访问器（可选）

持久化类的属性不能声明为 public，最好以 private 的 set()和 get()方法持久化属性。

14.2.4 Hibernate 映射

Hibernate 的核心是对象关系映射，对象和关系型数据库之间的映射通常用 XML 文档来实现。这个映射文档被设计为易读，并且可以手工修改。映射文件的命名规则为*.hbm.xml。以 User 的持久化类的映射文件为例，其代码如下：

```
<?xml version="1.0" encoding="UTF-8"?>
<!DOCTYPE hibernate-mapping PUBLIC
        "-//Hibernate/Hibernate Mapping DTD 3.0//EN"
        "http://www.hibernate.org/dtd/hibernate-mapping-3.0.dtd">
<!-- 对持久化类 User 的映射配置 -->
<hibernate-mapping>
    <class name="com.mr.User" table="tb_user">
        <!-- 持久化类的唯一性标识 -->
        <id name="id" column="id" type="int">
            <generator class="native"/>
        </id>
        <property name="name" type="string" not-null="true" length="50">
            <column name="name"/>
        </property>
        <property name="password" type="string" not-null="true" length="50">
            <column name="password"/>
        </property>
    </class>
</hibernate-mapping>
```

注意　映射语言以 Java 为中心，所以映射文档按照持久化类的定义（而不是数据表的定义）创建。

- <DOCTYPE>元素

在所有的 Hibernate 映射文件中都需要定义<DOCTYPE>元素来获取 DTD 文件。

- <hibernate-mapping>元素

<hibernate-mapping>元素是映射文件中其他元素的根元素，其中包含一些可选的属性，如 schema 属性指定该文件映射表所在数据库的 schema 名称；package 属性指定一个包的前缀。如果没有在<class>元素中指定全限定的类名，则使用 package 属性定义的包前缀作为包名。

- <class>元素

<class>元素主要用于指定持久化类和映射的数据表名，name 属性需要指定持久化类的全限定的类名（如“com.mr.User”）；table 属性是持久化类所映射的数据表名。

<class>元素中包含了一个<id>元素和多个<property>元素，前者用于持久化类的唯一标识与数据表中主键字段的映射，其中通过<generator>元素定义主键的生成策略；后者用于持久化类的其他属性和数据表中非主键字段的映射，其主要属性如表 14-2 所示。

表 14-2　<property>元素的常用属性

属性名称	说　明
name	持久化类属性的名称，以小写字母开头
column	数据库字段名
type	数据库的字段类型
length	数据库字段定义的长度
not-null	该数据库字段是否可以为空，该属性为布尔变量
unique	该数据库字段是否唯一，该属性为布尔变量
lazy	是否延迟抓取，该属性为布尔变量

如果没有在映射文件中配置 column 和 type 属性，Hibernate 将默认使用持久化类中的属性名称和属性类型匹配数据表中的字段。

14.2.5　Hibernate 主键策略

<id>元素的子元素<generator>是一个 Java 类名，用来为持久化类的实例生成唯一的标识映射数据库中的主键字段。在配置文件中，通过设置<generator>元素的属性设置 Hibernate 的主键生成策略，常用属性如表 14-3 所示。

表 14-3　Hibernate 主键生成策略的常用属性

属性名称	说　明
increment	用于为 long、short 或者 int 类型生成唯一标识，在集群下不要使用该属性
identity	由底层数据库生成主键，前提是底层数据库支持自增字段类型
sequence	根据底层数据库的序列生成主键，前提是底层数据库支持序列
hilo	根据高/低算法生成，把特定表的字段作为高位值来源，默认的情况下选用 hibernate_unique_key 表的 next_hi 字段
native	根据底层数据库对自动生成标识符的支持能力选择 identity、sequence 或 hilo
assigned	由程序负责主键的生成，此时持久化类的唯一标识不能声明为 private 类型
select	通过数据库触发器生成主键
foreign	使用另一个相关联的对象的标识符，通常和<one-to-one>一起使用

14.3　Hibernate 数据持久化

持久化操作是 Hibernate 的核心，本节将讲解如何创建线程安全的 Hibernate 初始化类，并利用 Hibernate 的 Session 对象实现基本的数据库增、删、改和查的操作，然后说明 Hibernate 的延迟加载策略，以优化系统的性能。

14.3.1 Hibernate 实例状态

Hibernate 的实例状态分为如下 3 种。

● 瞬时状态（Transient）

实体对象通过 Java 中的 new 关键字开辟内存空间创建 Java 对象，但是它并没有纳入 Hibernate Session 的管理。如果没有变量对它进行引用，则它将被 JVM（垃圾回收器）回收。瞬时状态的对象在内存中是孤立存在的，与数据库中的数据无任何关联，仅仅是一个信息携带的载体。

假如，一个瞬时状态对象被持久化状态对象引用，它也会自动变为持久化状态对象。

● 持久化状态（Persistent）

持久化状态对象的存在与数据库中的数据关联，总是与会话状态（Session）和事务（Transaction）关联在一起。当持久化状态对象发生改动时，并不会立即执行数据库操作，只有当事务结束时才会更新数据库，以便保证 Hibernate 的持久化对象和数据库操作的同步。当持久化状态对象变为脱管状态对象时，它将不在 Hibernate 持久层的管理范围之内。

● 脱管状态（Detached）

当持久化状态对象的 Session 关闭之后，这个对象就从持久化状态变为脱管状态。脱管状态的对象仍然存在与数据库中的数据关联，只是不在 Hibernate 的 Session 管理范围之内。如果将脱管状态的对象重新关联某个新的 Session，则它将变回持久化状态对象。

Hibernate 中的 3 种实例状态的关系如图 14-3 所示。

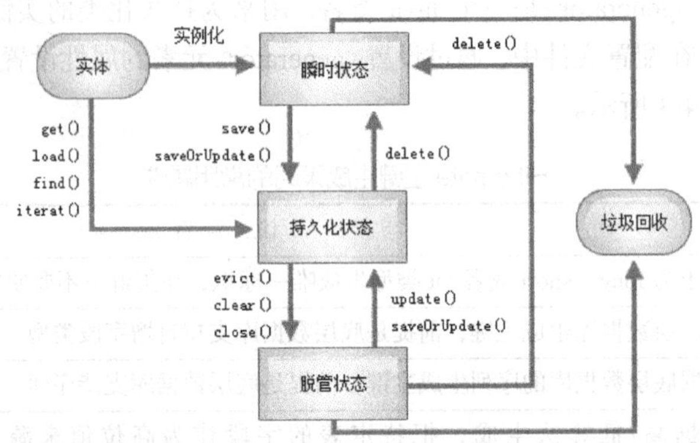

图 14-3 Hibernate 中的 3 种实例状态的关系

14.3.2 Hibernate 初始化类

Session 对象通过 SessionFactory 对象获取，可以通过 Configuration 对象创建 SessionFactory，关键代码如下：

```
Configuration cfg = new Configuration().configure();      // 加载 Hibernate 配置文件
factory=cfg.buildSessionFactory(new
ServiceRegistryBuilder().buildServiceRegistry());          // 实例化 SessionFactory
```

Configuration 对象会加载 Hibernate 的基本配置信息，如果没有在 configure()方法中指定加载配置 XML 文档的路径信息，Configuration 对象会默认加载项目 classpath 根目录下的 hibernate.cfg.xml 文件。

在实例化 SessionFactory 时，如果是 Hibernate 3，就不需要为 buildSessionFactory()方法指定参数，也就是说，可以使用下面的代码来实例化 SessionFactory。

factory =cfg.buildSessionFactory();　// 在 Hibernate 3 中实例化 SessionFactory

【例 14-1】　创建 Hibernate 初始化类。（实例位置：光盘\MR\源码\第 14 章\14-1）

Hibernate 初始化类的代码如下：

```
public class HibernateUtil {
    private static final ThreadLocal<Session> threadLocal = new ThreadLocal
<Session>();
    private static SessionFactory sessionFactory = null;        //SessionFactory 对象

    static {                    //静态块
        try {
            Configuration cfg=new Configuration().configure();//加载 Hibernate 配置文件
            sessionFactory = cfg.buildSessionFactory(new ServiceRegistryBuilder().
buildServiceRegistry());
        } catch (Exception e) {
            System.err.println("创建会话工厂失败");
            e.printStackTrace();
        }
    }
    /**
     * 获取 Session
     * @return Session
     * @throws HibernateException
     */
    public static Session getSession() throws HibernateException {
        Session session = (Session) threadLocal.get();
        if (session == null || !session.isOpen()) {
            if (sessionFactory == null) {
                rebuildSessionFactory();
            }
            session = (sessionFactory != null) ? sessionFactory.openSession(): null;
            threadLocal.set(session);
        }
        return session;
    }
    /**
     * 重建会话工厂
     */
    public static void rebuildSessionFactory() {
        try {
            Configuration cfg = new Configuration().configure();//加载 Hibernate 配置文件
            sessionFactory = cfg.buildSessionFactory(new ServiceRegistryBuilder().
buildServiceRegistry());
        } catch (Exception e) {
            System.err.println("创建会话工厂失败");
            e.printStackTrace();
        }
    }
    /**
     * 获取 SessionFactory 对象
```

```
     * @return SessionFactory对象
     */
    public static SessionFactory getSessionFactory() {
        return sessionFactory;
    }
    /**
    * 关闭Session
    *  @throws HibernateException
    */
   public static void closeSession() throws HibernateException {
      Session session = (Session) threadLocal.get();
      threadLocal.set(null);
      if (session != null) {
         session.close();                    //关闭Session
      }
   }
}
```

在上面的代码中，由于 SessionFactory 是重量级的对象，其创建需要耗费大量的系统资源，因此将 SessionFactory 的创建放在静态块中，程序运行过程中只创建一次。

由于 SessionFactory 是线程安全的，但是 Session 不是，因此让多个线程共享一个 Session 对象可能会引起数据的冲突。为了保证 Session 的线程安全，引入了 ThreadLocal 对象，从而避免多个线程之间的数据共享。

14.3.3 保存数据

Hibernate 对 JDBC 的操作进行了轻量级的封装，使开发人员可以利用 Session 对象以面向对象的思想实现对关系型数据库的操作。Hibernate 的数据持久化过程如图 14-4 所示。

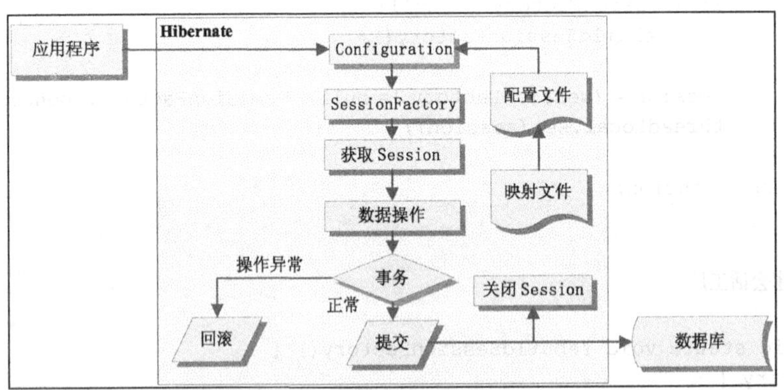

图 14-4　Hibernate 的数据持久化过程

接下来的讲解将以商品的基本信息为例，执行数据库的增、删、改和查操作。首先构造商品的持久化类 Product.java，其关键代码如下：

```
private Integer id;                     //唯一性标识
private String name;                    //产品名称
private Double price;                   //产品价格
private String factory;                 //生产商
```

```
    private String remark;                    //备注
    ……                                        //省略了各属性的 setter 和 getter 方法
```

在执行添加操作时需要 Session 对象的 save()方法，其入口参数为程序中的持久化类。

【例 14-2】 向数据库的产品信息表中添加产品信息。（实例位置：光盘\MR\源码\第 14 章\14-2）

创建一个 Servlet，在其 doPost()方法中编写向数据表中添加产品信息的代码，关键代码如下：

```
    protected void doPost(HttpServletRequest request,HttpServletResponse response)
throws ServletException, IOException {
        Session session = null;                                    // 声明 Session 对象
        response.setContentType("text/html;charset=utf-8");//设置内容类型，防止中文乱码
        Product product = new Product();                           // 实例化持久化类
        // 为持久化类属性赋值
        product.setName("Java Web 编程宝典");                        // 设置产品名称
        product.setPrice(79.00);                                   // 设置产品价格
        product.setFactory("明日科技");                              // 设置生产商
        product.setRemark("无");                                    // 设置备注
        // Hibernate 的持久化操作
        try {
            session = HibernateUtil.getSession();                  // 获取 Session
            session.beginTransaction();                            // 开启事务
            session.save(product);                                 // 执行数据库添加操作
            session.getTransaction().commit();                     // 事务提交
            PrintWriter out= response.getWriter();
            out.println("<script>alert('数据添加成功！');</script>");
        } catch (Exception e) {
            session.getTransaction().rollback();                   // 事务回滚
            System.out.println("数据添加失败");
            e.printStackTrace();
        } finally {
            HibernateUtil.closeSession();                          // 关闭 Session 对象
        }
    }
```

事务可以保证数据操作的一致性，在本实例中添加事务没有任何意义，只是为了演示 Hibernate 的基本事务配置。

读者可以根据该实例分析持久化对象 product 的实例状态和流程，这样更利于理解 Hibernate 的数据持久化过程。

持久化对象 product 在创建之后是瞬时状态（Transient），在 Session 执行 save()方法之后变为持久化状态（Persistent），但是这时数据操作并未提交给数据库，在事务执行 commit()方法之后才完成数据库的添加操作，此时的持久化对象 product 成为脏（dirty）对象。Session 关闭之后，状态变为脱管状态（Detached），最后被 JVM 所回收。

程序运行后，在 tb_product 表中添加的信息如图 14-5 所示。

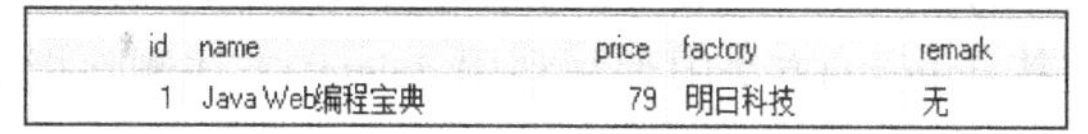

id	name	price	factory	remark
1	Java Web编程宝典	79	明日科技	无

图 14-5　在 tb_product 表中添加的信息

14.3.4 查询数据

Session 对象提供了以下两种加载对象的方法。

1. get()方法

如果不确定数据库中是否有匹配的记录存在，可以使用 get()方法加载对象，因为它会立刻访问数据库。如果数据库中没有匹配记录存在，则会返回 null。

【例 14-3】 利用 get()方法加载 Product 对象。（实例位置：光盘\MR\源码\第 14 章\14-3）

创建一个 Servlet，在其 doPost()方法中编写利用 get()方法加载产品对象的代码，关键代码如下：

```
response.setContentType("text/html;charset=utf-8"); //设置内容类型，防止中文乱码
Session session = null;                              //声明 Session 对象
try {
    //Hibernate 的持久化操作
    session = HibernateUtil.getSession();           //获取 Session
    Product product = (Product) session.get(Product.class, new Integer("1"));//装载对象
    ……    //此处省略了输出获取结果的代码
} catch (Exception e) {
    System.out.println("对象装载失败");
    e.printStackTrace();
} finally{
    HibernateUtil.closeSession(); //关闭 Session
}
```

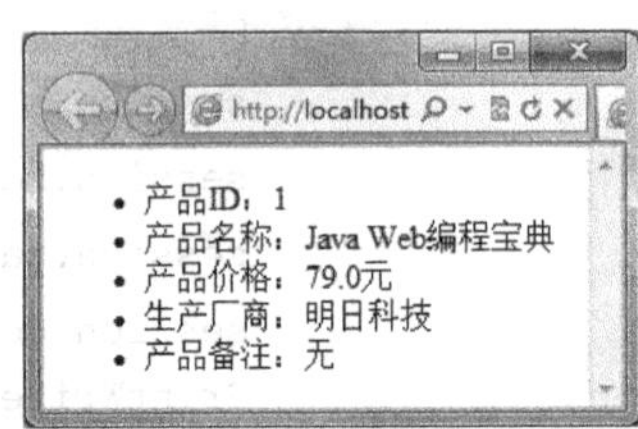

图 14-6 通过 get()方法获取产品对象

运行本实例，在 JSP 页面中将显示如图 14-6 所示的获取结果。

2. load()方法

load()方法用于返回对象的代理，只有在返回对象被调用时，Hibernate 才会发出 SQL 语句查询对象。

【例 14-4】 利用 load()方法加载 Product 对象。（实例位置：光盘\MR\源码\第 14 章\14-4）

使用 load()方法加载产品对象与例 14-3 中使用 get()方法加载产品对象类似，也需要创建一个 Servlet，在其 doPost()方法中编写利用 load()方法加载产品对象的代码，关键代码如下：

```
session = HibernateInitialize.getSession();                 //获取 Session
Product product = (Product) session.load(Product.class, new Integer("1"));//加载对象
```

另外，load()方法还可以加载到指定的对象实例上，代码如下：

```
session = HibernateInitialize.getSession();                 //获取 Session
Product product = new Product();                            //实例化对象
session.load(product, new Integer("1"));                    //加载对象
```

上面两种方法的运行结果相同，都将显示如图 14-6 所示的运行结果。

14.3.5 删除数据

在 Session 对象中需要使用 delete()方法删除数据，但是只有对象在持久化状态时才能执行该方法，所以在删除数据之前需要将对象的状态转换为持久化状态。

【例 14-5】 利用 delete()方法删除指定的产品信息。（实例位置：光盘\MR\源码\第 14 章\14-5）

创建一个 Servlet，在其 doPost()方法中编写利用 delete()方法删除指定产品信息的代码，关键代码如下：

```
try {
    //Hibernate 的持久化操作
    session = HibernateUtil.getSession();                              //获取 Session
    session.beginTransaction();                                        // 开启事务
    Product product = (Product) session.get(Product.class, new Integer("1"));//加载对象
    session.delete(product);                                           //删除持久化对象
    session.flush();                                                   //强制刷新提交
    session.getTransaction().commit();                                 // 事务提交
    System.out.println("对象删除成功! ");
} catch (Exception e) {
    session.getTransaction().rollback();                               // 事务回滚
    System.out.println("对象装载失败");
    e.printStackTrace();
} finally{
    HibernateUtil.closeSession();                                      //关闭 Session
}
```

程序运行后，控制台输出的信息如图 14-7 所示。

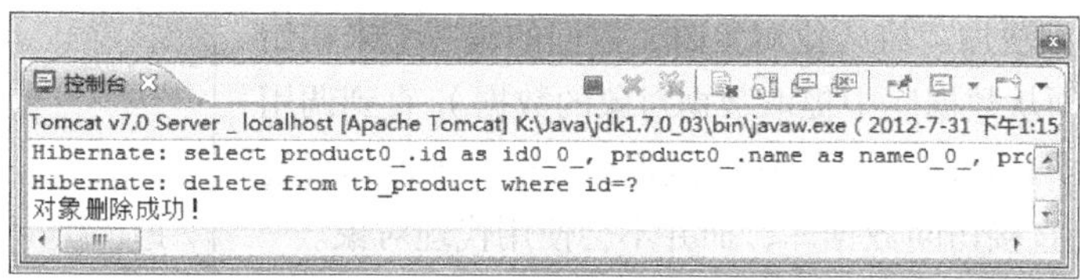

图 14-7　控制台输出的信息

14.3.6　修改数据

在 Hibernate 的 Session 管理中，如果程序修改了持久化状态的对象，当 Session 刷新时，Hibernate 会对实例执行持久化操作，利用该特性即可修改商品信息。

说明

Session 的刷新（flush）过程指 Session 执行一些必需的 SQL 语句来把内存中对象的状态同步到 JDBC 中。刷新会在某些查询之前、在事务提交时或者在程序中直接调用 Session.flush()时执行。

【例 14-6】　修改指定的产品信息。(实例位置：光盘\MR\源码\第 14 章\14-6)

创建一个 Servlet，在其 doPost()方法中编写利用 set()方法修改指定产品信息的代码，关键代码如下：

```
Session session = null;                                              //声明 Session 对象
try {
    //Hibernate 的持久化操作
    session = HibernateUtil.getSession();                            //获取 Session
    session.beginTransaction();                                      // 开启事务
    Product product = (Product) session.get(Product.class, new Integer("1"));//加载对象
    product.setName("Java Web 编程词典");                              //修改商品名称
    product.setRemark("明日科技出品");                                  //修改备注信息
```

```
        session.flush();                                    //强制刷新提交
        session.getTransaction().commit();                  // 事务提交
        System.out.println("对象修改成功！");
    } catch (Exception e) {
        session.getTransaction().rollback();                // 事务回滚
        System.out.println("对象装载失败");
        e.printStackTrace();
    } finally{
        HibernateUtil.closeSession();                       //关闭 Session
    }
```

程序运行前，数据库中的信息如图 14-8 所示。程序运行后，数据库中的信息如图 14-9 所示。

id	name	price	factory	remark
1	Java Web编程宝典	79	明日科技	无

图 14-8　程序运行前数据库中的信息

id	name	price	factory	remark
1	Java Web编程词典	79	明日科技	明日科技出品

图 14-9　程序运行后数据库中的信息

14.3.7　延迟加载

在使用 load()方法加载持久化对象时，返回的是一个未初始化的代理（代理无须从数据库中提取数据对象的数据），直到调用代理的某个方法时，Hibernate 才会访问数据库。在非延迟加载过程中，Hibernate 会直接访问数据库，而并不会使用代理对象。

延迟加载策略的原理如图 14-10 所示。

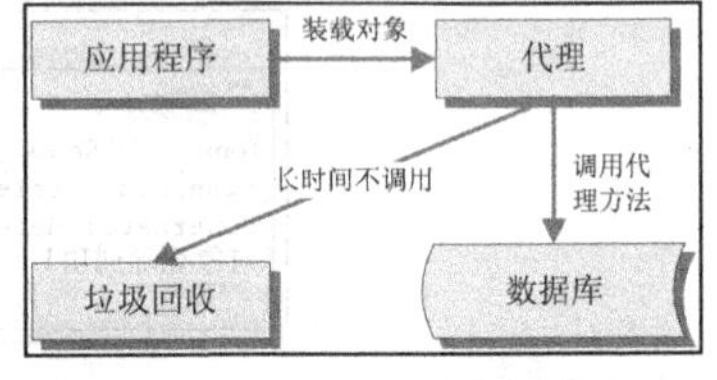

图 14-10　延迟加载策略的原理

当加载的对象长时间没有调用时，就会被垃圾回收器回收，在程序中合理地使用延迟加载策略可优化系统的性能。采用延迟加载可以使 Hibernate 节省系统的内存空间。否则，如果每加载一个持久化对象就需要将其关联的数据信息加载到内存中，将为系统增加不必要的开销。

在 Hibernate 中，可以通过使用一些采用延迟加载策略封装的方法实现延迟加载的功能，如 load()方法，同时还可以通过设置映射文件中的<property>元素中的 lazy 属性实现该功能。以产品信息的 XML 文档配置为例，关键代码如下：

```
<!-- 产品信息字段配置信息 -->
<hibernate-mapping>
    <class name="com.wgh.product.Product" table="tb_product">
        <!-- id值 -->
        <id name="id" column="id" type="int">
        <generator class="native"/>
    </id>
    <!-- 产品名称 -->
    <property name="name" type="string" length="45" lazy="true">
        <column name="name"/>
    </property>
    ......
    </class>
</hibernate-mapping>
```

通过设置该方式产品名称，属性被设置为延迟加载。

14.4　使用 Hibernate 的缓存

缓存是数据库数据在内存中的临时容器，是数据库与应用程序的中间件，如图 14-11 所示。

在 Hibernate 中采用了缓存机制，可以使其更加高效地执行数据持久化操作。Hibernate 数据缓存分为一级缓存（Session Level，也称为“内部缓存”）和二级缓存（SessionFactory Level）。

14.4.1　使用一级缓存

Hibernate 的一级缓存属于 Session 级缓存，所以其生命周期与 Session 相同。

当程序使用 Session 加载持久化对象时，Session 首先会根据加载的数据类和唯一性标识在缓存中查找是否存在此对象的缓存实例。如果存在，则将其作为结果返回；否则继续在二级缓存中查找实例对象。

在 Hibernate 中，不同的 Session 之间不能共享一级缓存，即一个 Session 不能访问其他 Session 在一级缓存中的对象缓存实例。

【例 14-7】　在同一 Session 中查询两次产品信息。（实例位置：光盘\MR\源码\第 14 章\14-7）

创建一个 Servlet，在其 doPost()方法中编写在同一 Session 中查询两次产品信息的代码，关键代码如下：

```
try {
    //Hibernate 的持久化操作
    session = HibernateUtil.getSession();                              //获取 Session
    Product product = (Product) session.get(Product.class, new Integer("1"));//加载对象
    System.out.println("第一次加载对象");
    Product product2 = (Product) session.get(Product.class, new Integer("1"));//加载对象
    System.out.println("第二次加载对象");
} catch (Exception e) {
    e.printStackTrace();
} finally{
    HibernateInitialize.closeSession();                                //关闭 Session
}
```

程序运行后，控制台输出的信息如图 14-12 所示。

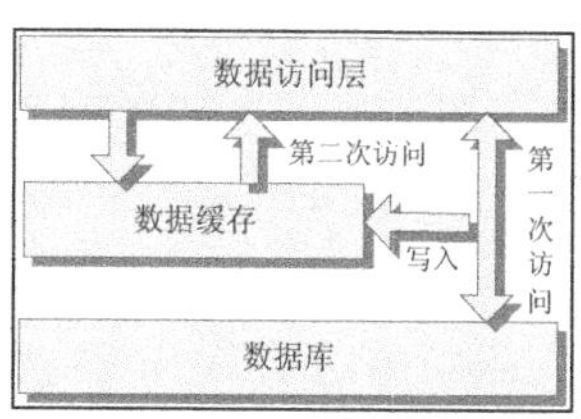

图 14-11　数据缓存

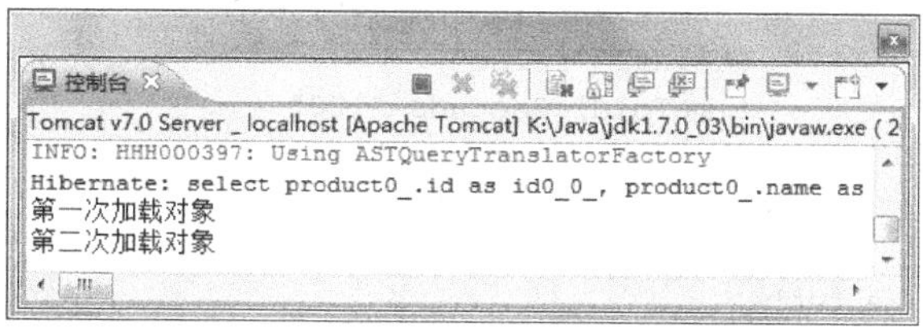

图 14-12　控制台输出的信息

从控制台输出信息中可以看出，Hibernate 只访问了一次数据库，第二次加载是从一级缓存中将该对象的缓存实例以结果形式直接返回的。

14.4.2 配置和使用二级缓存

Hibernate 的二级缓存由从属于一个 SessionFactory 的所有 Session 对象共享，当程序使用 Session 加载持久化对象时，Session 首先会根据加载的数据类和唯一性标识在缓存中查找是否存在此对象的缓存实例。如果存在，将其作为结果返回；否则继续在二级缓存中查找。如果无匹配对象，Hibernate 将直接访问数据库。

由于 Hibernate 本身并未提供二级缓存的产品化实现，因此需要引入第三方插件实现二级缓存的策略。本小节将以 EHCache 作为 Hibernate 默认的二级缓存讲解 Hibernate 二级缓存的配置及其使用方法。

【例 14-8】 利用二级缓存查询产品信息。（实例位置：光盘\MR\源码\第 14 章\14-8）

首先需要在 Hibernate 配置文件 hibernate.cfg.xml 中配置开启二级缓存，关键代码如下：

```
<hibernate-configuration>
    <session-factory>
        ……
        <!-- 开启二级缓存 -->
        <property name="hibernate.cache.use_second_level_cache">true</property>
        <!-- 指定缓存产品提供商 -->
        <property name="hibernate.cache.region.factory_class">
org.hibernate.cache.ehcache.EhCacheRegionFactory</property>
    </session-factory>
</hibernate-configuration>
```

在持久化类的映射文件中需要指定缓存的同步策略，关键代码如下：

```
<!—产品信息字段配置信息 -->
<hibernate-mapping>
    <class name="com.wgh.product.Product" table="tb_product">
        <!-- 指定的缓存同步策略 -->
        <cache usage="read-only"/>
        ……
    </class>
</hibernate-mapping>
```

在项目的 classpath 根目录下添加缓存配置文件 ehcache.xml，此文件可以从 Hibernate 的 zip 包下的 etc 目录中找到，其代码如下：

```
<ehcache>
<diskStore path="java.io.tmpdir"/>
<defaultCache
        maxElementsInMemory="10000"
        eternal="false"
        timeToIdleSeconds="120"
        timeToLiveSeconds="120"
        overflowToDisk="true"
    />
</ehcache>
```

在上面的代码中，maxElementsInMemory 属性用于设置缓存中允许保存的最大数据实例数量；eternal 属性用于设置缓存中的数据是否为常量；timeToIdleSeconds 属性用于设置缓存数据钝化时间；timeToLiveSeconds 属性用于设置缓存数据生存时间；overflowToDisk 属性用于设置是否启用磁盘缓存。

创建一个 Servlet，在其 doPost()方法中编写在同一 SessionFactory 中获取两个 Session 的代码，要求每个 Session 执行一次 get()方法，关键代码如下：

```
Session session = null;                                    //声明第 1 个 Session 对象
Session session2 = null;                                   //声明第 2 个 Session 对象
try {
    //Hibernate 的持久化操作
    session = HibernateUtil.getSession();                  //获取第 1 个 Session
    session2 = HibernateUtil.getSession();                 //获取第 2 个 Session
    Product product = (Product) session.get(Product.class, new Integer("1"));
//加载对象
    System.out.println("第一个 Session 加载对象");
    Product product2 = (Product) session2.get(Product.class, new Integer("1"));
//加载对象
    System.out.println("第二个 Session 加载对象");
} catch (Exception e) {
    e.printStackTrace();
} finally{
    HibernateUtil.closeSession();                          //关闭 Session
}
```

程序运行后，控制台输出的信息如图 14-13 所示。

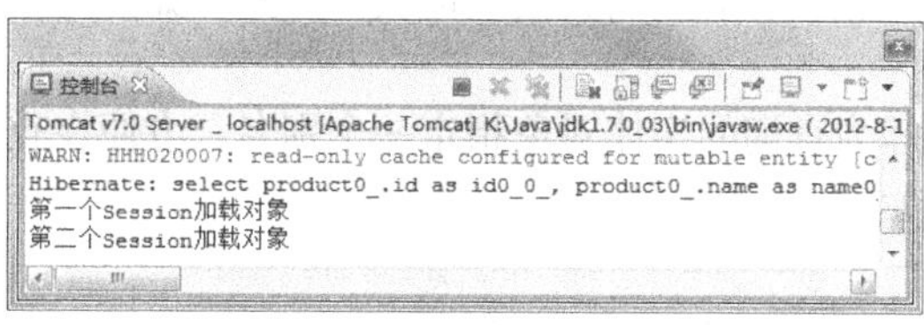

图 14-13 控制台输出的信息

当第 2 个 Session 加载对象时，控制并没有输出 SQL 语句，说明 Hibernate 是从二级缓存中加载的该实例对象。二级缓存常用于数据更新频率低且系统使用频繁的非关键数据，以防止用户频繁访问数据库而过度消耗系统资源。

14.5 HQL（Hibernate 查询语言）

HQL（Hibernate Query Language，Hibernate 查询语言）是完全面向对象的查询语言，它提供了更加面向对象的封装，可以理解如多态、继承和关联的概念。HQL 与 SQL 相似，但它提供了更加强大的查询功能，它是 Hibernate 官方推荐的查询模式。

14.5.1 HQL 概述

HQL 与 SQL 的语句相似，其基本的使用方法也与 SQL 相同。由于 HQL 是面向对象的查询语言，因此需要从目标对象中查询信息，并返回匹配单个实体对象或多个实体对象的集合，而 SQL 语句是从数据表中查找指定信息，并返回单条信息或多个信息的集合。

因为 HQL 是面向对象的查询语句，其查询目标是实体对象，即 Java 类，而 Java 类区分大小写，如 com.mr.Test 与 com.mr.TeSt 表示两个不同的类，所以 HQL 也区分大小写。

HQL 的基本语法格式如下：

```
select "对象.属性名"
from "对象"
where "过滤条件"
group by "对象.属性名"
having "分组条件"
order by "对象.属性名"
```

如实际应用中的 HQL 语句如下：

```
select * from Employee emp where emp.flag='1'
```

该语句等价于：

```
from Employee emp where emp.flag='1'
```

该 HQL 语句用于过滤从数据库信息返回的实体对象的集合，其过滤条件为对象属性 Flag 为 1 的实体对象，其中 Employee 为实体对象。

14.5.2 查询实体对象

在 HQL 语句中，可以通过 from 子句直接查询实体对象，如：

```
from Person
```

在大多数情况下，最好为查询的实体对象指定一个别名，方便在查询语句的其他地方引用实体对象。别名的命名方法如下：

```
from Person per
```

别名的首字母最好为小写，这是 HQL 语句的规范写法。与 Java 中变量的命名规则一致，可以避免与语句中的实体对象混淆。

上面的 HQL 语句将查询数据库中实体对象 Person 对应的所有数据，并以封装好的 Person 对象的集合形式返回。该语句的局限性是查询实体对象 Person 映射的所有数据库字段，相当于 SQL 语句中的“Select *”。在 HQL 中，需要通过动态实例化查询来实现这个功能，如：

```
select new Person(id,name) from Person per
```

此种查询方式通过 new 关键字动态实例化实体对象，重新封装指定的实体对象属性，既不失去数据的封装性，又可提高查询的效率。

上面的语句中最好不要使用以下语句查询：

select per.id,per.name from Person per

因为此语句返回的不是原有的对象实体状态，而是一个 Object 类型的数组，它破坏了数据的原有封装性。

【例 14-9】 查询 Employee 对象中的所有信息，并将查询结果显示在页面中。（实例位置：光盘\MR\源码\第 14 章\14-9）

创建 Servlet 并在其中通过 HQL 语句查询 Employee 对象的所有信息，关键代码如下：

```
List<Employee> emplist = new ArrayList<>();          //实例化 List 信息集合
Session session = null;                               // 实例化 Session 对象
```

```
try {
    session = HibernateUtil.getSession();           // 获得 Session 对象
    String hql = "from Employee emp";               // 查询 HQL 语句
    Query q = session.createQuery(hql);             // 执行查询操作
    emplist = q.list();                             //将返回的对象转化为 List 集合
} catch (HibernateException e) {
    e.printStackTrace();
} finally {
    HibernateUtil.closeSession();                   // 关闭 Session
}
```

当查询结果返回页面后，利用 JSTL 显示查询的列表信息，程序运行结果如图 14-14 所示。

14.5.3　条件查询

条件查询在实际应用中比较广泛，通常用于过滤数据库返回的查询数据，因为一个表中的所有数据并一定对用户都有意义。

HQL 的条件查询与 SQL 语句一样，都通过 where 子句实现，如在例 14-9 中查询性别为“男”的员工，HQL 语句如下：

```
from Employee emp where emp.sex="男"
```

修改例 14-9 中的 HQL 语句，页面的输出结果如图 14-15 所示。

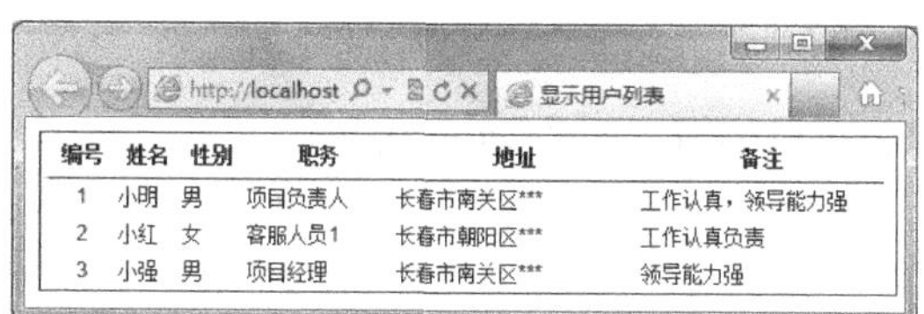

图 14-14　查询全部员工信息

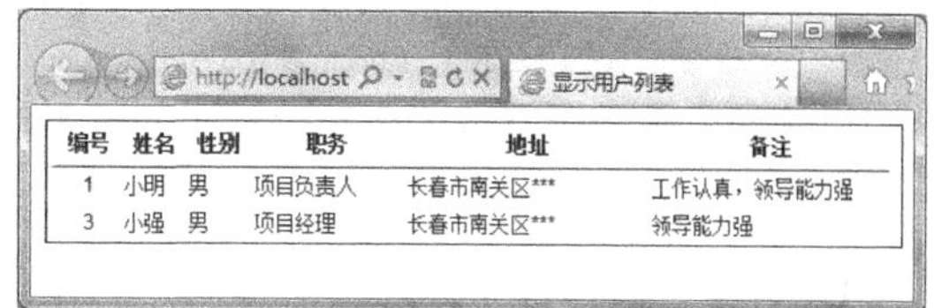

图 14-15　查询性别为“男”的员工

14.5.4　HQL 参数绑定机制

参数绑定机制可以使查询语句和参数值相互独立，不但可以提高程序的开发效率，还可以有效地防止 SQL 的注入攻击。JDBC 中的 PreparedStatement 对象通过动态赋值的形式绑定 SQL 语句的参数。在 HQL 中同样提供了动态赋值的功能，它有如下两种不同的实现方法。

（1）利用顺序占位符“？”替代参数

在 HQL 语句中，可以通过顺序占位符“？”替代参数值，利用 Query 对象的 setParameter()方法为其赋值，此种操作方式与 JDBC 中的 PreparedStatement 对象的参数绑定方式相似。如在例 14-9 中查询性别为“男”的员工信息，代码如下：

```
session = HibernateUtil.getSession();                       // 获得 Session 对象
String hql = "from Employee emp where emp.sex=?";           // 查询 HQL 语句
Query q = session.createQuery(hql);                         // 执行查询操作
q.setParameter(0, "男");                                    // 为顺序占位符赋值
emplist = q.list();
```

（2）利用引用占位符“:parameter”替代具体参数

“:parameter”中的引用占位符是“:”号与自定义参数名的组合。如在例 14-9 中查询性别为“男”的员工信息，代码如下：

```
session = HibernateUtil.getSession();                         // 获得 Session 对象
String hql = "from Employee emp where emp.sex=:sex";          // 查询 HQL 语句
Query q = session.createQuery(hql);                           // 执行查询操作
q.setParameter("sex", "男");                                   // 为引用占位符赋值
emplist = q.list();
```

14.5.5 排序查询

在 SQL 中，通过 order by 子句以及 asc 和 desc 关键字可以实现查询结果集的排序操作，asc 是正序排列，desc 是降序排列。HQL 中也提供了此功能，用法与 SQL 语句类似，只是排序的条件参数为实体对象的属性。

例如，按照年龄的倒序排列员工信息，代码如下：

```
from Employee emp order by emp.age desc
```

按照 ID 的正序排列员工信息，代码如下：

```
from Employee emp order by emp.id asc
```

14.5.6 应用聚合函数

HQL 支持 SQL 中常用的聚合函数，如 sum、avg、count、max 和 min 等，其用法与 SQL 中基本相同。

例如，计算所有员工的平均年龄，可以编写下面的 HQL 语句。

```
select avg(emp.age) from Employee emp
```

再例如，查询所有员工中年龄最小的员工信息，可以编写下面的 HQL 语句。

```
select min(emp.age) from Employee emp
```

14.5.7 分组方法

在 HQL 中，可以在 group by 子句中使用 having 语句，但是需要底层数据库的支持，如 MySQL 数据库就不支持 having 语句。

【例 14-10】 分组统计男女员工的人数。（实例位置：光盘\MR\源码\第 14 章\14-10）

创建 Servlet，并在其 doPost()方法中利用 HQL 语句统计男女员工的人数，关键代码如下：

```
Session session = null;                                       // 实例化 Session 对象
try {
    session = HibernateUtil.getSession();                     // 获得 Session 对象
  String hql = "select emp.sex,count(*) from Employee emp group by emp.sex";//条件查询语句
    Query q = session.createQuery(hql);                       // 执行查询操作
    List<Employee> emplist = q.list();
    Iterator it = emplist.iterator();                         //使用迭代器输出返回的对象数组
  while(it.hasNext()) {
         Object[] results = (Object[])it.next();
           System.out.print("员工性别: " + results[0] + "————");
           System.out.println("人数: " + results[1]);
    }
} catch (HibernateException e) {
    e.printStackTrace();
} finally {
    HibernateUtil.closeSession();                             // 关闭 Session
}
```

group by 与 order by 子句中都不能含有算术表达式，并且分组条件不能是实体对象本身，如 group by Employee 是错误的，除非实体对象的所有属性都是非聚集的。

程序运行后，控制台输出的信息如图 14-16 所示。

14.5.8　联合查询

联合查询是执行数据库多表操作时必不可少的操作之一，如在 SQL 中的连接查询方式有内连接查询（inner join）、左连接查询（left outer join）、右连接查询（right outer join）和全连接查询（full join），在 HQL 中也支持联合查询方式。

例如，在公民表与身份证表中一对一映射关系，即可通过 HQL 的左连接方式获取关联的信息。

【例 14-11】　通过 HQL 的左连接查询获取公民信息及其关联的身份证信息。（实例位置：光盘\MR\源码\第 14 章\14-11）

创建 Servlet 并在其中利用左连接查询获取公民信息及其关联的身份证信息，关键代码如下：

```
Session session = null;                                       // 实例化 Session 对象
List<Object[]> list = new ArrayList<Object[]>();
try {
    session = HibernateUtil.getSession();                    // 获得 Session 对象
    session.beginTransaction();                              // 开启事务
// 条件查询 HQL 语句
    String hql = "select peo.id,peo.name,peo.age,peo.sex,c.idcard_code from People peo
left join peo.idcard c";
    Query q = session.createQuery(hql);                      // 执行查询操作
    list = q.list();
    session.getTransaction().commit();                       // 提交事务
} catch (HibernateException e) {
    e.printStackTrace();
    session.getTransaction().rollback();                     // 出错时回滚事务
} finally {
    HibernateUtil.closeSession();                            // 关闭 Session
}
```

程序运行后，页面输出的信息如图 14-17 所示。

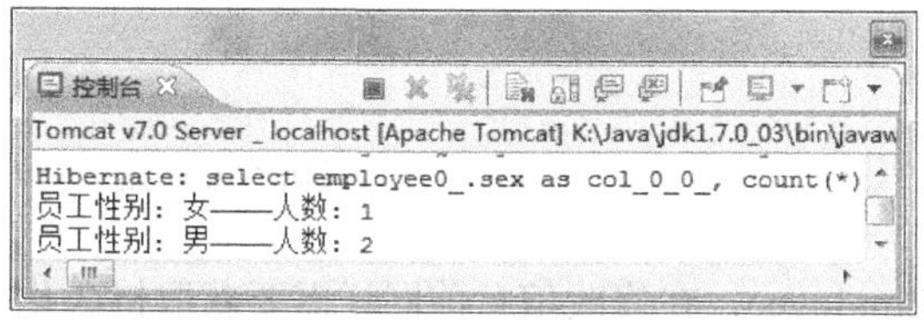

图 14-16　分组统计员工信息

图 14-17　利用左连接查询获取公民信息

14.6　综合实例——修改员工信息

本实例主要综合应用 Hibernate 中的查改功能，要求可以查看或修改数据并返回修改后的内容。

（1）创建查找员工信息的 Servlet QueryEmployee，用于查询数据库中的所有员工信息，并且以列表的形式返回给页面，关键代码如下：

```
try {
    session = HibernateUtil.getSession();                    //获得 Session 对象
    String hql = "from Employee emp";                        //查询 HQL 语句
    Query q = session.createQuery(hql);                      //执行查询操作
    emplist = q.list();
} catch (HibernateException e) {
    e.printStackTrace();
    System.out.println("查询失败");
}finally{
    HibernateUtil.closeSession();                            //关闭 Session
}
```

（2）在列表页面 index.jsp 中利用 JSTL 显示员工信息列表，关键代码如下：

```
<c:forEach items="${emplist}" var="list">
    <tr><td align="center">${list.id}</td>
    <td>${list.name}</td>
    <td>${list.sex}</td>
    <td>${list.business}</td>
    <td>${list.address}</td>
    <td>${list.remark}</td>
    <td align="center">
    <a href="QueryOneEmployee?id=${list.id}"><img src="update.gif" border="0"/>修改</a>
    </td></tr>
</c:forEach>
```

（3）创建查找单条员工信息的 Servlet QueryOneEmployee，在用户单击列表页面的“修改”超链接时，QueryOneEmployee 获取信息的唯一性标识 id，并利用 get()方法根据 id 从数据库中查询员工的详细信息，关键代码如下：

```
Integer id = new Integer(request.getParameter("id"));       //取出 id 参数
Session session = null;                                      //定义 Session 对象
try {
    session = HibernateUtil.getSession();
    Employee employeeVO = (Employee)session.get(Employee.class, id);//根据 id 查询信息
    request.setAttribute("employeeVO", employeeVO);          //保存获取的对象
}catch (HibernateException e) {
    e.printStackTrace();
}finally{
    HibernateUtil.closeSession();                            //关闭 Session
}
```

（4）定义修改员工信息的 Servlet UpdateEmployee，在修改信息前同样需要获取持久化对象的唯一性标识，所以用户在发送修改请求时，需要将 id 以 URL 参数的形式传送给信息修改的 Servlet，修改完成后，跳转到执行查找员工信息列表的 Servlet，返回员工的信息列表页面。UpdateEmployee 中的关键代码如下：

```
//从页面取值
Integer id = new Integer(request.getParameter("id"));       //获取唯一性标识
String name = request.getParameter("name");                  //获取员工姓名
......                                                       //省略获取的其他员工信息
```

```
//修改操作
Session session = null;
    try {
    session = HibernateUtil.getSession();                          //获取 Session 对象
    session.beginTransaction();                                     //开启事务
    Employee employee = (Employee)session.load(Employee.class, id);  //装载对象
    employee.setName(name);                                         //修改员工的各个属性
    ……                                                              //省略的修改员工属性代码
    session.getTransaction().commit();                              //提交事务
} catch (HibernateException e) {
    e.printStackTrace();
    session.getTransaction().rollback();                            //事务回滚
}finally{
    HibernateUtil.closeSession();                                   //关闭 Session
}
```

运行本实例，在员工列表页面中单击编号为 1 的数据右侧的“修改”超链接，将进入修改该员工信息页面，修改员工信息后，如图 14-18 所示，单击“提交”按钮，保存所做的修改，并返回员工列表中，如图 14-19 所示。

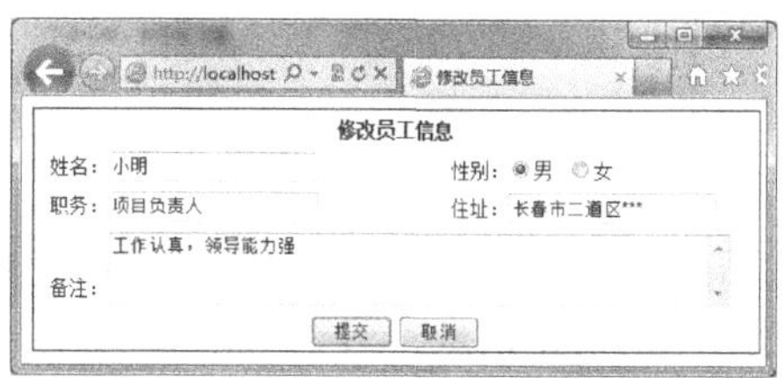

图 14-18　修改员工信息页面

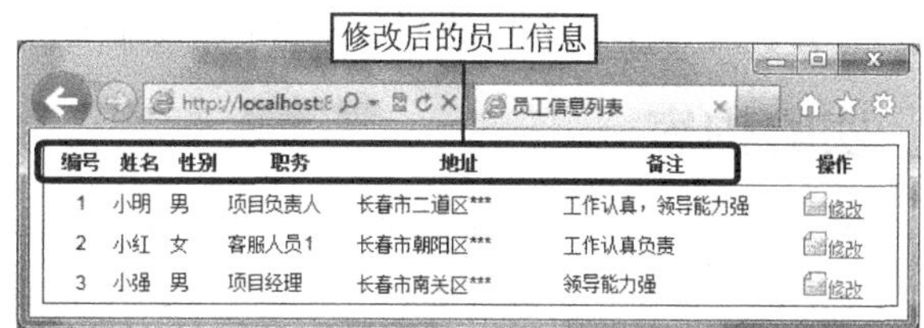

图 14-19　修改后返回的列表页面

知识点提炼

（1）作为一个优秀的持久层框架，Hibernate 充分体现了 ORM 的设计理念，提供了高效的对象到关系型数据库的持久化服务。

（2）在 Hibernate 中，持久化类是其操作的对象，即通过对象-关系映射（ORM）后，数据表所映射的实体类描述数据表的结构信息，在持久化类中的属性应该与数据表中的字段相匹配。

（3）Hibernate 的核心是对象关系映射，对象和关系型数据库之间的映射通常用 XML 文档来实现。

（4）Hibernate 对 JDBC 的操作进行了轻量级的封装，使开发人员可以利用 Session 对象以面向对象的思想实现对关系型数据库的操作。

（5）HQL（Hibernate Query Language，Hibernate 查询语言）是完全面向对象的查询语言，它提供了更加面向对象的封装，可以理解如多态、继承和关联的概念。

（6）参数绑定机制可以使查询语句和参数值相互独立，不但可以提高程序的开发效率，还可以有效地防止 SQL 的注入攻击。

习　题

（1）Hibernate 配置文件中的<mapping resource/>是用来对什么进行配置的？
（2）Java 的基本映射类型为 String 的属性，Hibernate 的映射类型是什么？
（3）要实现查询数据，可使用 Session 的什么方法？
（4）Hibernate 映射文件中的<class>元素是用来对什么进行的映射？
（5）在 HQL 语法中，要实现排序查询，可以使用什么子句？

实验：员工信息的模糊查询

实验目的

（1）掌握通过 HQL 语句实现模糊查询的基本流程。
（2）掌握 HQL 语句中的 like 关键字以及通配符“%”的使用。

实验内容

实现对员工姓名的模糊查询操作。要求在“搜索员工信息”文本框中输入“红”字，单击“搜索员工信息”按钮，可以查询到“姓名”字段中带有“红”字的员工信息。

实验步骤

（1）创建执行员工模糊查询的 Servlet，名称为 QueryEmployee，关键代码如下：

```
protected void doPost(HttpServletRequest request, HttpServletResponse response)
        throws ServletException, IOException {
        request.setCharacterEncoding("UTF-8");
        List emplist = new ArrayList();                              //实例化 List 信息集合
        String name = request.getParameter("name");
        Session session = null;                                      // 实例化 Session 对象
        try {
            session = HibernateUtil.getSession();                    // 获得 Session 对象
          String hql = "from Employee emp where emp.name like ?";       // 查询HQL语句
            Query q = session.createQuery(hql);                      // 执行查询操作
          q.setParameter(0, "%"+name+"%");                           //为模糊查询的参数赋值
            emplist = q.list();                                      //将对象转化为 List 集合
        } catch (HibernateException e) {
            e.printStackTrace();
        } finally {
            HibernateUtil.closeSession();                            // 关闭 Session
        }
      request.setAttribute("emplist", emplist);
      //跳转到员工信息的列表页面
    RequestDispatcher rd=this.getServletContext().getRequestDispatcher("/employee.jsp");
```

```
        rd.forward(request, response);
}
```

（2）在 index.jsp 页面，通过 iframe 嵌入员工的信息列表页面，关键代码如下：

```
<form action="<%=request.getContextPath()%>/QueryEmployee" method="post" target="employee">
    <input type="submit" value="搜索"/>
    <input type="text" name="name" style="width:180px"/>
</form>
<iframe src="<%=request.getContextPath()%>/QueryEmployee?name="
        frameborder="0" name="employee" width="800px" height="500px">
</iframe>
```

运行本实例，将显示如图 14-20 和图 14-21 所示的运行结果。

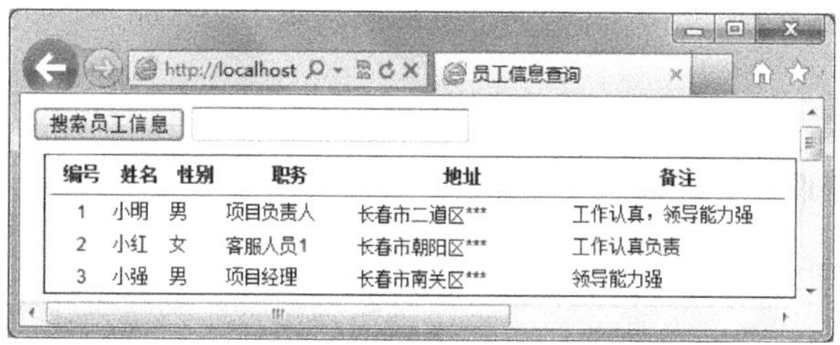

图 14-20　默认打开的页面

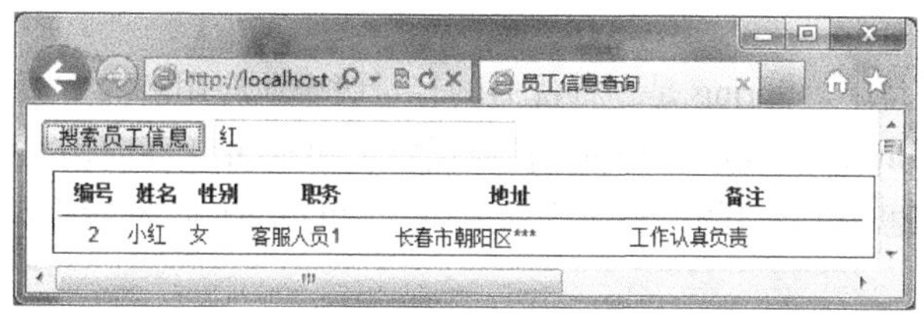

图 14-21　通过模糊查询查询到的员工信息

第15章 Spring技术

本章要点：

- 了解 Spring 技术
- 掌握 Spring 的获取及其配置
- 掌握依赖注入
- 了解 AOP
- 掌握 Spring 的切入点
- 掌握 Aspect 对 AOP 的支持
- 掌握 Spring 持久化

在 Java EE 开发平台中，Spring 是一种优秀的轻量级企业应用解决方案，它倡导一切从实际出发，核心技术是 IoC（Inversion of Control，控制反转）和 AOP（面向切面编程）技术。它为 Java 带来了一种全新的编程思想，其目的是解决企业应用开发的复杂性。本章将对 Spring 技术进行介绍。

15.1 Spring 概述

Spring 是一个开源框架，由 Rod Johnson 创建，于 2003 年年初正式启动。使用 Spring 替代 EJB 开发企业级应用，不仅能够降低开发企业应用程序的复杂性，而且不用担心工作量太大、开发进度难以控制和复杂的测试过程等问题。Spring 简化了企业应用的开发、降低了开发成本，并整合了各种流行框架，它以 IoC 和 AOP 两种先进的技术为基础，完美地简化了企业级开发的复杂度。

15.1.1 Spring 组成

Spring 框架主要由 7 大模块组成，它们提供了企业级开发需要的所有功能。每个模块都可以单独使用，也可以和其他模块组合使用，灵活且方便地部署，可以使开发的程序更加简洁灵活。如图 15-1 所示是 Spring 的 7 大模块。

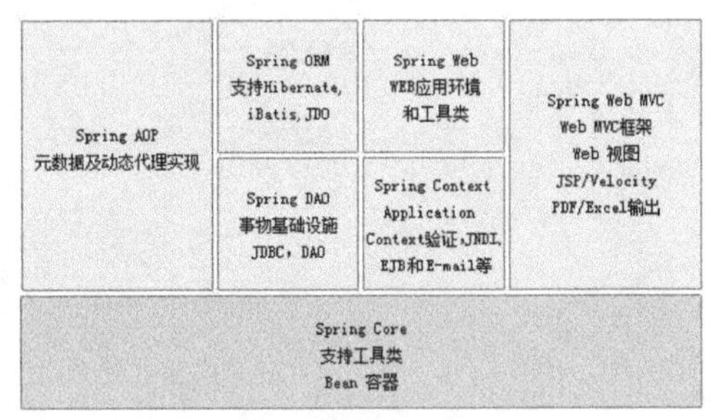

图 15-1　Spring 的 7 大模块

（1）Spring Core 模块

该模块是 Spring 的核心容器，它实现了 IoC 模式和 Spring 框架的基础功能。该模块包含的最重要的 BeanFactory 类是 Spring 的核心类，负责配置与管理 JavaBean。它采用 Factory 模式实现了 IoC

容器，即依赖注入。

（2）Context 模块

该模块继承 BeanFactory（或者说 Spring 核心）类，并且添加了事件处理、国际化、资源加载、透明加载，以及数据校验等功能，它还提供了框架式的 Bean 访问方式和很多企业级的功能，如 JNDI 访问、支持 EJB、远程调用、集成模板框架、E-mail 和定时任务调度等。

（3）AOP 模块

Spring 集成了所有 AOP 功能，通过事务管理可以将任意 Spring 管理的对象 AOP 化。Spring 提供了用标准 Java 语言编写的 AOP 框架，其中大部分内容都是根据 AOP 联盟的 API 开发的。它使应用程序抛开了 EJB 的复杂性，但拥有传统 EJB 的关键功能。

（4）DAO 模块

该模块提供了 JDBC 的抽象层，简化了数据库厂商的异常错误（不再从 SQLException 继承大批代码），大幅度减少了代码的编写，并且提供了对声明式和编程式事务的支持。

（5）O/R 映射模块

该模块提供了对现有 ORM 框架的支持，各种流行的 ORM 框架已经非常成熟，并且拥有大规模的市场（如 Hibernate）。Spring 没有必要开发新的 ORM 工具，但是为 Hibernate 提供了完美的整合功能，并且支持其他 ORM 工具。

（6）Web 模块

该模块建立在 Spring Context 基础之上，提供了 Servlet 监听器的 Context 和 Web 应用的上下文，为现有的 Web 框架（如 JSF、Tapestry 和 Struts 等）提供了集成。

（7）MVC 模块

该模块建立在 Spring 核心功能之上，拥有 Spring 框架的所有特性，从而能够适应多种多视图、模板技术、国际化和验证服务，实现控制逻辑和业务逻辑的清晰分离。

15.1.2 获取 Spring

在使用 Spring 之前，必须先在 Spring 的官方网站免费下载 Spring 工具包，其网址为 http://www.springsource.org/download。在该网站可以免费获取 Spring 的帮助文档和 jar 包，本书中的所有实例使用的 Spring jar 包的版本为 spring-framework-3.1.1.RELEASE。

将 spring.jar 包和 dist 目录下的所有 jar 包导入到项目中，随后即可开发 Spring 的项目。

不同版本之间的 jar 包可能会存在差异，读者应尽量保证使用与本书一致的 jar 包版本。

15.1.3 配置 Spring

获得并打开 Spring 的发布包之后，其 dist 目录中包含 Spring 的 20 个 jar 文件，其相关功能说明如表 15-1 所示。

表 15-1 Spring 的 jar 包相关功能说明

jar 包的名称	说 明
org.springframework.aop-3.1.1.RELEASE.jar	Spring 的 AOP 模块
org.springframework.asm-3.1.1.RELEASE.jar	Spring 独立的 asm 程序，相比 2.5 版本，需要额外的 asm.jar 包

续表

jar 包的名称	说　明
org.springframework.aspects-3.1.1.RELEASE.jar	Spring 提供的对 AspectJ 框架的整合
org.springframework.beans-3.1.1.RELEASE.jar	Spring 的 IoC（依赖注入）的基础实现
org.springframework.context.support-3.1.1.RELEASE.jar	Spring 上下文的扩展支持，用于 MVC 方面
org.springframework.context-3.1.1.RELEASE.jar	Spring 的上下文，Spring 提供在基础 IoC 功能上的扩展服务，此外还提供许多企业级服务的支持，如邮件服务、任务调度、JNDI 定位、EJB 集成、远程访问、缓存以及各种视图层框架的封装等
org.springframework.core-3.1.1.RELEASE.jar	Spring 的核心模块
org.springframework.expression-3.1.1.RELEASE.jar	Spring 的表达式语言
org.springframework.instrument.tomcat-3.1.1.RELEASE.jar	Spring 对 Tomcat 连接池的支持
org.springframework.instrument-3.1.1.RELEASE.jar	Spring 对服务器的代理接口
org.springframework.jdbc-3.1.1.RELEASE.jar	Spring 的 JDBC 模块
org.springframework.jms-3.1.1.RELEASE.jar	Spring 为简化 JMS API 使用而做的简单封装
org.springframework.orm-3.1.1.RELEASE.jar	Spring 的 ORM 模块，支持 Hibernate 和 JDO 等 ORM 工具
org.springframework.oxm-3.1.1.RELEASE.jar	Spring 对 Object/XMI 映射的支持，可以让 Java 与 XML 之间来回切换
org.springframework.test-3.1.1.RELEASE.jar	Spring 对 Junit 等测试框架的简单封装
org.springframework.transaction-3.1.1.RELEASE.jar	Spring 为 JDBC、Hibernate、JDO、JPA 等提供的一致的声明式和编程式事务管理
org.springframework.web.portlet-3.1.1.RELEASE.jar	Spring MVC 的增强
org.springframework.web.servlet-3.1.1.RELEASE.jar	Spring 对 Java EE 6.0 和 Servlet 3.0 的支持
org.springframework.web.struts-3.1.1.RELEASE.jar	整合 Struts
org.springframework.web-3.1.1.RELEASE.jar	Sping 的 Web 模块，包含 Web application context

除了表 15-1 中给出的这些 jar 包以外，Spring 还需要 commons-logging.jar 和 aopalliance.jar 包的支持。其中，commons-logging.jar 包可以到 http://commons.apache.org/logging/ 网站下载；aopalliance.jar 包可以到 http://sourceforge.net/projects/aopalliance/files/ 网站下载。

得到这些 jar 包以后，在应用 Spring 的 Web 项目的 WEB-INF 文件夹下的 lib 文件夹中，Web 服务器启动时会自动加载 lib 中的所有 jar 文件。在使用 Eclipse 开发工具时，我们也可以将这些包配置为一个用户库，然后在需要应用 Spring 的项目中加载这个用户库就可以了。

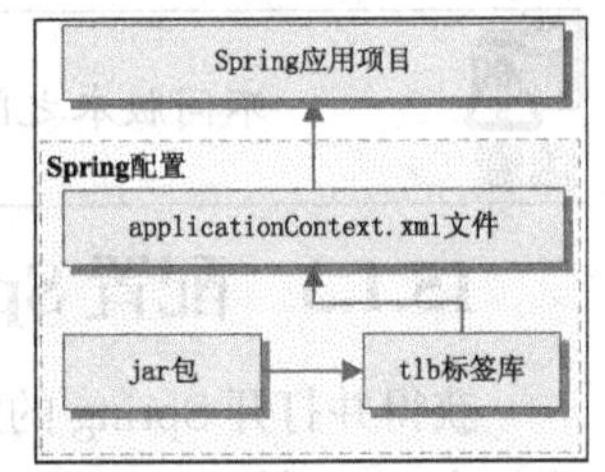

图 15-2　Spring 的配置结构

Spring 的配置结构如图 15-2 所示。

15.1.4　使用 BeanFactory 管理 Bean

BeanFactory 采用了 Java 经典的工厂模式，通过从 XML 配置文件或属性文件（.properties）中读取 JavaBean 的定义来创建、配置和管理 JavaBean。BeanFactory 有很多实现类，其中

XmlBeanFactory 可以通过流行的 XML 文件格式读取配置信息来加载 JavaBean。BeanFactory 在 Spring 中的作用如图 15-3 所示。

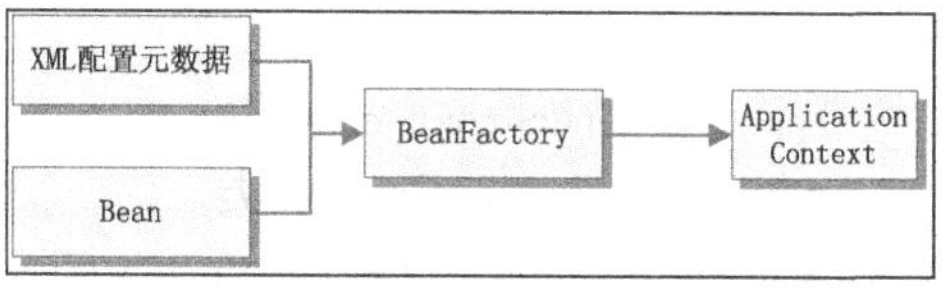

图 15-3　BeanFactory 在 Spring 中的作用

例如，加载 Bean 配置的代码如下：

```
Resource resource = new ClassPathResource("applicationContext.xml");          //加载配置文件
BeanFactory factory = new XmlBeanFactory(resource);
Test test = (Test) factory.getBean("test");                                   //获取 Bean
```

ClassPathResource 读取 XML 文件并传参给 XmlBeanFactory，applicationContext.xml 文件的代码如下：

```
<?xml version="1.0" encoding="UTF-8"?>
<!DOCTYPE beans PUBLIC "-//SPRING//DTD BEAN//EN" "http://www.spring framework.org/dtd/spring- beans.dtd">
<beans>
    <bean id="test" class="com.mr.test.Test"/>
</beans>
```

在<beans>标签中通过<bean>标签定义 JavaBean 的名称和类型，在程序代码中利用 BeanFactory 的 getBean()方法获取 JavaBean 的实例并向上转换为需要的接口类型，这样在容器中开始这个 JavaBean 的生命周期。

说明　BeanFactory 在调用 getBean()方法之前不会实例化任何对象，只有在需要创建 JavaBean 的实例对象时才会为其分配资源空间，这使其更适用于物理资源受限制的应用程序，尤其是内存受限制的环境。

Spring 中 Bean 的生命周期包括实例化 JavaBean、初始化 JavaBean、使用 JavaBean 和销毁 JavaBean 共 4 个阶段。

15.1.5　应用 ApllicationContext

BeanFactory 实现了 IoC 控制，所以可以称之为“IoC 容器”，而 ApplicationContext 扩展了 BeanFactory 容器并添加了对 I18N（国际化）和生命周期事件的发布监听等更加强大的功能，使之成为 Spring 中强大的企业级 IoC 容器。这个容器提供了对其他框架和 EJB 的集成、远程调用、WebService、任务调度和 JNDI 等企业服务，在 Spring 应用中大多采用 ApplicationContext 容器来开发企业级的程序。

说明　ApplicationContext 不仅提供了 BeanFactory 的所有特性，而且也允许使用更多的声明方式来得到所需的功能。

ApplicationContext 接口有如下 3 个实现类，我们可以实例化其中任何一个类来创建 Spring 的 ApplicationContext 容器。

- ClassPathXmlApplicationContext 类

从当前类路径中检索配置文件并加载来创建容器的实例，其语法格式如下：

```
ApplicationContext context=new ClassPathXmlApplicationContext(String config Location);
```

configLocation 参数用于指定 Spring 配置文件的名称和位置。

- FileSystemXmlApplicationContext 类

该类不从类路径中获取配置文件，而是通过参数指定配置文件的位置。它可以获取类路径之外的资源，其语法格式如下：

```
ApplicationContext context=new FileSystemXmlApplicationContext(String config Location);
```

● WebApplicationContext 类

WebApplicationContext 是 Spring 的 Web 应用容器，在 Servlet 中使用该类的方法有两种：一是在 Servlet 的 web.xml 文件中配置 Spring 的 ContextLoaderListener 监听器；二是修改 web.xml 配置文件，在其中添加一个 Servlet，定义使用 Spring 的 org.springframework.web.context.ContextLoaderServlet 类。

说明

JavaBean 在 ApplicationContext 和 BeanFactory 容器中的生命周期基本相同，如果在 JavaBean 中实现了 ApplicationContextAware 接口，容器会调用 JavaBean 的 setApplicationContext()方法将容器本身注入到 JavaBean 中，使 JavaBean 包含容器的应用。

15.2 依赖注入

Spring 框架中的各个部分充分使用了依赖注入（Dependency Injection）技术，使得代码中不再有单实例垃圾和麻烦的属性文件，取而代之的是一致和优雅的程序应用代码。

15.2.1 控制反转与依赖注入

使程序组件或类之间尽量形成一种松耦合的结构，开发人员在使用类的实例之前需要创建对象的实例。IoC 将创建实例的任务交给 IoC 容器，这样开发应用代码时只需直接使用类的实例，这就是 IoC 控制反转。通常用一个所谓的好莱坞原则（Don't call me，I will call you，请不要给我打电话，我会打给你）来比喻这种控制反转的关系。Martin Fowler 曾专门写了一篇文章“Inversion of Control Containers and the Dependency Injection pattern”讨论控制反转这个概念，并提出一个更为准确的概念，即“依赖注入”。

依赖注入有如下 3 种实现类型，Spring 支持后两种。

● 接口注入

该类型基于接口将调用与实现分离，这种依赖注入方式必须实现容器所规定的接口，使程序代码和容器的 API 绑定在一起，这不是理想的依赖注入方式。

● Setter 注入

该类型基于 JavaBean 的 setter 方法为属性赋值，在实际开发中得到了最广泛的应用（其中很大一部分得益于 Spring 框架的影响），如：

```
public class User {
    private String name;
    public String getName() {
        return name;
    }
    public void setName(String name) {
        this.name = name;
    }
}
```

上述代码定义了一个字段属性 name 并使用 getter 和 setter 方法为字段属性赋值。

● 构造器注入

该类型基于构造方法为属性赋值，容器通过调用类的构造方法将其所需的依赖关系注入其中，如：

```
public class User {
    private String name;
    public User(String name){                    //构造器
        this.name=name;                          //为属性赋值
    }
}
```

上述代码使用构造方法为属性赋值，这样做的好处是在实例化类对象的同时完成了属性的初始化。

说明　由于在控制反转模式下把对象放在 XML 文件中定义，所以开发人员实现一个子类更为简单，即只需修改 XML 文件。控制反转颠覆了“使用对象之前必须创建”的传统观念，开发人员不必再关注类是如何创建的，只需从容器中抓取一个类后直接调用即可。

说明　由于大量的构造器参数（特别是当某些属性可选时）可能使程序的效率低下，因此通常情况下，Spring 开发团队提倡使用 Setter 注入，这也是目前应用开发中最常使用的注入方式。

15.2.2　配置 Bean

在 Spring 中，无论使用哪种容器，都需要从配置文件中读取 JavaBean 的定义信息，然后根据定义信息创建 JavaBean 的实例对象并注入其依赖的属性。由此可见，Spring 中所谓的配置主要是对 JavaBean 的定义和依赖关系而言的，JavaBean 的配置也针对配置文件。

要在 Spring IoC 容器中获取一个 Bean，首先要在配置文件的<beans>元素中配置一个子元素<bean>，Spring 的控制反转机制会根据<bean>元素的配置来实例化这个 Bean 实例。

如配置一个简单的 JavaBean：

```
<bean id="test" class="com.mr.Test"/>
```

其中 id 属性为 Bean 的名称；class 属性为对应的类名，这样通过 BeanFactory 容器的 getBean("test")方法即可获取该类的实例。

15.2.3　Setter 注入

一个简单的 JavaBean 最明显的规则是一个私有属性对应 setter 和 getter 方法，以封装属性。既然 JavaBean 有 setter 方法来设置 Bean 的属性，Spring 就会有相应的支持。配置文件中的<property>元素可以为 JavaBean 的 setter 方法传参，即通过 setter 方法为属性赋值。

【例 15-1】　通过 Spring 的赋值为用户 JavaBean 的属性赋值。（实例位置：光盘\MR\源码\第 15 章\15-1）

首先创建用户的 JavaBean，关键代码如下：

```
public class User {
    private String name;                         //用户姓名
    private Integer age;                         //年龄
    private String sex;                          //性别
    ......                                       //省略的 setter 和 getter 方法
```

```
}
```

在 Spring 的配置文件 applicationContext.xml 中配置该 JavaBean，关键代码如下：

```
<!-- User Bean -->
<bean name="user" class="com.mr.user.User">
    <property name="name">
        <value>无语</value>
    </property>
    <property name="age">
        <value>30</value>
    </property>
    <property name="sex">
        <value>女</value>
    </property>
</bean>
```

在上面的代码中，<value>标签用于为 name 属性赋值，这是一个普通的赋值标签。直接在成对的<value>标签中放入数值或其他赋值标签，Spring 会把这个标签提供的属性值注入到指定的 JavaBean 中。

如果 JavaBean 的某个属性是 List 集合或数组类型，则需要使用<list>标签为 List 集合或数组类型的每一个元素赋值。

创建类 Manager，其 main()方法中的关键代码如下：

```
Resource resource = new ClassPathResource("applicationContext.xml");  //加载配置文件
BeanFactory factory = new XmlBeanFactory(resource);
User user = (User) factory.getBean("user");                            //获取 Bean
System.out.println("用户姓名—"+user.getName());                        //输出用户的姓名
System.out.println("用户年龄—"+user.getAge());
        //输出用户的年龄
System.out.println("用户性别—"+user.getSex());
        //输出用户的性别
```

程序运行后，控制台输出的信息如图 15-4 所示。

图 15-4　控制台输出的信息

15.2.4　引用其他 Bean

Spring 利用 IoC 将 JavaBean 所需要的属性注入其中，不需要编写程序代码来初始化 JavaBean 的属性，使程序代码整洁且规范化，而且降低了 JavaBean 之间的耦合度。在 Spring 开发的项目中，JavaBean 不需要修改任何代码即可应用到其他程序中，在 Spring 中可以通过配置文件使用<ref>元素引用其他 JavaBean 的实例对象。

【例 15-2】　将 User 对象注入到 Spring 的控制器 Manager 中，并在控制器中执行 User 的 printInfo()方法。（实例位置：光盘\MR\源码\第 15 章\15-2）

在控制器 Manager 中注入 User 对象，关键代码如下：

```
public class Manager extends AbstractController {
    private User user;                                   //注入 User 对象
    public User getUser() {
        return user;
    }
    public void setUser(User user) {
        this.user = user;
```

```
    }
    protected ModelAndView handleRequestInternal(HttpServletRequest arg0,
            HttpServletResponse arg1) throws Exception {
        user.printInfo();                              //执行 User 中的信息打印方法
        return null;
    }
}
```

在上面的代码中，Manager 类继承自 AbstractController 控制器，该控制器是 Spring 中最基本的控制器，所有的 Spring 控制器都继承该控制器，它提供了诸如缓存支持和 mimetype 设置等功能。当一个类从 AbstractController 继承时，需要实现 handleRequestInternal()抽象方法，该方法用来实现自己的逻辑，并返回一个 ModelAndView 对象，在本例中返回一个 null。

说明　如果在控制器中返回一个 ModelAndView 对象，那么该对象需要在 Spring 的配置文件 applicationContext.xml 中配置。

在 Spring 的配置文件 applicationContext.xml 中设置 JavaBean 的注入，关键代码如下：

```
<!-- 注入 JavaBean -->
<bean name="/main.do" class="com.mr.main.Manager">
    <property name="user">
        <ref local="user"/>
    </property>
</bean>
```

在 web.xml 文件中配置自动加载 applicationContext.xml 文件，在项目启动时，Spring 的配置信息自动加载到程序中，所以在调用 JavaBean 时不再需要实例化 BeanFactory 对象。

```
<!--设置自动加载配置文件-->
<servlet>
    <servlet-name>dispatcherServlet</servlet-name>
    <servlet-class>org.springframework.web.servlet.DispatcherServlet</servlet-class>
    <init-param>
        <param-name>contextConfigLocation</param-name>
        <param-value>/WEB-INF/applicationContext.xml</param-value>
    </init-param>
    <load-on-startup>1</load-on-startup>
</servlet>
<servlet-mapping>
    <servlet-name>dispatcherServlet</servlet-name>
    <url-pattern>*.do</url-pattern>
</servlet-mapping>
```

运行程序，在 IE 浏览器中单击“执行 JavaBean 的注入”超链接，在控制台将显示如图 15-5 所示的内容。

图 15-5　控制台输出的信息

15.3　AOP 概述

Spring AOP 是继 Spring IoC 之后的 Spring 框架的又一大特性，也是该框架的核心内容。AOP 是一种思想，所有符合该思想的技术都可以看作是 AOP 的实现。Spring AOP 建立在 Java 的代理机制之上，Spring 框架已经基本实现了 AOP 的思想。在众多的 AOP 实现技术中，Spring AOP 做得最好，也是最为成熟的。

Spring AOP 的接口实现了 AOP 联盟（Alliance）定制标准化接口，这就意味着它已经走向了标准化，将得到更快的发展。

AOP 联盟由多个团体组成，这些团体致力于各个 Java AOP 子项目的开发。它们与 Spring 有相同的信念，即让 AOP 使开发复杂的企业级应用变得更简单，且脉络更清晰；同时它们也在很保守地为 AOP 制定标准化的统一接口，使得不同的 AOP 技术之间相互兼容。

15.3.1 AOP 术语

Spring AOP 的实现是基于 Java 的代理机制的，它从 JDK 1.3 开始就支持代理功能。但是，性能成为一个很大的问题，为此出现了 CGLIB 代理机制。它可以生成字节码，所以其性能会高于 JDK 代理。Spring 支持这两种代理方式，但是随着 JVM（Java 虚拟机）性能的不断提高，这两种代理性能的差距会越来越小。

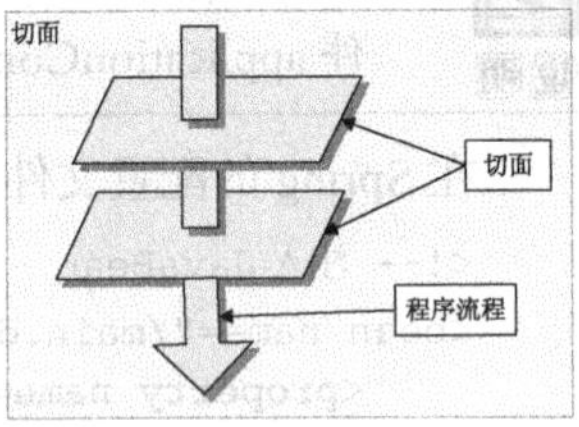

Spring AOP 的有关术语如下。

● 切面（Aspect）

切面是对象操作过程中的截面，如图 15-6 所示。

图 15-6 切面

由于平行四边形拦截了程序流程，所以 Spring 形象地将其称为“切面”。所谓的“面向切面编程”正是指如此，本书后面提到的“切面”即指这个“平行四边形”。

实际上，“切面”是一段程序代码，这段代码将被“植入”到程序流程中。

● 连接点（Join Point）

连接点是对象操作过程中的某个阶段点，如图 15-7 所示。

在程序流程上的任意一点都可以是连接点。

它实际上是对象的一个操作，如对象调用某个方法、读写对象的实例或者某个方法抛出了异常等。

● 切入点（Pointcut）

切入点是连接点的集合，如图 15-8 所示。

切面与程序流程的“交叉点”即程序的切入点，确切地说，它是“切面注入”到程序中的位置，即“切面”是通过切入点被“注入”的。程序中可以有多个切入点。

● 通知（Advice）

通知是某个切入点被横切后所采取的处理逻辑，即在“切入点”处拦截程序后通过通知来执行切面，如图 15-9 所示。

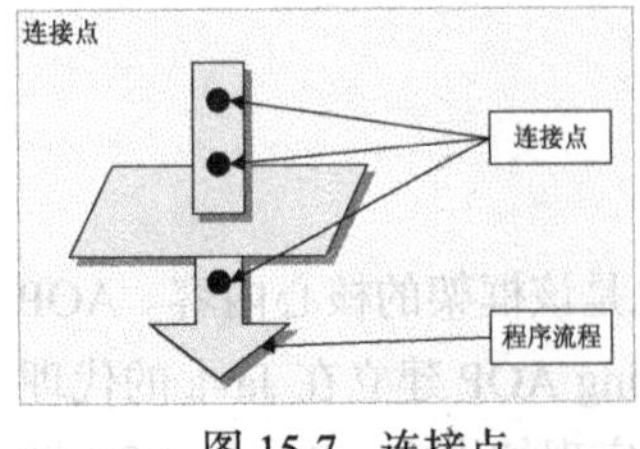

图 15-7 连接点

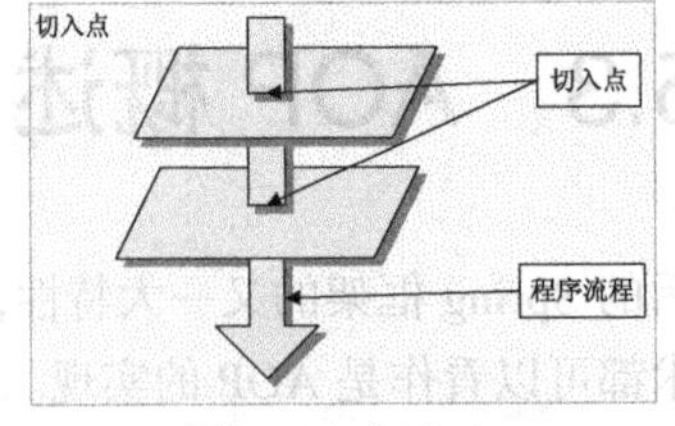

图 15-8 切入点

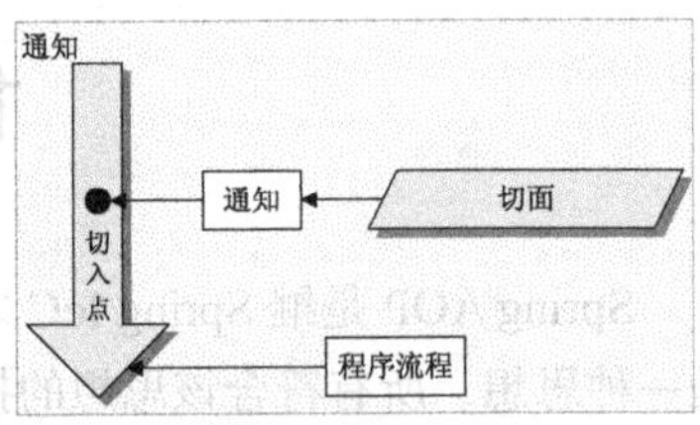

图 15-9 通知

● 目标对象（Target）

所有被通知的对象（也可以理解为被代理的对象）都是目标对象，目标对象及其属性改变、行为调用和方法传参的变化被 AOP 所关注，AOP 会注意目标对象的变动，并随时准备向目标对象“注入切面”。

● 织入（Weaving）

织入是将切面功能应用到目标对象的过程，由代理工厂创建一个代理对象，这个代理可以为目标对象执行切面功能。

AOP 的织入方式有 3 种，即编译时期（Compile time）织入、类加载时期（Classload time）织入和执行期（Runtime）织入。Spring AOP 一般多见于最后一种。

● 引入（Introduction）

引入是对一个已编译的类（class），在运行时期动态地向其中加载属性和方法。

15.3.2 AOP 的简单实现

下例讲解 Spring AOP 简单实例的实现过程，以说明 AOP 编程的特点。

【例 15-3】 利用 Spring AOP 使日志输出与方法分离，以在调用目标方法之前执行日志输出。（实例位置：光盘\MR\源码\第 15 章\15-3）

首先创建类 Target，它是被代理的目标对象。其中有一个 execute()方法可以专注自己的职能，使用 AOP 对 execute()方法输出日志，在执行该方法前输出日志。目标对象的代码如下：

```
public class Target {
    //程序执行的方法
    public void execute(String name){
        System.out.println("程序开始执行：" + name);      //输出信息
    }
}
```

通知可以拦截目标对象的 execute()方法，并执行日志输出。创建通知的代码如下：

```
public class LoggerExecute implements MethodInterceptor {
    public Object invoke(MethodInvocation invocation) throws Throwable {
        before();                               //执行前置通知
    invocation.proceed();                       //proceed()方法是执行目标对象的 execute()方法
        return null;
    }
    //前置通知，before()方法在 invocation.proceed()之前执行，用于输出提示信息
  private void before() {
        System.out.println("程序开始执行！");
    }
}
```

使用 AOP 功能必须创建代理，代码如下：

```
public class Manger {
    //创建代理
    public static void main(String[] args) {
        Target target = new Target();    //创建目标对象
        ProxyFactory di=new ProxyFactory();
        di.addAdvice(new LoggerExecute());
        di.setTarget(target);
```

```
        Target proxy=(Target)di.getProxy();
        proxy.execute(" AOP 的简单实现");
        //代理执行 execute()方法
    }
}
```

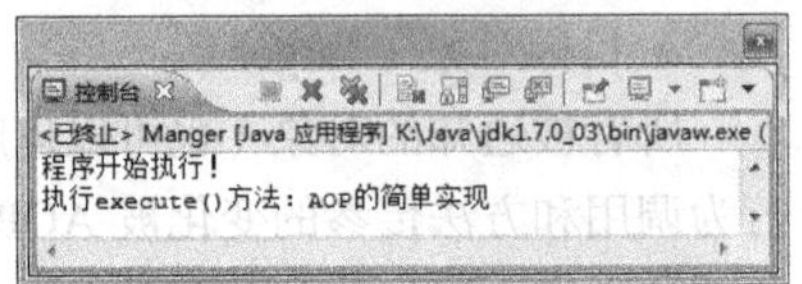

图 15-10　控制台输出的信息

程序运行后，在控制台输出的信息如图 15-10 所示。

15.4　Spring 的切入点

Spring 的切入点（Pointcut）是 Spring AOP 比较重要的概念，它表示注入切面的位置。根据切入点织入的位置不同，Spring 提供了 3 种类型的切入点，即静态切入点、动态切入点和自定义切入点。

15.4.1　静态切入点与动态切入点

静态切入点与动态切入点需要在程序中选择使用。

- 静态切入点

静态切入点可以为对象的方法签名，如在某个对象中调用了 execute()方法时，这个方法即静态切入点。静态切入点需要在配置文件中指定，关键配置如下：

```
<bean id="pointcutAdvisor"
    class="org.springframework.aop.support.RegexpMethodPointcutAdvisor">
    <property name="advice">
        <ref bean="MyAdvisor" /><!-- 指定通知 -->
    </property>
    <property name="patterns">
        <list>
          <value>.*getConn*.</value><!-- 指定所有以 getConn 开头的方法名都是切入点 -->
            <value>.*closeConn*.</value>
        </list>
    </property>
</bean>
```

在上面的代码中，正则表达式“.*getConn*.”表示所有以 getConn 开头的方法都是切入点；正则表达式“.*closeConn*.”表示所有以 closeConn 开头的方法都是切入点。

说明

正则表达式由数学家 Stephen Kleene 于 1956 年提出，用它可以匹配一些指定的表达式，而不是列出每一个表达式的具体写法。

由于静态切入点只在代理创建时执行一次，然后缓存结果，下一次调用时直接从缓存中读取即可，因此在性能上要远高于动态切入点。第一次将静态切入点织入切面时，首先会计算切入点的位置，它通过反射在程序运行时获得调用的方法名。如果这个方法名是定义的切入点，则织入切面，然后缓存第一次计算结果，以后不需要再次计算，这样使用静态切入点的程序性能会好很多。

虽然使用静态切入点的性能会高一些，但是当需要通知的目标对象的类型多于一种，而且需要织入的方法很多时，使用静态切入点编程会很烦琐，而且使用静态切入不是很灵活且降低性能，这时可以选用动态切入点。

● 动态切入点

静态切入点只能应用在相对不变的位置，而动态切入点可应用在相对变化的位置，如方法的参数上。由于在程序运行过程中传递的参数是变化的，因此切入点也随之变化，它会根据不同的参数来织入不同的切面。由于每次织入都要重新计算切入点的位置，而且结果不能缓存，因此动态切入点比静态切入点的性能要低得多，但是它能够随着程序中参数的变化而织入不同的切面，所以比静态切入点要灵活得多。

在程序中可以选择使用静态切入点和动态切入点，当程序对性能要求很高且相对注入不是很复杂时，可以选用静态切入点；当程序对性能要求不是很高且注入比较复杂时，可以使用动态切入点。

15.4.2 深入静态切入点

静态切入点在某个方法名上织入切面，所以在织入程序代码前要匹配方法名，即判断当前正在调用的方法是不是已经定义的静态切入点。如果是，说明方法匹配成功并织入切面；否则匹配失败，不织入切面。这个匹配过程由 Spring 自动实现，不需要编程的干预。

实际上，Spring 使用 boolean matches(Method，Class)方法来匹配切入点，并利用 method.getName()方法反射取得正在运行的方法名。在 boolean matches(Method,Class)方法中，Method 是 java.lang.reflect.Method 类型，method.getName()利用反射取得正在运行的方法名；Class 是目标对象的类型。该方法在 AOP 创建代理时被调用并返回结果，true 表示将切面织入；false 表示不织入。静态切入点匹配过程的代码如下：

```
<!-- 深入静态切入点 -->
<bean id=" pointcutAdvisor "
    class="org.springframework.aop.support.RegexpMethodPointcutAdvisor">
    <property name="patterns">
        <list>
            <value>.*execute.*</value><!-- 指定切入点 -->
        </list>
    </property>
</bean>
```

matches()方法匹配成功后的代码如下：

```
public bollean matches(Method method,Class targetClass){
      return(method.getName().equals("execute"));          //匹配切入点成功
}
```

15.4.3 深入切入点底层

掌握 Spring 切入点底层将有助于更加深刻地理解切入点。

Pointcut 接口是切入点的定义接口，用来规定可切入的连接点的属性。通过扩展此接口可以处理其他类型的连接点，如域等（但是这样做很罕见）。定义切入点接口的代码如下：

```
public interface Pointcut {
    ClassFilter getClassFilter();
    MethodMatcher getMethodMatcher();
}
```

使用 ClassFilter 接口来匹配目标类，代码如下：

```
public interface ClassFilter {
    boolean matches(Class class);
}
```

可以看到，在 ClassFilter 接口中定义了 matches()方法，即与……匹配。其中 class 代表被检测的 Class 实例，该实例是应用切入点的目标对象。如果返回 true，表示目标对象可以应用切入点；否则不可以应用切入点。

使用 MethodMatcher 接口来匹配目标类的方法或方法的参数，代码如下：

```
public interface MethodMatcher {
    boolean matches(Method m,Class targetClass);
    boolean isRuntime();
    boolean matches(Method m,Class targetClass,Object[] args);
}
```

Spring 执行静态切入点还是动态切入点取决于 isRuntime()方法的返回值。在匹配切入点之前，Spring 会调用 isRuntime()方法。如果返回 false，则执行静态切入点；否则执行动态切入点。

15.4.4 Spring 中的其他切入点

Spring 提供了丰富的切入点供用户选择使用，目的是使切面灵活地注入到程序的所需位置。例如，使用流程切入点可以根据当前调用堆栈中的类和方法来实施切入。Spring 常见的切入点如表 15-2 所示。

表 15-2 Spring 常见的切入点

切入点实现类	说　明
org.springframework.aop.support.JdkRegexpMethodPointcut	JDK 正则表达式方法切入点
org.springframework.aop.support.NameMatchMethodPointcut	名称匹配器方法切入点
org.springframework.aop.support.StaticMethodMatcherPointcut	静态方法匹配器切入点
org.springframework.aop.support.ControlFlowPointcut	流程切入点
org.springframework.aop.support.DynamicMethodMatcherPointcut	动态方法匹配器切入点

如果 Spring 提供的切入点无法满足开发需求，可以自定义切入点。Spring 提供的切入点很多，可以选择一个继承它并重载 matches 方法的切入点，也可以直接继承 Pointcut 接口并且重载 getClassFilter()方法和 getMethodMatcher()方法的切入点，这样可以编写切入点的实现。

15.5 Aspect 对 AOP 的支持

Aspect 即 Spring 中所说的切面，它是对象操作过程中的截面，在 AOP 中是一个非常重要的概念。

15.5.1 Aspect 概述

Aspect 是对系统中的对象操作过程中截面逻辑进行模块化封装的 AOP 概念实体，通常情况下可以包含多个切入点和通知。

AspectJ 是 Spring 框架 2.0 版本之后增加的新特性，Spring 使用了 AspectJ 提供的一个库来完成切入点的解析和匹配。但是，AOP 在运行时仍旧是纯粹的 Spring AOP，它并不依赖于 AspectJ 的编译器或者织入器，在底层使用的仍然是 Spring 2.0 之前的实现体系。

要使用 AspectJ，需要在应用程序的 classpath 中引入 org.springframework.aspects-3.1.1.RELEASE.jar，这个 jar 包可以在 Spring 的发布包的 dist 目录中找到。

例如，以 AspectJ 形式定义的 Aspect，代码如下：

```
aspect AjStyleAspect
{
    //切入点定义
    pointcut query(): call(public * get*(...));
    pointcut delete(): execution(public void delete(...));
    ...
    //通知
    before():query(){...}
    after returnint:delete(){...}
    ...
}
```

在 Spring 的 2.0 版本之后，可以通过使用@AspectJ 的注解并结合 POJO 的方式来实现 Aspect。

15.5.2 Spring 中的 Aspect

最初在 Spring 中并没有完全明确 Aspect 的概念，只是在 Spring 中 Aspect 的实现和特性有所特殊而已，而 Advisor 就是 Spring 中的 Aspect。

Advisor 是切入点的配置器，它能将 Advice（通知）注入程序中的切入点的位置，并直接编程实现 Advisor，也可以通过 XML 来配置切入点和 Advisor。由于 Spring 切入点的多样性，而 Advisor 是为各种切入点设计的配置器，因此相应地，Advisor 也有很多。

在 Spring 中，Advisor 的实现体系由两个分支家族构成，即 PointcutAdvisor 和 IntroductionAdvisor 家族。家族的每个分支下都含有多个类和接口，其体系结构如图 15-11 所示。

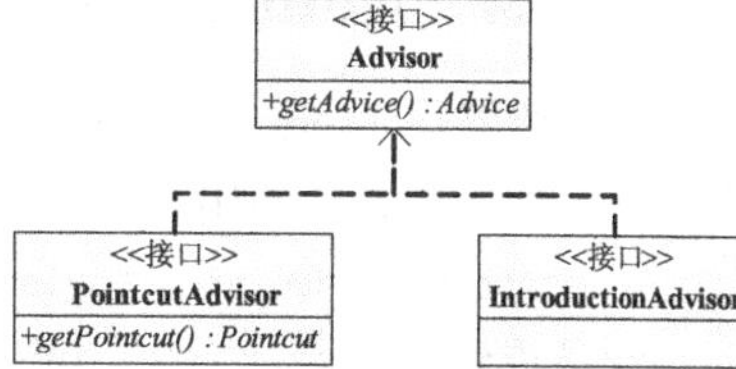

图 15-11 Advisor 的体系结构

在 Spring 中，常用的两个 Advisor 都是 PointcutAdvisor 家族中的子民，它们是 DefaultPointcut Advisor 和 Name MatchMethodPointcutAdvisor。

15.5.3 DefaultPointcutAdvisor 切入点配置器

DefaultPointcutAdvisor 是 org.springframework.aop.support.DefaultPointcutAdvisor 包下的默认切入点通知者，它可以把一个通知配给一个切入点，使用之前首先要创建一个切入点和通知。

首先创建一个通知，这个通知可以自定义，关键代码如下：

```
public TestAdvice implements MethodInterceptor {
    public Object invoke(MethodInvocation mi) throws Throwable {
        Object Val=mi.proceed();
        return Val;
    }
}
```

然后创建自定义切入点。Spring 提供很多种类型的切入点，可以选择继承它并分别重写 matches ()和 getClassFilter()方法，实现自己定义的切入点，关键代码如下：

```
public class TestStaticPointcut extends StaticMethodMatcherPointcut {
    public boolean matches (Method method Class targetClass){
        return ("targetMethod".equals(method.getName()));
    }
    public ClassFilter getClassFilter() {
        return new ClassFilter() {
```

```
                public boolean matches(Class clazz) {
                    return (clazz==targetClass.class);
                }
            };
        }
    }
```

分别创建一个通知和切入点的实例，关键代码如下：

```
Pointcut pointcut=new TestStaticPointcut ();                //创建一个切入点的实例
Advice advice=new TestAdvice ();                            //创建一个通知的实例
```

如果使用 Spring AOP 的切面注入功能，需要创建 AOP 代理，可以通过 Spring 的代理工厂来实现，代码如下：

```
Target target =new Target();                                //创建一个目标对象的实例
ProxyFactory proxy= new ProxyFactory();
proxy.setTarget(target);                                    //target 为目标对象
//前面已经对 advisor 做了配置，现在需要将 advisor 设置在代理工厂里
proxy.setAdivsor(advisor);
Target proxy = (Target) proxy.getProxy();
Proxy......//此处省略的是代理调用目标对象的方法，目的是实施拦截注入通知
```

15.5.4 NameMatchMethodPointcutAdvisor 切入点配置器

此配置器位于 org.springframework.aop.support..NameMatchMethodPointcutAdvisor 包中，是方法名切入点通知者，使用它可以更加简洁地将方法名设置为切入点，关键代码如下：

```
NameMatchMethodPointcutAdvisor advice=new NameMatchMethodPointcutAdvisor(new TestAdvice());
advice.addMethodName("targetMethod1name");
advice.addMethodName("targetMethod2name");
advice.addMethodName("targetMethod3name");
advice.addMethodName("targetMethod3name");
......//可以继续添加方法的名称
......//省略创建代理，可以参考上一节创建 AOP 代理
```

在上面的代码中，new TestAdvice()为一个通知；advice.addMethodName("targetMethod1name")方法的 targetMethod1name 参数是一个方法名称，advice.addMethodName("targetMethod1name")表示将 targetMethod1name()方法添加为切入点。

当程序调用 targetMethod1()方法时会执行通知（TestAdvice）。

15.6 Spring 持久化

在 Spring 中，关于数据持久化的服务主要是支持数据访问对象（DAO）和数据库 JDBC，其中数据访问对象是实际开发过程中应用比较广泛的技术。

15.6.1 DAO 模式

DAO（Data Access Object，数据访问对象）描述了一个应用中 DAO 的角色，它提供了读写数据库中数据的一种方法。通过接口提供对外服务，程序的其他模块通过这些接口来访问数据库。这样会有很多好处，首先，由于服务对象不再和特定的接口绑定在一起，使其易于测试。因为它

提供的是一种服务，在不需要连接数据库的条件下即可进行单元测试，极大地提高了开发效率。其次，通过使用与持久化技术无关的方法访问数据库，在应用程序的设计和使用上都有很大的灵活性，在系统性能和应用上也是一次飞跃。

DAO 的主要作用是将持久性相关的问题与一般的业务规则和工作流隔离开来，它为定义业务层可以访问的持久性操作引入了一个接口并隐藏了实现的具体细节。该接口的功能将依赖于采用的持久性技术而改变，但是 DAO 接口可以基本上保持不变。

DAO 属于 O/R Mapping 技术的一种，在该技术发布之前，开发人员需要直接借助 JDBC 和 SQL 来完成与数据库的通信；在发布之后，开发人员能够使用 DAO 或其他不同的 DAO 框架来实现与 RDBMS（关系数据库管理系统）的交互。借助于 O/R Mapping 技术，开发人员能够将对象属性映射到数据表的字段并将对象映射到 RDBMS 中，这些 Mapping 技术能够自动为应用创建高效的 SQL 语句等；除此之外，O/R Mapping 技术还提供了延迟加载和缓存等高级特征，而 DAO 是 O/R Mapping 技术的一种实现，因此使用 DAO 能够大量节省开发时间，并减少代码量和开发的成本。

15.6.2　Spring 的 DAO 理念

Spring 提供了一套抽象的 DAO 类供开发人员扩展，这有利于开发人员以统一的方式操作各种 DAO 技术，如 JDO 和 JDBC 等。这些抽象的 DAO 类提供了设置数据源及相关辅助信息的方法，而其中的一些方法与具体 DAO 技术相关。目前 Spring DAO 提供了如下抽象类。

- JdbcDaoSupport：JDBC DAO 抽象类，开发人员需要为其设置数据源（DataSource），通过其子类能够获得 JdbcTemplate 来访问数据库。
- HibernateDaoSupport：Hibernate DAO 抽象类，开发人员需要为其配置 Hibernate SessionFactory，通过其子类能够获得 Hibernate 实现。
- JdoDaoSupport：Spring 为 JDO 提供的 DAO 抽象类，开发人员需要为它配置 PersistenceManagerFactory，通过其子类能够获得 JdoTemplate。

在使用 Spring 的 DAO 框架存取数据库时，无须使用特定的数据库技术，通过一个数据存取接口来操作即可。

【例 15-4】　在 Spring 中，利用 DAO 模式向 tb_user 表中添加数据。（实例位置：光盘\MR\源码\第 15 章\15-4）

该实例中 DAO 模式实现的示意如图 15-12 所示。

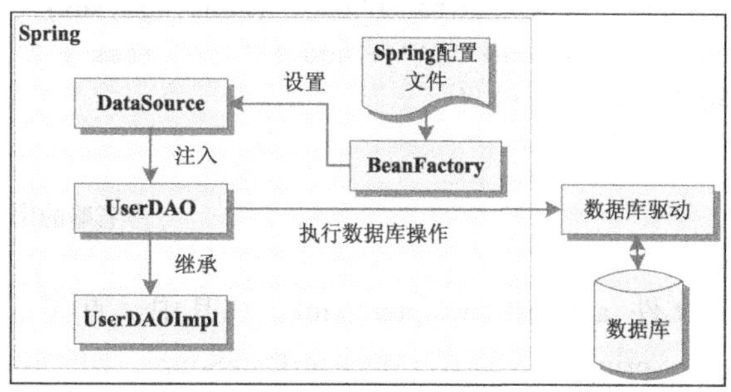

图 15-12　DAO 模式实现的示意图

定义一个实体类对象 User，然后在类中定义对应数据表字段的属性，关键代码如下：

```
public class User {
```

```
    private Integer id;                               //唯一标识
    private String name;                              //姓名
    private Integer age;                              //年龄
    private String sex;                               //性别
    ......                                            //省略的 setter 和 getter 方法
}
```

创建接口 UserDAOImpl，并定义用来执行数据添加的 insert()方法。该方法使用的参数是 User 实体对象，代码如下：

```
public interface UserDAOImpl {
    public void inserUser(User user);                 //添加用户信息的方法
}
```

编写实现这个 DAO 接口的 UserDAO 类，并在其中实现接口中定义的方法。首先定义一个用于操作数据库的数据源对象 DataSource，通过它创建一个数据库连接对象，以建立与数据库的连接，这个数据源对象在 Spring 中提供了 javax.sql.DataSource 接口的实现，只须在 Spring 的配置文件中完成相关配置即可。这个类中实现了接口的抽象方法 insert()，通过这个方法访问数据库，关键代码如下：

```
public class UserDAO implements UserDAOImpl {
    private DataSource dataSource;                    //注入 DataSource
    public DataSource getDataSource() {
        return dataSource;
    }
    public void setDataSource(DataSource dataSource) {
        this.dataSource = dataSource;
    }
    //向数据表 tb_user 中添加数据
    public void inserUser(User user) {
        String name = user.getName();                 //获取姓名
        Integer age = user.getAge();                  //获取年龄
        String sex = user.getSex();                   //获取性别
        Connection conn = null;                       //定义 Connection
        Statement stmt = null;                        //定义 Statement
         try {
            conn = dataSource.getConnection();        //获取数据库连接
            stmt = conn.createStatement();
            stmt.execute("INSERT INTO tb_user (name,age,sex) "
                +"VALUES('"+name+"','" + age + "','" +sex + "')");//添加数据的 SQL 语句
        } catch (SQLException e) {
            e.printStackTrace();
        }
        ......                                        //省略的代码
}
```

编写 Spring 的配置文件 applicationContext.xml，在其中，首先定义一个 JavaBean 名为 DataSource 的数据源，它是 Spring 中的 DriverManagerDataSource 类的实例，然后配置前面编写完的 userDAO 类，并注入其 DataSource 属性值，配置代码如下：

```
<!-- 配置数据源 -->
<bean id="dataSource" class="org.springframework.jdbc.datasource.DriverManagerDataSource">
    <property name="driverClassName">
```

```
            <value>com.mysql.jdbc.Driver</value>
        </property>
        <property name="url">
            <value>jdbc:mysql://localhost:3306/db_database15</value>
        </property>
        <property name="username">
            <value>root</value>
        </property>
        <property name="password">
            <value>111</value>
        </property>
    </bean>
    <!-- 为 UserDAO 注入数据源 -->
    <bean id="userDAO" class="com.mr.dao.UserDAO">
        <property name="dataSource">
            <ref local="dataSource"/>
        </property>
    </bean>
```

创建类 Manger，其 main()方法中的关键代码如下：

```
Resource resource = new ClassPathResource("applicationContext.xml"); //加载配置文件
BeanFactory factory = new XmlBeanFactory(resource);
User user = new User();                                          //实例化 User 对象
user.setName("明日");                                            //设置姓名
user.setAge(new Integer(30));                                    //设置年龄
user.setSex("男");                                               //设置性别
UserDAO userDAO = (UserDAO) factory.getBean("userDAO");          //获取 UserDAO
userDAO.inserUser(user);
                                              //执行添加方法
System.out.println("数据添加成功!!!");
```

	id	name	age	sex
▶	1	明日	30	男

图 15-13　tb_user 表中添加的数据

运行程序后，数据表 tb_user 中添加的数据如图 15-13 所示。

15.6.3　事务管理

Spring 中的事务基于 AOP 实现，而 Spring 的 AOP 以方法为单位，所以 Spring 的事务属性是对事务应用方法的策略描述。这些属性为传播行为、隔离级别、只读和超时属性。

事务管理在应用程序中至关重要，它是一系列任务组成的工作单元，其中的所有任务必须同时执行，而且只有两种可能的执行结果，即全部成功和全部失败。

事务的管理通常分为如下两种方式。

1. 编程式事务管理

在 Spring 中主要有两种编程式事务的实现方法，分别是使用 PlatformTransactionManager 接口的事务管理器和使用 TransactionTemplate 模板。二者各有优缺点，推荐使用后者实现方式，因为它符合 Spring 的模板模式。

TransactionTemplate 模板和 Spring 的其他模板一样，封装了打开和关闭资源等常用重复代码，在编写程序时只须完成需要的业务代码即可。

【例 15-5】　利用 TransactionTemplate 实现 Spring 编程式事务管理。（实例位置：光盘\MR\

源码\第 15 章\15-5）

首先需要在 Spring 的配置文件中声明事务管理器和 TransactionTemplate，关键代码如下：

```
<!-- 定义 TransactionTemplate 模板 -->
<bean    id="transactionTemplate"    class="org.springframework.transaction.support.
TransactionTemplate">
        <property name="transactionManager">
            <ref bean="transactionManager"/>
        </property>
        <property name="propagationBehaviorName">
        <!-- 限定事务的传播行为，规定当前方法必须运行在事务中，如果没有事务，则创建一个。一个新的事务
和方法一同开始，随着方法的返回或抛出异常而终止-->
            <value>PROPAGATION_REQUIRED</value>
        </property>
</bean>
<!-- 定义事务管理器 -->
<bean id="transactionManager"
        class="org.springframework.jdbc.datasource.DataSourceTransactionManager">
        <property name="dataSource">
            <ref bean="dataSource" />
        </property>
</bean>
```

创建 TransactionExample 类，定义添加数据的方法，在方法中执行两次添加数据库操作并用事务保护操作，关键代码如下：

```
public class TransactionExample {
    DataSource dataSource;                                    //注入数据源
    PlatformTransactionManager transactionManager;            //注入事务管理器
    TransactionTemplate transactionTemplate;                  //注入 TransactionTemplate 模板
    ......                                                    //省略的 setter 和 getter 方法
    public void transactionOperation() {
        transactionTemplate.execute(new TransactionCallback() {
            public Object doInTransaction(TransactionStatus status) {
            Connection conn = DataSourceUtils.getConnection(dataSource)//获得数据库连接
                try {
                    Statement stmt = conn.createStatement();
                    //执行两次添加方法
                stmt.execute("insert into tb_user(name,age,sex) values('小强','26','男')");
                stmt.execute("insert into tb_user(name,age,sex) values('小红','22','女')");
                    System.out.println("操作执行成功！");
                } catch (Exception e) {
                    transactionManager.rollback(status);                    //事务回滚
                    System.out.println("操作执行失败，事务回滚！");
                    System.out.println("原因："+e.getMessage());
                }
                return null;
            }
        });
    }
}
```

上面的代码以匿名类的方式定义 TransactionCallback 接口的实现来处理事务管理。

创建 Manger 类，其 main()方法中的代码如下：

```
Resource resource = new ClassPathResource("applicationContext.xml"); // 加载配置文件
BeanFactory factory = new XmlBeanFactory(resource);
//获取 TransactionExample
TransactionExample transactionExample = (TransactionExample) factory.getBean ("transaction
Example");
transactionExample.transactionOperation();                         // 执行添加方法
```

为了测试事务是否配置正确，在 transactionOperation()方法中执行两次添加操作的语句之间添加两句代码制造人为的异常，即当第一条操作语句执行成功后，第二条语句因为程序的异常无法执行成功。这种情况下如果事务成功回滚，说明事务配置成功，添加的代码如下：

```
int a=0;
//制造异常，测试事务是否配置成功
a=9/a;
```

程序执行后，控制台输出的信息如图 15-14 所示，数据表 tb_user 中没有插入数据。

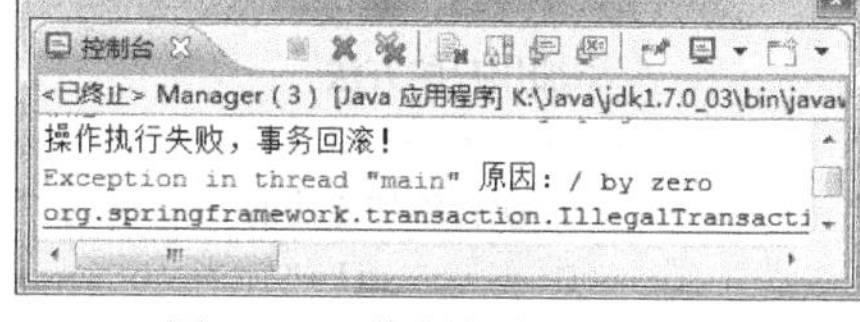

图 15-14　控制台输出的信息

2. 声明式事务管理

声明式事务不涉及组建依赖关系，它通过 AOP 实现事务管理。在使用声明式事务时，用户无须编写任何代码即可实现基于容器的事务管理。Spring 提供了一些可供选择的辅助类，它们简化了传统的数据库操作流程，在一定程度上节省了工作量，提高了编码效率，所以推荐使用声明式事务。

在 Spring 中常用 TransactionProxyFactoryBean 完成声明式事务管理。

说明　使用 TransactionProxyFactoryBean 需要注入所依赖的事务管理器，并设置代理的目标对象、代理对象的生成方式和事务属性。代理对象是在目标对象上生成的包含事物和 AOP 切面的新对象，它可以赋给目标的引用来替代目标对象，以支持事务或 AOP 提供的切面功能。

【例 15-6】 利用 TransactionProxyFactoryBean 实现 Spring 声明式事务管理。（实例位置：光盘\MR\源码\第 15 章\15-6）

在配置文件中定义数据源 DataSource 和事务管理器，该管理器被注入到 TransactionProxyFactoryBean 中，设置代理对象和事务属性。这里目标对象的定义以内部类方式定义，配置文件中的关键代码如下：

```
<!-- 定义 TransactionProxy -->
<bean id="transactionProxy"
 class="org.springframework.transaction.interceptor.TransactionProxyFactoryBean">
    <property name="transactionManager">
        <ref local="transactionManager" />
    </property>
    <property name="target">
            <!--以内部类的形式指定代理的目标对象-->
        <bean id="addDAO" class="com.mr.dao.AddDAO">
                <property name="dataSource">
                    <ref local="dataSource" />
                </property>
        </bean>
    </property>
    <property name="proxyTargetClass" value="true" />
```

```
    <property name="transactionAttributes">
        <props>
    <!--通过正则表达式匹配事务性方法，并指定方法的事务属性，即代理对象中只要是以 add 开头的方法名，必须运行在事务中-->
            <prop key="add*">PROPAGATION_REQUIRED</prop>
        </props>
    </property>
</bean>
```

编写操作数据库的 AddDAO 类，在该类的 addUser()方法中执行了两次数据插入操作。这个方法在配置 TransactionProxyFactoryBean 时被定义为事务性方法，并指定了事务属性，所以方法中的所有数据库操作都被当作一个事务处理。该类中的代码如下：

```
public class AddDAO extends JdbcDaoSupport {
    //添加用户的方法
    public void addUser(User user){
        //执行添加方法的 SQL 语句
        String sql="insert into tb_user (name,age,sex) values('" +
                user.getName() + "','" + user.getAge()+ "','" + user.getSex()+ "')";
        //执行两次添加方法
        getJdbcTemplate().execute(sql);
        getJdbcTemplate().execute(sql);
    }
}
```

创建 Manger 类，其 main()方法中的代码如下：

```
Resource resource = new ClassPathResource("applicationContext.xml"); //加载配置文件
BeanFactory factory = new XmlBeanFactory(resource);
AddDAO addDAO = (AddDAO)factory.getBean("transactionProxy"); //获取 AddDAO
User user = new User();                                       //实例化 User 实体对象
user.setName("张三");                                         //设置姓名
user.setAge(30);                                              //设置年龄
user.setSex("男");                                            //设置性别
addDAO.addUser(user);                                         //执行数据库添加方法
```

可以延用例 15-5 中制造程序异常的方法测试配置的事务。

15.6.4 应用 JdbcTemplate 操作数据库

JdbcTemplate 类是 Spring 的核心类之一，可以在 org.springframework.jdbc.core 包中找到。该类在内部已经处理数据库资源的建立和释放，并可以避免一些常见的错误，如关闭连接及抛出异常等，因此使用 JdbcTemplate 类简化了编写 JDBC 时所需的基础代码。

JdbcTemplate 类可以直接通过数据源的引用实例化，然后在服务中使用，也可以通过依赖注入的方式在 ApplicationContext 中产生，并作为 JavaBean 的引用给服务使用。

JdbcTemplate 类运行了核心的 JDBC 工作流程，如应用程序要创建和执行 Statement 对象，只须在代码中提供 SQL 语句。该类可以执行 SQL 中的查询、更新或者调用存储过程等操作，并且生成结果集的迭代数据。它还可以捕捉 JDBC 的异常并转换为 org.springframework.dao 包中定义，而且能够提供更多信息的异常处理体系。

JdbcTemplate 类中提供了接口，以方便访问和处理数据库中的数据，这些方法提供了基本的选项，用于执行查询和更新数据库操作。JdbcTemplate 类提供了很多重载的方法，用于数据查询和更新，提高了程序的灵活性。如表 15-3 所示为 JdbcTemplate 中常用的数据查询方法。

表 15-3　　JdbcTemplate 中常用的数据查询方法

方法名称	说　明
int QueryForInt(String sql)	返回查询的数量，通常是聚合函数数值
int QueryForInt(String sql,Object[] args)	
long QueryForLong(String sql)	返回查询的信息数量
long QueryForLong(String sql,Object[] args)	
Object queryforObject(string sql,Class requiredType)	返回满足条件的查询对象
Object queryforObject(string sql,Class requiredType,Object[] args)	
List queryForList(String sql)	返回满足条件的对象 List 集合
List queryForList(String sql,Object[] args)	

sql 参数指定查询条件的语句，requiredType 指定返回对象的类型，args 指定查询语句的条件参数。

【例 15-7】　利用 JdbcTemplate 在数据表 tb_user 添加用户信息。（实例位置：光盘\MR\源码\第 15 章\15-7）

在配置文件 applicationContext.xml 中配置 JdbcTemplate 和数据源，关键代码如下：

```
<!-- 配置 JdbcTemplate -->
<bean id="jdbcTemplate" class="org.springframework.jdbc.core.JdbcTemplate">
    <property name="dataSource">
        <ref local="dataSource"/>
    </property>
</bean>
```

创建 AddUser 类获取 JdbcTemplate 对象，并利用其 update()方法执行数据库的添加操作，其 main()方法中的关键代码如下：

```
DriverManagerDataSource ds = null;
JdbcTemplate jtl = null;
Resource resource = new ClassPathResource("applicationContext.xml"); //获取配置文件
BeanFactory factory = new XmlBeanFactory(resource);
jtl =(JdbcTemplate)factory.getBean("jdbcTemplate");           //获取 JdbcTemplate
String sql= "insert into tb_user(name,age,sex) values ('小明','23','男')"; //SQL语句
jtl.update(sql);                                          //执行添加操作
```

id	name	age	sex
10	小明	23	男

图 15-15　tb_user 表中添加的数据

程序运行后，tb_user 表中添加的数据如图 15-15 所示。

JdbcTemplate 类实现了很多方法的重载特征，在实例中使用了其写入数据的常用方法 update(String)。

15.6.5　与 Hibernate 整合

在 Spring 中整合 Hibernate 4 时，已经不再提供 HibenateTemplate 和 HibernateDaoSupport 类了，而只有一个称为 LocalSessionFactoryBean 的 SessionFactoryBean，通过它可以实现基于注解或是 XML 文件来配置映射文件。

Hibernate 的连接和事务管理等从建立 SessionFactory 类开始，该类在应用程序中通常只存在一个实例，因而其底层的 DataSource 可以使用 Spring 的 IoC 注入，之后注入 SessionFactory 到依赖的对象之中。

说明 在应用的整个生命周期中只要保存一个 SessionFactory 实例即可。

在 Spring 中配置 SessionFactory 对象通过实例化 LocalSessionFactoryBean 类来完成，为了让该对象获取连接的后台数据库的信息，需要配置一个数据源 dataSource，配置方法如下：

```
<!-- 配置数据源 -->
<bean id="dataSource"
    class="org.springframework.jdbc.datasource.DriverManagerDataSource">
    <property name="driverClassName">
        <value>com.mysql.jdbc.Driver</value>
    </property>
    <property name="url">
        <value>jdbc:mysql://localhost:3306/db_database15
        </value>
    </property>
    <property name="username">
        <value>root</value>
    </property>
    <property name="password">
        <value>111</value>
    </property>
</bean>
```

通过一个 LocalSessionFactoryBean 配置 Hibernate，通过 Hibernate 的多个属性可以控制其行为。其中最重要的是 mappingResources 属性，通过其 value 值指定 Hibernate 使用的映射文件，代码如下：

```
<!-- 定义 Hibernate 的 sessionFactory -->
<bean id="sessionFactory" class="org.springframework.orm.hibernate4.LocalSessionFactoryBean">
    <property name="dataSource">
    <ref bean="dataSource" />
    </property>
    <property name="hibernateProperties">
    <props>
    <!-- 数据库连接方言 -->
    <prop key="dialect">org.hibernate.dialect.SQLServerDialect</prop>
    <!-- 在控制台输出 SQL 语句 -->
    <prop key="hibernate.show_sql">true</prop>
    <!-- 格式化控制台输出的 SQL 语句 -->
    <prop key="hibernate.format_sql">true</prop>
    </props>
    </property>
    <!--Hibernate 映射文件 -->
    <property name=" mappingResources ">
    <list>
    <value>com/mr/User.hbm.xml</value>
    </list>
    </property>
```

```
</bean>
```

配置完成之后即可使用 Spring 提供的支持 Hibernate 的类，如通过 HibenateTemplate 类和 HibernateDaoSupport 子类可以实现 Hibernate 的大部分功能，为开发实际项目带来方便。

15.7 综合实例——整合 Spring 与 Hibernate 向表中添加信息

本实例将编写一个程序，整合 Spring 与 Hibernate 向 tb_user 表中添加信息，主要用来演示在 Spring 中使用 Hibernate 框架完成数据持久化。它继承了 Spring 的 HibernateDaoSupport 类来创建操作数据的 UserDaoSupport 类，在其中编写完成数据库操作的方法。

（1）首先创建 Spring 的配置文件 applicationContext.xml，用于配置数据源 datasource 和 LocalSessionFactoryBean。

编写一个执行数据库操作的 DAO 类文件 UserDAO，在该类中，首先定义一个 sessionFactory 属性，并为该属性添加对应的 setter 和 getter 方法，然后定义一个获取 Session 对象的方法 getSession()，最后定义一个保存用户信息的方法，在该方法中调用 Session 对象的 save()方法来保存用户信息。UserDAO 类的关键代码如下：

```
public class UserDAO {
    private SessionFactory sessionFactory;      // 定义 SessionFactory 属性
    // 保存用户的方法
    public void insert(User user) {
        this.getSession().save(user);
    }
    /**
     * 获取 Session 对象
     */
    protected Session getSession() {
        return sessionFactory.openSession();
    }
    public SessionFactory getSessionFactory() {
        return sessionFactory;
    }
    public void setSessionFactory(SessionFactory sessionFactory) {
        this.sessionFactory = sessionFactory;
    }
}
```

（2）将该类配置到 Spring 的配置文件中，同时为其 SessionFactory 属性注入 DataSource，代码如下：

```
<!-- 注入 SessionFactory -->
<bean id="userDAO" class="com.mr.dao.UserDAO">
    <property name="sessionFactory">
    <ref local="sessionFactory" />
    </property>
</bean>
```

（3）创建 AddUser 类，在其中调用添加用户的方法，其 main()方法中的关键代码如下：

```
public static void main(String[] args) {
    Resource resource=new ClassPathResource("applicationContext.xml");//获取配置文件
    BeanFactory factory = new XmlBeanFactory(resource);
```

```
    UserDAO userDAO = (UserDAO)factory.getBean("userDAO");          //获取 UserDAO
    User user = new User();                                         //实例化 User 对象
    user.setName("Spring与 Hibernate 整合");                        //设置姓名
    user.setAge(20);                                                //设置年龄
    user.setSex("男");                                              //设置性别
    userDAO.insert(user);                                           //执行用户添加的方法
    System.out.println("添加成功! ");
}
```

程序运行后，在 tb_user 表中添加的数据如图 15-16 所示。

id	name	age	sex
12	Spring与Hibernate整合	20	男

图 15-16　tb_user 表中添加的数据

知识点提炼

（1）Spring 是一个开源框架，由 Rod Johnson 创建，于 2003 年年初正式启动。

（2）Spring 框架主要由 7 大模块组成。

（3）BeanFactory 采用了 Java 经典的工厂模式，通过从 XML 配置文件或属性文件（.properties）中读取 JavaBean 的定义来创建、配置和管理 JavaBean。BeanFactory 有很多实现类，其中 XmlBeanFactory 可以通过流行的 XML 文件格式读取配置信息来加载 JavaBean。

（4）AOP 是一种思想，所有符合该思想的技术都可以看作是 AOP 的实现。

（5）Spring 的切入点（Pointcut）是 Spring AOP 比较重要的概念，它表示注入切面的位置。

（6）在 Spring 中，关于数据持久化的服务主要是支持数据访问对象（DAO）和数据库 JDBC，其中数据访问对象是实际开发过程中应用比较广泛的技术。

习　　题

（1）什么是 IoC？

（2）什么是 AOP？

（3）依赖注入的两种方法是什么？

（4）Spring 事务管理的两种方式分别是什么？

（5）Spring 的 AOP 提供的 3 种切入点分别是什么？

实验：用 AOP 实现用户注册

实验目的

（1）熟悉 AOP 中的 Before 通知和 After 通知。

（2）通过简单的操作来理解 AOP 的思想。

实验内容

应用 AOP 编程实现用户注册，要求在用户注册页面中输入用户注册信息，单击“注册”按钮，在控制台上输出执行结果。

实验步骤

（1）创建代理接口，在该接口中声明了 3 个方法，getConn()是连接数据库的方法，execute(sql)是执行 SQL 语句的方法，closeConn()为关闭数据库连接的方法，代码如下：

```
public interface UserInterface {
        public abstract void getConn();                          //获取数据库连接的方法
        public abstract void executeInsert(String sq             //执行添加操作
        public abstract void closeConn();                        //关闭数据库连接
 }
```

（2）创建数据库管理的抽象类，该抽象类主要实现接口的 getConn()方法完成数据库的连接。首先要继承 UserInterface 接口，然后实现接口中的 getConn()方法，分别在程序中定义私有的成员变量 Con 和 Stmt。当连接创建好后，其他对象可以通过调用 getStmt()来获得数据库连接。关键代码如下：

```
public abstract class ConnClass implements UserInterface {
   private static Logger logger = Logger.getLogger(AfterAdvice.class.getName());
   private Connection Con = null;
private Statement Stmt = null;
……
                                                          //省略的 setter 和 getter 方法
   public void getConn() {                                //获取数据库连接
      String url = "jdbc:mysql://localhost:3306/db_database17"; //连接数据库的 URL
      try {
         Class.forName("com.mysql.jdbc.Driver");                //数据库驱动
         Con = DriverManager.getConnection(url, "root", "111"); //连接数据库
         logger.info("Connection 已经创建!");
         Stmt = Con.createStatement();                          //创建连接状态
         logger.info("Statement 已经创建!");
      } catch (ClassNotFoundException e) {
         e.printStackTrace();
      } catch (SQLException e) {
         e.printStackTrace();
      }
   }
}
```

（3）创建 Before 通知，该通知会在 execute()方法执行之前执行，目的是创建数据库连接，为插入数据（执行 execute()）做准备，代码如下：

```
public void before(Method arg0, Object[] arg1, Object arg2) throws Throwable {
      logger.info("Before 通知开始。。。。。。。");
      if (arg2 instanceof UserInterface) {
         UserInterface di = (UserInterface) arg2;               // arg2 为目标对象
         di.getConn();//调用 getConn()创建连接
      }
      //以下是将 getConn()创建的连接状态传递给 ExecuteInsert 实现类
```

```
        ConnClass ci = (ConnClass) arg2;                                    //转换为抽象类对象
        ExecuteInsert bi = (ExecuteInsert) arg2;                            //转换为实现类对象
        //将连接状态设置给实现类，目的是让 execute()方法执行前先获得连接
        bi.setState(ci.getStmt());
    }
```

（4）创建 After 通知，该通知会在 execute()方法执行之后执行，目的是关闭数据库的连接，代码如下：

```
    public void afterReturning(Object returnValue, Method method, Object[] args,
Object target) throws Throwable {
        logger.info("After 通知开始。。。。。。");                //利用 log4j 输出信息
        if (method.getName().equals("executeInsert")){
            if ( target instanceof  UserInterface ){        //后置通知执行后关闭数据库连接
                UserInterface di=(UserInterface) target;
                di.closeConn();                             //关闭数据库连接
            }
        }
    }
```

（5）创建 commitAction 类，该类是一个 Spring MVC 的控制器类，类似于 Struts 中的 Action 类。这里可以把它理解为是一个 Servlet，其功能主要是获得表单数据，然后插入数据库，代码如下：

```
    public ModelAndView execute(HttpServletRequest request,
        HttpServletResponse response) throws SQLException,
            ServletException, IOException {
        request.setCharacterEncoding("gbk");                             //设置编码格式
        String username = request.getParameter("username");              //获取用户名
        String password = request.getParameter("password");              //获取密码
        String tel =request.getParameter("tel");                         //获取电话
        String     sql="insert     into     tb_user2     (username,password,tel)
values('"+username+"','"+password+"','"+tel+"')";            //执行添加操作的 SQL 语句
        System.out.println("..........................");
        myCheckClass.executeInsert(sql);                                 //执行添加操作
        System.out.println("..........................");
        Map map = new HashMap();
        map.put("msg", "用户注册成功");
        return new ModelAndView("index", map);
    }
```

运行本实例，将显示如图 15-17 所示的运行结果。

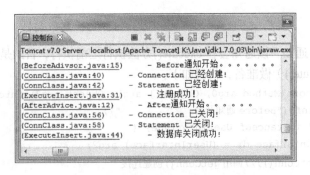

```
控制台
Tomcat v7.0 Server _ localhost [Apache Tomcat] K:\Java\jdk1.7.0_03\bin\javaw.exe
(BeforeAdivsor.java:15)     - Before通知开始。。。。。。
(ConnClass.java:40)     - Connection 已经创建！
(ConnClass.java:42)     - Statement 已经创建！
(ExecuteInsert.java:31)     - 注册成功！
(AfterAdvice.java:12)     - After通知开始。。。。。。
(ConnClass.java:56)     - Connection 已关闭！
(ConnClass.java:58)     - Statement 已关闭！
(ExecuteInsert.java:44)     - 数据库关闭成功！
```

图 15-17　在控制台上输出的结果

第 16 章 综合案例——基于 Struts+Hibernate+Spring 的网络商城

本章要点：

- 熟悉网络商城的开发流程
- 掌握 SSH2 的搭建流程
- 掌握公共类的设计
- 了解如何发布网站
- 了解如何配置 DNS 服务器
- 掌握应用 Struts 2 时如何解决中文乱码问题

喜欢网上购物的读者一定登录过淘宝网，也一定会被网页展示上琳琅满目的商品所吸引，忍不住拍一个自己喜爱的商品。如今也有越来越多的人加入到网购的行列，或做网上店铺的老板，或做新时代的购物潮人。你是否也想过开发一个自己的网上商城？本章我们将一起进入网络商城开发的旅程。

16.1 需求分析

近年来，随着 Internet 的迅速崛起，互联网用户的爆炸式增长以及互联网对传统行业的冲击，使其成为人们快速获取、发布和传递信息的重要渠道，于是电子商务逐渐流行起来，越来越多的商家建起网络商城，向消费者展示出一种全新的购物理念，同时也有越来越多的网友加入到了网上购物的行列。

笔者充分利用 Internet 这个平台，实现一种全新的购物方式——网上购物，其目的是方便广大网友购物，让网友足不出户就可以逛商城买商品，为此构建 GO 购网络商城。

16.2 系统设计

16.2.1 系统目标

GO 购网络商城系统是基于 B/S 模式的电子商务网站，用于满足不同人群的购物需求。笔者通过对现有商务网站的考察和研究，从经营者和消费者的角度出发，以高效管理、满足消费者需求为原则，要求本系统满足以下要求：

- 统一友好的操作界面，具有良好的用户体验；
- 商品分类详尽，可按不同类别查看商品信息；
- 推荐产品、人气商品以及热销产品的展示；
- 会员信息的注册及验证；
- 通过关键字搜索指定的产品信息；
- 通过购物车一次购买多件商品；
- 实现收银台的功能，用户选择商品后可以在线提交订单；
- 提供简单的安全模型，用户必须先登录，才允许购买商品；
- 查看自己的订单信息；
- 设计网站后台，管理网站的各项基本数据；
- 系统运行安全稳定、响应及时。

16.2.2　系统功能结构

GO 购网络商城系统分为前台和后台两个部分，前台的功能结构如图 16-1 所示，后台的功能结构如图 16-2 所示。

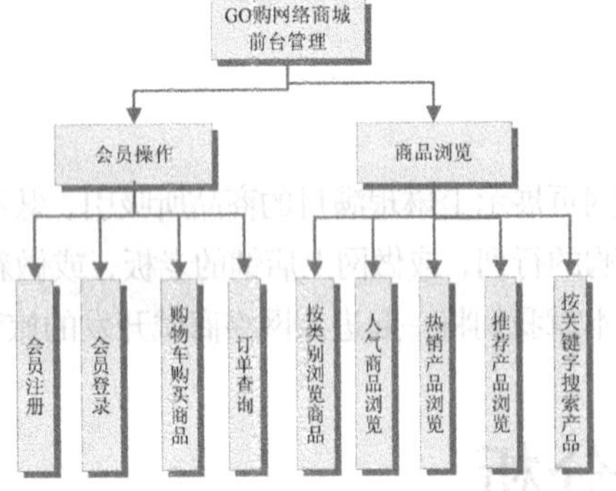

图 16-1　GO 购网络商城前台的功能结构

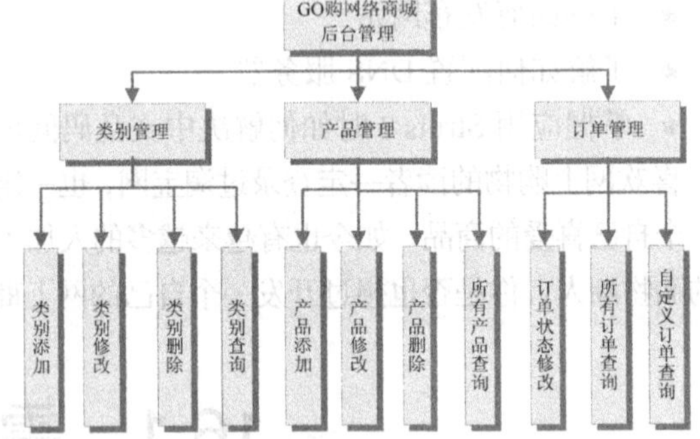

图 16-2　GO 购网络商城系统后台的功能结构

16.2.3　系统业务流程图

GO 购网络商城系统的流程图如图 16-3 所示。

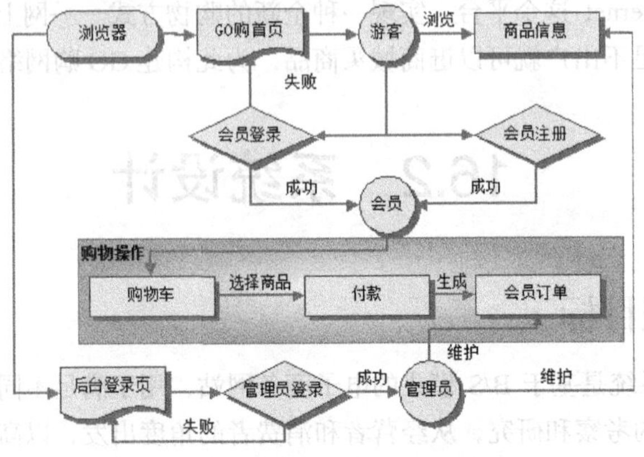

图 16-3　GO 购网络商城系统流程图

16.3　系统开发及运行环境

GO 购网络商城的开发环境如下。

（1）服务器端

- 操作系统：Windows 7、Windows XP 或者 Windows Server2003。
- Web 服务器：Tomcat 7.0。
- Java 开发包：JDK 1.7 以上。
- 开发工具：Eclipse IDE for Java EE。
- 数据库：MySQL 5.1。
- 浏览器：IE 8.0 或者更高版本。
- 显示器分辨率：最佳效果 1024 像素 × 768 像素。

（2）客户端

- 浏览器：IE 8.0 或者更高版本。
- 分辨率：最佳效果 1024 像素 × 768 像素。

16.4　数据库与数据表设计

开发应用程序时，对数据库的操作是必不可少的。数据库设计是根据程序的需求及其实现功能所制定的，数据库设计的合理性将直接影响到程序的开发过程。本系统采用 MySQL 数据库，通过 Hibernate 实现系统的持久化操作。

16.4.1　E-R 图设计

为核心实体对象设计的 E-R 图如下。

（1）tb_customer（会员信息表）的 E-R 图如图 16-4 所示。

（2）tb_order（订单信息表）的 E-R 图如图 16-5 所示。

（3）tb_orderitem（订单条目信息表）的 E-R 图如图 16-6 所示。

（4）tb_productinfo（商品信息表）的 E-R 图如图 16-7 所示。

（5）tb_productcategory（商品类别信息表）的 E-R 图如图 16-8 所示。

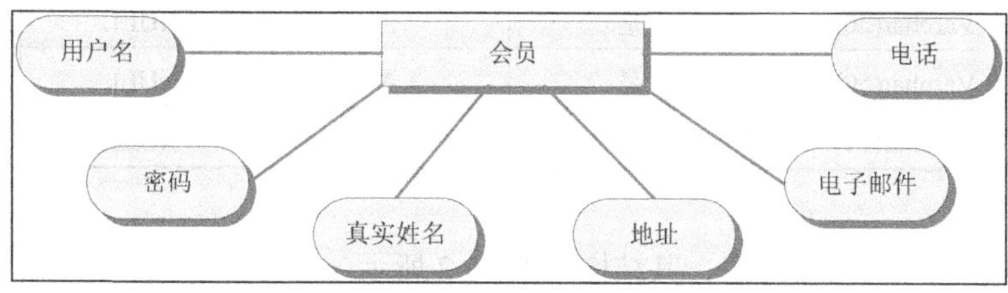

图 16-4　tb_customer 表的 E-R 图

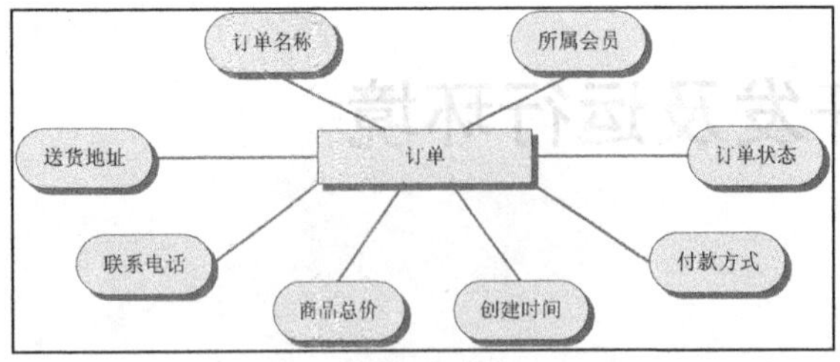

图 16-5　tb_order 表的 E-R 图

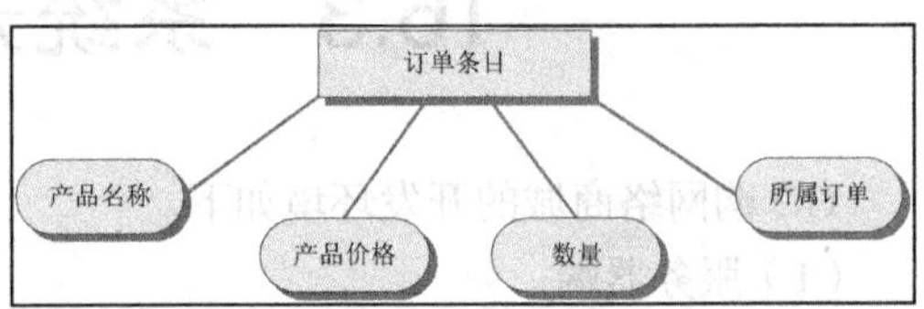

图 16-6　tb_orderitem 表的 E-R 图

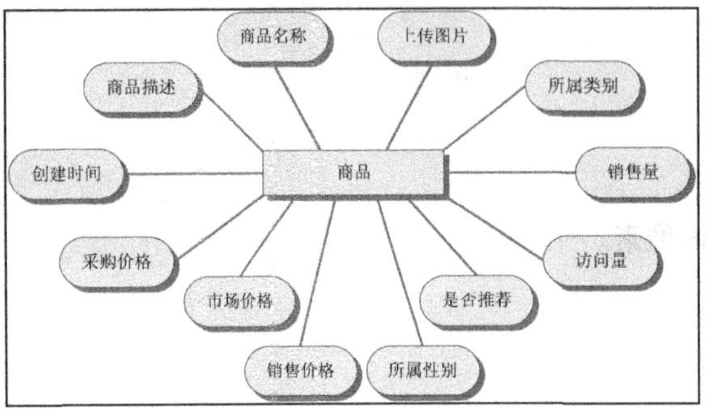

图 16-7　tb_productinfo 表的 E-R 图

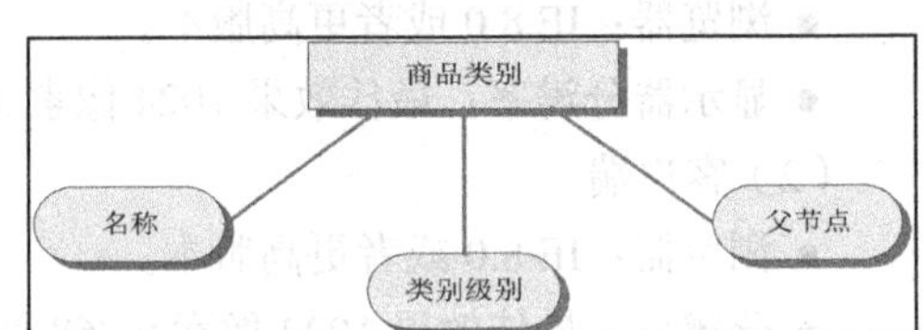

图 16-8　tb_productcategory 表的 E-R 图

16.4.2　创建数据库及数据表

创建的数据库名为 db_shop，其中包含 tb_customer、tb_order、tb_orderitem、tb_productinfo、tb_productcategory、tb_user 和 tb_uploadfile 共 7 张数据表。下面将对重要的数据表进行介绍。

- tb_customer

该表用于保存会员的注册信息，其结构如表 16-1 所示。

表 16-1　　tb_customer 的结构

字 段 名	数据类型	是否为空	是否主键	默 认 值	说　明
id	Int(10)	否	是	NULL	系统自动编号
username	Varchar(50)	否	否	NULL	会员名称
password	Varchar(50)	否	否	NULL	登录密码
realname	Varchar(20)	是	否	NULL	真实姓名
address	Varchar(200)	是	否	NULL	地址
email	Varchar(50)	是	否	NULL	电子邮件
mobile	Varchar(11)	是	否	NULL	电话号码

- tb_order

该表用于保存会员的订单信息，其结构如表 16-2 所示。

- tb_orderitem

该表用于保存会员订单的条目信息，其结构如表 16-3 所示。

表 16-2 tb_order 的结构

字 段 名	数据类型	是否为空	是否主键	默 认 值	说 明
id	Int(10)	否	是	NULL	系统自动编号
name	Varchar(50)	否	否	NULL	订单名称
address	Varchar(200)	否	否	NULL	送货地址
mobile	Varchar(11)	否	否	NULL	电话
totalPrice	Float	是	否	NULL	采购价格
createTime	Datetime	是	否	NULL	创建时间
paymentWay	Varchar(15)	是	否	NULL	支付方式
orderState	Varchar(10)	是	否	NULL	订单状态
customerId	Int(11)	是	否	NULL	会员 ID

表 16-3 tb_orderitem 的结构

字 段 名	数据类型	是否为空	是否主键	默 认 值	说 明
id	Int(10)	否	是	NULL	系统自动编号
productId	Int(11)	否	否	NULL	商品 ID
productName	Varchar(200)	否	否	NULL	商品名称
productPrice	Float	否	否	NULL	商品价格
amount	Int(11)	是	否	NULL	商品数量
orderId	Varchar(30)	是	否	NULL	订单 ID

● tb_productinfo

该表用于保存商品信息，其结构如表 16-4 所示。

表 16-4 tb_productinfo 的结构

字 段 名	数据类型	是否为空	是否主键	默 认 值	说 明
id	Int(10)	否	是	NULL	系统自动编号
name	Varchar(100)	否	否	NULL	商品名称
description	Text	是	否	NULL	商品描述
createTime	Datetime	是	否	NULL	创建时间
baseprice	Float	是	否	NULL	采购价格
marketprice	Float	是	否	NULL	市场价格
sellprice	Float	是	否	NULL	销售价格
sexrequest	Varchar(5)	是	否	NULL	所属性别
commend	Bit(1)	是	否	NULL	是否推荐
clickcount	Int(11)	是	否	NULL	浏览量
sellCount	Int(11)	是	否	NULL	销售量
categoryId	Int(11)	是	否	NULL	商品类别 ID
uploadFile	Int(11)	是	否	NULL	上传文件 ID

● tb_user

该表用于保存网站后台管理员信息，其结构如表 16-5 所示。

表 16-5　　tb_user 的结构

字　段　名	数据类型	是否为空	是否主键	默　认　值	说　　明
id	Int(10)	否	是	NULL	系统自动编号
username	Varchar(50)	否	否	NULL	用户名
password	Varchar(50)	否	否	NULL	登录密码

16.5　系统文件夹组织结构

为了使项目的程序更加容易管理和维护，在正式编写之前需要定制好项目的系统文件夹的组织结构，将项目中功能类似或者同一个模块的文件放在同一个包中，包名将以模块名称命名。Java 类的组织结构如图 16-9 所示。

在应用中，为了提高系统的安全性，避免用户直接输入地址就可以访问 JSP 页面资源，可以利用项目中的 WEB-INF 文件夹对页面进行保护。众所周知，WEB-INF 文件夹中的文件是不能直接访问的，所以在开发的时候直接将 GO 购网络商城的 JSP 页面放入该文件夹中，这样用户只能通过 Action 才能访问指定的 JSP 页面。视图层 JSP 文件的文件夹组织结构如图 16-10 所示。

WEB-INF 文件夹并不影响页面的转发机制，因为转发是一个内部操作，可以通过 Servlet 或 Action（Action 的本质也是 Servlet）对其进行访问。

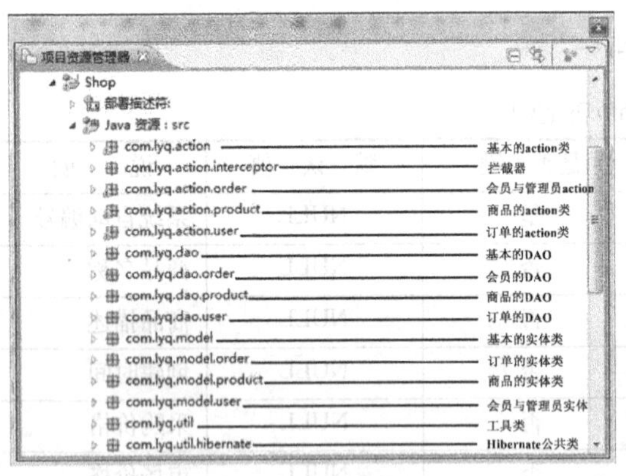

图 16-9　GO 购网络商城 Java 类的文件夹组织结构

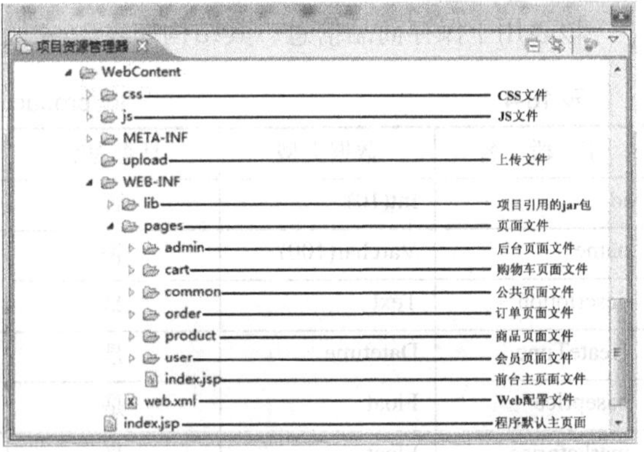

图 16-10　GO 购网络商城 JSP 文件的文件夹组织结构

16.6　搭建项目环境

项目开发的第一步是搭建项目环境及项目集成框架等，在此之前需要将 Spring、Struts 2、Hibernate 及系统应用的其他 jar 包导入到项目的 lib 文件下。

16.6.1　配置 Struts 2

在项目的 ClassPath 下创建 struts.xml 文件，其配置代码如下：

```
<?xml version="1.0" encoding="UTF-8"?>
<!DOCTYPE struts PUBLIC
    "-//Apache Software Foundation//DTD Struts Configuration 2.3//EN"
    "http://struts.apache.org/dtds/struts-2.3.dtd">
<struts>
    <!-- 前后台公共视图的映射 -->
    <include file="com/lyq/action/struts-default.xml" />
    <!-- 后台管理的 Struts 2 配置文件 -->
    <include file="com/lyq/action/struts-admin.xml" />
    <!-- 前台管理的 Struts 2 配置文件 -->
    <include file="com/lyq/action/struts-front.xml" />
</struts>
```

将 Struts 2 配置文件分为 3 个部分，struts-default.xml 文件为前后台公共的视图映射配置文件，其代码如下：

```
<?xml version="1.0" encoding="UTF-8" ?>
<!DOCTYPE struts PUBLIC
    "-//Apache Software Foundation//DTD Struts Configuration 2.3//EN"
    "http://struts.apache.org/dtds/struts-2.3.dtd">
<struts>
    <!-- OGNL 可以使用静态方法 -->
    <constant name="struts.ognl.allowStaticMethodAccess" value="true"/>
    <package name="shop-default" abstract="true" extends="struts-default">
        <global-results>
                        ……<!—省略的配置信息 -->
      </global-results>
        <global-exception-mappings>
            <exception-mapping result="error" exception="com.lyq.util.AppException">
</exception-mapping>
        </global-exception-mappings>
    </package>
</struts>
```

后台管理的 Struts 2 配置文件 struts-admin.xml 主要负责后台用户请求的 Action 和视图映射，其代码如下：

```
<?xml version="1.0" encoding="UTF-8"?>
<!DOCTYPE struts PUBLIC
    "-//Apache Software Foundation//DTD Struts Configuration 2.3//EN"
    "http://struts.apache.org/dtds/struts-2.3.dtd">
<struts>
    <!-- 后台管理 -->
    <package name="shop.admin" namespace="/admin" extends="shop-default">
        <!-- 配置拦截器 -->
        <interceptors>
            <!-- 验证用户登录的拦截器 -->
            <interceptor name="loginInterceptor"
                class="com.lyq.action.interceptor.UserLoginInterceptor"/>
            <interceptor-stack name="adminDefaultStack">
                <interceptor-ref name="loginInterceptor"/>
```

```
                <interceptor-ref name="defaultStack"/>
                </interceptor-stack>
            </interceptors>
            <action name="admin_*" class="indexAction" method="{1}">
                <result name="top">/WEB-INF/pages/admin/top.jsp</result>
                    ……<!-省略的 Action 配置 -->
                    <interceptor-ref name="adminDefaultStack"/>
            </action>
        </package>
        <package name="shop.admin.user" namespace="/admin/user" extends="shop- default">
            <action name="user_*" method="{1}" class="userAction"></action>
        </package>
        <!-- 栏目管理 -->
        <package name="shop.admin.category" namespace="/admin/product" extends= "shop.
admin">
            <action name="category_*" method="{1}" class="productCategoryAction">
                ……<!-省略的 Action 配置 -->
                <interceptor-ref name="adminDefaultStack"/>
            </action>
        </package>
        <!-- 商品管理 -->
        <package name="shop.admin.product" namespace="/admin/product" extends= "shop.
admin">
            <action name="product_*" method="{1}" class="productAction">
                ……<!-省略的 Action 配置 -->
                <interceptor-ref name="adminDefaultStack"/>
            </action>
        </package>
        <!-- 订单管理 -->
        <package name="shop.admin.order" namespace="/admin/product" extends= "shop.
admin">
            <action name="order_*" method="{1}" class="orderAction">
                ……<!-省略的 Action 配置 -->
                <interceptor-ref name="adminDefaultStack"/>
            </action>
        </package>
    </struts>
```

前台管理的 Struts 2 配置文件 struts-front.xml 主要负责前台用户请求的 Action 和视图映射，其代码如下：

```
    <?xml version="1.0" encoding="UTF-8"?>
    <!DOCTYPE struts PUBLIC
        "-//Apache Software Foundation//DTD Struts Configuration 2.3//EN"
        "http://struts.apache.org/dtds/struts-2.3.dtd">
    <struts>
        <!-- 程序前台 -->
        <package name="shop.front" extends="shop-default">
            <!-- 配置拦截器 -->
            <interceptors>
                <!-- 验证用户登录的拦截器 -->
                <interceptor name="loginInterceptor"
                    class="com.lyq.action.interceptor.CustomerLoginInteceptor"/>
                <interceptor-stack name="customerDefaultStack">
                    <interceptor-ref name="loginInterceptor"/>
```

```
                <interceptor-ref name="defaultStack"/>
            </interceptor-stack>
        </interceptors>
        <action name="index" class="indexAction">
         <result>/WEB-INF/pages/index.jsp</result>
    </action>
  </package>
  <!-- 消费者 Action -->
  <package name="shop.customer" extends="shop-default" namespace= "/customer">
      <action name="customer_*" method="{1}" class="customerAction"></action>
  </package>
  <!-- 商品 Action -->
  <package name="shop.product" extends="shop-default" namespace="/product">
        <action name="product_*" class="productAction" method="{1}">
            ......<!—省略的 Action 配置 -->
        </action>
  </package>
  <!-- 购物车 Action -->
  <package name="shop.cart" extends="shop.front" namespace="/product">
        <action name="cart_*" class="cartAction" method="{1}">
            ......<!—省略的 Action 配置 -->
            <interceptor-ref name="customerDefaultStack"/>
        </action>
  </package>
  <!-- 订单 Action -->
  <package name="shop.order" extends="shop.front" namespace="/product">
        <action name="order_*" class="orderAction" method="{1}">
            ......<!—省略的 Action 配置 -->
            <interceptor-ref name="customerDefaultStack"/>
        </action>
  </package>
</struts>
```

16.6.2 配置 Hibernate

在 Hibernate 的配置文件中配置数据库的连接信息、数据库方言及打印 SQL 语句等属性，其关键代码如下：

```
<?xml version="1.0" encoding="UTF-8"?>
<!DOCTYPE hibernate-configuration PUBLIC
      "-//Hibernate/Hibernate Configuration DTD 3.0//EN"
      "http://www.hibernate.org/dtd/hibernate-configuration-3.0.dtd">
<hibernate-configuration>
    <session-factory>
        <!-- 数据库方言 -->
        <property name="hibernate.dialect">org.hibernate.dialect.MySQLDialect</property>
        <!-- 数据库驱动 -->
        <property name="hibernate.connection.driver_class">com.mysql.jdbc.Driver</property>
        <!-- 数据库连接信息 -->
        <property name="hibernate.connection.url">jdbc:mysql://localhost:3306/db_shop
</property>
        <property name="hibernate.connection.username">root</property>
        <property name="hibernate.connection.password">111</property>
```

```
        <!-- 打印 SQL 语句 -->
        <property name="hibernate.show_sql">true</property>
        <!-- 不格式化 SQL 语句 -->
        <property name="hibernate.format_sql">false</property>
        <!-- 为 Session 指定一个自定义策略 -->
        <property name="hibernate.current_session_context_class">org.springframework.
orm.hibernate4.SpringSessionContext</property>
        <!-- C3P0 JDBC 连接池 -->
        <property name="hibernate.c3p0.max_size">20</property>
        <property name="hibernate.c3p0.min_size">5</property>
        <property name="hibernate.c3p0.timeout">120</property>
        <property name="hibernate.c3p0.max_statements">100</property>
        <property name="hibernate.c3p0.idle_test_period">120</property>
        <property name="hibernate.c3p0.acquire_increment">2</property>
        <property name="hibernate.c3p0.validate">true</property>
        <!-- 映射文件 -->
        <mapping resource="com/lyq/model/user/User.hbm.xml"/>
      ......<!-省略的映射文件 -->
    </session-factory>
</hibernate-configuration>
```

C3P0 是一个随 Hibernate 一起分发的开放的 JDBC 连接池，位于 Hibernate 源文件的 lib 目录下。如果在配置文件中设置了 hibernate.c3p0.*的相关属性，Hibernate 会使用 C3P0ConnectionProvider 来缓存 JDBC 连接。

16.6.3 配置 Spring

利用 Spring 加载 Hibernate 的配置文件及 Session 管理类，在配置 Spring 时只需要配置 Spring 的核心配置文件 applicationContext-common.xml，其代码如下：

```
<?xml version="1.0" encoding="UTF-8"?>
<beans xmlns="http://www.springframework.org/schema/beans"
    xmlns:xsi="http://www.w3.org/2001/XMLSchema-instance"
    xmlns:context="http://www.springframework.org/schema/context"
    xmlns:aop="http://www.springframework.org/schema/aop"
    xmlns:tx="http://www.springframework.org/schema/tx"
    xsi:schemaLocation="http://www.springframework.org/schema/beans
        http://www.springframework.org/schema/beans/spring-beans-3.0.xsd
        http://www.springframework.org/schema/context
        http://www.springframework.org/schema/context/spring-context-3.0.xsd
        http://www.springframework.org/schema/aop
        http://www.springframework.org/schema/aop/spring-aop-3.0.xsd
        http://www.springframework.org/schema/tx
        http://www.springframework.org/schema/tx/spring-tx-3.0.xsd">
    <context:annotation-config/>
    <context:component-scan base-package="com.lyq"/>
    <!-- 配置 sessionFactory -->
    <bean id="sessionFactory"
        class="org.springframework.orm.hibernate4.LocalSessionFactoryBean">
        <property name="configLocation">
            <value>classpath:hibernate.cfg.xml</value>
        </property>
    </bean>
    <!-- 配置事务管理器 -->
```

```
    <bean id="transactionManager"
        class="org.springframework.orm.hibernate4.HibernateTransactionManager">
        <property name="sessionFactory">
            <ref bean="sessionFactory" />
        </property>
    </bean>
    <tx:annotation-driven transaction-manager="transactionManager" />
</beans>
```

16.6.4 配置 web.xml

web.xml 的配置文件是项目的基本配置文件，通过该文件设置实例化 Spring 容器、过滤器、Struts 2，以及默认执行的操作，其关键代码如下：

```
<?xml version="1.0" encoding="UTF-8"?>
<web-app xmlns:xsi="http://www.w3.org/2001/XMLSchema-instance"
    xmlns="http://java.sun.com/xml/ns/javaee"
xmlns:web="http://java.sun.com/xml/ns/javaee/web-app_2_5.xsd"
    xsi:schemaLocation="http://java.sun.com/xml/ns/javaee
http://java.sun.com/xml/ns/javaee/web-app_3_0.xsd"
    id="WebApp_ID" version="3.0">
    <display-name>Shop</display-name>
    <!-- 对 Spring 容器进行实例化 -->
    <listener>
        <listener-class>org.springframework.web.context.ContextLoaderListener</listener-class>
    </listener>
    <context-param>
        <param-name>contextConfigLocation</param-name>
        <param-value>classpath:applicationContext-*.xml</param-value>
    </context-param>
    <!-- OpenSessionInViewFilter 过滤器 -->
    <filter>
        <filter-name>openSessionInViewFilter</filter-name>
        <filter-class>org.springframework.orm.hibernate4.support.OpenSession
InViewFilter</filter-class>
    </filter>
    <filter-mapping>
        <filter-name>openSessionInViewFilter</filter-name>
        <url-pattern>/*</url-pattern>
    </filter-mapping>
    <!—Struts 2 配置 -->
    <filter>
        <filter-name>struts2</filter-name>
        <filter-class>org.apache.struts2.dispatcher.ng.filter.StrutsPrepareAnd
ExecuteFilter</filter-class>
    </filter>
    <filter-mapping>
        <filter-name>struts2</filter-name>
        <url-pattern>/*</url-pattern>
    </filter-mapping>
    <!-- 设置程序的默认欢迎页面 -->
    <welcome-file-list>
        <welcome-file>index.jsp</welcome-file>
    </welcome-file-list>
</web-app>
```

16.7 公共类设计

在项目中经常会有一些公共类，例如 Hibernate 的初始化类，一些自定义的字符串处理方法，抽取系统中的公共模块更加有利于代码重用，同时也能提高程序的开发效率。在进行正式开发时，首先要进行就是公共类的编写。下面介绍 GO 购网络商城的公共类设计。

16.7.1 Hibernate 的 Session 初始化类

Session 对象是 Hibernate 中数据库持久化操作的核心，当多个用户共享一个 Session 时，可能会引发数据冲突和混乱，Hibernate 的 Session 管理类要确保 Session 的线程安全。另外，创建 Session 的 SessionFactory 是重量级对象，创建过程需要耗费大量的系统资源。所以为了提高系统的执行效率，将 SessionFactory 的创建放在静态块中，整个程序运行过程中只创建一次。

创建类 HibernateUtils，其关键代码如下：

```
public class HibernateUtils {
    private static SessionFactory factory = null;              // 声明 SessionFactory 对象
   private static final ThreadLocal<Session> threadLocal = new ThreadLocal<Session>();
                                                              // 实例化 ThreadLocal 对象
    private static Configuration cfg = new Configuration();//实例化 Configuration 对象
    // 静态块
    static {
        try {
            cfg.configure();                                   //加载 Hibernate 配置文件
            factory = cfg.buildSessionFactory();               //实例化 SessionFactory
        } catch (HibernateException e) {
            e.printStackTrace();                               // 打印异常信息
        }
    }
    /**
     * 获取 Session 对象
     */
    public static Session getSession() {
        Session session = (Session) threadLocal.get();// 从 threadLocal 中获取 Session
        if(session == null || !session.isOpen()){//判断 Session 是否为空或未处于开启状态
            if (factory == null) {
                rebuildSessionFactory();
            }
            session = (factory != null) ? factory.openSession() : null;//从 factory
开启一个 Session
            threadLocal.set(session);                         // 将 Session 放入 threadLocal 中
        }
        return session;
    }
    /**
     * 获取 SessionFactory 对象
     */
```

```
    public static SessionFactory getSessionFactory() {
        return factory;
    }
    /**
     * 关闭 Session
     */
    public static void closeSession() {
        Session session = (Session) threadLocal.get();// 从 threadLocal 中获取 Session
        threadLocal.remove();                          // 移除 threadLocal 中的对象
        if (session != null) {
            if (session.isOpen()) {
                session.close();                       // 关闭 Session
            }
        }
    }
    /**
     * 创建 SessionFactory 对象
     */
    public static void rebuildSessionFactory() {
        try {
            cfg.configure();                           // 加载 Hibernate 配置文件
            factory = cfg.buildSessionFactory();       // 实例化 SessionFactory
        } catch (Exception e) {
            e.printStackTrace();                       // 打印异常信息
        }
    }
}
```

为了保证 Session 的线程安全，这里引入了 ThreadLocal 对象，以保证每次开启的 Session 对象都是最新的，避免多个线程之间共享数据。

16.7.2　泛型工具类

为了将一些公用的持久化方法提取出来，首先需要获取实体对象的类型，本系统通过创建一个泛型工具类 GenericsUtils 来达到此目的，其代码如下：

```
public class GenericsUtils {
    /**
     * 获取泛型的类型
     * @param clazz
     * @return Class
     */
    @SuppressWarnings("unchecked")
    public static Class getGenericType(Class clazz){
        Type genType = clazz.getGenericSuperclass();               //得到泛型父类
        Type[] types = ((ParameterizedType) genType).getActualTypeArguments();
        if (!(types[0] instanceof Class)) {
         return Object.class;
      }
        return (Class) types[0];
    }
    /**
```

```
    * 获取对象的类名称
    * @param clazz
    * @return 类名称
    */
   @SuppressWarnings("unchecked")
   public static String getGenericName(Class clazz){
       return clazz.getSimpleName();
   }
}
```

16.7.3 数据持久化类

本系统利用DAO模式封装数据库的基本操作方法，自定义的数据库操作的公共方法如表16-6所示。

表 16-6 自定义的数据操作的公共方法

方　法	说　明	参数说明
save(Object obj)	数据添加方法	obj 为实体对象
saveOrUpdate(Object obj)	数据添加或保存方法	obj 为实体对象
delete(Serializable ... ids)	数据删除方法	ids 为删除指定数据的标识
get(Serializable entityId)	查找单条数据获取方法	entityId 为查找指定信息的标识
load(Serializable entityId)	查找单条数据加载方法	entityId 为查找指定信息的标识
uniqueResult(String hql, Object[] queryParams)	HQL 查找单条数据方法	hql 为查询的 HQL 语句 queryParams 为查询的条件参数

根据自定义的数据库操作的公共方法创建接口 BaseDao<T>，关键代码如下：

```
public interface BaseDao<T> {
    //基本数据库操作方法
    public void save(Object obj);                                          //保存数据
    public void saveOrUpdate(Object obj);                                  //保存或修改数据
    public void update(Object obj);                                        //修改数据
    public void delete(Serializable ... ids);                              //删除数据
    public T get(Serializable entityId);                                   //获取实体对象
    public T load(Serializable entityId);                                  //加载实体对象
    public Object uniqueResult(String hql, Object[] queryParams);//使用 HQL 语句操作
}
```

创建 DaoSupport 类，该类继承 BaseDao<T>接口，在其中实现接口中的自定义方法，其关键代码如下：

```
public class DaoSupport<T> implements BaseDao<T>{
    // 泛型的类型
    protected Class<T> entityClass = GenericsUtils.getGenericType(this.getClass());
    @Override
    public void delete(Serializable ... ids) {
        for (Serializable id : ids) {
            T t = (T) getSession().load(this.entityClass, id);
            getSession().delete(t);
        }
    }
```

```
    /**
     * 利用 get()方法加载对象，获取对象的详细信息
     */
    @Transactional(propagation=Propagation.NOT_SUPPORTED,readOnly=true)
    public T get(Serializable entityId) {
        return (T) getSession().get(this.entityClass, entityId);
    }
    /**
     * 利用 load()方法加载对象，获取对象的详细信息
     */
    @Transactional(propagation=Propagation.NOT_SUPPORTED,readOnly=true)
    public T load(Serializable entityId) {
        return (T) getSession().load(this.entityClass, entityId);
    }
    /**
     * 利用 HQL 语句查找单条信息
     */
    @Override
    @Transactional(propagation=Propagation.NOT_SUPPORTED,readOnly=true)
    public Object uniqueResult(final String hql,final Object[] queryParams) {
        Query query=getSession().createQuery(hql);
        setQueryParams(query, queryParams);//设置查询参数
        return query.uniqueResult();
    }
    /**
     * 获取指定对象的信息条数
     */
    @Transactional(propagation=Propagation.NOT_SUPPORTED,readOnly=true)
    public long getCount() {
        String hql = "select count(*) from " + GenericsUtils.getGenericName
(this.entityClass);
        return (Long)uniqueResult(hql,null);
    }
    /**
     * 利用 save()方法保存对象的详细信息
     */
    @Override
    public void save(Object obj) {
        getSession().save(obj);
    }
    @Override
    public void saveOrUpdate(Object obj) {
        getSession().saveOrUpdate(obj);
    }
    /**
     * 利用 update()方法修改对象的详细信息
     */
    @Override
    public void update(Object obj) {
        getSession().update(obj);
    }
    /**
     * 获取 Session 对象
     * @return
```

```
    */
    @Autowired
    @Qualifier("sessionFactory")
    private SessionFactory sessionFactory;
    protected Session getSession(){
        return sessionFactory.getCurrentSession();
    }
}
```

16.7.4 分页设计

本系统应用 Hibernate 的 find 方法实现数据分页，该方法被封装在创建类 DaoSupport 中。

1. 分页实体对象

定义分页的实体对象，并封装分页的基本属性信息和分页过程中使用的获取页码的方法，代码如下：

```
public class PageModel<T> {
    private int totalRecords;                                   //总记录数
    private List<T> list;                                       //结果集
    private int pageNo;                                         //当前页
    private int pageSize;                                       //每页显示多少条
    /**
     * 取得第一页
     */
    public int getTopPageNo() {
    return 1;
    }
    /**
     * 取得上一页
     */
    public int getPreviousPageNo() {
    if (pageNo <= 1) {
    return 1;
    }
    return pageNo -1;
    }
    /**
     * 取得下一页
     */
    public int getNextPageNo() {
    if (pageNo >= getTotalPages()) {                            //如果当前页大于页码
    return getTotalPages() == 0 ? 1 : getTotalPages();          //返回最后一页
    }
    return pageNo + 1;
    }
    /**
     * 取得最后一页
     */
    public int getBottomPageNo() {
    return getTotalPages() == 0 ?1:getTotalPages();//如果总页数为0，则返回1,反之返回总页数
    }
    /**
```

```
     * 取得总页数
     */
    public int getTotalPages() {
    return (totalRecords + pageSize - 1) / pageSize;
    }
    ......                                                  //省略的 setter 和 getter 方法
}
```

在取得上一页页码的 getPreviousPageNo()方法中，如果当前页为首页，那么上一页返回的页码数为 1。

在获取最后一页的 getBottomPageNo()方法中，通过三目运算符判断返回的页码。如果总页数为 0，则返回 1；否则返回总页面数。当数据库中没有任何数据时，总页数为 0。

在取得总页码数的 getTotalPages()方法中，总页的计算公式为“(总记录数+页面显示记录数-1)/页面显示记录数”；另一种方式是使用“总记录数/页面显示记录数”计算总页码，如图 16-11 和图 16-12 所示。

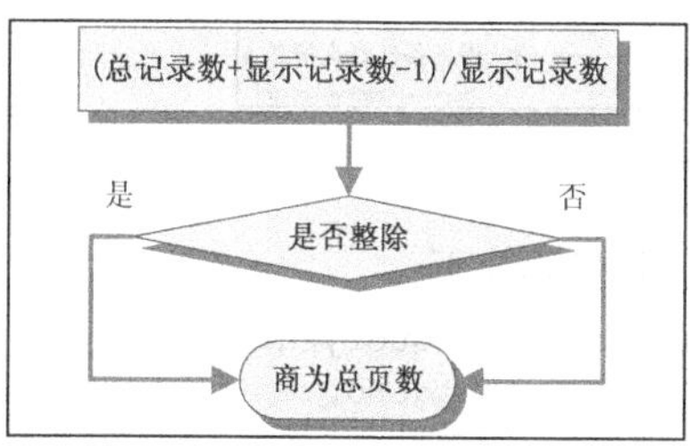

图 16-11　系统中计算总页码的方式

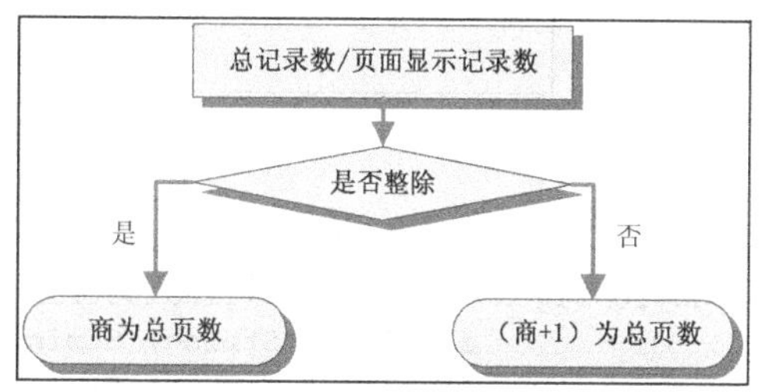

图 16-12　“总记录数/页面显示记录数”方式

2. 自定义分页方法

在公共接口中定义的分页方法如表 16-7 所示，这些方法使用相同的分页方法，只是参数不同而已。

表 16-7　自定义分页方法

方　法	说　明	参数说明
getCount()	获取总记录数	无
find(int pageNo, int maxResult)	普通分页方法	pageNo 为当前页数 maxResult 为每页显示的记录数
find(int pageNo, int maxResult,String where, Object[] queryParams)	搜索分页方法	pageNo 与 maxResult 含义同上 where 为查询条件 queryParams 为 HQL 参数值
find(int pageNo, int maxResult,Map<String, String> orderby)	排序分页方法	其他参数含义同上 orderby 为排序的条件参数
find(String where, Object[] queryParams,Map <String, String> orderby, int pageNo, int maxResult)	按条件分页并排序	所有参数含义同上

```
public interface BaseDao<T> {
    ......                                              //基本数据库操作方法
    //分页操作
```

```
    public long getCount();                                        //获取总信息数
    public PageModel<T> find(int pageNo, int maxResult);           //普通分页操作
    //搜索信息的分页方法
    public  PageModel<T>  find(int  pageNo,  int  maxResult,String  where,  Object[]
queryParams);
    //按指定条件排序的分页方法
    public PageModel<T> find(int pageNo, int maxResult,Map<String, String> orderby);
    //按指定条件分页和排序的分页方法
    public PageModel<T> find(String where, Object[] queryParams,
                Map<String, String> orderby, int pageNo, int maxResult);
}
```

在类 DaoSupport 中，实现结构自定义的 find()分页方法，其简单流程如图 16-13 所示。

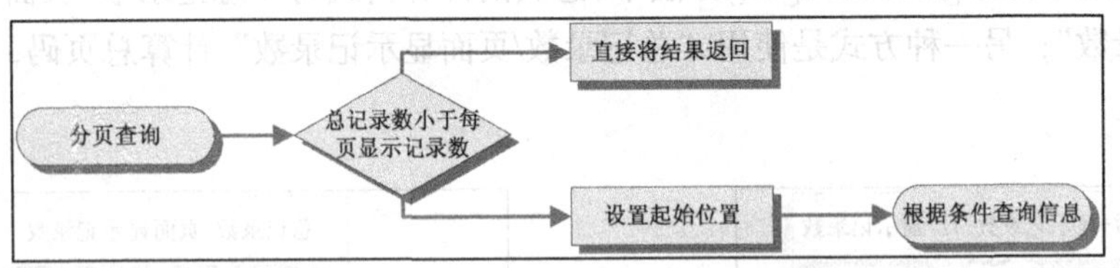

图 16-13　分页方法的简单流程

该方法有 5 个参数，与表 16-7 中的 5 个方法参数相同，其代码如下：

```
public PageModel<T> find(final String where, final Object[] queryParams,
          final Map<String, String> orderby, final int pageNo,
          final int maxResult) {
    final PageModel<T> pageModel = new PageModel<T>();               //实例化分页对象
    pageModel.setPageNo(pageNo);                                     //设置当前页数
    pageModel.setPageSize(maxResult);                                //设置每页显示记录数
    getTemplate().execute(new HibernateCallback() {                  //执行内部方法
    @Override
    public  Object  doInHibernate(Session  session)  throws  HibernateException,
SQLException {
    String hql = new StringBuffer().append("from ")                  //添加 form 字段
         .append(GenericsUtils.getGenericName(entityClass))//添加对象类型
         .append(" ")                                                //添加空格
         .append(where == null ? "" : where)//如果 where 为 null 就添加空格，反之添加 where
         .append(createOrderBy(orderby))                             //添加排序条件参数
         .toString();                                                //转换为字符串
    Query query = session.createQuery(hql);                          //执行查询
    setQueryParams(query,queryParams);                               //为参数赋值
    List<T> list = null;                                             //定义 List 对象
    // 如果 maxResult<0，则查询所有
    if(maxResult < 0 && pageNo < 0){
    list = query.list();                                   //将查询结果转换为 List 对象
    }else{
    list = query.setFirstResult(getFirstResult(pageNo, maxResult))
                                                           //设置分页的起始位置
           .setMaxResults(maxResult)                       //设置每页显示的记录数
         .list();                                          //将查询结果转换为 List 对象
```

```
            //定义查询总记录数的 HQL 语句
            hql = new StringBuffer().append("select count(*) from ")   //添加 HQL 语句
            .append(GenericsUtils.getGenericName(entityClass))          //添加对象类型
            .append(" ")                                                //添加空格
            .append(where == null ? "" : where)//如果 where 为 null 就添加空格,反之添加 where
            .toString();                                                //转换为字符串
            query = session.createQuery(hql);                           //执行查询
            setQueryParams(query,queryParams);                          //设置 HQL 参数
            int totalRecords = ((Long) query.uniqueResult()).intValue(); //类型转换
            pageModel.setTotalRecords(totalRecords);                    //设置总记录数
        }
        pageModel.setList(list);                          //将查询的 List 对象放入实体对象中
            return null;
        }
        });
        return pageModel;                                 //返回分页的实体对象
    }
```

上述代码中使用了 StringBuffer()的 append()方法拼接查询的 HQL 语句，通过 toString()方法将拼接的 HQL 语句转换为字符串。通过 getFirstResult()方法获取分页的起始位置，其代码如下：

```
protected int getFirstResult(int pageNo,int maxResult){
    int firstResult = (pageNo-1) * maxResult;
    return firstResult < 0 ? 0 : firstResult;
}
```

代码中的分页起始位置为（当前页码-1）×页面显示记录数，如果页面起始位置小于 0，则返回 0；否则返回程序计算的起始位置。

16.8　登录模块设计

由于 GO 购网络商城主要分为前台和后台两个部分，因此登录也分为前台登录和后台登录两个部分的功能。前台的登录针对在 GO 购网络商城注册的会员，后台操作主要针对网站的管理员，而注册模块主要针对前台想进行购物的游客。

前台与后台的登录验证方法基本一致，只是前台登录保存的是登录的会员信息；后台登录保存的是登录的网站管理员的基本信息。前台会员登录页面如图 16-14 所示，后台管理员登录页面如图 16-15 所示。

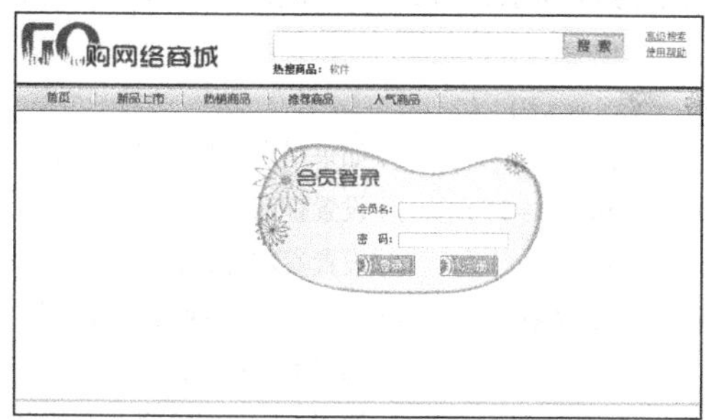

图 16-14　前台会员登录页面

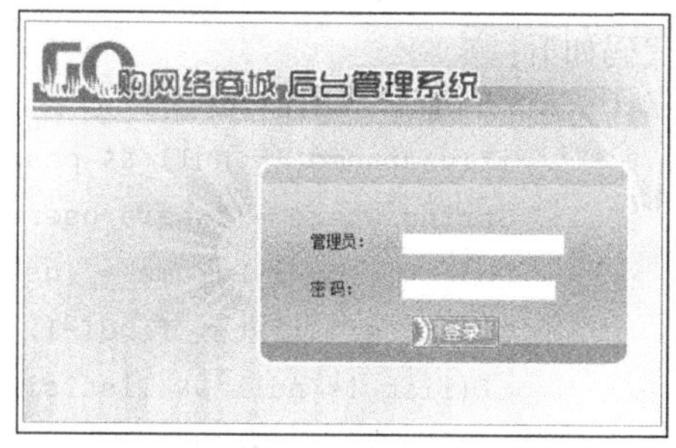

图 16-15　后台管理员登录页面

前台与后台的登录页面的代码基本相同，这里以前台登录页面为例，其关键代码如下：

```
<s:fielderror></s:fielderror>
<s:form action="customer_logon" namespace="/customer" method="post">
会员名：<s:textfield name="username" cssClass="bian" size="18"> </s:text field>
密　码：<s:password name="password" cssClass="bian" size="18"> </s:pass word>
<s:submit value="登　录" type="image" src="%{context_path}/css/images/dl_06.gif">
</s:submit>
<s:a action="customer_reg" namespace="/customer">
<img src="${context_path}/css/images/dl_08.gif" width="68" height ="24" /></s:a>
</s:form>
```

在登录验证的过程中，通过页面中获取的用户名和密码作为查询条件，在用户信息表中查找条件匹配的用户信息，如果返回的结果集不为空，说明验证通过；反之失败。前台登录验证方法的关键代码如下：

```
public String logon() throws Exception{
    //验证用户名和密码是否正确
    Customer loginCustomer = customerDao.login(customer.getUsername(),
customer.getPassword());
    if(loginCustomer != null){                          //如果通过验证
session.put("customer", loginCustomer);                 //将登录会员信息保存在 Session 中
    }else{                                              //验证失败
    addFieldError("", "用户名或密码不正确！");          //返回错误信息
    return CUSTOMER_LOGIN;                              //返回会员登录页面
    }
    return INDEX;                                       //返回网站首页
}
```

后台登录验证方法的关键代码如下：

```
public String logon() throws Exception{
    //验证用户名和密码
    User loginUser = userDao.login(user.getUsername(), user.getPassword());
    if(loginUser != null){                              //通过验证
    session.put("admin", loginUser);                    //将管理员信息保存在 Session 对象中
    }else{
    addFieldError("", "用户名或密码不正确！");          //返回错误提示信息
    return USER_LOGIN;                                  //返回后台登录页面
    }
    return MANAGER;                                     //返回后台管理页面
}
```

前台和后台公共的 login()方法以用户名和密码作为查询条件并返回查询的用户对象，其关键代码如下：

```
public User login(String username, String password) {
    if(username != null && password != null){           //如果用户名和密码不为空
    String where = "where username=? and password=?";   //设置查询条件
    Object[] queryParams = {username,password};         //设置参数对象数组
    List<User> list = find(-1, -1, where, queryParams).getList();//执行查询方法
    if(list != null && list.size() > 0){                //如果 List 集合不为空
    return list.get(0);                                 //返回 List 中的第 1 个存储对象
    }
```

```
    }
    return null;                                          //返回空值
}
```

数据库设计中已经保证了用户名的唯一性（在数据表中将用户名作为表的主键），所以查询结果只能返回一个 Object 对象。为了考虑程序的健壮性，返回 List 集合更有利于程序的扩展，降低出错的概率。

16.9　前台商品信息查询模块设计

前台商品信息查询模块划分为 5 个子模块，主要包括商品分类查询、人气商品查询、热销商品查询、推荐商品查询以及商品的模糊查询，如图 16-16 所示。

16.9.1　实现商品类别分级查询

在前台首页的商品展示中，首先展现的是商品类别的分级显示，方便用户按类别查询商品。商品类别分级显示的效果如图 16-17 所示。

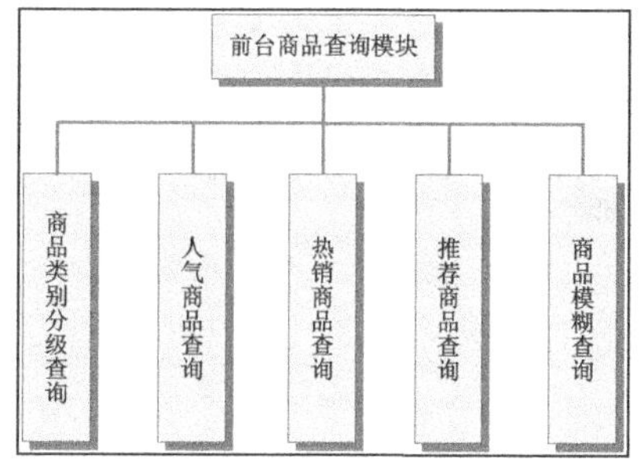

图 16-16　前台商品信息查询模块的框架

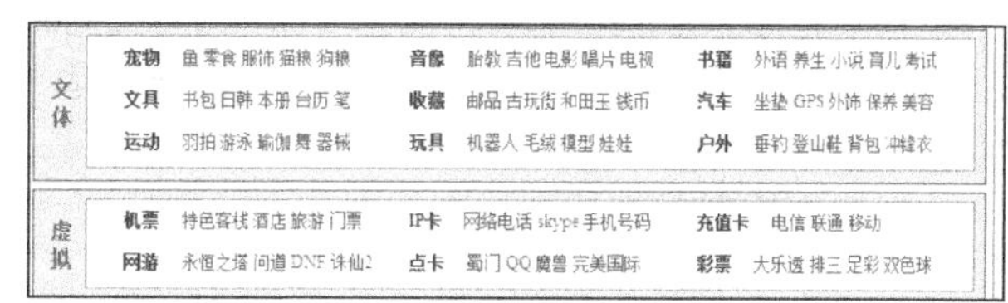

图 16-17　商品类别分级显示的效果

在程序中可以通过迭代方式按所属级别分层显示所有的商品类别，第一次查询所有无父节点的类别信息；第二次遍历其子节点；最后遍历叶子节点，其流程如图 16-18 所示。

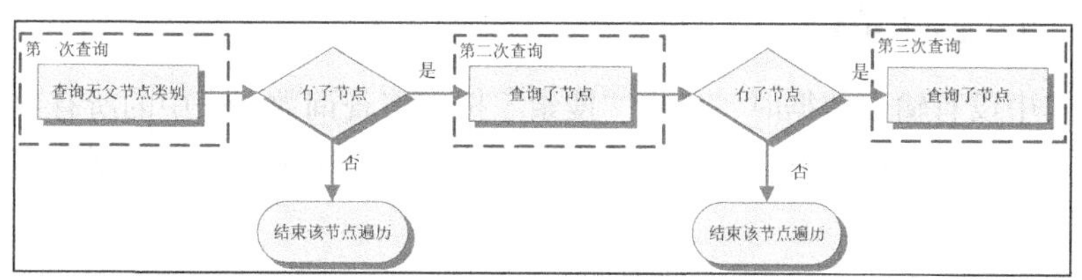

图 16-18　商品类别分级显示的流程

1．查询一级节点

通过公共模块持久化类中封装的 find() 方法查询所有的一级节点，在首页的 Action 请求 IndexAction 的 execute()方法中调用封装的 find()方法，其关键代码如下：

```
public String execute() throws Exception {
    // 查询所有类别
    String where = "where parent is null";
    categories = categoryDao.find(-1, -1, where, null).getList();
```

```
    ......                          //省略的 setter 和 getter 方法
}
```

find()方法有 4 个参数，其中-1 参数为当前页数和每页显示的记录数；where 参数为查询条件；null 参数为数据排序的条件。find()方法会根据提供的两个-1 参数执行以下代码：

```
// 如果 maxResult<0，则查询所有
if(maxResult < 0 && pageNo < 0){
    list = query.list();             //将查询结果转换为 List 对象
}
```

2. 页面遍历

通过 Struts 2 的<s:iterator>标签遍历查询的结果集 categories，然后将超链接的 Action 请求和参数赋值给三级节点，其关键代码如下：

```
<!-- 类别 -->
<s:iterator value="categories">
......<!—省略的布局及样式代码 -->
    <!-- 二级 -->
    <s:if test="!children.isEmpty">
    <s:iterator value="children">
    <!-- 三级 -->
    <s:if test="!children.isEmpty">
    <span>
    <s:iterator value="children">
    <s:a action="product_getByCategoryId" namespace="/product">
    <s:param name="category.id" value="id"></s:param>
    <s:property value="name" escape="false"/>
    </s:a>
    </s:iterator>
    </span>
    </s:if>
    </s:iterator>
    </s:if>
    ......<!—省略的布局及样式代码 -->
</s:iterator>
```

16.9.2 实现商品搜索

当搜索表单中没有输入数据时，单击“搜索”按钮将查询数据表中的所有数据；当在关键字文本框中输入要搜索的内容时，单击“搜索”按钮可以按关键字查询数据表中的所有数据，如图 16-19 所示。

图 16-19 搜索商品

搜索商品的方法封装在 ProductAction 类中，通过 HQL 的 like 条件语句实现商品的模糊查询功能，其关键代码如下：

```
public String findByName() throws Exception {
    if(product.getName() != null){
```

```
        String where = "where name like ?";                          //查询的条件语句
        Object[] queryParams = {"%" + product.getName() + "%"};     //为参数赋值
    pageModel = productDao.find(pageNo, pageSize,where, queryParams );//执行查询方法
    }
    return LIST;                                                     //返回列表首页
}
```

程序中返回的 LIST 并不是真正的 List 集合，而是前台显示商品列表信息页面的视图名。

在商品的列表页中，通过 Struts 2 的<s:iterator>标签遍历返回的商品 List 集合，其关键代码如下：

```
<s:iterator value="pageModel.list">
          <table border="0" width="100%" cellpadding="0" cellspacing="0">
              <tr><td rowspan="5" width="160">
                      <s:a action="product_select" namespace="/product">
                      <s:param name="id" value="id"></s:param>
                      <img width="150" height="150"src="<s:property
                      value="#request.get('javax.servlet.forward.context_ path') "/>/upload
                      /<s:property value="uploadFile.path"/>">
                  </s:a></td>
              </tr><tr bgcolor="#f2eec9">
                  <td align="right" width="90">商品名称：</td>
                  <td><s:a action="product_select" namespace="/product">
                      <s:param name="id" value="id"></s:param>
                      <s:property value="name" />
                  </s:a></td>
              </tr> <tr>
                  <td align="right" width="90">市场价格：</td>
                  <td><font style="text-decoration: line-through;">
                  <s:property value="marketprice" /> </font></td>
              </tr><tr bgcolor="#f2eec9">
                  <td align="right" width="90">GO 购网络价格：</td>
                  <td><s:property value="sellprice" />
                      <s:if test="sellprice <= marketprice">
                      <font color="red">节省
                      <s:property value="marketprice-sellprice" /></font>
                  </s:if></td>
              </tr><tr>
                  <td colspan="2" align="right">
                      <s:a action="product_select" namespace="/product">
                      <s:param name="id" value="id"></s:param>
                      <img src="${context_path}/css/images/gm_06.gif" width="136"
                          height="32" />
                  </s:a></td>
              </tr>
          </table>
</ s:iterator >
```

16.10 购物车模块设计

购物车是商务网站中必不可少的功能，GO 购网络商城购物车实现的主要功能有添加选购的新商品、自动更新选购的商品数量、清空购物车、自动调整商品总价格以及生成订单信息等。本模块实现的购物车的功能流程如图 16-20 所示。

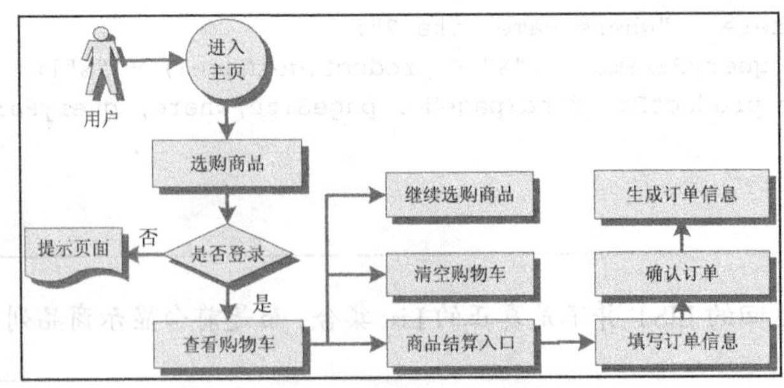

图 16-20 购物车的功能流程

16.10.1 实现购物车的基本功能

购物车的功能基于 Session 变量实现，Session 充当了一个临时信息存储平台。当 Session 失效后，保存的购物车信息也将全部丢失。

1. 在购物车中添加商品

登录会员浏览商品详细信息并单击页面中如图 16-21 所示的“立即购买”超链接后，会将该商品放入购物车内，如图 16-22 所示。

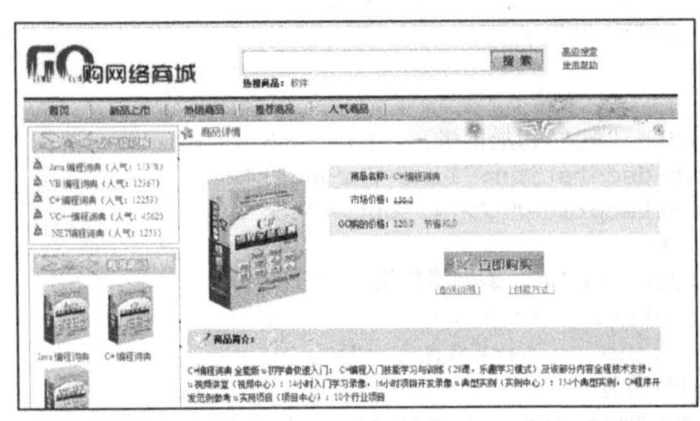

图 16-21 “立即购买”超链接

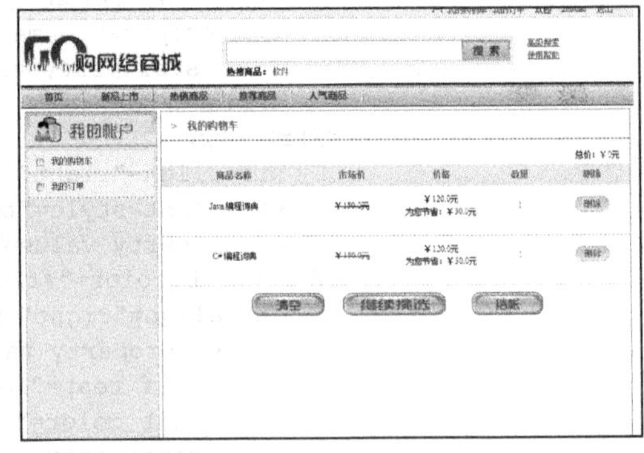

图 16-22 放入购物车内的商品

在购物车中添加商品时，首先要获取商品 id。如果购物车中存在相同 id 值，则修改该商品的数量，自动加 1；否则添加新的商品购买信息。添加商品信息的方法封装在 CartAction 类中，其关键代码如下：

```
public String add() throws Exception {
    if(productId != null && productId > 0){
    Set<OrderItem> cart = getCart();                    //获取购物车
    // 标记添加的商品是否为同一件商品
    boolean same = false;                               //定义 same 布尔变量
    for (OrderItem item : cart) {                       //遍历购物车中的信息
    if(item.getProductId() == productId){
            // 购买相同的商品，更新数量
            item.setAmount(item.getAmount() + 1);
            same = true;                                //设置 same 变量为 true
            }
    }
    // 不是同一种商品
```

```
        if(!same){
        OrderItem item = new OrderItem();                        //实例化订单条目信息实体对象
        ProductInfo pro = productDao.load(productId);            //加载商品对象
        item.setProductId(pro.getId());                          //设置 id
        item.setProductName(pro.getName());                      //设置商品名称
        item.setProductPrice(pro.getSellprice());                //设置商品销售价格
        item.setProductMarketprice(pro.getMarketprice());        //设置商品市场价格
        cart.add(item);                                          //将信息添加到购物车中
        }
        session.put("cart", cart);                               //将购物车保存在 Session 对象中
        }
        return LIST;
}
```

程序运行结束后，返回订单条目信息的列表页面，即 cart_list.jsp，其关键代码如下：

```
<s:iterator value="#session.cart">
    <s:set value="%{#sumall +productPrice*amount}" var="sumall" />
    ……<!-- 省略的布局代码 -->
    <td width="213" height="30" align="center">
    <s:property value="productName" /></td>
    <td width="130" align="center">
    <span style="text-decoration: line-through;"> ¥
    <s:property value="productMarketprice" />元</span></td>
    <td width="130" align="center">¥
    <s:property value="productPrice" />元<br>为您节省：¥
<s:propertyvalue="productMarketprice*amount - productPrice*amount" />元</td>
    <td width="104" align="center" class="red">
           <s:property value="amount" /></td>
    <td width="111" align="center"><s:a action="cart_delete" namespace= "/product">
           <s:param name="productId" value="productId"></s:param>
           <img src="${context_path}/css/images/zh03_03.gif" width="52" height ="23" />
    </s:a></td>
    ……<!-- 省略的布局代码 -->
</s:iterator >
```

2. 删除购物车中指定商品的订单条目信息

单击购物车中某个商品的订单条目信息后的“删除”超链接，如图 16-23 所示，将自动清除该商品的订单条目信息。

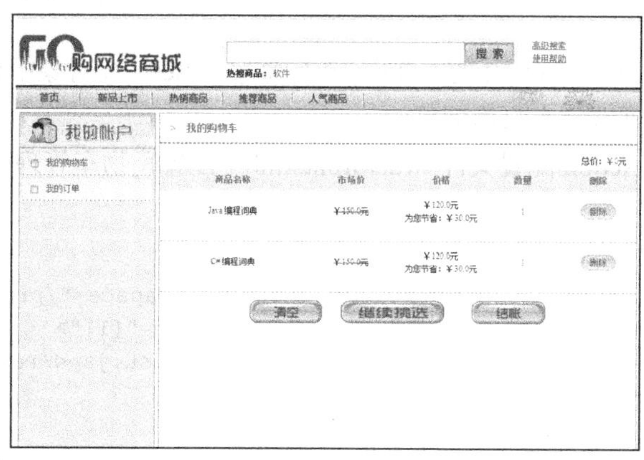

图 16-23 “删除”超链接

单击“删除”超链接后，URL 会发送一个 cart_delete.html 的请求，该请求执行 CartAction 中的 delete()方法，其关键代码如下：

```
public String delete() throws Exception {
    Set<OrderItem> cart = getCart();                    // 获取购物车
    // 此处使用 Iterator，否则出现 java.util.ConcurrentModificationException
    Iterator<OrderItem> it = cart.iterator();
    while(it.hasNext()){                                //使用迭代器遍历商品订单条目信息
    OrderItem item = it.next();
    if(item.getProductId() == productId){
    it.remove();                                        //移除商品订单条目信息
    }
    }
    session.put("cart", cart);                          //将清空后的信息重新放入 Session 中
    return LIST;                                        //返回购物车页面
}
```

3. 清空购物车

单击购物车页面中的“清空”按钮，将向服务器发送一个 cart_clear.html 的 URL 请求。该请求执行 CartAction 类中的 clear()方法，其关键代码如下：

```
public String clear() throws Exception {
    session.remove("cart");                             //移除信息
    return LIST;                                        //返回订单列表页面
}
```

4. 查找购物信息

单击首页顶部如图 16-24 所示的“我的购物车”超链接，可以查看购物车的相关信息。

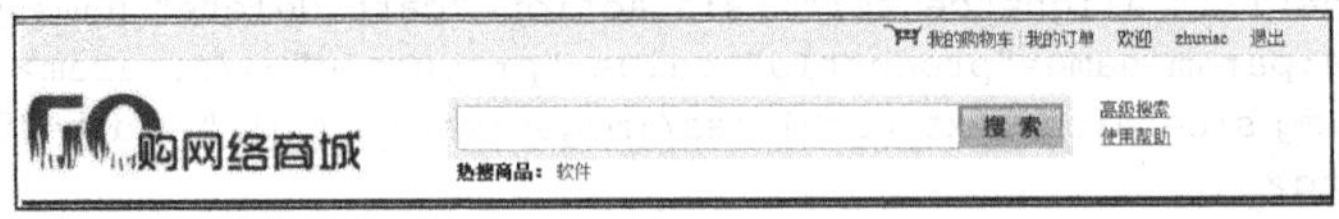

图 16-24 “我的购物车”超链接

单击“我的购物车”超链接后，发送一个 cart_list.html 的 URL 请求，该请求执行 CartAction 中的 list()方法，其关键代码如下：

```
public String list() throws Exception {
    return LIST;                                        //返回购物车页面
}
```

在购物车页面中，通过 Struts 2 的<s:iterator>标签遍历 Session 对象中购物车的相关信息，在程序模块中，只需要返回购物车页面即可。

在 Struts 2 的前台 Action 配置文件 struts-front.xml 中配置购物车管理模块的 Action 及视图映射关系，其关键代码如下：

```
<!-- 购物车 Action -->
<package name="shop.cart" extends="shop.front" namespace="/product">
    <action name="cart_*" class="cartAction" method="{1}">
    <result name="list">/WEB-INF/pages/cart/cart_list.jsp</result>
    <interceptor-ref name="customerDefaultStack"/>
    </action>
</package>
```

16.10.2　实现订单的相关功能

要结算选购的商品，首先要生成一个订单，其中包括收货人信息、送货方式、支付方式、购买的商品及订单总价格。用户在购物车中单击“收银台结账”超链接后，将打开填写订单页面 order_add.jsp，如图 16-25 所示。

1. 下订单

单击购物车的“收银台结账”超链接，将发送一个 order_add.html 的 URL 请求，该请求执行 OrderAction 类中的 add()方法，将用户的基本信息从 Session 对象中取出添加到订单表单中的指定位置，并跳转到我的订单页面，其关键代码如下：

```
public String add() throws Exception {
    order.setName(getLoginCustomer().getUsername());        //设置收货人姓名
    order.setAddress(getLoginCustomer().getAddress());      //设置收货人地址
    order.setMobile(getLoginCustomer().getMobile());        //设置收货人电话
    return ADD;                                             //返回我的订单页面
}
```

2. 订单确认

单击“我的订单”页面中的“付款”按钮，打开“订单确认”页面，如图 16-26 所示。

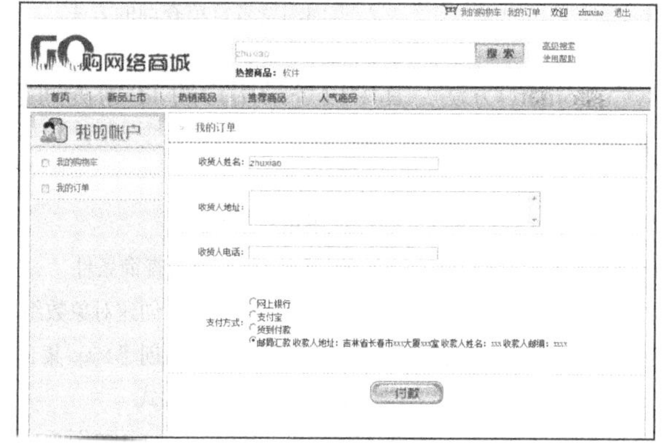

图 16-25　填写订单页面

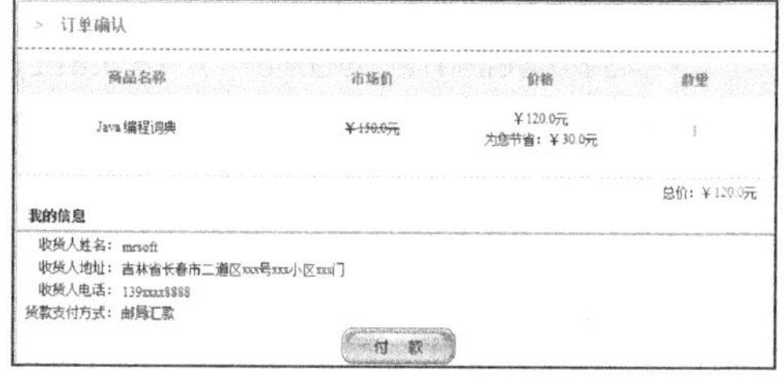

图 16-26　“订单确认”页面

其中显示订单的条目信息，即用户购买商品的信息清单，以便用户确认。

单击“付款”按钮，将发送一个 order_ confirm.html 的 URL 请求，该请求执行 OrderAction 类中的 confirm()方法，其关键代码如下：

```
public String confirm() throws Exception {
    return "confirm";                                       //返回订单确认页面
}
```

3. 订单保存

单击“订单确认”页面中的“付款”按钮，将触发 OrderAction 类中的 save()方法，把订单信息保存到数据库中，其关键代码如下：

```
public String save() throws Exception {
    if(getLoginCustomer() != null){                         //如果用户已登录
    order.setOrderId(StringUitl.createOrderId());           // 设置订单号
    order.setCustomer(getLoginCustomer());                  // 设置所属用户
```

```
        Set<OrderItem> cart = getCart();                              // 获取购物车
        // 依次更新订单项中的商品销售数量
        for(OrderItem item : cart){                                   //遍历购物车中的订单条目信息
        Integer productId = item.getProductId();                      //获取商品 id
        ProductInfo product = productDao.load(productId);             //加载商品对象
        product.setSellCount(product.getSellCount()+ item.getAmount());//更新商品销售数量
        productDao.update(product);                                   //修改商品信息
        }
        order.setOrderItems(cart);                                    // 设置订单项
           order.setOrderState(OrderState.DELIVERED);                 // 设置订单状态
        float totalPrice = 0f;                                        // 计算总额的变量
        for (OrderItem orderItem : cart) {                            //遍历购物车中的订单条目信息
        totalPrice += orderItem.getProductPrice() * orderItem.getAmount();//商品单价×商品
数量
        }
        order.setTotalPrice(totalPrice);                              //设置订单的总价格
        orderDao.save(order);                                         //保存订单信息
        session.remove("cart");                                       //清空购物车
    }
        return findByCustomer();                                      //返回消费者订单查询的方法
    }
```

执行 save()方法后，返回订单查询的 findByCustomer()方法，其中以登录用户的 id 为查询条件查询该用户的所有订单信息，其关键代码如下：

```
    public String findByCustomer() throws Exception {
        if(getLoginCustomer() != null){                               //如果用户已登录
        String where = "where customer.id = ?";                       //将用户 id 设置为查询条件
           Object[] queryParams = {getLoginCustomer().getId()};       //创建对象数组
        Map<String, String> orderby = new HashMap<String, String>(1);  //创建 Map 集合
        orderby.put("createTime", "desc");                            //设置排序条件及方式
        pageModel = orderDao.find(where, queryParams, orderby , pageNo, pageSize);
//执行查询方法
        }
        return LIST;                                                  //返回订单列表页面
    }
```

查询后返回订单列表页面 order_list.jsp，如图 16-27 所示。

\> 我的订单

订单号码	订单总金额	收货人	收货地址	支付方式	创建时间	订单状态
201005041012220323561	120.0	mrsoft	吉林省长春市二道区xxx号xxx小区xxx门	邮局汇款	2010年05月4日 10:12	已发货
201004271843190764180	240.0	mrsoft	吉林省长春市二道区xxx号xxx小区xxx门	邮局汇款	2010年04月27日 18:43	已发货
201004260941250469034	120.0	mrsoft	吉林省长春市二道区xxx号xxx小区xxx门	邮局汇款	2010年04月26日 09:41	已发货

图 16-27 订单列表页面

在 Struts 2 的前台 Action 配置文件 struts-front.xml 中，配置前台订单管理模块的 Action 及视图映射关系，关键代码如下：

```
<!-- 订单 Action -->
<package name="shop.order" extends="shop.front" namespace="/product">
    <action name="order_*" class="orderAction" method="{1}">
    <result name="add">/WEB-INF/pages/order/order_add.jsp</result>
    <result name="confirm">/WEB-INF/pages/order/order_confirm.jsp</result>
    <result name="list">/WEB-INF/pages/order/order_list.jsp</result>
    <result name="error">/WEB-INF/pages/order/order_error.jsp</result>
    <interceptor-ref name="customerDefaultStack"/>
    </action>
</package>
```

16.11　后台商品管理模块设计

GO 购网络商城的商品管理模块主要实现商品信息查询、商品信息修改、商品信息删除以及商品信息添加功能。后台商品管理模块的框架如图 16-28 所示。

在商品管理的基本模块中，包括商品的查询、修改、删除及添加，下面分别介绍。

16.11.1　查询商品信息

在 GO 购网络商城的后台管理页面中，单击左侧导航栏中的“查看所有商品”超链接，显示所有商品的查询页面，如图 16-29 所示。

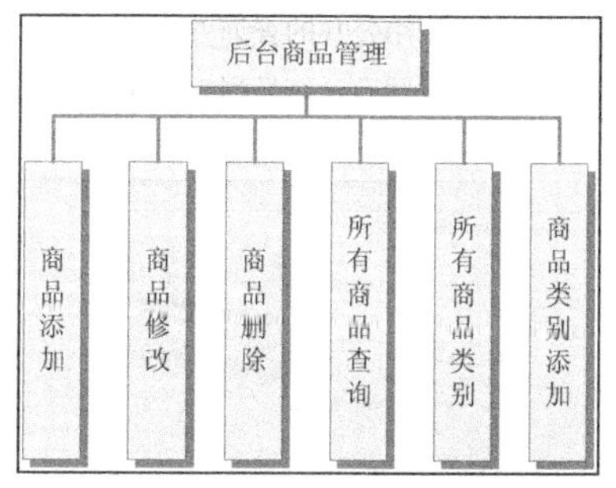

图 16-28　后台商品管理模块的框架

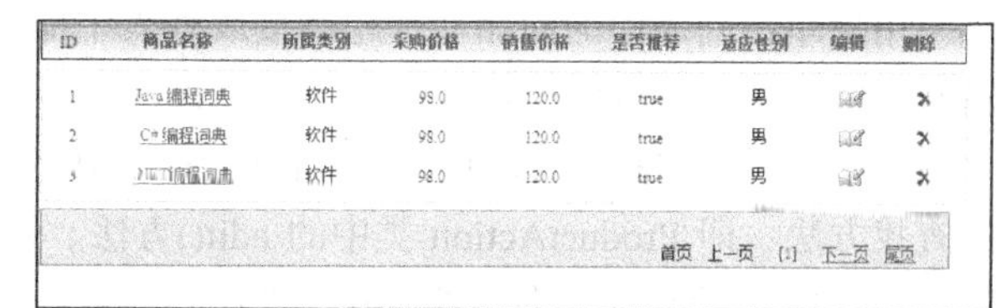

图 16-29　所有商品的查询页面

该页面实现的关键代码如下：

```
< table width="693" height="29" border="0" class="word01"><tr>
    <td width="37" height="27" align="center">ID</td>
    <td width="120" align="center">商品名称</td>
    <td width="78" align="center">所属类别</td>
    <td width="79" align="center">采购价格</td>
    <td width="79" align="center">销售价格</td>
    <td width="79" align="center">是否推荐</td>
    <td width="79" align="center">适应性别</td>
    <td width="52" align="center">编辑</td>
    <td width="52" align="center">删除</td>
```

```
    </tr></table>
  <div id="right_mid"><div id="tiao"><table width="693" height="29" border="0">
      <s:iterator value="pageModel.list">
      <tr>
      <td width="37" height="27" align="center"><s:property value="id" /></td>
      <td width="120" align="center"><s:a action="product_edit" namespace= "/admin/
product">
      <s:param name="id" value="id"></s:param><s:property value="name" /></s:a> </td>
      <td width="78" align="center"><s:property value="category.name" /></td>
      <td width="79" align="center"><s:property value="baseprice" /></td>
      <td width="79" align="center"><s:property value="sellprice" /></td>
      <td width="79" align="center"><s:property value="commend" /></td>
      <td width="79" align="center"><s:property value="sexrequest.name" /></td>
      <td width="52" align="center"><s:a action="product_edit" namespace= "/admin/
product">
      <s:param name="id" value="id"></s:param>
      <img src="${context_path}/css/images/rz_15.gif" width="21" height="16" /> </s:a>
</td>
      <td width="52" align="center"><s:a action="product_del" namespace ="/admin/
product">
      <s:param name="id" value="id"></s:param>
      <img src="${context_path}/css/images/rz_17.gif" width="15"height="16" /> </s:a>
</td>
      </tr>
      </s:iterator>
  </table>
```

单击"查看所有商品"超链接，将发送一个 product_list.html 的 URL 请求，该请求执行 ProductAction 类中的 list()方法。该类继承了 BaseAction 类和 ModelDriven 接口，其关键代码如下：

```
public String list() throws Exception{
     pageModel = productDao.find(pageNo, pageSize);          //调用公共的查询方法
     return LIST;                                            //返回后台商品列表页面
}
```

当用户单击列表中的商品名称超链接或列表中的按钮时，将进入商品信息的编辑页面，如图 16-30 所示。

图 16-30 商品信息编辑页面

在其中可以修改商品的信息，该操作触发商品详细信息的查找方法，即 ProductAction 类中的 edit()方法。该方法将以商品的 id 值作为查询条件，其关键代码如下：

```
public String edit() throws Exception{
     this.product = productDao.get(product.getId());
//执行封装的查询方法
     createCategoryTree();                        //生成商品的类别树
     return EDIT;                                 //返回商品信息编辑页面
}
```

商品信息编辑页面的关键代码如下：

```
商品名称：<s:textfield name="name"></s:textfield>
     <img width="270" height="180" border="1" src="<s:property value="#request.get
('javax.servlet.forward.context_path')"/>
     /upload/<s:property value="uploadFile.path"/>">
     选择类别：<s:select name="category.id" list="map" value="category.id"> </s:select>
采购价格：<s:textfield name="baseprice"></s:textfield>
市场价格：<s:textfield name="marketprice"></s:textfield>
```

```
销售价格：<s:textfield name="sellprice"></s:textfield>
是否为推荐：<s:radio name="commend" list="#{'true':'是','false':'否'}" value= "commend">
</s:radio>
所属性别：<s:select name="sexrequest" list="@com.lyq.model.Sex@getValues()"
    value="sexrequest.getName()"></s:select>
上传图片：<s:file id="file" name="file"></s:file>
商品说明：<s:textarea name="description" cols="50" rows="6"> </s:textarea>
```

16.11.2　修改商品信息

用户编辑商品信息后单击“提交”按钮，即可将修改后的信息保存到数据库中。该操作发送一个 product_save.html 的 URL 请求，它会调用 ProductAction 类中的 save()方法，上传图片并在数据表中添加数据，其实现代码如下：

```
public String save() throws Exception{
    if(file != null ){                                    //如果文件路径不为空
    //获取服务器的绝对路径
String path = ServletActionContext.getServletContext().getRealPath ("/upload");
    File dir = new File(path);
    if(!dir.exists()){                                    //如果文件夹不存在
    dir.mkdir();                                          //创建文件夹
    }
    String fileName = StringUitl.getStringTime() + ".jpg";   //自定义图片名称
    FileInputStream fis = null;                           //输入流
    FileOutputStream fos = null;                          //输出流
    try {
    fis = new FileInputStream(file);                      //根据上传文件创建 InputStream 实例
    fos = new FileOutputStream(new File(dir,fileName));//创建写入服务器地址的输出流对象
    byte[] bs = new byte[1024 * 4];                           //创建字节数组实例
    int len = -1;
    while((len = fis.read(bs)) != -1){                        //循环读取文件
           fos.write(bs, 0, len);                             //向指定的文件夹中写数据
           }
    UploadFile uploadFile = new UploadFile();                 //实例化对象
    uploadFile.setPath(fileName);                             //设置文件名称
    product.setUploadFile(uploadFile);                        //设置上传路径
    } catch (Exception e) {
    e.printStackTrace();
    }finally{
    fos.flush();
    fos.close();
    fis.close();
    }
    }
    //如果商品类别和商品类别 id 不为空，则保存商品类别信息
    if(product.getCategory() != null && product.getCategory().getId() != null){
    product.setCategory(categoryDao.load(product.getCategory().getId()));
    }
    //如果上传文件和上传文件 id 不为空，则保存文件的上传路径信息
    if(product.getUploadFile() != null && product.getUploadFile().getId() != null){
```

```
        product.setUploadFile(uploadFileDao.load(product.getUploadFile().getId()));
    }
    productDao.saveOrUpdate(product);                              //保存商品信息
        return list();                                             //返回商品的查询方法
    }
```

在 Web 应用中，文件上传通过 Form 表单实现，此时表单必须以 POST 方式提交（Struts 2 标签的 Form 表单默认提交方式为 POST），并且设置 enctype ="multipart/form-data"属性，在表单中需要提供一个或多个文件选择框供用户选择文件。提交表单后，选择的文件通过流方式传递，在接收表单的 Servlet 或 JSP 页面中获取该流，并将流中的数据读取到一个字节数组中，因此需要从中分离出每个文件的内容，并写到磁盘中。注意分离过程中应以字节为单位。

16.11.3 删除商品信息

单击列表中的✖按钮，将发送一个 product_del.html 的 URL 请求，触发 ProductAction 类中的 del()方法。该方法将以商品的 id 为参数，执行持久化类中封装的 delete()方法，调用 Hibernate 的 Session 对象中的 delete()方法，其关键代码如下：

```
public String del() throws Exception{
    productDao.delete(product.getId());                    //执行删除操作
    return list();                                         //返回商品列表查找方法
}
```

16.11.4 添加商品信息

单击后台管理页面左侧导航栏中的“商品添加”超链接，将打开“添加商品”页面，如图 16-31 所示。

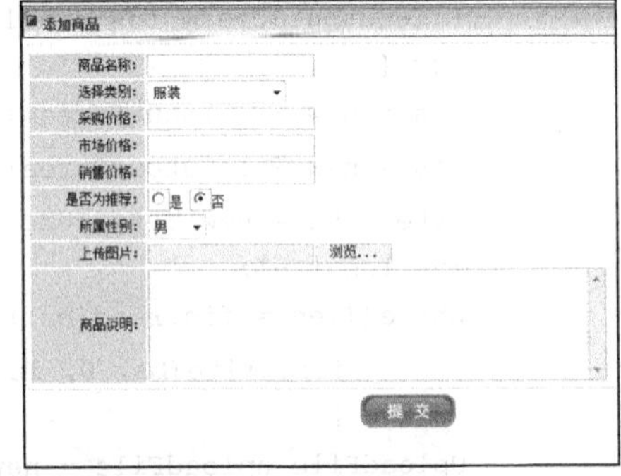

图 16-31 “添加商品”页面

编辑商品信息并单击“提交”按钮，将发送一个 product_save.html 的 URL 请求，触发 ProductAction 类中的 save()方法。

在 Struts 2 的后台 Action 配置文件 struts-admin.xml 中配置商品管理模块的 Action 及视图映射关系，关键代码如下：

```
<!-- 商品管理 -->
<package name="shop.admin.product" namespace="/admin/product" extends="shop. admin">
    <action name="product_*" method="{1}" class="productAction">
    <result name="list">/WEB-INF/pages/admin/product/product_list.jsp</result>
    <result name="input">/WEB-INF/pages/admin/product/product_add.jsp</result>
    <result name="edit">/WEB-INF/pages/admin/product/product_edit.jsp</result>
    <interceptor-ref name="adminDefaultStack"/>
    </action>
</package>
```

16.12 后台订单管理模块设计

后台的订单管理模块主要分为两个基本模块，分别是订单查询和订单状态修改，其中订单查询又可分为订单的全部查询和用户自定义的条件查询，框架模块图如图 16-32 所示。

16.12.1　实现后台订单查询

在管理页面左侧导航栏中单击“查看订单”超链接，打开订单状态管理页面，如图 16-33 所示。

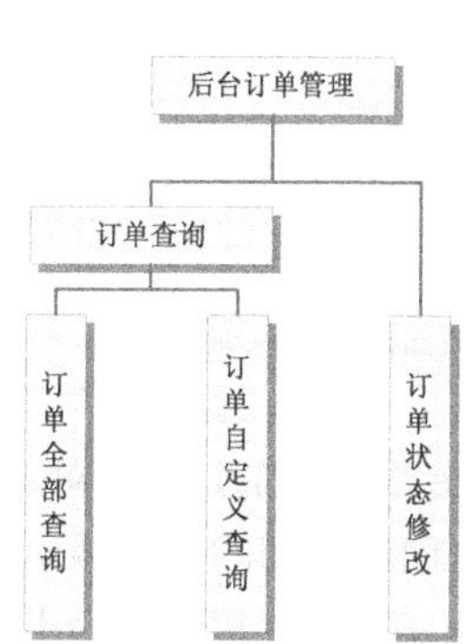

图 16-32　后台订单管理模块框架

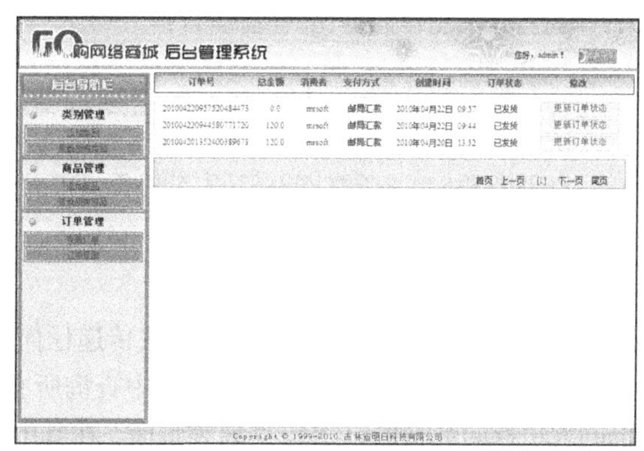

图 16-33　订单状态管理页面

单击左侧导航栏中的“订单查询”超链接，打开“订单查询”页面，如图 16-44 所示。

图 16-34 “订单查询”页面

单击导航栏中的“查看订单”超链接或单击“订单查询”页面中的“提交”按钮，均可发送一个 order_list.html 的 URL 请求，触发 OrderAction 中的 list()方法，其关键代码如下：

```
public String list() throws Exception {
    Map<String, String> orderby = new HashMap<String, String>(1); //定义 Map 集合
    orderby.put("createTime", "desc");                          //设置按创建时间倒序排列
    StringBuffer whereBuffer = new StringBuffer("");               //创建字符串对象
    List<Object> params = new ArrayList<Object>();
    if(order.getOrderId()!=null && order.getOrderId().length()>0){//如果订单号不为空
    whereBuffer.append("orderId = ?");                          //以订单号为查询条件
    params.add(order.getOrderId());                             //设置参数
    }
    if(order.getOrderState() != null){                          //如果订单状态不为空
    if(params.size() > 0) whereBuffer.append(" and ");          //增加查询条件
    whereBuffer.append("orderState = ?");                       //设置订单状态为查询条件
    params.add(order.getOrderState());                          //设置参数
    }
    if(order.getCustomer() != null && order.getCustomer().getUsername() != null
    && order.getCustomer().getUsername().length() > 0){         //如果会员名不为空
    if(params.size() > 0) whereBuffer.append(" and ");          //增加查询条件
    whereBuffer.append("customer.username = ?");                //设置会员名为查询条件
    params.add(order.getCustomer().getUsername());              //设置参数
```

```
    }
    if(order.getName() != null && order.getName().length()>0){//如果收款人姓名不为空
    if(params.size() > 0) whereBuffer.append(" and ");  //增加查询条件
    whereBuffer.append("name = ?");                      //设置收款人姓名为查询条件
    params.add(order.getName());                         //设置参数
    }
    //如果 whereBuffer 为空，则查询条件为空；否则以 whereBuffer 为查询条件
    String where = whereBuffer.length()>0 ? "where "+whereBuffer.toString() : "";
    pageModel = orderDao.find(where, params.toArray(), orderby, pageNo, pageSize);
    //执行查询方法
    return LIST;                                         //返回后台订单列表
}
```

“查看订单”超链接并没有为 list()方法传递任何的参数，所以最后传给 find()方法的 where 查询条件字符串为空，该方法将会从数据库中查询所有的订单信息，并按创建时间的倒序输出。

list()方法返回后台的订单信息列表页面，在其中利用 Struts 2 的<s:iterator>方法遍历输出返回结果集中的信息，具体代码请参见光盘中的源程序。

16.12.2 实现后台订单状态管理

单击订单列表页面中的“更新订单状态”按钮，弹出提示对话框，让用户选择修改的状态信息，如图 16-35 所示。

图 16-35 提示对话框

在订单列表页面中，通过模态形式弹出该对话框，为“更新订单状态”按钮绑定触发事件的关键代码如下：

```
<td width="150" align="center">
   <s:url action="order_select" namespace="/admin/product"
var="order _select">
     <s:param name="orderId" value="orderId"></s:param></s:url>
    <input type="button" value="更新订单状态"onclick="openWindow('$ {order_select}',
350,150);">
</td>
```

说明 如果弹出的子窗体是模态的，则必须关闭后再执行主窗体中的操作；如果是非模态的，则不关闭也可执行主窗体中的操作。

Action 请求 order_select 跳转的页面为 order_select.jsp，即弹出的模态窗体。更新订单状态页面的关键代码如下。

```
<s:push value="order">
<h3>更新订单状态</h3>
<div align="center">
<s:form action="order_update" namespace="/admin/product">
    <s:hidden name="orderId"></s:hidden>
    <p>
    订单状态：
      <s:radio name="orderState" list="@com.lyq.model.OrderState@getValues()"
    value="orderState.getName()"></s:radio>
    </p>
    <s:submit value="更新订单状态" ></s:submit>
</s:form>
</div>
```

```
</s:push>
```

选择订单状态，单击“更新订单状态”按钮，将发送一个 order_update.html 的 URL 请求，触发 OrderAction 类中的 update()方法，其关键代码如下：

```
public String update() throws Exception {
    OrderState orderState = order.getOrderState();          //获取设置的订单状态
    order = orderDao.load(order.getOrderId());              //加载订单对象
    order.setOrderState(orderState);                        //设置的订单状态
    orderDao.update(order);       //修改订单状态
    return "update";              //返回订单状态修改成功页面
}
```

修改订单状态成功后，弹出提示窗口，如图 16-36 所示。

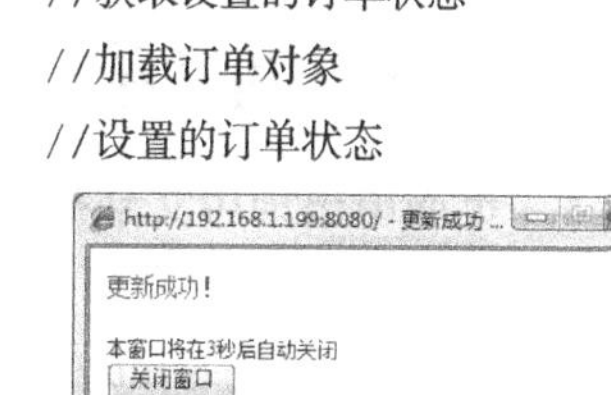

图 16-36　提示窗口

通过 JavaScript 设置该窗体 3 秒后自动关闭并刷新主页面。设置窗体自动关闭的 JavaScript 关键代码如下：

```
<script type="text/javascript">
    function closewindow(){
    if(window.opener){
    window.opener.location.reload(true);              //刷新父窗体
    window.close();                                   //关闭提示窗体
    }
}
function clock(){
    i = i -1;
    if(i > 0){                                        //如果 i 大于 0
    setTimeout("clock();",1000);                      //1 秒后重新调用 clock()方法
    }else{
    closewindow();                                    //调用关闭窗体的方法
    }
}
    var i = 3;                                        //设置 i 值
    clock();                                          //页面加载后自动调用 clock()
</script>
```

上述代码通过变量 *i* 来设置窗体自动关闭的时间，在 clock()方法中，当 *i* 值为 0 时调用关闭窗体的方法，并且通过 setTimeout()方法设置方法调用时间，参数 1000 的单位为毫秒。

在 Struts 2 的后台 Action 配置文件 struts-admin.xml 中，配置订单管理模块的 Action 及视图映射关系，关键代码如下：

```
<!-- 订单管理 -->
<package name="shop.admin.order" namespace="/admin/product" extends="shop.admin">
    <action name="order_*" method="{1}" class="orderAction">
    <result name="list">/WEB-INF/pages/admin/order/order_list.jsp</result>
    <result name="select">/WEB-INF/pages/admin/order/order_select.jsp</result>
    <result name="query">/WEB-INF/pages/admin/order/order_query.jsp</result>
    <result        name="update">/WEB-INF/pages/admin/order/order_update_success.jsp</
result>
    <interceptor-ref name="adminDefaultStack"/>
    </action>
</package>
```

16.13 网站编译与发布

16.13.1 网站编译

1. 页面中出现中文乱码

问题描述：在程序测试的过程中发现页面中会出现程序乱码的情况。

解决方法：解决 Struts 2 的乱码问题可以在 struts.properties 文件进行如下配置。

```
struts.i18n.encoding=UTF-8
```

struts.i18n.encoding 用来设置 Web 的默认编码方式，GO 购网络商城使用了 UTF-8 作为默认的编码方式，虽然该方法可以有效解决表单的中文乱码问题，但是该模式要求表单的 method 属性必须为 post。由于 Struts 2 中的 form 表单标签默认的 method 属性就为 post，因此不必再进行额外的设置。如果页面中的表单没有使用 Struts 2 的表单标签，则需要在表单中指定 method 的属性值。

2. 自定义查询时当订单号为空会出错

问题描述：在对后台订单自定义查询进行测试的时候发现，如果订单号为空，填写后面的查询条件并进行查询的时候就会报错，如图 16-37 所示。

```
Struts Problem Report

Struts has detected an unhandled exception:

Messages:
1. unexpected token: and near line 1, column 39 [from com.lyq.model.order.Order where and orderState = ? order by createTime desc]
2. unexpected token: and near line 1, column 39 [from com.lyq.model.order.Order where and orderState = ? order by createTime desc]; nested exception is org.hibernate.hql.ast.QuerySyntaxException: unexpected token: and near line 1, column 39 [from com.lyq.model.order.Order where and orderState = ? order by createTime desc]
```

图 16-37 订单号为空查询时系统的报错信息

解决方法：从错误信息中可以发现，在 where 条件查询语句中，关键字 where 是直接连接关键字 and 的，也就是说在订单状态前置查询条件订单号码为空的情况下，同样将关键字 and 拼接到了查询条件中。解决该问题只需对查询条件的 Object 数组的长度进行判断，如果数组的长度不为 0，就将关键字 and 添加到查询条件中。以订单状态的查询条件为例，其关键代码如下：

```
if(order.getOrderState() != null){                  //如果订单状态不为空
    if(params.size() > 0){
    whereBuffer.append(" and ");                    //增加查询条件
    }
    ......                                          //省略的代码
}
```

16.13.2 网站发布

网站发布的目的是让浏览者在浏览器的地址栏中输入指定域名时可以访问网络。

1. 配置 Tomcat 服务器

在发布之前需要配置 Tomcat 的端口号及虚拟主机，前者是为了让用户在访问网站时不输入端口号；后者是为了让 DNS 服务器解析 Tomcat 的域名信息。

（1）配置端口号

在安装 Tomcat 时，默认端口号是 8080，需要修改为网络默认的端口号 80，即只要输入 Tomcat 服务器的 IP 地址即可访问。

例如，本机将 Tomcat 安装在 K:\Program Files 文件夹下。找到 K:\Program Files\Tomcat 7.0\conf\server.xml 文件，如图 16-38 所示。

通过记事本打开该文件，找到如下代码：

```
<Connector port="8080" protocol="HTTP/1.1"
maxThreads="150" connectionTimeout="20000"
 redirectPort="8443" />
```

修改<Connector>标签中的 port 属性，将 8080 修改为 80，代码如下：

```
<Connector port="80" protocol="HTTP/1.1"
maxThreads="150" connectionTimeout="20000"
 redirectPort="8443" />
```

（2）配置虚拟主机

配置虚拟主机需要一个固定的 IP 地址，因为需要通过 DNS 服务器（域名服务器）映射这个 IP 地址到指定的域名空间。如果 IP 地址改变，DNS 服务器就无法映射到指定的域名，这将在很大程度上影响用户正常访问网站或应用。

虚拟主机是一种在一台 Web 服务器上服务多个域名的机制，让每个域名都似乎独享了整台主机。大多数小型商务网站或应用的 Web 发布架设均采用了虚拟主机机制。

在配置虚拟主机前，首先了解网上域名解析的简单流程，如图 16-39 所示。

catalina.policy	2009/5/14 1:15	POLICY 文件	9 KB
catalina.properties	2009/5/14 1:15	PROPERTIES 文件	4 KB
context.xml	2009/5/14 1:15	XML Document	2 KB
logging.properties	2009/5/14 1:15	PROPERTIES 文件	4 KB
server.xml	2009/5/14 1:15	XML Document	7 KB
tomcat-users.xml	2009/5/14 1:15	XML Document	2 KB
web.xml	2009/5/14 1:15	XML Document	50 KB

图 16-38　需要修改的 XML 文件

图 16-39　网上域名解析的简单流程

为了让 Tomcat 服务器映射到指定的应用，需要修改 server.xml 文件中的 Host 元素，在 XML 文件中找到如下代码：

```
<Host name="localhost"  appBase="webapps"
  unpackWARs="true" autoDeploy="true"
  xmlValidation="false" xmlNamespaceAware="false">
```

如 GO 购网络商城的域名为“www.mrshop.com”，webapp 文件夹中对应的应用文件夹为 Shop。设置虚拟主机映射的应用，修改如下：

```
<Host name="www.mrshop.com"  appBase="webapps/Shop"
  unpackWARs="true" autoDeploy="true"
  xmlValidation="false" xmlNamespaceAware="false">
```

Tomcat 的 server.xml 文件在初始状态下只包括一台虚拟主机。要设置多台虚拟主机，只需要在该文件中添加多个 Host 元素。

这样，在局域网中的计算机上即可通过“www.mrshop.com”地址访问 GO 购网络商城。为了让外网用户也能通过域名访问 GO 购网络商城，需要配置 DNS 服务器。

2. 配置 DNS 服务器

本节将以 Windows Server 2003 为例介绍 DSN 服务器的配置。

在应用 DNS 服务器发布带域名的网站时，首先要确定服务器上已经安装了 DNS 服务，并且需要在 DNS 服务上新建一个区域和一个主机，然后配置 DNS 客户端。

（1）安装 DNS 服务

① 单击“开始”/“控制面板”/“添加或删除程序”选项，打开“添加或删除程序”窗口，如图 16-40 所示。

② 选择“添加/删除 Windows 组件”选项，打开“Windows 组件向导”对话框。选择“网络服务”复选框，如图 16-41 所示。

③ 单击“详细信息”按钮，打开如图 16-42 所示的“网络服务”对话框。选择“域名系统（DNS）”选项，单击“确定”按钮。

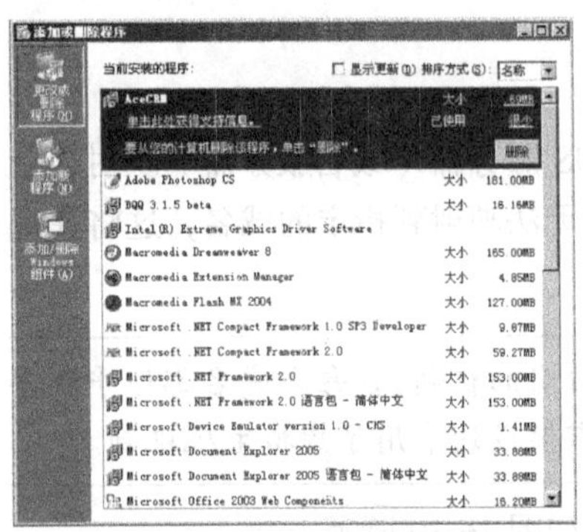

图 16-40 “添加或删除程序”窗口

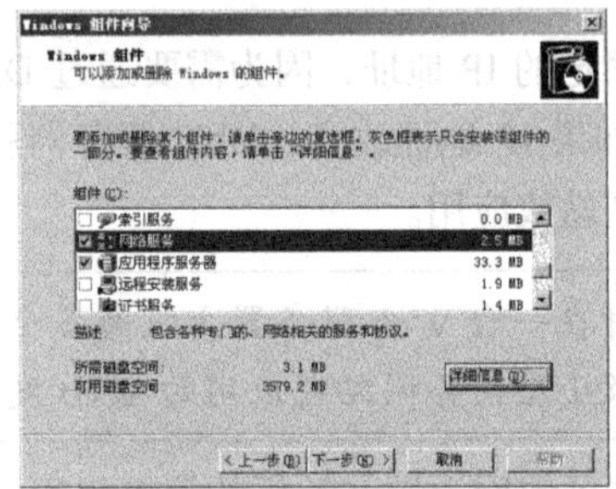

图 16-41 “Windows 组件向导”复选框

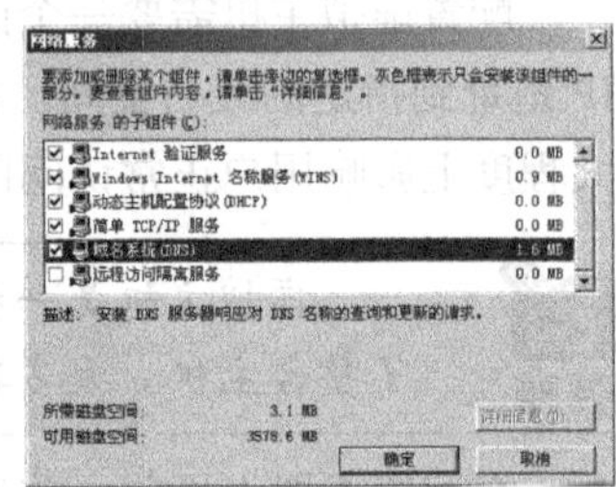

图 16-42 “网络服务”对话框

④ 单击“下一步”按钮即开始安装网络服务组件，如图 16-43 所示，在安装过程中需要将系统的安装盘插入到光驱中。

⑤ 单击“下一步”按钮，在弹出的“完成安装”对话框中单击“完成”按钮。

注意 安装 DNS 服务的计算机必须有一个静态 IP 地址，此 IP 地址可以通过配置 TCTP/IP 来获得。

（2）创建 DNS 区域

① 单击“开始”/“管理工具”/“DNS”选项，打开 DNS 服务控制台，如图 16-44 所示。

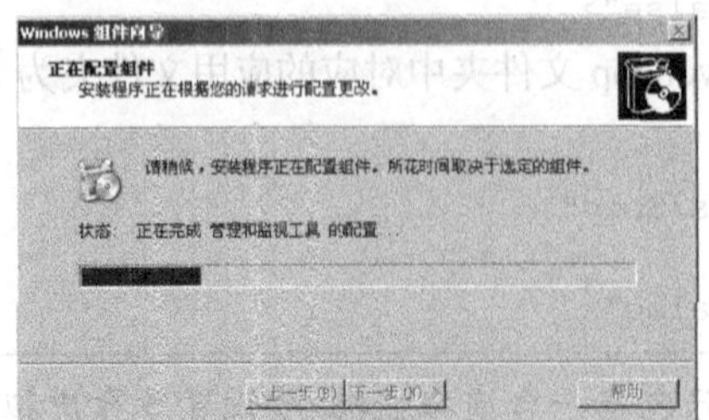

图 16-43 安装网络服务组件

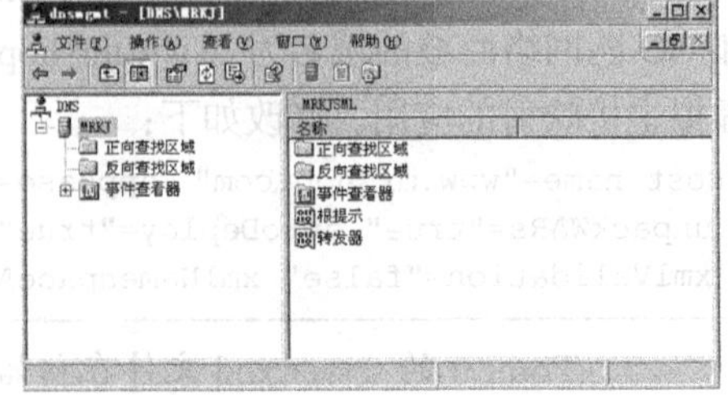

图 16-44 DNS 服务控制台

② 在左侧窗格中展开“MRKJ”/“正向查找区域”选项，右击“正向查找区域”选项，在弹出的快捷菜单中选择“新建区域”选项，如图 16-45 所示。

③ 弹出“新建区域向导”对话框，单击“下一步”按钮，弹出“区域类型”对话框，如图 16-46 所示。

④ 选择区域类型后，单击“下一步”按钮，弹出“区域文件”对话框。在“创建新文件，文件名为”文本框中输入需要创建的新区域文件的名称，如图 16-47 所示。

⑤ 单击“下一步”按钮，弹出“动态更新”对话框，如图 16-48 所示。

⑥ 选择动态更新类型，单击“下一步”按钮，在弹出的对话框中单击“完成”按钮。

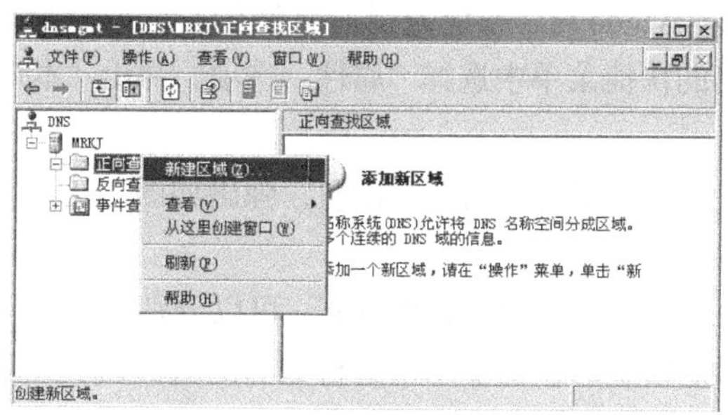

图 16-45 “新建区域”选项

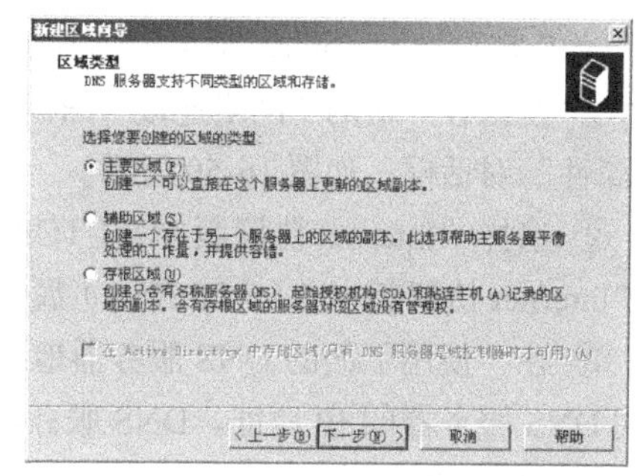

图 16-46 “区域类型”对话框

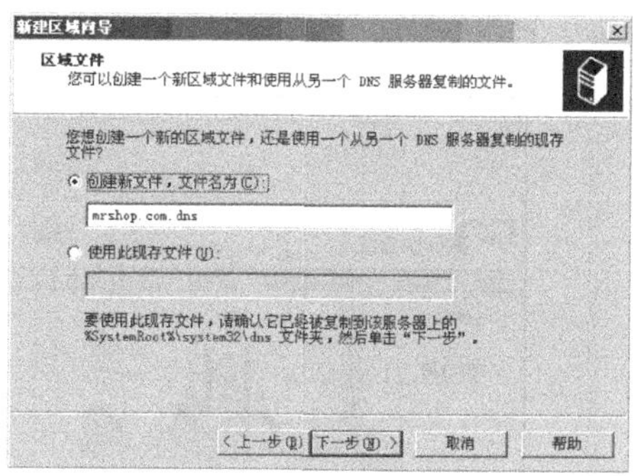

图 16-47 输入新区域文件的名称

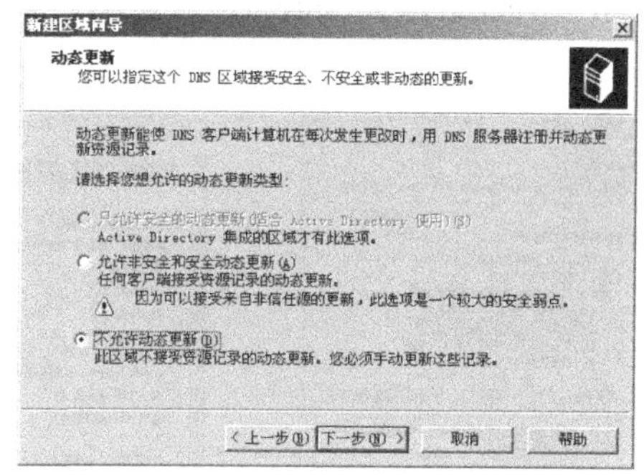

图 16-48 “动态更新”对话框

DNS 区域分为两类，一是正向搜索区域，即名称到 IP 地址的数据库，用于提供将名称转换为 IP 地址的服务；二是反向搜索区域，即 IP 地址到名称的数据库，用于提供将 IP 地址转换为名称的服务。

（3）新建主机

在多数情况下，DNS 客户端查询的是主机信息。例如，在正向搜索区域 mrshop.com（在配置 DNS 服务时创建）中建立一个名为“www.mrshop.com”（在新建主机时创建）的主机资源记录，并且计算机的 IP 地址为 192.168.1.233（笔者的 IP 地址），配置方法如下。

① 右击 DNS 服务管理器中左侧窗格中的“正向查找区域”下的“mrshop.com”区域，在弹出的快捷菜单中选择“新建主机”选项，如图 16-49 所示。

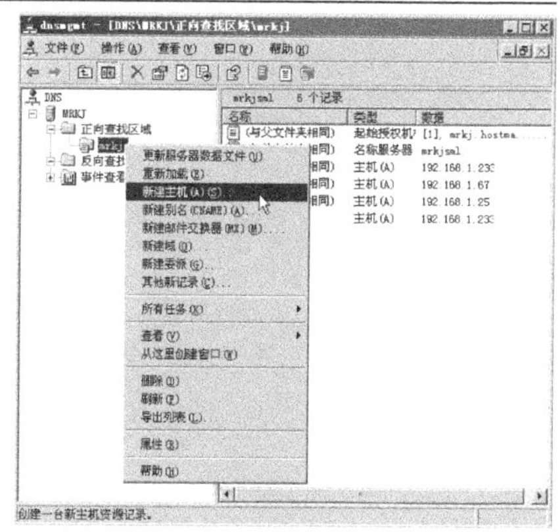

图 16-49 “新建主机”选项

② 弹出“新建主机”对话框，在“名称”文本框中输

入新建的主机名称，如“www”。注意，这里是在通过 IE 地址栏浏览时需要输入的内容。

③ 在“IP 地址”文本框中输入主机对应的实际 IP 地址，如“192.168.1.233”，然后单击“添加主机”按钮。

也可以在网上申请使用现有的 DNS 服务器。

（4）配置 DNS 客户端

DNS 客户端即 Tomcat 服务器所在的机器，以 Windows 7 系统为例，配置方法如下。

① 右击客户端的“网络连接”图标，在弹出的快捷菜单中选择“属性”选项，弹出“本地连接 属性”对话框，如图 16-50 所示。

② 选择“Internet 协议版本 4（TCP/IPv4）”选项，单击“属性”按钮，弹出如图 16-51 所示的“Internet 协议版本 4（TCP/IPv4）属性”对话框。

③ 在“使用下面的 DNS 服务器地址”中输入 DNS 服务器的 IP 地址，可以分别输入首选和备用 DNS 服务器的 IP 地址。DNS 服务器一般都是指定的，主要用来解析域名的服务器。

④ 单击“确定”按钮。

⑤ 在客户端的 IE 地址栏中输入要访问的网址（如 www.mrshop.com），按 Enter 键即可打开 GO 购网络商城首页，如图 16-52 所示。

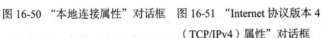

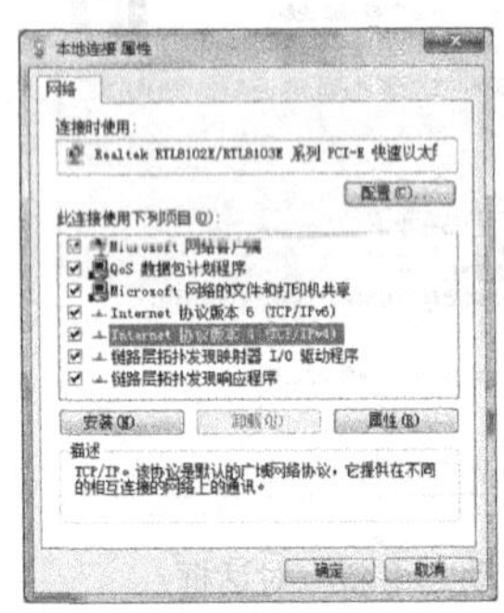

图 16-50 “本地连接属性”对话框

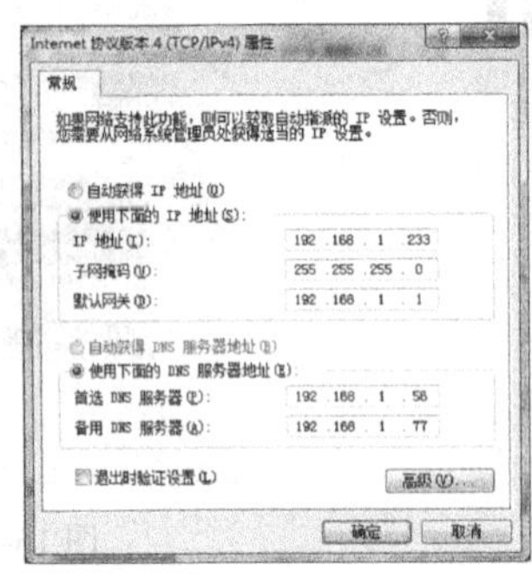

图 16-51 “Internet 协议版本 4（TCP/IPv4）属性”对话框

图 16-52 GO 购网络商城首页

第 17 章
课程设计——基于 Struts 2 的博客网站

本章要点：

- 推荐功能的设置
- 热门功能的设置
- 图片上传
- 好友查询
- 留言功能的设置
- 日历功能的设置

“博客”译自英文 Weblog/blog（也译作“网络日志”、“网志”或“部落格”等），它是互联网平台上的个人信息交流中心。一般来说，一个博客就是一个页面，它通常由简短而且经常更新的帖子构成，所有文章都是按照年份和日期排列的，有些类似日记，看上去平淡无奇，毫无可炫耀之处，但它可以让每个人零成本、零维护地创建自己的网络媒体，每个人都可以随时把自己的思想火花和灵感更新到博客站点上。

17.1　课程设计目的

博客系统为网友提供了一个相互交流、学习的平台。博客的两人基本功能是共享与交流。共享是将文章、图片、心得等一些很私人的东西，拿出来和多数人一起分享；交流是有着同样兴趣、爱好、语言的一类人之间的联系。

博客已经成为网络家族必不可少的一员，如今没有自己的博客的网友很可能会遭到其他网友的嘲笑，套用电影《大腕》里的一句话说“你都不好意意思和别人打招呼”。

17.2　功能描述

本章的博客系统主要分为：个人博客空间、个人博客管理和博客后台管理 3 部分。结合目前博客系统的设计方案，本项目在设计时应该满足以下目标：

- 界面设计美观大方、操作简单；
- 功能完善、结构清晰；
- 个人博客浏览；

- 能够实现后台用户管理；
- 能够实现推荐博客操作；
- 能够实现后台文章管理；
- 能够实现后台相册管理。

17.3 总体设计

17.3.1 构建开发环境

博客的开发环境具体要求如下。

- 开发平台：Windows XP（SP2）/Windows Server 2003（SP2）/Windows 7。
- 开发技术：Struts 2 + Hibernate
- 后台数据库：MySQL。
- Java 开发包：Java SE Development KET(JDK) version 7 Update 3。
- Web 服务器：Tomcat 7.0.27。
- 浏览器：IE 6.0 以上版本。
- 分辨率：最佳效果 1024 像素×768 像素。

17.3.2 网站功能结构

个人博客空间是为他人提供浏览、查看博客内容的平台。在这个空间中，用户可以浏览文章、发表留言、添加好友和浏览相册等。个人博客空间的功能结构图如图 17-1 所示。

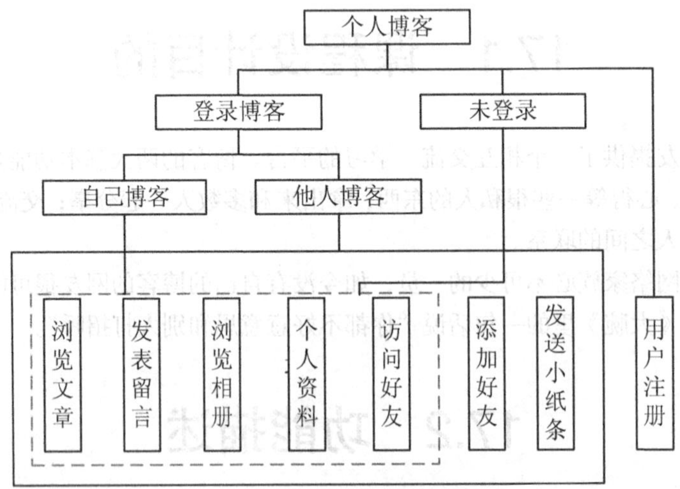

图 17-1 个人博客空间的功能结构图

博客后台管理系统主要是对博客用户和管理员的管理。博客后台管理包括用户管理、用户文章管理、用户相册管理和修改管理员密码，其功能结构图如图 17-2 所示。

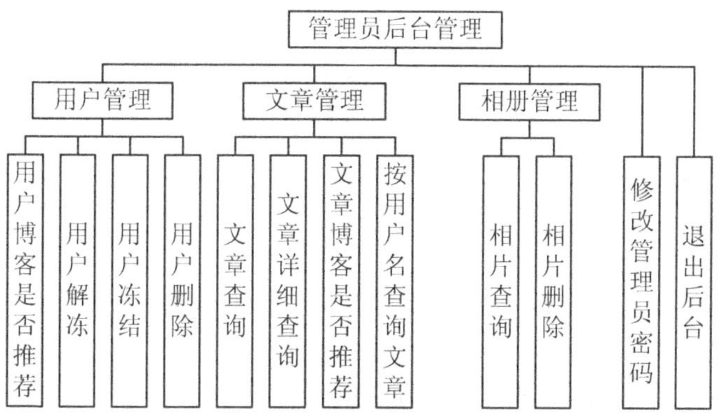

图 17-2　博客网站后台结构图

17.3.3　系统流程图

个人博客前台管理系统的流程图如图 17-3 所示。

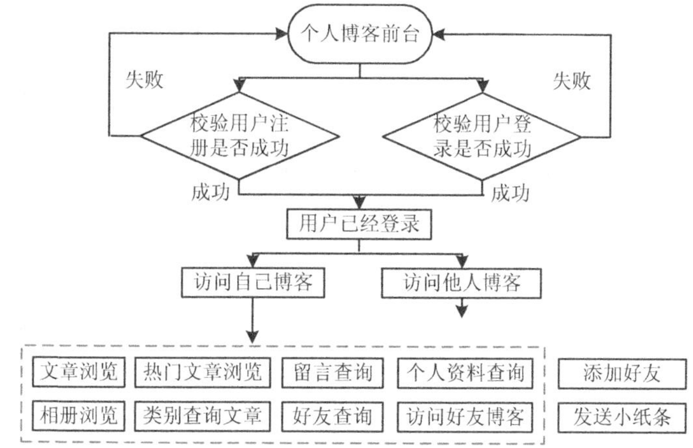

图 17-3　博客网站前台管理系统的流程图

个人博客管理员后台管理系统的流程图如图 17-4 所示。

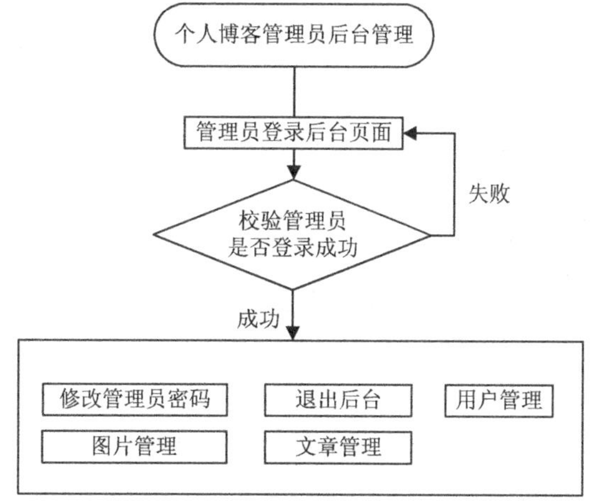

图 17-4　个人博客管理员后台管理系统的流程图

17.4 数据库设计

17.4.1 实体 E-R 图

根据各个表的存储信息和功能，分别设计了以下几个对应的 E-R 图。

留言及小纸条信息表（tb_info）E-R 图如图 17-5 所示。

文章信息表（tb_article）E-R 图如图 17-6 所示。

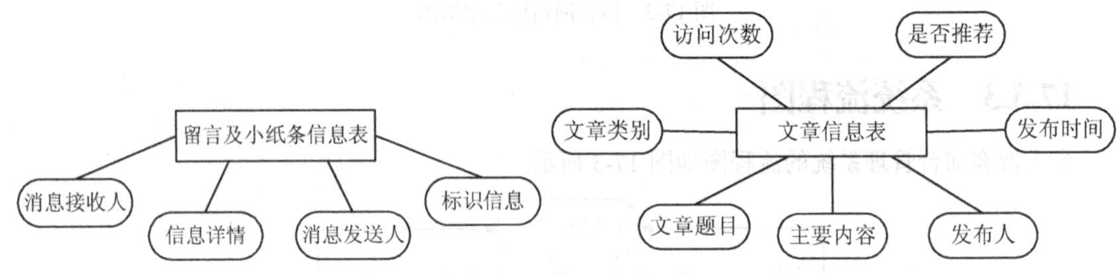

图 17-5 留言及小纸条信息表 E-R 图

图 17-6 文章信息表 E-R 图

文章回复信息表（tb_reArticle）E-R 图如图 17-7 所示。

用户信息表（tb_userInfo）E-R 图如图 17-8 所示。

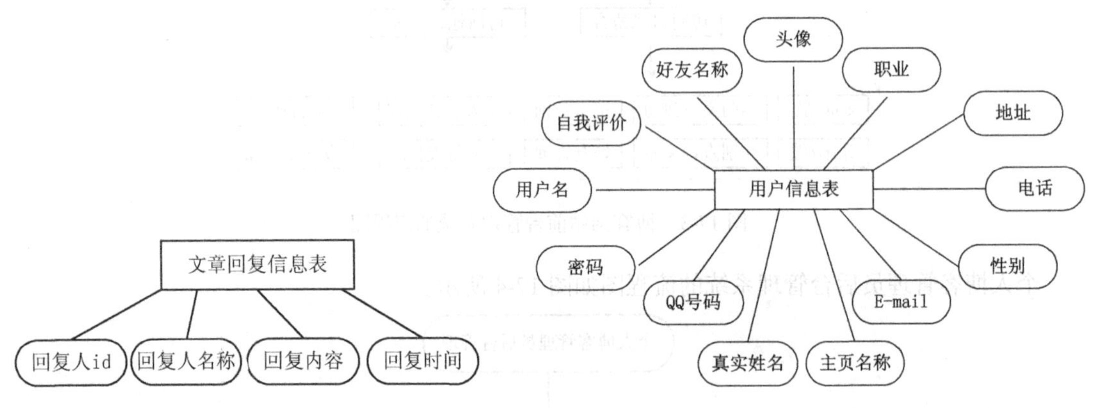

图 17-7 文章回复信息表 E-R 图

图 17-8 用户信息表 E-R 图

17.4.2 数据表设计

本系统采用 MySQL 数据库，数据库名称为 db_database17，共包含 6 张表。下面将介绍数据库中的 3 张关键数据表。

- tb_info（留言及小纸条信息表）

用于保存留言及小纸条信息，该表的结构如表 17-1 所示。

- tb_article（文章信息表）

用于保存文章信息，该表的结构如表 17-2 所示。

表 17-1　　tb_info 信息表的表结构

字 段 名	数据类型	是否为空	是否主键	默 认 值	说 明
id	Int(10)	否	是	NULL	系统自动编号
info_account	Varchar(45)	否	否	NULL	信息发送人
info_fromAccount	Varchar(45)	否	否	NULL	信息接收人
info_content	Varchar(45)	否	否	NULL	发送内容
info_sign	Int(10)	否	否	NULL	留言小纸条标识

表 17-2　　tb_ article 信息表的表结构

字 段 名	数据类型	是否为空	是否主键	默 认 值	说 明
id	Int(10)	否	是	NULL	系统自动编号
typeName	Varchar(45)	否	否	NULL	文章类别名称
title	Varchar(45)	否	否	NULL	文章题目
content	Varchar(3000)	否	否	NULL	主要内容
author	Varchar(20)	否	否	NULL	发布人
sendTime	Datetime	否	否	NULL	发布时间
visit	Int(10)	否	否	NULL	访问次数
commend	Varchar(10)	否	否	NULL	是否推荐

- tb_reArticle（文章回复信息表）

用于保存文章回复信息，该表的结构如表 17-3 所示。

表 17-3　　tb_reArticle 信息表的表结构

字 段 名	数据类型	是否为空	是否主键	默 认 值	说 明
id	Int(10)	否	是	NULL	系统自动编号
re_id	Int(10)	否	否	NULL	文章回复人 ID
account	Varchar(45)	否	否	NULL	文章回复人名称
content	Varchar(45)	否	否	NULL	文章回复内容
re_time	Datetime	否	否	NULL	文章回复时间

17.5　实现过程

17.5.1　公共模块设计

将程序中的一些公共模块提取出来，有利于提高程序的开发及维护效率，所以进行项目开发的第一步就是提取程序的公共模块，例如数据库的持久化操作等。

1. Struts 2 与 Hibernate 3 整合流程

Struts 2 框架作为系统开发的控制器组件，在页面请求处理流程中与 Struts 1 完全相同。它仍然是以前端控制器框架为主体的框架，用户的请求会通过控制器选择不同的控制器组件（即

Action）来执行不同的操作。

Hibernate 3 作为系统开发的模型组件，在数据存储器和控制器之间加入一个持久层，该层简化了 CRUD 数据的工作，分离了应用程序和数据库之间的耦合，实现在无须修改代码的情况下轻松更换应用程序的底层数据库。

Struts 2 与 Hibernate 3 整合技术流程图如图 17-9 所示。

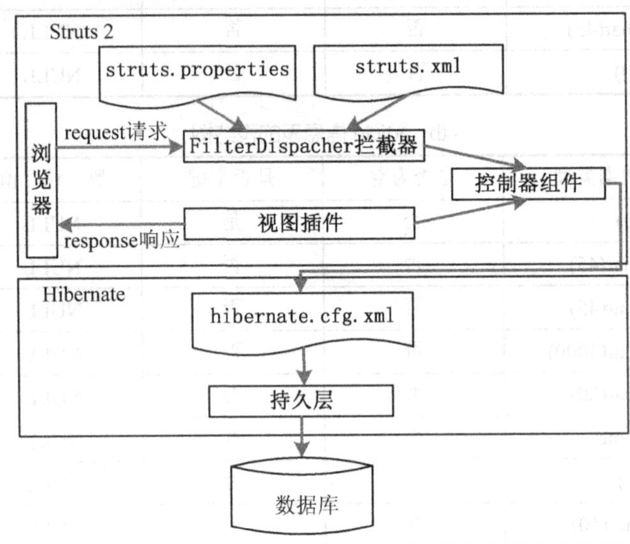

图 17-9　Struts 2 与 Hibernate 3 整合技术流程图

2. Hibernate 配置文件编写

本实例使用 Hibernate 3 作为操作数据库的主体技术。利用 Hibernate 处理程序中持久化层的操作，简化了程序的开发代码，提高了开发效率。项目的 Hibernate 配置文件名为 hibernate.cfg.xml，它是 Hibernate 默认的配置文件名称，需要将其放置在项目的 ClassPath 根目录下，设置代码如下：

```
<hibernate-configuration>
    <session-factory>
        <!-- 数据库驱动 -->
        <property name="connection.driver_class">com.mysql.jdbc.Driver</property>
        <!-- 数据库连接的 URL -->
        <property name="connection.url">jdbc:mysql://localhost:3306/db_database22</property>
        <!-- 数据库连接用户名 -->
        <property name="connection.username">root</property>
        <!-- 数据库连接密码 -->
        <property name="connection.password">111</property>
        <!-- Hibernate 方言 -->
        <property name="dialect">org.hibernate.dialect.MySQLDialect</property>
        <!-- 打印 SQL 语句 -->
        <property name="show_sql">true</property>
        <!-- 映射文件  -->
        <mapping resource="com/mr/model/Employee.hbm.xml"/>
        ……<!—省略的映射文件配置-->
    </session-factory>
</hibernate-configuration>
```

3. 数据库持久化类

本实例中使用的数据库持久化类的名称为 ObjectDao。开发本系统使用了 Hibernate 框架和 Struts 2 框架整合技术，在编写数据库持久化类的代码中，分别定义了 SessionFactory 类、Session 类和 Transaction 类的属性，然后通过静态方法取得对数据库的连接操作，最后根据连接对象分别实现对数据表的添加、修改、删除和查询操作，将数据库的持久化操作封装在 ObjectDao 类中。

- 利用静态方法创建数据库连接。（代码位置：光盘\MR\17\src\com\mr\dao\ObjectDao.java）

```
private static SessionFactory sessionFactory = null;
private Session session = null;                          //创建 Session 对象
Transaction tx = null;                                   //创建事务管理对象
//连接数据库
static {
    try {
    Configuration config=new Configuration().configure();//自动加载 Hibernate 的配置文件
    sessionFactory = config.buildSessionFactory();       //创建 SessionFactory 对象
    } catch (Exception e) {
    System.out.println(e.getMessage());
    }
}
```

- 保存数据方法。（代码位置：光盘\MR\17\src\com\mr\dao\ObjectDao.java）

```
public boolean saveT(T t) {
    Session session = sessionFactory.openSession();     //开启 Session
    try {
    tx = session.beginTransaction();                    //开启事务
    session.save(t);                                    //执行数据添加操作
    tx.commit();                                        //事务提交
    } catch (Exception e) {
    e.printStackTrace();
    return false;
    } finally {
    session.close();                                    //关闭 Session
    }
    return true;
}
```

- 删除数据方法。（代码位置：光盘\MR\17\src\com\mr\dao\ObjectDao.java）

```
public boolean deleteT(T t) {
    Session session = sessionFactory.openSession();     //开启 Session
    try {
    tx = session.beginTransaction();                    //开启事务
    session.delete(t);                                  //执行数据删除操作
    tx.commit();                                        //事务提交
    } catch (Exception e) {
    return false;
    } finally {
    session.close();                                    //关闭 Session
    }
    return true;
}
```

- 修改数据方法。（代码位置：光盘\MR\17\src\com\mr\dao\ObjectDao.java）

```
public boolean updateT(T t) {
    Session session = sessionFactory.openSession();         //开启 Session
    try {
    tx = session.beginTransaction();                         //开启事务
    session.update(t);                                       //执行数据修改操作
    tx.commit();                                             //事务提交
    } catch (Exception e) {
    e.printStackTrace();
    return false;
    } finally {
    session.close();                                         //关闭 Session
    }
    return true;
}
```

● 查询多条数据。（代码位置：光盘\MR\17\src\com\mr\dao\ObjectDao.java）

```
public List<T> queryList(String hql) {
    session = sessionFactory.openSession();                  //开启 Session
    tx = session.beginTransaction();                         //开启事务
    List<T> list = null;
    try {
    Query query = session.createQuery(hql);                  //利用 HQL 语句进行查询
    list = query.list();                                     //将返回的结果集转换成 List 集合
    } catch (Exception e) {
    e.printStackTrace();
    }
    tx.commit();                                             //事务提交
    session.close();                                         //关闭 Session
    return list;                                             //返回 List 集合
}
```

● 查询单条数据。（代码位置：光盘\MR\17\src\com\mr\dao\ObjectDao.java）

```
public T queryFrom(String hql) {
    T t = null;                                              //引用实体对象
    session = sessionFactory.openSession();                  //开启 Session
    tx = session.beginTransaction();                         //开启事务
    try {
    Query query = session.createQuery(hql);                  //利用 HQL 语句进行查询
    t = (T) query.uniqueResult();                            //将查询结果转换为实体对象
    } catch (Exception e) {
    e.printStackTrace();
    }
    tx.commit();                                             //事务提交
    session.close();                                         //Session 关闭
    return t;                                                //返回对象
}
```

● 在查询结果中返回指定条数的方法。（代码位置：光盘\MR\17\src\com\mr\dao\ObjectDao.java）

```
public List<T> queryList(String hql, int showNumber, int beginNumber) {
    session = sessionFactory.openSession();                  //开启 Session
    tx = session.beginTransaction();                         //开启事务
    List<T> list = null;
```

```
        try {
        Query query = session.createQuery(hql);          //利用 HQL 语句进行查询
        query.setMaxResults(showNumber);                 //设置查询结果的条数
        query.setFirstResult(beginNumber);               //设置查询的起始位置
        list = query.list();                             //将返回的结果集转换成 List 集合
        } catch (Exception e) {
        e.printStackTrace();
        }
        tx.commit();                                     //事务提交
        session.close();                                 //关闭 Session
        return list;                                     //返回 List 集合
    }
```

17.5.2　主页面设计

本模块使用的数据表有 tb_userinfo（用户信息表）和 tb_article（文章信息表）。

访问博客时，首先进入博客主界面，主页面布局如图 17-10 所示。该页面包括功能导航区、推荐博客、推荐文章、热门博客、热门文章、主页信息及版权信息区。根据主界面布局图，网站首页面的运行效果如图 17-11 所示。

<table>
<tr><td colspan="3">功能导航区</td></tr>
<tr><td>推荐博客</td><td rowspan="2">主页信息</td><td>热门博客</td></tr>
<tr><td>推荐文章</td><td>热门文章</td></tr>
<tr><td colspan="3">版权信息区</td></tr>
</table>

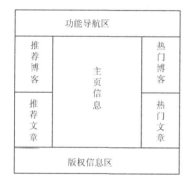

图 17-10　主页面布局

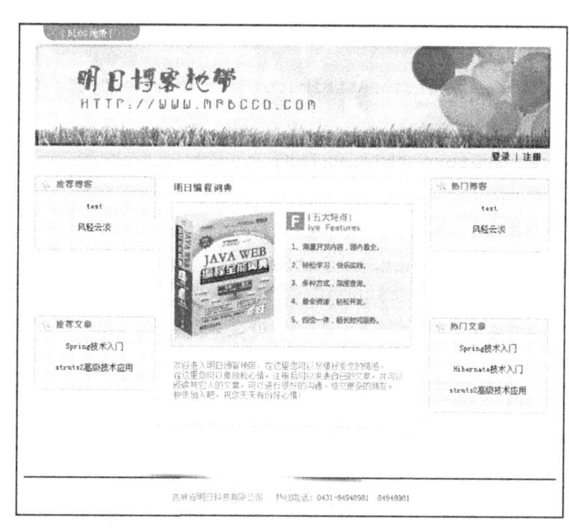

图 17-11　博客首页面的运行效果

1. 首页操作实现类

在本模块中，实现首页操作的类 BlogMainAction。该类继承了 Struts 2 的 ActionSupport 类，并实现了 ServletRequestAware 接口，通过该接口的 setServletRequest()方法获取 Web 应用中的 request 对象。BlogMainAction 类的具体实现代码如下：（代码位置：光盘\MR\17\src\com\mr\webiter\BlogMainAction.java）

```
public class BlogMainAction {
protected HttpServletRequest request;          //设置 HttpServletRequest 类对象
private ObjectDao<UserInfo> userDao = new ObjectDao<UserInfo>(); //实例化 userDao 对象
private ObjectDao<ArticleInfo> articleDao=new ObjectDao<ArticleInfo>();//实例化 articleDao 对象
private String hql_user_commend = null;      //设置查询推荐博客的 HQL 语句并初始化值 null
private String hql_user_vistor = null;       //设置查询热门博客的 HQL 语句并初始化值 null
```

```
private String hql_article_commend = null; //设置查询推荐文章的 HQL 语句并初始化值 null
private String hql_article_vistor = null;  //设置查询热门文章的 HQL 语句并初始化值 null
public BlogMainAction() {
     //设置推荐博客的 HQL 语句，commend 设置为“是”，表示推荐，freeze 设置为“解冻”
    hql_user_commend = "from UserInfo where commend='是' and freeze='解冻'";
    //设置根据 vistor 对象值进行降序查询的 HQL 语句
    hql_user_vistor = "from UserInfo where freeze='解冻' order by vistor desc";
    //设置推荐文章的 HQL 语句，其中，在文章的发布人中应用到对用户表的子查询
    hql_article_commend = "from ArticleInfo where commend='是' and author in (
                  select account from UserInfo where freeze='解冻')";
    //设置热门文章的 HQL 语句，其中，在文章的发布人中应用到对用户表的子查询
    hql_article_vistor = "from ArticleInfo where author in (select account from
                  UserInfo where freeze='解冻') orde r by visit desc";
}
public String BlogMain() {
    //推荐博客
    List<UserInfo> userCommned = userDao.queryList(hql_user_commend);
    if (userCommned.size() > 5) {
       userCommned = userCommned.subList(0, 5);
    }
    request.setAttribute("userCommned",userCommned);//将推荐博客对象保存在 request 对象范围内
       ......                                   //省略的热门博客、推荐文章、热门文章代码
    return "blogMain";                          //返回业务处理结果
}
//获取 Web 应用中的 request 对象
public void setServletRequest(HttpServletRequest request) {
        this.request = request;
}
}
```

2. 首页显示的实现

在 blog_main.jsp 页面中，将获取存储在 request 对象范围内的各种数据并显示在页面中。下面将分别介绍各个部分。

- 导航区域。（代码位置：光盘\MR\17\WebRoot\blog_main.jsp）

```
<table width="800" height="28" border="0" align="center" cellpadding="0"
    cellspacing="0" background="images/f_top2.gif">
    <tr>
    <td align="right"><s:if test="%{#session.account==null}">
    <a href="#" onClick="manage()" class="a1">登录</a> |
    <a href="blog/userManager/addUserInfo.jsp" class="a1">注册</a>
    </s:if> <s:else> 欢迎回来
          <s:property value="%{#session.account}" /> |
          <a href="userInfo_landOutUser.htm" class="a1">安全退出</a>
       <s:if test="%{#session.freeze=='解冻'}">|
       <a href="userInfo_goinUser.htm?account=${sessionScope.account}"
       target="_blank" class="a1">进入我的博客空间</a>
       </s:if>
       </s:else>      </td>
    </tr>
```

```
</table>
```

● 推荐博客区域。（代码位置：光盘\MR\17\WebRoot\blog_main.jsp）

```
<!--推荐博客区域-->
<s:iterator value="%{#request.userVistor}" id="vistor">
<tr align="center">
<td height="30" background="images/f_certer.gif">
<a href="userInfo_goinUser.htm?account=<s:property value="#vistor.account"/>" target="_blank">
     <s:property value="#vistor.account"/></a></td>
   </tr>
</s:iterator>
```

● 版权区域。（代码位置：光盘\MR\17\WebRoot\blog_main.jsp）

```
<!--版权区域-->
<table width="800" height="80" border="0" align="center" cellpadding="0"
    cellspacing="0" bgcolor="#FFFFFF">
    <tr align="center"><td>
    ……<!—此处省略了输出版权信息的 HTML 代码-->
    </td></tr>
</table>
```

17.5.3　用户管理模块设计

本模块使用的数据表是 tb_userinfo（用户信息表）。

1. 用户管理模块概述

在应用系统中，用户管理是必不可少的一个模块，它关乎着整个应用系统的安全性，因此对用户模块合理地进行设计是非常重要的。

2. 用户管理模块技术分析

实现用户管理，首先需要设计一个用户注册的表单，然后根据用户信息表创建对应的用户信息实体类，然后创建用户管理的 Action 控制器类，在控制器中获取用户的注册信息，然后调用 DAO 层的方法将注册信息保存到数据库。

3. 用户管理模块实现过程

● 用户实体类

用户模块涉及的数据表是用户信息表（tb_userInfo）。用户信息表中保存着用户名、用户登录密码及用户真实姓名等信息，根据这些信息创建用户的 FormBean 实现类，名称为 UserInfo，该类的具体代码请参见光盘源程序（位置为：光盘\MR\17\src\com\mr\model\UserInfo.java）。

另外还需要配置该类的 Hibernate 映射文件，把 UserInfo 的对象属性映射到 tb_userInfo 表中对应的字段。UserInfo.hbm.xml 文件中的关键代码如下：（代码位置：光盘\MR\17\src\com\mr\model\UserInfo.hbm.xml）

```
<hibernate-mapping>
    <class name="com.mr.model.UserInfo" table="tb_userInfo">
        <id name="id" type="java.lang.Integer">
            <column name="id" />
            <generator class="native" />
        </id>
        <property name="account" type="java.lang.String">
            <column name="account" length="20" not-null="true" />
        </property>
        ......<!--省略其他属性的设置-->
```

```
    </class>
</hibernate-mapping>
```

● 用户的实现类 Action

用户的实现类名称为 UserInfoAction，该类继承了 ActionSupport 类并实现了类的 ServletRequestAware 接口，通过该接口的 setServletRequest()方法获取 Web 应用中的 request 对象。该类的关键代码如下：（代码位置：光盘\MR\17\src\com\mr\webiter\UserInfoAction.java）

```
public class UserInfoAction extends ActionSupport implements
 ModelDriven<UserInfo>, ServletRequestAware {
    UserInfo userInfo = new UserInfo();                        //实例化用户对象
    private String hql = "";                                   //该对象用于设置 HQL 语句
    private ObjectDao<UserInfo> objectDao = null;
    protected HttpServletRequest request;
    public UserInfo getModel() {
    return userInfo;
    }
    public void setServletRequest(HttpServletRequest request) {
    this.request = request;
    }
    ……                                                         //省略其他用户操作的方法
}
```

创建完用户实现类后，需要在 struts.xml 文件中进行配置。该文件主要配置用户实现类的请求结果。用户实现类涉及 struts.xml 文件的代码如下：（代码位置：光盘\MR\17\src\struts.xml）

```
<action name="userInfo_*" class="com.wy.webiter.UserInfoAction" method="{1}">
  <result name="input">/blog/userManager/{1}.jsp</result>
  <result name="success">/blog/userManager/{1}.jsp</result>
  <result name="queryUser">/admin/user/user_query.jsp</result>
  <result name="goinUser">/blog/blog.jsp</result>
  <result name="goinUserManager">/blog/userManager/user_query.jsp</result>
</action>
```

● 用户注册的实现

在网站首页面中，单击导航区域中的“用户注册”超链接，可以进入用户注册页面，该页面主要搜集用户的各种信息，当用户在用户注册页面中填写完注册信息并单击“添加”按钮后，可以进行用户注册的操作。用户注册页面的运行结果如图 17-12 所示。

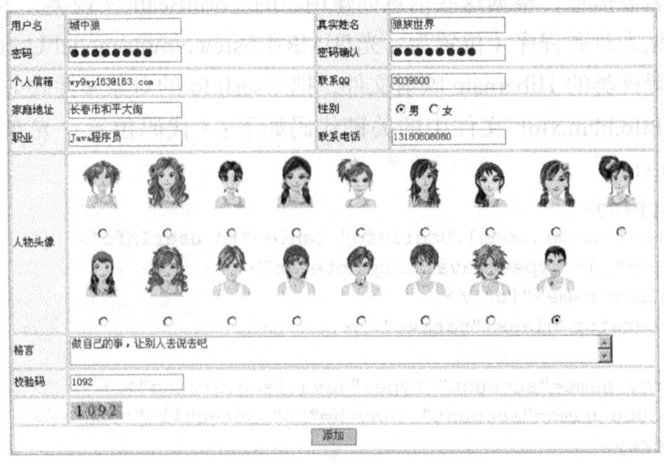

图 17-12　用户注册页面

该页面的 Form 表单主要通过 Struts 2 的标签元素进行编写，该页面的关键代码如下：（代码位置：光盘\MR\17\WebRoot\blog\userManager\addUserInfo.jsp）

```
<%@ taglib prefix="s" uri="/struts-tags"%>
<s:form action="userInfo_addUserInfo">
 <tr >
  <td width="73" height="30" bgcolor="F9F9F9">用户名</td>
  <td width="288" height="30">
     <s:textfield name="account"/><s:fielderror>
     <s:param value="%{'account'}"/></s:fielderror></td>        <!--用户名标签的设置-->
  <td width="82" height="30">真实姓名</td>
  <td width="317" height="30">
     <s:textfield name ="realname"/><s:fielderror>
     <s:param value="%{'realname'}"/></s:fielderror></td> <!--用户真实姓名标签的设置-->
 </tr>
     ……<!--省略其他表单的设置-->
 <tr bgcolor="#FFFFFF" >
  <td height="30" colspan="4" align="center"><s:submit value=" 添加 "/>
     <s:hidden name="homepage" value="%{# request.homepage}"/></td><!--提交按钮标签的设置-->
 </tr>
</s:form>
<s:fielderror><s:param value="%{'reepassword'}"/></s:fielderror>
```

● 注册表单验证

为了实现校验执行指定处理逻辑的功能，Struts 2 的 Action 类允许提供一个 validateXxx()方法，其中 xxx 即 Action 类对应的处理逻辑方法。通过 addUserInfo()方法前，执行用户注册校验页面的方法，关键代码如下：（代码位置：光盘\MR\17\src\com\mr\webiter\UserInfoAction.java）

```
public void validateAddUserInfo() {
     objectDao = new ObjectDao<UserInfo>();                    //实例化 ObjectDao
     if (this.userInfo.getAccount().equals("")) {              //验证用户名是否为空
          this.addFieldError("account", "用户名不能为空！");
     } else {
          objectDao = new ObjectDao<UserInfo>();
          hql = "from UserInfo where account= '" + userInfo.getAccount()+ "'";//查询
用户名是否存在的 HQL
          if (null != objectDao.queryFrom(hql)) {              //用户名唯一性验证
               this.addFieldError("account", "用户名重复，请重新输入！");
          }
     }
          if (this.userInfo.getRealname().equals("")) {        //验证真实姓名是否为空
               this.addFieldError("realname", "用户真实姓名不能为空！");
          }
     ......//省略的其他字段验证
}
```

为了在 input 视图对应的 JSP 页面中输出错误提示，应该在页面中编写如下的标签代码：

```
<!-- fielderror 标签专门负责输出系统的 fieldError 信息，也就是输出校验失败提示 -->
<s:fielderror/>
```

● 保存注册信息

如果校验用户注册表单成功，则直接进入业务逻辑处理的 addUserInfo()方法，该方法的主要

代码如下：（代码位置：光盘\MR\17\src\com\mr\webiter\UserInfoAction.java）

```
public String addUserInfo() {
    objectDao = new ObjectDao<UserInfo>();
    userInfo.setPassword(com.mr.tools.ValidateExpression.encodeMD5(userInfo.getPas
sword()));
    userInfo.setHomepage(userInfo.getHomepage() + userInfo.getAccount());
    boolean flag = objectDao.saveT(userInfo);
    String result = "";
    if (flag) {
        //将模板中的 index.jsp 页面保存在用户名文件夹下
        String descPath = ServletActionContext.getRequest().getRealPath("/" + userInfo.
getAccount() + "");
        String sourPath = ServletActionContext.getRequest().getRealPath("/templet/
index.jsp");
    if (com.mr.tools.FileOperation.buildJSP(sourPath, descPath,userInfo.getAccount())) {
        result = "您注册成功！";
        request.getSession().setAttribute("freeze",userInfo.getFreeze());
        request.getSession().setAttribute("account",userInfo.getAccount());
    }
    }
    request.setAttribute("result", result);
    request.setAttribute("sign", "1");
    return "operationUser";
}
```

- 将模板文件保存在当前用户文件夹下

用户注册成功后，根据用户名在服务器端创建指定的文件夹，并将模板文件 index.jsp 复制到该文件夹下。其中创建与复制文件用 buildJSP()方法实现，该方法的关键代码如下：（代码位置：光盘\MR\17\src\com\mr\tools\FileOperation.java）

```
fileinputstream = new FileInputStream(souPath);        //获取模板文件的路径
bytes = new byte[1024 * 5];
fileinputstream.read(bytes);
fileinputstream.close();
String templateContent = new String(bytes);
File file = new File(desPath);
if(!file.exists()){                                    //创建文件夹
   file.mkdir();
}
desPath=desPath+"/index.jsp";                          //将模板创建或复制到指定文件夹下
FileOutputStream fileoutputstream = new FileOutputStream(desPath);
byte tag_bytes[] = templateContent.getBytes();
fileoutputstream.write(tag_bytes);
fileoutputstream.close();
```

index.jsp 模板文件的代码如下：（代码位置：光盘\MR\17\WebRoot\templet\index.jsp）

```
<%
    String path1 = request.getServletPath();
    path1 = path1.substring(1);
    path1 = path1.substring(0, path1.indexOf("/"));
    response.sendRedirect("userInfo_goinUser.htm?account=" + path1 + "");
%>
```

17.5.4　文章模块设计

1. 文章模块概述

文章模块是博客系统的核心，用户将通过该模块实现对文章的维护。它实现的操作包括文章的添加、删除以及修改操作，文章类型的添加和删除操作。

2. 文章模块技术分析

文章模块涉及的数据表是文章信息表（tb_article）。在文章信息表中保存着文章的标题、文章类别名称及文章内容等信息。首先根据这些信息创建文章的实体类，名称为 ArticleInfo，然后创建文章管理的 Action 控制器类，由控制器控制调用后台业务逻辑并完成文章模块的维护。

- 文章实体类

文章实体类 ArticleInfo 的具体代码请参见光盘源程序（位置为：光盘\MR\17\src\com\mr\model\ArticleInfo.java）。

- 文章的实现类

文章的实现类名称为 ArticleAction。该类继承了 Struts 2 的 ActionSupport 类并实现类的 ServletRequestAware 接口，通过该接口的 setServletRequest()方法获取 Web 应用中的 request 对象。ArticleAction 类的具体实现代码如下：（代码位置：光盘\MR\17\src\com\mr\webiter\ArticleAction.java）

```
public class ArticleAction extends ActionSupport implements
  ModelDriven<ArticleInfo>, ServletRequestAware {
    private String hql;                                     //设置 HQL 语句对象
    private ArticleInfo articleInfo= new ArticleInfo();//实例化文章 ArticleInfo 类对象
    protected HttpServletRequest request;
    private ObjectDao<ArticleInfo> objectDao = null;
    String dateTimeFormat = new SimpleDateFormat("yyyy-mm-ddHH:mm:ss")
    .format(Calendar.getInstance().getTime());              //格式化时间
    public ArticleInfo getModel() {                         //返回 ArticleInfo 类对象
    return articleInfo;
    }
    public void setServletRequest(HttpServletRequest request) {
    this.request = request;
    }
    ……                                                      //省略其他功能方法
}
```

在创建完文章实现类后，需要在 struts.xml 文件中进行配置。该文件主要配置文章实现类的请求结果。文章实现类涉及的 struts.xml 文件的代码如下：（代码位置：光盘\MR\17\src\ struts.xml）

```
<action name="articleInfo_*" class="com.mr.webiter.ArticleAction" method="{1}">
  <result name="input">/blog/userManager/{1}.jsp</result>
  <result name="success">/blog/userManager/{1}.jsp</result>
  <result name="article_forwardUpdate">/blog/userManager/article_update.jsp</result>
  <result name="operationArticle">/dealwith.jsp</result>
  <result name="f_article_query">/blog/blog_articleInfo.jsp</result>
  <result name="admin_articleQuery">/admin/article/article_query.jsp</result>
  <result name="admin_articleQueryOne">/admin/article/article_queryOne.jsp</result>
</action>
```

3. 文章模块实现过程

● 文章添加操作

用户在后台管理数据时，单击左侧操作区域中的“添加文章”超链接，可以进入文章添加页面，该页面主要是收集文章标题、文章内容及文章发布时间等信息。文章添加页面的运行结果如图 17-13 所示。

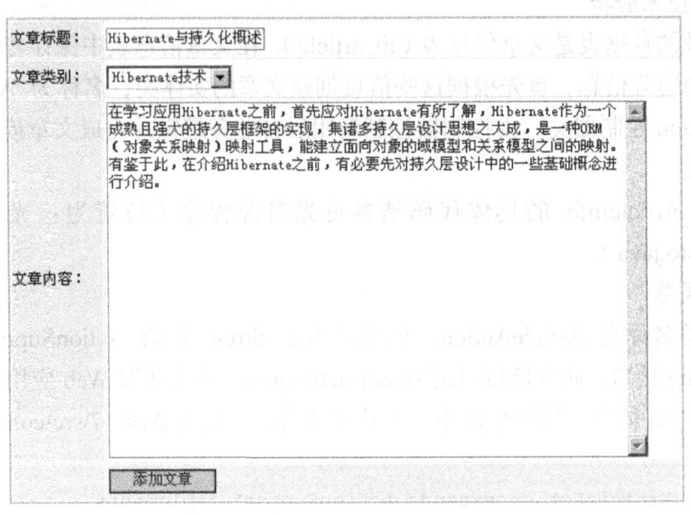

图 17-13　文章添加页面

程序通过执行 ArticleAction 类中的 article_add()方法实现添加文章信息的操作，该方法将从页面中获取的文章对象 articleInfo 通过 ObjectDao 类中的 saveT()方法，将文章信息保存在数据库中。article_add()的关键代码如下：（代码位置：光盘\MR\17\src\com\mr\webiter\ArticleAction.java）

```
public String article_add() {
    objectDao = new ObjectDao<ArticleInfo>();
    this.articleInfo.setSendTime(this.dateTimeFormat);
    if (objectDao.saveT(articleInfo)) {
    request.setAttribute("result", "添加文章成功！");
    } else {
    request.setAttribute("result", "添加文章失败！");
    }
    return SUCCESS;
}
```

● 文章查询操作

当管理员成功登录网站的后台首页面时，单击导航区域中的“文章管理”超链接后，可以进入文章查询的页面，运行结果如图 17-14 所示。

wy2wy163

文章查询

文章标题	文章类型	文章发布人	文章时间	文章访问次数	操作
Hibernate简介	Hibernate技术	wy2wy163	2008-20-07 16:20:39	19	详细查询
Hibernate包的下载与放置	Hibernate技术	wy2wy163	2008-21-07 16:21:08	1	详细查询
CSS样式表的概念	CSS样式	wy2wy163	2008-21-07 16:21:47	0	详细查询
CSS样式表能够完成以下功能	CSS样式	wy2wy163	2008-22-07 16:22:30	5	详细查询

图 17-14　文章查询页面

利用 ArticleAction 类中的 admin_articleQuery()方法实现文章查询的操作，该方法主要实现 3 个功能：设置文章查询的 HQL 语句；执行查询 HQL 语句实现对文章的查询操作；对查询结果进行分页操作。其代码如下：（代码位置：光盘\MR\17\src\com\mr\webiter\ArticleAction.java）

```
public String admin_articleQuery() {
    // 以下是对文章的全部查询
    hql = "from ArticleInfo";                                          //设置对文章全部查询的 HQL 语句
    String account = request.getParameter("account");                  //页面中的 account 参数
    if (null != account) {                                             //判断 account 参数是否为空
    hql = "from ArticleInfo where author = '" + account + "'";
    request.setAttribute("account", account);
    }
    objectDao = new ObjectDao<ArticleInfo>();                          //持久化类 objectDao 对象的实例化
    List<ArticleInfo> list = objectDao.queryList(hql);                 //执行查询的 HQL 语句
    //对分页进行操作
    int showNumber = 10;
    Integer count = 0;
    if (null != request.getParameter("count")) {
    count = Integer.valueOf(request.getParameter("count"));
    }
    list = objectDao.queryList(hql);
    int maxPage = list.size();
    if (maxPage % showNumber == 0) {
    maxPage = maxPage / showNumber;
    } else {
    maxPage = maxPage / showNumber + 1;
    }
    if (0 == count) {
    list = objectDao.queryList(hql, showNumber, count);
    } else {
    count--;
    list = objectDao.queryList(hql, showNumber, count * showNumber);
    }
    request.setAttribute("count", count);
    request.setAttribute("list", list);
    request.setAttribute("maxPage", maxPage);
    // 文章所对应的发布人
    hql = "select author from ArticleInfo group by author";
    List authorList = objectDao.queryListObject(hql);
    request.setAttribute("authorList", authorList);
    return "admin_articleQuery";
}
```

admin_articleQuery()方法的代码流程图如图 17-15 所示。

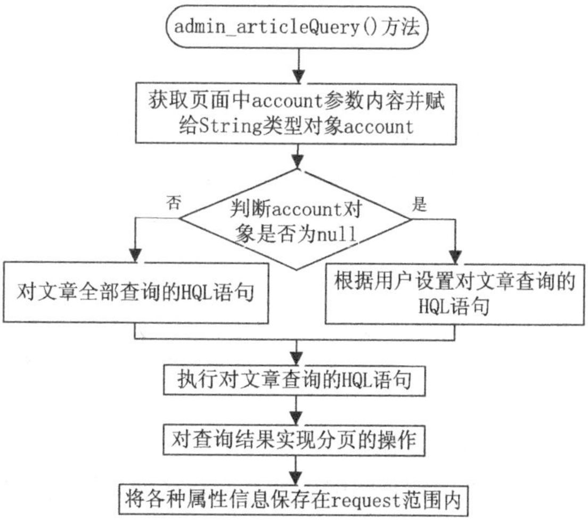

图 17-15　admin_articleQuery()方法的代码流程图

● 文章详细查询操作

当用户根据用户名访问博客空间时，首先进入的是文章查询页面，在该页面中显示的只是文章的题目信息，如果想要对该文章进行详细查询，单击该文章相应的“详细查询”超链接，可以进入到文章详细查询页面，该页面的运行结果如图 17-16 所示。

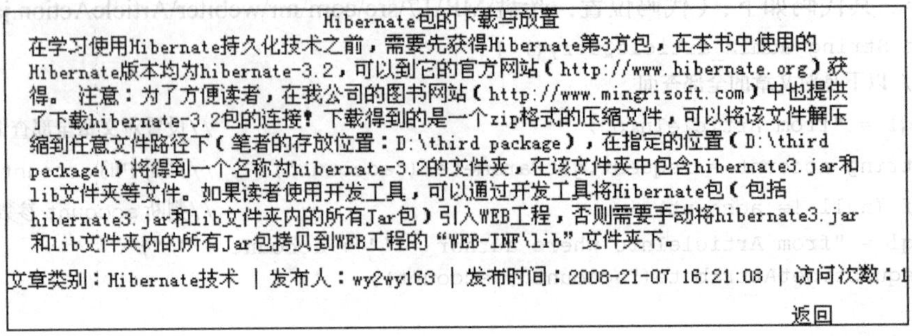

Hibernate包的下载与放置
在学习使用Hibernate持久化技术之前，需要先获得Hibernate第3方包，在本书中使用的Hibernate版本均为hibernate-3.2，可以到它的官方网站（http://www.hibernate.org）获得。注意：为了方便读者，在我公司的图书网站（http://www.mingrisoft.com）中也提供了下载hibernate-3.2包的连接！下载得到的是一个zip格式的压缩文件，可以将该文件解压缩到任意文件路径下（笔者的存放位置：D:\third package），在指定的位置（D:\third package\）将得到一个名称为hibernate-3.2的文件夹，在该文件夹中包含hibernate3.jar和lib文件夹等文件。如果读者使用开发工具，可以通过开发工具将Hibernate包（包括hibernate3.jar和lib文件夹内的所有Jar包）引入WEB工程，否则需要手动将hibernate3.jar和lib文件夹内的所有Jar包拷贝到WEB工程的“WEB-INF\lib”文件夹下。
文章类别：Hibernate技术 | 发布人：wy2wy163 | 发布时间：2008-21-07 16:21:08 | 访问次数：1
返回

图 17-16　文章详细查询页面

实现文章详细查询功能的是 ArticleInfoAction 类中的 f_article_query()方法。该方法主要实现 3 个功能：实现对文章的详细查询；将访问文章的次数进行自动增加；查询文章回复的详细内容。admin_articleQuery() 方法的代码如下：（代码位置：光盘 \MR\17\src\com\mr\webiter\ArticleAction.java）

```
public String f_article_query() {
    // 文章的详细查询
    Integer id = Integer.valueOf(request.getParameter("id"));     //获取 id 参数
    hql = "from ArticleInfo where id =" + id + "";               //根据 id 参数查询的 HQL 语句
    objectDao = new ObjectDao<ArticleInfo>();                    //实例化持久化类
    articleInfo = objectDao.queryFrom(hql);                      //执行查询
    String account = (String) request.getSession().getAttribute("account");
                                                                 //获取 account 参数
    if(null==account){                                           //如果 account 对象为空
    account=articleInfo.getAuthor();                             //获取用户名
    hql = "from UserInfo where account = '" + account + "'";    //根据用户名查询的 HQL 语句
    ObjectDao<UserInfo>   objectDao1 = new ObjectDao<UserInfo>();//实例化持久化类
    UserInfo userInfo = objectDao1.queryFrom(hql);               //执行查询
    request.getSession().setAttribute("userInfo", userInfo);//将查询结果保存在 Session 中
    }
    if (null == request.getParameter("count")) {
    if (!articleInfo.getAuthor().equals(account)) {
    articleInfo.setVisit(articleInfo.getVisit() + 1);
        objectDao.updateT(articleInfo);
    }
    }
    request.setAttribute("articleInfo", articleInfo);    //保存 articleInfo
    ……                //省略的文章回复内容的详细查询
}
```

● 推荐文章操作

在网站的首页面中，推荐文章区域显示进入博客空间的文章标题，如图 17-17 所示。

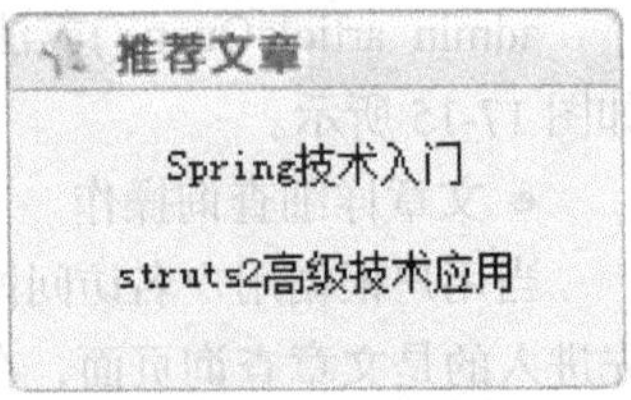

图 17-17　首页显示的推荐文章信息

推荐文章设置主要是后台的操作，当管理员登录后台成功后，

单击导航区域中的“文章管理”超链接，可以对所有的文章信息进行查询操作，如果要想对文章进行详细查询，单击相应的“详细查询”超链接，可以进入后台文章详细查询页面，如图 17-18 所示。

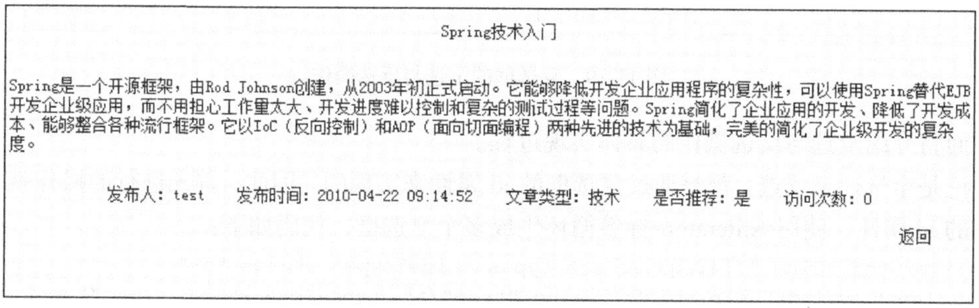

Spring技术入门

Spring是一个开源框架，由Rod Johnson创建，从2003年初正式启动。它能够降低开发企业应用程序的复杂性，可以使用Spring替代EJB开发企业级应用，而不用担心工作量太大、开发进度难以控制和复杂的测试过程等问题。Spring简化了企业应用的开发、降低了开发成本、能够整合各种流行框架。它以IoC（反向控制）和AOP（面向切面编程）两种先进的技术为基础，完美的简化了企业级开发的复杂度。

发布人：test　发布时间：2010-04-22 09:14:52　文章类型：技术　是否推荐：是　访问次数：0

返回

图 17-18　后台文章详细查询页面

实现推荐文章操作功能的是 ArticleInfoAction 类中的 admin_articleQueryOne()方法，其关键代码如下：（代码位置：光盘\MR\17\src\com\mr\webiter\ArticleAction.java）

```
public String admin_articleQueryOne() {
    objectDao = new ObjectDao<ArticleInfo>();                //实例化持久化对象
    hq = "select author from ArticleInfo group by author";//查询文章详细信息的 HQL 语句
    List authorList = objectDao.queryListObject(hql);        //执行查询
    request.setAttribute("authorList", authorList);
    Integer id = Integer.valueOf(request.getParameter("id"));   //获取文章 id
    hql = "from ArticleInfo where id = " + id + ""; //根据 id 查询文章详细信息的 HQL 语句
    articleInfo = objectDao.queryFrom(hql);                  //执行查询
    if (null != request.getParameter("commend")) {           //修改文章的推荐状态
    if (articleInfo.getCommend().equals("否")) {
    articleInfo.setCommend("是");
    } else {
        articleInfo.setCommend("否");
    }
    objectDao.updateT(articleInfo);                          //修改文章的推荐状态
    }
    articleInfo = objectDao.queryFrom(hql);                  //再次查询文章详细信息
    request.setAttribute("articleInfo", articleInfo);
    return "admin_articleQueryOne";
}
```

17.6　调试运行

由于博客的实现比较简单，没有太多复杂的功能，因此，对于本程序的调试运行，总体上情况良好。

复选框的作用就如同它的名字一样，在同一类别或条件下可以选取多个对象。有时需要选取的对象很多，甚至是全部选中。在博客系统中，通过复选框的 id 值来实现记录的全选与反选，可以很方便地进行操作。例如，如图 17-19 所示，选中“[全选/反选]”复选框时，可将页面中的所有复选框进行选中。

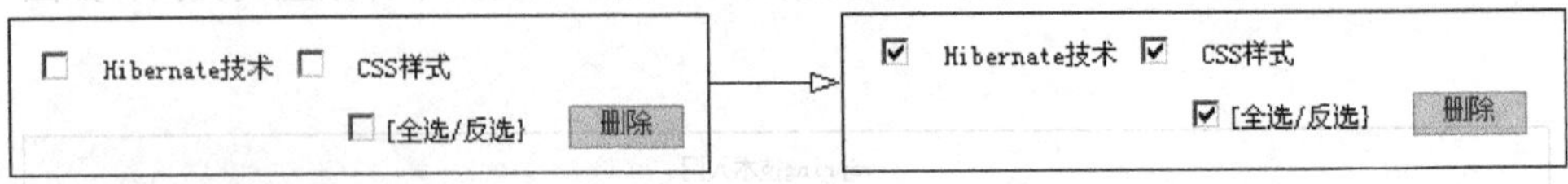

图 17-19　复选框的全选与反选操作

下面将介绍全选与反选操作的具体实现过程。

无论是全选还是反选，都是通过复选框的 id 属性来实现的。因此，首先进行的操作就是设置复选框的 id 属性，使用<s:iterator>标签循环生成多个复选框，代码如下：

```
<s:iterator value="%{#request.art_types}" id="type" status="st">
    <input value="<s:property value="type"/>" type="checkbox" name="type" class=
"button" id="chk_id">
    <a style="cursor:hand; " onClick="openUpdateArt('<s:property value="type"/>')">
  <s:property value="type"/></a>
</s:iterator>
```

创建实现 JavaScript 的全选和反选的功能函数，详细代码如下：

```
function CheckAll(elementsA, elementsB) {
     var len = elementsA;
     if (len.length > 0) {
     for (i = 0; i < len.length; i++) {
     elementsA[i].checked = true;
     }
     if (elementsB.checked == false) {
     for (j = 0; j < len.length; j++) {
     elementsA[j].checked = false;
     }
     }
     } else {
     len.checked = true;
     if (elementsB.checked == false) {
     len.checked = false;
     }
     }
}
```

17.7　课程设计总结

本章通过一个完整的博客为读者详细讲解了一个系统的开发流程。通过本章内容的学习，读者可以了解 Struts 2 与 Hibernate 3 整合的开发流程，掌握用户管理模块以及文章管理模块的实现过程，希望对日后的程序开发有所帮助。

第 18 章 课程设计——基于 Servlet 的图书馆管理系统

本章要点：

- 图书馆管理系统的设计目的
- 图书馆管理系统的开发环境要求
- 图书馆管理系统的功能结构及系统流程
- 图书馆管理系统的数据库设计
- 主要功能模块的界面设计
- 主要功能模块的关键代码
- 图书馆管理系统的调试运行

随着网络技术的高速发展和计算机应用的普及，利用计算机对图书馆的日常工作进行管理势在必行。虽然目前很多大型的图书馆已经有一整套比较完善的管理系统，但是在一些中小型的图书馆中，大部分工作仍需由手工完成，工作效率比较低，管理员不能及时了解图书馆内各类图书的借阅情况，读者需要的图书也难以在短时间内找到，不便于动态、及时地调整图书结构。为了更好地适应当前读者的借阅需求，解决手工管理中存在的各种弊端，越来越多的中小型图书馆正在逐步向计算机信息化管理转变。本章将介绍一个图书馆管理系统的实现过程。

18.1 课程设计目的

本章提供了“图书馆管理系统”作为这一学期的课程设计之一，本次课程设计旨在提升学生的动手能力，加强大家对专业理论知识的理解和实际应用。本次课程设计的主要目的如下：

- 加深对面向对象程序设计思想的理解，能对网站功能进行分析，并设计合理的类结构；
- 掌握 JSP 网站的基本开发流程；
- 掌握 JDBC 技术在实际开发中的应用；
- 掌握 Servlet 技术在实际开发中的应用；
- 掌握 JSP 经典设计模式中 Model 2 的开发流程；
- 提供网站的开发能力，能够运用合理的控制流程编写高效的代码；
- 培养分析问题、解决实际问题的能力。

18.2 功能描述

本系统是一个小型的图书馆管理系统，该系统的主要功能如下：

- 美观友好的操作界面，能保证系统的易用性；
- 图书类型信息、图书信息和书架信息等管理功能；
- 读者类型和读者档案管理功能；
- 可以实现图书的借阅、续借和归还功能；
- 提供查看图书借阅排行榜功能；
- 具有借阅到期提醒功能；
- 图书借阅信息查询功能；
- 图书档案查询功能。

18.3 总体设计

18.3.1 构建开发环境

图书馆管理系统的开发环境具体要求如下。

- 开发平台：Windows XP（SP2）/Windows Server 2003（SP2）/Windows 7。
- 开发技术：JSP+Servlet+HTML 5+JavaScript。
- 后台数据库：MySQL。
- Java 开发包：Java SE Development KET(JDK) version 7 Update 3。
- Web 服务器：Tomcat 7.0.27。
- 浏览器：IE 9.0 以上版本、Firefox 等。
- 分辨率：最佳效果 1024 像素×768 像素。

18.3.2 网站功能结构

图书馆管理系统主要包含六大功能模块，分别为系统设置模块、读者管理模块、图书管理模块、图书借还模块、系统查询模块和口令更改模块，它们的具体介绍如下。

- 系统设置：用来对系统的一些基础参数进行设置，主要包括图书管理信息、管理员设置、参数设置、书架设置等。
- 读者管理：用来对读者类型和读者档案进行管理。
- 图书管理：用来对图书类型和图书档案进行管理。
- 图书借还：用来实现图书的借阅、续借和归还。
- 系统查询：用来实现图书和借阅信息的查询，主要包括图书档案查询、图书借阅查询、借阅到期提醒等。
- 口令更改：主要用于修改管理员的登录密码。

图书馆管理系统的功能结构图如图 18-1 所示。

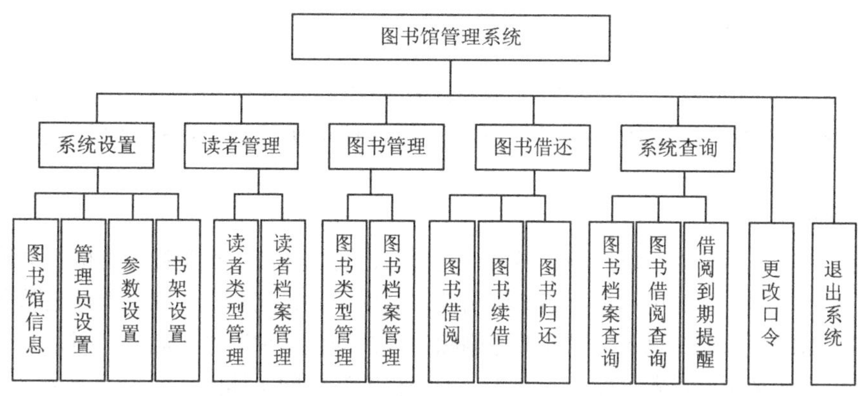

图 18-1　图书馆管理系统的功能结构图

18.3.3　系统流程图

图书馆管理系统的系统流程如图 18-2 所示。

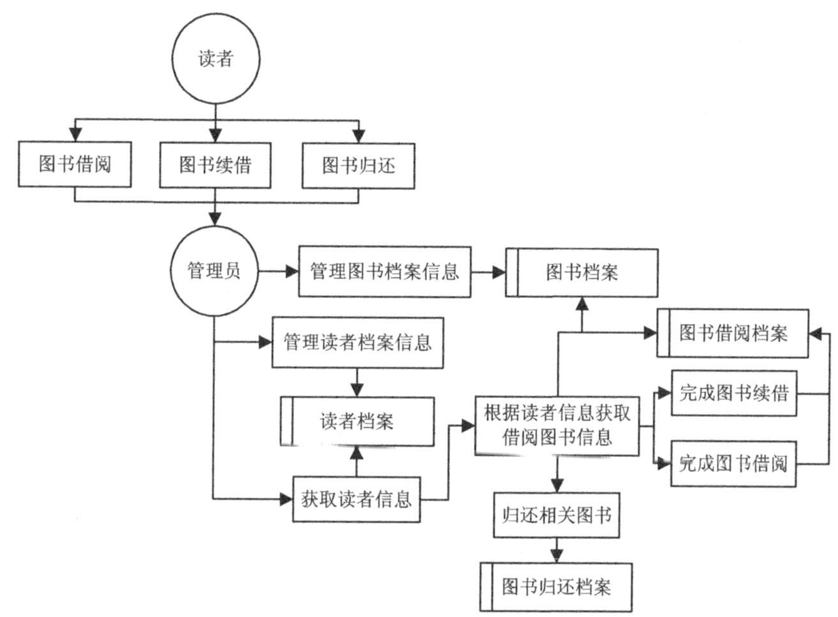

图 18-2　图书馆管理系统的系统流程图

18.4　数据库设计

由于本系统是为中小型图书馆开发的程序，需要充分考虑成本问题及用户需求（如跨平台）等问题，而 MySQL 是目前最为流行的开放源码的数据库，是完全网络化的、跨平台的关系型数据库系统，正好满足了中小型企业的需求，所以本系统采用 MySQL 数据库。

18.4.1 实体图

根据对系统所做的需求分析规划出本系统中使用的数据库实体分别为图书档案实体、读者档案实体、图书借阅实体、图书归还实体和管理员实体。下面将介绍几个关键实体的实体图。

- 图书档案实体

图书档案实体包括编号、条形码、书名、类型、作者、译者、出版社、价格、页码、书架、库存总量、录入时间、操作员和是否删除等属性。其中“是否删除”属性用于标记图书是否被删除。由于图书馆中的图书信息不可以被随意删除，因此即使某种图书不能再借阅，而需要删除其档案信息，也只能采用设置删除标记的方法。图书档案实体的实体图如图 18-3 所示。

- 读者档案实体

读者档案实体包括编号、姓名、性别、条形码、职业、出生日期、有效证件、证件号码、电话、电子邮件、登记日期、操作员、类型和备注等属性。读者档案实体的实体图如图 18-4 所示。

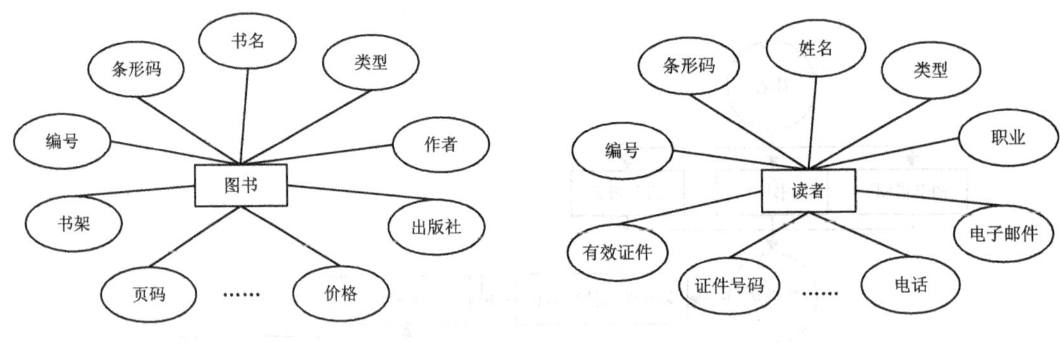

图 18-3　图书档案实体图　　图 18-4　读者档案实体图

- 借阅档案实体

借阅档案实体包括编号、读者编号、图书编号、借书时间、应还时间、操作员和是否归还等属性。借阅档案实体的实体图如图 18-5 所示。

- 归还档案实体

归还档案实体包括编号、读者编号、图书编号、归还时间和操作员等属性。借阅档案实体的实体图如图 18-6 所示。

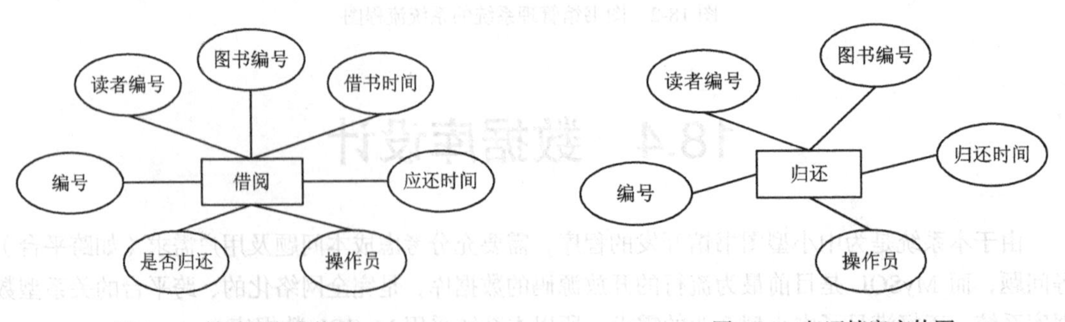

图 18-5　借阅档案实体图　　图 18-6　归还档案实体图

18.4.2　数据表设计

结合实际情况及对用户需求的分析，图书馆管理系统的 db_library 数据库中需要创建如图 18-7 所示的 12 张数据表。

图 18-7　db_library 数据库所包含的数据表

下面将给出几个关键数据表的结构及说明。

- tb_manager（管理员信息表）

管理员信息表主要用来保存管理员信息，其结构如表 18-1 所示。

表 18-1　　表 tb_manager 的结构及说明

字　段　名	数据类型	是否为空	是否主键	默　认　值	描　　述
id	Int(10)Unsigned	否	是	NULL	ID（自动编号）
name	Varchar(30)	是	否	NULL	管理员名称
pwd	Varchar(30)	是	否	NULL	密码

- tb_purview（权限表）

权限表主要用来保存管理员的权限信息，该表中的 id 字段与管理员信息表（tb_manager）中的 id 字段相关联。表 tb_purview 的结构如表 18-2 所示。

表 18-2　　表 tb_purview 的结构及说明

字　段　名	数据类型	是否为空	是否主键	默　认　值	描　　述
id	Int(11)	否	是	NULL	管理员 ID 号
sysset	Tinyint(1)	是	否	0	系统设置
readerset	Tinyint(1)	是	否	0	读者管理
bookset	Tinyint(1)	是	否	0	图书管理
borrowBack	Tinyint(1)	是	否	0	图书借还
sysquery	Tinyint(1)	是	否	0	系统查询

- tb_bookinfo（图书信息表）

图书信息表主要用来保存图书信息，其结构如表 18-3 所示。

表 18-3　　表 tb_bookinfo 的结构及说明

字　段　名	数据类型	是否为空	是否主键	默　认　值	描　　述
id	Int(11)	否	是	NULL	ID（自动编号）
barcode	Varchar(30)	是	否	NULL	条形码
bookname	Varchar(70)	是	否	NULL	书名
typeid	Int(10)Unsigned	是	否	NULL	类型
author	Varchar(30)	是	否	NULL	作者
translator	Varchar(30)	是	否	NULL	译者
ISBN	Varchar(20)	是	否	NULL	出版社

续表

字 段 名	数据类型	是否为空	是否主键	默 认 值	描 述
price	Float(8,2)	是	否	NULL	价格
page	Int(10)Unsigned	是	否	NULL	页码
bookcase	Int(10)Unsigned	是	否	NULL	书架
inTime	Date	是	否	NULL	录入时间
operator	Varchar(30)	是	否	NULL	操作员
del	Tinyint(1)	是	否	0	是否删除

- tb_borrow（图书借阅信息表）

图书借阅信息表主要用来保存图书借阅信息，其结构如表 18-4 所示。

表 18-4　　表 tb_borrow 的结构及说明

字 段 名	数据类型	是否为空	是否主键	默 认 值	描 述
id	Int(10)Unsigned	否	是	NULL	ID（自动编号）
readerid	Int(10)Unsigned	是	否	NULL	读者编号
bookid	Int(10)	是	否	NULL	图书编号
borrowTime	Date	是	否	NULL	借书时间
backtime	Date	是	否	NULL	应还时间
operator	Varchar(30)	是	否	NULL	操作员
ifback	Tinytin(1)	是	否	0	是否归还

- tb_giveback（图书归还信息表）

图书归还信息表主要用来保存图书归还信息，其结构如表 18-5 所示。

表 18-5　　表 tb_giveback 的结构及说明

字 段 名	数据类型	是否为空	是否主键	默 认 值	描 述
id	Int(10)Unsigned	否	是	NULL	ID（自动编号）
readerid	Int(11)	是	否	NULL	读者编号
bookid	Int(11)	是	否	NULL	图书编号
backTime	Date	是	否	NULL	归还时间
operator	Varchar(30)	是	否	NULL	操作员

- tb_reader（读者信息表）

读者信息表主要用来保存读者信息，其结构如表 18-6 所示。

表 18-6　　表 tb_reader 的结构及说明

字 段 名	数据类型	是否为空	是否主键	默 认 值	描 述
id	Int(10) Unsigned	否	是	NULL	ID（自动编号）
name	Varchar(20)	是	否	NULL	姓名
sex	Varchar(4)	是	否	NULL	性别
barcode	Varchar(30)	是	否	NULL	条形码

续表

字　段　名	数据类型	是否为空	是否主键	默　认　值	描　　述
vocation	Varchar(50)	是	否	NULL	职业
birthday	Date	是	否	NULL	出生日期
paperType	Varchar(10)	是	否	NULL	有效证件
paperNO	Varchar(20)	是	否	NULL	证件号码
tel	Varchar(20)	是	否	NULL	电话
email	Varchar(100)	是	否	NULL	电子邮件
createDate	Date	是	否	NULL	登记日期
operator	Varchar(30)	是	否	NULL	操作员
remark	Text	是	否	NULL	备注
typeid	Int(11)	是	否	NULL	类型

18.5　实现过程

18.5.1　系统登录设计

系统登录是图书馆管理系统的入口。运行本系统后，首先进入的是系统登录页面，在该页面中，系统管理员可以通过输入正确的管理员名称和密码登录到系统，当用户未输入管理员名称或密码时，系统会通过 JavaScript 函数进行判断，并给予提示信息。系统登录的设计结果如图 18-8 所示。

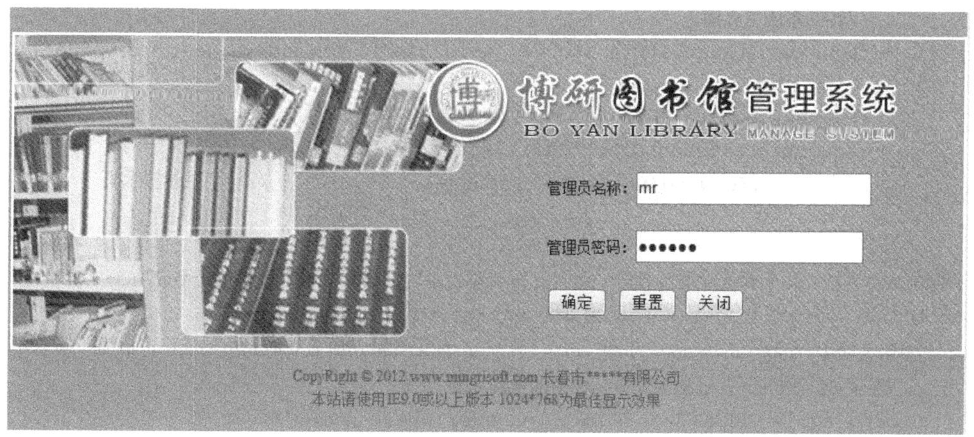

图 18-8　系统登录的设计结果

1. 界面设计

系统登录页面主要用于收集管理员的输入信息，并通过自定义的 JavaScript 函数验证输入的信息是否为空，该页面中所涉及的表单元素如表 18-7 所示。

表 18-7　　系统登录页面所涉及的表单元素

名　称	元素类型	重要属性	含　义
form1	form	method="post" action="manager?action=login"	管理员登录表单
name	text	size="25"	管理员名称
pwd	password	size="25"	管理员密码
Submit	submit	value="确定" onclick="return check(form1)"	"确定"按钮
Submit3	reset	value="重置"	"重置"按钮
Submit2	button	value="关闭" onClick="window.close();"	"关闭"按钮

2. 关键代码

在实现系统登录时，主要是如何在 Servlet 中获取提交的登录信息，并验证输入的管理员信息是否合法，如果合法，则将页面重定向到系统主界面，否则给出提示信息。这时将涉及以下两个方法。

```
//在 Servlet 中编写的方法，用于获取提交的登录信息，以及调用 DAO 方法验证登录信息，并根据验证结果做出相应的处理
public void managerLogin(HttpServletRequest request,
        HttpServletResponse response) throws ServletException, IOException {
    ManagerForm managerForm = new ManagerForm();           //实例化 ManagerForm 类
    managerForm.setName(request.getParameter("name"));   //获取管理员名称并设置 name 属性
    managerForm.setPwd(request.getParameter("pwd"));      //获取管理员密码并设置 pwd 属性
    //调用 ManagerDAO 类的 checkManager()方法
    int ret = managerDAO.checkManager(managerForm);
    if (ret == 1) {
        //将登录到系统的管理员名称保存到 Session 中
        HttpSession session=request.getSession();
        session.setAttribute("manager",managerForm.getName());
        //转到系统主界面
        request.getRequestDispatcher("main.jsp").forward(request, response);
    } else {
        request.setAttribute("error", "您输入的管理员名称或密码错误！");
        request.getRequestDispatcher("error.jsp")
                .forward(request, response);                    //转到错误提示页
    }
}
//编写 DAO 方法，用于验证管理员身份，返回值为 1 时表示验证成功，否则表示验证不成功
public int checkManager(ManagerForm managerForm) {
    int flag = 0;                          // 标记变量，值为 0 时表示不成功，值为 1 时表示成功
    // 连接 SQL 语句，并过滤管理员名称中的危险字符
    String sql = "SELECT * FROM tb_manager where name='"
            + ChStr.filterStr(managerForm.getName()) + "'";
    ResultSet rs = conn.executeQuery(sql);
    try {
        if (rs.next()) {
            // 获取输入的密码并过滤输入字符串中的危险字符
            String pwd = ChStr.filterStr(managerForm.getPwd());
            if (pwd.equals(rs.getString(3))) {
                flag = 1;                  // 表示验证成功
```

```
            } else {
                flag = 0;                                      // 表示验证不成功
            }
        } else {
            flag = 0;                                          // 表示验证不成功
        }
    } catch (SQLException ex) {
        flag = 0;                                              // 表示验证不成功
    } finally {
        conn.close();                                          // 关闭数据库连接
    }
    return flag;
}
```

在实现系统登录时，从网站安全的角度考虑，仅仅上面介绍的系统登录页面并不能有效地保证系统的安全，一旦系统主界面的地址被他人获得，就可以通过在地址栏中输入系统的主界面地址而直接进入系统。我们可以在每个页面的顶端添加以下验证用户是否登录的代码。

```
<%
String manager=(String)session.getAttribute("manager");
if (manager==null || "".equals(manager)){              //验证用户是否登录
    response.sendRedirect("login.jsp");                //重定向网页到 login.jsp 页
}
%>
```

这样，系统调用每个页面都会先判断 session 变量 manager 是否存在，如果不存在，将页面重定向到系统登录页面。

18.5.2　主界面设计

管理员通过“系统登录”模块的验证后，可以登录到图书馆管理系统的主界面。系统主界面主要包括 Banner 信息栏、导航栏、排行榜和版权信息 4 部分。其中，导航栏中的功能菜单将根据登录管理员的权限进行显示。例如，系统管理员 mr 登录后，将拥有整个系统的全部功能，因为它是超级管理员。主界面的设计效果如图 18-9 所示。

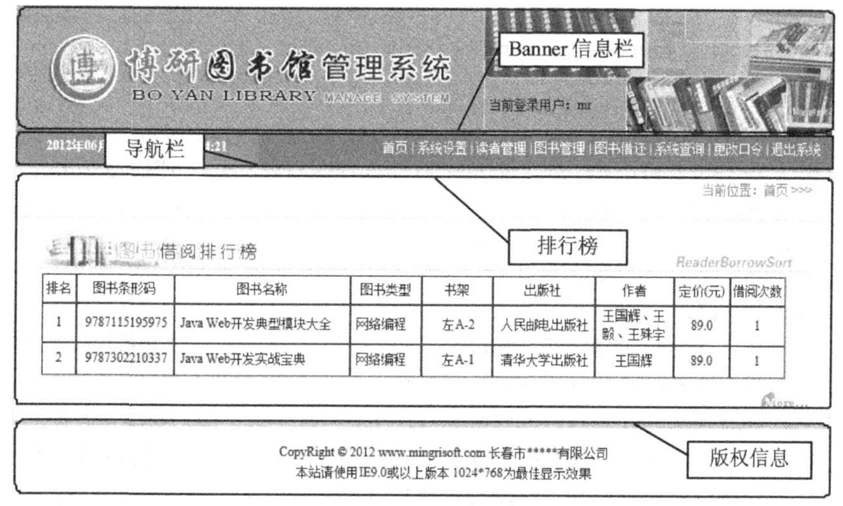

图 18-9　主界面的设计效果

1. 界面设计

在如图 18-9 所示的主界面中，Banner 信息栏、导航栏和版权信息并不是仅存在于主界面中的，其他功能模块的子界面中也需要包括这些部分，因此可以将这几个部分分别保存在单独的文件中，这样，在需要放置相应功能时只需包含这些文件即可。主界面的布局如图 18-10 所示。

banner.jsp
navigation.jsp
main.jsp
copyright.jsp

图 18-10 主界面的布局

应用<%@ include %>指令包含文件的方法进行主界面的布局，其代码如下：

```
<%@include file="banner.jsp"%>
<%@include file="navigation.jsp"%>
<section>
<div style="text-align:right;padding-right:10px;height:30px;"class="word_orange">
当前位置：首页 &gt;&gt;&gt; </div>
<div style="height:57px;clear:both">
<!--显示图书借阅排行榜-->
<img src="Images/main_booksort.gif" height="57px"></div>
<div style="height:300px;padding-left:20px;">
    ......              <!--此处省略了显示图书借阅排行的代码-->
    </div>
</section>
<%@ include file="copyright.jsp"%>
```

在上面的代码中，第一行代码用于应用<%@ include %>指令包含 banner.jsp 文件，该文件用于显示 Banner 信息及当前登录的管理员；第二行代码用于应用<%@ include %>指令包含 navigation.jsp 文件，该文件用于显示当前系统时间及系统导航菜单；最后一行代码用于应用<%@ include %>指令包含 copyright.jsp 文件，该文件用于显示版权信息。

2. 关键代码

在实现主界面时，需要显示图书借阅排行榜，所以需要编写 DAO 方法，实现从数据库中统计出借阅排行数据，并保存到 Collection 集合中。从数据库中统计借阅排行数据的关键代码如下：

```
public Collection<BorrowForm> bookBorrowSort() {
    String sql = "select * from (SELECT bookid,count(bookid) as degree FROM" +
    " tb_borrow group by bookid) as borr join (select b.*,c.name as bookcaseName" +
    ",p.pubname,t.typename from tb_bookinfo b left join tb_bookcase" +
    " c on b.bookcase=c.id join tb_publishing p on b.ISBN=p.ISBN join " +
    "tb_booktype t on b.typeid=t.id where b.del=0)" +
    " as book on borr.bookid=book.id order by borr.degree desc limit 10 ";
    Collection<BorrowForm> coll = new ArrayList<>();      //创建并实例化Collection对象
    BorrowForm form = null;                               //声明 BorrowForm 对象
    ResultSet rs = conn.executeQuery(sql);                //执行查询语句
    try {
        while (rs.next()) {
            form = new BorrowForm();                      //实例化 BorrowForm 对象
            form.setBookId(rs.getInt(1));                 //获取图书 ID
            form.setDegree(rs.getInt(2));                 //获取借阅次数
            form.setBookBarcode(rs.getString(3));         //获取图书条形码
            form.setBookName(rs.getString(4));            //获取图书名称
            form.setAuthor(rs.getString(6));              //获取作者
```

```
            form.setPrice(Float.valueOf(rs.getString(9)));     //获取定价
            form.setBookcaseName(rs.getString(16));         //获取书架名称
            form.setPubName(rs.getString(17));              //获取出版社
            form.setBookType(rs.getString(18));             //获取图书类型
            coll.add(form);                                 //保存到 Collection 集合中
        }
    } catch (SQLException ex) {
        System.out.println(ex.getMessage());                //输出异常信息
    }
    conn.close();                                           //关闭数据库连接
    return coll;
}
```

18.5.3　图书借阅设计

管理员登录后，选择“图书借还”/“图书借阅”命令，进入到“图书借阅”页面，在该页面的“读者条形码”文本框中输入读者的条形码（如：20120224000001）后，单击“确定”按钮，系统会自动检索出该读者的基本信息和未归还的借阅图书信息。如果找到对应的读者信息，就将其显示在页面中，此时输入图书的条形码或图书名称后，单击“确定”按钮，即可借阅指定的图书。“图书借阅”页面的运行结果如图 18-11 所示。

图 18-11　“图书借阅”页面

1. 界面设计

“图书借阅”页面总体上可以分为两个部分：一部分用于查询并显示读者信息；另一部分用于显示读者的借阅信息和添加读者借阅信息。“图书借阅”页面在 Dreamweaver 中的设计效果如图 18-12 所示。

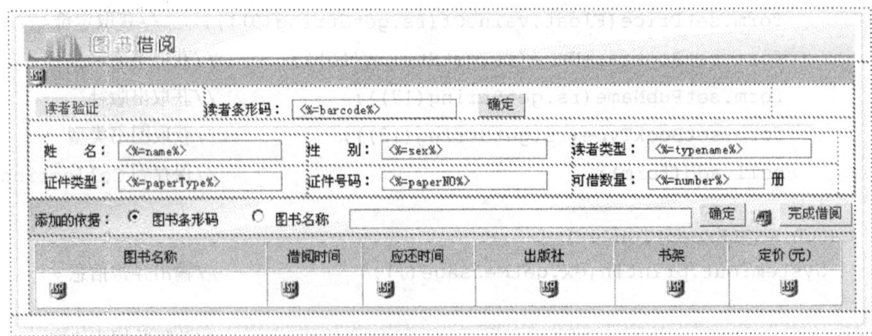

图 18-12 “图书借阅”页面在 Dreamweaver 中的设计效果

由于系统要求一个读者只能同时借阅一定数量的图书，并且该数量由读者类型表 tb_readerType 中的可借数量 number 决定，因此这里编写了自定义的 JavaScript 函数 checkbook()，用于判断当前选择的读者是否还可以借阅新的图书，同时该函数还具有判断是否输入图书条形码或图书名称的功能。关于自定义的 JavaScript 函数 checkbook()的具体代码请参见光盘。

2. 关键代码

在实现图书借阅时，需要编写 Servlet 方法 bookborrow()，具体代码如下：

```
//编写 Servlet 方法，实现图书借阅
private void bookborrow(HttpServletRequest request, HttpServletResponse response)
    throws ServletException, IOException {
    //查询读者信息
    readerForm.setBarcode(request.getParameter("barcode")); //获取读者条形码
    //根据读者条形码获取读者信息
    ReaderForm reader = (ReaderForm) readerDAO.queryM(readerForm);
    request.setAttribute("readerinfo", reader);                 //保存读者信息到 request 中
    //查询读者的借阅信息
    request.setAttribute("borrowinfo",borrowDAO.borrowinfo(
                        request.getParameter("barcode"))); //完成借阅
    String f = request.getParameter("f");                        //获取查询条件
    String key = request.getParameter("inputkey");              //获取输入的关键字
    if (key != null && !key.equals("")) {                       //判断是否有符合条件的图书
        String operator = request.getParameter("operator");
        BookForm bookForm=bookDAO.queryB(f, key);                //根据查询条件获取图书信息
        if (bookForm!=null){
            int ret = borrowDAO.insertBorrow(reader, bookDAO.queryB(f, key),
                                    operator);                  //保存图书借阅信息
            if (ret == 1) {
                request.setAttribute("bar", request.getParameter("barcode"));
                request.getRequestDispatcher("bookBorrow_ok.jsp")
                                        .forward(request, response);
            } else {
                //保存提示信息到 request 中
                request.setAttribute("error", "添加借阅信息失败!");
                //转到错误提示页
                request.getRequestDispatcher("error.jsp").forward(request, response);
            }
        }else{
```

```
            request.setAttribute("error", "没有该图书!"); //保存提示信息到 request 中
             //转到错误提示页
            request.getRequestDispatcher("error.jsp").forward(request, response);
        }
    }else{
        request.getRequestDispatcher("bookBorrow.jsp").forward(request, response);
    }
}
```

在实现图书借阅的方法中，还需要调用 ReaderDAO 类的 queryM()方法、BorrowDAO 类的 borrowinfo()方法、BookDAO 类的 queryB()方法和 BorrowDAO 类的 insertBorrow()方法，具体代码如下：

```
//ReaderDAO 类的 queryM()方法，用于查询读者信息
public ReaderForm queryM(ReaderForm readerForm) {
    ReaderForm readerForm1 = null;
    String sql = "";
    if (readerForm.getId() != null) {  //根据读者 ID 查询读者信息
        sql = "select r.*,t.name as typename,t.number from tb_reader r left join
tb_readerType t on r.typeid=t.id where r.id="+ readerForm.getId() + "";
    } else if (readerForm.getBarcode() != null) {         //根据读者条形码查询读者信息
        sql = "select r.*,t.name as typename,t.number from tb_reader r left join
tb_readerType t on r.typeid=t.id where r.barcode="+ readerForm.getBarcode() + "";
    }
    ResultSet rs = conn.executeQuery(sql);                  //执行查询语句
    String birthday="";
    try {
        while (rs.next()) {
            readerForm1 = new ReaderForm();
            readerForm1.setId(Integer.valueOf(rs.getString(1)));//获取读者 ID
            readerForm1.setName(rs.getString(2));         //获取读者姓名
            readerForm1.setSex(rs.getString(3));          //获取读者性别
            readerForm1.setBarcode(rs.getString(4));      //获取读者条形码
            readerForm1.setVocation(rs.getString(5));     //获取读者职业
            birthday=rs.getString(6); //获取读者生日
            readerForm1.setBirthday(birthday==null?"":birthday);
            readerForm1.setPaperType(rs.getString(7)); //获取证件类型
            readerForm1.setPaperNO(rs.getString(8));      //获取证件号码
            readerForm1.setTel(rs.getString(9));          //获取联系电话
            readerForm1.setEmail(rs.getString(10));       //获取 E-mail 地址
            readerForm1.setCreateDate(rs.getString(11));//获取创建日期
            readerForm1.setOperator(rs.getString(12)); //获取操作员
            readerForm1.setRemark(rs.getString(13));      //获取备注
            readerForm1.setTypeid(rs.getInt(14));         //获取读者类型 ID
            readerForm1.setTypename(rs.getString(15)); //获取读者类型名称
            readerForm1.setNumber(rs.getInt(16));         //获取可借数量
        }
    } catch (SQLException ex) {
    }
    conn.close();                                          //关闭数据库连接
```

```
        return readerForm1;
    }
    //BorrowDAO 类的 borrowinfo()方法，用于查询借阅信息
    public Collection<BorrowForm> borrowinfo(String str){
        String sql="select borr.*,book.bookname,book.price,pub.pubname," +
                "bs.name bookcasename,r.barcode from (select * from tb_borrow " +
                "where ifback=0) as borr left join tb_bookinfo book on borr.bookid" +
                "=book.id join tb_publishing pub on book.isbn=pub.isbn join" +
                " tb_bookcase bs on book.bookcase=bs.id join tb_reader r on" +
                " borr.readerid=r.id where r.barcode='"+str+"'";
        ResultSet rs=conn.executeQuery(sql);//执行查询语句
        Collection<BorrowForm> coll=new ArrayList<>();
        BorrowForm form=null;
        try {
            while (rs.next()) {
                form = new BorrowForm();
                form.setId(Integer.valueOf(rs.getInt(1)));          //获取 ID 号
                form.setBorrowTime(rs.getString(4));                //获取借阅时间
                form.setBackTime(rs.getString(5));                  //获取归还时间
                form.setBookName(rs.getString(8));                  //获取图书名称
                form.setPrice(Float.valueOf(rs.getFloat(9)));       //获取定价
                form.setPubName(rs.getString(10));                  //获取出版社
                form.setBookcaseName(rs.getString(11));             //获取书价名称
                coll.add(form);                          //添加借阅信息到 Collection 集合中
            }
        } catch (SQLException ex) {
            System.out.println("借阅信息："+ex.getMessage());     //输出异常信息
        }
        conn.close();                                           //关闭数据库连接
        return coll;
    }
    //BookDAO 类的 queryB()方法，用于查询图书信息
    public BookForm queryB(String f,String key){
        BookForm bookForm=null;
        String sql="select b.*,c.name as bookcaseName,p.pubname as publishing,t.typename" +
            " from tb_bookinfo b left join tb_bookcase c on b.bookcase=c.id join" +
            " tb_publishing p on b.ISBN=p.ISBN join tb_booktype t on" +
            " b.typeid=t.id where b."+f+"='"+key+"'";           //查询图书信息的 SQL 语句
        ResultSet rs=conn.executeQuery(sql);                    //执行查询语句
        try {
            if (rs.next()) {
                bookForm=new BookForm();
                bookForm.setBarcode(rs.getString(1));           //获取图书条形码
                bookForm.setBookName(rs.getString(2));          //获取图书名称
                bookForm.setTypeId(rs.getInt(3));               //获取图书类型 ID
                bookForm.setAuthor(rs.getString(4));            //获取作者
                bookForm.setTranslator(rs.getString(5));        //获取译者
                bookForm.setIsbn(rs.getString(6));              //获取图书的 ISBN 号
                bookForm.setPrice(Float.valueOf(rs.getString(7))); //此处必须进行类型转换
```

```
            bookForm.setPage(rs.getInt(8));                   //获取页码
            bookForm.setBookcaseid(rs.getInt(9));             //获取书架 ID
            bookForm.setInTime(rs.getString(10));             //获取入库时间
            bookForm.setOperator(rs.getString(11));           //获取操作员
            bookForm.setDel(rs.getInt(12));                   //获取是否删除
            bookForm.setId(Integer.valueOf(rs.getString(13))); //获取图书 ID 号
            bookForm.setBookcaseName(rs.getString(14));       //获取书架名称
            bookForm.setPublishing(rs.getString(15));         //获取出版社
            bookForm.setTypeName(rs.getString(16));           //获取类型名称
        }
    } catch (SQLException ex) {
    }
    conn.close();                                             //关闭数据库连接
    return bookForm;
}
//BorrowDAO类的insertBorrow()方法，用于保存图书借阅信息
public int insertBorrow(ReaderForm readerForm, BookForm bookForm,String operator) {
    String sql1 = "select t.days from tb_bookinfo b left join tb_booktype t on"
    + " b.typeid=t.id where b.id=" + bookForm.getId() + ""; // 获取可借天数的 SQL 语句
    ResultSet rs = conn.executeQuery(sql1);                   // 执行 SQL 语句
    int days = 0;
    try {
        if (rs.next()) {
            days = rs.getInt(1);                              // 获取可借天数
        }
    } catch (SQLException ex) {
    }
    // 计算归还时间
    Calendar calendar = Calendar.getInstance();               // 获取系统日期
    SimpleDateFormat format = new SimpleDateFormat("yyyy-MM-dd");
    java.sql.Date date = java.sql.Date.valueOf(format.format(calendar
            .getTime()));                                     // 借书日期
    calendar.add(calendar.DAY_OF_YEAR, days);                 // 加上可借天数
    java.sql.Date backTime = java.sql.Date.valueOf(format.format(calendar
            .getTime())); // 归还日期
    String sql = "Insert into tb_borrow (readerid,bookid,borrowTime,backTime,"
            +"operator) values("+ readerForm.getId()+ ","+ bookForm.getId()
            + ",'"+ date+ "','" + backTime + "','" + operator + "')";
    int falg = conn.executeUpdate(sql);                       // 执行更新语句
    conn.close();                                             // 关闭数据库连接
    return falg;
}
```

18.5.4　图书续借设计

管理员登录后，选择“图书借还”/“图书续借”命令，进入到“图书续借”页面。在该页面的“读者条形码”文本框中输入读者的条形码（如 20120224000001）后，单击“确定”按钮，系统会自动检索出该读者的基本信息和未归还的借阅图书信息。如果找到对应的读者信息，则将其显示在页面中，此时单击“续借”超链接，即可续借指定图书（即将该图书的归还时间延长到指

定日期，该日期由续借日期加上该书的可借天数计算得出)。"图书续借"页面的运行结果如图 18-13 所示。

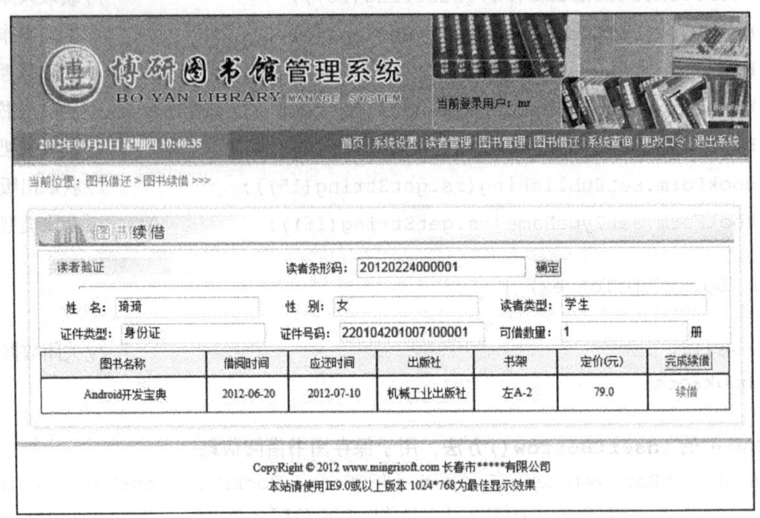

图 18-13 "图书续借"页面

1. 界面设计

"图书续借"页面的设计方法同"图书借阅"页面类似，所不同的是，在"图书续借"页面中没有添加借阅图书的功能，而是添加了"续借"超链接。"图书续借"页面在 Dreamweaver 中的设计效果如图 18-14 所示。

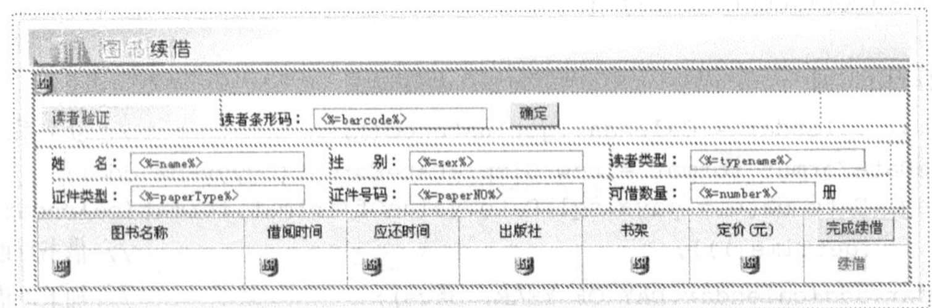

图 18-14 "图书续借"页面在 Dreamweaver 中的设计效果

在单击"续借"超链接时，还需要将读者条形码和借阅 ID 号一起传递到图书续借的 Servlet 控制类中，代码如下：

```
<a href="borrow?action=bookrenew&barcode=<%=barcode%>&id=<%=id%>">续借</a>
```

2. 关键代码

实现图书续借功能与图书借阅类似，所不同的是实现图书续借的方法 bookrenew()和保存图书续借信息的方法 renew()。这两个方法的关键代码如下：

```
//图书续借的方法 bookrenew()
private void bookrenew(HttpServletRequest request, HttpServletResponse response)
    throws ServletException, IOException {
        //查询读者信息
        readerForm.setBarcode(request.getParameter("barcode"));      //获取读者条形码
        //根据读者条形码查询读者信息
```

```
        ReaderForm reader = (ReaderForm) readerDAO.queryM(readerForm);
        request.setAttribute("readerinfo", reader);
        //查询读者的借阅信息
        request.setAttribute("borrowinfo",borrowDAO
                        .borrowinfo(request.getParameter("barcode")));
        if(request.getParameter("id")!=null){
            int id = Integer.parseInt(request.getParameter("id"));
            if (id > 0) {                                   //执行继借操作
                int ret = borrowDAO.renew(id);
                if (ret == 0) {
                    request.setAttribute("error", "图书继借失败!");
                    request.getRequestDispatcher("error.jsp")
                                    .forward(request, response);
                } else {
                    request.setAttribute("bar", request.getParameter("barcode"));
                    request.getRequestDispatcher("bookRenew_ok.jsp")
                                    .forward(request, response);
                }
            }
        }else{
          request.getRequestDispatcher("bookRenew.jsp").forward(request, response);
        }
}
//保存图书续借信息的方法 renew()
public int renew(int id){
    //根据借阅 ID 查询图书 ID 的 SQL 语句
    String sql0="SELECT bookid FROM tb_borrow WHERE id="+id+"";
    ResultSet rs1=conn.executeQuery(sql0);                  //执行查询语句
    int flag=0;
    try {
      if (rs1.next()) {
        //获取可借天数
        String sql1 = "select t.days from tb_bookinfo b left join" +
             " tb booktype t on b.typeid=t.id where b.id="
             +rs1.getInt(1) + "";                         //获取可借天数的 SQL 语句
        ResultSet rs = conn.executeQuery(sql1);           //执行查询语句
        int days = 0;
        try {
            if (rs.next()) {
                days = rs.getInt(1);                      //获取可借天数
            }
        } catch (SQLException ex) {
        }
        //计算归还时间
        Calendar calendar=Calendar.getInstance();         //获取系统日期
        SimpleDateFormat format = new SimpleDateFormat("yyyy-MM-dd");//设置日期格式
        //借书日期
        java.sql.Date date=java.sql.Date.valueOf(
                            format.format(calendar.getTime()));
        calendar.add(calendar.DAY_OF_YEAR, days);         //加上可借天数
        java.sql.Date backTime= java.sql.Date.valueOf(
```

```
                    format.format(calendar.getTime()));//归还日期
        String sql = "UPDATE tb_borrow SET backtime='" + backTime +
                    "' where id=" + id + "";                    //更新归还时间，完成续借
        flag = conn.executeUpdate(sql);                         //执行更新语句
      }
    } catch (Exception ex1) {}
    conn.close();                                               //关闭数据库连接
    return flag;
}
```

18.5.5 图书归还设计

管理员登录后，选择“图书借还”/“图书归还”命令，进入到“图书归还”页面。在该页面的“读者条形码”文本框中输入读者的条形码（如：20120224000001）后，单击“确定”按钮，系统会自动检索出该读者的基本信息和未归还的借阅图书信息。如果找到对应的读者信息，则将其显示在页面中，此时单击“归还”超链接，即可将指定图书归还。“图书归还”页面的运行结果如图 18-15 所示。

图 18-15 “图书归还”页面

1. 界面设计

“图书归还”页面的设计方法同“图书续借”页面类似，所不同的是，将图书续借页面中的“续借”超链接转化为“归还”超链接。在单击“归还”超链接时，也需要将读者条形码、借阅 ID 号和操作员一同传递到图书归还的 Servlet 控制类中，代码如下：

```
<a href="borrow?action=bookback&barcode=<%=barcode%>&id=<%=id%>
&operator=<%=manager%>">归还</a>
```

2. 关键代码

实现图书归还与实现图书续借类似，所不同的是实现图书归还的方法 bookback()和执行归还操作的方法 back()。下面分别介绍这两个方法。

● 实现图书归还的方法 bookback()

实现图书归还的方法 bookback()与实现图书续借的方法 bookrenew()基本相同，所不同的是，如果从页面中传递的借阅 ID 号大于 0，则调用 BorrowDAO 类的 back()方法执行图书归还操作，并且需要获取页面中传递的操作员信息。图书归还的方法 bookback()的关键代码如下：

```
int id = Integer.parseInt(request.getParameter("id"));
String operator=request.getParameter("operator");    //获取页面中传递的操作员信息
if (id > 0) {      //执行归还操作
    int ret = borrowDAO.back(id,operator);              //调用 back()方法执行图书归还操作
……                   //此处省略了其他代码
}
```

● 执行归还操作的方法 back()

执行归还操作的方法 back()的具体代码如下：

```
public int back(int id,String operator){
  //根据借阅 ID 获取读者 ID 和图书 ID
    String sql0="SELECT readerid,bookid FROM tb_borrow WHERE id="+id+"";
    ResultSet rs1=conn.executeQuery(sql0);              //执行查询语句
    int flag=0;
  try {
      if (rs1.next()) {
           Calendar calendar=Calendar.getInstance(); //获取系统日期
           SimpleDateFormat format = new SimpleDateFormat("yyyy-MM-dd");
           java.sql.Date date=java.sql.Date.valueOf(
                format.format(calendar.getTime()));      //还书日期
          int readerid=rs1.getInt(1);                    //获取读者 ID
          int bookid=rs1.getInt(2);                      //获取图书 ID
          String sql1="INSERT INTO tb_giveback (readerid,bookid,backTime" +
                ",operator) VALUES("+readerid+","+bookid+",'"
                +date+"','"+operator+"')";               //保存归还信息
          int ret=conn.executeUpdate(sql1);              //执行更新语句
          if(ret==1){
              String sql2 = "UPDATE tb_borrow SET ifback=1 where id=" + id +
                         "";                             //将借阅信息标记为已归还
              flag = conn.executeUpdate(sql2);           //执行更新语句
          }else{
              flag=0;
          }
      }
  } catch (Exception ex1) {}
    conn.close();                                        //关闭数据库连接
    return flag;
}
```

18.6　调试运行

由于图书馆管理系统的实现比较简单，没有太多复杂的功能，因此对于本程序的调试运行，总体上情况良好。但是，其中也出现了一些小问题，例如：当管理员进入到“图书借阅”页面后，

在"读者条形码"文本框中输入读者条形码（如 20120224000001），并单击其后面的"确定"按钮，即可调出该读者的基本信息，这时，在"添加依据"文本框中输入相应的图书信息后，单击其后面的"确定"按钮，页面将直接返回到"图书借阅"首页，当再次输入读者条形码后，就可以看到刚刚添加的借阅信息。由于在图书借阅时可能存在同时借阅多本图书的情况，这样将给操作员带来不便。

下面先看一下原始的完成借阅的代码。

```
if (key != null && !key.equals("")) {                          //当图书名称或图书条形码不为空时
    String operator = request.getParameter("operator");                //获取操作员
    BookForm bookForm=bookDAO.queryB(f, key);
    if (bookForm!=null){
        int ret = borrowDAO.insertBorrow(reader, bookDAO.queryB(f, key), operator);
        if (ret == 1) {
            request.getRequestDispatcher("bookBorrow_ok.jsp")
                                .forward(request, response);           //转到借阅成功页面
        } else {
            request.setAttribute("error", "添加借阅信息失败!");
            request.getRequestDispatcher("error.jsp").forward(request,response);//转到错误提示页面
        }
    }else{
        request.setAttribute("error", "没有该图书!");
        request.getRequestDispatcher("error.jsp").forward(request,response);//转到错误提示页面
    }
}else{
    request.getRequestDispatcher("bookBorrow.jsp")
            .forward(request, response);                               //转到图书借阅页面
}
```

从上面的代码中可以看出，在转到"图书借阅"页面前并没有保存读者条型码，这样在返回"图书借阅"页面时就会出现直接返回到图书借阅首页的情况。解决该问题的方法是在"request.getRequestDispatcher("bookBorrow_ok.jsp").forward(request, response);"语句的前面添加以下语句：

```
request.setAttribute("bar", request.getParameter("barcode"));
```

将读者条形码保存到 HttpServletRequest 对象的 bar 参数中，这样，在完成一本图书的借阅后，将不会直接退出到图书借阅首页，而是直接进行下一次借阅操作。

18.7 课程设计总结

课程设计是一件很累人、很伤脑筋的事情，在课程设计周期中，大家每天几乎都要面对电脑 10 个小时以上，上课时去机房写程序，回到宿舍还要继续奋斗。虽然课程设计很苦很累，有时候还很令人抓狂，不过它带给大家的并不只是痛苦的回忆，它不仅拉近了同学之间的距离，而且对大家学习计算机语言是非常有意义的。

在未进行课程设计实训之前，大家对 JSP 知识的掌握只能说是很肤浅，只知道分开使用那些语句和语法，对它们并没有整体的概念，所以在学习时经常会感觉很盲目，甚至不知道自己学这些东西是为了什么。但是通过课程设计实训，大家不仅能对 JSP 有更深入的了解，同时还可以学到很多课本上学不到的东西，最重要的是，它让我们知道了学习 JSP 的最终目的和将来发展的方向。